建筑结构设计规范应用书系

高层建筑混凝土结构技术规程应用与分析

JGJ 3 - 2010

朱炳寅　编著

中国建筑工业出版社

图书在版编目(CIP)数据

高层建筑混凝土结构技术规程应用与分析　JGJ 3—2010/
朱炳寅编著. —北京：中国建筑工业出版社，2012.8（2022.3重印）
（建筑结构设计规范应用书系）
ISBN 978-7-112-14586-7

Ⅰ.①高…　Ⅱ.①朱…　Ⅲ.①高层建筑-混凝土结构-技术
操作规程　Ⅳ.①TU973-65

中国版本图书馆 CIP 数据核字(2012)第 190327 号

　　为便于建筑结构设计人员能准确地解决在结构设计过程中遇到的规范应用中的实际问题，本书就结构设计人员感兴趣的相关问题以一个结构设计者的眼光，对《高层建筑混凝土结构技术规程》JGJ 3—2010 的相应条款予以剖析，将规范的复杂内容及枯燥的规范条文变为直观明了的相关图表，指出在实际应用中的具体问题和可能带来的相关结果，提出在现阶段执行规范的变通办法，其目的是使结构设计过程中，在遵守规范规定和解决具体问题方面对建筑结构设计人员有所帮助，也希望对备考注册结构工程师的考生在理解规范的过程中以有益的启发。

　　本书所根据的主要结构设计规范是：《高层建筑混凝土结构技术规程》JGJ 3、《建筑抗震设计规范》GB 50011、《混凝土结构设计规范》GB 50010、《建筑结构荷载规范》GB 50009 和《建筑地基基础设计规范》GB 50007。

　　本书可供建筑结构设计人员(尤其是准备注册结构工程师考试的结构专业人员)和大专院校土建专业师生应用。

＊　　　＊　　　＊

　　责任编辑：赵梦梅
　　责任设计：赵明霞
　　责任校对：王誉欣　刘梦然

建筑结构设计规范应用书系
高层建筑混凝土结构技术规程应用与分析
JGJ 3—2010
朱炳寅　编著

＊

中国建筑工业出版社出版、发行（北京海淀三里河路 9 号）
各地新华书店、建筑书店经销
北京红光制版公司制版
天津翔远印刷有限公司印刷

＊

开本：787×1092 毫米　1/16　印张：31¾　字数：769 千字
2013 年 1 月第一版　2022 年 3 月第十七次印刷
定价：**97.00** 元
ISBN 978-7-112-14586-7
（34398）

前　　言

　　《高层建筑混凝土结构技术规程》JGJ 3－2010 颁布施行以来，编者在新规范的应用过程中常常遇到规范难以直接应用的问题，往往需要结合其他相关规范的规定采用相应的变通手段，以达到满足规范的相关要求之目的。为便于结构设计人员系统地理解和应用规范，编者将在实际工程中对规范难点的认识和体会，结合规范相关的条文说明（必要时结合工程实例）加以综合，以形成一本《高层建筑混凝土结构技术规程》应用与分析。

　　现就本书的适用范围、编制依据、编制意图和方式等方面作如下说明：

一、适用范围

　　本书内容主要适用于钢筋混凝土高层建筑结构。

二、编制依据

　　本书的内容依据以下多本结构设计规范、规程和有关文件：

　　1.《建筑抗震设计规范》GB 50011（以下简称《抗震规范》）；

　　2.《高层建筑混凝土结构技术规程》JGJ 3（以下简称《高规》）；

　　3.《混凝土结构设计规范》GB 50010（以下简称《混凝土规范》）；

　　4.《建筑结构荷载规范》GB 50009（以下简称《荷载规范》）；

　　5.《建筑地基基础设计规范》GB 50007（以下简称《地基规范》）；

　　6.《高层建筑筏形与箱形基础技术规范》JGJ 6（以下简称《筏基规范》）；

　　7.《建筑桩基技术规范》JGJ 94（以下简称《桩基规范》）。

三、特点

　　本书拟在理解《高规》的规定及执行规范条文确有困难时，结合对其他现行规范规定的理解，将规范的复杂内容及枯燥的规范条文变为直观明了的相关图表，以期在理解规范及如何采用其他变通手段满足规范的要求等方面对结构设计人员有所帮助。

四、本书的编写方式说明

　　为便于读者查阅，本书在目录中的括号内点出该条目涉及的主要内容。

　　（一）关于“说明”及“要点”

　　在规范正文前面增加一“概述”，说明《高规》的特点、主要的修订内容及《高规》的应用说明等。在每一章前面均增加作者对本章所讨论问题理解的“说明”；每一节前则增加一个专门的“要点”，以点出本部分内容将要探讨的重点问题和问题的根本所在，必要时加设框图表示。

　　（二）规范的规定

　　按规范原文的排列顺序，列出规范的具体规定，作为讨论和分析的依据。

　　（三）对规范规定的理解

　　对规范规定的含义予以剖析，辅之以必要的图表使规范要求清晰明了。

　　（四）结构设计的相关问题

　　对执行规范过程中所遇到的相关问题予以分析，并指出在设计工作中所遇到的难以避免的问题。

（五）结构设计建议

对执行规范过程中遇到的问题提出编者的设计建议。需要指出的是，此部分内容为编者依据相关规范、资料及设计经验而得出的，读者应根据工程的具体情况结合当地经验参考采用，当相关规范、规程有新的补充规定时应以规范、规程的新规定为准。

（六）相关索引

此处列出其他规范、规程对本条所涉及内容的条款号，便于对照应用。

五、特别说明

（一）尽管已进入读图时代，编者建议仍应精读规范原文。

（二）规范中较多地提出难以定量把握的要求（如：适当增加、适当提高、刚度较大等），读者应根据工程经验加以判断和把握。对规范理解的不同可能会造成定量把握程度的偏差，但总体应在规范要求的同一宏观控制标准上。在本书中，笔者结合工程实践提出相关定量控制的大致要求，供读者分析比较选用。

（三）现行的施工图审查制度有益于结构的安全，但死扣规范条文的审查则会束缚设计人员的手脚，制约结构设计的创新与提高。因此，编者建议：在对规范中宏观控制要求的定量把握时，应留给结构设计人员更大的空间。

（四）一代结构宗师、现代预应力混凝土之父林同炎教授要求我们成为"不断探求应用自然法则而不盲从现行规范的结构工程师"。要不盲从规范，就得先理解规范，本书的目的不是鼓励读者死抠规范，而是在正确理解规范的前提下灵活运用规范。

（五）结构设计工作责任重压力大，但苦中有乐，因此，只有热爱结构设计，享受结构成就且获得快乐的人才适合结构设计工作。

（六）结构设计与建筑科研相比有很大的不同，结构设计不能等，对于复杂的工程问题，不可能等彻底研究透了再设计，结构设计重在及时解决工程问题。因此，在概念清晰、技术可靠的前提下合理进行包络设计，可作为解决复杂技术问题的基本办法。

（七）《高规》第13章关于"高层建筑结构施工"的具体规定虽未列入本书内容，但施工质量关系到结构安全，设计与施工密不可分，结构设计人员应了解《高规》第13章的内容，应特别注意对施工过程的了解，把握施工的难点和关键点，有能力及时解决工程施工过程中遇到的实际问题。

自《建筑结构设计新规范综合应用手册》（第二版）、《建筑结构设计规范应用图解手册》、《建筑地基基础设计方法及实例分析》、《建筑结构设计问答及分析》和《建筑抗震设计规范应用与分析》相继发行以来，热心读者和网友提出了在规范应用中方方面面的具体问题，给编者以编写整理的激情和动力，感谢读者和网友的厚爱。书中引用的工程实例来自工作室（中国建筑设计研究院第四结构设计研究室）最近几年的实际工程，感谢工作室全体结构工程师的辛勤劳动。本书的编写得到陈富生总工、王亚勇教授、钱稼茹老师和柯长华总工的悉心指导，本书的出版还得到徐嵘老师的帮助，在此深表谢意。

限于编者水平，不妥之处请予指正。

编者　于中国建筑设计院有限公司

电话：010-88327500

邮箱：zhuby@cadg.cn

博客：搜索"朱炳寅"进入

目　　录

目　录

概　述

《高规》与《抗震规范》及《混凝土规范》并作为民用建筑结构设计的最主要规范，但从规范的编制等级上看，《高规》属于子规范系列，其要求应不低于母规范的标准。

一、《高规》的特点

1. 《高规》规定了 B 级高度建筑的设计原则，但规定若按《高规》设计后，仍需进行超限审查。

2. 《高规》中规定了特一级结构的设计原则，特一级的概念仅在《高规》中提出。

3. 《高规》对高层建筑平面布置提出高于《抗震规范》的要求（第 3.4.5 条、第 3.4.6 条等）符合高层建筑的特殊性要求。

4. 《高规》（第 4.2.2 条）规定：对风荷载比较敏感的高层建筑，承载力设计时按基本风压的 1.1 倍采用，避免了按 100 年重现期的风压值采用（结构的设计基准期为 50 年）所引起的同一工程设计基准期的混淆。

5. 《高规》（第 7.2.1 条）提出按墙体稳定验算要求确定剪力墙墙厚的规定，比其他规范对墙厚的限制要求更科学。

6. 《高规》（第 8.1.3 条）对框架-剪力墙结构（应理解为框架与剪力墙组成的结构体系，而不一定都属于框架-剪力墙结构），根据在规定的水平力作用下结构底层框架部分承受的地震倾覆力矩与结构总地震倾覆力矩的比值，确定相应设计方法的做法具有一定的可操作性。

7. 《高规》（第 8.1.4 条）对框架-剪力墙结构中框架总剪力的调整，规定了对框架柱数量沿竖向有规律分段变化时可分段调整的规定，避免了采用单一调整系数引起的计算混乱。

8. 《高规》（第 10.2.5 条）依据不同抗震设防烈度，限制部分框支剪力墙结构的底部大空间层数，相比《抗震规范》的相关规定更合理。

9. 与《抗震规范》相同，《高规》对确定抗震等级时的"烈度"与"抗震设防烈度"之间的关系表述含糊，使用不便。

二、《高规》的主要修订内容

1. 修改了适用范围（第 1.0.2 条）。

2. 修改了结构平面和立面规则性的有关规定。

3. 调整了部分结构最大适用高度，细分了 8 度地震区房屋最大适用高度。

4. 增加了结构抗震性能设计及抗连续倒塌设计的原则规定。

5. 补充完善了房屋舒适度设计的规定。

6. 修改了与风荷载及地震作用有关的内容。

7. 调整了"强柱弱梁、强剪弱弯"及部分构件内力调整系数。

8. 修改完善了框架、剪力墙（含短肢剪力墙）、框架-剪力墙、筒体结构的有关设计规定。

9. 修改、补充了复杂高层建筑结构的有关规定。

10. 混合结构增加了钢管混凝土、钢板剪力墙设计规定。

11. 补充了地下室设计要求，修改了基础设计规定。

12. 修改了结构施工有关规定。

三、《高规》的应用说明

在结构设计规定中，《高规》与《抗震规范》、《混凝土规范》、《地基规范》、《筏基规范》及《桩基规范》等在内容上有较多的交叉和重复，使用不便。本书主要对《高规》所特有的内容进行重点说明，如：高层建筑风荷载的取值、抗震设计计算中的偶然偏心问题、关于特一级抗震等级的问题、高层建筑的抗连续倒塌问题、复杂高层建筑设计等，力求通过对各专题内容的分析比较，剖析各规范规定之间的异同，尽可能通过简单直观的图表方法对规范的要求及复杂的文字表述进行阐述，使之简单明了便于理解应用。

1 总 则

说明：

本章对《高规》的适用范围给予了限定，同时特别强调了概念设计在结构设计中的极端重要性。

第 1.0.1 条

一、规范的规定

1.0.1 为在高层建筑工程中合理应用混凝土结构（包括钢和混凝土的混合结构），做到安全适用、技术先进、经济合理、方便施工，制定本规程。

二、对规范规定的理解

安全适用、技术先进、经济合理、方便施工是结构设计应遵循的普遍原则，结构安全是前提，技术先进和确保质量是保证，经济合理是目标。

三、结构设计的相关问题

为追求投资的最大回报，当结构安全与结构设计经济性发生矛盾时，结构设计人员经常被要求降低结构或构件的安全度来满足投资商对经济指标的追求，同时由于规范对结构设计原则的不同表述，如《混凝土规范》对结构设计总原则表述为"安全、适用、经济，保证质量"，将"保证质量"的设计最基本原则排列在"经济"之后，引起投资商对结构安全的不同理解。

四、结构设计建议

1. 规范提出的结构安全要求是结构设计的最低要求，在没有充分依据和可靠经验的前提下，一般不应低于规范的相关要求，对于规范的强制性条文必须遵守。

2. 在保证结构安全的前提下，应尽可能采用新技术、新材料，并对结构设计进行必要的经济比较，以达到经济合理的目的，有利于保证结构质量和保护环境。

五、相关索引

1.《混凝土规范》的相关规定见其第 1.0.1 条。

2.《抗震规范》的相关规定见其第 1.0.1 条。

3.《地基规范》的相关规定见其第 1.0.1 条。

第 1.0.2 条

一、规范的规定

1.0.2 本规程适用于 10 层及 10 层以上或房屋高度大于 28m 的<u>住宅建筑</u>以及房屋高度大于 24m 的其他高层民用建筑混凝土结构。非抗震设计和抗震设防烈度为 6 至 9 度抗震设计的高层民用建筑结构，其适用的房屋最大高度和结构类型应符合本规程的有关规定。

本规程不适用于建造在危险地段以及发震断裂最小避让距离内的高层建筑结构。

二、对规范规定的理解

1. 我国现行有关标准对高层建筑的定义:

1)《民用建筑设计通则》GB 50352 规定:10 层及 10 层以上的住宅建筑和建筑高度(注意:此处应理解为房屋高度)大于 24m 的其他民用建筑(不含单层公共建筑)为高层建筑。

2)《高层民用建筑设计防火规范》GB 50045 规定:10 层及 10 层以上的居住建筑和建筑高度(注意:此处也应理解为房屋高度)超过 24m 的公共建筑为高层建筑。

2.《高规》适用以下两种情况:

1)10 层及 10 层以上或房屋高度超过 28m 的<u>住宅建筑结构</u>。

有的住宅建筑的层高较大(如目前较为流行的 loft 住宅),其层数虽然不到 10 层,但房屋总高度已超过 28m,这些住宅建筑结构仍应按本规程进行结构设计。

2)房屋高度大于 24m 的其他高层民用建筑结构。

高度大于 24m 的其他高层民用建筑结构是指办公楼、酒店、综合楼、商场、会议中心、博物馆等高层民用建筑,这些建筑中有的层数虽然不到 10 层,但层高比较高,建筑内部的空间比较大,变化也多。对于高度大于 24m 的体育场馆、航站楼、大型火车站等大跨度空间结构等,其结构设计应参考《高规》的有关规定,并符合国家现行有关标准的要求(注意《抗震规范》第 10 章的相关规定)。

3)<u>对高层建筑实行房屋高度和房屋层数双控,并以房屋高度为主,当房屋高度和层数中的一项指标达到上述限制时,即属于高层建筑。当房屋高度和层数虽未达到上述限制,但房屋高度和层数接近规范规定的界限时,也应按高层建筑设计。</u>

3. 大量地震震害及其他自然灾害表明,在危险地段建造房屋和构筑物较难幸免灾祸,在危险地段应避免建造高层建筑。我国没有在危险地段建造高层建筑的工程实践经验,也没有相应的研究成果,<u>避让是上策</u>,因此,在实际工程中采用"避让"原则,明确规定《高规》不适用于建造在危险地段的高层建筑。

三、结构设计建议

1. 对全部为住宅的建筑,按本条规定的 10 层及房屋高度 28m 为界来区分高层建筑与多层建筑。

2. 当建筑使用功能部分为住宅、部分不是住宅(如上部为住宅,下部为商场的商住楼等)时,可按本条规定的房屋高度 24m 为界来区分高层建筑与多层建筑。

3. 其他各类建筑,均可以房屋高度 24m 为界来区分高层建筑与多层建筑。

4. 各本规范对高层建筑的高度表述不完全相同,此处应统一理解为房屋高度(而不采用建筑高度)。房屋高度为室外地面到主要屋面板顶的高度(不包括局部突出屋顶部分)。

四、相关索引

1. 对房屋高度的相关规定可见《抗震规范》第 6.1.1 条,《高规》第 2.1.2 条,对房屋高度的更详细理解可查阅参考文献 [30]。

2. 结构类型及其适用的房屋高度见《高规》第 3.3.1 条、第 10.1.3 条、第 11.1.2 条。

3. 对危险地段的划分见《抗震规范》第 4.1.1 条,对发震断裂的避让要求见《抗震规范》第 4.1.7 条。

第 1.0.3 条

一、规范的规定

1.0.3 抗震设计的高层建筑混凝土结构，当其房屋高度、规则性、结构类型等超过本规程的规定或抗震设防标准等有特殊要求时，可采用结构抗震性能设计方法进行分析和论证。

二、对规范规定的理解

1. 随着经济的快速发展，人们对建筑功能及形体的多样性要求也不断提高，超高层建筑、平面及立面非常复杂的非常规建筑不断出现，为实现建筑构想，要求结构设计针对工程的特殊情况，采取有效的结构措施。实际工程中，针对超高层建筑及具有多种不规则情况的特殊建筑，制定相应的抗震性能目标，及为实现设定的抗震性能目标所采取的有效措施，这就是抗震性能化设计。

2. 近年来，结构抗震性能化设计已在我国超限高层建筑结构抗震设计中广泛采用，积累了不少经验。国际上，日本从 1981 年起已将基于性能的抗震设计原理用于高度超过 60m 的高层建筑。美国从 20 世纪 90 年代陆续提出了一些有关抗震性能设计的文件（如 ATC40、FEMA356、ASCE41 等），近几年有关州市的重要机构发布了新建高层建筑（高度超过 160 英尺，约 49m）采用抗震性能设计的指导性文件，如：“洛杉矶地区高层建筑抗震分析和设计的另一种方法”——洛杉矶高层建筑结构设计委员会（ATBSDC）2008 年；“使用非规范传统方法的新建高层建筑抗震设计和审查的指导准则”——北加利福尼亚结构工程师协会（SEAONC）2007 年 4 月为旧金山市建议的行政管理公报。2008 年美国“国际高层建筑及都市环境委员会（CTBUH）”发表了有关高层建筑（高度超过 50m）抗震性能设计的建议。

3. 高层建筑采用抗震性能设计已形成一种发展趋势。正确应用性能设计方法将有利于判断高层建筑结构的抗震性能，有针对性地加强结构的关键部位和薄弱部位，为发展安全、适用、经济的结构方案提供创造性的空间。

4. 本条规定仅针对有特殊要求且难以直接按《高规》规定的常规设计方法进行抗震设计的高层建筑结构，提出可采用抗震性能设计方法进行分析和论证。规定中提出的房屋高度、规则性、结构类型、场地条件或抗震设防标准等有特殊要求的高层建筑混凝土结构，主要包括以下几种情况：

1）“超限高层建筑结构”（见附录 F，住房和城乡建设部发布的“超限高层建筑工程抗震设防专项审查技术要点”）。

2）虽不属于“超限高层建筑结构”，但由于其结构类型或局部结构布置的复杂性，难以直接按《高规》的常规方法进行设计的工程。

3）位于高烈度区（8 度、9 度）的甲、乙类设防标准的工程或处于抗震不利地段，出现难以确定抗震等级或难以直接按《高规》的常规方法进行设计的工程。

5. 高层建筑的超限审查，是针对具体工程的审查，属于一事一议（一工程一审）制，其审查的基本原则相同，所采取的抗震措施具有一定的参考性，但不同工程不具复制性。

6. 超限审查文件的编制，应遵循工程所在地（省、自治区、直辖市）抗震超限审查文件的编制要求。当工程所在地对抗震超限审查文件没有具体要求时，可按住房和城乡建设部发布的"超限高层建筑工程抗震设防专项审查技术要点"（见附录 F）的要求编制。

7. 超限审查一般适用于高层建筑和超高层建筑，对特别复杂的多层建筑可参考超限高层建筑结构的抗震设计原则，进行工程的抗震专项审查。

三、相关索引

1.《抗震规范》关于抗震性能化设计的相关规定见其第 3.10 节。

2.《高规》关于抗震性能化设计的相关规定见其第 3.11 节。

3. "超限高层建筑工程抗震设防专项审查技术要点"见附录 F。

第 1.0.4 条

一、规范的规定

1.0.4 高层建筑结构设计中应注重概念设计，重视结构的选型和平面、立面布置的规则性，加强构造措施，择优选用抗震和抗风性能好且经济合理的结构体系。在抗震设计时，应保证结构的整体抗震性能，使整体结构具有必要的承载能力、刚度和延性。

二、对规范规定的理解

1. 高层建筑结构设计应特别注重概念设计。应注重平面、立面的规则性问题，注意竖向荷载的传力途径问题，抗侧力体系问题（非地震区建筑的抗风问题、地震区建筑的抗风及地震作用问题等）。对抗震设计的高层建筑结构，概念设计尤为重要。

2. 抗震设计主要应包括：概念设计、抗震计算（是对地震作用的定量分析，包括荷载计算、地震作用计算和抗力计算等）和抗震措施（包括抗震构造措施）。概念设计和构造措施是抗震设计的中心内容，在《抗震规范》和《高规》中均有明确的要求。非抗震设计的建筑同样存在抗风设计等相关问题，其设计原则与抗震设计相同。

3. 什么是抗震概念设计

抗震概念设计就是把地震及其影响的不确定性和规律性结合起来，设计时应着眼于结构的总体反应，依据结构破坏机制和破坏过程，灵活运用抗震设计准则，从一开始就全面合理地把握好结构设计的本质问题（如把握好总体布置、结构体系、承载能力与刚度分布、结构延性等），顾及关键部位的细节，力求消除结构中的薄弱环节（或对关键部位制定明确的抗震性能目标），从根本上保证结构的抗震性能。

4. 为什么要进行抗震概念设计

1）实际地震的不可预知性

（1）实际地震的大小是现有科学水平难以准确预估的，虽然在确定烈度区划图时尽量体现了科学性、准确性，但由于可供统计分析的历史地震资料有限，在一定地区发生超过设防烈度的地震是完全有可能的（汶川地震、玉树地震等均是发生在设防烈度较低地区的强烈地震），到目前为止，人类对地震的预测及研究还远未达到能称之为科学的水平，只能称其为艺术。

（2）同一建筑场地地面运动的不确定性，不同性质的地面运动对建筑的破坏作用也不相同。地震动随震源机制、震级大小、震中距（建筑物与震源的距离，有远震中距和近震中距之分，即远震和近震）和传播途径中土层性质不同等多种因素而变化。

2）抗震设计的"三水准"设防目标及两阶段设计过程的要求

（1）"小震不坏、中震可修、大震不倒"是基本的抗震设防目标。

（2）所有结构的抗震设计（地震作用计算及结构构件的承载力抗震验算），应能满足第一水准（即"小震不坏"）要求。

（3）对大多数结构需要通过概念设计和抗震构造措施来满足第二、第三（"中震可修、大震不倒"）的设防要求，即通过结构的延性来耗散地震能量（如图 1.0.4-1 所示）。

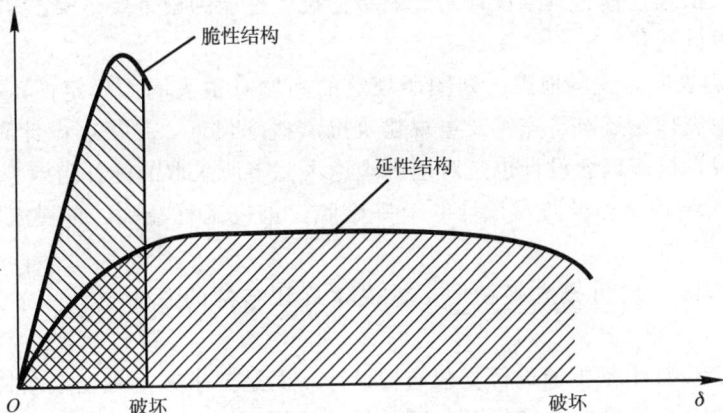

图 1.0.4-1　结构的耗能

（4）对强烈地震时易倒塌的结构、有明显薄弱层的不规则结构（如特别不规则结构等）及其他有特殊要求的建筑，则更需要抗震概念设计来进行结构薄弱部位的弹塑性层间变形验算，并采取相应的抗震构造措施，以实现第二、第三水准的设防要求。

5. 抗震概念设计应把握的重点问题

1）体系问题是结构设计应把握的头等重要的问题，应注意体系的合理性问题，优先采用抗震能力强、延性好、耗能能力强、便于施工的具有多道防线的结构体系（如采用设置耗能连梁的剪力墙结构、框架-剪力墙、框架-筒体结构等，避免采用抗震能力较低的板柱-剪力墙结构、框架结构，尤其是单跨框架结构等），注意对承载力和刚度及延性的合理把握。采用合理的地基基础方案。

2）结构布置问题，应采用概念清晰、传力路径明确的结构布置，避免造成结构扭转、平面和立面的里出外进、竖向传力构件的间断等其他不规则。注意把握剪力墙的合理间距问题、结构的协同工作问题、上部结构与地基基础的协调变形问题等。

3）结构抗震设计的关键部位，注意对结构体系的关键部位、结构构件等关键部位的把握，实现"强剪弱弯、强柱弱梁、强节点弱杆件及强柱根"的设计理念。注意对加强部位（竖向构件的加强部位、楼面结构的加强部位、地基基础的加强部位等）的把握。

6. 如何做好抗震概念设计

1）抗震概念设计应依托抗震设计的基本理论、清晰的力学概念，应注重对地震灾害的调查及对地震经验的总结，注意发现并改进抗震设计方法，注重抗震设计实效。

2）抗震概念设计要求结构设计人员，依据在学习和工程实践中所建立的正确概念，运用正确的思考和判断力，正确和全面地把握结构的整体性能，并依据对结构特性（如承载能力、变形能力、耗能能力等）的正确把握，合理确定结构的总体布置与细部构造。

3）抗震设计应考虑地震及其影响的不确定性和相关规律性，尽管地震影响具有不确定性，但震害调查分析表明地震也具有一定的规律性：

（1）一般情况下，震级大、震中距小时，对较刚性建筑物的破坏大；当震级大、震源深时，对远距离较柔性的建筑物影响大。

（2）场地条件（场地类别和覆盖层厚度等）也直接影响结构地震作用效应的大小。

4）由于地震的不确定性和地震作用效应的复杂性以及计算模型与实际情况的差异，抗震设计不能仅依赖计算。概念设计是影响结构抗震性能的最重要因素。

三、结构设计建议

1. 历次地震表明，我国地震区划图所规定的烈度有很大的不确定性，抗震设计还处在摸索阶段，地震理论还有待完善。重视建筑抗震概念设计，是抗震设计应把握的要点。从某种意义上说，抗震概念设计也是对地震理论不完善所采取的弥补措施。

2. 地震是对结构抗震设防及设计的最好检验，重视工程经验，重视震害分析，对把握抗震设计的意义重大。

3. 结构抗震设计应<u>重概念轻精度</u>，重视建筑和结构的总体布置，完善结构的细部构造。

4. 结构概念设计不是拒绝进行复杂结构设计，而是要求在处理复杂结构设计时明确：什么是结构设计的最佳选择？采用不合理的结构方案或结构布置可能会带来什么样的后果？需要采取哪些补救或加强措施，并对这些措施的合理性和有效性作出客观的评价，以保证结构性能目标的实现，确保房屋安全。结构概念设计不是指手画脚的空洞说教，而是具有丰富内涵的实实在在的工作。

5. 应特别注意结构体系问题，避免采用合法但不合理的结构体系，如当房屋高度接近表 3.3.1-1 中框架结构房屋的最大适用高度时，仍采用框架结构体系。震害表明：框架结构的侧向刚度较小，整体性较差，结构的抗震性能较差，甚至低于约束砌体房屋的抗震性能，因此，应严格限制框架结构房屋的实际使用高度，尤其在高烈度地区。应采用抗震性能较好的框架-剪力墙结构或设置适量剪力墙，以改善框架结构的抗震性能。

四、相关索引

1.《抗震规范》中抗震概念设计的相关内容见其第 3.4 节和第 3.5 节。

2.《高规》中抗震概念设计的相关内容见其第 3.4 节和第 3.5 节。

3. 关于框架和剪力墙组成的结构体系，相关设计规定可分别见《抗震规范》第 6.1.3 条、《高规》第 8.1.3 条等。

4. 关于抗震概念设计的更多详细内容可查阅参考文献 [30] 第 1.0.1 条。

第 1.0.5 条

一、规范的规定

1.0.5　高层建筑混凝土结构设计与施工，除应符合本规程外，尚应符合国家现行有关标准的规定。

二、对规范规定的理解

1. 对高层建筑混凝土结构，《高规》只是其中的一本规范，设计及施工过程中应遵循国家现行有关标准的规定，如：《荷载规范》、《抗震规范》、《混凝土规范》、《地基规范》、《桩基规范》、《筏基规范》及其他设计和验收规范。

2. 当相关规范的规定不完全一致时，应根据工程的具体情况经专门研究后确定。

3. 实际工程中常有读者询问，高层建筑结构设计是否可只执行《高规》而不执行其他规范，其实《高规》只是对高层建筑结构设计与施工的特殊规定，其他内容仍需执行相关规范（如：基础设计时，还需要执行《地基规范》、《桩基规范》、《筏基规范》及《混凝土规范》等规范的相关规定）。而所有规范一般都在总则中对此作出专门规定，结构设计时应予以足够的重视。

4. 施工质量关系到结构安全，设计与施工密不可分，<u>结构设计人员应了解《高规》第 13 章的内容</u>，应特别注意对施工过程的了解，把握施工的难点和关键点，有能力及时解决工程施工过程中遇到的实际问题。

2 术语和符号

说明:

正确理解规范术语有利于建立清晰的结构概念,理解并执行规范的相关规定。

第 2.1.1 条

一、规范的规定

2.1.1 高层建筑 tall building,high-rise building

10 层及 10 层以上或房屋高度大于 28m 的住宅建筑和房屋高度大于 24m 的其他高层民用建筑。

二、对规范规定的理解

1. 从房屋层数和房屋高度上对高层建筑给出量化指标,这里房屋层数属于参考指标,而房屋高度为主要判别指标。这里的房屋层数"10 层及 10 层以上"专指住宅建筑的层数,即住宅建筑实行层数和房屋高度双控,且以房屋高度控制为主,层数控制为辅。对其他建筑则以房屋高度(24m)控制。

2. 不属于"高层建筑",但房屋高度接近本条规定(接近的程度可按本条规定房屋高度的 80%~90%,或 20m 把握)时,也可参照执行《高规》的相关规定。

三、相关索引

1. 对"高层建筑"的判定可参见第 1.0.2 条。

2. 对"房屋高度"的理解见第 2.1.2 条。

第 2.1.2 条

一、规范的规定

2.1.2 房屋高度 building-height

自室外地面至房屋主要屋面的高度,不包括突出屋面的电梯机房、水箱、构架等高度。

二、对规范规定的理解

1. 房屋高度与结构的计算高度不同,房屋高度与室外地面位置和主要屋面板的板顶或檐口高度有关,不随结构嵌固部位的变化而改变。

2. 对檐口处未设置水平楼板的钢筋混凝土坡屋面(局部突出的坡屋面除外),其房屋高度在屋顶层的计算位置(高度),可参照《抗震规范》第 7.1.2 条的规定,计算至坡屋面高度的 1/2 处。

3. 对"主要屋面"的理解见《抗震规范》第 6.1.1 条,对房屋高度及主要屋面的更详细理解可查阅参考文献[30]。

第 2.1.3 条

一、规范的规定

2.1.3　框架结构　frame structure

由梁和柱为主要构件组成的承受竖向和水平作用的结构。

二、对规范规定的理解

1. 设置少量剪力墙的框架结构也属于框架结构。

2. 设置少量剪力墙的框架结构见《抗震规范》第6.1.3条。

3. 对少量剪力墙的框架结构的判别见《高规》第8.1.3条。

第 2.1.4 条

一、规范的规定

2.1.4　剪力墙结构　shearwall structure

由剪力墙组成的承受竖向和水平作用的结构。

二、对规范规定的理解

1. 设置少量框架的剪力墙结构也属于剪力墙结构。

2. 对少量框架的剪力墙结构的判别见《高规》第8.1.3条。

第 2.1.5 条

一、规范的规定

2.1.5　框架-剪力墙结构　frame-shearwall structure

由框架和剪力墙共同承受竖向和水平作用的结构。

二、对规范规定的理解

1. 框架-剪力墙结构由框架和剪力墙组成，且由剪力墙作为主要抗侧力构件（承受大部分结构底部倾覆力矩），框架作为次要的抗侧力结构（承受小部分结构底部倾覆力矩并主要承担结构的重力荷载），框架和剪力墙组成二道防线结构体系，剪力墙作为第一道防线承担主要的水平作用，框架作为二道防线，防止结构在大震下的倒塌。

2. 框架-剪力墙结构应根据底部（复杂结构可取底部加强部位）倾覆力矩的比值确定，框架-剪力墙结构承担的结构底部倾覆力矩比见《高规》第8.1.3条。

3. 在框架-剪力墙结构中，剪力墙可以是单片墙，墙与墙之间的相互联系差，结构的整体性也差，一般需要设置边框柱和边框梁，形成带边框的剪力墙，提高墙体的稳定性，加大结构的整体性。

三、相关索引

对框架-剪力墙结构的判别见《高规》第8.1.3条。

第 2.1.6 条

一、规范的规定

2.1.6　板柱-剪力墙结构　slab-column shearwall structure

由无梁楼板和柱组成的板柱框架与剪力墙共同承受竖向和水平作用的结构。

11

二、对规范规定的理解

在板柱-剪力墙结构中，剪力墙是主要抗侧力结构，依据《抗震规范》第6.6.3条的规定，对房屋高度超过12m的板柱-剪力墙结构，剪力墙应承担全部地震作用，相应地各层板柱和框架应能承担不小于本层地震剪力的20%。

三、相关索引

1.《抗震规范》对板柱-剪力墙结构的相关规定见其第6.6节。

2.《高规》对板柱-剪力墙结构的相关规定见其第8章。

3. 对板柱-剪力墙结构的更详细理解可查阅参考文献［30］第6.6.1条。

第 2.1.7 条

一、规范的规定

2.1.7　筒体结构 tube structure

由竖向筒体为主组成的承受竖向和水平作用的建筑结构。筒体结构的筒体分剪力墙围成的薄壁筒和由密柱框架或壁式框架围成的框筒等。

二、对规范规定的理解

筒体结构除包括框架-核心筒结构、筒中筒结构外，还包括框筒结构（由密柱框架组成的筒体结构）及束筒结构等，《高规》涉及的筒体结构主要包含框架-核心筒结构和筒中筒结构。

第 2.1.8 条

一、规范的规定

2.1.8　框架-核心筒结构　frame-corewall structure

由核心筒与外围的稀柱框架组成的筒体结构。

二、对规范规定的理解

1. 框架-核心筒结构对框架和核心筒的布置有特殊的要求：

1）在楼层平面周边框架柱之间应设置成有梁框架，内部少数以承受竖向荷载为主的柱之间可不设梁。

2）剪力墙应围成筒，一般设置在建筑平面的中部（筒体剪力墙在平面边角部时，不能认为是核心筒剪力墙，如图2.1.8-1所示），核心筒可以是单个核心筒，也可以是多个核心筒，当为两个核心筒时，常称之为框架-双核心筒结构（如图2.1.8-2所示）。

2. 为确保框架-筒体结构中框架的二道防线功能，框架部分按框架-核心筒结构计算的，各楼层地震剪力的最大值不宜小于结构底部总地震剪力的10%，相关规定可见《抗震规范》第6.7.1条。

三、相关索引

1.《抗震规范》对框架-核心筒结构的相关规定见其第6.7节。

2.《高规》对框架-核心筒结构的相关规定见其第9.2节。

3. 对框架-核心筒结构的更详细理解可查阅参考文献［30］第6.7.1条。

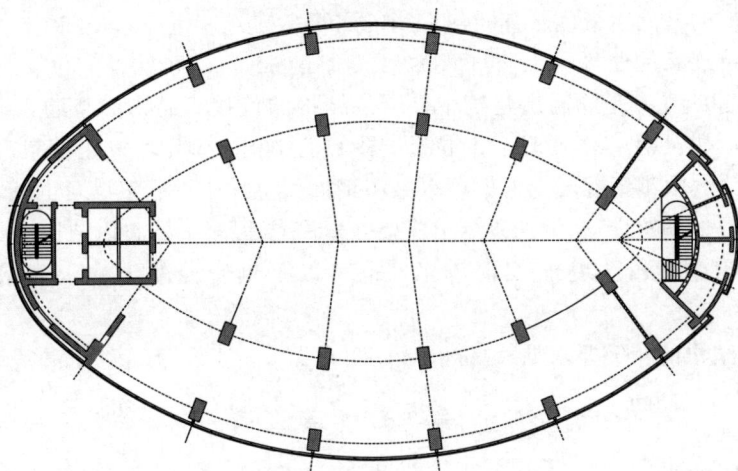

图 2.1.8-1 筒体剪力墙在平面边角部时，不是核心筒剪力墙

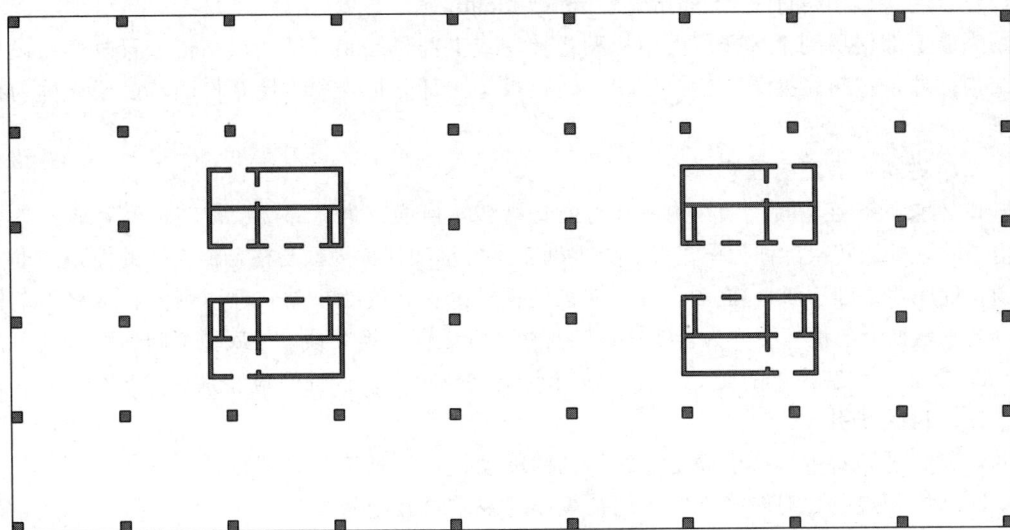

图 2.1.8-2 框架-双核心筒结构

第 2.1.9 条

一、规范的规定

2.1.9 筒中筒结构 tube in tube structure

由核心筒与外围框筒组成的筒体结构。

二、对规范规定的理解

筒中筒结构的空间受力性能与核心筒及外围框筒的平面形状和大小等因素有关，相关规定见《高规》第 9.3 节。

第 2.1.10 条

一、规范的规定

2.1.10 混合结构 mixed structure，hybrid structure

由钢框架（框筒）、型钢混凝土框架（框筒）、钢管混凝土框架（框筒）与钢筋混凝土核心筒体所组成的共同承受水平和竖向作用的建筑结构。

二、对规范规定的理解

1. 在高层建筑尤其是超高层建筑中，混合结构的使用正越来越普遍，混合结构体系也越来越灵活，如：钢框架（框筒）-混凝土核心筒结构、型钢混凝土框架（框筒）-混凝土核心筒结构（其中型钢混凝土框架可以是型钢混凝土柱＋钢框架梁，也可以是型钢混凝土柱＋型钢混凝土框架梁）、钢管混凝土框架（框筒）-混凝土核心筒结构（其中钢管混凝土框架可以是钢管混凝土柱＋钢框架梁，也可以是钢管混凝土柱＋型钢混凝土框架梁）等。

2. 对混合结构的相关要求见《高规》第 11 章。

第 2.1.11 条

一、规范的规定

2.1.11 转换结构构件 structural transfer member

完成上部楼层到下部楼层的结构型式转变或上部楼层到下部楼层结构布置改变而设置的结构构件，包括转换梁、转换桁架、转换板等。部分框支剪力墙结构的转换梁亦称为框支梁。

二、对规范规定的理解

1. 对梁式转换，转换结构构件分为框支梁和转换梁，当上部楼层被转换的竖向构件为剪力墙时，则该转换梁称为框支梁（支承框支梁的框架柱称为框支柱，框支柱的柱顶同框支梁顶，柱底在基础顶面），而当上部楼层被转换的竖向构件为框架柱时，则该转换梁称为转换梁（支承转换梁的框架柱称为转换柱，转换柱的柱顶同转换梁顶，柱底在基础顶面）。

2. 框支梁和转换梁的受力特性及设计要求差异很大，设计时应特别注意区分。

三、相关索引

1.《高规》对带转换层高层建筑结构的相关规定见其第 10.2 节。

2.《抗震规范》对转换层结构的抗震设计要求见其附录 E。

第 2.1.12 条

一、规范的规定

2.1.12 转换层 transfer story

设置转换结构构件的楼层，包括水平结构构件及其以下的竖向结构构件。

二、对规范规定的理解

转换层是转换结构的关键楼层，设置转换层的高层建筑属于复杂高层建筑，框支转换层位置较高时，应进行抗震专项审查或超限审查。

第 2.1.13 条

一、规范的规定

2.1.13 加强层 story with outriggers and/or belt members

设置连接内筒与外围结构的水平伸臂结构（梁或桁架）的楼层，必要时还可沿该楼层外围结构周边设置带状水平桁架或梁。

二、对规范规定的理解

1. 在框架-核心筒结构中，当结构的侧向刚度不满足设计要求（主要表现为结构的楼层层间最大位移与层高的比值，不满足表3.7.3的要求）时，设置加强层加强核心筒与周边框架的联系，提高结构的整体刚度。

2. 加强层的伸臂构件强化了内筒与周边框架的联系，而内筒和外框架的竖向变形差将导致水平伸臂构件产生很大的次应力。设置加强层将导致结构刚度的突变、导致结构内力的突变以及结构整体传力途径的改变。

3. 加强层的设置，应避免引起结构侧向刚度的过大变化，尽量设置多个有限侧向刚度的加强层，实现结构侧向刚度的平稳变化。

三、相关索引

《高规》对带加强层高层建筑结构的相关规定见其第10.3节。

第 2.1.14 条

一、规范的规定

2.1.14　连体结构　towers linked with connective structure（s）

除裙楼以外，两个或两个以上塔楼之间带有连接体的结构。

二、对规范规定的理解

1. 多个塔楼（两个及两个以上）在裙房顶以上有连接体的结构称之为连体结构。

2. 连体结构的各独立部位（塔楼）体型、平面布置及刚度应相近。

3. 对于低位连接体，一般可采用刚性连接或滑动连接（由于楼层不高，滑移量不大）；对高位连接一般可采用刚性连接。

三、相关索引

《高规》对连体结构的相关规定见其第10.5节。

第 2.1.15 条

一、规范的规定

2.1.15　多塔楼结构　multi-tower structure with a common podium

未通过结构缝分开的裙楼上部具有两个或两个以上塔楼的结构。

二、对规范规定的理解

1. 多塔楼结构指在结构嵌固部位以上，同一裙楼结构单元上部具有两个或两个以上塔楼的结构。

2. 在地面以上裙房将两个或多个塔楼连接在一起时，就属于多塔楼结构。

3. 一般情况下，仅地下室连为整体的多塔楼结构，可不认定为《高规》第10.6节规定的复杂结构，但地下室顶板设计应考虑多塔楼的影响，除满足嵌固端楼板的要求外，还应符合《高规》第10.6节的相关设计规定。当地下室顶板不能作为上部结构嵌固部位（或嵌固部位为某一区域）时，应区分不同情况对上部结构进行包络设计（更详细问题见第10.6.3条）。

三、相关索引

《高规》对多塔楼结构的相关规定见其第10.6节。

第 2.1.16 条～第 2.1.18 条

一、规范的规定

2.1.16 结构抗震性能设计 performance-based seismic design of structure

以结构抗震性能目标为基准的结构抗震设计。

2.1.17 结构抗震性能目标 seismic performance objectives of structure

针对不同的地震地面运动水准设定的结构抗震性能水准。

2.1.18 结构抗震性能水准 seismic performance levels of structure

对结构震后损坏状况及继续使用可能性等抗震性能的界定。

二、对规范规定的理解

1. 抗震性能设计依据的是抗震设计基本理论、抗震设计概念及工程经验。针对复杂工程及复杂部位，提出高于规范基本抗震要求的抗震性能目标，并针对具体目标采取有效的抗震措施予以实现，是解决复杂结构设计问题的最有效手段，也是超限高层建筑设计的重要方法之一。

2. 抗震性能设计可以针对整个结构制定抗震性能目标，也可以针对某一具体部位或构件制定相应的抗震性能目标，其抗震性能目标设置灵活，具有很强的针对性。

三、相关索引

1. 《高规》对抗震性能设计的相关规定见其第 3.11 节。

2. 《抗震规范》对抗震性能设计的相关规定见其第 3.10 节。

3 结构设计基本规定

说明：

本章对高层建筑结构设计提出了结构设计的基本要求，高层建筑的最大适用高度要求、复杂程度限制要求以及突破这些限制规定时的超限审查要求，同时提出了 B 级高度钢筋混凝土高层建筑结构的设计规定以及特一级抗震等级的结构设计要求及构造措施。

3.1 一 般 规 定

要点：

本节规定高层建筑结构的总体要求，属于定性的概念设计的内容，也是高层建筑结构设计的最重要的要求。

第 3.1.1 条

一、规范的规定

3.1.1 高层建筑的抗震设防烈度必须按照国家规定的权限审批、颁发的文件（图件）确定。一般情况下，抗震设防烈度应采用根据中国地震动参数区划图确定的地震基本烈度。

二、对规范规定的理解

1. 全国各主要城市（镇）的抗震设防烈度可依据《抗震规范》附录 A 的规定确定。抗震设防烈度是一个地区的抗震设防依据，一般不可改变（不能随意提高或降低），一般情况下，取 50 年内超越概率 10% 的地震烈度（6、7、8、9 度及相应的设计基本地震加速度 $0.05g$、$0.10g$、$0.15g$、$0.20g$、$0.30g$ 和 $0.40g$）。

2. 建筑的抗震设防标准，应依据《建筑工程抗震设防分类标准》GB 50223 及《抗震规范》和《高规》的相关规定进行调整。

3. 结构设计时，应准确把握抗震设防烈度和抗震设防标准。

三、相关索引

《抗震规范》的相关规定见其第 2.1.1 条。

第 3.1.2 条

一、规范的规定

3.1.2 抗震设计的高层混凝土建筑应按现行国家标准《建筑工程抗震设防分类标准》GB 50223 的规定确定其抗震设防类别。

注：本规程中甲类建筑、乙类建筑、丙类建筑分别为现行国家标准《建筑工程抗震设防分类标准》GB 50223 中特殊设防类、重点设防类、标准设防类的简称。

二、对规范规定的理解

1. 根据高层建筑的重要性，按《分类标准》对高层建筑的地震作用、抗震措施、抗震构造措施进行调整，一般情况下（甲类建筑、Ⅰ类场地的丁类建筑除外），对乙、丙、丁类建筑，其地震作用不调整，抗震措施尤其是抗震构造措施，应根据房屋高度、结构形式（注意对框架-剪力墙结构的把握）、场地条件（注意Ⅰ、Ⅲ、Ⅳ类场地的影响）等进行相应的调整（见表 3.1.2-1、表 3.1.2-2）。

表 3.1.2-1　不同抗震设防类别建筑的抗震设防标准

建筑类别	确定地震作用时的设防标准				确定抗震措施时的设防标准			
	6 度	7 度	8 度	9 度	6 度	7 度	8 度	9 度
甲类建筑	高于本地区设防烈度的要求，其值应按批准的地震安全性评价结果确定				7	8	9	9+
乙类建筑	6	7	8	9	7	8	9	9+
丙类建筑	6	7	8	9	6	7	8	9
丁类建筑	6	7	8	9	6	6	7	8

表 3.1.2-2　确定结构抗震措施时的设防标准

抗震设防类别	本地区抗震设防烈度		确定抗震措施时的设防标准				
			Ⅰ类场地		Ⅱ类场地	Ⅲ、Ⅳ类场地	
			抗震措施	构造措施	抗震措施	抗震措施	构造措施
甲类建筑乙类建筑	6 度	0.05g	7	6	7	7	7
	7 度	0.10g	8	7	8	8	8
		0.15g	8	7	8	8	8+
	8 度	0.20g	9	8	9	9	9
		0.30g	9	8	9	9	9+
	9 度	0.40g	9+	9	9+	9+	9+
丙类建筑	6 度	0.05g	6	6	6	6	6
	7 度	0.10g	7	6	7	7	7
		0.15g	7	6	7	7	8
	8 度	0.20g	8	7	8	8	8
		0.30g	8	7	8	8	9
	9 度	0.40g	9	8	9	9	9
丁类建筑	6 度	0.05g	6	6	6	6	6
	7 度	0.10g	6	6	6	6	6
		0.15g	6	6	6	6	7
	8 度	0.20g	7	7	7	7	7
		0.30g	7	7	7	7	8
	9 度	0.40g	8	8	8	8	8

2. 《抗震规范》、《分类标准》对建筑的设防烈度有明确的规定，其他相关部门也有专门规定：

1）国家地震局在"关于学校、医院等人员密集场所建设工程抗震设防要求确定原则的通知"（中震防发［2009］49号，详附录A）中，对学校（包括幼儿园、小学、中学）的教学用房以及学生宿舍和食堂，医院主要建筑（包括门诊、医技、住院等用房），应适当提高地震动峰值加速度（特征周期分区不作调整），相关调整要求见表3.1.2-3。

表 3.1.2-3 国家地震局对学校、医院建筑的地震作用调整要求

地震分区	<0.05g	0.05g	0.10g	0.15g	0.20g	0.30g	≥0.40g
调整后的地震作用	0.05g	0.10g	0.15g	0.20g	0.30g	0.40g	不调整

2）山东省人民政府第207号令（详见附录D）中规定：将位于地震动参数0.05g区内的学校（注意：此处的学校，应理解为幼儿园、小学和中学，关注的是中、小学生的逃生自救能力，对大学建筑可不提高）、医院、商场等人员密集场所建筑工程的抗震设防要求提高至0.10g以上。

3）住房和城乡建设部建设标准定额司"关于学校、医院等人员密集场所抗震设防的复函"（见附录E）中指出：现行的《分类标准》、《抗震规范》要求"学校、医院等人员密集场所建筑工程"应按"高于当地房屋建筑的抗震设防要求进行设计和施工"，即抗震设防要求不低于重点设防类，并给出了相应的定量要求，以及如何达到这些要求的技术措施，是学校、医院等人员密集场所建设工程实现抗震设防目标的技术依据。

3. 现阶段，应执行住房和城乡建设部建设标准定额司"关于学校、医院等人员密集场所抗震设防的复函"的规定（即可不执行国家地震局的规定、但应注意，当地震局参与工程审查时，应事先沟通），当工程所在地的地方人民政府有特殊规定（如山东省）时，还应执行相应的规定。

三、相关索引

1.《抗震规范》的相关规定见其第3.1.1条和第3.3.3条。

2. 更多详细问题可查阅参考文献［30］第3.1.1条和第3.3.3条。

第 3.1.3 条

一、规范的规定

3.1.3 高层建筑混凝土结构可采用框架、剪力墙、框架-剪力墙、板柱-剪力墙和筒体结构等结构体系。

二、对规范规定的理解

1. 高层建筑的结构体系，应根据房屋高度、高宽比、抗震设防类别、抗震设防烈度、场地条件、结构材料等确定。剪力墙结构（抗侧刚度大，连梁可作为主要的耗能构件）、框架-剪力墙结构和筒体结构（多道防线结构体系）等可以作为地震区高层建筑结构的首选结构体系。在地震区，对框架结构、板柱-剪力墙结构，当房屋高度较高时应慎用。

2. 当房屋高度不高、层数不多时，可考虑采用框架结构；当房屋较高且设防烈度较高时，应尽量采用框架-剪力墙结构、剪力墙结构及筒体结构。

3. 震害调查表明：框架结构的抗震性能较差，地震区高层建筑，当房屋高度较高时，应避免采用框架结构，宜采用抗震性能较好的框架-剪力墙结构，必须采用框架结构时，也应设置适当数量的剪力墙，以提高结构的抗震性能。

4. 地震区高层建筑，当采用板柱-剪力墙结构时，应从严控制房屋高度。

三、相关索引

1.《高规》对框架和剪力墙组成的结构体系的划分原则，见其第 8.1.3 条。

2.《抗震规范》对少量剪力墙的框架结构的相关规定，见其第 6.1.3 条。

第 3.1.4 条

一、规范的规定

3.1.4 高层建筑不应采用严重不规则的结构体系，并应符合下列规定：

1. 应具有必要的<u>承载能力、刚度和延性</u>；

2. 应避免因部分结构或构件的破坏而导致整个结构丧失承受重力荷载、风荷载和地震作用的能力；

3. 对可能出现的薄弱部位，应采取有效地加强措施。

二、对规范规定的理解

1. 承载力、刚度和延性是高层建筑结构关注的重点（也是结构抗震设计的要点）。

2. 本条第 2 款要求高层建筑结构，应避免因局部结构或构件的破坏引起整个结构的连续倒塌，强调承受重力荷载、风荷载和地震作用的能力。

3. 薄弱层是导致弹塑性变形集中的根源，本条第 3 款要求对薄弱层应采取切实有效的措施，以适当提高薄弱层的承载力水平，并改善刚度突变的状况，提高薄弱层的延性。

4. 规则结构一般指：体型（平面和立面）规则，结构平面布置均匀、对称并具有较好的抗扭刚度；结构竖向布置均匀，结构的刚度、承载力和质量分布均匀、无突变。

5. 要求结构方案完全规则往往是比较困难的，实际工程中不规则情况较为常见，有时还会出现平面和竖向同时不规则的情况。《高规》第 3.4.3 条～第 3.4.7 条对结构平面布置的不规则性提出了限制条件；第 3.5.2 条～第 3.5.7 条对结构竖向布置的不规则性提出了限制条件。

6. 当结构方案中不规则项较少（即：仅有个别项目超过了《高规》规定"不宜"的限制条件）时，此结构虽属不规则结构，但仍可按《高规》的有关规定进行计算和采取相应的构造措施。

7. 当结构方案中有多项不规则（即：多项超过了《高规》规定"不宜"的限制条件）时，此结构属特别不规则结构，应尽量避免，并采取比《高规》有关规定更严格的措施。

1）参考"超限高层建筑工程抗震设防专项审查技术要点"（见附录 F），属于下列两项情况之一者，即为特别不规则。

（1）同时具有表 3.1.4-1 中三项及以上一般不规则时，应进行超限审查。

表 3.1.4-1 同时具有下列三项及以上一般不规则的高层建筑工程（不论房屋高度是否大于表 3.3.1-1）

序号		不规则类型	简要涵义	备注
1	a	扭转不规则	考虑偶然偏心的扭转位移比大于 1.2	参见《抗震规范》GB 50011-3.4.3
	b	偏心布置	偏心率大于 0.15 或相邻层质心相差大于相应边长 15%	参见《高层民用建筑钢结构技术规程》JGJ 99-3.2.2

续表 3.1.4-1

序号		不规则类型	简要涵义	备注
2	a	凹凸不规则	平面凹凸尺寸大于相应边长30％等	参见《抗震规范》GB 50011-3.4.3
	b	组合平面	细腰形或角部重叠形	参见《高规》JGJ 3-3.4.3
3		楼板不连续	有效宽度小于50％，开洞面积大于30％，错层大于梁高	参见《抗震规范》GB 50011-3.4.3
4	a	刚度突变	相邻层刚度变化大于70％或连续三层变化大于80％	参见《抗震规范》GB 50011-3.4.3
	b	尺寸突变	竖向构件位置缩进大于25％，或外挑大于10％和4m，多塔	参见《高规》JGJ 3-3.5.5
5		构件间断	上下墙、柱、支撑不连续，含加强层、连体类	参见《抗震规范》GB 50011-3.4.3
6		承载力突变	相邻层受剪承载力变化大于80％	参见《抗震规范》GB 50011-3.4.3
7		其他不规则	如局部的穿层柱、斜柱、夹层、个别构件错层或转换	已计入1～6项者除外

按表 3.1.4-1 确定不规则项时，应把握以下原则：

① 深凹进平面在凹口设置联系梁，当其两侧的变形不同时，仍视为凹凸不规则，不按楼板不连续中的开洞对待。凹凸尺寸 L/Bmax 的限值宜按表 3.4.3 确定。

② 序号 a、b 不重复计算不规则项，就是对于表 3.1.4-1 中同一大项的 a、b 项，无论是有 a 或有 b，或 a、b 同时存在，都只统计一项不规则。

③ 局部的不规则，视其位置、数量等对整个结构影响的大小判断是否计入不规则的一项（但无论是否计入不规则项，均应对不规则情况采取相应的结构措施），如：

■ 个别楼层的扭转不规则，应视扭转位移比最大值出现的平面位置和楼层情况，确定是否计算为一项不规则（如当个别楼层或远离主楼的裙房边角部位、其扭转位移比的数值超过 1.2 而不超过 1.35，且结构的层间位移角较小时，可不计算为一项不规则）。

■ 位于平面中部的局部错层，当其周围楼板的整体性强，楼层剪力可以通过错层周围的楼板有效传递时，该错层可不计算为一项不规则。

■ 位于平面中部的局部框支转换，当其转换的范围很小（被转换的墙肢截面面积不大于落地和不落地剪力墙总截面面积的 10％），只要框支部分的设计合理且不致加大扭转不规则及转换层楼板刚度较大时，该局部框支转换可不计算为一项不规则。

■ 位于平面中部的局部托柱转换，当其转换对结构的侧向刚度影响较小时，该局部托柱转换可不计算为一项不规则。

④ 当表 3.1.4-1 中第 7 项不规则，已导致前 1～6 项中的不规则时，第 7 项可不再计算不规则项，如：

■ 因设置穿层柱，已考虑其引起的楼板不连续时，穿层柱的不规则可不计项。

■ 设置斜柱，已考虑其引起的扭转不规则时，设置斜柱的不规则可不计项。

■ 设置夹层或个别构件的错层，已考虑其引起的刚度突变或承载力突变时，设置夹层或个别构件的错层的不规则可不计项。

■ 个别构件的转换，当已考虑其引起的构件间断时，个别构件的转换的不规则可不再计项。

（2）具有表 3.1.4-2 所列的一项及以上特别不规则时，<u>应进行超限审查</u>。

表 3.1.4-2 特别不规则的项目举例（不论房屋高度是否大于表 3.3.1-1)

序号	不规则类型	简要涵义	把握要点
1	扭转偏大	裙房以上有<u>较多楼层</u>，考虑偶然偏心及扭转耦联的扭转位移比大于 1.4	超过 1/3 楼层时可确定为较多楼层
2	抗扭刚度弱	扭转周期比大于 0.9，混合结构扭转周期比大于 0.85	扭转周期比指 T_T/T_1
3	<u>层刚度很小</u>	本层侧向刚度小于相邻上层的 50%	小于 70% 时属于层刚度偏小（软弱层）
4	高位框支转换	框支墙体的转换位置：7 度超过 5 层，8 度超过 3 层	6 度时超过 6 层
5	厚板转换	7～9 度设防的厚板转换结构	—
6	塔楼偏置	单塔质心或多塔合质心与大底盘（主楼及裙房）的质心偏心距大于底盘相应边长的 20%	单塔质心用于单塔楼大底盘结构中，多塔合质心用于多塔楼大底盘结构中
7	复杂连接	各部分层数、刚度、布置不同的错层或连体两端塔楼高度、体型或者沿大底盘某个主轴方向的振动周期显著不同的结构	多数楼层同时前后、左右错层属于复杂连接。仅前后错层或左右错层属于一般不规则
8	多重复杂	同时具有转换层、加强层、错层、连体和多塔等复杂类型中的 3 种	允许同时具有 3 种及 3 种以下

当同一不规则，既可以在表 3.1.4-1 中统计，又可以在表 3.1.4-2 中统计时，只在表 3.1.4-2 中统计，并进行超限审查。

2）对不规则判别，应把握抗震概念设计的基本要素，结合工程具体情况和工程经验灵活确定，应有针对性地采取行之有效的结构措施消除或改善结构的不规则程度，提高结构的抗震性能，而不应把主要精力放在死抠不规则指标的具体数值和不规则项的数量上。

8. 若结构方案的不规则程度超过"特别不规则"的条件较多时，则此结构属严重不规则结构，这种结构方案不应采用，必须对结构方案进行调整。

9. 对可能出现的薄弱部位应采取的"有效措施"见《高规》第 3.5.8 条、第 3.7.4 条、第 3.7.5 条和第 4.3.12 条，及对复杂高层建筑结构的计算和构造措施等。

10. 关于延性问题

1）延性的概念

所谓"延性"是指构件和结构屈服后，具有承载能力不降低（或基本不降低）、且有足够变形能力的一种性能。延性一般用延性比（即塑性变形能力的大小，塑性变形可以耗散地震能量，大部分结构在设防烈度地震作用下都进入弹塑性状态或塑性状态而耗能，结构抗震设计正是利用结构的延性来实现"中震可修"和"大震不倒"的设防目标）来表达，分为构件的延性比和结构的延性比。

2）构件的延性比

对钢筋混凝土构件，当受拉钢筋屈服后，即进入塑性状态，构件刚度降低，变形迅速增加，构件承载力略有增大，当承载力开始降低时即达到极限状态。构件的延性比 μ 是指构件的极限变形（一般指承载力降低 10%～20% 时的变形，如曲率 ϕ_u、转角 θ_u 或挠度 f_u 等）与屈服变形（一般指钢筋屈服时的变形，如 ϕ_y、θ_y、f_y 等）的比值（$\mu_\phi=\phi_u/\phi_y$、$\mu_\theta=\theta_u/\theta_y$、$\mu_f=f_u/f_y$，对应于不同的计算指标，其延性比数值有可能不完全一致，但应在同一水平上）。

3）结构的延性比

对钢筋混凝土结构，当某构件出现塑性铰时，结构开始出现塑性变形，但结构刚度略有降低；随着出现塑性铰的构件增多，结构的塑性变形加大，结构刚度继续降低，出现屈服现象（即结构进入弹塑性变形迅速增大、承载力略有增大的阶段），对应的位移为屈服位移 Δ_y；当整个结构不能维持其承载力，即承载力下降到最大承载力的 $80\%\sim90\%$ 时，对应的位移为极限位移 Δ_u，如图 3.1.4-1 所示。结构的延性比 μ 通常指结构极限顶点位移与屈服顶点位移的比值（$\mu=\Delta_u/\Delta_y$）。

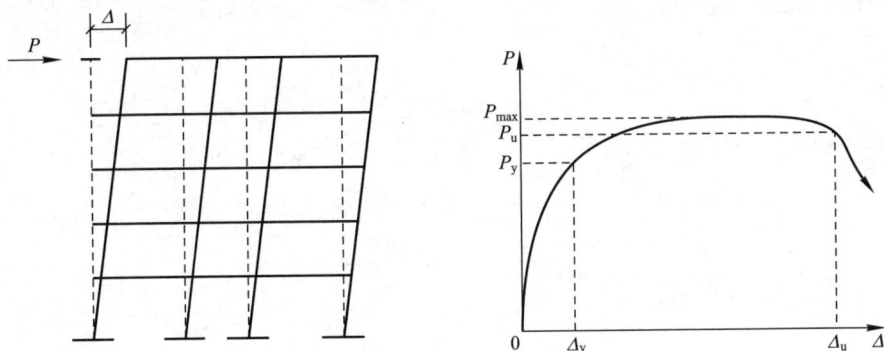

图 3.1.4-1 结构的延性

4）延性破坏与脆性破坏

材料、构件或结构的破坏可分为脆性破坏和延性破坏两类（如图 3.1.4-2 所示）。

脆性破坏是指达到最大承载力后突然丧失承载能力，在没有预兆的情况下发生的破坏，有明显的尖峰，达到最大承载力后曲线突然下跌，延性比 $\mu=1.0$。

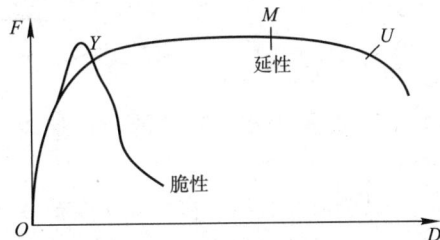

图 3.1.4-2 延性破坏与脆性破坏

延性破坏是指到达最大承载力后，能够经受很大变形、有较长的平台段，在承载力没有显著降低的情况下，还能经历很大的非线性变形后所发生的破坏，在破坏前能给人以警示，延性比 $\mu>1.0$。

5）采用延性结构的意义

在实际工程中采用延性结构具有如下优越性：

（1）在承受荷载及作用（如地震、爆炸、振动、风等）时，能减小惯性力，吸收更大动能，减轻破坏程度，有利于房屋的修复和继续使用。

（2）破坏前有明显预兆，破坏过程缓慢，因而可采用偏小的计算安全可靠度，在强烈作用（如强烈地震作用）下，可提供逃生的时机，减少人员伤亡。

（3）在意外情况（如：爆炸、偶然超载、荷载反向、温度升高或基础沉降引起附加内力等情况）下，有较强的承载和抗结构连续倒塌能力。

（4）有利于实现超静定结构的内力重分布。

应当看到，尽管延性抗震概念在经济上有很大的优越之处，但这些优势总是以结构出现一定程度的损坏为代价。

6）以能量表达的延性

结构抗震能力的强弱，主要取决于该结构对地震能量"吸收与耗散"能力的大小。结构所能吸收的地震能量，它等于结构抗震承载能力与结构变形的乘积，在延性结构的耗能中，大部分是以非弹性变形能的方式吸收并耗散的能量（如图1.0.4-1所示）。

结构抗震设计中，"小震不坏"可以通过结构的抗震承载力验算予以实现，地震能量以动能和弹性应变能的方式暂时贮存于结构内；而"大震不倒"则主要依靠结构的延性，结构以阻尼和非弹性变形能的方式吸收并耗散地震能量，并且只允许在中震、大震作用下利用结构延性（见图3.1.4-3）。

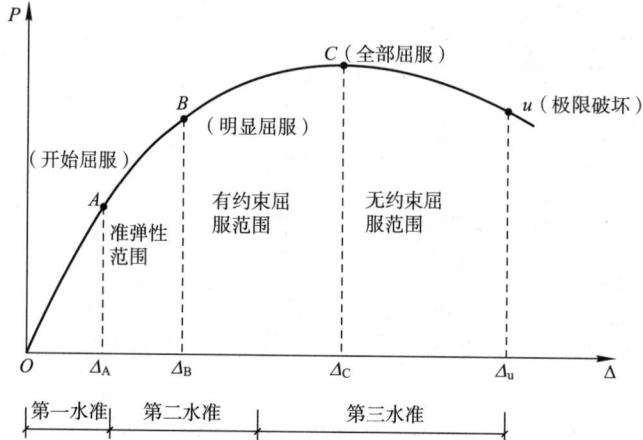

图 3.1.4-3　屈服的顺序

7）地震作用下构件的塑性耗能能力

试验研究表明，在反复交变荷载作用下每经过一个循环，加荷时是吸收能量，卸荷时则是释放能量，但二者是不相等的。二者之差为构件在一个循环中的"耗失能量"（耗能），亦即一个滞回环内所包含的面积。以能量来表达延性，则延性即一个滞回环内所包含的"耗失能量"面积，它反映了结构的耗能能力。在理想状态

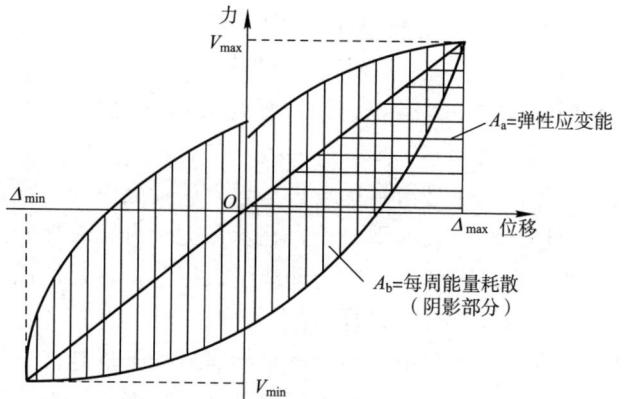

图 3.1.4-4　滞回耗能与弹性应变能示意图

下，滞回曲线所包围的面积占理想弹性和完全塑性滞回环面积的70%～80%，即塑性变形吸收的能量占总地震反应能量的70%～80%（如图3.1.4-4所示）。

滞回环对角线的斜度反映构件的总体刚度，滞回环包围的面积则是荷载正反交变一周时结构所吸收的能量。常见的滞回环有下列四种形态（如图3.1.4-5所示）：

（1）梭形，滞回环饱满，力与位移关系基本无滑移影响，是受弯、压弯构件发生弯曲破坏特征。

（2）弓形，力和位移关系带有一定滑移，有"捏拢"现象，是有一定剪力影响的弯曲破坏特征。滞回曲线出现"捏拢"现象，在多次反复加卸载的后期总变形较大时尤为显著。钢筋混凝土构件滞回曲线的捏拢程度主要取决于混凝土受拉裂缝的开展宽度、受拉钢筋的伸长应变、钢筋与混凝土的相对滑移，以及混凝土受压塑性（残余）变形的积累、中和轴的变化等。

（3）反S形，有较大的滑移影响，是框架结构、梁柱节点等具有较大剪力影响的弯剪破坏特征。

（4）Z形，滑移变形很大，是发生剪切滑移、锚固钢筋滑移，具有一定延性的剪切破坏特征。

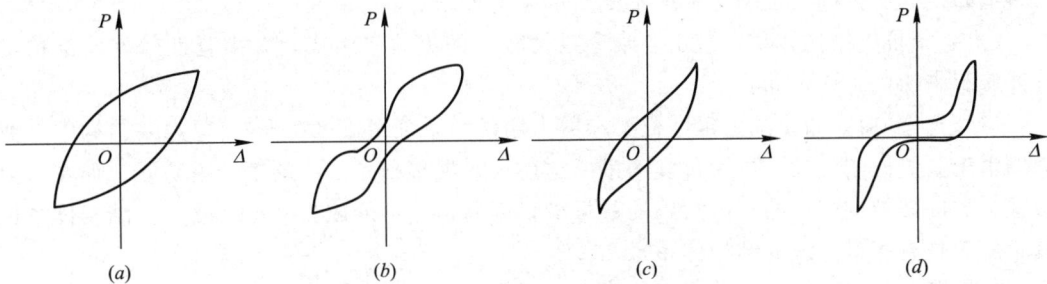

图 3.1.4-5　滞回环的主要形状

（a）梭形；（b）弓形；（c）反S形；（d）Z形

延性即是一个滞回环内所包含的"耗失能量"面积，从这四种形状滞回环所覆盖的面积来看，梭形的延性最好。

通常把结构的动能和弹性应变能合称为结构的能容，把结构的阻尼耗能和滞回耗能合称为结构的能耗，把连接多次循环加载峰点（正向或反向）的曲线称为滞回曲线的包线或骨架曲线。

三、相关索引

1.《抗震规范》的相关规定见其第 3.4.1 条和第 3.4.3 条。

2. 更多详细问题可查阅参考文献［30］第 3.4.1 条和第 3.4.3 条。

第 3.1.5 条

一、规范的规定

3.1.5　高层建筑的结构体系尚宜符合下列规定：

1. 结构的竖向和水平布置宜使结构具有合理的刚度和承载力分布，避免因刚度和承载力局部突变或结构扭转效应而形成薄弱部位；

2. 抗震设计时宜具有多道防线。

二、对规范规定的理解

1. 刚度和承载力局部突变及结构扭转效应是形成结构薄弱部位的主要原因。

2. 结构设计中，应优先采用多道防线的结构体系，如框架-剪力墙结构、框架-核心筒结构等，避免采用框架结构、板柱-剪力墙结构、剪力墙很少的框架结构等。

3. 之所以要在高层建筑结构设计中强调概念设计，要求结构布置、荷载及承载力分布均匀，且避免出现薄弱层，并要求抗震设计时具有多道防线，是因为影响结构抗震设计的因素很多，抗震设计理论还很不完善，地震的不确定性和地震作用效应的复杂性等，要求结构在遭遇预估的罕遇地震时具有足够的变形能力。震害调查表明：均匀、对称的结构可以预估在强烈地震下的地震反应，便于采取相应的抗震措施。

4. 关于多道抗震防线问题

1）震害调查表明：破坏性强震具有持续时间长（短则几秒、长则十几秒甚至更长时间）、脉冲往复次数多（对房屋造成累积破坏）等特点。单一结构体系的房屋（仅一道防线）一旦破坏，接踵而来的持续地震动将会造成房屋的倒塌。当房屋采用多道防线（两道或两道以上）时，第一道防线破坏后，后续防线能接替抵抗后续的地震动冲击，从而保证房屋最低限度的安全，避免房屋的倒塌（或超强地震时的瞬间倒塌）。因此，抗震房屋设置多道防线是必需的，也是"大震不倒"的基本要求。

2）一个抗震结构体系，应由若干个延性较好的分体系组成，并由延性较好的结构构件连接起来协同工作，如：

（1）框架-剪力墙体系由延性框架和剪力墙两个系统组成（在框架-剪力墙结构中，剪力墙由于其侧向刚度大，成为抗震的第一道防线，框架则是抗震的第二道防线。而在剪力墙很少的框架结构中，由于剪力墙的数量少，因此，其不能成为一道防线，该结构体系也就不属于具有多道防线的结构体系）。

（2）双肢剪力墙或多肢剪力墙体系由若干个单肢墙分系统组成，大震时连梁先屈服并吸收大量地震能量，既能传递弯矩和剪力，又能对墙肢有一定的约束作用。

（3）框架-支撑框架体系由延性框架和支撑框架两个系统组成。

（4）框架-筒体体系由延性框架和筒体两个系统组成。

（5）单层厂房的纵向体系中，柱间支撑是第一道防线，柱是第二道防线，并通过柱间支撑的屈服耗能来保证结构的安全。

（6）延性框架（符合强柱弱梁要求）中，框架梁属于第一道防线，用梁端的变形耗能，其屈服先于框架柱从而使柱处于第二道防线。

3）抗震结构体系应有最大可能数量的内外部赘余度（即超静定的次数要多），有意识地建立起一系列分布的屈服区（如耗能构件、连梁、偏心支撑、框架结构中的砌体填充墙、双连梁之间设置的砌体填充墙等），以使结构能吸收和耗散大量的地震能量，而这些有意设定的屈服区一旦破坏也易于修复。

4）震害调查还表明：地震倒塌是由于结构因丧失承受竖向荷载的能力而破坏，因此，第一道防线应优先选择不负担或尽量少负担重力荷载的构件（如支撑或填充墙）或稳定性较好的结构构件（如轴压比较小的剪力墙筒体等）。不宜采用轴压比很大的框架柱或承受较大竖向荷载的支撑兼作第一道防线的抗侧力构件（这也就是为什么常要求支撑构件不承担竖向荷载的原因）。

5）第一道防线的构件选择

震害调查表明：房屋倒塌源自于结构构件丧失承受竖向荷载的能力（尤其受"大震"下的 $P\text{-}\Delta$ 效应的影响）。因此，应适当降低第一道防线中结构构件的竖向轴压力，使其有损坏也不会对整个结构的竖向承载力有较大的影响。实际工程中优先采用不负担或少负担重力荷载的竖向支撑、砌体填充墙，或者选用轴压比较小的剪力墙（注意：剪力墙的轴压比不是越小越好，应使墙肢保持适当的轴压力水平，如最小轴压比可控制 $\mu_{Nmin}=0.1\sim$

0.2，以提高墙肢的抗剪承载力并增加墙肢延性，同时可避免在"大震"下出现墙肢受拉而造成墙肢刚度和承载力的突降。结构设计中应避免剪力墙只承受自重的情况，如：楼梯间外墙等）、剪力墙筒体等作为第一道防线的抗侧力构件，而不采用轴压比很大的框架柱作为第一道防线的抗侧力构件。

5. 关于刚度突变问题

1）楼层侧向刚度的突然变大或突然变小都属于刚度突变，刚度突变是由于建筑体型复杂或主要抗侧力结构体系在竖向布置的不连续造成的。刚度突变的部位也将产生应力集中和变形集中（或塑性变形集中）现象，应力集中的部位如果不进行适当的加强，将先于相邻部位进入塑性变形阶段，造成塑性变形集中，最终导致严重破坏甚至倒塌。

2）刚度突变部位也往往是结构楼层屈服承载力的突变部位，刚度突变属于结构的软弱层并和薄弱层密切相关，因此，<u>刚度突变部位经常是薄弱层的重要表征之一</u>。

6. 抗震薄弱层

1）薄弱层问题（只存在第三水准即"大震"设计中）是结构抗震设计应重点关注的问题，薄弱部位也是确保"大震不倒"的关键部位。应特别关注其抗震承载力及地震时的弹塑性变形问题。

2）<u>结构在强烈地震下不存在强度安全储备</u>（这就是地震作用与荷载的最大区别），构件的实际承载力分析（而不是承载力设计值分析）是判断薄弱层（部位）的基础。

3）要使楼层（部位）的设计承载力和设计计算的弹性受力之比在总体上保持一个相对均匀的变化（注意：弹性计算结果与弹塑性分析结果之间往往存在较大的差异，一般情况下，弹性计算结果的规律性不能等同于结构弹塑性的实际状态，只有当结构较为规则或不规则程度较轻时，结构弹性分析才与弹塑性分析之间有一定的相似性。不规则程度较高的结构、复杂结构等应进行专门的弹塑性分析），一旦楼层（部位）的这个比例有突变时，会由于塑性内力重分布导致塑性变形的集中。

4）要防止在局部上加强而忽视对整个结构各部位刚度、强度的协调。

5）控制薄弱层（部位），使之有足够的变形能力而又不使薄弱层位置发生转移，这是提高结构总体抗震性能的有效手段。

7. 结构两个主轴方向动力特性（周期和振型）相近，一般情况下指相差宜在15%以内。强调的是两向的均匀性问题。对横墙很多、纵墙较少（或横墙较少、纵墙很多）的建筑应特别予以重视，这些建筑在强烈地震时，往往会由于某一方向太弱而率先破坏，从而引起整个建筑的连续倒塌。

注意：这里要求的是两向动力特性相近而不是刻意要求两个方向完全一致，因为两个主轴方向动力特性不相近的房屋，其两向的平面尺度一般相差较大（如长矩形平面等），过分强调两向一致必然会引起其他性能的过大差异（如剪力墙截面面积的较大差异，加大两向抗剪承载力的差异等），因此，这里寻求的是两向动力特性和其他抗震性能的均衡协调。

三、结构设计建议

在长宽比较大的长矩形平面的建筑中，尤其应注意结构两个主轴方向的动力特性是否相近的问题。但也应注意相近不是相等，对两向墙量差异较大的结构，不要过分强调动力特性相近，避免由于片面追求结构两向计算指标相近而造成抗剪承载力的过大差异，应寻求动力特性及结构抗剪承载力的合理平衡点。

四、相关索引

《抗震规范》的相关规定见其第 3.5.3 条。

第 3.1.6 条

一、规范的规定

3.1.6　高层建筑混凝土结构宜采取措施减少混凝土收缩、徐变、温度变化、基础差异沉降等非荷载效应的不利影响。房屋高度不低于 150m 的高层建筑外墙宜采用各类建筑幕墙。

二、对规范规定的理解

1. 由于高层建筑具有楼层多、重量大的特点，在重力荷载作用下竖向构件的累计变形量较大，混凝土的收缩徐变量也较大。

2. 当房屋高度很高（如超过 150m 时），对多层及一般高层建筑影响不大的温度应力问题（尤其是受建筑阳面和阴面温差、冬季和夏季温差、室内外温差影响等）明显，因此，超高层建筑应采取有效的保温隔热措施，避免结构构件直接外露（尤其是温差较大地区及北方寒冷地区）或结构直接承受剧烈温差影响，无法避免时，应进行温度应力分析（合理确定结构区段，合理确定后浇带的合拢温度，合理建立并确定温度场等）。

3. 对超高层建筑设置各种外包建筑幕墙，即可减轻建筑外部填充墙的重量，避免地震时坠落伤人，也可有效改善结构的温度场，减小温差对超高层建筑的影响。

4. 后浇带的封带时机对结构初始温度的建立影响很大，应予以足够的重视。一般情况下，应选择比平均温度偏低的温度作为封带时的温度（如最高温与最低温的平均温度为 15℃，则可选择 10℃ 为后浇带封带时的环境温度，在结构设计总说明中予以明确。但应注意，封带温度不仅指浇筑混凝土时的温度，而且是对混凝土强度产生过程中的综合温度要求）。

5. 关于温度应力的计算

1) 温度对构件的影响是不均匀的，对钢构件，由于其传热性能好，截面很薄，当温度变化时，构件表面温度与构件截面中部温度差别不大，可以假定截面中的温度是均匀变化的。而对于混凝土构件，由于其截面厚度大，温度从外向里呈梯度变化。目前，计算程序尚不能对构件考虑温度梯度，而只假定为均匀温度场，这种均匀膨胀或收缩的温度荷载方式，比较适合于钢结构构件，而对实心混凝土构件的温度效应计算偏大。

2) 进行温度作用下的结构分析时，应将温度影响范围内的楼板定义为弹性板，否则在刚性楼板假定条件下，梁的膨胀与收缩受到平面内"无限刚"楼板的约束，柱内不会产生剪力和弯矩，梁内仅有轴力作用（本跨梁在温度作用下所产生的轴力），而不会产生剪力和弯矩。

3) 目前，计算程序多按线弹性理论计算结构的温度效应，对混凝土结构，考虑徐变、应力松弛等非线性因素，实际温度应力往往要比弹性计算的结果小很多，工程上常在效应组合系数上乘以徐变应力松弛系数 0.3（对钢结构，不应考虑该项折减），也可以直接对"最高升温"和"最低降温"的温度区间乘以 0.3 的系数。

6. 基础不均匀沉降对结构的影响

地基的不均匀、上部结构的荷载差异过大、建筑体型复杂、上部结构刚度差异过大等情况都会引起地基的不均匀沉降，并在结构中引起附加应力。实际工程中，可通过"指定位移"或"定义弹性支座"来考虑不均匀沉降对结构的影响。

1）弹性支座或支座位移

分析结构在不均匀沉降时的内力和变形时，通常应在楼层底部支座（即基础顶面）处指定位移，而不应在中间楼层节点处指定位移。弹性支座可以设置在底层的柱底或墙底，也可以设置在其他自由节点处。指定位移时，每个节点可输入三个平动位移（或三个线刚度）、三个转动位移；而指定刚度时，每个节点可输入三个线刚度、三个转动刚度。

2）定义弹性支座与定义支座位移的区别

定义弹性支座将改变结构的总刚度矩阵，也就影响结构的自振周期、地震作用及全部荷载效应。而定义支座位移不改变结构的总刚度矩阵，不会影响结构的自振周期、地震作用及其他荷载效应。计算程序通常将支座位移作为一种荷载（恒载）工况考虑，而将其效应与其他恒载效应叠加。

第 3.1.7 条

一、规范的规定

3.1.7 高层建筑的填充墙、隔墙等非结构构件宜采用各类轻质材料，构造上应与主体结构可靠连接，并应满足承载力、稳定和变形要求。

二、对规范规定的理解

1. 采用轻质填充墙、隔墙能有效减小结构的重量，有利于减小地震作用并减少基础费用。

2. 填充墙、隔墙的材料强度及与主体结构的连接做法应满足规范的规定，对重要部位或特殊的填充墙、隔墙，应按自承重墙进行抗震承载力及稳定性验算。

3. 对较高的高层建筑或侧向变形较大的建筑，应优先考虑填充墙等非结构构件与主体结构的柔性连接，参见《砌体规范》第6.3.4条的相关规定。

三、相关索引

1.《抗震规范》的相关规定见其第13.3节。

2.《砌体规范》的相关规定见其第6.3节。

3.2 材 料

要点：

在钢筋混凝土高层建筑中，采用高强钢筋、高强高性能混凝土，可有效减轻结构构件的重量，减小地震作用，有利于基础设计，同时还有利于减小结构构件面积，提高房屋的建筑品质及使用效率。强调应用高强、高性能材料，不仅是建筑节材、节能的要求，也是高层建筑发展的必然。

第 3.2.1 条

一、规范的规定

3.2.1 高层建筑混凝土结构宜采用高强、高性能混凝土和高强钢筋；构件内力较大或抗震性能有较高要求时，宜采用型钢混凝土、钢管混凝土构件。

二、对规范规定的理解

1. 在钢筋混凝土高层建筑中，竖向构件一般应适当采用高强混凝土及高强钢筋。有条件时应采用高性能混凝土（High Performance Concrete，HPC，区别于传统混凝土，高性能混凝土由于具有高耐久性、高工作性、高强度和高体积稳定性等许多优良特性，而在桥梁、高层建筑、海港建筑等工程中显示出其独特的优越性，在工程安全使用期、经济合理性、环境条件的适应性等方面产生了明显的效益，被认为是今后混凝土技术的发展方向）。强调高性能混凝土，而不是简单强调提高混凝土的强度。

2. 在竖向构件中，宜适当设置型钢或钢管，提高其承载力并改善结构的延性。

三、相关索引

高性能混凝土应用的相关规定见《高性能混凝土应用技术规程》CECS 207。

第 3.2.2 条

一、规范的规定

3.2.2 各类结构用混凝土的强度等级均不应低于 C20，并应符合下列规定：

1. 抗震设计时，一级抗震等级框架梁、柱及其节点的混凝土强度等级不应低于 C30；

2. 筒体结构的混凝土强度等级不宜低于 C30；

3. 作为上部结构嵌固部位的地下室楼盖的混凝土强度等级不宜低于 C30；

4. 转换层楼板、转换梁、转换柱、箱型转换结构以及转换厚板的混凝土强度等级均不应低于 C30；

5. 预应力混凝土结构的混凝土强度等级不宜低于 C40、不应低于 C30；

6. 型钢混凝土梁、柱的混凝土强度等级不宜低于 C30；

7. 现浇非预应力混凝土楼盖结构的混凝土强度等级不宜高于 C40；

8. 抗震设计时，框架柱的混凝土强度等级，9 度时不宜高于 C60，8 度时不宜高于 C70；剪力墙的混凝土强度等级不宜高于 C60。

二、对规范规定的理解

1. 本条明确了高层建筑中混凝土强度等级的基本要求，一般情况下，应执行本条规定。确有依据或确有必要时，可经专门研究确定。

2. 局部特殊部位（如错层框架柱等）混凝土强度等级的基本要求，见《高规》第 10.4 节的相关条规定。

3. 采用的混凝土强度等级越高，相应的质量保证措施也越严。规范对抗震设计时的混凝土强度等级提出最高限值，是考虑目前高性能混凝土的应用现状（高性能混凝土供应情况、混凝土质量的保证措施等），避免过分强调采用高性能混凝土带来的其他问题。考虑框架柱和剪力墙的受力特性不同（框架柱以承受竖向荷载为主，剪力墙主要承担水平作用，一般轴压比较低），且框架柱中的混凝土受钢筋的约束情况要好于剪力墙，因此，柱混凝土的强度等级可比剪力墙适当提高。

三、结构设计建议

1. 抗震设计时，框架梁、框架柱及其节点的混凝土强度等级对结构抗震性能的影响较大，根据现阶段混凝土的供应及施工情况，建议对抗震等级为一、二、三、四级的所有各类框架的梁、柱及其节点的混凝土强度等级不应低于 C30。

2. 筒体结构一般适用于房屋高度较高的高层建筑，因此，筒体结构的混凝土强度等级还应再适当提高，墙体的混凝土强度等级不宜低于 C40。

3. 现浇楼（屋）面结构的混凝土强度等级，宜根据工程具体情况（如：结构平面布置情况、房屋长度情况、预应力混凝土的使用情况等）综合确定。一般非预应力混凝土楼（屋）盖不宜低于 C30，预应力（或局部预应力）混凝土楼（屋）盖不宜低于 C35，但楼（屋）盖混凝土的强度等级也不宜过高（以适当减小混凝土的收缩应力），一般不宜超过 C40。屋顶混凝土应采用防水混凝土，混凝土的抗渗等级可取 P6。

四、相关索引

1. 《抗震规范》的相关规定见其第 3.9.2 条和第 3.9.3 条。

2. 高性能混凝土应用的相关规定见《高性能混凝土应用技术规程》CECS 207。

第 3.2.3 条～第 3.2.5 条

一、规范的规定

3.2.3　高层建筑混凝土结构的受力钢筋及其性能应符合现行国家标准《混凝土结构设计规范》GB 50010 的有关规定。按一、二、三级抗震等级设计的框架和斜撑构件，其纵向受力钢筋尚应符合下列规定：

1. 钢筋的抗拉强度实测值与屈服强度实测值的比值不应小于 1.25；

2. 钢筋的屈服强度实测值与屈服强度标准值的比值不应大于 1.30；

3. 钢筋最大拉力下的总伸长率不应小于 9%。

3.2.4　抗震设计时混合结构中钢材应符合下列规定：

1. 钢材的屈服强度实测值与抗拉强度实测值的比值不应大于 0.85；

2. 钢材应有明显的屈服台阶，且伸长率不应小于 20%；

3. 钢材应有良好的焊接性和合格的冲击韧性。

3.2.5　混合结构中的型钢混凝土竖向构件的型钢及钢管混凝土的钢管宜采用 Q345 和 Q235 等级的钢材，也可采用 Q390、Q420 等级或符合结构性能要求的其他钢材；型钢梁宜采用 Q235 和 Q345 等级的钢材。

二、对规范规定的理解

1. 本条规定中对钢筋和钢板的要求与《抗震规范》的规定相同，但《抗震规范》要求更严，为强制性条文，实际工程中应执行《抗震规范》的规定。

2. 现行国家标准《钢筋混凝土用钢　第 2 部分：热轧带肋钢筋》GB 1499.2 中，牌号带"E"的钢筋，均符合第 3.2.3 条规定的抗震性能指标，一、二、三级抗震等级设计的各类框架构件（包括斜撑构件）中应优先采用，其余钢筋牌号是否符合第 3.2.3 条的要求，应经试验确定。

3. 本条规定增加了对混合结构中型钢、钢管钢材的抗震要求。

三、结构设计建议

1. 在混合结构中，当型钢或钢管的钢板厚度不小于 40mm，且承受沿板厚方向的拉力，并采用焊接连接时，其钢板的 Z 向性能指标应符合《抗震规范》第 3.9.5 条的规定。

2. 当采用进口钢筋或钢材时，钢筋或钢材质量应符合我国国家现行规范的要求，抗震设计时，应符合本条规定的材料性能要求。

四、相关索引

1.《抗震规范》的相关规定见其第 3.9.2 条、第 3.9.3 条和第 3.9.5 条。

2.《混凝土规范》的相关规定见其第 11.2.2 条及第 11.2.3 条。

3.3 房屋适用高度和高宽比

要点：

钢筋混凝土高层建筑结构的最大适用高度分 A 级高度和 B 级高度，对房屋适用高度的控制是高层建筑结构设计控制的重要内容，而对高层建筑高宽比的控制应区别对待，尤其是大底盘高层建筑。

第 3.3.1 条

一、规范的规定

3.3.1 钢筋混凝土高层建筑结构的最大适用高度应区分为 A 级和 B 级。A 级高度钢筋混凝土乙类和丙类高层建筑的最大适用高度应符合表 3.3.1-1 的规定，B 级高度钢筋混凝土乙类和丙类高层建筑的最大适用高度应符合表 3.3.1-2 的规定。

平面和竖向均不规则的高层建筑结构，其最大适用高度宜适当降低。

表 3.3.1-1 A 级高度钢筋混凝土高层建筑的最大适用高度（m）

结构体系		非抗震设计	抗震设防烈度				
			6 度	7 度	8 度		9 度
					0.20g	0.30g	
框架		70	60	50	40	35	—
框架-剪力墙		150	130	120	100	80	50
剪力墙	全部落地剪力墙	150	140	120	100	80	60
	部分框支剪力墙	130	120	100	80	50	不应采用
筒体	框架-核心筒	160	150	130	100	90	70
	筒中筒	200	180	150	120	100	80
板柱-剪力墙		110	80	70	55	40	不应采用

注：1. 表中框架不含异形柱框架；

2. 部分框支剪力墙结构指地面以上有部分框支剪力墙的剪力墙结构；

3. 甲类建筑，6、7、8 度时宜按本地区抗震设防烈度提高一度后符合本表的要求，9 度时应专门研究；

4. 框架结构、板柱-剪力墙结构以及 9 度抗震设防的表列其他结构，当房屋高度超过本表数值时，结构设计应有可靠依据，并采取有效地加强措施。

表 3.3.1-2 B 级高度钢筋混凝土高层建筑的最大适用高度（m）

结构体系	非抗震设计	抗震设防烈度			
		6 度	7 度	8 度	
				0.20g	0.30g
框架-剪力墙	170	160	140	120	100

续表 3.3.1-2

结构体系		非抗震设计	抗震设防烈度			
			6 度	7 度	8 度	
					0.20g	0.30g
剪力墙	全部落地剪力墙	180	170	150	130	110
	部分框支剪力墙	150	140	120	100	80
筒体	框架–核心筒	220	210	180	140	120
	筒中筒	300	280	230	170	150

注：1. 部分框支剪力墙结构指地面以上有部分框支剪力墙的剪力墙结构；

2. 甲类建筑，6、7 度时宜按本地区抗震设防烈度提高一度后符合本表的要求，8 度时应专门研究；

3. 当房屋高度超过表中数值时，结构设计应有可靠依据，并采取有效的加强措施。

二、对规范规定的理解

1. 本条规定中的 6、7、8、9 度为本地区抗震设防烈度。

2. 本条增加了对 8 度 0.3g 设防的结构适用高度要求；在 A 级高度高层建筑中，框架结构高度适当降低，板柱-剪力墙结构高度增大较多（实际工程应用中应特别注意）。

3. 为保证 B 级高度高层建筑的设计质量，抗震设计的 B 级高度的高层建筑，除应满足《高规》的相关规定外，尚需按有关行政法规的规定进行超限高层建筑的抗震设防专项审查。

4. 住房和城乡建设部建质〔2010〕109 号文件（见附录 F）规定，超过 A 级高度的钢筋混凝土高层建筑应进行超限高层建筑工程抗震设防专项审查。

5. 超限高层建筑的计算与构造应满足住房和城乡建设部建质〔2010〕109 号文件的规定。

6. 房屋的高度 H 为室外地面至主要屋面板顶的高度，不包括局部突出屋面的电梯机房、水箱、构架等高度。

1）上部结构嵌固部位变化（上部结构的嵌固部位在地下室顶板或以下楼层及基础）时，房屋高度 H 不变（即房屋高度 H 始终从室外地面算起）。

2）"主要屋面"的定义规范未予细化，编者建议可按如下原则确定：

（1）对屋顶层面积与其下层面积相比有突变者（如图 3.3.1-1 所示），当屋面面积小于其下层面积的 40%（注意：实际工程中对屋面面积具体比值的把握稍有差异，应根据工程的重要性、复杂程度、房屋高度等具体情况在 30%～50% 之间合理确定。工程越重要、越复杂，房屋高度越接近最大高度限值，可按较小值控制，实际工程中把握困难较大时也可按偏安全地取较小值控制）时，可作为屋顶"局部突出"考虑，房屋高度的计算范围内不包含"局部突出"的楼层。

（2）对屋顶层面积与其下层面积相比缓变者（如图 3.3.1-2 所示），当屋面面积小于其下缓变前标准楼层面积的 40% 时，可作为屋顶"局部突出"考虑，房屋高度的计算范围内不包含"局部突出"的楼层。

（3）砌体房屋的主要屋面及房屋高度的确定，见《抗震规范》第 6.1.1 条和第 7.1.2 条。更多更详细内容可查阅参考文献［30］第 6.1.1 条和第 7.1.2 条。

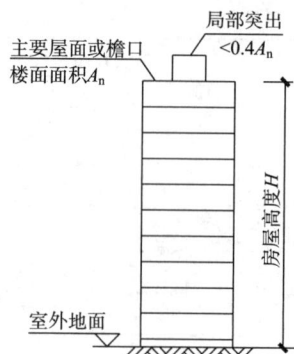

图 3.3.1-1

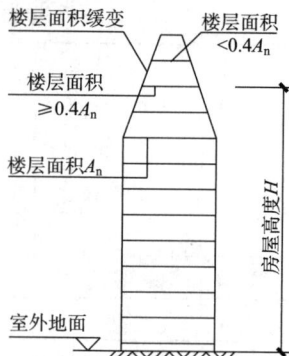

图 3.3.1-2

7. 结合本条规定和《抗震规范》的相关规定，钢筋混凝土结构房屋的最大适用高度见表 3.3.1-3 和表 3.3.1-4。

表 3.3.1-3　A 级高度钢筋混凝土房屋的最大适用高度（m）

结构体系		序号	非抗震设计	抗震设防烈度				
				6 度	7 度	8 度		9 度
						0.20g	0.30g	
框架		①	70	60	50	40	35	—
框架-剪力墙	一般框架-剪力墙结构	②	150	130	120	100	80	50
	错层框架-剪力墙结构	③	宜 100	宜 90	80	60	宜 50	不应采用
剪力墙	全部落地剪力墙	④	150	140	120	100	80	60
	部分框支剪力墙	⑤	130	120	100	80	50	不应采用
	短肢剪力墙较多时	⑥	比④适当降低		100	80	60	
	错层剪力墙结构	⑦	宜 100	宜 90	80	60	宜 50	
筒体	框架-核心筒	⑧	160	150	130	100	90	70
	筒中筒	⑨	200	180	150	120	100	80
板柱-剪力墙		⑩	110	80	70	55	40	不应采用

表 3.3.1-4　B 级高度钢筋混凝土房屋的最大适用高度（m）

结构体系			非抗震设计	抗震设防烈度			
				6 度	7 度	8 度	
						0.20g	0.30g
框架-剪力墙			170	160	140	120	100
剪力墙	全落地剪力墙		180	170	150	130	110
	部分框支剪力墙		150	140	120	100	80
框架核心筒			220	210	180	140	120
筒体	筒中筒	①一般筒中筒结构	300	280	230	170	150
		②底部带转换层的筒中筒结构，当外筒框支层以上采用由剪力墙构成的壁式框架时	—	比①适当降低（详见第 10.1.3 条）			

8. 甲类建筑应按本地区的设防烈度提高 1 度后，按本条规定确定房屋的最大适用高度，9 度设防烈度及 8 度设防烈度 B 级高度时应专门研究；乙、丙类建筑应按本地区设防烈度确定房屋的最大高度（乙、丙类建筑的房屋适用高度相同）。

9. 表中框架不含异形柱框架结构，也不含框架-剪力墙结构中的异形柱框架。异形柱框架的结构设计应遵循国家标准《混凝土异形柱技术结构技术规程》JGJ 149 及地方规范的规定。

10. 抗震设计的框架-剪力墙结构，其房屋的最大适用高度应根据在规定水平力作用下，结构底层（对复杂结构可综合考虑底部加强部位，下同）框架部分承受的地震倾覆力矩与结构总地震倾覆力矩的比值确定（《高规》第 8.1.3 条），见表 3.3.1-5。

表 3.3.1-5 框架和剪力墙组成的结构体系房屋的最大适用高度

结构形式	定义	适用高度（m）	应用建议
少量框架的剪力墙结构	在规定的水平力作用下，结构底层框架部分承受的地震倾覆力矩不大于结构总地震倾覆力矩的 10% 的情形	按框架-剪力墙结构确定	实际上，"少量框架的剪力墙结构"具有剪力墙结构的基本特征，房屋高度仍按框架-剪力墙结构确定，则是一种偏于安全的规定
框架-剪力墙结构	在规定的水平力作用下，结构底层框架部分承受的地震倾覆力矩大于结构总地震倾覆力矩的 10%，但不大于 50% 的情形	按框架-剪力墙结构确定	典型的框架-剪力墙结构
少量剪力墙的框架结构	在规定的水平力作用下，结构底层框架承受的地震倾覆力矩大于结构总地震倾覆力矩的 50%，但不大于 80% 的情形	比框架结构适当提高	房屋的最大适用高度可根据倾覆力矩的比值，在框架结构（$M_f/M_0=80\%$）与框架-剪力墙（$M_f/M_0=50\%$）之间按线性插入法确定（如：7 度区，$M_f/M_0=65\%$，框架结构房屋的最大适用高度为 50m，框架-剪力墙结构房屋的最大适用高度为 120m，则房屋高度＝50＋(120－50)/2＝85m）
剪力墙很少的框架结构	在规定的水平力作用下，结构底层框架承受的地震倾覆力矩大于结构总地震倾覆力矩的 80% 的情形	宜按框架结构采用	依据第 8.1.3 条的规定，应使 $\theta_e \leqslant 1/800$，否则，应进行抗震性能化设计；当按纯框架结构计算的弹性层间位移角不满足《抗规》$\theta_e \leqslant 1/550$ 限值时，其最大适用高度应比框架结构再适当降低（如降低 10%）

1）关于"少量剪力墙的框架结构"房屋的最大适用高度，《高规》第 8.1.3 条规定"可比框架结构适当增加"，而条文说明中又解释为"提高的幅度可视剪力墙承担的地震倾覆力矩来确定"，实际工程中若按"比框架结构适当增加"来确定，则房屋高度一般可比框架结构增加 10% 左右，而当结构底层框架承受的地震倾覆力矩接近结构总地震倾覆力矩的 50% 时，明显不合理；若按"剪力墙承担的地震倾覆力矩来确定"，则又不符合"可比框架结构适当增加"的定性规定，表 3.3.1-5 中按剪力墙承担的地震倾覆力矩来确定。

2）按"剪力墙承担的地震倾覆力矩来确定""少量剪力墙的框架结构"房屋的最大适用高度时，"框架结构"及"框架-剪力墙结构"的倾覆力矩比数值对计算结果影响较大，表 3.3.1-5 中，框架结构按 $M_f/M_0=80\%$ 确定，框架-剪力墙结构按 $M_f/M_0=50\%$ 确定，实际工程中应根据工程的具体情况确定。

3）"剪力墙很少的框架结构"的房屋最大适用高度，不能简单地"按框架结构确定"，当按纯框架结构计算的弹性层间位移角不满足《抗震规范》$\theta_e \leqslant 1/550$ 限值时，说明结构的侧向刚度过小，不满足规范对框架结构的基本要求，其最大适用高度应严格控制（比框架结构再适当降低，如降低 10%），相关计算及构造措施可见《高规》第 8.1.3 条。

4）计算方法（《抗震规范》算法和轴力算法）不同，结构倾覆力矩比的数值也不相同，有时计算结果差异很大，结构体系存在着很大的不确定性。实际工程中，对复杂结构应采用两种方法分别计算倾覆力矩比，宜同时满足结构体系的倾覆力矩比要求，应避免倾覆力矩比数值在结构体系分界线附近。

5）由于倾覆力矩比计算的不确定性，在结构体系及房屋的最大适用高度的确定过程中，应重视抗震设计概念，避免机械地套用倾覆力矩比。

11. 关于错层框架-剪力墙结构和错层剪力墙结构的房屋高度限值

1）《高规》第 10.1.3 条规定，"7 度和 8 度抗震设计时，剪力墙结构错层高层建筑的房屋高度分别不宜大于 80m 和 60m；框架-剪力墙结构错层高层建筑的房屋高度分别不应大于 80m 和 60m"。但未对 8 度（0.20g）及 8 度（0.30g）予以细化，也未对 6 度及非抗震设计时做出规定。表 3.3.1-3 中相应项房屋高度的限值，为编者依据《高规》的规定提出的设计建议，供读者参考。

2）错层框架-剪力墙结构也应符合《高规》第 8.1.3 条的关于框架-剪力墙结构的倾覆力矩比要求。

12. 关于部分框支剪力墙结构

《高规》与《抗震规范》及《混凝土规范》关于部分框支剪力墙结构底部大空间层数的规定不一致，分述如下：

1）《抗震规范》第 6.1.1 条指出："部分框支剪力墙结构指首层或底部两层为框支层的结构，不包括仅个别框支墙的情况"。

（1）此处的"底部两层"应理解为首层及首层以上的二层为框架和落地剪力墙组成的框支剪力墙结构。

（2）"个别框支墙的情况"指中部的（不包括边角部位剪力墙）个别墙体不落地，例如被转换的不落地剪力墙的截面面积，不大于全部剪力墙的总截面面积的 10%，只要这些剪力墙的框支转换设计合理，且不致加大结构的扭转不规则，则仍可视为剪力墙结构。

2）《高规》第 10.2.5 条规定："部分框支剪力墙结构在地面以上设置转换层的位置，8 度时不宜超过 3 层，7 度时不宜超过 5 层，6 度时可适当提高"（可控制不超过 6 层）。

3）编者建议结构设计中可统一执行《高规》的规定，并考虑《抗震规范》对"个别框支墙的情况"规定。

13. 对平面和竖向均不规则的结构，房屋适用的最大高度应适当降低（一般可降低 10%）。对Ⅳ类场地上的结构，也可参考上述做法。

14. 对"短肢剪力墙较多"的量化可见《高规》第 7.1.8 条。参考《高规》第 7.1.8 条的规定，6 度及非抗震设计时，不宜采用全部为短肢剪力墙的结构，且短肢剪力墙较多时房屋的最大适用高度，可比一般剪力墙结构适当降低，表 3.3.1-3 中相应项房屋高度的限值，为编者依据《高规》的规定提出的设计建议，供读者参考。

15. 当钢筋混凝土结构的房屋超过表 3.3.1-2 的最大适用高度时，应通过专门研究，采取有效的加强措施，必要时需采用型钢混凝土结构等，并按住房和城乡建设部建质 [2010] 109 号文件的有关规定上报审批。

16. 关于非抗震设计的板柱结构

《混凝土规范》及《高规》均未涉及非地震区的板柱结构体系，编者认为，应允许在非地震区的单层及多层建筑中采用板柱结构（不设剪力墙）形式，其最大适用高度可取 12m。

三、相关索引

1. 《抗震规范》的相关规定见其第 6.1.1 条、第 6.1.3 条和第 7.1.2 条。

2. 《高规》的相关规定见其第 7.1.8 条、第 8.1.3 条、第 9.1.2 条和第 10.1.3 条。

第 3.3.2 条

一、规范的规定

3.3.2 钢筋混凝土高层建筑结构的高宽比不宜超过表 3.3.2 的规定。

表 3.3.2 钢筋混凝土高层建筑结构适用的最大高宽比

结构体系	非抗震设计	抗震设防烈度		
		6、7 度	8 度	9 度
框架	5	4	3	—
板柱-剪力墙	6	5	4	—
框架-剪力墙、剪力墙	7	6	5	4
框架-核心筒	8	7	6	4
筒中筒	8	8	7	5

二、对规范规定的理解

1. 本条规定中的 6、7、8、9 度应理解为本地区抗震设防烈度。

2. 本条规定中不再区分 A 级和 B 级高度房屋，在实际工程中对 B 级高度房屋，其高宽比限值应适当从严。

3. 高宽比控制的目的在于对高层建筑结构刚度、整体稳定、承载能力和经济合理性（主要影响结构设计的经济性，对超高层建筑，当高宽比大于 7 时，结构设计难度大、费用高）的宏观控制。

4. 房屋的高宽比应根据工程具体情况合理确定：

1）房屋高度 H，按第 3.3.1 条确定。

2）房屋宽度 B，一般情况下可按所考虑方向主体结构的最小投影宽度计算。对带悬挑的结构，结构房屋宽度应按扣除悬挑宽度后的结构宽度计算（如图 3.3.2-1 所示）。

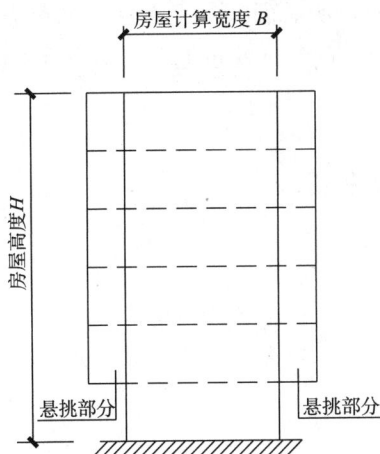

图 3.3.2-1

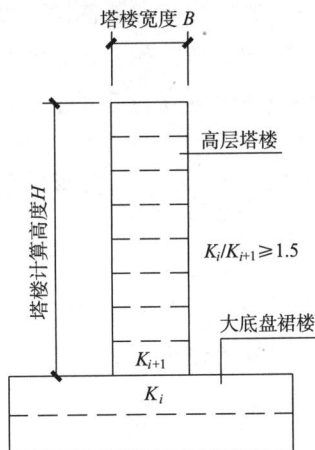

图 3.3.2-2

3）对带有裙房的高层建筑，当裙房的面积和侧向刚度相对于其上的塔楼较大时，塔楼的高宽比可按 H/B 计算，其中 H 为塔楼的计算高度（$H =$ 房屋高度 $-$ 裙房高度），B 为塔楼的宽度（如图 3.3.2-2 所示）。

（1）对"裙房相对于塔楼面积较大"的把握，实际工程中可要求塔楼周边不小于 3 跨 20m 的范围。

（2）对"刚度较大"，规范未给出量化标准，一般情况下，当下层与上层的侧向刚度比 $K_i/K_{i+1} \geqslant 1.5$ 时，可确定为"刚度较大"，提出"刚度较大"的根本目的是要确保底盘结构对结构整体稳定的贡献。实际工程中，当下层与上层的侧向刚度比不满足上述要求时，也可适当考虑底盘对结构整体稳定的有利影响。

（3）实际工程中"裙房相对于塔楼面积较大"可作为参考指标，而"刚度较大"为主要判别指标。

4）对于复杂体型的高层建筑其高宽比的确定比较困难，应根据工程具体情况合理确定。

三、结构设计建议

1. 高宽比超限属于结构设计的一般不规则项。对高宽比超限的结构应特别注意加强对结构稳定性的验算：

1）对非抗震设计的建筑，应注意风荷载的影响，必要时可按 1.1 倍风压值（风压值按 50 年一遇）计算。

2）抗震设计的建筑，除按上述 1）验算风荷载对结构稳定的影响外，还应注意地震作用下结构的稳定问题，必要时可验算结构在设防烈度地震作用下的稳定问题，特别重要的建筑，应能实现大震时抗倾覆不屈服（与倾覆有关的结构构件如：外筒剪力墙、基础、基桩等）。

3）对高宽比较大的高层建筑，宜采用整体性、稳定性较好的基础形式，如双向条形基础、筏板基础及桩筏基础等。还应特别注意地基的稳定性问题，必要时应加强验算。

2. 高层住宅建筑中，为追求较好的朝向及较好的通风效果，提高房屋的建筑品质，实现住宅经济效益的最大化，经常出现高宽比较大的情况。当高宽比超过表 3.3.2 中数值时，结构在平面宽度较小方向的侧向刚度较小，所需的抗侧力构件（如剪力墙、支撑等）较多，结构两向的动力特性相差较大，结构设计的经济性也差，结构设计时应予以充分注意，必要时应提前与投资方沟通。

3.4　结构平面布置

要点：

建筑布置是影响结构布置的关键因素，合理的建筑布置对结构设计是极其重要的。震害表明：简单、对称的建筑在地震时较不易破坏，且容易估计地震时的反应，易采取抗震构造措施和细部处理。

第 3.4.1 条

一、规范的规定

3.4.1 在高层建筑的一个独立结构单元内，结构平面形状宜简单、规则，质量、刚度和承载力分布宜均匀。不应采用严重不规则的平面布置。

二、对规范规定的理解

1. 高层建筑的结构单元采用简单对称、规则均匀的结构平面，结构具有明确的传力途径，能较为准确地估计结构在竖向荷载、风荷载及地震作用下的效应，结构具有明确的关键部位，便于采取相应的结构措施，且结构措施的有效性大为提高。

2. 当采用不规则结构（尤其是平面及立面不规则或特别不规则结构）时，将难以估计结构在竖向荷载、风荷载及地震作用下的反应，难以准确把握结构的薄弱层及关键部位，结构措施的有效性大打折扣，结构设计的费用高，效果差。

3. 不规则程度的分类见表 3.4.5-1。

三、相关索引

《抗震规范》的相关规定见其 3.4.1 条。

第 3.4.2 条

一、规范的规定

3.4.2 高层建筑宜选用风作用效应较小的平面形状。

二、对规范规定的理解

高层建筑在沿海地区、山口地区等受较大的风荷载作用，一般情况下，在设防烈度较低的地区（如 6 度区等），风荷载成为高层建筑的控制荷载，高层建筑宜采用对抗风有利的平面形状。

1. 对抗风有利的平面形状指简单规则的凸平面（直观地说，就是不兜风，风荷载体型系数较小且简单），如：圆形、正多边形、椭圆形、鼓形、方形等。

2. 对抗风不利的平面指具有较多凹凸的复杂形状平面（直观地说，就是兜风，风荷载体型系数较大且复杂），如：V 形、Y 形、H 形、弧形等。

第 3.4.3 条

一、规范的规定

3.4.3 抗震设计的混凝土高层建筑，其平面布置宜符合下列规定：

1. 平面宜简单、规则、对称，减少偏心；

2. 平面长度不宜过长（图 3.4.3），L/B 宜符合表 3.4.3 的要求；

3. 平面突出部分的长度 l 不宜过大、宽度 b 不宜过小（图 3.4.3），l/B_{max}、l/b 宜符合表 3.4.3 的要求；

4. 建筑平面不宜采用角部重叠或细腰形平面布置。

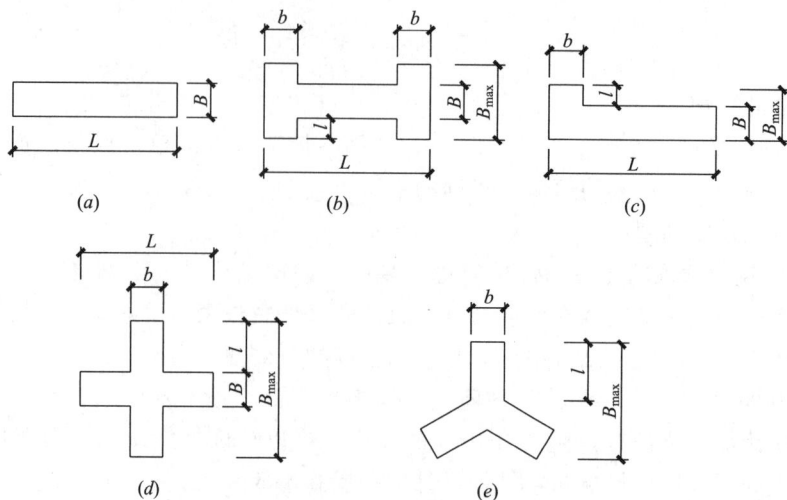

图 3.4.3　建筑平面示意

表 3.4.3　平面尺寸及突出部位尺寸的比值限值

设防烈度	L/B	l/B_{max}	l/b
6、7度	≤6.0	≤0.35	≤2.0
8、9度	≤5.0	≤0.30	≤1.5

二、对规范规定的理解

1. 地震作用及其效应是一个很复杂的问题，现有手段很难准确分析，对地震作用及其效应的计算仍停留在估算的水平上，因此，抗震设计的建筑应强调结构概念设计，避免采用复杂平面和竖向不规则的结构，避免过大的扭转效应。采用简单对称的平面和均匀变化的竖向结构，可以从根本上改变结构的地震效应，从而对结构的地震作用及其效应有较为准确地把握。

2. 限制结构的长宽比 L/B，其目的就是要在结构设计中控制长矩形平面的使用，当平面的长宽比达到一定数值（如 $L/B \geqslant 3$）时，虽然未超过规范对长宽比的限值，但已对抗侧力构件（如剪力墙等）的设置及楼盖结构的整体性提出了较高的要求（见《抗震规范》第6.1.6条及《高规》第8.1.8条等）。长矩形平面结构两向动力特性差异较大，结构的抗扭能力差，结构设计中应避免采用。

3. 限制结构的局部尺寸（l/B_{max}），避免由于结构的局部应力集中和变形集中导致整体结构的破坏。与《抗震规范》表3.4.3-1相比，《高规》表3.4.3中的 L/B_{max} 限值依据不同抗震设防烈度划分，更合理。

4. 对"角部重叠"（当重叠部位的对角线长度 b 小于与之平行方向结构最大有效楼板宽度 B 的 1/3 时，可判定为"角部重叠"）及"细腰形平面"（当连接部位的宽度 b 小于平面相应宽度 B 的 1/3 时，可判定为"细腰形平面"）理解如图 3.4.3-2 和图 3.4.3-3 所示。结构设计中，应避免采用连接较弱、各部分协同工作能力较差的结构平面。

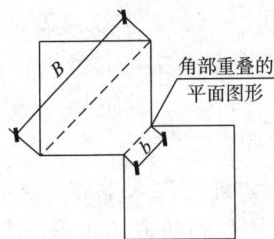

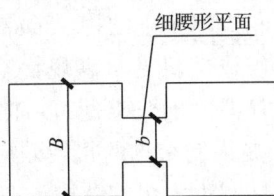

图 3.4.3-2　　　　　　　　　图 3.4.3-3

第 3.4.4 条

一、规范的规定

3.4.4　抗震设计时，B 级高度钢筋混凝土高层建筑、混合结构高层建筑及本规程第 10 章所指的复杂高层建筑结构，其平面布置应简单、规则，减少偏心。

二、对规范规定的理解

1. 由于房屋最大适用高度的增加，所以对 B 级高度钢筋混凝土结构和混合结构的规则性要求应更加严格。

2. 对《高规》第 10 章的复杂结构，其竖向已不规则，因此，对平面布置提出较为严格的要求，以减少结构的不规则类型和数量。

第 3.4.5 条

一、规范的规定

3.4.5　结构平面布置应减少扭转的影响。在考虑偶然偏心影响的规定水平地震力作用下，楼层竖向构件最大的水平位移和层间位移，A 级高度高层建筑不宜大于该楼层平均值的 1.2 倍，不应大于该楼层平均值的 1.5 倍；B 级高度高层建筑、超过 A 级高度的混合结构及本规程第 10 章所指的复杂高层建筑不宜大于该楼层平均值的 1.2 倍，不应大于该楼层平均值的 1.4 倍。结构扭转为主的第一自振周期 T_t 与平动为主的第一自振周期 T_1 之比，A 级高度高层建筑不应大于 0.9，B 级高度高层建筑、超过 A 级高度的混合结构及本规程第 10 章所指的复杂高层建筑不应大于 0.85。

注：当楼层的最大层间位移角不大于本规程第 3.7.3 条规定的限值的 40% 时，该楼层竖向构件的最大水平位移和层间位移与该楼层平均值的比值可适当放松，但不应大于 1.6。

二、对规范规定的理解

1. 与《抗震规范》略有不同，本条对超高层建筑、复杂高层建筑提出了更为严格的扭转位移比限值要求。

2. 对高层建筑结构，要求结构的抗扭刚度不能太弱，故增加了第一扭转周期与第一平动周期的比值限制，当结构以扭转为主的第一自振周期 T_t 与平动为主的第一自振周期 T_1 两者接近时，由于振动耦联（作用在给定侧移的某一质点上的弹性回复力，不仅取决于这一质点上的侧移，而且还取决于其他各质点的位移，这一现象称作为耦联）的影响，结构的扭转效应明显增大。

注意："超限高层建筑工程抗震设防专项审查技术要点"（建质［2015］67 号）（见附录 F）表 3 第 2 项中"混合结构"，应理解为"B 级高度高层建筑、超过 A 级高度的混合结构及本规程第 10 章所指的复杂高层建筑"。

3. 由于混合结构无 A、B 级高度之分，因此，"超过 A 级高度的混合结构"可理解为：房屋高度超过了<u>相应混凝土结构 A 级高度</u>的混合结构，对型钢（钢管）混凝土框架-混凝土核心筒结构（组成情况见《高规》第 11.1.1 条）、钢框架-混凝土核心筒结构，相应的混凝土结构为钢筋混凝土框架-核心筒结构。

4. 本条规定主要是限制结构的扭转效应。国内外历次大地震震害表明，平面不规则、质量与刚度偏心和扭转刚度太弱的结构，在地震中受到的破坏相当严重。国内一些振动台模型试验结果也表明，扭转效应会导致结构的严重破坏。对结构的扭转效应主要应从两个方面加以限制：

1）限制结构平面布置的不规则性，避免产生过大的偏心而导致结构产生较大的扭转效应。本条对 A 级高度高层建筑、B 级高度高层建筑、超过 A 级高度的混合结构及《高规》第 10 章所指的复杂高层建筑，分别规定了扭转位移比的下限（限制程度较低，表述为"不宜"）和上限（限制程度较严，表述为"不应"）。

（1）B 级高度高层建筑、超过 A 级高度的混合结构及《高规》第 10 章所指的复杂高层建筑的扭转位移比上限值 1.4，比《抗震规范》的规定更加严格，但与国外有关标准（如美国规范 IBC、UBC、欧洲规范 EuroCode-8）的规定相同。

（2）扭转位移比计算时，应采用"规定水平地震力"计算楼层位移（即先求出作用在楼层上的"规定水平地震力"，再求出在"规定水平地震力"作用下结构的楼层位移。采用此方法计算，可保证楼层最大位移出现在平面的角部），并规定扭转位移比计算时，"规定水平地震力"的作用位置应考虑偶然偏心的影响（详见《高规》第 3.4.5 条的条文说明）。注意：楼层位移比计算时，不再采用各振型位移的 CQC 组合计算（各振型位移的 CQC 组合计算，即先求出各振型下的位移，再采用 CQC 组合方法计算在地震作用下各振型的总位移。采用此方法计算，有可能造成楼层位移计算失真，最大位移可能不出现在平面的角部）。

<u>注意：结构楼层位移和层间位移控制值（即对应于《高规》中表 3.7.3 及表 3.7.5）验算时，仍采用 CQC 的效应组合（即只有扭转位移比计算，才采用"规定水平地震力"的计算方法），且可不考虑偶然偏心的影响（即取不考虑偶然偏心时，楼层的最大位移或层间位移角的最大值）。</u>

（3）"规定水平地震力"一般可采用振型组合（CQC 或 SRSS 组合，常采用 CQC 组合）后的楼层地震剪力换算的水平作用力，"规定水平地震力"的换算原则：

① 对一般结构，每一楼面处的"规定水平地震力"（F_i）取该楼面上、下两个楼层的地震剪力（V_{i+1}、V_i）差的绝对值（即 $F_i = |V_i - V_{i+1}|$），如图 3.4.5-1 所示。

② 对连体结构，连体下一层（对应于图 3.4.5-2 中的 i 层）各塔楼的"规定水平地震力"（对应于图 3.4.5-2 中的 $F_{i,1}$ 和 $F_{i,2}$），可由总的"规定水平地震力"（对应于图 3.4.5-2 中的 F_i）按该层各塔楼的地震剪力（对应于图 3.4.5-2 中 $V_{i,1}$、$V_{i,2}$）大小进行分配（如图 3.4.5-2 所示）。

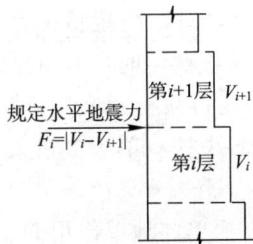

图 3.4.5-1 一般结构
的"规定水平地震力"

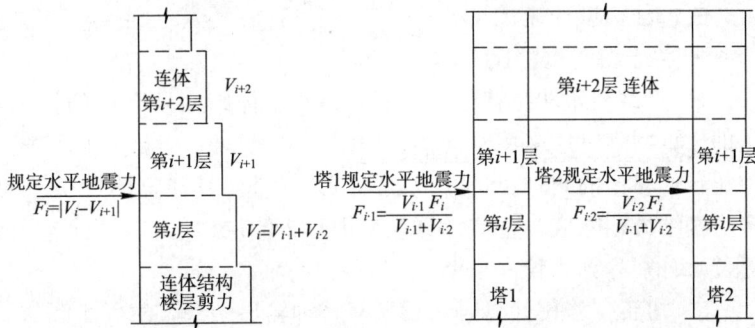

图 3.4.5-2 连体下一层各塔楼的"规定水平地震力"

（4）当计算的楼层最大层间位移角不大于《高规》中表 3.7.3 限值的 0.4 倍时，该楼层的扭转位移比的上限值可适当放松，但不应大于 1.6（见表 3.4.5，对于本条规定中扭转位移比限值为 1.4 的特殊结构，不应大于 1.5）。扭转位移比为 1.6 时，该楼层的扭转变形已很大，相当于一端位移为 1.0，而另一端位移为 4。

表 3.4.5-1 一般结构扭转不规则程度的分类及限值

结构类型	地震作用下的最大层间位移角 θ_e 范围	相应于该层（θ_e 所对应的楼层）的扭转位移比 μ				
		$\mu \leqslant 1.2$	$1.2 < \mu \leqslant 1.35$	$1.35 < \mu \leqslant 1.5$	$1.5 < \mu \leqslant 1.6$	$\mu > 1.6$
框架	$\theta_e \leqslant 1/1375$	规则	一般不规则	特别不规则	特别不规则	不允许
	$1/1375 < \theta_e \leqslant 1/550$	规则	一般不规则	特别不规则	不允许	
框架-剪力墙框架-核心筒板柱-剪力墙	$\theta_e \leqslant 1/2000$	规则	一般不规则	特别不规则	特别不规则	不允许
	$1/2000 < \theta_e \leqslant 1/800$	规则	一般不规则	特别不规则	不允许	
筒中筒、剪力墙	$\theta_e \leqslant 1/2500$	规则	一般不规则	特别不规则	特别不规则	不允许
	$1/2500 < \theta_e \leqslant 1/1000$	规则	一般不规则	特别不规则	不允许	

2）限制结构的抗扭刚度不能太弱，主要限制结构扭转为主的第一自振周期 T_t 与平动为主的第一自振周期 T_1 之比。当两者接近时，由于振动耦联的影响，结构的扭转效应明显增大。抗震设计中应采取措施使结构具有必要的抗扭刚度，控制周期比 T_t/T_1。

结构沿两个正交方向各有一个平动为主的第一振型周期，本条规定中的 T_1 是指刚度较弱方向的平动为主的第一振型周期，为避免对抗扭刚度的控制过于严格，本条规定对刚度较强方向的平动为主的第一振型周期（如结构的第二平动周期）与扭转为主的第一振型周期 T_t 的比值未做限定，实际工程中，当两个方向的第一振型周期（即第一、第二平动周期）与 T_t 的比值均能满足限值要求时，其抗扭刚度更为理想。周期比计算时，可直接计算结构的固有自振特征，不必考虑偶然偏心的影响。

高层建筑结构当偏心率较小时，结构扭转位移比一般能满足规定的限值要求，但其周期比有时会超过限值（如框架-核心筒结构等），结构设计时应使结构的位移比和周期比都满足规范的限值要求，使结构具有必要的抗扭刚度，保证结构的扭转效应较小。当结构的偏心率较大时（如一般框架-剪力墙结构等），如结构扭转位移比能满足规定的上限值，则周期比一般都能满足限值。

三、结构设计建议

1. 关于扭转位移比

1）对结构扭转位移比的控制，是对整体结构规则性的控制，因此，<u>对结构扭转位移比的计算判别时应采用刚性楼板假定</u>。也就是说，当结构不符合刚性楼板假定时，其对结构扭转位移的判别也将变得意义不大（对楼屋盖整体性很差的结构变得没有意义）。对多塔楼结构，除应按整体计算模型进行扭转位移比的验算外，还应对各塔楼（单塔含相关部位）分别计算比较。

2）扭转位移比计算时，程序有多种输出结果，实际工程中，应取用单向地震作用的、按规定水平力计算并考虑偶然偏心影响的计算结果，其他计算结果仅可作为参考。

（1）双向地震作用计算结果，采用各振型位移的 CQC 组合（老规范的计算方法），计算在地震作用下各振型的总位移，不考虑偶然偏心影响。当为复杂高层建筑且满足刚性楼板假定时，其计算结果具有一定的参考价值。

（2）单向地震不考虑偶然偏心的计算结果，采用各振型位移的 CQC 组合（老规范的计算方法），计算在地震作用下各振型的总位移，不考虑偶然偏心的影响。当满足刚性楼板假定时，其计算结果具有一定的参考价值。

（3）单向地震考虑偶然偏心的计算结果，采用各振型位移的 CQC 组合（老规范的计算方法），计算在地震作用下各振型的总位移，考虑偶然偏心影响。当满足刚性楼板假定时，其计算结果具有一定的参考价值。

（4）单向地震作用下按规定水平力计算的结果，采用规定水平力计算（按 2010 规范的计算方法），考虑偶然偏心影响。计算结果应作为判别结构扭转不规则的依据。

3）对复杂结构或结构的特殊部位，程序的计算结果应经复核后采用。

（1）错层结构的位移比，应按实际楼层和实际楼层高度进行复核验算，而不能采用程序自动识别的计算楼层的计算结果。

（2）对穿层柱等，应按穿层柱的实际楼层和实际高度进行复核验算，也不能采用程序自动识别的计算楼层的计算结果。

（3）连体结构或多塔楼结构，应按实际情况对相关部位的扭转位移比进行复核验算。

（4）当结构的扭转位移比较大时，应通过调整结构的布置，使结构的抗侧力构件分布均匀，且使整体结构具有合理的侧向刚度和足够的抗扭能力。

2. 关于周期比

1）对结构扭转周期比的控制，是对结构整体扭转刚度的控制，因此，<u>对结构扭转周期比的计算判别时应采用刚性楼板假定</u>。换言之，当结构不符合刚性楼板假定时，其对结构扭转周期比的判别也将无实质意义（或对结构整体性的判别意义不大）。对多塔楼结构，除应按整体计算模型进行扭转周期比的验算外，还应对各塔楼（单塔含相关部位）分别计算，分别比较。

2）当 T_t/T_1 不满足本条规定时，应调整抗侧力结构的布置，调整结构的抗侧刚度和抗扭刚度的比值，当结构的侧向刚度有富余时（即结构的弹性层间位移角小于《高规》中表 3.7.3 的限值较多时），可通过适当减小结构的抗侧刚度（可达到增加 T_1 数值的目的），以满足规范 T_t/T_1 的比值要求。当结构的侧向刚度富余不多时（即结构的弹性层间位移角与《高规》中表 3.7.3 的限值接近时），可通过适当加大外围结构的抗侧刚度（如：

增加或加厚外围剪力墙、加大外框架的刚度等，使扭转刚度的增加幅度大于侧向刚度的增加幅度），满足规范 T_t/T_1 的比值要求。

3）当 T_t/T_1 满足本条规定时，也应根据工程的特点（房屋高度、结构体系、结构不规则情况等）对 T_1 提出较高的要求（尤其是复杂高层建筑、房屋高度接近上限的建筑结构、超限高层建筑结构及其他需要进行抗震性能化设计的结构等），可参考《高规》第9.2.5 条的规定，控制 T_1 的扭转分量不超过 30%。

4）对高层建筑，尤其是复杂高层建筑、房屋高度接近上限的建筑结构超限高层建筑结构及其他需要进行抗震性能化设计的结构等，宜控制 $T_t/T_1 \leqslant 0.9$。

5）对多层建筑，《抗震规范》并不强制要求进行 T_t/T_1 的比值控制，有条件时，也宜执行《高规》的本条规定。

6）结构设计进行比较计算（尤其是采用弹性楼板假定计算）时，应特别注意查阅结构的振型图及程序输出的振型参与质量文件，避免局部振动的干扰，正确确定结构的基本周期 T_1。一般情况下，局部振动的周期靠前，应在消除局部振动后再对周期比进行判别。

3. 楼板计算假定的选取

1）对整体结构进行规则性判别、结构体系判别等其他整体指标判别时，应采用刚性楼板假定。主要计算项目有：层间位移角计算（θ_e、θ_p）、扭转位移比计算、周期比（T_t/T_1）计算、结构底部倾覆力矩比计算、结构的剪重比计算、结构的刚重比计算等。

2）对结构构件进行设计计算时，应采用弹性楼板假定（符合刚性楼板假定的结构除外）。主要计算项目有：梁、板、柱、剪力墙等构件的设计计算。

四、相关索引

1.《抗震规范》的相关规定见其第 3.4.2 条和第 3.4.3 条。

2.《高规》的相关规定见其第 9.2.5 条。

3. 对于本条规定的更多更详细的理解可查阅参考文献［30］第 3.4.2 条和第 3.4.3 条。

第 3.4.6 条

一、规范的规定

3.4.6 当楼板平面比较狭长、有较大的凹入或开洞时，应在设计中考虑其对结构产生的不利影响。有效楼板宽度不宜小于该层楼面宽度的 50%；楼板开洞总面积不宜超过楼面面积的 30%；在扣除凹入或开洞后，楼板在任一方向的最小净宽度不宜小于 5m，且开洞后每一边的楼板净宽度不应小于 2m。

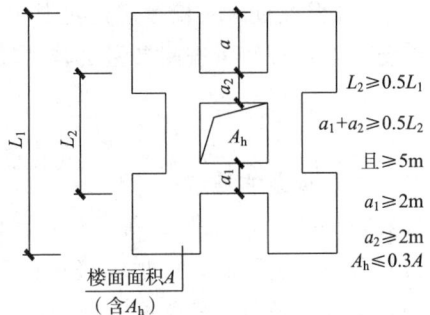

$$L_2 \geqslant 0.5L_1$$
$$a_1 + a_2 \geqslant 0.5L_2$$
$$\text{且} \geqslant 5m$$
$$a_1 \geqslant 2m$$
$$a_2 \geqslant 2m$$
$$A_h \leqslant 0.3A$$

楼面面积 A（含 A_h）

图 3.4.6-1

二、对规范规定的理解

1. 规范对楼板开洞的限制要求见图 3.4.6-1 及表 3.4.6-1。

表 3.4.6-1　楼板开洞要求（以图 3.4.6-1 为例）

序号	项目	要求
1	楼面凹入或开洞尺寸（L_2）、（a_1+a_2）	不宜小于楼面宽度的一半（$L_2 \geq 0.5L_1$）、（$a_1+a_2 \geq 0.5L_2$）
2	楼板开洞总面积（A_h）	不宜超过楼面面积的 30%、（$A_h \leq 30\%A$）
3	楼板在任一方向的最小净宽度（a_1+a_2）	不宜小于 5m、（a_1+a_2）$\geq 5m$
4	开洞后每一边的楼板净宽度（a_1、a_2）	不应小于 2m（a_1、a_2 均应$\geq 2m$）

2. 对"楼板平面比较狭长"的情况，规范未给出具体量化规定，实际工程中，当结构平面长宽比不小于 3 时，可确定为"楼板平面比较狭长"。

3. 对楼板平面有"较大的凹入"的情况，规范也未给出具体量化规定，实际工程中，可根据平面凹入比（平面凹入的深度 a 与相应平面边长 L_1 的比值）确定，当 $a/L_1 \geq 0.25$ 时，可确定为楼板平面有"较大的凹入"。

4. 当楼板的开洞总面积（不包括凹入面积）不小于楼面面积（包括开洞面积，但不包括凹入面积）的 30% 时，可确定为"楼板平面有较大的开洞"之情形。

5. 当楼板平面比较狭长、有较大的凹入和开洞时，楼板有较大的削弱并可能产生显著的面内变形，凹口或洞口削弱了平面各部分之间的连接，在地震中平面各部分之间容易产生相对振动而使平面削弱部位产生较严重的震害，此时，宜采用考虑楼板变形影响的计算方法（如弹性楼板计算模型，或分块刚性楼板模型等），还应采取相应的加强措施（见第 3.4.8 条规定）。

三、结构设计的相关问题

1. 需要说明的是，本条规定是一般性限制要求，不是强制性要求，当楼板有超出表 3.4.6-1 要求的大开洞或局部楼层无楼板时，应采取合理的计算模型对结构进行补充计算，同时采取必要的结构措施。

2. 本条所指的"楼板宽度"、"楼板开洞面积"及"楼面面积"均不包括结构外墙平面凹口在内（图 3.4.6-1 中，平面四周的凹口不计入"楼板宽度"、"楼板开洞面积"及"楼板面积"）。

四、相关索引

《抗震规范》的相关规定见其第 3.4.3 条。对"有效楼板宽度"和"典型楼板宽度"的更多详细理解可查阅参考文献 [30] 第 3.4.3 条。

第 3.4.7 条

一、规范的规定

3.4.7 十字形、井字形等外伸长度较大的建筑，当中央部分楼板有较大削弱时，应加强楼板以及连接部位墙体的构造措施，必要时还可在外伸段凹槽处设置连接梁或连接板。

二、对规范规定的理解

1. 高层住宅建筑由于设置楼、电梯间和通风及采光要求，常使得楼面有很大的削弱（如图 3.4.7-1 所示），此时应将楼电梯周边的可贯通的楼板加厚，并加强配筋。

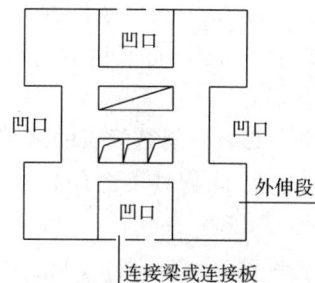

图 3.4.7-1

2. 外伸部分形成的凹槽，可在其端部加设拉梁（可设置宽扁梁）或拉板并加强配筋，有条件时宜每层设置。应注意设置拉梁（或拉板）对两侧结构的不利影响（局部应力集中现象），必要时应采取相应的结构加强措施。

三、结构设计建议

1. 对复杂楼板工程，如楼板的有效宽度较小或其他有大洞口的楼面、有狭长外伸段的楼面、局部变窄形成薄弱连接的楼面、连体结构的连接体等，楼板的面内变形可能会加大楼层内抗侧刚度较小构件的位移，并加大内力。

2. 当复杂楼板工程采用刚性楼板假定的空间分析程序计算时，常使抗侧刚度较大的部位（如边榀多跨框架等）结构的内力偏大，并导致其他抗侧刚度较小的部位（如单跨框架等）结构的内力偏小（偏不安全）。结构设计时，应根据楼板的复杂程度，采取必要的补充计算及包络设计方法。

四、相关索引

1. 楼板开洞的其他构造规定见《高规》第 3.4.8 条。

2. 关于复杂楼板工程设计计算的更多详细问题，可查阅参考文献 [30] 第 3.6.5 条。

第 3.4.8 条

一、规范的规定

3.4.8 楼板开大洞削弱后，宜采取下列措施：

1. 加厚洞口附近楼板，提高楼板的配筋率，采用双层双向配筋；

2. 洞口边缘设置边梁、暗梁；

3. 在楼板洞口角部集中配置斜向钢筋。

二、对规范规定的理解

1. 对本条第 1 款规定理解如图 3.4.8-1 所示。

2. 对本条第 2 款规定理解如图 3.4.8-2 所示。

3. 对本条第 3 款规定理解如图 3.4.8-3 所示。

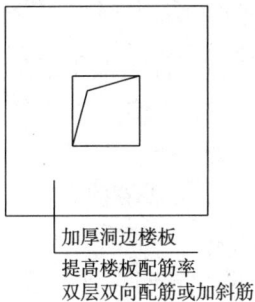

加厚洞边楼板
提高楼板配筋率
双层双向配筋或加斜筋

图 3.4.8-1

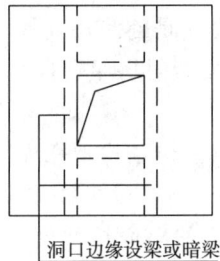

洞口边缘设梁或暗梁

图 3.4.8-2

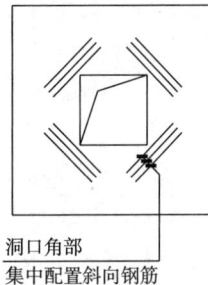

洞口角部
集中配置斜向钢筋

图 3.4.8-3

三、结构设计建议

对"楼板开大洞"规范未给予具体规定，建议当楼板开洞的平面尺寸≥800mm×800mm 时，或在结构布置的关键部位洞口给楼板造成明显的刚度削弱时，可判定为楼板开大洞。

第 3.4.9 条

一、规范的规定

3.4.9 抗震设计时，高层建筑宜调整平面形状和结构布置，避免设置防震缝。体型复杂、平立面不规则的建筑，应根据不规则的程度、地基基础条件和技术经济等因素的比较分析，确定是否设置防震缝。

二、对规范规定的理解

1. 在地震作用时，由于结构开裂、局部损坏和进入弹塑性变形阶段，结构的实际水平位移比弹性状态下增大很多，因此，伸缩缝和沉降缝的两侧很容易发生碰撞。

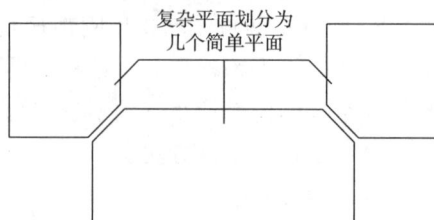

复杂平面划分为
几个简单平面

图 3.4.9-1

2. 一般说来，对抗震设计的高层建筑，当结构平面或竖向布置不规则且不能调整时，才考虑设置防震缝将复杂结构划分为几个较简单的结构单元（如图 3.4.9-1 所示）。

3. 设置防震缝，可以将复杂结构分割为较为规则的结构单元，有利于减少房屋的扭转并改善结构的抗震性能。但震害调查表明，按规范要求确定的防震缝宽度，在强烈地震下仍有发生碰撞的可能，而宽度过大的防震缝又会给建筑立面设计带来困难。因此，设置防震缝对结构设计而言是两难的选择。一般情况下，应优先考虑不设置防震缝。当不设置防震缝时，应经分析比较，找出结构的易损部位，并采取相应的加强措施。

4. 必须设置防震缝时，防震缝应有足够的宽度。防震缝两侧结构体系不同时，防震缝的宽度应按不利的结构（对防震缝的宽度要求较大的结构）类型确定，当相邻结构的基础存在较大沉降时，应考虑沉降对防震缝宽度的影响（如图 3.4.9-2 所示），防震缝宽度宜适当增大。

三、结构设计建议

1. 影响防震缝实际宽度的主要因素

1）防震缝两侧的建筑饰面，尤其是瓷砖及其他硬质饰面实际上减小了防震缝的有效宽度（如图 3.4.9-2a 所示），地震发生时房屋的自由变形受到了限制，在大震或较大地震时发生碰撞。

2）建筑物差异沉降造成防震缝两侧结构"靠拢"，减小了防震缝的有效宽度，大震时发生碰撞。地基差异沉降越大，建筑物越高，"靠拢"效应越大（如图 3.4.9-2b 所示）。

2. 按《高规》第 3.4.10 条确定的防震缝宽度，仍难以避免大震时两侧结构的碰撞。建议有条件时还应适当加大防震缝宽度。

3. 对高层建筑宜选用合理的建筑结构方案，避免设置防震缝，采取有效措施消除不设防震缝的不利影响。图 3.4.9-2b 中的"加强构造和连接"处应连接牢固，提高构件的抗剪承载力，提高相关构件抵抗差异沉降的能力。

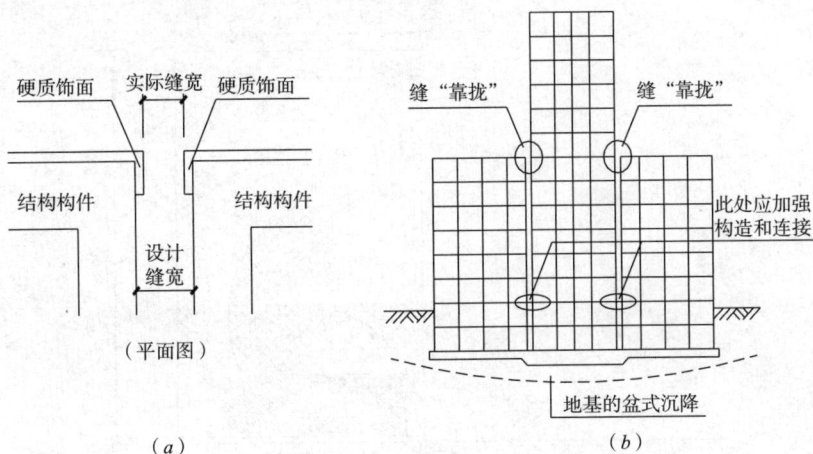

图 3.4.9-2 影响防震缝有效宽度的因素

(a) 建筑饰面的影响;(b) 地基沉降的影响

4. 对防撞墙的设置应慎重。防撞墙的设置应均匀对称并有利于减小结构的扭转。设置在框架结构中的防撞墙,应注意其少量剪力墙的特点,大震时的限位作用有限。防震缝的宽度仍应满足对框架结构的要求。设置防撞墙的框架结构本质上属于剪力墙很少的框架结构,相关建议见第 8.1.3 条。

5. 避免防震缝两侧结构碰撞的设计建议

1) 有条件时应适当加大结构的侧向刚度,以减少结构的水平位移量值。

2) 当房屋高度较高时,避免采用结构侧向刚度相对较小的框架结构,可采用框架-剪力墙结构或少量剪力墙的框架结构。

3) 适当加大防震缝的宽度,对重要部位或复杂部位可考虑按"中震"(设防烈度地震)确定防震缝的宽度,同时注意采取大震防跌落措施。

4) 可结合工程的具体情况,设置阻尼器限制大震下结构的位移,减小结构碰撞的可能性。

6.【例 3.4.9-1】 高层建筑设缝分析实例

1) 工程概况

哈尔滨某工程,分南北两区,其中北区设三层地下室,地面以上由主楼和裙房及中央大堂组成,建筑面积 12 万 m²,主楼地上 42 层为豪华酒店,椭圆形建筑平面,长轴约 64m,短轴约 37m,房屋高度 168m(屋顶建筑高度 180m),采用钢筋混凝土框架-剪力墙结构;裙房地上 6 层,为商业和影城等,房屋高度 36m;中央大堂为独立的(地面以上与主楼和裙房脱开)单层空旷钢结构,房屋高度 40m。平面示意如图 3.4.9-3 所示。

抗震设防烈度 6 度,建筑场地类别Ⅲ类,设计地震分组第一组。按主裙楼分缝和不分缝两种情况,对比分析如下:

2) 主裙楼分缝时

(1) 基本判别:主楼为高度超 B 级(依据表 3.3.1-2,B 级高度限值 160m)的超限高层建筑结构,当主、裙楼之间分缝时,避免主楼与裙房之间的牵扯,可最大限度地简化主楼。但主、裙楼分缝也会导致裙楼不规则程度加大,出现裙房超限问题。

(2) 主楼结构的不规则判别

① 主楼结构高度超限,判别见表 3.4.9-1。

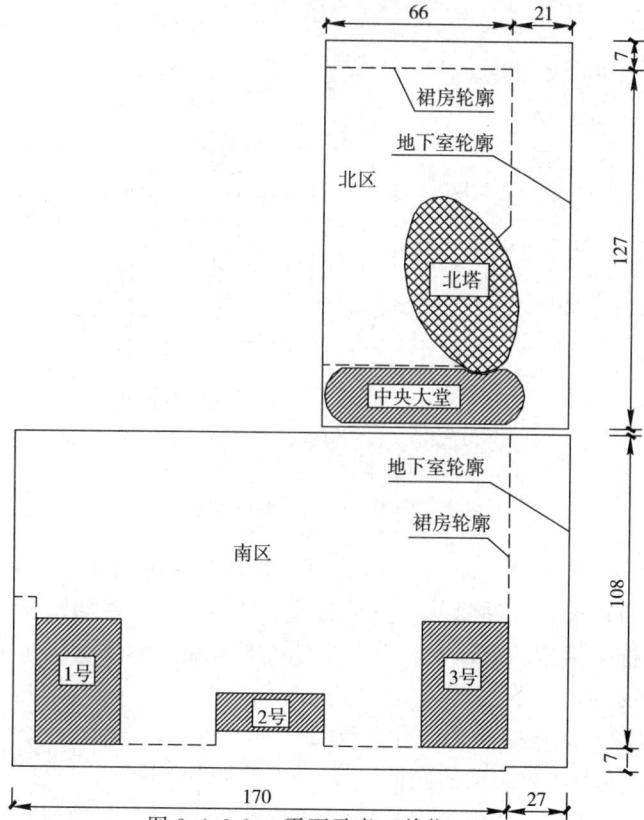

图 3.4.9-3 平面示意（单位：m）

表 3.4.9-1 主楼结构房屋高度及高宽比超限判别

序号	项目	涵义	本工程数值	是否超限
1	房屋高度（m）	6 度框架-剪力墙；130（A 级）；160（B 级）	168.45	超 B 级（5.28%）
2	高宽比	6	4.5	否

② 主楼结构具有 2 项一般不规则，判别见表 3.4.9-2。

表 3.4.9-2 主楼结构一般不规则判别

序号	不规则类型	涵义	计算值	是否超限	备注
1a	扭转不规则	考虑偶然偏心的扭转位移比大于 1.2	1.15	否	GB 50011-3.4.3
1b	偏心布置	偏心率大于 0.15 或相邻层质心相差大于相应边长 15%	—	否	JGJ 99-3.3.2
2a	凹凸不规则	平面凹凸尺寸大于相应边长 30%等	—	否	GB 50011-3.4.3
2b	组合平面	细腰形或角部重叠形	—	否	JGJ 3-3.4.3
3	楼板不连续	有效宽度小于 50%，开洞面积大于 30%，错层大于梁高	有效宽度：X：53% Y：31% 开洞面积：37.6%	是	GB 50011-3.4.3
4a	刚度突变	相邻层刚度变化大于 70%或连续三层变化大于 80%	刚度比 83%（30 层）	否	GB 50011-3.4.3
4b	尺寸突变	竖向构件位置缩进大于 25%，或外挑大于 10%和 4m，多塔	无	否	JGJ 3-3.5.5

序号	不规则类型	涵义	计算值	是否超限	备注
5	构件间断	上下墙、柱、支撑不连续，含加强层、连体类	无	否	GB 50011-3.4.3
6	承载力突变	相邻层受剪承载力变化大于 80%	88%（30层）	否	GB 50011-3.4.3
7	其他不规则	如局部的穿层柱、斜柱、夹层、个别构件错层或转换	穿层柱	是	—

③ 主楼结构无特别不规则项，判别见表 3.4.9-3。

表 3.4.9-3　主楼结构特别不规则判别

序号	简称	涵义	计算值	是否超限
1	扭转偏大	裙房以上的较多楼层，考虑偶然偏心的扭转位移比大于 1.4	1.15	否
2	抗扭刚度弱	扭转周期比大于 0.9，混合结构扭转周期比大于 0.85	0.59	否
3	层刚度偏小	本层侧向刚度小于相邻上层的 50%	83%（30）	否
4	高位转换	框支墙体的转换构件位置：7 度超过 5 层，8 度超过 3 层	无	否
5	厚板转换	7～9 度设防的厚板转换结构	无	否
6	塔楼偏置	单塔或多塔与大底盘的质心偏心距大于底盘相应边长 20%	无	否
7	复杂连接	各部分层数、刚度、布置不同的错层或连体两端塔楼高度、体型或者沿大底盘某个主轴方向的振动周期显著不同的结构	无	否
8	多重复杂	结构同时具有转换层、加强层、错层、连体和多塔等复杂类型的 3 种	无	否

④ 主楼不规则判别结论：主楼属于具有 2 项一般不规则、高度超 B 级的超限高层建筑结构。

（3）裙房不规则判别

① 裙房房屋高度及高宽比均不超限，判别见表 3.4.9-4。

表 3.4.9-4　裙房结构房屋高度及高宽比超限判别

序号	项目	涵义	本工程数值	是否超限
1	房屋高度（m）	6 度框架：60（A级）；框架-剪力墙 130（A级）	36	否
2	高宽比	限值 4	1.44	否

② 裙房具有 6 项一般不规则，判别见表 3.4.9-5。

表 3.4.9-5　裙房结构一般不规则判别

序号	不规则类型	涵义	计算值	是否超限	备注
1a	扭转不规则	考虑偶然偏心的扭转位移比大于 1.2	1.35	是	GB 50011-3.4.3
1b	偏心布置	偏心率大于 0.15 或相邻层质心相差大于相应边长 15%	0.20（2F_y） 0.01（6F_x）	是	JGJ 99-3.3.2
2a	凹凸不规则	平面凹凸尺寸大于相应边长 30% 等	42%（1F）	是	GB 50011-3.4.3
2b	组合平面	细腰形或角部重叠形	无	否	JGJ 3-3.4.3
3	楼板不连续	有效宽度小于 50%，开洞面积大于 30%，错层大于梁高	开洞面积 62.3%（5F）	是	GB 50011-3.4.3
4a	刚度突变	相邻层刚度变化大于 70% 或连续三层变化大于 80%	3F（0.60，0.63） 4F（0.81，0.92） 5F（0.56，0.63）	是	GB 50011-3.4.3

续表 3.4.9-5

序号	不规则类型	涵义	计算值	是否超限	备注
4b	尺寸突变	竖向构件位置缩进大于25%，或外挑大于10%和4m，多塔	7层缩进60%；多层外挑4m	是	JGJ 3-3.5.5
5	构件间断	上下墙、柱、支撑不连续，含加强层、连体类	有梁上柱	是	GB 50011-3.4.3
6	承载力突变	相邻层受剪承载力变化大于80%	0.48（5F）	是	GB 50011-3.4.3
7	其他不规则	如局部的穿层柱、斜柱、夹层、个别构件错层或转换	1根穿层柱错层（2F）	是	—

③ 裙房结构具有 1 项特别不规则，判别见表 3.4.9-6。

表 3.4.9-6　裙房结构特别不规则判别

序号	简称	涵义	计算值	是否超限
1	扭转偏大	裙房以上的较多楼层，考虑偶然偏心的扭转位移比大于1.4	1.35	否
2	抗扭刚度弱	扭转周期比大于0.9，混合结构扭转周期大于0.85	0.77	否
3	层刚度偏小	本层侧向刚度小于相邻上层的50%	5F（0.39，0.44）（上层是夹层）	是
4	高位转换	框支墙体的转换构件位置：7度超过5层，8度超过3层	无	否
5	厚板转换	7～9度设防的厚板转换结构	无	否
6	塔楼偏置	单塔或多塔与大底盘的质心偏心距大于底盘相应边长20%	无	否
7	复杂连接	各部分层数、刚度、布置不同的错层或连体两端塔楼高度、体型或者沿大底盘某个主轴方向的振动周期显著不同的结构	无	否
8	多重复杂	结构同时具有转换层、加强层、错层、连体和多塔等复杂类型的3种	无	否

④ 裙房不规则判别结论：裙房属于具有 6 项一般不规则、1 项特别不规则的超限高层建筑结构。

（4）结论：主、裙楼分缝后，主楼属于具有 2 项一般不规则、高度超 B 级的超限高层建筑结构，裙房属于具有 6 项一般不规则、1 项特别不规则的超限高层建筑结构。虽然在一定程度上减少了主楼的不规则程度，但裙楼结构的不规则程度大幅提升（楼板大开洞、刚度突变、楼层抗剪承载力突变等），裙房结构的抗震性能大为降低，主、裙楼之间是否设缝，还需要根据主、裙楼不分缝时的不规则判别结果综合确定。

3）主、裙楼不分缝时

（1）结构高度超限，判别见表 3.4.9-7。

表 3.4.9-7　主楼结构房屋高度及高宽比超限判别

序号	项目	涵义	本工程数值	是否超限
1	房屋高度（m）	6度框架-剪力墙；130（A级）；160（B级）	168.45	超B级（5.28%）
2	主楼高宽比	6	裙房顶以上3.6	否

（2）结构具有 3 项一般不规则，判别见表 3.4.9-8。

表 3.4.9-8　结构一般不规则判别

序号	不规则类型	涵义	计算值	是否超限	备注
1a	扭转不规则	考虑偶然偏心的扭转位移比大于 1.2	1.15	否	GB 50011-3.4.3
1b	偏心布置	偏心率大于 0.15 或相邻层质心相差大于相应边长 15%	24%	是	JGJ 99-3.3.2
2a	凹凸不规则	平面凹凸尺寸大于相应边长 30%等	—	否	GB 50011-3.4.3
2b	组合平面	细腰形或角部重叠形	—	否	JGJ 3-3.4.3
3	楼板不连续	有效宽度小于 50%，开洞面积大于 30%，错层大于梁高	有效宽度：X: 53% Y: 31% 开洞面积：37.6%	是	GB 50011-3.4.3
4a	刚度突变	相邻层刚度变化大于 70%或连续三层变化大于 80%	刚度比 83%（30 层）	否	GB 50011-3.4.3
4b	尺寸突变	竖向构件位置缩进大于 25%，或外挑大于 10%和 4m，多塔	无	否	JGJ 3-3.5.5
5	构件间断	上下墙、柱、支撑不连续，含加强层、连体类	无	否	GB 50011-3.4.3
6	承载力突变	相邻层受剪承载力变化大于 80%	88%（30 层）	否	GB 50011-3.4.3
7	其他不规则	如局部的穿层柱、斜柱、夹层、个别构件错层或转换	穿层柱	是	—

（3）结构具有 1 项特别不规则，判别见表 3.4.9-9。

表 3.4.9-9　结构特别不规则判别

序号	简称	涵义	计算值	是否超限
1	扭转偏大	裙房以上的较多楼层，考虑偶然偏心的扭转位移比大于 1.4	1.15	否
2	抗扭刚度弱	扭转周期比大于 0.9，混合结构扭转周期比大于 0.85	0.59	否
3	层刚度偏小	本层侧向刚度小于相邻上层的 50%	83%（30）	否
4	高位转换	框支墙体的转换构件位置：7 度超过 5 层，8 度超过 3 层	无	否
5	厚板转换	7～9 度设防的厚板转换结构	无	否
6	塔楼偏置	单塔或多塔与大底盘的质心偏心距大于底盘相应边长 20%	24%	是
7	复杂连接	各部分层数、刚度、布置不同的错层或连体两端塔楼高度、体型或者沿大底盘某个主轴方向的振动周期显著不同的结构	无	否
8	多重复杂	结构同时具有转换层、加强层、错层、连体和多塔等复杂类型的 3 种	无	否

（4）结论：主、裙楼不分缝后，结构属于具有 1 项特别不规则、2 项一般不规则（偏心布置不规则计入特别不规则，不再计入一般不规则）、高度超 B 级的超限高层建筑结构。

①　主、裙楼整体不分缝时，由于主楼结构侧向刚度的贡献，裙房高度范围内楼层刚度突变程度减小，楼层抗剪承载力不再有突变，结构的一般不规则项减少较多，裙房结构的抗震性能得到加强。

②　受偏心布置的裙房影响，塔楼结构的质量中心与底盘结构（含主楼和裙房）的质量偏心距大于底盘结构的 20%，增加了新的特别不规则项。

③　在裙房结构内设置适当数量的剪力墙，可减小底盘结构的楼层位移并控制结构的扭转，能有效减小塔楼偏置对主楼的影响。

4）经综合比较，决定采用主、裙楼不分缝的结构方案（通过结构抗震超限审查）。

四、相关索引

1. 钢筋混凝土结构的防震缝宽度应满足《抗震规范》第 6.1.4 条的规定。

2. 砌体结构的防震缝宽度应满足《抗震规范》第 7.1.7 条的规定。

3. 钢结构的防震缝宽度应满足《抗震规范》第 8.1.4 条的规定。

4. "设置少量剪力墙的框架结构"见《抗震规范》第 6.1.3 条及《高规》第 8.1.3 条。

5. 隔震和消能减震的相关规定见《抗震规范》第 12 章，相关内容可查阅参考文献 [30]。

第 3.4.10 条、第 3.4.11 条

一、规范的规定

3.4.10 设置防震缝时，应符合下列规定：

1. 防震缝宽度应符合下列规定：

1）框架结构房屋，高度不超过 15m 时不应小于 100mm；超过 15m 时，6 度、7 度、8 度和 9 度分别每增加高度 5m、4m、3m 和 2m，宜加宽 20mm；

2）框架-剪力墙结构房屋不应小于本款 1）项规定数值的 70%，剪力墙结构房屋不应小于本款 1）项规定数值的 50%，且二者均不宜小于 100mm。

2. 防震缝两侧结构体系不同时，防震缝宽度应按不利的结构类型确定；

3. 防震缝两侧的房屋高度不同时，防震缝宽度可按较低的房屋高度确定；

4. 8、9 度抗震设计的框架结构房屋，防震缝两侧结构层高相差较大时，防震缝两侧框架柱的箍筋应沿房屋全高加密，并可根据需要沿房屋全高在缝两侧各设置不少于两道垂直于防震缝的抗撞墙；

5. 当相邻结构的基础存在较大沉降差时，宜增大防震缝的宽度；

6. 防震缝宜沿房屋全高设置，地下室、基础可不设防震缝，但在与上部防震缝对应处应加强构造和连接；

7. 结构单元之间或主楼与裙房之间不宜采用牛腿托梁的做法设置防震缝，否则应采取可靠措施。

3.4.11 抗震设计时，伸缩缝、沉降缝的宽度均应符合本规程第 3.4.10 条关于防震缝宽度的要求。

二、对规范规定的理解

1. 规范规定中的 6 度、7 度、8 度和 9 度为本地区抗震设防烈度。

2. 为防止房屋在地震中可能发生的碰撞，防震缝的净宽度宜大于两侧结构的允许地震（中震）水平位移之和。

3. 结构单元之间，关系应明确，分则彻底分开，连则连接牢固。

4. 对防震缝设置时"不利的结构类型"指：防震缝两侧结构水平位移相对较大的结构，如当防震缝两侧分别为框架结构和框架-剪力墙结构时，则框架结构为本条所指的"不利的结构类型"。

5. 防震缝两侧结构"层高相差较大"，应根据工程经验把握，当无可靠工程经验时，也可将防震缝两侧结构层高相差大于层高的 1/3 时，确定为"层高相差较大"。

6. "8、9 度抗震设计的框架结构房屋，防震缝两侧结构层高相差较大时，防震缝两侧框

架柱的箍筋<u>应沿房屋全高</u>加密",这里的"房屋全高"可理解为房屋沿防震缝全高,可不包括防震缝以上的房屋高度。

7. 在强烈地震作用下,防震缝两侧的相邻结构仍可能因局部碰撞而损坏。应采取有效的防撞措施。

8. 结构单元之间或主楼与裙房之间采用牛腿托梁的做法设置防震缝时,应采取大震防跌落措施,宜采用具有复位功能的滑动支座,并设置防跌落挡板。

9. 抗震设计时,伸缩缝、沉降缝和防震缝多缝合一,缝间距、缝宽度等应满足各缝的功能要求和基本规定(如防震缝之间的距离也应满足《高规》第 3.4.12 条的伸缩缝间距要求、沉降缝的位置要求,防震缝的宽度也应满足伸缩缝的宽度要求等)。

三、结构设计建议

1. 对相邻基础"差异沉降较大"的判别规范未有具体的规定,应根据当地设计经验确定,无可靠设计经验时,当相邻基础的差异沉降值达到《地基规范》第 5.3.4 条的规定限值的 2/3 时,可判定为"差异沉降较大"。

2. 对框架-剪力墙结构、剪力墙结构和筒体结构等刚度较大的结构类型,《地基规范》未规定其差异沉降的限值,应根据当地设计经验确定,当无可靠设计经验时,可参考《筏基规范》第 6.2.16 条的规定,结合工程具体情况按差异沉降不大于跨度的 1‰ 控制。

3. 在对外合作设计中,常被问起设置防震缝属于抗震措施还是抗震构造措施,防震缝的宽度是按小震、中震还是大震确定,其实设置防震缝属于结构抗震设计中的一般规定要求,防震缝的宽度依据本地区抗震设防烈度(即中震)确定,对重要工程或结构侧向刚度较小的工程,以及扭转不规则程度较高的工程等,宜根据工程需要按大震位移确定防震缝的宽度。

四、相关索引

《抗震规范》的相关规定见其第 6.1.4 条。

第 3.4.12 条、第 3.4.13 条

一、规范的规定

3.4.12 高层建筑结构伸缩缝的最大间距宜符合表 3.4.12 的规定。

表 3.4.12 伸缩缝的最大间距

结构体系	施工方法	最大间距(m)
框架结构	现浇.	55
剪力墙结构	现浇	45

注:1. 框架-剪力墙的伸缩缝间距可根据结构的具体布置情况取表中框架结构与剪力墙结构之间的数值;

    2. 当屋面无保温或隔热措施、混凝土的收缩较大或室内结构因施工外露时间较长时,伸缩缝间距应适当减小;

    3. 位于气候干燥地区、夏季炎热且暴雨频繁地区的结构,伸缩缝的间距宜适当减小。

3.4.13 当采用有效的构造措施和施工措施减小温度和混凝土收缩对结构的影响时,可<u>适当放宽伸缩缝的间距</u>。这些措施可包括但不限于下列方面:

1. 顶层、底层、山墙和纵墙端开间等受温度变化影响较大的部位提高配筋率;

2. 顶层加强保温隔热措施,外墙设置外保温层;

3. 每 30m～40m 间距留出施工后浇带，带宽 800mm～1000mm，钢筋采用搭接接头，后浇带混凝土宜在 45d 后浇筑；

4. 采用收缩小的水泥、减少水泥用量、在混凝土中加入适宜的外加剂；

5. 提高每层楼板的构造配筋率或采用部分预应力结构。

二、对规范规定的理解

1. 后浇带的作用在于减少混凝土的收缩应力，施工后浇带并不直接减少房屋使用期间结构的温度应力，因而不能提高结构对温度应力的耐受能力。通过后浇带的板、墙钢筋宜断开搭接，以便在后浇带封带前两侧的混凝土各自自由收缩，梁钢筋可不断开（如图 3.4.13-1 所示）。

2. 第 3.4.13 条中第 5 款规定的"提高楼板的构造配筋率"其提高的幅度规范未做具体规定，可执行《混凝土规范》第 9.1.8 条的规定：在板的表面双向配置防裂构造钢筋，每层每方向配筋率均不宜小于 0.10%，间距不宜大于 200mm。防裂构造钢筋可利用楼板内原有钢筋贯通设置，也可另行设置附加钢筋并与楼板原有钢筋按受拉搭接或在周边构件中满足受拉锚固要求。

3. 顶部楼层可改用刚度较小的结构形式（如：当下部为剪力墙结构或框架-剪力墙结构时，顶部采用框架结构，以适当减少顶部剪力墙，但顶部取消部分剪力墙形成空旷房屋时，应执行《高规》第 3.5.9 条的规定）或顶部设局部温度缝，将结构划分为长度较短的区段。顶部局部设置温度缝做法如图 4.3.13-2 所示。

4. "适当放宽"应根据工程经验确定，一般可控制 20% 以内，应根据结构超长的实际情况（如按超过 25%、50%、75% 及 100% 等），采取建筑和结构的相应的技术措施。

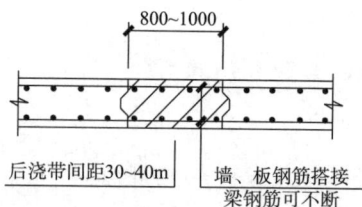

图 3.4.13-1

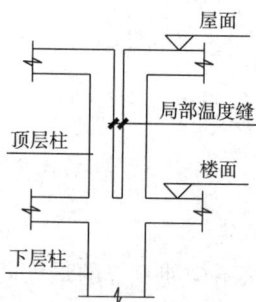

图 3.4.13-2

三、结构设计建议

1. 后浇带应从结构受力较小的位置通过，如梁、板的 1/3 跨度处，连梁的跨中等部位。

2. 温度应力问题是结构设计中的难点问题，应重视概念设计，注意把握结构受温度影响的关键部位（平面的远端、有效楼板宽度较小的部位等）及关键构件（如框架柱、剪力墙等竖向构件），加强结构构造措施，在温度场的确定及温度应力的计算模型选取等方面应注意以下问题：

1）温度场的建立

温度场与建筑结构所处的温度环境有关，不仅受环境最高温度、最低温度的影响，而且还与温度场建立的温度（形成整体结构的初始温度，如后浇带混凝土强度形成过程中的封带温度等）有关。

（1）结构所处环境的最高温度和最低温度，一般应根据工程的温度环境和使用要求确定，当建筑结构的保温隔热措施有效，建筑物室内温度受外部环境影响较小的冬季采暖、夏季全空调的建筑（如商场、酒店等），以房屋使用阶段的室内温差为基数偏安全地取值（比使用阶段的室内最高温适当增加，比使用阶段的室内最低温适当降低）。

（2）温度场建立的温度即建筑结构温度场的初始温度，一般应取混凝土形成整体时的温度（如后浇带的封带温度），是一个温度区间的等效温度（即后浇带混凝土在强度形成过程中的等效温度），一般取比结构所处环境的最高温度和最低温度的平均值偏低的温度值（如当最高温度为 30℃、最低温度为 0℃ 时，其平均温度为 15℃，可取温度场建立的温度为 10℃，《荷载规范》第 9.3.3 条规定："混凝土结构的合拢温度一般可取后浇带封闭时的月平均气温，钢结构的合拢温度一般可取合拢时的日平均温度"，应采取有效措施确保混凝土的合拢温度符合预设的温度场建立的温度要求。程序计算时，升温填正值（如升温 20℃ 则填＋20），降温填负值（如降温 10℃ 则填－10），填零则表示无温度变化。

2）温度梯度问题

温度对建筑结构的影响与结构在温度场中的位置有关，建筑物周边的结构受环境温度的影响较为明显，当环境温度改变时，结构的温度也跟着改变，但改变的幅度不同，在建筑物内部离建筑物周边越远，则结构温度改变的幅度越小，这就是温度梯度问题。

3）温度应力的计算模型

（1）温度对构件的影响是不均匀的，但现有程序在温度应力的计算过程中，无法考虑温度梯度的影响，假定建筑结构处在一个均匀的温度场中，建筑结构中的所有构件同时处在同样的升温或降温的环境中，这种均匀膨胀或收缩的温度作用模式，比较适合于钢结构（对钢构件，由于其传热性能好，截面较薄，当环境温度变化时，可以认为截面中的温度是均匀变化的），而对实心混凝土结构计算的温度应力偏大。

（2）温度应力计算时，应采用弹性楼板模型，否则，在刚性楼板假定下，梁的膨胀或收缩受到平面内"刚性楼板"的约束，柱内不会产生剪力和弯矩，相应地梁内也不会产生弯矩和剪力，仅有轴力作用，计算结果偏小，偏于不安全。结构设计时，应特别注意对平面纵向端部框架柱柱端内力和配筋的检查，注意对平面端部纵向剪力墙的核查。

（3）目前，程序按线弹性理论计算结构的温度效应，对于钢筋混凝土，考虑到徐变应力松弛特性等非线性因素，实际的温度应力将小于按弹性计算的结果，实际工程计算中一般取徐变应力松弛系数 0.3 对计算结果进行折减。但对钢结构可不考虑此项折减。

（4）依据《荷载规范》的规定，温度作用按可变荷载考虑，其组合值系数为 0.6，频遇值系数为 0.5，准永久值系数为 0.4。对特殊工程可根据工程需要由设计人员设定不同于程序内定的组合方式，并调整分项系数。

3. 实际工程中，超长结构的温度应力问题应主要通过采取恰当的构造措施予以解决，建议如下：

1）框架梁设计（如图 3.4.13-3 所示），梁顶跨中应根据需要设置不少于两根通长钢筋，通长钢筋可以是框架梁两端支座钢筋直通（含机械连接），也可以是跨中钢筋与框架梁两端支座钢筋的受力搭接（满足 l_l 要求）；梁两侧应设置腰筋，腰筋与主筋及腰筋之间间距宜 $s \leqslant 200mm$，腰筋在框架梁两端支座应按受拉锚固设计（锚固长度满足 l_a 要求，即腰筋满足抗扭纵筋的锚固要求，在施工图中应将钢筋"G"改为"N"）。

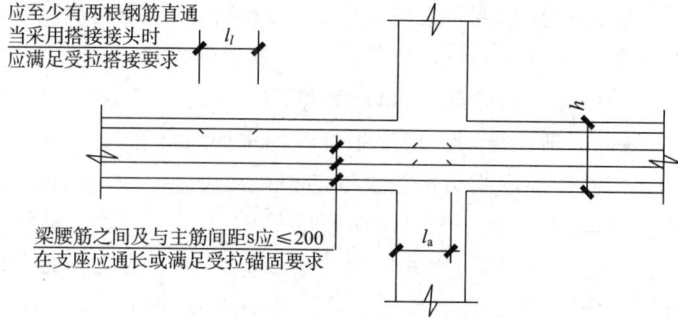

图 3.4.13-3　框架梁抵抗温度应力构造要点

2）次梁设计，梁顶跨中的架立钢筋与梁两端支座钢筋按受拉搭接设计（搭接长度满足 l_l 要求）；梁两侧应设置腰筋，腰筋与主筋及腰筋间距宜 $S \leqslant 200mm$，腰筋在框架梁两端支座应按受拉锚固设计（锚固长度满足 l_a 要求，即腰筋满足抗扭纵筋的锚固要求，在施工图中应将钢筋"G"改为"N"）；

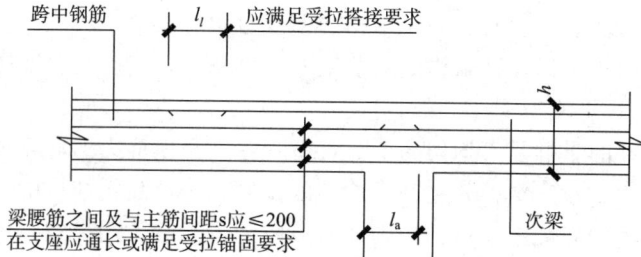

图 3.4.13-4　次梁抵抗温度应力构造要点

3）楼板设计，楼板的跨中贯通钢筋（或与支座负筋按受拉搭接）的配筋率不应小于《混凝土规范》第 9.1.8 条的要求，每层每个方向的配筋率均不应小于 0.10%（建议配筋率见表 3.4.13-1）。注意，楼底钢筋在支座应尽量拉通，否则，应至少每隔一根在支座按受拉锚固设计。采取上述构造措施后楼板钢筋计算时，一般可不考虑温度应力的影响（相关问题见框架梁），如图 3.4.13-5 所示

表 3.4.13-1　超长结构的楼板贯通配筋建议

结构单元长度超过《高规》中表 3.4.12 的幅度	≤50%	100%	150%	200%	≥250%
沿超长方向每层每方向配筋率	0.10%	0.15%	0.20%	0.25%	0.30%

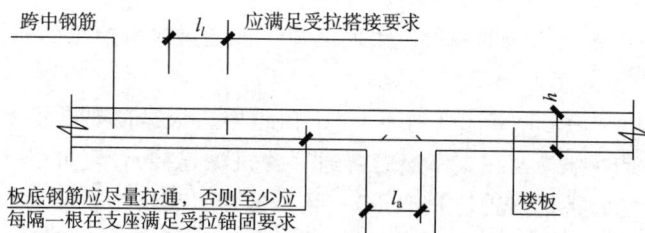

图 3.4.13-5　楼板抵抗温度应力构造要点

4. 考虑温度应力对结构的影响时应重点关注楼板和主要抗侧力构件（如框架柱或剪力墙等），温度应力对结构影响的大小，主要取决于结构侧向刚度的大小，结构侧向刚度越大，结构超长越多，楼板结构受温度应力的影响越大；当结构的单元长度超过规范规定限值较多，且结构为侧向刚度较大的剪力墙结构或框架-剪力墙结构时，楼板结构受温度应力的影响也越大。

5. 结构设计中，对超长结构（一般适用于超长幅度不很大的结构）也可采用补偿收缩混凝土技术或"跳仓"施工方法，在结构收缩应力最大的地方给予相应较大的膨胀应力补偿。一般加强带的宽度约 2m，带之间适当增加水平构造钢筋 15%～20%，具体做法如图 3.4.13-6 所示。

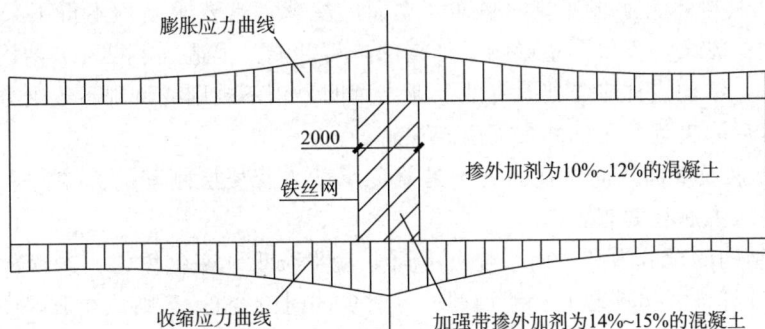

图 3.4.13-6 加强带替代部分后浇带的示意图

四、相关索引

1.《混凝土规范》的相关规定见其第 8.1.1 条。

2.《高规》的相关规定见第 12.2.3 条。

3.《荷载规范》的相关规定见其第 9 章。

3.5 结构竖向布置

要点：

1. 震害表明：结构竖向刚度的突变、楼层质量沿房屋高度分布的不均匀、结构外形过大的外挑或内收等，使相关楼层变形过分集中，甚至形成薄弱层，出现严重的震害甚至倒塌。因此，提出对结构竖向规则性要求，应力求使结构刚度自下而上逐渐均匀减小，体形均匀、不突变。

2. 结构竖向不规则涉及侧向刚度、楼层抗剪承载力、楼层重量及竖向形体突变等诸多方面，主要表现为：结构上、下层刚度突变，楼层抗剪承载力突变，构件间断（如上下层墙、柱、支撑不连续，设置加强层、连体等），上、下层楼层重量的突变，结构竖向收进和外挑的突变及其他不规则情况（如局部穿层柱、斜柱、夹层、错层或个别构件的错层或转换等），严重时还会导致特别不规则（如楼层刚度过小，高位框支转换，同时具有转换层、加强层、错层、连体和多塔等多重复杂情况等），结构设计中应加以避免。

第 3.5.1 条

一、规范的规定

3.5.1 高层建筑的<u>竖向体型</u>宜规则、均匀，避免有过大的外挑和收进。结构的<u>侧向刚度</u>宜下大上小，逐渐均匀变化。

二、对规范规定的理解

1. 抗震设计不是结构单一专业的问题，合理的建筑结构需要建筑等相关专业的密切配合。有经验、有抗震知识素养的建筑师应对所设计的建筑的抗震性能有所估计，应能区分不规则、特别不规则和严重不规则等不规则程度，避免采用抗震性能差的严重不规则方案。

2. 实际工程中，为实现建筑的平面、立面的变化，常要求结构不得不采用不规则甚至特别不规则的方案，不仅严重影响了结构的抗震性能，也造成了投资（结构费用）的大量增加。此时，结构设计应与建筑专业及业主阐明采用不规则或特别不规则方案所带来的后果，避免日后因工程费用的增加而引起误解。

3. 结构立面及竖向剖面布置的关键是避免承载力及楼层刚度的突变，避免出现薄弱层并确保竖向传力途径的有效性。

1）应使结构的承载力和竖向刚度自下而上逐步减小，变化均匀、连续，不出现突变（如混凝土强度等级、构件截面、型钢截面等避免同时改变）。否则，在地震作用下某些楼层或部位将形成软弱层或薄弱层（率先屈服，出现较大的塑性变形集中）而加重破坏。

2）建筑立面应尽量采用矩形、梯形、三角形等均匀变化的几何形状（如图 3.5.1-1 所示），避免采用带有突然变化的阶梯形立面（如图 3.5.1-2 所示，如大底盘结构、上部楼层收进尺度过大等，在刚度突变部位出现应力集中现象。上部结构刚度减小过快时结构的高振型反应即鞭梢效应明显，在结构顶部出现变形集中现象）。

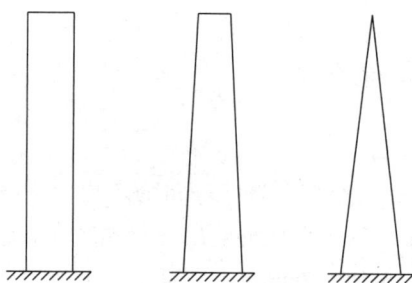

图 3.5.1-1 有利于抗震的建筑立面   图 3.5.1-2 不利于抗震的建筑立面

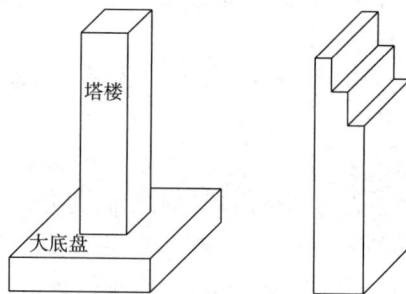

3）结构竖向收进和外挑过大时，出现竖向不规则，详见第 3.5.5 条的规定。

4）沿竖向相邻楼层质量急剧变化时，出现竖向不规则，详见第 3.5.6 条的规定。

5）抗侧力构件上、下错位时，出现竖向不规则，详见第 3.5.4 条的规定。

6）楼层侧向刚度变化应均匀，下列部位应特别注意楼层侧向刚度变化：大堂局部无楼板的相关楼层；裙房顶层的上、下楼层；柱、墙截面及混凝土强度等级变化的相关楼层；加强层及其上、下楼层；转换层及其上、下楼层；剪力墙骤减的相关楼层等。

7）侧向刚度的计算原则及比值要求见第 3.5.2 条。

三、结构设计建议

对结构侧向刚度上小下大均匀变化的具体要求规范未作规定，可参照相关规则的要求予以把握。

四、相关索引

1. 对结构竖向规则性的要求，见《高规》本节的相关条款。

2.《抗震规范》的相关规定见其第 3.4.2 条。

第 3.5.2 条

一、规范的规定

3.5.2 抗震设计时，高层建筑相邻楼层的侧向刚度变化应符合下列规定：

1. 对框架结构，楼层与其相邻上层的侧向刚度比 γ_1 可按式（3.5.2-1）计算，且本层与相邻上层的比值不宜小于 0.7，与相邻上部三层刚度平均值的比值不宜小于 0.8。

$$\gamma_1 = \frac{V_i \Delta_{i+1}}{V_{i+1} \Delta_i} \tag{3.5.2-1}$$

式中：γ_1——楼层侧向刚度比；

V_i、V_{i+1}——第 i 层和第 $i+1$ 层地震剪力标准值（kN）；

Δ_i、Δ_{i+1}——第 i 层和第 $i+1$ 层在地震作用标准值作用下的层间位移（m）。

2. 对框架-剪力墙、板柱-剪力墙结构、剪力墙结构、框架-核心筒结构、筒中筒结构，楼层与其相邻上层的侧向刚度比 γ_2 可按式（3.5.2-2）计算，且本层与相邻上层的比值不宜小于 0.9；当本层层高大于相邻上层层高的 1.5 倍时，该比值不宜小于 1.1；对<u>结构底部嵌固层</u>，该比值不宜小于 1.5。

$$\gamma_2 = \frac{V_i \Delta_{i+1}}{V_{i+1} \Delta_i} \frac{h_i}{h_{i+1}} \tag{3.5.2-2}$$

式中：γ_2——考虑层高修正的楼层侧向刚度比。

二、对规范规定的理解

1. 式（3.5.2-2）中，h_i、h_{i+1} 分别为 i 层（下层）和 $i+1$ 层（上层）的层高。

2.“结构底部嵌固层”指下端为嵌固层的楼层，一般为上部结构的首层。

3. 之所以对“结构底部嵌固层”提出特别的刚度比要求，是因为，在框架-剪力墙结构、板柱-剪力墙结构、剪力墙结构、框架-核心筒结构、筒中筒结构等以剪力墙作为抗侧力结构（或主要抗侧力结构）的房屋中，由于对底部嵌固楼层采用了绝对嵌固（水平位移、竖向位移和转角均为零）的计算假定，层间位移角计算数值较小，与上部其他楼层存在明显的刚度差异（由外部约束引起），因此，对其提出较高的刚度比要求（由 0.9 改为 1.5）是合适的。

4. 试验研究表明：

1）框架结构楼层与上部相邻楼层的侧向刚度比 γ_1 不宜小于 0.7，与上部相邻三层侧向刚度比的平均值不宜小于 0.8 是合理的。

2）对框架-剪力墙结构、板柱-剪力墙结构、剪力墙结构、框架-核心筒结构、筒中筒结构，楼面体系对侧向刚度贡献较小，当层高变化时刚度变化不明显，采用考虑层高修正的楼层侧向刚度比 γ_2 比按公式（3.5.2-1）确定的侧向刚度比 γ_1 更为合理，相应的控制指标按不小于 0.9 控制；层高变化较大（本层层高大于相邻上层层高的 1.5 倍）时，对刚度变化提出了更高的要求，由 0.9 变为 1.1。

5. 关于侧向刚度比计算

1）楼层侧向刚度 K_i，一般采用地震作用下的楼层剪力标准值 V_i 与地震作用标准值时的层间位移 Δ_i（此处的 Δ_i 与 08 抗规中 Δu_i 及《抗震规范》中 δ_i 的概念是相同的）的比值计算。K_i、V_i 及 Δ_i 均应采用各振型位移 CQC 组合的计算结果（注意，此处不采用"规定的水平力"作用下的计算值）。当采用刚性楼板的计算假定时，V_i 为楼层剪力，Δ_i 为楼层质心处的层间位移；当采用弹性楼板的计算假定时，$K_i = \sum(V_j/\Delta_j)$，其中 V_j 为计算质点的剪力，Δ_j 为计算质点的层间位移。

2）侧向刚度比（本层刚度与相邻上层刚度之比），目前可采用的方法有以下几种（本层用角码 1 表示，相邻上层用角码 2 表示）：

（1）等效剪切刚度比值法——即《高规》公式（E.0.1-1）中规定的计算方法：$\gamma = \dfrac{G_1 A_1}{G_2 A_2} \times \dfrac{h_2}{h_1}$，考察的是抗侧力构件的截面特性及与层高的关系，主要用于方案阶段及初步设计阶段估算、剪切变形为主的结构及结构部位，如框架结构、结构的嵌固部位（结构嵌固部位刚度比计算的相关问题见第 5.3.7 条）、转换层设置在地面以上 1、2 层时的转换层与其相邻上层的等效剪切刚度比等。

（2）楼层剪力与层间位移的比值法——按虎克定律（即楼层标高处产生单位水平位移所需要的水平力）确定结构的侧向刚度（如图 3.5.2-1 所示），$\gamma = \dfrac{V_1 \Delta_2}{V_2 \Delta_1}$，本层与相邻上层的比值不宜小于 0.7，与相邻上部三层侧向刚度平均值的比值不宜小于 0.8。该方法物理概念清晰，理论上适合于所有的结构，尤其适合于楼层侧向刚度有规律均匀变化的结构，适用于对结构"软弱层"及"薄弱层"的初步判别。但当楼层侧向刚度变化过大时，适应性较差。

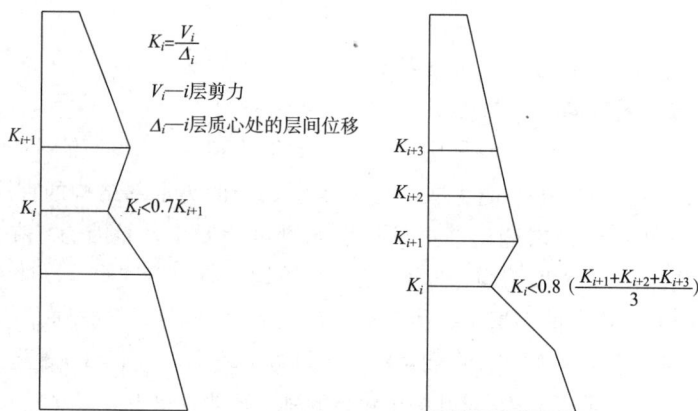

图 3.5.2-1　沿竖向的侧向刚度不规则（有软弱层）

（3）考虑层高修正的楼层侧向刚度比值法——即《高规》公式（3.5.2-2）。在以弯曲变形或弯剪变形为主的结构（如框架-剪力墙结构、板柱-剪力墙结构、剪力墙结构、框架-核心筒结构、筒中筒结构等）中，楼面结构对侧向刚度的贡献较小，层高变化时侧向刚度变化滞后，对上部结构的侧向刚度比可采用考虑层高修正的楼层侧向刚度比值法，$\gamma = \dfrac{V_1 \Delta_2}{V_2 \Delta_1} \times \dfrac{h_1}{h_2}$，该方法在国外规范中有采用。

（4）**等效侧向刚度法**——即《高规》公式（E.0.3）中规定的计算方法（也称为剪弯刚度），计算的是转换层及下部结构与转换层上部结构的等效侧向刚度比 $\gamma_e = \dfrac{\Delta_2 H_1}{\Delta_1 H_2}$，考察的是结构特定区域内结构侧向变形角之间的比值，适合于结构侧向刚度变化较大的特殊部位，如转换层设置在 2 层以上时转换层上部、下部结构等。应使 γ_e 接近 1（$\gamma_e \leqslant 1.3$），非抗震设计时应 $\gamma_e \geqslant 0.5$，抗震设计时应 $\gamma_e \geqslant 0.8$。采用"等效侧向刚度法"对转换层上、下的结构侧向刚度比计算时应注意以下几点：

① 按《高规》附录 E 计算时，将转换层顶部作为转换层上部结构的嵌固端计算，忽略了转换层位置实际存在的转动变形，夸大了转换层上部结构的侧向刚度及转换层上部结构与转换层及其下部结构的等效侧向刚度比（如图 3.5.2-2 所示），故应采用"楼层剪力与层间位移的比值法"进行比较计算（按 $\gamma = \dfrac{V_1 \Delta_2}{V_2 \Delta_1}$ 的计算值不应小于 0.6）。

② 对转换层结构中非转换层部位（转换层以外的其他楼层）的楼层侧向刚度比，仍应采用《高规》第 3.5.2 条规定的方法计算。

③ 对局部转换或转换构件周围的相关范围内结构的侧向刚度较大（即转换构件周围结构的侧向刚度对等效侧向刚度贡献较大，如图 3.5.2-3 所示）以及设置多个转换层时（如图 3.5.2-4 所示），计算的等效侧向刚度比需结合其他计算方法比较确定。

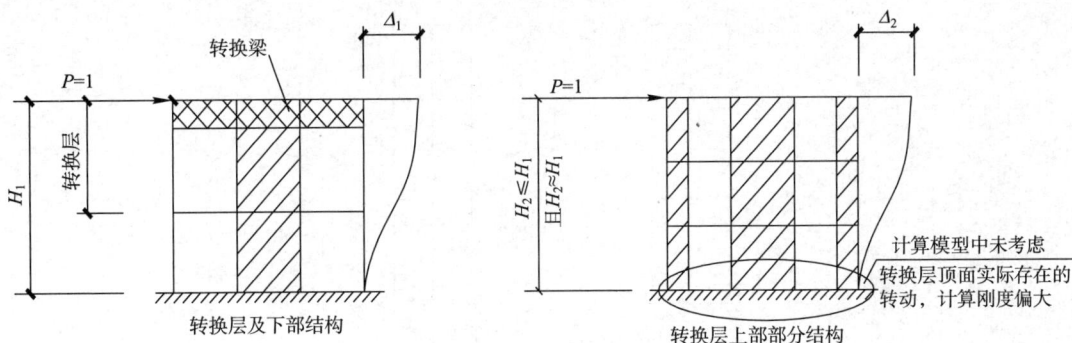

图 3.5.2-2　剪弯刚度的计算

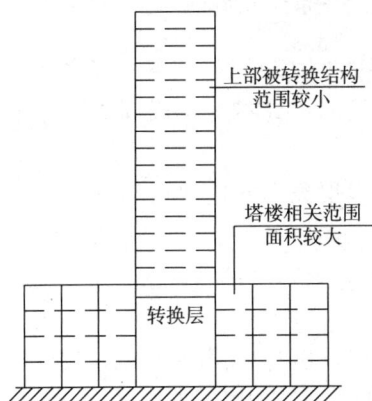

图 3.5.2-3　被转换范围较小时　　　图 3.5.2-4　多个转换层时

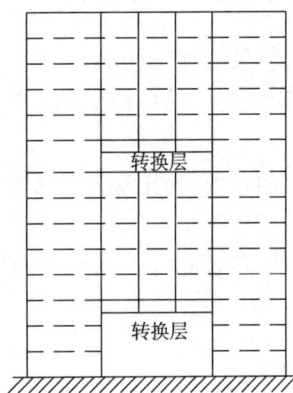

三、结构设计建议

1. 关于"结构底部嵌固层"的相关问题

1)"结构底部嵌固层"的概念（如图 3.5.2-5 所示）

"结构底部嵌固层"指上部结构嵌固部位的上一个楼层。

（1）当地下室顶板作为上部结构的嵌固部位时，"结构底部嵌固层"为上部结构的首层；

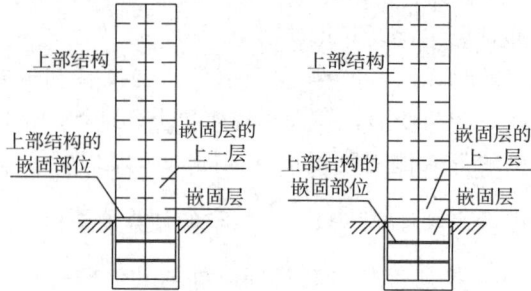

图 3.5.2-5　结构底部嵌固层及其相邻的上一层

（2）当地下室顶板不能作为上部结构的嵌固部位，上部结构嵌固部位下移至地下二层顶板（及其以下楼层）时，"结构底部嵌固层"为地下一层（或依此类推）。

2)"结构底部嵌固层"与相邻上层的侧向刚度比（如图 3.5.2-6 所示）

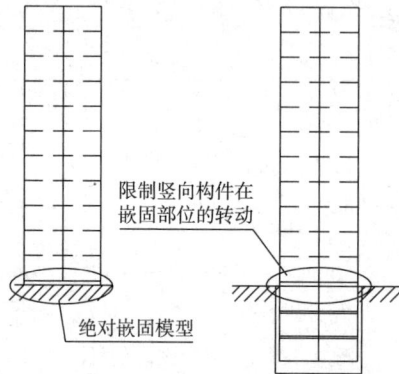

图 3.5.2-6　结构底部嵌固层与相邻上层的侧向刚度比的计算模型

（1）仅对"有剪力墙的结构"（如：框架-剪力墙结构、板柱-剪力墙结构、剪力墙结构、框架-核心筒结构、筒中筒结构等）需要进行"结构底部嵌固层"与相邻上层的侧向刚度比的核算。

（2）刚度比的计算采用考虑层高修正的楼层侧向刚度比计算方法，即《高规》公式（3.5.2-2）。

（3）当地下室顶板作为上部结构的嵌固部位时，上部结构的首层与上部结构二层的侧向刚度比宜满足 $\gamma_2 \geqslant 1.5$ 的要求。

（4）当地下室顶板不能作为上部结构的嵌固部位（上部结构的嵌固部位下移至地下二层顶板及其以下部位）时，上部结构的首层与上部结构二层的刚度比可不满足 $\gamma_2 \geqslant 1.5$ 的要求。

（5）尽管采用带地下室并将地下室顶板作为上部结构嵌固部位的计算模型（即地下室

顶板处水平位移为零，竖向位移为零，但转角不为零），能更真实地反映地下室顶板对上部结构的实际约束情况。但是，$\gamma_2 \geqslant 1.5$ 的要求是建立在上部结构嵌固端简化为绝对嵌固的计算假定（即上部结构在嵌固端完全嵌固：水平位移为零，转角为零）基础上的。计算比较表明，按绝对嵌固模型计算的结构一般较容易满足 $\gamma_2 \geqslant 1.5$ 的要求，而对于在地下室顶板嵌固（竖向构件在嵌固端有转角）的结构可能较难以满足 $\gamma_2 \geqslant 1.5$ 的要求，因此，<u>按公式（3.5.2-2）计算时，结构底部嵌固部位应采用绝对嵌固模型，或采用限制竖向构件在嵌固端转动（带地下室）的地下室顶板嵌固模型。</u>（当计算的嵌固端位于结构的底层时，SATWE 才执行 1.5 的限值要求，当有地下室且计算的嵌固端位于底层以上时，SATWE 不执行 1.5 的限值要求）。

3）"结构底部嵌固层"与"上部结构嵌固部位"及其刚度比的区别

应特别注意：此处"结构底部嵌固层"与其相邻上层侧向刚度比的要求，与《高规》第 5.3.7 条中对"上部结构嵌固部位"的侧向刚度比（即嵌固部位以下的紧邻嵌固部位的地下室楼层的侧向刚度与上部结构首层的侧向刚度的比值，当地下室顶板作为上部结构嵌固部位时，就是地下一层与地上一层的侧向刚度比值）在计算部位和计算公式上均有差异，读者应注意区分（更多问题见第 5.3.7 条设计建议）。

2. 采用不同的计算方法时侧向刚度比的计算结果也不相同，有时计算结果差异很大，依据《抗震规范》第 3.4.3 条说明的要求，对侧向刚度比的计算应"根据结构特点采用合适的方法"，结构设计中应根据工程的具体情况及计算部位正确选择侧向刚度比的计算方法（见表 3.5.2-1），必要时应采用多种计算方法进行比较计算。

表 3.5.2-1　侧向刚度比计算方法的选用建议

序号	项目		计算方法	计算公式	计算要求及补充计算要求	
1	结构的嵌固部位		所有结构	等效剪切刚度比值法	$\gamma = \dfrac{G_1 A_1}{G_2 A_2} \times \dfrac{h_2}{h_1}$	宜 $\gamma \geqslant 2$，应 $\gamma \geqslant 1.5$ （相关说明见第 5.3.7 条） （1 表示本层，2 表示相邻上层，全表均同此）	
2	转换层上、下（转换层所在的楼层 n）	$n \leqslant 2$ 时		等效剪切刚度比值法	$\gamma = \dfrac{G_1 A_1}{G_2 A_2} \times \dfrac{h_2}{h_1}$	应使 γ 接近 1（$\gamma \leqslant 1.0$），抗震时应 $\gamma \geqslant 0.5$	
		$n \geqslant 3$ 时		楼层剪力与层间位移的比值法	$\gamma = \dfrac{V_1 \Delta_2}{V_2 \Delta_1}$	$\gamma \geqslant 0.6$	同时满足
				等效侧向刚度比值法	$\gamma_e = \dfrac{\Delta_2 H_1}{\Delta_1 H_2}$	应使 γ_e 接近 1（$\gamma_e \leqslant 1.0$），抗震时应 $\gamma_e \geqslant 0.8$	
3	其他部位		框架结构	楼层剪力与层间位移的比值法	$\gamma = \dfrac{V_1 \Delta_2}{V_2 \Delta_1}$	$\gamma \geqslant 0.7$，与相邻上部三层的平均值 $\gamma \geqslant 0.8$	
			其他结构	考虑层高修正的楼层侧向刚度比值法	$\gamma = \dfrac{V_1 \Delta_2}{V_2 \Delta_1} \times \dfrac{h_1}{h_2}$	$\gamma \geqslant 0.9$；当 $h_1 > 1.5 h_2$ 时，$\gamma \geqslant 1.1$	
				结构底部嵌固层	$\gamma = \dfrac{V_1 \Delta_2}{V_2 \Delta_1} \times \dfrac{h_1}{h_2}$	$\gamma \geqslant 1.5$，仅适用于嵌固端为绝对嵌固的计算模型	

四、相关索引

1.《抗震规范》的相关规定见其第 3.4.2 条和第 3.4.3 条。

2.《高规》的相关规定见其第 3.5 节及其附录 E 和第 5.3.7 条。

第 3.5.3 条

一、规范的规定

3.5.3 A 级高度高层建筑的楼层抗侧力结构的层间受剪承载力不宜小于其相邻上一层受剪承载力的 80%，不应小于其相邻上一层受剪承载力的 65%；B 级高度高层建筑的楼层抗侧力结构的层间受剪承载力不应小于其相邻上一层受剪承载力的 75%。

注：<u>楼层抗侧力结构</u>的层间受剪承载力是指在所考虑的水平地震作用方向上，该层全部柱、剪力墙、斜撑的受剪承载力之和。

二、对规范规定的理解

1. 楼层抗侧力结构的承载能力突变容易形成薄弱层，导致大震时薄弱层破坏。本条针对高层建筑结构具体情况提出了相应的限制条件，按房屋高度 A 级和 B 级分别提出控制指标如图 3.5.3-1、图 3.5.3-2 所示。

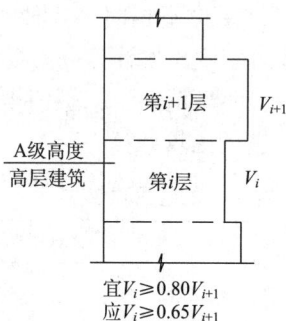

图 3.5.3-1

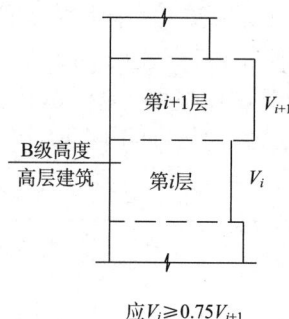

图 3.5.3-2

2. 楼层层间抗侧力结构的受剪承载力计算（图 3.5.3-1、图 3.5.3-2）

1）柱的受剪承载力 V_c 可根据柱两端实配的受弯承载力，按公式（3.5.3-1）计算。

$$V_c = (M_{cua}^t + M_{cua}^b)/H_n \qquad (3.5.3\text{-}1)$$

式中：M_{cua}^t、M_{cua}^b——分别为柱上、下端按顺时针或逆时针方向实配的正截面抗震受弯承载力所对应的弯矩值，按两端同时屈服的假定失效模式，根据实配钢筋面积、材料强度标准值、考虑承载力抗震调整系数确定；

H_n——为柱净高。

2）剪力墙的受剪承载力 V_w 可根据实配钢筋计算。

（1）钢筋混凝土剪力墙在偏心受压时的斜截面受剪承载力按《混凝土规范》公式（11.7.4）的右端项计算，根据实配钢筋面积、材料强度标准值、考虑承载力抗震调整系数确定。

（2）钢筋混凝土剪力墙在偏心受拉时的斜截面受剪承载力按《混凝土规范》公式（11.7.5）的右端项计算，根据实配钢筋面积、材料强度标准值、考虑承载力抗震调整系数确定。

3）斜撑的受剪承载力 V_b 按公式（3.5.3-2）计算。

$$V_b = N_b \cos\alpha \qquad (3.5.3\text{-}2)$$

式中：N_b——为斜撑杆件实配的轴力承载力，按钢筋混凝土构件的实配钢筋面积（或钢构件的实际截面面积）、材料强度标准值、考虑承载力抗震调整系数及受压屈服的影响后确定；

　　α——斜撑杆件与水平面的夹角。

　　4）对其他构件（如斜柱等）可依据上述公式，按矢量叠加原理（如对斜柱，可根据柱端实配弯矩和柱实配的轴力承载力，按公式（3.5.3-1）和公式（3.5.3-2）分别计算）确定。

　　5）楼层层间抗侧力结构的受剪承载力按公式（3.5.3-3）计算。

$$V_i = \sum V_c + \sum V_w + \sum V_b \qquad (3.5.3\text{-}3)$$

式中：$\sum V_c$——楼层全部柱的受剪承载力之和；

　　　　$\sum V_w$——楼层全部剪力墙的受剪承载力之和；

　　　　$\sum V_b$——楼层全部支撑的受剪承载力之和。

　　3. 抗侧力结构不应仅指竖向构件（如剪力墙、框架柱、斜撑等），还应包括与之相连的水平构件（连梁、框架梁等），但水平构件对楼层层间受剪承载力的影响，可通过相应的竖向构件内力体现。

三、结构设计建议

　　1. 对非抗震设计的房屋，《高规》未明确提出满足本条规定的要求，一般情况下，应参考本规定进行结构的概念设计，当结构承受的水平荷载（如风荷载）较大时，更应注意。

　　2. 关于薄弱层问题

　　1）依据《超限高层建筑工程抗震设防专项审查技术要点》（建质［2015］67号）规定，本层侧向刚度小于相邻上层的50%时为特别不规则（楼层侧向刚度的非均匀变化达到一定程度后成为软弱层，而竖向抗侧力结构的层屈服抗剪强度的非均匀变化达到一定程度后成为薄弱层，也即：软弱层相对于侧向刚度而言，而薄弱层是相对于楼层抗剪承载力而言的，注意软弱层与薄弱层的区别）。

　　2）依据《高规》第3.7.4条及《抗震规范》第5.5.2条的规定，楼层受剪承载力按钢筋混凝土构件实际配筋和材料强度标准值计算，且属于"大震"设计的内容（注意薄弱层与软弱层的区别）。注意：反应谱法判定的薄弱层位置，一般只适合于规则结构或不规则程度较轻的结构，对其他结构应采用弹塑性分析法进行补充分析（相关内容见参考文献［30］第3.6.1条），如图3.5.3-3所示。

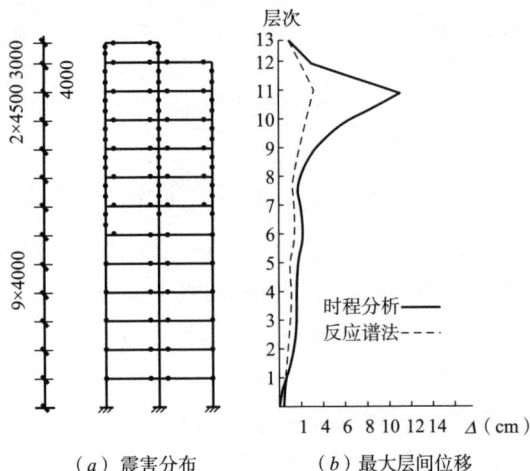

（a）震害分布　　（b）最大层间位移

图 3.5.3-3　反应谱法与时程分析法的计算比较

3）实际工程中，可先采用反应谱法对薄弱层位置进行初步判别，再采用弹塑性分析方法对薄弱层的位置予以确认（相关问题见参考文献［30］第 3.6.1 条），并对薄弱层采取相应结构措施。

四、相关索引

1.《抗震规范》的相关规定见其第 3.4.3 条和第 5.5.2 条。

2.《高规》的相关规定见其第 3.7.4 条。

3. 更多问题可查阅参考文献［30］第 3.6.1 条。

第 3.5.4 条

一、规范的规定

3.5.4 抗震设计时，结构竖向抗侧力构件宜上、下连续贯通。

二、对规范规定的理解

1. 抗侧力构件上、下错位（此处指平面布置上的小错位，大错位时成为转换结构，形成更大程度的不规则）、与主轴斜交或不对称布置时，出现竖向不规则。

2. 竖向不规则的类型很多（如图 3.5.4-1、图 3.5.4-2 所示属于常见的竖向不规则类型，其他不规则类型可见第 3.5.5 条、第 3.5.6 条等），结构设计中应尽量避免。

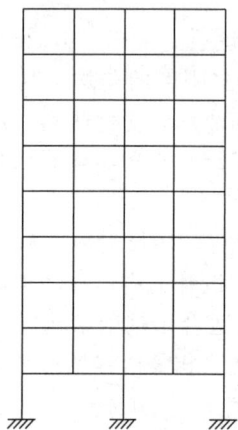

$Q_{y,i}$—i 层受剪承载力

$Q_{y,i+1}$

$Q_{y,i}$

$Q_{y,i} < 0.8 Q_{y,i+1}$
$\geqslant 0.65 Q_{y,i+1}$

图 3.5.4-1 竖向抗侧力构件不连续   图 3.5.4-2 楼层承载力突变（有薄弱层）

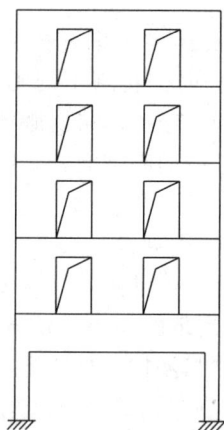

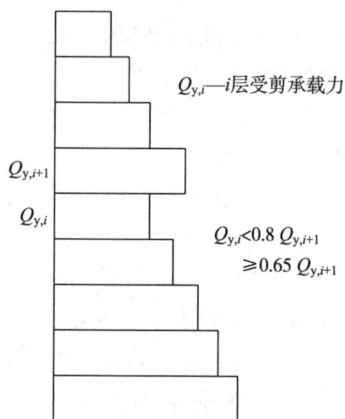

第 3.5.5 条

一、规范的规定

3.5.5 抗震设计时，当结构上部楼层收进部位到室外地面的高度 H_1 与房屋高度 H 之比大于 0.2 时，上部楼层收进后的水平尺寸 B_1 不宜小于下部楼层水平尺寸 B 的 75%（图 3.5.5a、b）；当上部结构楼层相对于下部楼层外挑时，上部楼层的水平尺寸 B_1 不宜大于下部楼层水平尺寸 B 的 1.1 倍，且水平外挑尺寸 a 不宜大于 4m（图 3.5.5c、d）。

二、对规范规定的理解

1. 本条所指的收进和悬挑指竖向构件位置有较大变化，超过图示变化程度的情况。

2. 当 $H_1/H \leqslant 0.2$ 时，不要求满足本条规定。

3. 上部结构楼层外挑，结构的扭转效应和竖向地震效应明显，对抗震不利；抗震设

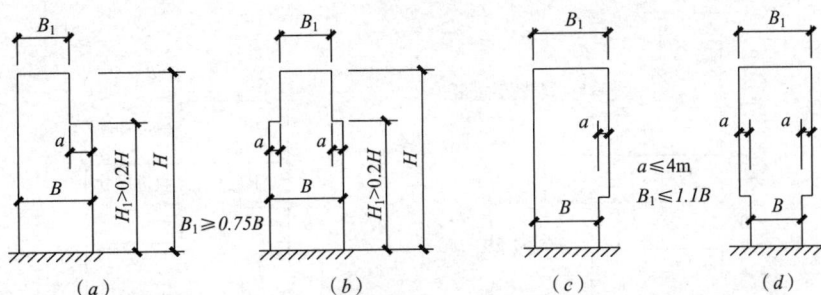

图 3.5.5 结构竖向收进和外挑示意

计时不应采用悬挑梁作为上部结构的转换梁。

（1）当结构上部楼层收进部位到室外地面的高度 H_1 与房屋高度 H 之比 $H_1/H>0.2$，且上层缩进尺寸超过相邻下层对应尺寸的 1/4 时，属于用尺寸衡量的刚度不规则范畴，此项不规则将导致结构顶部鞭梢效应明显。

（2）当上部结构楼层相对于下部结构楼层外挑时（注意：这里的外挑不只是楼层水平构件（如悬臂梁及悬臂板等）的外挑，在外挑范围内还包含柱等竖向抗侧力构件，是从建筑体型角度对抗侧力构件及竖向不连续的一种考量）下部楼层的水平尺寸 B 不宜小于上部楼层水平尺寸 B_1 的 0.9 倍且水平外挑尺寸 a 不宜大于 4m（注意：这里已不再有 $H_1/H>0.2$ 的限制）。

4. 超限高层建筑工程抗震设防专项审查技术要点（建质〔2015〕67 号）（见附录 F）表 2 第 4b 项还包括"多塔"情况，多塔楼也属于一种平面立面尺度的突变不规则，在塔楼与大底盘交接处将产生应力集中和变形集中。

第 3.5.6 条

一、规范的规定

3.5.6 楼层质量沿高度宜均匀分布，楼层质量不宜大于相邻下部楼层质量的 1.5 倍。

二、对规范规定的理解

1. 本条规定了质量沿竖向不规则的限制条件。

2. 楼层质量是产生地震作用力的根源，楼层质量分布的不均匀将导致结构所受地震作用的不均匀。

三、结构设计建议

1. 相邻楼层质量比（即上层楼层质量与相邻下层楼层质量的比值）大于 150％或竖向抗侧力构件收进的尺寸大于构件的长度（如棋盘式布置）均属于竖向不规则类型（但统计不规则种类数量时可不考虑），结构设计中应尽量避免（如图 3.5.6-1 所示）。

2. 结构设计人员往往很注意楼层侧向刚度和承载力的变化，而对楼层重量的变化则可能注意不够。实际工程中对楼层荷载与相邻上、下层相比突然增加的楼层（如设置设备层或避难层等）也应予以足够的重视。重量较大的设备应建议设置在地下室或房屋的裙房层，避免在高层建筑的中、上部区域设置荷载很大的设备层。

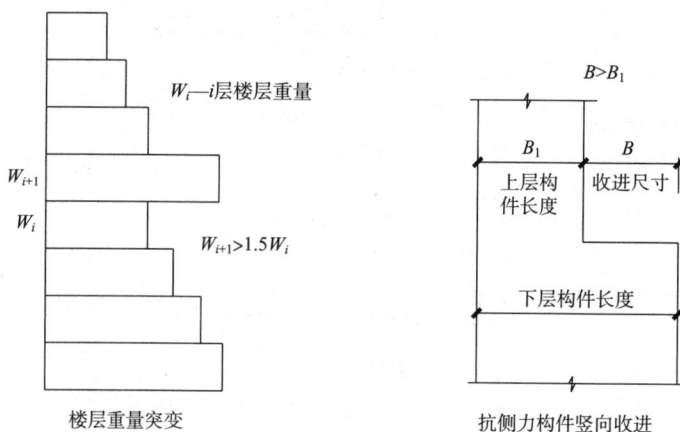

W_i—i层楼层重量

W_{i+1}

W_i

$W_{i+1}>1.5W_i$

楼层重量突变

$B>B_1$

B_1　　B

上层构件长度　收进尺寸

下层构件长度

抗侧力构件竖向收进

图 3.5.6-1　竖向不规则的其他类型

第 3.5.7 条

一、规范的规定

3.5.7　不宜采用同一楼层刚度和承载力变化同时不满足本规程第 3.5.2 条和 3.5.3 条规定的高层建筑结构。

二、对规范规定的理解

1. 本条限制采用同一部位（楼层）刚度和承载力变化均不规则的高层建筑结构。

2. 实际工程中，对影响承载力和刚度的各种结构因素（如剪力墙、框架柱、框架梁等的截面尺寸变化，构件的混凝土强度等级变化，型钢混凝土柱中的型钢截面的变化等）应综合考虑，应避免在同一楼层的变化造成结构楼层承载力和刚度的突变，宜结合工程具体情况，分多个楼层缓慢有规律变化。

第 3.5.8 条

一、规范的规定

3.5.8　侧向刚度变化、承载力变化、竖向抗侧力构件连续性不符合本规程第 3.5.2、3.5.3、3.5.4 条要求的楼层，其对应于地震作用标准值的剪力应乘以 1.25 的增大系数。

二、对规范规定的理解

1. 对因竖向不规则引起的软弱层和薄弱层，采取加大楼层地震剪力的办法予以加强。

2. 本条是对软弱层、薄弱层计算的，对应于地震作用标准值的楼层剪力的直接放大。

3. 由于薄弱层的层间受剪承载力一般小于相邻上层的 80%，因此，对软弱层和薄弱层计算的楼层地震剪力直接乘以 1.25 的放大系数，并不会导致薄弱层的转移。

4. 本条的调整在楼层最小地震剪力系数调整之前（注意：对薄弱层最小剪力系数应放大 1.15 倍，即采用表 4.3.12-1 的数值），也就是对软弱层和薄弱层应在按本条规定进行地震剪力放大后，再与表 4.3.12-1 比较。

三、结构设计建议

本条规定中的系数 1.25 与《抗震规范》第 3.4.4 条第 2 款中的系数 1.15 不同。建议在高层建筑中执行《高规》本条的规定，即采用 1.25 的增大系数，在多层建筑中，宜执行《高规》本条的规定，也可采用《抗震规范》第 3.4.4 条 1.15 的增大系数。

四、相关索引

1.《抗震规范》的相关规定见其第 3.4.4 条和第 5.2.5 条。

2.《高规》的相关规定见其第 4.3.12 条。

第 3.5.9 条

一、规范的规定

3.5.9 结构顶层取消部分墙、柱形成空旷房间时，宜进行弹性或弹塑性时程分析补充计算并采取有效的构造措施。

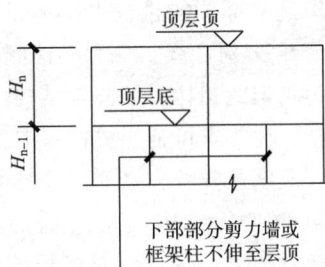

图 3.5.9-1

二、对规范规定的理解

对本条规定的理解如图 3.5.9-1 所示。

三、结构设计建议

1. 楼层侧向刚度下大、上小且均匀变化符合结构设计基本要求，但变化过于剧烈时，也会引起结构的竖向不规则，加剧鞭端效应（当采用振型分解反应谱法计算时，误差较大，应采用时程分析法计算），实际工程中应尽量避免。

2. 当顶部楼盖过于空旷（结构的空间作用有明显削弱）时，结构设计还可以根据实际工程情况，采用平面结构模型进行补充计算。

3. 有效的构造措施指：柱子箍筋全长加密，大跨度屋面构件考虑竖向地震（对 6、7 度可分别取重力荷载代表值的 5%、10% 计算）的不利影响等，大跨度屋面构件的挠度计算应考虑竖向地震作用的影响（见《抗震规范》第 10.2.12 条），楼（屋）盖楼板厚度适当加厚并加强配筋以提高楼（屋）盖结构的协同工作能力等。

四、相关索引

1.《抗震规范》对时程分析的要求见其第 5.1.2 条。

2. 更多详细内容可查阅参考文献 [30] 第 3.4.2 条和第 10.2.12 条。

3.6 楼 盖 结 构

要点：

在结构设计中，尤其是抗震设计的高层建筑结构中，水平作用主要通过楼板传递，楼板的"刚性"可以保证结构的整体性及各抗侧力构件之间的共同作用，使结构的实际受力状况更接近于计算假定。重要部位的楼板要求具有较大的面内刚度和必要的面外刚度。本节规定了确保楼盖结构刚度的具体要求和措施。

第 3.6.1 条

一、规范的规定

3.6.1 房屋高度超过 50m 时，框架-剪力墙结构、筒体结构及本规程第 10 章所指的复杂高层建筑结构应采用现浇楼盖结构，剪力墙结构和框架结构宜采用现浇楼盖结构。

二、对规范规定的理解

1. 在高层建筑结构设计计算中，一般都假定楼板在其自身平面内满足"刚性楼板"要求，由于采用了刚性楼板的假定，使楼板在水平力作用下只有刚性位移（整体位移）而自身不变形，这就要求在结构设计中采取必要措施，确保楼板刚性。抗震设计时，对关键部位的楼板（如：上部结构嵌固部位楼板、转换层楼板、大底盘多塔楼结构的底盘顶层板、平面复杂或开大洞的楼层板等）应采取重点加强措施，必要时应按性能设计要求，确保这些部位的楼板大震不屈服。

2. 对主要抗侧力构件侧向刚度差异不大（如：柱与柱，剪力墙与剪力墙）及其布置较为均匀的结构（如框架结构、剪力墙结构等），楼板的内力及变形不明显，因此，对楼板的整体性要求可适当放松（本条规定中的"宜采用现浇楼盖结构"），而在主要抗侧力构件的侧向刚度差异较大（如：柱与剪力墙）及其布置较不均匀的结构（如框架-剪力墙结构、框架-核心筒结构、板柱-剪力墙结构、第10章的复杂高层建筑结构等）中，楼板的内力及变形明显，因此，对楼板的整体性要求应从严（本条规定中的"应采用现浇楼盖结构"）。

3. 当房屋高度较高（超过50m）时，各类结构设置现浇楼盖的要求见表 3.6.1-1。

表 3.6.1-1　各类结构对现浇楼盖的要求

序号	房屋高度	结构类型	楼盖形式
1	超过50m时	框架-剪力墙结构、板柱-剪力墙结构、筒体结构等	应采用现浇楼盖结构
2		第10章的复杂高层建筑结构	
3		剪力墙结构、框架结构	宜采用现浇楼盖结构

4. 本条规定适用于抗震和非抗震的所有房屋。

5. 对表 3.6.1-1 中的第3类结构，规范未限定不得采用装配整体式楼盖（为满足高层建筑结构的抗风要求和结构设计计算中刚性楼盖的假定，对非抗震设计的高层建筑，当条件许可时，可考虑采用装配整体式楼盖，但不应采用装配式楼盖）。

三、相关索引

当房屋高度较低（不超过50m）时，对楼盖的整体性要求可适当降低（见第3.6.2条）。

第 3.6.2 条

一、规范的规定

3.6.2 房屋高度不超过50m时，8、9度抗震设计时宜采用现浇楼盖结构；6、7度抗震设计时可采用装配整体式楼盖，且应符合下列要求：

1. 无现浇叠合层的预制板，板端搁置在梁上的长度不宜小于50mm。

2. 预制板板端宜预留胡子筋，其长度不宜小于100mm。

3. 预制空心板孔端应有堵头，堵头深度不宜小于60mm，并应采用强度等级不低于C20的混凝土浇灌密实。

4. 楼盖的预制板板缝上缘宽度不宜小于40mm，板缝大于40mm时应在板缝内配置钢筋，并宜贯通整个结构单元。现浇板缝、板缝梁的混凝土强度等级宜高于预制板的混凝土强度等级。

5. 楼盖每层宜设置钢筋混凝土现浇层。现浇层厚度不应小于 50mm，并应双向配置直径不小于 6mm、间距不大于 200mm 的钢筋网，钢筋应锚固在梁或剪力墙内。

二、对规范规定的理解

1. 对楼盖的要求见表 3.6.2-1。

表 3.6.2-1　对楼盖结构的要求

序号	房屋高度	设防烈度	楼盖形式
1	不超过 50m 时	8、9 度	宜采用现浇楼盖结构
2		6、7 度	可采用装配整体式楼盖，做法如图 3.6.2-1、图 3.6.2-2

2. 对规范的规定可按图 3.6.2-1～图 3.6.2-4 理解，本条第 4 款的目的就是形成板缝现浇钢筋混凝土网格，对预制板起有效的约束作用，从而确保楼板的整体性。其中的板缝混凝土宜高于预制板混凝土一个强度等级。

3. 预制板不宜搁置在剪力墙上。

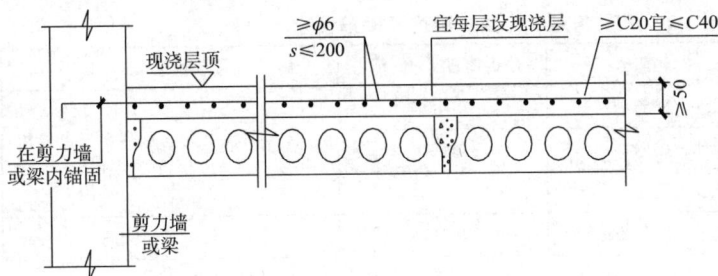

图 3.6.2-1

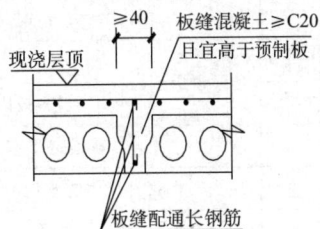

图 3.6.2-2

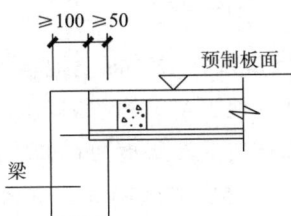

图 3.6.2-3

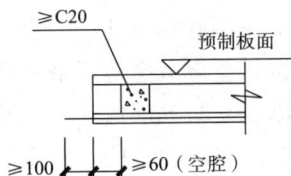

图 3.6.2-4

三、相关索引

房屋高度超过 50m 时，楼盖结构的相关规定见第 3.6.1 条。

第 3.6.3 条

一、规范的规定

3.6.3　房屋的顶层、结构转换层、大底盘多塔楼结构的底盘顶层、平面复杂或开洞过大的楼层、作为上部结构嵌固部位的地下室楼层应采用现浇楼盖结构。一般楼层现浇楼板厚度不应小于 80mm，当板内预埋暗管时不宜小于 100mm；顶层楼板厚度不宜小于 120mm，宜双层双向配筋；转换层楼板应符合本规程第 10 章的有关规定；普通地下室顶板厚度不宜小于 160mm；作为上部结构嵌固部位的地下室楼层的顶楼盖应采用梁板结构，楼板厚度不宜小于 180mm，应采用双层双向配筋，且每层每个方向的配筋率不宜小于 0.25%。

二、对规范规定的理解

1. 房屋的顶层受温度变化的影响较大，结构转换层、大底盘多塔楼结构的底盘顶层、平面复杂或开洞过大的楼层及作为上部结构嵌固部位的地下室楼层的楼板受力复杂，应采用现浇楼盖结构并采取相应的加强措施。

2. 应采用现浇楼盖结构的部位见表 3.6.3-1。

表 3.6.3-1　采用现浇楼盖结构的部位

序号	1	2	3	4	5
部位	房屋的顶层	结构的转换层	平面复杂的楼层	开洞过大的楼层	作为上部结构嵌固部位的地下室楼层

3. 房屋各部位对楼板厚度及配筋要求见表 3.6.3-2。

表 3.6.3-2　房屋各部位的楼板厚度及配筋要求

序号	情况		楼板厚度 h（mm）	楼板配筋要求
1	一般楼层现浇板	板内无预留暗管时	≥80	符合《混凝土规范》第 8.5.1 条和第 9.1.8 条的规定
2		板内有预留暗管时	≥100	
3	普通地下室顶板		≥160	
4	顶层楼板（宜采用防水混凝土，抗渗等级≥P6）		≥120	宜双向双层配筋
5	转换层楼板		符合第 10 章的有关规程	
6	作为上部结构嵌固部位的地下室楼层的顶盖（应采用梁板结构）		≥180	每层每方向的配筋率不宜小于 0.25%

三、结构设计建议

1. 对表 3.6.3-2 中的普通地下室顶板，当抗震设计时，即使地下室顶板处不能作为上部结构的嵌固部位，也应考虑地下室侧向刚度（地下室结构的侧向刚度及地下室周围填土对地下室的约束刚度）与首层的差异，及实际存在的楼层剪力在各抗侧力构件间的重分布现象，考虑楼板传递楼层剪力的实际需要（建议仍应按嵌固部位楼板设计），应采用现浇楼板结构，宜双向双层配筋并适当加大配筋量。

2. 地下室顶板无论是否作为上部结构的嵌固部位，均应采用现浇梁板结构。必须采用无梁板时，也应在主楼及其相关范围内采用普通梁板结构。

3. 实际工程中，下列情况可认为满足地下室顶板采用梁板结构的要求：

1）当地下室顶板采用实心无梁楼板时，板厚不小于其跨度的 1/18 且不小于 180mm；

2）当地下室顶板采用空心无梁楼板时，空心楼板的厚度不小于其跨度的 1/18 且空心上、下混凝土楼板的最小厚度分别不小于 90mm。

四、相关索引

1.《混凝土规范》的相关要求见其第 8.5.1 条和第 9.1.8 条。

2.《抗震规范》的相关要求见其第 6.1.14 条。

3.《高规》的相关规定见其第 5.3.7 条。

第3.6.4条

一、规范的规定

3.6.4 现浇预应力混凝土楼板厚度可按跨度的 $1/45\sim1/50$ 采用，且不宜小于 150mm。

二、结构设计建议

1. "跨度"可理解为计算跨度。

2. 预应力混凝土楼板的厚度应考虑挠度、抗冲切承载力、防火及钢筋防腐蚀要求等，预应力混凝土平板结构一般应设置柱帽或托板。

3. 工程实践表明，无柱帽或无托板的楼板在柱周位置容易形成较大裂缝，影响结构的耐久性及正常使用并危及结构的安全。因此，应避免采用无柱帽或无托板的楼板，必须采用时应特别注意确保楼板的抗冲切承载力，进行裂缝宽度验算并采取有效措施确保结构的安全。

第3.6.5条

一、规范的规定

3.6.5 现浇预应力混凝土板设计中应采取措施防止或减少主体结构对楼板施加预应力的阻碍作用。

二、对规范规定的理解

1. 现浇预应力混凝土结构中，楼板与梁、柱和剪力墙等主要抗侧力结构连接在一起的，如果不采取措施，则施加楼板预应力时，不仅压缩了楼板，而且大部分预应力将施加到主体结构（尤其是与预应力钢筋同方向的剪力墙）上，使得楼板得不到充分的压缩应力，而对梁、柱和剪力墙则产生张拉次应力（附加侧向力），同时产生附加位移且不安全。

2. 应采用合理的施工方案（如分部张拉、设置后浇带等），避免在楼板以外的各抗侧力构件中产生对结构不利的张拉次应力。

3.7 水平位移限值和舒适度要求

要点：

1. 限制高层建筑结构的弹性层间位移角的主要目的：一是，保证主结构基本处于弹性受力状态，对钢筋混凝土结构要避免混凝土墙或柱出现裂缝，同时将混凝土梁等楼面构件的裂缝数量、宽度和高度限制在规范允许的范围内；二是，保证填充墙、隔墙和幕墙等非结构构件的完好，避免产生明显的损伤。

2. 限制结构的层间弹塑性位移角，主要是为避免结构在罕遇地震下的倒塌。结构层间弹塑性位移角的最大值一般出现在薄弱层（部位），因此，结构弹塑性变形验算本质上就是对结构薄弱层（部位）的弹塑性变形验算。

第3.7.1条

一、规范的规定

3.7.1 在正常使用条件下，高层建筑结构应具有足够的刚度，避免产生过大的位移而影响结构的承载力、稳定性和使用要求。

二、对规范规定的理解

1. 本条规定中的"刚度",主要指整体结构的"侧向刚度",实际工程中还应注意对构件的竖向刚度(即构件挠度)的控制。

2. 影响建筑结构刚度大小的主要因素有:结构体系(采用不同的结构体系,侧向刚度差异较大,刚度由大到小的顺序为:剪力墙结构、框架-剪力墙结构、框架结构),主要抗侧力构件的截面尺寸(剪力墙的长度和厚度、框架柱和框架梁的截面尺寸等),钢筋混凝土构件的实际配筋及其徐变收缩和塑性内力重分布等。

3. 对建筑结构的整体侧向刚度控制,主要通过控制结构的侧向位移来实现。侧向位移大,则结构的侧向刚度较小,反之,则结构的侧向刚度较大。

4. 现行规范规定的结构侧向位移的计算,采用的是结构构件的弹性刚度(相关问题见第3.7.3条),工程设计中,对结构侧向位移的控制,实际上是对构件截面大小、结构刚度大小的宏观控制。

5. 结构的大震位移是专门针对结构薄弱层(结构薄弱层的位置,可按《抗震规范》第5.5.4条确定)的弹塑性位移控制,属于结构大震不倒塌的设计内容。应注意其与小震设计计算不同。

三、相关索引

1. 《抗震规范》的相关规定见其第5.5节。

2. 《高规》的相关规定见其第3.7.3条和第3.7.5条。

第 3.7.2 条

一、规范的规定

3.7.2　正常使用条件下,结构的水平位移应按本规程第4章规定的风荷载、地震作用和第5章规定的弹性方法计算。

二、对规范规定的理解

结构的变形(包括水平位移等)验算属于正常使用极限状态验算,应采用的是作用效应的标准组合(注意,与承载力计算时采用作用效应基本组合的区别,对风荷载下的位移,还应按第4.2.2条的规定,采用合适的风压值)。弹性位移计算的相关问题见第3.7.3条。

第 3.7.3 条

一、规范的规定

3.7.3　按弹性方法计算的风荷载或多遇地震标准值作用下的楼层层间最大水平位移与层高之比 $\Delta u/h$ 宜符合下列规定:

1. 高度不大于150m的高层建筑,其楼层层间最大位移与层高之比 $\Delta u/h$ 不宜大于表3.7.3的限值。

表 3.7.3　楼层层间最大位移与层高之比的限值

结构类型	$\Delta u/h$ 限值
框架	1/550
框架-剪力墙、框架-核心筒、板柱-剪力墙	1/800

续表 3.7.3

结构类型	$\Delta u/h$ 限值
筒中筒、剪力墙	1/1000
除框架结构外的转换层	1/1000

2. 高度不小于 250m 的高层建筑，其楼层层间最大位移与层高之比 $\Delta u/h$ 不宜大于 1/500。

3. 高度在 150m～250m 之间的高层建筑，其楼层层间最大位移与层高之比 $\Delta u/h$ 的限值可按本条第 1 款和第 2 款的限值线性插入取用。

注：楼层层间最大位移 Δu 以楼层竖向构件<u>最大的水平位移差</u>计算，不扣除整体弯曲变形。抗震设计时，本条规定的楼层位移计算可不考虑偶然偏心的影响。

二、对规范规定的理解

1. 本条所涉及的位移为弹性方法计算的位移。明确了水平位移限值针对的是风荷载或多遇地震作用下的单工况位移。

2. 表 3.7.3 中的"除框架结构外的转换层"，指不包括框架结构中对框架柱的转换，也即包括了框架-剪力墙结构、剪力墙结构、筒体结构等的托柱或托墙转换，并对转换层的位移提出了明确要求。

3. 限制建筑结构层间位移的主要目的是：

1) 保证主体结构<u>基本处于弹性受力状态</u>（注意，不是完全弹性，而是基本弹性，部分连梁和框架梁端出现塑性内力重分布时，整体结构处于基本弹性受力状态，可以按弹性方法计算结构的位移），对钢筋混凝土结构，主要应避免剪力墙、框架柱出现裂缝，同时控制连梁、框架梁等楼面结构构件的裂缝（裂缝数量、裂缝宽度、裂缝高度等）在规范允许的范围内。

2) 保证填充墙、隔墙和幕墙等非结构构件的完好，避免产生明显破坏。

在上述两项中，第 1) 项（保证主体结构基本处于弹性受力状态）是关键，主要根据不同结构体系耐受变形的能力来确定结构的弹性层间位移角限值，从表 3.7.3 可以看出，结构的侧向刚度越大，相应的层间位移角限值越严。

4. 在层间位移角控制中，一般可不扣除结构整体弯曲产生的侧移影响。房屋高度不超过 150m 的高层建筑，其整体弯曲变形的影响相对较小。而当房屋高度超过 150m 时，其整体弯曲变形的影响加大，整体弯曲变形产生的侧向位移值有较快的增长，此时，楼层层间最大位移 Δu 仍按不扣除整体弯曲变形产生的侧移值计算，而对层间位移角控制指标予以适当的放松，即对房屋高度超过 250m 的超高层建筑，层间位移角限值取 1/500（当房屋高度在 150m～250m 之间时，层间位移角限值按线性插入法确定）。

三、结构设计建议

1. 抗震设计时，楼层位移计算可不考虑偶然偏心的影响（但应考虑扭转耦联），即在程序输出文件中，应采用地震作用下（注意不是规定水平力作用下）不考虑偶然偏心影响的位移计算结果。

2. 楼层层间最大位移 Δu 是竖向构件最大的水平位移差，不是质心位移，是楼层考虑扭转（按第 4.3.10 条考虑扭转耦联）影响的楼层竖向构件（注意：不考虑楼层悬挑梁或悬挑板等非竖向构件的端部位移）的最大水平位移差，层间位移角 $\Delta u/h$ 的计算如图 3.7.3-1 所示，由于高层建筑结构在水平力作用下几乎都会产生扭转，所以 Δu 的最大值一般在结构单元的尽端处（平面的边、角部）。

3. 影响结构层间位移角 $\Delta u/h$ 的因素很多，Δu 的计算也较为粗放，对 $\Delta u/h$ 的控制，实际上是对结构侧向刚度及构件截面尺寸的一个宏观的控制指标。现行规范规定的结构侧向位移的计算，采用的是结构构件的弹性刚度（对钢筋混凝土构件，采用的是混凝土的弹性模量 E_c 和混凝土构件的惯性矩 I_c，即 $E_c I_c$），对钢筋混凝土构件，未考虑构件的实际配筋等对构件刚度的有利影响，也未考虑构件混凝土的徐变收缩和塑性内力重分布（如小震时部分连梁的梁端塑性铰、框架梁在重力荷载作用下的塑性内力重分布）等对构件刚度的不利影响。结构设计人员应注重概念设计，避免在具体数值上过于纠缠。

4. 当采用计算机程序计算时，应注意对穿层柱计算输出结果的再判别和调整，如图 3.7.3-2 所示。

5. 对结构有害层间位移角（有害层间位移/层高）的判别，也是结构侧向位移控制的重要方法之一，层间总位移与无害层间位移的差值就是有害层间位移，结构整体弯曲产生的侧向位移属于无害层间位移（下层层间位移角在本层所产生的位移），整体弯曲产生的无害位移计算概念清晰，但计算过程相当复杂，程序计算中多采用近似的估算方法。

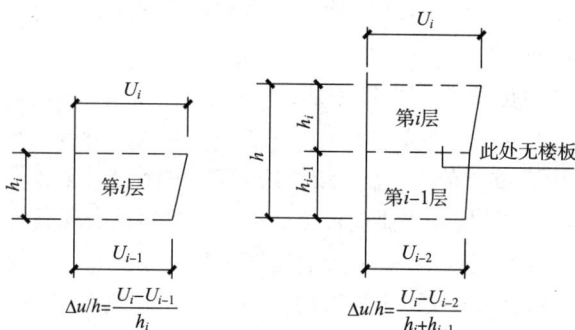

图 3.7.3-1

图 3.7.3-2

6. 进行层间位移角控制时，一般不扣除整体弯曲的影响，实际工程中扣除整体弯曲后也不宜放松对层间位移角的限制。

四、相关索引

《抗震规范》的相关规定见其第 5.5.1 条。

第 3.7.4 条

一、规范的规定

3.7.4 高层建筑结构在罕遇地震作用下的薄弱层弹塑性变形验算，应符合下列规定：

1. 下列结构应进行弹塑性变形验算：

1) 7～9 度时楼层屈服强度系数小于 0.5 的框架结构；

2) 甲类建筑和 9 度抗震设防的乙类建筑结构；

3) 采用隔震和消能减震设计的建筑结构；

4) 房屋高度大于 150m 的结构。

2. 下列结构宜进行弹塑性变形验算：

1) 本规程表 4.3.4 所列高度范围且不满足本规程第 3.5.2～3.5.6 条规定的竖向不规则高层建筑结构；

2）7度Ⅲ、Ⅳ类场地和8度抗震设防的乙类建筑结构；

3）板柱-剪力墙结构。

注：楼层屈服强度系数为按构件实际配筋和材料强度标准值计算的楼层受剪承载力与按罕遇地震作用计算的楼层弹性地震剪力的比值。

二、对规范规定的理解

1. 本条规定中的"7度Ⅲ、Ⅳ类场地和8度抗震设防的乙类建筑结构"可理解为"7度（0.10g、0.15g）Ⅲ、Ⅳ类场地的乙类建筑结构和8度（0.20g、0.30g）抗震设防的乙类建筑结构"。

2. 楼层受剪承载力计算见第3.5.3条，本条规定中的"按罕遇地震作用计算的楼层弹性地震剪力"，实际上在罕遇地震作用下，结构已处于弹塑性工作状态，此处的弹性地震剪力为按简化方法估算的楼层地震剪力。

3. 本条规定了必须进行薄弱层大震弹塑性变形验算的情况，和建议进行薄弱层大震弹塑性变形验算的情况。新增了房屋高度大于150m的结构需要进行薄弱层大震弹塑性变形验算的要求。

4. 弹塑性变形验算是对薄弱层、对罕遇地震的验算。震害调查表明：如果结构存在薄弱层，在强烈地震作用下，薄弱层（薄弱部位）会产生很大的塑性变形，引起结构的严重破坏甚至倒塌。

5. 薄弱层大震弹塑性变形的计算，当符合相关规定（《抗震规范》第5.5.4条）时，可采用简化计算方法（《抗震规范》第5.5.4条），否则，可采用静力弹塑性分析方法和弹塑性时程分析方法。

三、相关索引

《抗震规范》的相关规定见其第5.5.4条。

第3.7.5条

一、规范的规定

3.7.5 结构薄弱层（部位）层间弹塑性位移应符合下式规定：

$$\Delta u_p \leqslant [\theta_p]h \tag{3.7.5}$$

式中：Δu_p——层间弹塑性位移；

$[\theta_p]$——层间弹塑性位移角限值，可按表3.7.5采用；对框架结构，当轴压比小于0.40时，可提高10%；当柱子全高的箍筋构造采用比本规程中框架柱箍筋最小配箍特征值大30%时，可提高20%，但累计提高不超过25%；

h——层高。

表3.7.5 层间弹塑性位移角限值

结构体系	$[\theta_p]$
框架结构	1/50
框架-剪力墙结构、框架-核心筒结构、板柱-剪力墙结构	1/100
剪力墙结构和筒中筒结构	1/120
除框架结构外的转换层	1/120

二、对规范规定的理解

1. 结构的弹塑性层间位移角限值与结构体系密切相关，结构侧向刚度越大，相应的层间弹塑性位移角限值越严。

2. 框架结构的弹塑性层间位移角限值还与所采取的结构措施有关，轴压比不大时层间弹塑性位移角可适当放宽，加大框架柱的配箍率也可以适当放宽框架弹塑性位移角限值。

3. 规范仅规定框架结构放宽弹塑性层间位移角限值的具体措施，但未规定针对其他结构的具体措施。实际工程中，必要时可结合抗震性能设计要求，采取恰当的结构措施，控制结构在大震下的弹塑性层间位移角。

第 3.7.6 条

一、规范的规定

3.7.6 房屋高度不小于 150m 的高层混凝土建筑结构应满足风振舒适度要求。在现行国家标准《建筑结构荷载规范》GB 50009 规定的10 年一遇的风荷载标准值作用下，结构顶点的顺风向和横风向振动最大加速度计算值不应超过表 3.7.6 的限值。结构顶点的顺风向和横风向振动最大加速度可按现行行业标准《高层民用建筑钢结构技术规程》JGJ 99 的有关规定计算，也可通过风洞试验结果判断确定，计算时结构阻尼比宜取 0.01～0.02。

表 3.7.6 结构顶点风振加速度限值 a_{lim}

使用功能	a_{lim}（m/s^2）
住宅、公寓	0.15
办公、旅馆	0.25

二、对规范规定的理解

1. 结构的舒适度问题主要包括水平作用（主要指风荷载）下结构顶点的水平加速度问题（第 3.7.6 条）和楼盖的竖向振动问题（第 3.7.7 条）。

2. 本条规定计算舒适度时结构的阻尼比取值，对混凝土结构取 0.02，对混合结构根据房屋高度和结构类型取 0.01～0.02。

3. 房屋高度较高时，舒适度要求成为高层建筑结构设计的重要内容。在风荷载作用下结构将产生较大的振动，过大的振动加速度将降低使用的舒适度严重时甚至难以忍受，两者的大致关系见表 3.7.6-1。

舒适度与风振加速度的关系 　　　　　　　　　　表 3.7.6-1

不舒适的程度	建筑物的加速度
无感觉	＜0.005g
有感	0.005～0.015g
扰人	0.015～0.05g
十分扰人	0.05～0.15g
不能忍受	＞0.15g

4. 高层建筑的风振问题主要是顺风向风振、横风向风振及扭转风振影响等。高层建筑的风振问题与建筑的平面形状、房屋的高度、高宽比（《荷载规范》对复杂结构采用等

效高宽比 $H/\sqrt{BD}$，其中 B 为房屋平面宽度，D 为房屋平面长度）、深宽比、结构的自振频率、结构的刚度和质量的分布等密切相关，对圆形、椭圆形及近似圆形的多边形平面应特别注意横向风振及扭转风振问题。

1）顺风向风振

（1）对于房屋高度 H＞30m 且高宽比 H/B＞1.5 的高层建筑，以及基本自振周期 T1＞0.25s 的高耸结构，应考虑风压脉动对结构产生的顺风向风振影响；

（2）对风敏感的结构（如：质量轻、刚度小的膜结构等）或跨度大于 36m 的柔性结构，应考虑风压脉动对结构产生风振的影响；

（3）对于一般竖向悬臂结构（如：高层建筑、构架、塔架、烟囱等高耸结构），均可仅考虑结构第一振型的影响。

2）横风向风振

（1）对于横风向风振作用效应明显的高层建筑（如：房屋高度 H＞150m 或高宽比 H/B＞5 时），以及细长的圆形平面构筑物（如：高度 H＞30m 且高宽比 H/D＞4 时），宜考虑横向风振的影响；

（2）对圆形平面的结构，应根据不同雷诺数 Re 的情况进行横风向风振（漩涡脱落）的校核。一般情况下，当风速在亚临界或超临界范围时，只要采取适当的结构构造措施，结构的正常使用可能会受到影响，但不至于造成结构的破坏；而当风速进入跨临界范围内时，结构可能产生严重振动，甚至破坏，结构设计应予以高度重视。

① 当 $Re＜3\times10^5$，且结构顶部风速 v_H 大于结构的临界风速 v_σ（即 $v_H＞v_\sigma$）时，可发生亚临界微风共振，应控制结构的临界风速 $v_\sigma \geqslant 15\text{m/s}$，或采取结构构造措施；

② 当 $Re \geqslant 3.5\times10^6$，且 $1.2v_H＞v_\sigma$ 时，可发生跨临界的强风共振，应考虑横风向风振的等效风荷载；

③当 $3\times10^5 \leqslant Re＜3.5\times10^6$ 时，发生超临界范围的风振，可不作处理。

3）扭转风振

建筑在各立面风压的非对称作用下产生扭转风振作用效应，建筑的平面形状和湍流度等是影响的主要因素。

（1）H＞150m，且同时满足高宽比 $H/\sqrt{BD} \geqslant 3$、深宽比 $D/B \geqslant 1.5$、$\dfrac{T_{T1}v_H}{\sqrt{BD}} \geqslant 0.4$ 的高层建筑（其中 T_{T1} 为第 1 阶扭转周期（s）），扭转风振效应明显，宜考虑扭转风振的影响。

（2）平面尺寸和质量沿高度基本相同的矩形平面高层建筑，当刚度或质量的偏心率（偏心距 e/回转半径 i）不大于 0.2（即 $e/i \leqslant 0.2$）时，且同时满足 $H/\sqrt{BD} \leqslant 6$，$1.5 \leqslant D/B \leqslant 5$，$\dfrac{T_{T1}v_H}{\sqrt{BD}} \leqslant 10$ 时，可按《荷载规范》附录 H.3 计算扭转风振等效风荷载。

（3）其他情况，应进行风洞试验并专门研究。

5. 结构顶点顺风向和横风向风振加速度的最大值 a_{max} 不应超过表 3.7.6 的限值，a_{max} 可通过以下两个途径获得：

1）以 10 年一遇（注意，舒适度计算采用的风荷载与结构承载力计算、位移计算所采用的风荷载数值不同）的风荷载标准值，计算结构顶部顺风向及横风向风振加速度的最大值（见《荷载规范》附录 J，计算参数较多，计算过程较为繁琐，宜优先采用程序计算。对体型和质量沿高度均匀分布的高层建筑，可按下述 6、7 方法进行手算复核）；

2）通过风洞试验确定。

6. **体型和质量沿高度均匀分布的高层建筑**，其顶部的顺风向风振加速度可按公式（3.7.6-1）计算：

$$a_{D,H} = \frac{2gI_{10}w_{10}\mu_s\mu_H B_H \eta_a B}{m} = \frac{5I_{10}w_{10}\mu_s\mu_H B_H \eta_a B}{m} \tag{3.7.6-1}$$

式中：$a_{D,H}$——高层建筑顶部顺风向风振加速度（m/s²）；

g——峰值因子，可取 2.5；

I_{10}——10m 高度名义湍流度，对应 A、B、C 和 D 类地面粗糙度，可分别取 0.12、0.14、0.23 和 0.39；

w_{10}——重现期为 10 年的风压（kN/m²），可按《荷载规范》表 E.5 确定；

B——高层建筑迎风面宽度（m）；

m——结构单位高度质量（t/m），$m = \frac{\sum M}{H}$，其中 $\sum M$ 为结构的总质量（t）；

μ_H——结构顶部风压高度变化系数，按《荷载规范》第 8.2 节，取 z＝H 时的数值；

μ_s——风荷载体型系数，按《荷载规范》第 8.3 节确定；

B_H——结构顶部脉动风荷载的背景分量因子，按《荷载规范》公式（8.4.5）取 z＝H 计算；

η_a——顺风向风振加速度的脉动系数，按《荷载规范》第 J.1.2 条计算。

7. **体型和质量沿高度均匀分布的矩形平面高层建筑**，其顶部的横风向风振加速度可按公式（3.7.6-2）计算：

$$a_{L,H} = \frac{2.8gw_{10}\mu_H B}{m}\phi_{L1}(z)\sqrt{\frac{\pi S_{F_L}C_{sm}}{4(\zeta_1+\zeta_{a1})}} = \frac{7w_{10}\mu_H B}{m}\phi_{L1}(z)\sqrt{\frac{\pi S_{F_L}C_{sm}}{4(\zeta_1+\zeta_{a1})}} \tag{3.7.6-2}$$

式中：$a_{L,H}$——高层建筑顶部横风向风振加速度（m/s²）；

g——峰值因子，可取 2.5；

w_{10}——重现期为 10 年的风压（kN/m²），可按《荷载规范》表 E.5 确定；

B——高层建筑迎风面宽度（m）；

m——结构单位高度质量（t/m），$m = \frac{\sum M}{H}$，其中 $\sum M$ 为结构的总质量（t）；

μ_H——结构顶部风压高度变化系数，按《荷载规范》第 8.2 节，取 z＝H 时的数值；

S_{F_L}——无量纲横风向广义风力功率谱，按《荷载规范》第 H.2.4 条确定；

C_{sm}——横风向风力谱的角沿修正系数，按《荷载规范》第 H.2.5 条确定；

$\phi_{L1}(z)$——结构横风向第 1 阶振型系数，按《荷载规范》附录 G 确定；

ζ_1——结构横风向第 1 阶振型阻尼比（舒适度验算时结构的阻尼比取小值），一般情况下，对混凝土结构取 0.02，混合结构根据房屋高度和结构类型取 0.01～0.02；

ζ_{a1}——结构横风向第 1 阶振型气动阻尼比，按《荷载规范》公式（H.2.4-3）计算。

8. 影响高层建筑风振效应的因素很多，相应的计算准确性也不高，实际工程中应注重概念设计，对重要结构或复杂结构应通过风洞试验确定。高层建筑风振效应设计规定汇总见表 3.7.6-2。

高层建筑风振效应设计规定汇总 表 3.7.6-2

项目	序号	情况		要求	理解与应用
顺风向风振	1	高层建筑	$H>30m$ 且 $H/B>1.5$	应考虑风压脉动对结构产生的顺风向风振影响	高层建筑顶部的顺风向风振加速度按公式（3.7.6-1）计算，任意高度的风振加速度按《荷载规范》附录 J 计算
	2	高耸结构	$T1>0.25s$		
	3	对风敏感的结构（如：质量轻、刚度小的膜结构等）		应考虑风压脉动对结构产生风振的影响	宜依据风洞试验结果确定屋盖结构的风振影响
	4	跨度大于 36m 的柔性结构			
	5	一般竖向悬臂结构（如：高层建筑、构架、塔架、烟囱等高耸结构）		均可仅考虑结构第一振型的影响	可按《荷载规范》第 8.1.1 条简化计算
横风向风振	1	横风向风振作用效应明显的高层建筑（如：房屋高度 $H>150m$ 或高宽比 $H/B>5$ 时）		宜考虑横风向风振的影响，依据《荷载规范》第 8.5.2 条规定，确定横风向风振的等效风荷载	高层建筑顶部的横风向风振加速度按公式（3.7.6-2）计算；任意高度的风振加速度按《荷载规范》附录 J 计算；矩形平面（含凹角或削角）按《荷载规范》第 H.2 节计算；圆形平面按《荷载规范》第 H.1 节计算；其他复杂情况宜风洞试验
	2	细长的圆形平面构筑物（如：高度 $H>30m$ 且高宽比 $H/D>4$ 时）			
	3	圆形平面的结构	$Re<3×10^5$，且 $v_H>v_{cr}$	采取结构构造措施或控制 $v_{cr}≥15m/s$	可发生亚临界微风共振，采取有利于加大 v_{cr} 的结构措施
			$3×10^5≤Re<3.5×10^6$	可不作处理	可发生超临界范围的风振
			$Re≥3.5×10^6$，且 $1.2v_H>v_{cr}$ 时	应考虑横风向风振的等效风荷载	可发生跨临界的强风共振，危及结构安全，应按《荷载规范》第 H.1 节计算
扭转风振	1	高层建筑 $H>150m$	$H/\sqrt{BD}≥3$; $D/B≥1.5$; $\dfrac{T_{T1}v_H}{\sqrt{BD}}≥0.4$ 同时满足	宜考虑扭转风振的影响，宜通过风洞试验确定	T_{T1} 为第 1 阶扭转周期（s），扭转风振效应明显
	2	其他高层建筑	沿高度平面尺寸基本均匀 ; 沿高度质量分布基本均匀 ; $H/\sqrt{BD}≤6$; $1.5≤D/B≤5$; $\dfrac{T_{T1}v_H}{\sqrt{BD}}≤10$ 同时满足	可按《荷载规范》附录 H.3 计算扭转风振等效风荷载	$e/i≤0.2$，可较准确地估计规则结构的扭转风振效应
	3	其他复杂情况		应进行风洞试验并专门研究	
组合	1	风荷载组合工况要求		见《荷载规范》第 8.5.6 条	

三、相关索引

《荷载规范》的相关规定见其第 8 章、附录 H 及附录 J。

第 3.7.7 条

一、规范的规定

3.7.7 楼盖结构应具有适宜的舒适度。楼盖结构的竖向振动频率不宜小于 3Hz，竖向振动加速度峰值不应超过表 3.7.7 限值。楼盖结构竖向振动加速度可按本规程附录 A 计算。

表 3.7.7 楼盖竖向振动加速度限值

人员活动环境	峰值加速度限值（m/s²）	
	竖向自振频率不大于 2Hz	竖向自振频率不小于 4Hz
住宅，办公	0.07	0.05
商场及室内连廊	0.22	0.15

注：楼盖结构竖向自振频率为 2Hz～4Hz 时，峰值加速度限值可按线性插值选取。

二、对规范规定的理解

1. 本条的楼盖舒适度是指楼盖的竖向振动舒适度，与第 3.7.6 条的结构横向振动（顺风向及横风向）不同。在大跨度结构中也应考虑竖向舒适度问题。

2. 竖向舒适度的控制指标与计算方法、计算假定密切相关，简单的频率控制方法往往不能适应刚度偏柔的工程需要，应采用振动峰值加速度限值控制。

3. 人们有节奏的步行活动产生的重复分布于楼盖的作用步频通常为 3Hz，人员剧烈活动（如 Disco）时的步频大约为 3Hz、6Hz、9Hz 或 10Hz。一般民用建筑的楼盖结构自振频率为 4Hz～8Hz，轻型屋盖的自振频率通常大于 10Hz。楼盖自振频率在 8Hz～15Hz 时，行走脉冲将引起不可接受的楼盖振动。

三、结构设计建议

1. 对钢筋混凝土楼盖结构、钢-混凝土楼盖结构（不包括轻钢楼盖结构）楼盖的竖向频率不宜小于 3Hz，当不满足时应验算竖向加速度。

2. 楼盖结构的舒适度设计时，应注重概念设计和加强构造措施，不要过于依赖理论计算。有条件时，应适当加强楼盖结构的平面外刚度（加大构件刚度并加强梁端约束，避免采用大跨简支构件等）。

3. 轻钢楼盖结构的振动

1）变形控制及计算，人行走引起的楼盖振动主要限制跨中集中力（按 1kN 计算）作用下的轻钢结构的最大的跨中变形，按公式（3.7.7-1）计算。

$$[\Delta_p] = \frac{pl^3}{48EI} \leqslant 2\mathrm{mm} \tag{3.7.7-1}$$

式中：EI——钢梁截面有效抗弯刚度（kN/m²）；

p——集中力（1kN）；

l——钢梁跨度（m）。

公式（3.7.7-1）按刚性支座的简支梁计算（忽略支座变形），要求支座梁在总荷载（静载及活载）作用下的变形小于支座梁跨度的 1/360。

2) 竖向频率控制及计算

为避免共振，自振频率 f_n 应满足下式要求：

$$f_n \geq 8\text{Hz} \tag{3.7.7-2}$$

轻钢结构楼盖的竖向自振频率 f_n 一般可按下式计算：

$$f_n = 18\sqrt{\Delta_j} \tag{3.7.7-3}$$

$$\Delta_j = \frac{5ql^4}{384EI} \tag{3.7.7-4}$$

式中：Δ_j——有效重力荷载作用下钢梁的变形（mm）；

q——作用在钢梁上的有效重力线荷载（静荷载＋有效活荷载）（kN/m²）；有效活荷载：办公 0.55kN/m²，住宅 0.3kN/m²。

4. 钢、混凝土楼盖结构的振动

1) 竖向振动频率 f_n 的控制与计算

为避免混凝土楼盖的共振，钢、混凝土楼盖结构的竖向自振频率应满足下式要求：

$$f_n \geq 3\text{Hz} \tag{3.7.7-5}$$

对柱或墙支承的楼盖可认为属于刚性楼盖，忽略其支座的竖向变形，f_n 按公式 (3.7.7-3) 计算。

2) 峰值加速度的限值见表 3.7.7，峰值加速度的计算见《高规》附录 A，应注意以下问题：

(1) 楼盖结构的阻抗有效重量越大，楼盖结构的竖向振动加速度越小，楼盖结构的舒适度要求越容易满足。

(2) 楼该结构有效阻抗的分布宽度 B（m）计算时，应考虑楼盖实际宽度的影响，当计算的 B 值大于楼盖实际宽度时，B 应取楼盖的实际宽度。

5. 【例 3.7.7-1】

根据《高规》第 3.7.7 条及附录 A 的计算方法，对某工程 4～6 层大跨钢梁混凝土楼盖进行舒适度验算，验算过程如下：

1) 客房区域

有效重力荷载作用下变形 $\Delta = \frac{5ql^4}{384EI} = 31.6$mm，其中：$E = 2.06 \times 10^8$ kN/m²，$I = 9.65 \times 10^{-3}$ m⁴（钢梁 $H1000 \times 400 \times 35 \times 40$），$q = 12.38$kN/m，$l = 25$m。

$f_n = \frac{18}{\sqrt{\Delta}} = \frac{18}{\sqrt{31.6}} = 3.2$Hz > 3Hz，满足《高规》第 3.7.7 条要求。

$p_0 = 0.3$kN，$\beta = 0.02$，$B = 9$m

$w = (5 + 0.55) \times 9 \times 25 = 1249$kN，$F_p = p_0 e^{-0.35f_n} = 0.3e^{-0.35 \times 3.2} = 0.098$kN

$a_p = F_p g/(\beta w) = 0.098 \times 9.8/(0.02 \times 1249) = 0.038$m/s² < 0.06m/s²，满足规范要求。

2) 连廊部分

有效重力荷载作用下变形 $\Delta = \frac{5ql^4}{384EI} = 25.6$mm，其中：$E = 2.06 \times 10^8$ kN/m²，$I = 9.65 \times 10^{-3}$ m⁴（钢梁 $H1000 \times 400 \times 35 \times 40$），$q = 9.99$kN/m，$l = 25$m。

$f_n = \frac{18}{\sqrt{\Delta}} = \frac{18}{\sqrt{25.6}} = 3.56$Hz > 3Hz，满足《高规》第 3.7.7 条的要求。

$p_0 = 0.42\text{kN}$，$\beta = 0.02$，$B = 1.8\text{m}$（连廊宽度为 1.8m），

$w = (5+0.55) \times 1.8 \times 25 = 250\text{kN}$，$F_p = p_0 e^{-0.35 f_n} = 0.42 e^{-0.35 \times 3.56} = 0.121\text{kN}$

$a_p = F_p g / (\beta w) = 0.121 \times 9.8 / (0.02 \times 250) = 0.237\text{m/s}^2 > 0.17\text{m/s}^2$，不满足规范要求。

调整钢梁截面至 H1100×400×35×40，并采取加强梁端约束的措施（使梁端承受不小于 50% 的固端弯矩，相应地跨中弯矩减小为简支时的 2/3）再次验算：

有效重力荷载作用下变形 $\Delta = \dfrac{2}{3} \times \dfrac{5ql^4}{384EI} = 13.6\text{mm}$，其中：$I = 12.09 \times 10^{-3}\text{m}^4$

$f_n = \dfrac{18}{\sqrt{\Delta}} = \dfrac{18}{\sqrt{13.6}} = 4.88\text{Hz} > 3\text{Hz}$，满足《高规》第 3.7.7 条的要求。

$p_0 = 0.42\text{kN}$，$\beta = 0.02$，$B = 1.8\text{m}$（连廊宽度为 1.8m），

$w = (5+0.55) \times 1.8 \times 25 = 250\text{kN}$，$F_p = p_0 e^{-0.35 f_n} = 0.42 e^{-0.35 \times 4.88} = 0.076\text{kN}$

$a_p = F_p g / (\beta w) = 0.076 \times 9.8 / (0.02 \times 250) = 0.149\text{m/s}^2 < 0.15\text{m/s}^2$，满足规范要求。

实际工程中还应采取强化梁端约束（确保大跨度梁端承担的实际弯矩不小于设计值）的构造措施。

3.8　构件承载力设计

要点：

本节内容在《荷载规范》和《抗震规范》中有相近或相同的规定，应注意其共同点和不同点。

第 3.8.1 条

一、规范的规定

3.8.1　高层建筑结构构件的承载力应按下列公式验算：

持久设计状况、短暂设计状况

$$\gamma_0 S_d \leqslant R_d \tag{3.8.1-1}$$

地震设计状况 $\qquad\qquad S_d \leqslant R_d / \gamma_{RE} \tag{3.8.1-2}$

式中：γ_0——结构重要性系数，对安全等级为一级的结构构件不应小于 1.1；对安全等级为二级的结构构件不应小于 1.0；

$\quad\ S_d$——作用组合的效应设计值，应符合本规程第 5.6.1～5.6.4 条的规定；

$\quad\ R_d$——构件承载力设计值；

$\quad\ \gamma_{RE}$——构件承载力抗震调整系数。

二、对规范规定的理解

1. 结构重要性系数 γ_0，应根据结构（或构件）的安全等级确定。γ_0 依据结构自身的重要性程度确定，与是否进行抗震设计无关。

2. 结构（或构件）的安全等级应根据结构的重要性程度按《工程结构可靠性设计统一标准》GB 50153 确定，对抗震设计中因重要性程度较高而确定的乙类建筑（如重要的有较大影响的工程、人流密集的大型商场、影剧院等），应确定为重要建筑，其安全等级宜确定为一级，而对于因房屋高度较高、面积较大而确定为乙类建筑的工程，仍可按安全等级二级考虑。

三、结构设计建议

1. 任何结构和构件的承载力设计均应考虑所有各种可能的作用（包括荷载在内的各

种作用）效应组合，如重力荷载的效应、风荷载的效应及抗震设计时的地震作用效应等，并依据规范的相关规定进行效应组合，取其最不利的效应值（即要求结构或构件的承载力最大，以钢筋混凝土结构为例，也就是要求的构件截面最大、配筋量最大等）进行承载力设计。

2. 实际工程中"最不利的效应值"一般需要通过比较计算才能确定，即要求结构或构件的承载力最大，对钢筋混凝土结构，当计算的构件截面最大、配筋量最大时所对应的效应，即为最不利的效应值。对钢结构，当计算所需的截面面积最大、截面应力最高时所对应的效应，即为最不利效应值。

3. 实际工程中计算程序的普遍应用，常使得部分读者忽略对"最不利的效应值"的判别，造成计算错误。

四、相关索引

1. 《荷载规范》的相关规定见其第 3.2.2 条。

2. 《抗震规范》的相关规定见其第 5.4.2 条。

第 3.8.2 条

一、规范的规定

3.8.2 抗震设计时，钢筋混凝土构件的承载力抗震调整系数应按表 3.8.2 采用；型钢混凝土构件和钢构件的承载力抗震调整系数应按本规程第 11.1.7 条的规定采用。当仅考虑竖向地震作用组合时，各类结构构件的承载力抗震调整系数均应取为 1.0。

表 3.8.2 承载力抗震调整系数

构件类别	梁	轴压比小于 0.15 的柱	轴压比不小于 0.15 的柱	剪力墙		各类构件	节点
受力状态	受弯	偏压	偏压	偏压	局部承压	受剪、偏拉	受剪
γ_{RE}	0.75	0.75	0.80	0.85	1.0	0.85	0.85

二、对规范规定的理解

1. 相对于《抗震规范》的规定，表 3.8.2 中增加剪力墙局部承压时的 γ_{RE} 和节点受剪时的 γ_{RE}。

2. 轴压比的大小对框架柱的承载力抗震调整系数有影响，轴压比较小时，可以取较小的数值，而轴压比较大时，其取值也较大。

3. 本条规定"当仅考虑竖向地震作用组合时，各类构件的承载力抗震调整系数均应取为 1.0"与《抗震规范》的"均应采用 1.0"一致。

三、结构设计建议

《抗震规范》第 6.6.3 条规定"板柱节点应进行冲切承载力的抗震验算"，但未规定抗冲切承载力调整系数，实际工程中抗冲切承载力抗震调整系数可取 0.85（进行冲切临界截面的最大剪应力验算时，也宜取 0.85）。对板柱节点还应注意对持久设计状况、短暂设计状况下进行冲切承载力验算。

四、相关索引

《抗震规范》的相关规定见其第 5.4.2 条和第 5.4.3 条。

3.9 抗 震 等 级

要点：

抗震等级作为结构抗震设计的重要依据性指标在《抗震规范》和《高规》中均有相同或相近的规定，比较上述两本规范、规程可以发现各规定又有其不全面和不完善的地方，在结构设计时应相互对照应用。

抗震设计时，需要先根据房屋的抗震设防烈度、抗震设防类别、房屋所处的场地类别等，分地震作用、抗震措施和抗震构造措施对本地区抗震设防烈度进行调整，继而按调整以后的设防烈度（即抗震设防标准）确定抗震等级。

本节内容与《抗震规范》的相应条款内容相近，可相互参考。

第 3.9.1 条

一、规范的规定

3.9.1 各抗震设防类别的高层建筑结构，其抗震措施应符合下列要求：

1. 甲类、乙类建筑：应按本地区的抗震设防烈度提高一度的要求加强其抗震措施；但抗震设防烈度为 9 度时应按比 9 度更高的要求采取抗震措施；当建筑场地为 I 类时，应允许仍按本地区抗震设防烈度的要求采取抗震构造措施。

2. 丙类建筑：应按本地区抗震设防烈度确定其抗震措施；当建筑场地为 I 类时，除 6 度外，应允许按本地区抗震设防烈度降低一度的要求采取抗震构造措施。

二、对规范规定的理解

1. 本条规定的本质是：在确定抗震等级前应先根据房屋的抗震设防类别、抗震设防烈度、房屋所处的场地类别等，分地震作用、抗震措施和抗震构造措施，对本地区抗震设防烈度进行调整（调整以后的设防烈度被称作为"烈度"在查表 3.9.3 时用）。

2. 房屋的抗震设防类别影响抗震措施和抗震构造措施，场地类别只影响抗震构造措施。

3. 确定抗震等级时经调整后的设防烈度（即抗震设防标准）见表 3.9.1-1。

表 3.9.1-1　确定结构抗震等级时的设防标准所对应的烈度

建筑类别	调整前设防烈度		抗震设防标准（调整后的烈度）				
			I 类场地		II 类场地	III、IV 类场地	
			抗震措施	构造措施	抗震措施	抗震措施	构造措施
甲类建筑 乙类建筑	6 度	0.05g	7	6	7	7	7
	7 度	0.10g	8	7	8	8	8
		0.15g	8	7	8	8	8+
	8 度	0.20g	9	8	9	9	9
		0.30g	9	8	9	9	9+
	9 度	0.40g	9+	9	9+	9+	9+

续表 3.9.1-1

建筑类别	调整前设防烈度		抗震设防标准（调整后的烈度）				
			Ⅰ类场地		Ⅱ类场地	Ⅲ、Ⅳ类场地	
			抗震措施	构造措施	抗震措施	抗震措施	构造措施
丙类建筑	6度	0.05g	6	6	6	6	6
	7度	0.10g	7	6	7	7	7
		0.15g	7	6	7	7	8
	8度	0.20g	8	7	8	8	8
		0.30g	8	7	8	8	9
	9度	0.40g	9	8	9	9	9

1）地震作用：甲类建筑应按批准的地震安全性评价结果并进行抗震设防专项审查后确定，其他各类建筑取值同调整前设防烈度对应的设计地震基本加速度值。

2）规范对 7 度（0.15g）和 8 度（0.30g）仍归为 7 度、8 度之列，因此，相应的抗震措施分别按 7、8 度为基数确定。

3）表中"9+"为"应符合比 9 度抗震设防更高的要求"，需按有关专门规定执行《抗震规范》。

4）甲、乙类建筑，调整前设防烈度为 9 度时，抗震措施应符合比 9 度抗震设防更高的要求。

5）高层建筑没有丁类建筑。

6）建筑场地为Ⅰ类时，除 6 度外可采用降低一度所对应的抗震等级采取抗震构造措施，表 3.9.1-1 已按此要求调整完毕。

7）建筑场地为Ⅲ、Ⅳ类时，对设计基本地震加速度为 0.15g 和 0.30g 的地区，宜分别按抗震设防烈度 8 度（0.20g）和 9 度（0.40g）时各类建筑的要求采取抗震构造措施，表 3.9.1-1 已按此要求调整完毕。

8）当乙类建筑同时又是Ⅲ、Ⅳ类场地，且设计基本地震加速度为 0.15g 和 0.30g 时，属于多重提高的情况，实际工程中不是简单地重复提高（提高一度后再提高一度），而应根据工程的具体情况，在提高一度的基础上再适当提高，建议对 7 度（0.15g）可按 7.5＋1＝8.5 确定，即采取比 8 度更高的抗震构造措施（表述为 8＋），但不一定是 9 度；对 8 度（0.30g）可按 8.5＋1＝9.5 确定，即采取比 9 度更高的抗震构造措施（表述为 9＋）。

9）调整后的最低设防烈度不低于 6 度。

三、相关索引

1. 甲、乙、丙类（高层建筑没有丁类）建筑的划分见《建筑工程抗震设防分类标准》GB 50223。

2.《抗震规范》的相关规定见其第 3.1.1 条。

3.《高规》的相关规定见其第 3.9.2 条。

4. 在确定对应于抗震措施的抗震等级时，还应区分"全部乙类建筑"和"局部乙类建筑"，相关问题见第 10.2.6 条。

第 3.9.2 条

一、规范的规定

3.9.2　当建筑场地为Ⅲ、Ⅳ类时，对设计基本地震加速度为 0.15g 和 0.30g 的地区，宜分别按抗震设防烈度 8 度（0.20g）和 9 度（0.40g）时<u>各类建筑</u>的要求采取抗震构造措施。

二、对规范规定的理解

1. 震害表明，同样或相近的建筑，建于Ⅲ、Ⅳ类场地时震害较重（而建于Ⅰ类场地时震害较轻）。本条规定对Ⅲ、Ⅳ类场地的建筑，<u>仅提高抗震构造措施</u>，而不提高抗震措施中的其他要求（如内力调整措施等），更不涉及对地震作用的调整。

2. "各类建筑"指抗震设防类别甲类、乙类、丙类（高层建筑没有丁类）的建筑。规范的本条规定可以用表 3.9.2-1 来理解，就是先确定抗震构造措施提高的对应烈度，然后依据抗震设防类别调整。举例说明如下：7 度（0.15g）Ⅲ、Ⅳ类场地的丙类建筑，其抗震构造措施应按 8 度（0.20g）丙类建筑确定；7 度（0.15g）Ⅲ、Ⅳ类场地的乙类建筑，其抗震构造措施应按 8 度（0.20g）乙类建筑确定（属于提高了再提高的情况，对于多重提高的幅度应根据工程具体情况，合理确定，可参见本条结构设计建议 6）。

表 3.9.2-1　各抗震设防类别建筑（Ⅲ、Ⅳ类建筑场地）确定抗震构造措施时的设防标准

本地区抗震设防烈度	7 度（0.15g）	8 度（0.30g）
确定抗震构造措施时的设防标准	8 度（0.20g）	9 度（0.40g）

3. 由于抗震构造措施只有 6、7、8、9 度的分级，而没有 7 度（0.15g）和 8 度（0.30g）之分，所以抗震构造措施中的 7 度和 8 度指的就是 7 度（0.10g）和 8 度（0.20g）。

三、结构设计建议

确定抗震措施及抗震构造措施时的设防标准可见表 3.9.1-1。

四、相关索引

1. 《抗震规范》的相关规定见其第 3.3.3 条。

2. 《高规》的相关规定见其第 3.9.7 条。

第 3.9.3 条

一、规范的规定

3.9.3　抗震设计时，高层建筑钢筋混凝土结构构件应根据抗震设防分类、烈度、结构类型和房屋高度采用不同的抗震等级，并应符合相应的计算和构造措施要求。A 级高度丙类建筑钢筋混凝土结构的抗震等级应按表 3.9.3 确定。当本地区的设防烈度为 9 度时，A 级高度乙类建筑的抗震等级应按特一级采用，甲类建筑应采取更有效的抗震措施。

注：本规程"特一级和一、二、三、四级"即"抗震等级为特一级和一、二、三、四级"的简称。

表 3.9.3 A 级高度的高层建筑结构抗震等级

结构类型			烈 度						
			6 度		7 度		8 度		9 度
框架结构			三		二		一		——
框架-剪力墙结构	高度（m）		≤60	>60	≤60	>60	≤60	>60	≤50
	框架		四	三	三	二	二	一	一
	剪力墙		三		二		一		一
剪力墙结构	高度（m）		≤80	>80	≤80	>80	≤80	>80	≤60
	剪力墙		四	三	三	二	二	一	一
部分框支剪力墙结构	非底部加强部位的剪力墙		四	三	三	二	二		
	底部加强部位的剪力墙		三	二	二	一	一		
	框支框架		二		二		一		
简体结构	框架-核心筒	框架	三		二		一		
		核心筒	二		二		一		
	简中简	内简	三		二		一		
		外简							
板柱-剪力墙结构	高度（m）		≤35	>35	≤35	>35	≤35	>35	——
	框架、板柱及柱上板带		三	二	二	二	一	一	——
	剪力墙		二	二	二	二	一	一	——

注：1. 接近或等于高度分界时，应结合房屋不规则程度及场地、地基条件适当确定抗震等级；

    2. 底部带转换层的简体结构，其转换框架的抗震等级应按表中部分框支剪力墙结构的规定采用；

    3. 当框架-核心筒结构的高度不超过 60m 时，其抗震等级应允许按框架-剪力墙结构采用。

二、结构设计的相关问题

1. 本条规定"A 级高度丙类建筑钢筋混凝土结构的抗震等级应按表 3.9.3 确定"，事实上，A 级高度的丙类建筑，当为 7 度（0.15g）或 8 度（0.3g）且场地类别Ⅲ、Ⅳ 类时，不能直接按表 3.9.3 确定抗震等级，而需要进行适当的修正。

2. 依据表 3.3.1-1 规定，9 度时，高层建筑不应采用框架结构（即 9 度时，不存在高层框架结构问题，也就不存在抗震等级问题，表 3.9.3 中已修改）。

3. 表 3.9.3 中的"烈度"应理解为按本节第 3.9.1 条调整以后的烈度（即抗震设防标准）。

4. 根据调整后的烈度（见表 3.9.1-1）及结构类型等按表 3.9.3-1 确定 A 级高度高层混凝土结构的抗震等级。

表 3.9.3-1 A 级高度高层混凝土结构抗震等级

结构类型		烈度			
		6 度	7 度	8 度	9 度
框架结构	框架	三	二	一	不应采用
	大跨度框架	三	二	一	不应采用

续表 3.9.3-1

结构类型			6度		7度		8度		9度
框架剪力墙结构		高度（m）	≤60	>60	≤60	>60	≤60	>60	≤50
		框架	四	三	三	二	二	一	一
		剪力墙	三	三	二	二	一	一	一
剪力墙结构		高度（m）	≤80	>80	≤80	>80	≤80	>80	≤60
		一般剪力墙	四	三	三	二	二	一	一
		短肢剪力墙	四	三	三	二	二	不应采用	不应采用
部分框支剪力墙结构		高度（m）	≤80	>80	≤80	>80	≤80	不应采用	不应采用
		非底部加强部位的剪力墙	四	三	三	二	二		
		底部加强部位的剪力墙	三	二	二	一	一		
		框支框架	二	二	二	一	一		
	转换层位置在3层及3层以上时	框支柱	一	一	一	特一	特一		
		底部加强部位剪力墙	二	二	二	特一	特一		
筒体结构	框架-核心筒	框架	三	三	二	二	一	一	一
		核心筒	三	三	二	二	一	一	一
	筒中筒	内筒及外筒	三	三	二	二	一	一	一
	带加强层的框架核心筒	加强层及其相邻层的框架柱	二	二	一	一	特一	特一	不应采用
		加强层及其相邻层的剪力墙	一	一			特一	特一	不应采用
板柱-剪力墙结构		高度（m）	≤35	>35	≤35	>35	≤35	>35	不应采用
		框架、板柱及柱上板带	三	二	二	二	一	一	不应采用
		剪力墙	二	二	二	一	二	一	不应采用
错层结构		错层处框架柱及剪力墙	抗震等级应提高一级，原为特一级的不再提高						不应采用
连体结构		连接体及与连接体相邻的结构构件	抗震等级应提高一级，原为特一级的不再提高						不应采用

1) 表 3.9.3-1 中烈度为按表 3.9.1-1 调整以后的烈度。

2) 规范淡化了高度对抗震等级的影响，接近或等于高度分界时，应结合房屋不规则程度及场地条件、地基条件适当确定抗震等级（实际工程中，当判别有困难时，可偏安全地按较高房屋高度确定抗震等级）。

3) 在框架-剪力墙结构中，当剪力墙"较少"或"过少"时（即第 8.1.3 条第 3、4 款之情形），框架部分应按表中框架结构相应的抗震等级设计（更多详细说明见第 3.3.1 条和第 8.1.3 条）。

4) 部分框支剪力墙结构，剪力墙加强部位以上的一般部位，应（《抗震规范》规定为"应允许"）按剪力墙结构中的剪力墙确定其抗震等级。

5) 底部带转换层的筒体结构，其转换框架的抗震等级应按表 3.9.3 对"部分框支剪力墙结构"的"框支框架"的规定采用，对底部加强部位筒体的抗震等级，表3.9.3中未予以特殊规定，建议宜参考《高规》表3.9.4注的要求，按"部分框支剪力墙结构"的"底部加强部位剪力墙"确定。

6）裙房与主楼相连时，相关范围的抗震等级除应按裙房本身确定外，还不应低于主楼的抗震等级（即裙房的抗震等级有可能高于主楼，相关问题见第3.9.6条）；主楼结构在裙房顶层及相邻的上、下各一层应适当加强抗震构造措施。

7）关于短肢剪力墙和一般剪力墙

（1）短肢剪力墙是指墙肢截面厚度不大于300mm，截面高度与其厚度之比为4~8的剪力墙；一般剪力墙是指墙肢截面高度与其厚度之比大于8的剪力墙（相关问题见《高规》第7.1.8条）。

（2）当采用具有较多短肢剪力墙的剪力墙结构时，对房屋高度实行严格限制（见第7.1.8条）。

（3）对所有短肢剪力墙（包括具有较多短肢剪力墙的剪力墙结构中的短肢剪力墙，和其他结构中的短肢剪力墙）应采取比一般剪力墙更为严格的加强措施（如对墙肢截面厚度提出更严格要求、严格轴压比限值、加大底部加强部位剪力设计值、加大墙肢竖向钢筋配筋率等，见第7.2.2条）。

（4）《高规》中提及的短肢剪力墙，在《抗震规范》和《混凝土规范》中均未明确，因而，在确定单层及多层短肢剪力墙结构的抗震等级时，存在一定的不确定性。建议：对单层及多层短肢剪力墙结构的抗震等级按《抗震规范》的剪力墙结构确定。

8）当地下室顶板作为上部结构的嵌固部位时，地下一层的抗震等级同地上一层，地下二层及其以下各层只有对应于抗震构造措施的抗震等级，而没有抗震措施的抗震等级。地下室的抗震等级的相关问题见第3.9.5条。

三、相关索引

1.《抗震规范》的相关规定见其第6.1.2条和第6.1.14条。

2.《高规》的相关规定见其第3.9.5条~第3.9.7条、第5.3.7条和第10.2.6条。

3.多重因素影响时结构抗震等级的确定见《高规》第10.2.6条。

第 3.9.4 条

一、规范的规定

3.9.4 抗震设计时，B级高度丙类建筑钢筋混凝土结构的抗震等级应按表3.9.4确定。

表3.9.4 B级高度的高层建筑结构抗震等级

结构类型		烈度		
		6度	7度	8度
框架-剪力墙	框架	二	一	一
	剪力墙	二	一	特一
剪力墙	剪力墙	二	一	一

续表

结构类型		烈度		
		6 度	7 度	8 度
部分框支剪力墙	非底部加强部位剪力墙	二	一	一
	底部加强部位剪力墙	一	一	特一
	框支框架	一	特一	特一
框架-核心筒	框架	二	一	一
	筒体	二	一	特一
筒中筒	外筒	二	一	特一
	内筒	二	一	特一

注：底部带转换层的筒体结构，其转换框架和底部加强部位筒体的抗震等级应按表中部分框支剪力墙结构的规定采用。

二、对规范规定的理解

1. 和第 3.9.3 条规定一样，本条规定 **"B 级高度丙类建筑钢筋混凝土结构的抗震等级应按表 3.9.4 确定"**，事实上，B 级高度的丙类建筑，当为 7 度（0.15g）或 8 度（0.3g）且场地类别Ⅲ、Ⅳ类时，不能直接按表 3.9.4 确定抗震等级，而需要进行适当的修正。

2. 9 度区不应采用 B 级高度的高层建筑。B 级高度的高层建筑也不应采用框架结构、板柱-剪力墙结构等。

3. 根据调整后的设防烈度（见表 3.9.1-1）及结构类型等按表 3.9.4-1 确定 B 级高度高层混凝土结构的抗震等级。

表 3.9.4-1 B 级高度混凝土结构抗震等级

结构类型			烈度		
			6 度	7 度	8 度
框架-剪力墙结构	框架		二	一	一
	剪力墙		二	一	特一
剪力墙结构	剪力墙		二	一	
部分框支剪力墙结构	非底部加强部位的剪力墙		二	一	一
	底部加强部位的剪力墙		二	一	特一
	框支框架		一	特一	特一
	转换层位置在 3 层及 3 层以上时	框支柱	特一	特一	特一
		底部加强部位剪力墙	特一	特一	特一
框架-核心筒结构	框架		二	一	一
	核心筒		二	一	特一
	带加强层的框架核心筒	加强层及其相邻层的框架柱	一	特一	特一
		加强层及其相邻层的剪力墙	一	特一	特一
筒中筒结构	内筒及外筒		二	一	特一
错层结构	错层处框架柱及剪力墙的抗震等级应提高一级，原为特一级的不再提高				

4. 依据住房和城乡建设部建质〔2010〕第 109 号文件精神，表 3.9.4-1 所列之 B 级高度混凝土建筑需按抗震设防专项审查结果确定相应的抗震等级。

三、相关索引

1. 《抗震规范》的相关规定见其 6.1.2 条。

2. 《高规》的相关规定见其第 3.9.3 条、第 3.9.5～第 3.9.7 条。

3. 多重因素影响时结构抗震等级的确定见《高规》第 10.2.6 条。

第 3.9.5 条

一、规范的规定

3.9.5 抗震设计的高层建筑，当地下室顶层作为<u>上部结构的嵌固端</u>时，地下一层相关范围的抗震等级应按上部结构采用，地下一层以下抗震构造措施的抗震等级可逐层降低一级，但不应低于四级；地下室中超出上部主楼范围且无上部结构的部分，其抗震等级可根据具体情况采用三级或四级。

二、对规范规定的理解

1. 当地下室顶层作为上部结构的嵌固端时，地下一层（上部结构及其相关范围）的抗震等级（抗震措施及抗震构造措施的抗震等级）应按上部结构采用。

2. 地下一层以下抗震构造措施的抗震等级（注意：不是抗震措施的抗震等级，而是抗震构造措施的抗震等级）可逐层降低一级。

3. 此处的"相关范围"指抗震措施需要提高的范围，条文说明中指出："一般指主楼（或上部结构——编者注）周边外延 1～2 跨的地下室范围"，而《高规》第 5.3.7 条指出：计算地下室楼层侧向刚度时的"相关范围"一般指主楼外扩不超过三跨的地下室范围。比较《高规》的上述两条规定可以发现：楼层侧向刚度计算时，"相关范围"的取值要大于确定抗震等级时"相关范围"的区域，明显不合理，为此，建议无论是计算楼层侧向刚度还是确定抗震等级，"相关范围"均可取主楼周边外延三跨或 20m（楼层侧向刚度计算时可取不大于三跨或 20m 的范围，确定抗震等级时取不小于三跨或 20m 的范围）。在确定抗震等级时，也可根据工程具体情况适当扩大"相关范围"的区域。

4. 地下室"相关范围"的取值建议见第 5.3.7 条。

5. 实际工程中地下室抗震等级的确定可参见【例 3.9.6-1】。

三、相关索引

1. 《抗震规范》的相关规定见其第 6.1.3 条。

2. 《高规》的相关规定见其第 3.9.6 条和第 5.3.7 条。

第 3.9.6 条

一、规范的规定

3.9.6 抗震设计时，与主楼连为整体的裙房的抗震等级，除应按裙房本身确定外，相关范围不应低于<u>主楼的抗震等级</u>；主楼结构在裙房顶板上、下各一层应适当加强抗震构造措施。裙房与主楼分离时，应按裙房本身确定抗震等级。

二、对规范规定的理解

1. 裙房的抗震等级依据裙房与主楼的关系确定。

1）裙房与主楼相连时：

（1）"相关范围"的抗震等级，除应按裙房本身确定外，尚不应低于主楼的抗震等级。裙房偏置或其端部有较大扭转效应时，也需要加强。

（2）"相关范围"以外的裙房，可按裙房自身的结构类型确定抗震等级。

2）裙房与主楼分离时，应按裙房本身确定裙房的抗震等级。

2. 裙房与主楼相连时，主楼结构在裙房顶板上、下各一层应适当加强抗震构造措施（注意：可只加强抗震构造措施，即可不加强抗震计算措施）。

3. 本条规定中的"主楼的抗震等级"一般按主楼结构类型及房屋高度确定。

1）当主楼采用框架-剪力墙结构，与之相连的裙房采用框架结构或框架-剪力墙结构时，主楼结构在裙房高度范围内的结构体系没有改变，仍为框架-剪力墙结构，可按房屋高度为主楼高度的框架-剪力墙结构确定主楼的抗震等级。"相关范围"内的框架和剪力墙的抗震等级同主楼结构，"相关范围"以外的裙房框架和剪力墙的抗震等级，可按裙房结构本身的高度和结构类型来确定。

2）当主楼采用剪力墙结构，与之相连的裙房采用框架结构或框架-剪力墙结构时，在裙房高度范围内主楼剪力墙对侧向刚度的贡献很大，吸收了较多的地震作用，主楼范围内的剪力墙成为主要抗侧力结构，裙房结构依附于主体结构，裙房框架与主楼剪力墙形成事实上的框架-剪力墙结构，此时，应按房屋高度为主楼高度的框架-剪力墙结构，确定裙房高度范围内主楼剪力墙的抗震等级（注意：此处的框架-剪力墙结构，不完全等同于主楼高度的框架-剪力墙结构，剪力墙的抗震等级偏严），裙房以上部位的剪力墙，可仍按房屋高度为主楼高度的剪力墙结构确定。裙房相关范围内框架的抗震等级，按房屋高度为主楼高度的框架-剪力墙结构确定，裙房相关范围内的剪力墙的抗震等级，取与主楼剪力墙相同的抗震等级。相关范围以外的裙房框架和剪力墙的抗震等级，可按裙房结构本身的高度和结构类型来确定。

3）当主体剪力墙结构带很小的裙房（即裙房框架的范围很小，如不超过3跨20m）时，可不改变主体结构的类型，仍按剪力墙结构确定剪力墙的抗震等级，但应对主体剪力墙进行包络设计，即由主体剪力墙承担主楼及裙房的全部地震作用（计算时，可采用将框架柱设定为两端铰接柱等方法）。对裙房框架按框架和主楼剪力墙协同工作计算。裙房框架的抗震等级可取与主楼剪力墙相同的抗震等级。

4. 结构抗震等级、主楼相关范围等的确定见【例3.9.6-1】及【例3.9.6-2】。

【例3.9.6-1】 某工程（如图3.9.6-1所示）南区，抗震设防烈度6度（0.05g），设计地震分组第一组，建筑场地类别Ⅱ类，大底盘多塔楼高位框支转换的复杂建筑结构（地下三层，地上裙房5层，底盘平面尺寸117m×197m，转换层在裙房顶，即5层顶，塔楼房屋高度$H=119m$），裙房的建筑抗震设防类别为重点设防类（乙类），其余为标准设防类（丙类），地下室顶板作为上部结构的嵌固部位。确定本工程各部位分区及相应的抗震等级。

本工程涉及抗震等级（对应于抗震措施的抗震等级和抗震构造措施的抗震等级）提高的因素很多，如：局部乙类建筑（裙房为乙类，主楼为丙类）、高位框支转换、房屋高度较高，超出提高一度后（7度）所对应的房屋最大适用高度、竖向体型收进等，考虑抗震等级需要多重调整的特点，结合抗震性能化设计要求，综合确定各部位分区及相应的抗震等级（如图3.9.6-2所示），简要说明如下：

图 3.9.6-1　工程效果图

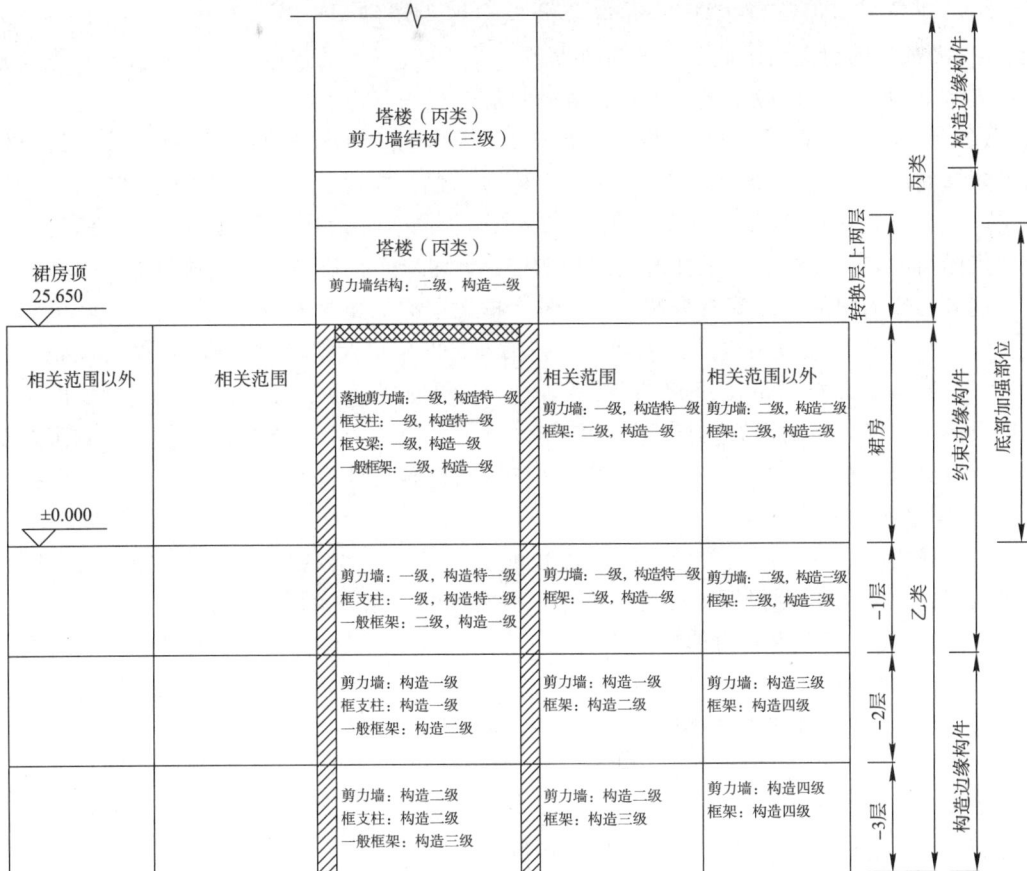

图 3.9.6-2　抗震等级示意

97

1) 裙房顶以上第 3 层（即第 8 层）及其以上部位的塔楼剪力墙的抗震等级，依据《高规》表 3.9.3 的规定，按 6 度、丙类建筑、房屋高度大于 80m 的部分框支剪力墙结构中的"非底部加强部位的剪力墙"确定，其抗震等级为三级（注意第 8 层为底部加强部位相邻的上一层，其边缘构件同下部底部加强部位做法，即由底部加强部位向上延伸，但剪力墙的抗震等级按"非底部加强部位的剪力墙"确定，当该层墙肢的轴压比较大或需要对相关墙肢采取加强措施时，还可依据《高规》第 7.2.14 条的相关规定，设置过渡层）。

2) 剪力墙的底部加强部位

（1）依据《高规》第 10.2.2 条的规定，对部分框支剪力墙结构，剪力墙的底部加强部位高度计算至转换层（即第 5 层）以上 2 层（即第 7 层）且高度不小于房屋高度 H 的 1/10（即 12m），也即从地下室顶板到 7 层总高度 31.8m 的范围为本工程剪力墙的底部加强部位范围。

（2）1～5 层塔楼范围内落地剪力墙，按 6 度、乙类建筑、房屋高度大于 80m 的部分框支剪力墙结构，查《高规》表 3.9.3 中的"底部加强部位的剪力墙"确定，并按《高规》第 10.2.6 条的规定，及提高 1 度后房屋高度超过 7 度时的房屋高度限值的情况，提高抗震构造措施，对应于抗震措施的抗震等级为一级，对应于抗震构造措施的抗震等级为特一级。

（3）转换层以上 2 层（即 6～7 层）的剪力墙（落地剪力墙和不落地剪力墙），按 6 度、丙类建筑、房屋高度大于 80m 的部分框支剪力墙结构，查《高规》表 3.9.3 中的"底部加强部位的剪力墙"确定，并按《高规》第 10.2.6 条的规定调整：对应于抗震措施的抗震等级为二级，对应于抗震构造措施的抗震等级为一级。

（4）1～5 层塔楼范围内框支框架（包括框支框架柱及框支框架梁），按 6 度、乙类建筑、房屋高度大于 80m 的部分框支剪力墙结构，查《高规》表 3.9.3 中的"框支框架"确定，并按《高规》第 10.2.6 条的规定，及考虑提高 1 度后房屋高度超过 7 度的房屋高度限值的情况，提高框支框架柱的抗震构造措施，对应于抗震措施的抗震等级为一级，对应于抗震构造措施的抗震等级为特一级；框支框架梁的抗震等级为一级。

（5）1～5 层塔楼范围内一般框架（不包括框支框架梁及框支框架柱），按 6 度、乙类建筑、房屋高度大于 60m 的框架-剪力墙结构，考虑提高 1 度后房屋高度超过 7 度的房屋高度限值的情况，提高框架的抗震构造措施，查《高规》表 3.9.3 中的"框架"确定，对应于抗震措施的抗震等级为二级，抗震构造措施的抗震等级为一级。

3) 塔楼的"相关范围"

（1）塔楼的"相关范围"指塔楼周边外延三跨或 20m 的区域，当两塔楼之间净距不大于六跨或 40m 时，可根据工程情况确定，但两楼的"相关范围"不重叠。

（2）"相关范围"内剪力墙的抗震等级，依据《高规》第 3.9.6 条的规定，取与主楼剪力墙相同的抗震等级（且不低于按裙房本身确定的抗震等级），对应于抗震措施的抗震等级为一级，对应于抗震构造措施的抗震等级为特一级。

（3）"相关范围"内框架的抗震等级，依据《高规》第 3.9.6 条的规定，取与主楼一般框架相同的抗震等级（且不低于按裙房本身确定的抗震等级），对应于抗震措施的抗震等级为二级，对应于抗震构造措施的抗震等级为一级。

4) 塔楼及"相关范围"以外的其他范围

（1）剪力墙的抗震等级，依据《高规》第3.9.6条的规定，按裙房本身确定，按6度、乙类建筑、房屋高度不大于60m的框架-剪力墙结构，查《高规》表3.9.3中的"剪力墙"确定，其抗震等级为二级。

（2）框架的抗震等级，依据《高规》第3.9.6条的规定，按裙房本身确定，按6度、乙类建筑、房屋高度不大于60m的框架-剪力墙结构，查《高规》表3.9.3中的"框架"确定，其抗震等级为三级。

5）地下室的抗震等级

（1）地下室的"相关范围"取与裙房相同的范围（主要考察地下室"相关范围"对主楼的影响）。

（2）地下一层的抗震等级（对应于抗震措施和抗震构造措施），依据《高规》第3.9.5条的规定，地下一层的抗震等级与相应的上部结构相同。即：

① 塔楼及"相关范围"内的剪力墙，对应于抗震措施的抗震等级为一级，对应于抗震构造措施的抗震等级为特一级。

② 塔楼范围内的框支柱，对应于抗震措施的抗震等级为一级，对应于抗震构造措施的抗震等级为特一级。

③ 塔楼及"相关范围"内的一般框架，对应于抗震措施的抗震等级为二级，对应于抗震构造措施的抗震等级为一级。

④ 塔楼及"相关范围"以外的其他范围，剪力墙的抗震等级为二级，框架的抗震等级为三级。

（3）地下二层抗震构造措施的抗震等级，依据《高规》第3.9.5条的规定，地下二层的抗震等级可比相应的地下一层降低一级（但不低于四级），即：

① 塔楼及"相关范围"内的剪力墙，抗震构造措施的抗震等级为一级。

② 塔楼范围内的框支柱，抗震构造措施的抗震等级为一级。

③ 塔楼及"相关范围"内的一般框架，抗震等级为二级。

④ 塔楼及"相关范围"以外的其他范围，剪力墙的抗震等级为三级，框架的抗震等级为四级。

（4）地下三层抗震构造措施的抗震等级，依据《高规》第3.9.5条的规定，地下三层的抗震等级可比相应的地下二层降低一级（但不低于四级），即：

① 塔楼及"相关范围"内的剪力墙，抗震构造措施的抗震等级为二级。

② 塔楼范围内的框支柱，抗震构造措施的抗震等级为二级。

③ 塔楼及"相关范围"内的一般框架，抗震等级为三级。

④ 塔楼及"相关范围"以外的其他范围，剪力墙的抗震等级为四级，框架的抗震等级为四级。

【例 3.9.6-2】 北京某工程，如图3.9.6-3所示，抗震设防烈度8度（0.2g），设计地震分组为第一组，建筑场地类别Ⅲ

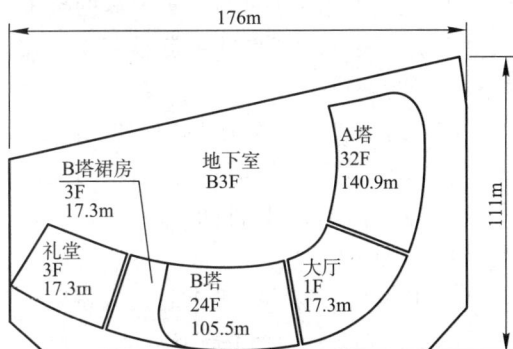

图 3.9.6-3 工程平面分区图

类，地下三层大底盘地下室，平面尺寸 111m×176m，地面以上设防震缝三条，将塔楼和裙房分为 4 个相互独立的结构单元，裙房 3 层；A 塔楼 32 层，房屋高度 $H=140.9m$，采用型钢混凝土框架（型钢混凝土柱＋钢梁）-钢筋混凝土核心筒结构；B 塔楼 24 层，房屋高度 $H=105.5m$，采用型钢混凝土框架（型钢混凝土柱＋钢梁）-钢筋混凝土核心筒结构。建筑抗震设防类别为标准设防类（丙类），地下室顶板作为上部结构的嵌固部位。确定本工程各部位相应的抗震等级。

表 3.9.6-1 结构各部位抗震等级

结构单体	使用功能	层数（地上/地下）	房屋高度（m）	结构形式	抗震等级
A 塔	办公	32/3	140.9	型钢混凝土框架-钢筋混凝土核心筒	核心筒：特一级型钢混凝土框架：一级钢框架梁：二级
B 塔	办公	24/3	105.5		
礼堂	展示	3/3	17.3	钢框架结构	三级
大厅	大厅	1/3	17.3	钢框架结构	三级
无上部结构地下室	机房汽车库	0/3	—	混凝土框架结构	三级

本工程各部位相应的抗震等级见表 3.9.6-1，简要说明如下：

1) A 塔楼，房屋高度未超过《高规》表 11.1.2 的限值。

(1) 核心筒剪力墙底部加强部位高度

依据《高规》第 7.1.4 条的规定，底部加强部位的高度取底部两层高度（11.7m）及房屋高度（注：《高规》为墙体高度，相关问题说明见第 7.1.4 条）的 1/10 即 140.9/10=14.1m 两者的较大值，即取至 3 层顶板 17.3m。

(2) 钢筋混凝土核心筒剪力墙的抗震等级，查《高规》表 11.1.4 确定为特一级；

(3) 型钢混凝土框架（型钢混凝土柱）的抗震等级，查《高规》表 11.1.4 确定为一级。

(4) 钢框架梁的抗震等级，查《高规》表 11.1.4 注确定为二级。

(5) 地下一层的抗震等级：

① A 塔楼及相关部位，剪力墙的抗震等级为特一级，框架的抗震等级为一级。

② 地下室无上部结构的其他部位，按《高规》第 3.9.6 条的规定，剪力墙及框架的抗震等级为三级。

(6) 地下二层抗震构造措施的抗震等级：

① A 塔楼及相关部位，剪力墙的抗震等级为一级，框架的抗震等级为二级。

② 地下室无上部结构的其他部位，按《高规》第 3.9.6 条的规定，剪力墙及框架的抗震等级为四级。

(7) 地下三层抗震构造措施的抗震等级：

① A 塔楼及相关部位，剪力墙的抗震等级为二级，框架的抗震等级为三级。

② 地下室无上部结构的其他部位，按《高规》第 3.9.6 条的规定，剪力墙及框架的抗震等级为四级。

2) B 塔楼，房屋高度未超过《高规》表 11.1.2 的限值。

(1) 核心筒剪力墙底部加强部位高度

依据《高规》第 7.1.4 条的规定，底部加强部位的高度取底部两层高度（11.7m）及房屋高度（注：《高规》为墙体高度，相关问题说明见第 7.1.4 条）的 1/10 即 105.5/10＝10.6m 两者的较大值，即取至 2 层顶板 11.7m。

（2）钢筋混凝土核心筒剪力墙的抗震等级，查《高规》表 11.1.4 确定为特一级；

（3）型钢混凝土框架（型钢混凝土柱）的抗震等级，查《高规》表 11.1.4 确定为一级。

（4）钢框架梁的抗震等级，查《高规》表 11.1.4 注确定为二级。

（5）地下一层的抗震等级：

① B 塔楼及相关部位，剪力墙的抗震等级为特一级，框架的抗震等级为一级。

② 地下室无上部结构的其他部位，按《高规》第 3.9.6 条的规定，剪力墙及框架的其抗震等级为三级。

（6）地下二层抗震构造措施的抗震等级：

① A 塔楼及相关部位，剪力墙的抗震等级为一级，框架的抗震等级为二级。

② 地下室无上部结构的其他部位，按《高规》第 3.9.6 条的规定，剪力墙及框架的其抗震等级为四级。

（7）地下三层抗震构造措施的抗震等级：

① A 塔楼及相关部位，剪力墙的抗震等级为二级，框架的抗震等级为三级。

② 地下室无上部结构的其他部位，按《高规》第 3.9.6 条的规定，剪力墙及框架的其抗震等级为四级。

3）裙房（采用钢框架结构）的抗震等级，查《抗震规范》表 8.1.3 确定为三级。

（1）地下一层的抗震等级为三级。

（2）地下二层抗震构造措施的抗震等级为四级。

（3）地下三层抗震构造措施的抗震等级为四级。

第 3.9.7 条

一、规范的规定

3.9.7 甲、乙类建筑按本规程第 3.9.1 条提高一度确定抗震措施时，或Ⅲ、Ⅳ场地且设计基本地震加速度为 0.15g 和 0.30g 的丙类建筑按本规程 3.9.2 条提高一度确定抗震构造措施时，如果房屋高度超过提高一度后对应的房屋最大适用高度，则应采取比对应抗震等级更有效的抗震构造措施。

二、对规范规定的理解

1. 对较高的甲、乙类建筑、或Ⅲ、Ⅳ场地且设计基本地震加速度为 0.15g 和 0.30g 的较高的丙类建筑，提出了确定抗震构造措施的专门规定。此情况在 8 度区建筑中经常遇到。

2. 本条应用举例：

【例 3.9.7-1】 抗震设防烈度 8 度（0.2g），钢筋混凝土框架-剪力墙结构，房屋高度 $H＝100m$，乙类建筑，场地类别Ⅱ类，确定该房屋的抗震等级。

8 度乙类建筑，应按 9 度查表 3.9.3，确定剪力墙及框架对应于抗震措施的抗震等级为一级（抗震措施可不再提高），但房屋高度为 100m，超过 9 度 50m 的限值，应按第 3.9.7 条的规定对应于抗震构造措施的抗震等级应比一级更有效，确定为特一级。

上述比一级更有效的抗震构造措施，可根据房屋高度（本例中 $H＝100m$）超过限值（本例中为 9 度 50m）的具体情况，当 H 超过限值较多时，可直接采用特一级的抗震构造措施；当 H 超过限值不多时，也可根据房屋高度超过限值的幅度采用一级与特一级的中间插入值或直接采用一级与特一级的中间值确定相应的抗震构造措施。

【例 3.9.7-2】 抗震设防烈度 8 度（0.3g），钢筋混凝土框架-剪力墙结构，房屋高度 $H=80$m，丙类建筑，场地类别Ⅲ类，确定该房屋的抗震等级。

8 度，丙类建筑，应按 8 度查表 3.9.3，确定剪力墙及框架对应于抗震措施的抗震等级为一级（抗震措施可不再提高），8 度（0.3g）丙类建筑，场地类别Ⅲ类，按 9 度确定对应于抗震构造措施的抗震等级为一级，但房屋高度为 80m，超过 9 度 50m 的限值，已接近表 3.3.1-2 中 B 级高度钢筋混凝土高层建筑的最大适用高度，按第 3.9.7 条的规定对应于抗震构造措施的抗震等级应比一级更有效，确定为特一级。

3.10 特一级构件设计规定

要点：

1. 对特一级结构构件，应采取比一级抗震等级更严格的抗震措施及抗震构造措施，本节的设计规定为特一级抗震等级结构设计的重要依据。在复杂结构及超限建筑工程中，常需要采用特一级抗震等级或特一级抗震构造，实际工程中，应对特一级抗震等级进行适当分类（见第 3.10.4 条），当抗震措施的抗震等级为一级而抗震构造措施的抗震等级为特一级时，可只加强特一级抗震等级中的构造措施（即可不对内力进行放大）。

2. 依据第 3.9.3 条规定，9 度时高层建筑不应采用框架结构，不应采用部分框支剪力墙结构，不应采用板柱-剪力墙结构，因此，没有 9 度特一级框架结构、也没有 9 度特一级框支剪力墙结构。

第 3.10.1 条

一、规范的规定

3.10.1 特一级抗震等级的钢筋混凝土构件除应符合一级钢筋混凝土构件的所有设计要求外，尚应符合本节的有关规定。

二、对规范规定的理解

明确了特一级抗震等级，是在一级抗震等级基础上的再提高，没有特别规定时应执行对一级的规定，如特一级对轴压比的要求同一级。

第 3.10.2 条

一、规范的规定

3.10.2 特一级框架柱应符合下列规定：

1. 宜采用型钢混凝土柱、钢管混凝土柱；

2. 柱端弯矩增大系数 η_c、柱端剪力增大系数 η_{vc} 应增大 20%；

3. 钢筋混凝土柱柱端加密区最小配箍特征值 λ_v 应按本规程表 6.4.7 规定的数值增大 0.02 采用；全部纵向钢筋构造配筋百分率，中、边柱不应小于 1.4%，角柱不应小于 1.6%。

二、对规范规定的理解

1. 高层建筑房屋高、层数多、柱距大，按轴压比限值要求的柱截面较大，为减小柱截面通常采用型钢混凝土柱、钢管混凝土柱和高性能混凝土等技术措施。

2. 采用型钢混凝土柱，当型钢含量为柱截面毛面积的 5%～10% 时，一般可使柱截面面积减小 30%～40%。

3. 采用钢管混凝土柱时，钢管壁厚一般可取钢管直径的 1/70～1/100。钢管混凝土柱的截面面积可比普通混凝土柱减小 50% 左右。

4. 特一级框架柱的柱端弯矩和剪力设计值的取值原则如下：

1）特一级框架柱的柱端弯矩设计值比一级框架柱的柱端弯矩设计值增大 20%；

2）特一级框架柱的柱端剪力设计值比一级框架柱的柱端剪力设计值增大 20%；

3）特一级框架角柱的柱端弯矩设计值比一级框架角柱的柱端弯矩设计值增大 20%；

4）特一级框架角柱的柱端剪力设计值比一级框架角柱的柱端剪力设计值增大 20%；

5）对于仅抗震构造措施为特一级时，柱端弯矩和剪力可不放大（即同一级）。

5. 有的程序，对特一级框架柱的柱端剪力设计值依据特一级柱端弯矩反算，即特一级框架柱的柱端剪力设计值为 $1.2 \times 1.2 = 1.44$ 倍一级框架柱的柱端剪力设计值，高于规范的要求。

表 3.10.2-1　特一级框架柱的要求

要求	
宜采用型钢混凝土柱或钢管混凝土柱	
柱端弯矩增大系数 η_c（6.2.1、6.2.4）	应比一级增大 20%
柱端剪力增大系数 η_{vc}（6.2.3、6.2.4）	
柱端加密区的最小配箍特征值 λ_v（6.4.7）	应比表 6.4.7 增加 0.02（见表 3.10.2-2），但箍筋的最小体积配箍率限值仍同一级
全部纵向钢筋最小配筋率（6.4.3）	中、边柱≥1.4%、角柱≥1.6%，并按表 6.4.3-1 注 2 及注 3 进行相应调整（见表 6.4.3-3）

6. 特一级框架柱的柱端箍筋加密区最小配箍特征值 λ_v 见表 3.10.2-2。

表 3.10.2-2　特一级框架柱的柱端箍筋加密区最小配箍特征值 λ_v

箍筋形式	柱轴压比						
	≤0.30	0.40	0.50	0.60	0.70	0.80	0.90
普通箍、复合箍	0.12	0.13	0.15	0.17	0.19	0.22	0.25
螺旋箍、复合或连续复合螺旋箍	0.10	0.11	0.13	0.15	0.17	0.20	0.23

注：普通箍指单个矩形箍或单个圆形箍；螺旋箍指单个连续螺旋箍筋；复合箍指由矩形、多边形、圆形箍或拉筋组成的箍筋；复合螺旋箍指由螺旋箍与矩形、多边形、圆形箍或拉筋组成的箍筋；连续复合螺旋箍指全部螺旋箍由同一根钢筋加工而成的箍筋。

7. 特一级框架柱的轴压比限值与一级相同，不提高。

三、相关索引

关于特一级的相关设计建议见第 3.10.4 条。

第 3.10.3 条

一、规范的规定

3.10.3　特一级框架梁应符合下列规定：

1. 梁端剪力增大系数 η_{vb} 应增大 20%；

2. 梁端加密区箍筋最小面积配筋率应增大 10%。

二、对规范规定的理解

1. 由于特一级框架梁的梁端弯矩不增大，因此，梁端剪力可直接比一级放大 20%（对于仅抗震构造措施为特一级时，梁端剪力可不再放大）。特一级框架梁的要求见表 3.10.3-1。

表 3.10.3-1　特一级框架梁的要求

要求	
梁端剪力增大系数 η_{vc}（6.2.5）	应比一级增大 20%
梁端加密区最小面积配筋率 ρ_{sv}（6.3.5）	比一级增大 10%，实际工程中，可比公式（6.3.5-1）的计算结果放大 $1.1 \times 2 = 2.2$ 倍，即可取 $\rho_{sv} = 0.66 f_t / f_{yv}$

2. 《高规》第 6.3.5 条未规定框架梁梁端加密区箍筋最小面积配筋率，实际工程中可取非加密区的 2 倍。

第 3.10.4 条

一、规范的规定

3.10.4　特一级框支柱应符合下列规定：

1. 宜采用型钢混凝土柱、钢管混凝土柱。

2. 底层柱下端及与转换层相连的柱上端的弯矩增大系数取 1.8，其余层柱端弯矩增大系数 η_c 应增大 20%；柱端剪力增大系数 η_{vc} 应增大 20%；地震作用产生的柱轴力增大系数取 1.8，但计算柱轴压比时可不计该项增大。

3. 钢筋混凝土柱柱端加密区最小配箍特征值 λ_v 应按本规程表 6.4.7 的数值增大 0.03 采用，且箍筋体积配箍率不应小于 1.6%；全部纵向钢筋最小构造配筋百分率取 1.6%。

二、对规范规定的理解

1. 对本条规定的理解见表 3.10.4-1。

表 3.10.4-1　特一级框支柱的要求

宜采用型钢混凝土柱或钢管混凝土柱	
底层柱下端弯矩增大系数（10.2.11）	1.8
与转换层相连的柱上端弯矩增大系数（10.2.11）	
其余层柱端弯矩增大系数（10.2.11）	比一级框支柱增大 20%
柱端剪力增大系数 η_{vc}（10.2.11）	比一级框支柱增大 20% 有的程序，按特一级柱端弯矩反算，比一级时的柱端剪力设计值放大 1.44 倍，高于规范的要求
地震作用产生的柱轴力增大系数（10.2.11）	1.8（但计算轴压比时可不考虑）

续表 3.10.4-1

宜采用型钢混凝土柱或钢管混凝土柱	
柱端加密区最小配箍特征值 λ_v（10.2.10、6.4.7）	应比表 6.4.7 增加 0.03 见表 3.10.4-2
箍筋的体积配箍率（10.2.10、6.4.7）	不应小于 1.6%
全部纵向钢筋最小配筋率（10.2.10、6.4.3）	1.6%

2. 特一级框支柱的柱端箍筋加密区最小配箍特征值 λ_v 见表 3.10.4-2。

表 3.10.4-2　特一级框支柱的柱端箍筋加密区最小配箍特征值 λ_v

箍筋形式	柱轴压比				
	$\leqslant$0.30	0.40	0.50	0.60	0.70
普通箍、复合箍	0.13	0.14	0.16	0.18	0.20
螺旋箍、复合或连续复合螺旋箍	0.11	0.12	0.14	0.16	0.18

注：普通箍指单个矩形箍或单个圆形箍；螺旋箍指单个连续螺旋箍筋；复合箍指由矩形、多边形、圆形箍或拉筋组成的箍筋；复合螺旋箍指由螺旋箍与矩形、多边形、圆形箍或拉筋组成的箍筋；连续复合螺旋箍指全部螺旋箍由同一根钢筋加工而成的箍筋。

3. 依据第 3.9.3 条的规定，9 度时不应采用部分框支剪力墙结构，因此，没有 9 度特一级框支柱。

三、结构设计建议

《高规》第 3.10.2 条及第 3.10.4 条，对特一级框架柱（框支柱）均有"宜采用型钢混凝土柱、钢管混凝土柱"的规定，实际工程中，应根据具体情况，对特一级抗震等级进行适当的细分，宜确定相应的结构措施：

1. 对抗震等级已经为特一级，重要性程度高或多重复杂而抗震等级（对应于抗震措施及抗震构造措施）不能再提高的工程（可理解为应采取比特一级更有效的抗震措施，需要进行结构抗震性能化设计的工程），应采用型钢混凝土柱、钢管混凝土柱。

2. 对需要重点加强的工程或结构部位，其工程的抗震等级（对应于抗震措施及抗震构造措施）均为特一级的工程（可理解为应采取特一级抗震措施，宜进行结构抗震性能化设计的工程），则应采用型钢混凝土柱、钢管混凝土柱。

3. 对于经多重提高（如：乙类建筑等）后，其工程的抗震等级（对应于抗震措施及抗震构造措施）为特一级抗震等级的工程（可理解为抗震等级提高后刚够到特一级的工程），则宜采用型钢混凝土柱（如可设置构造型钢等）、钢管混凝土柱。

4. 对于重要性相对较低的工程、或经多重提高（如 7 度 0.15g 或 8 度 0.30g 时的Ⅲ、Ⅳ类场地，高位框支转换等）后，其工程的抗震等级（对应于抗震构造措施）为特一级的工程（可理解为对应于抗震构造措施的抗震等级，经提高后刚够到特一级，而对应于抗震措施的抗震等级仍为一级的工程），则可不采用型钢混凝土柱、钢管混凝土柱，必要时，可采取在柱内设置芯柱等措施。如【例 3.9.6-1】的工程，就属于多重提高（6 度、乙类建筑、5 层顶高位框支转换）后对应于抗震构造措施的抗震等级为特一级，而对应于抗震措施的抗震等级仍为一级的工程，对框支柱未设置型钢，而采取设置芯柱措施。

第 3.10.5 条

一、规范的规定

3.10.5 特一级剪力墙、筒体墙应符合下列规定：

1. 底部加强部位的弯矩设计值应按乘以 1.1 的增大系数，其他部位的弯矩设计值应乘以 1.3 的增大系数；底部加强部位的剪力设计值，应按考虑地震作用组合的剪力计算值的 1.9 倍采用，其他部位的剪力设计值，应按考虑地震作用组合的剪力计算值的 1.4 倍采用。

2. 一般部位的水平和竖向分布钢筋最小配筋率应取为 0.35%，底部加强部位的水平和竖向分布钢筋的最小配筋率应取为 0.4%。

3. 约束边缘构件纵向钢筋最小构造配筋率应取为 1.4%，配箍特征值宜增大 20%；构造边缘构件纵向钢筋的配筋率不应小于 1.2%。

4. 框支剪力墙结构的落地剪力墙底部加强部位边缘构件宜配置型钢，型钢宜向上、下各延伸一层。

5. 连梁的要求同一级。

二、对规范规定的理解

1. 高层建筑结构中，规范对特一级抗震等级的剪力墙、筒体墙及连梁的要求见表 3.10.5-1。

表 3.10.5-1　特一级剪力墙、筒体墙及连梁的要求

序号	构件类型	要求	
1	筒体、剪力墙	底部加强部位的弯矩设计值（3.10.5）	应乘以 1.1 的增大系数
		其他部位（7.2.5）（见图 3.10.5-1）	应乘以 1.3 的增大系数
		底部加强部位的剪力设计值（7.2.6）	取考虑地震作用组合的剪力计算值的 1.9 倍
		其他部位的剪力设计值（7.2.5）	取地震作用组合剪力计算值的 1.4 倍，对特一级短肢剪力墙，此值偏小（与第 7.2.2 条规定的一级相同），实际工程中宜适当放大，如可取 $1.2 \times 1.4 = 1.68$（见表 6.2.0-2）
		一般部位的水平和竖向分布筋最小配筋率（7.2.17、8.2.1、9.2.2）	0.35%
		底部加强部位的水平和竖向分布钢筋的最小配筋率（7.2.17、8.2.1、9.2.2）	0.4%
		约束边缘构件纵向钢筋最小配筋率（7.2.15）	1.4%
		约束边缘构件配箍特征值（7.2.15）	比一级增大 20%
		构造边缘构件纵向钢筋最小配筋率（7.2.16）	底部加强部位 1.2%，其他部位 1.0%
		框支剪力墙结构的落地剪力墙底部加强部位边缘构件	宜配置型钢，型钢宜向上、向下各延伸一层
2	连梁	同一级连梁	

2. 实际工程中，9 度时特一级剪力墙除应满足本条第 1 款规定外，还宜比 9 度一级剪力墙适当提高：

1）底部加强部位，其弯矩设计值不宜小于 9 度一级剪力墙的 1.1 倍；剪力设计值不

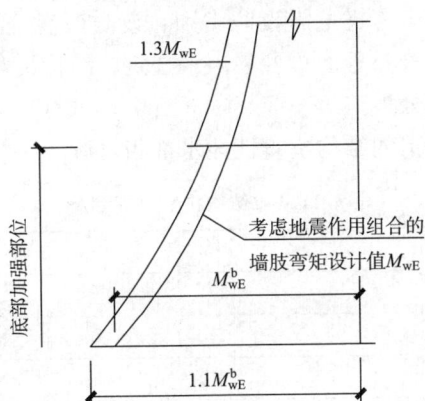

图 3.10.5-1

宜小于 9 度一级剪力墙的 1.2 倍；

　　2）其他部位，其弯矩设计值和剪力设计值分别不宜小于 9 度一级剪力墙的 1.1 倍。

　　3. 对剪力墙及筒体的连梁，宜设置暗撑：

　　1）当跨高比不大于 2 时，宜配置交叉暗撑；

　　2）当跨高比不大于 1 时，应配置交叉暗撑；

　　3）交叉暗撑的计算和构造宜符合《高规》第 9.3.8 条的规定。

3.11　结构抗震性能设计

要点：

　　1. 抗震性能设计是解决复杂结构问题的基本方法，常用于复杂结构、超限建筑工程的结构设计中，抗震性能设计着重于通过现有手段（计算措施及构造措施），采用包络设计的方法，解决工程设计中的复杂技术问题。抗震性能设计的抗震设防目标应不低于规范的基本抗震性能目标。

　　2. 抗震性能设计的基本思路是："高延性，低弹性承载力"或"低延性，高弹性承载力"。提高结构或构件的抗震承载力和变形能力，都是提高结构抗震性能的有效途径，而仅提高抗震承载力需要以对地震作用的准确预测为基础。限于地震研究的现状，应以提高结构或构件的变形能力并同时提高抗震承载力作为抗震性能设计的首选。

　　3. 抗震性能化设计中的中震、大震设计要求，主要着眼点应是竖向抗侧力构件（如框架柱、剪力墙等），对竖向构件的内力调整放大后，与之相连的水平构件（如框架梁、连梁等）一般不调整，以更有利于实现抗震性能目标。

　　4.《抗震规范》第 3.10 节对抗震性能设计有专门规定，结构设计时应相互参照并遵照执行。

第 3.11.1 条

一、规范的规定

3.11.1　结构抗震性能设计应分析结构方案的特殊性、选用适宜的结构抗震性能目标，并采取满足预期的抗震性能目标的措施。

结构抗震性能目标应综合考虑抗震设防类别、设防烈度、场地条件、结构的特殊性、建造费用、震后损失和修复难易程度等各项因素选定。结构抗震性能目标分为 A、B、C、D 四个等级，结构抗震性能分为 1、2、3、4、5 五个水准（表 3.11.1），每个性能目标均与一组在指定地震地面运动下的结构抗震性能水准相对应。

表 3.11.1 结构抗震性能目标

地震水准	性能目标			
	A	B	C	D
多遇地震	1	1	1	1
设防烈度地震	1	2	3	4
预估的罕遇地震	2	3	4	5

二、对规范规定的理解

1. 本条规定了结构抗震性能设计的三项主要工作，即：分析结构方案的特殊性，选用适宜的结构抗震性能目标，并采取满足预期的抗震性能目标的措施。

2. 分析结构方案在房屋高度、规则性、结构类型、场地条件或抗震设防标准等方面的特殊要求（见第 1.0.3 条），以确定结构设计是否需要采用抗震性能设计方法，并以此特殊性作为选用性能目标的主要依据。

1）在结构方案特殊性的分析中，需要注重分析结构方案不符合抗震概念设计的情况和程度。国内外历次大地震的震害经验已经充分说明，抗震概念设计是决定结构抗震性能的重要因素。

2）需要进行抗震性能设计的工程，一般不能完全符合抗震概念设计的要求。结构工程师应依据抗震概念设计的要求，与建筑师协调，改进结构方案，尽量减少结构不符合概念设计的情况和程度，不应采用严重不规则的结构方案。

3）对于特别不规则结构，可按《高规》规定进行抗震性能设计，但需慎重选用抗震性能目标，并通过深入的分析论证。

3. 选用抗震性能目标

1）结构抗震性能目标分 A、B、C、D 四级，结构抗震性能水准分为 5 个（1、2、3、4、5），四级抗震性能目标与《抗震规范》提出结构抗震性能 1、2、3、4 是一致的。地震地面运动一般分为三个水准，即多遇地震（小震）、设防烈度地震（中震）及预估的罕遇地震（大震）。在设定的地震地面运动下，与四级抗震性能目标对应的结构抗震性能水准的判别准则由《高规》第 3.11.2 条规定。

2）A、B、C、D 四级抗震性能目标的结构，应满足下列要求：

（1）在小震作用下均应满足第 1 抗震性能水准，即满足弹性设计要求。

（2）在中震或大震作用下，四种性能目标所要求的结构抗震性能水准有较大的区别。

① A 级抗震性能目标是最高等级，中震作用下要求结构达到第 1 抗震性能水准要求（即满足弹性设计要求），大震作用下要求结构达到第 2 抗震性能水准（即结构仍处于基本弹性状态）要求。

② B 级抗震性能目标，要求结构在中震作用下满足第 2 抗震性能水准要求（即结构仍处于基本弹性状态），大震作用下满足第 3 抗震性能水准要求（即结构仅有轻度损坏）。

③ C 级抗震性能目标，要求结构在中震作用下满足第 3 抗震性能水准要求（即结构仅有轻度损坏），大震作用下满足第 4 抗震性能水准要求（即结构中度损坏）。

④ D 级抗震性能目标是最低等级，要求结构在中震作用下满足第 4 抗震性能水准要求（即结构中度损坏），大震作用下满足第 5 性能水准（即结构有比较严重的损坏，但不致倒塌或发生危及生命的严重破坏）。

（3）选用抗震性能目标时，需综合考虑抗震设防类别、设防烈度、场地条件、结构的特殊性、建造费用、震后损失和修复难易程度等因素。鉴于地震地面运动的不确定性以及对结构在强烈地震下非线性分析方法（计算模型及参数的选用等）存在不少经验因素，缺少从强震记录、设计施工资料到实际震害的验证，对结构抗震性能的判断难以十分准确，尤其是对于长周期的超高层建筑或特别不规则结构的判断难度更大，因此，在抗震性能目标选用中宜偏于安全一些。例如：

① 特别不规则的、房屋高度超过 B 级高度很多的高层建筑或处于不利地段的特别不规则结构，可考虑选用 A 级性能目标。

② 房屋高度超过 B 级高度较多或不规则性超过《高规》适用范围很多时，可考虑选用 B 级或 C 级性能目标。

③ 房屋高度超过 B 级高度或不规则性超过《高规》适用范围较多时，可考虑选用 C 级性能目标。

④ 房屋高度超过 A 级高度或不规则性超过《高规》适用范围较少时，可考虑选用 C 级或 D 级性能目标。

⑤ 结构方案中仅有部分区域结构布置比较复杂或结构的设防标准、场地条件等特殊性，难以直接按《高规》规定的常规方法进行设计时，可考虑选用 C 级或 D 级性能目标。

实际工程情况很多（以上仅是举例），需综合考虑各项因素。性能目标选用时，一般需征求业主和有关专家的意见。

4. 结构抗震性能分析论证的重点是深入的计算分析和工程判断，找出结构有可能出现的薄弱部位，提出有针对性的抗震加强措施，必要的试验验证，分析论证结构可达到预期的抗震性能目标。一般需要进行如下工作：

1）分析确定结构超过《高规》或《抗规》适用范围及不规则性的情况和程度（一般可对照附录 F 的超限审查表 2 和表 3，逐项判别）。

2）验证场地条件、抗震设防类别和地震动参数的合理性（抗震设计的基本参数的确定应符合规范的基本原则，结构设计对这些参数进行验证的目的在于，提高抗震设计计算的可靠性，避免抗震设计工作走弯路）。

3）深入的弹性和弹塑性计算分析（静力分析及时程分析、多模型、多程序的比较计算、对复杂部位的包络设计计算等）并判断计算结果的合理性（对长周期结构、大底盘多塔楼结构、高位框支转换结构、错层结构、连体结构等复杂结构，应特别注意，应进行必要的补充分析计算，对关键部位和构件按包络设计原则设计）<u>重点应关注弹塑性分析的规律，而不是具体数值。</u>

4）找出结构有可能出现的薄弱部位以及需要加强的关键部位，提出有针对性的抗震加强措施。

5）必要时还需进行构件、节点或整体模型的抗震试验，补充提供论证依据，例如新型结构方案有无震害和试验依据或对计算分析难以判断、抗震概念难以接受的复杂结构方案。

6）论证结构能满足所选用的抗震性能目标的要求。

三、相关索引

《抗震规范》相关规定见其第 3.10 节。更多详细内容可查阅参考文献［30］第 3.10 节。

第 3.11.2 条

一、规范的规定

3.11.2 结构抗震性能水准可按表 3.11.2 进行宏观判别。

表 3.11.2 各性能水准结构预期的震后性能状况

结构抗震性能水准	宏观损坏程度	损坏部位			继续使用的可能性
		关键构件	普通竖向构件	耗能构件	
1	完好、无损坏	无损坏	无损坏	无损坏	不需修理即可继续使用
2	基本完好、轻微损坏	无损坏	无损坏	轻微损坏	稍加修理即可继续使用
3	轻度损坏	轻微损坏	轻微损坏	轻度损坏、部分中度损坏	一般修理后才可继续使用
4	中度损坏	轻度损坏	部分构件中度损坏	中度损坏、部分比较严重损坏	修复或加固后才可继续使用
5	比较严重损坏	中度损坏	部分构件比较严重损坏	比较严重损坏	需排险大修

注："关键构件"是指该构件的失效可能引起结构的连续破坏或危及生命安全的严重破坏；"普通竖向构件"是指"关键构件"之外的竖向构件；"耗能构件"包括框架梁、剪力墙连梁及耗能支撑等。

二、对规范规定的理解

1. 本条规定对五个性能水准结构地震后的预期性能状况，包括损坏情况及继续使用的可能性提出了要求，据此可对各性能水准结构的抗震性能进行宏观判断。

2. "关键构件"应由结构工程师根据工程的实际情况分析确定，工程不同，不同结构体系时，工程的"关键构件"也不同。例如：水平转换构件及其支承的竖向构件（如框支梁及框支柱等）、大跨连体结构的连接体及其支承的竖向构件、大悬挑结构的主要悬挑构件、加强层伸臂和周边环带结构的竖向支撑构件、承托上部多个楼层框架柱的腰桁架、长短柱在同一楼层且数量相当时该层各个长短柱、扭转变形很大部位的竖向（斜向）构件、重要的斜撑构件等。

3. 实际工程中，可针对"中震"和"大震"提出结构或构件预期的破坏程度。破坏程度的概念直观明了，也和"中震可修，大震不倒"抗震设计基本原则更为接近。

第 3.11.3 条

一、规范的规定

3.11.3 不同抗震性能水准的结构可按下列规定进行设计：

1. 第1性能水准的结构，应满足弹性设计要求。在多遇地震作用下，其承载力和变形应符合本规程的有关规定；在设防烈度地震作用下，结构构件的抗震承载力应符合下式规定：

$$\gamma_G S_{GE} + \gamma_{Eh} S_{Ehk}^* + \gamma_{Ev} S_{Evk}^* \leqslant R_d / \gamma_{RE} \tag{3.11.3-1}$$

式中： R_d、γ_{RE}——分别为构件承载力设计值和承载力抗震调整系数，同本规程第3.8.1条；

S_{GE}、γ_G、γ_{Eh}、γ_{Ev}——同本规程第5.6.3条；

S_{Ehk}^*——水平地震作用标准值的构件内力，不需要考虑与抗震等级有关的增大系数；

S_{Evk}^*——竖向地震作用标准值的构件内力，不需要考虑与抗震等级有关的增大系数。

2. 第2性能水准的结构，在设防烈度地震或预估的罕遇地震作用下，关键构件及普通竖向构件的抗震承载力宜符合式（3.11.3-1）的规定；耗能构件的受剪承载力宜符合式（3.11.3-1）的规定，其正截面承载力应符合下式规定：

$$S_{GE} + S_{Ehk}^* + 0.4S_{Evk}^* \leqslant R_k \qquad (3.11.3-2)$$

式中：R_k——截面承载力标准值，按材料强度标准值计算。

3. 第3性能水准的结构应进行弹塑性计算分析。在设防烈度地震或预估的罕遇地震作用下，关键构件及普通竖向构件的正截面承载力应符合式（3.11.3-2）的规定，水平长悬臂结构和大跨度结构中的关键构件正截面承载力尚应符合式（3.11.3-3）的规定，其受剪承载力宜符合式（3.11.3-1）的规定；部分耗能构件进入屈服阶段，但其受剪承载力应符合式（3.11.3-2）的规定。在预估的罕遇地震作用下，结构薄弱部位的层间位移角应满足本规程第3.7.5条的规定。

$$S_{GE} + 0.4S_{Ehk}^* + S_{Evk}^* \leqslant R_k \qquad (3.11.3-3)$$

4. 第4性能水准的结构应进行弹塑性计算分析。在设防烈度地震或预估的罕遇地震作用下，关键构件的抗震承载力应符合式（3.11.3-2）的规定，水平长悬臂结构和大跨度结构中的关键构件正截面承载力尚应符合式（3.11.3-3）的规定；部分竖向构件以及大部分耗能构件进入屈服阶段，但钢筋混凝土竖向构件的受剪截面应符合式（3.11.3-4）的规定，钢-混凝土组合剪力墙的受剪截面应符合式（3.11.3-5）的规定。在预估的罕遇地震作用下，结构薄弱部位的层间位移角应符合本规程第3.7.5条的规定。

$$V_{GE} + V_{Ek}^* \leqslant 0.15f_{ck}bh_0 \qquad (3.11.3-4)$$

$$(V_{GE} + V_{Ek}^*) - (0.25f_{ak}A_a + 0.5f_{spk}A_{sp}) \leqslant 0.15f_{ck}bh_0 \qquad (3.11.3-5)$$

式中：V_{GE}——重力荷载代表值作用下的构件剪力（N）；

V_{Ek}^*——地震作用标准值的构件剪力（N），不需考虑与抗震等级有关的增大系数；

f_{ck}——混凝土轴心抗压强度标准值（N/mm²）；

f_{ak}——剪力墙端部暗柱中型钢的强度标准值（N/mm²）；

A_a——剪力墙端部暗柱中型钢的截面面积（mm²）；

f_{spk}——剪力墙墙内钢板的强度标准值（N/mm²）；

A_{sp}——剪力墙墙内钢板的截面面积（mm²）。

5. 第5性能水准的结构应进行弹塑性计算分析。在预估的罕遇地震作用下，关键构件的抗震承载力宜符合式（3.11.3-2）的规定；较多的竖向构件进入屈服阶段，但同一楼层的竖向构件不宜全部屈服；竖向构件的受剪截面应符合式（3.11.3-4）或（3.11.3-5）的规定；允许部分耗能构件发生比较严重的破坏；结构弱部位的层间位移角应符合本规程第3.7.5条的规定。

二、对规范规定的理解

1. 各个性能水准结构的设计基本要求是判别结构性能水准的主要准则。

2. 本条规定中将"小震弹性"要求写入对"第 1 性能水准的结构"的要求，事实上，"小震弹性"要求是所有各类结构抗震设计的最基本要求，也是抗震性能设计必须达到的基本要求，即第 1 到第 5 各性能水准的结构都应该做到"小震弹性"，而不仅限于"第 1 性能水准的结构"。

1）在小震作用下，结构的层间位移、全部结构构件的承载力及结构整体稳定等均应满足《高规》及《抗震规范》的有关规定；结构构件的抗震等级不宜低于《高规》及《抗震规范》的相关规定，需要特别加强的构件可适当提高抗震等级（已为特一级的不再提高）。

2）在"小震弹性"的设计计算中，地震作用标准值的构件内力不带"*"，需要考虑抗震等级有关的增大系数（与抗震等级相对应，见第 5.6.3 条），属于承载力设计值的弹性要求。

3. 在各性能水准结构的抗震性能设计中，地震作用标准值的构件内力带"*"，即 S_{Ehk}^*、S_{Evk}^*，不需要考虑抗震等级有关的增大系数（这是与"小震弹性"要求的最大不同，应特别留意），电算时抗震等级应选"不考虑"项。

4. 第 1 性能水准的结构，要求全部构件的抗震承载力（正截面承载力及受剪承载力）满足"中震弹性"（即满足公式（3.11.3-1））要求（注意：《高规》未提出大震承载力基本弹性要求，主要着眼于通过提高结构的变形能力来提高结构的抗震性能，并适当提高结构的抗震承载力，推迟结构进入弹塑性工作阶段以减少弹塑性变形。因此，抗震性能设计中不提出过高的抗震承载力要求），但应注意这里的"中震弹性"与"小震弹性"在计算公式上有区别，公式（3.11.3-1）采用带"*"的地震作用标准值的构件内力 S_{Ehk}^*、S_{Evk}^*（不计入风荷载作用效应的组合），不需要考虑抗震等级有关的增大系数（电算时抗震等级应选"不考虑"项），属于承载力基本弹性要求。

5. 第 2 性能水准的结构，其设计要求与对第 1 性能水准结构的差别是，在设防烈度地震或预估的罕遇地震作用下，框架梁、剪力墙连梁等耗能构件的正截面承载力（抗弯）只需要满足式（3.11.3-2）的要求，即满足"屈服承载力设计"要求。

"屈服承载力设计"是指构件按材料强度标准值计算的承载力 R_k（注意：这里的 R_k 与强柱弱梁计算中梁实配的正截面受弯承载力 M_{bua}（见第 6.2.1 条）计算方法不同，不需要考虑承载力抗震调整系数 γ_{RE}）不小于按重力荷载及地震作用标准值计算的构件组合内力，作用分项系数（γ_G、γ_{Eh}、γ_{Ev}）及抗震承载力调整系数（γ_{RE}）均取 1.0。

6. 第 3 性能水准的结构，允许部分框架梁、剪力墙连梁等耗能构件进入屈服阶段，竖向构件及关键构件承载力应满足式（3.11.3-2）"屈服承载力设计"要求。整体结构进入弹塑性状态，应进行弹塑性分析。

7. 第 4 性能水准的结构，关键构件承载力仍应满足式（3.11.3-2）"屈服承载力设计"的要求，允许部分竖向构件及大部分框架梁、剪力墙连梁等耗能构件进入屈服阶段，但构件的受剪截面应满足截面限制条件（是防止构件不发生脆性受剪破坏的最低要求）。式（3.11.3-4）和式（3.11.3-5）中，V_{GE}、V_{Ek}^* 可按弹塑性计算结果取值，也可按等效弹性方法计算结果取值（一般情况下，此取值是偏于安全的）。结构的抗震性能必须通过弹塑性计算加以深入分析，例如：弹塑性层间位移角、构件屈服的次序及塑性铰分布、结构的薄弱部位、整体结构的承载力不发生下降等。整体结构的承载力可通过静力弹塑性方法进行估计。

比较式（3.11.3-4）和式（3.11.3-5）不难看出，在剪力墙内配置型钢（型钢端柱和腹板型钢）可有效提高墙肢的抗剪承载力（$0.25f_{ak}A_a + 0.5f_{spk}A_{sp}$），其中 $0.25f_{ak}A_a$ 为端部型钢的抗剪承载力，$0.5f_{spk}A_{sp}$ 为腹板型钢的抗剪承载力，实际工程中，在剪力墙受剪较大的部位可考虑设置型钢，以增大剪力墙的抗剪能力并提高延性。

8. 第 5 性能水准的结构，与第 4 性能水准结构的差别在于允许比较多的竖向构件进入屈服阶段，并允许部分耗能构件（如框架梁、连梁等）发生比较严重的破坏。结构的抗震性能必须通过弹塑性计算加以深入分析，尤其应注意避免同一楼层的全部竖向构件进入屈服并宜控制整体结构的承载力不发生下降。如整体结构的承载力发生下降，也应控制下降的幅度不超过 5%。

9. 第 1 性能水准的结构主要考察结构在中震下的抗震性能，第 2、第 3、第 4 性能水准的结构，主要考察结构在中震或大震下的抗震性能，而第 5 性能水准的结构，则主要考察结构在大震下的抗震性能。抗震性能要求也从第 1 性能水准的"弹性设计"要求（式 3.11.3-1），向第 2 性能水准的水平作用"屈服承载力设计"（式 3.11.3-2）、第 3 性能水准的考虑竖向作用"屈服承载力设计"（式 3.11.3-3）至"截面剪力要求"（式 3.11.3-4 和式 3.11.3-5）。

10. 中震或大震时的"屈服承载力设计"及竖向构件的受剪截面验算，应根据整体结构不同部位进入弹塑性阶段的程度，采用不同的计算方法（《抗震规范》第 M.1.3 条）：

1）构件总体上处于开裂阶段或刚刚进入屈服阶段（对应于第 3 性能水准），可采用等效刚度和等效阻尼，按等效线性方法估算，就是采用振型分解反应谱法计算地震层间剪力、进行地震作用效应的调整，计算竖向构件及关键部位构件的组合内力（S_{GE}、S_{Ehk}^*、S_{Evk}^*）等，是中震或大震时的结构设计方法，计算中应注意以下问题：

（1）按表 4.3.7-1 采用中震或大震时的水平地震影响系数最大值；

（2）中震和大震时，可适当考虑结构阻尼比的增加（增加值一般不大于 0.02，即钢筋混凝土结构在大震下的阻尼比可取不超过 0.07 的数值）；

（3）采用构件的等效刚度，考虑框架梁及剪力墙连梁刚度的折减（《抗震规范》第 M.1.3 条指出："在设防地震下，混凝土构件的初始刚度，宜采用长期刚度"），框架梁刚度可不放大，连梁刚度折减系数一般不小于 0.3。

（4）抗震等级取计算程序中的"不考虑"项。

（5）应注意实际工程中，不同部位抗震性能目标和结构及构件弹塑性程度的不同，可分部位、分区域进行分析计算，不同部位的结构构件分别设计。

2）构件总体上处于承载力屈服至极限阶段（对应于第 4 性能水准），宜采用静力或动力弹塑性分析方法估算。

3）构件总体上处于承载力下降阶段（对应于第 5 性能水准），应采用计入下降段参数的动力弹塑性分析方法估算。采用静力或动力弹塑性分析方法，主要在于发现结构在中震及大震下的承载力及变形规律，适合于对结构整体性能的把握，属于对结构的验证方法。

4）静力弹塑性分析方法有：能力谱法、多参数修正位移法和多模态推覆分析法（MPA）等，其中能力谱法较为常用。虽然静力弹塑性分析方法在理论上还存在诸多缺陷（无法考虑地震作用的持续时间、能量耗散、结构阻尼、材料的动态性能、承载力的衰减等），但可以通过比较简单的分析，了解构件的破坏过程，传力途径的变化，结构破坏机构的形成以及设计中的薄弱部位等，还可以较为简单地确定结构在地震作用下的目标位移和变形需求，以及相应构件和结构的能力水平等。

5）动力弹塑性分析方法是一种直接基于结构动力方程的数值方法，可以得到结构在地震作用下的各时刻各质点的位移、速度、加速度和构件内力，给出结构开裂和屈服的顺序，发现应力和变形集中的部位，获得结构的弹塑性变形和延性要求，依此可判断结构的屈服机制、薄弱部位及可能的破坏类型等。动力弹塑性分析方法计算时地震波的选取要"靠谱"。

6）实际工程中，应注重抗震概念设计，注意对结构整体性能的把握，注意不同部位结构整体弹塑性程度和结构构件的弹塑性程度之间的不同。

11. 结构在多遇地震作用下均应满足弹性设计要求，结构在中震和大震下的性能设计要求可汇总见表 3.11.3-1。

表 3.11.3-1　结构在中震和大震下的性能设计要求

性能水准		要求	理解与应用
1		中震时，结构构件的正截面承载力及受剪承载力满足弹性设计要求	采用不考虑与抗震等级有关的构件内力，即采用带"*"号的内力，满足公式（3.11.3-1）要求
2	中震或大震时	1）关键构件及普通竖向构件：正截面承载力及受剪承载力满足弹性设计要求	采用带"*"号的内力，满足公式（3.11.3-1）要求
		2）耗能构件：受剪承载力满足弹性设计要求，正截面承载力满足"屈服承载力"设计要求	采用带"*"号的内力，受剪承载力满足公式（3.11.3-1）要求；正截面承载力满足公式（3.11.3-2）要求
3	中震或大震时	1）应进行弹塑性计算分析	计算中可适当考虑结构阻尼比的增加
		2）关键构件及普通竖向构件：正截面承载力满足水平地震作用为主的"屈服承载力"设计要求	采用带"*"号的内力，满足公式（3.11.3-2）要求
		3）水平长悬臂和大跨度结构中的关键构件：正截面承载力满足竖向地震为主的"屈服承载力"设计要求，其受剪承载力满足弹性设计要求	采用带"*"号的内力，"屈服承载力"满足公式（3.11.3-3）要求；"受剪承载力"满足公式（3.11.3-1）要求
		4）部分耗能构件：进入屈服，其受剪承载力满足"屈服承载力"要求	部分框架梁及连梁等耗能构件进入屈服，其"受剪承载力"满足公式（3.11.3-2）要求
		5）控制大震下结构薄弱层的层间位移角	满足第 3.7.5 条的要求
4	中震或大震时	1）应进行弹塑性计算分析	计算中可适当考虑结构阻尼比的增加
		2）关键构件：正截面承载力及受剪承载力应满足水平地震作用为主的"屈服承载力"设计要求	采用带"*"号的内力，满足公式（3.11.3-2）要求
		3）水平长悬臂和大跨度结构中的关键构件：正截面承载力满足竖向地震为主的"屈服承载力"设计要求	采用带"*"号的内力，"屈服承载力"满足公式（3.11.3-3）要求
		4）部分竖向构件及大部分耗能构件：进入屈服，混凝土竖向构件及钢-混凝土组合剪力墙满足"截面剪压比"要求	采用带"*"号的内力，混凝土竖向构件的"截面剪压比"满足公式（3.11.3-4）要求，钢-混凝土组合剪力墙的"截面剪压比"满足公式（3.11.3-5）要求
		5）控制大震下结构薄弱层的层间位移角	满足第 3.7.5 条的要求

续表 3.11.3-1

性能水准		要求	理解与应用
5	大震时	1）应进行弹塑性计算分析	计算中可适当考虑结构阻尼比的增加
		2）关键构件：正截面承载力及受剪承载力应满足水平地震作用为主的"屈服承载力"设计要求	采用带"＊"号的内力，满足公式（3.11.3-2）要求
		3）竖向构件：较多进入屈服，但同一楼层不宜全部屈服，满足"截面剪压比"要求	采用带"＊"号的内力，混凝土竖向构件的"截面剪压比"满足公式（3.11.3-4）要求，钢-混凝土组合剪力墙的"截面剪压比"满足公式（3.11.3-5）要求；整体结构的承载力不下降或下降的幅度不超过5%
		4）部分耗能构件：发生比较严重的破坏	产生塑性铰，但不发生剪切破坏
		5）控制大震下结构薄弱层的层间位移角	满足第3.7.5条的要求

第 3.11.4 条

一、规范的规定

3.11.4 结构弹塑性计算分析除应符合本规程第 5.5.1 条的规定外，尚应符合下列规定：

1. 高度不超过 150m 的高层建筑可采用静力弹塑性分析方法；高度超过 200m 时，应采用弹塑性时程分析法；高度在 150m～200m 之间，可视结构自振特性和不规则程度选择静力弹塑性方法或弹塑性时程分析方法。高度超过 300m 的结构，应有两个独立的计算，进行校核。

2. 复杂结构应进行施工模拟分析，应以施工全过程完成后的内力为初始状态。

3. 弹塑性时程分析宜采用双向或三向地震输入。

二、对规范规定的理解

1. 结构抗震性能设计时，弹塑性分析计算是很重要的手段之一。

2. 静力弹塑性方法和弹塑性时程分析法各有其优缺点和适用范围，其择用建议如下：

1）房屋高度不超过 150m 的一般不规则结构，可采用静力弹塑性分析方法。主要考虑静力弹塑性方法计算软件设计人员比较容易掌握，对计算结果的工程判断也较为容易，但计算分析中所采用的侧向作用力分布形式宜适当考虑高振型的影响，可采用《高规》第 3.4.5 条条文说明中提出的"规定水平地震力"的分布形式。

2）对于高度在 150～200m 的特别不规则结构以及高度超过 200m 的房屋，应采用弹塑性时程分析法。

3）对高度超过 300m 的结构或特别复杂的结构，为使弹塑性时程分析计算结果具有较大的合理性，需要由两个独立的计算进行校核。"独立的计算"一般指该工程设计团队之外的另一个设计、咨询单位的计算分析，以消除或减小计算过程造成的误差。

3. 结构各构件的截面尺寸、钢筋混凝土构件的配筋以及钢构件的截面规格等，将直接影响弹塑性分析的计算结果。因此，计算中应按实际情况输入相应信息。

4. 对复杂结构进行施工模拟分析（考虑结构刚度的形成过程、荷载的加载方式，考虑沉降和差异沉降的影响，考虑后浇带的分布及封带时机等）是十分必要的。弹塑性分析应以施工全过程完成后的静载内力为初始状态。当施工方案与施工模拟计算不同时，应重新调整相应的计算。

5. 采用弹塑性时程分析的结构，一般为高度在 200m 以上的超高层建筑结构或结构体系复杂的高层建筑结构。为比较有把握地检验结构可能具有的实际承载力和相应的变形，宜取多组地震波（选波是关键，选波应遵循"靠谱"原则，更多详细问题可查阅文献［30］第 5.1.2 条）计算结果的最大包络值。计算中输入地震波为 7 组时可取平均值，必要时可取最大值（美国 ASCE7-05 要求输入 7 组地震波）。

6. 弹塑性计算分析是结构抗震性能设计的一个重要环节。然而，现有分析软件的计算模型以及恢复力模型、结构阻尼、材料的本构关系、构件破损程度的衡量、有限元的划分等均存在较多的人为经验因素。因此，弹塑性计算分析首先要了解分析软件的适用性，选用适合于所设计工程的软件，然后对计算结果的合理性进行分析判断。工程设计中有时会遇到计算结果出现不合理或怪异现象，需要结构工程师与软件编制人员共同研究解决。同时，对弹塑性计算分析结果应注重其规律性（从本质上讲，弹塑性计算分析属于结构设计的补充和验证方法，弹塑性分析的根本目的在于比较其与弹性分析结果的异同，寻找两者规律性的差异，找出结构真正的薄弱部位和薄弱环节，采取相应的结构措施），而不是具体数值。

7. 高层建筑结构应采取以下措施减少非荷载作用影响：

1）减少水泥用量和水灰比、掺入合适的外加剂、改善水泥和骨料的质量、适当提高结构构件的构造配筋率、降低混凝土终凝温度、高湿度养护，减小混凝土收缩应变。

2）改善使用环境，避免主体结构构件外露，做好外墙、屋面的保温隔热或采用建筑幕墙，减小内部结构构件与周边结构构件的温差，减小结构温度内力。

3）避免基础产生较大不均匀差异沉降，减小由此引起的结构内力。

非荷载的作用指：温度变化、混凝土收缩和徐变、支座沉降等对结构或结构构件的影响，减小非荷载作用的相关措施汇总见表 3.11.4-1。

表 3.11.4-1 减小非荷载作用的相关措施

序号	目的	措施
1	减小混凝土的收缩应变	减少水泥用量和水灰比
		掺入合适的外加剂
		改善水泥和骨料的质量
		适当提高结构构件的构造配筋率
		降低混凝土终凝温度
		高湿度养护
2	减小结构的温度应力	改善使用环境，避免主体结构构件外露
		做好外墙、屋面的保温隔热或采用建筑幕墙减小内部结构构件与周边结构构件的温差
3	减少支座沉降引起的结构内力	避免基础产生较大不均匀沉降

8. 150m 以上的高层建筑外墙宜采用各类建筑幕墙，其填充墙、外墙非结构构件宜与主体结构柔性连接（相关做法可见《砌体规范》第 6.3.4 条），以适应主体结构的变形。

1）较高高层建筑的温度应力明显（建筑物使用环境的温度变化，升温或降温，阳面日照与阴面温差对高层建筑的影响）。采用幕墙包裹主体结构可使主体结构免受（或减小）外界温度变化的影响，减小主体结构的温度应力，采取建筑手段解决主体结构的温度应力问题。

2) 幕墙是外墙的一种非承重结构形式。它必须同时具备以下特点：

(1) 幕墙应由面板、横梁和立柱组成的完整结构系统。

(2) 幕墙应包覆整个主体结构。

(3) 幕墙应悬挂在主体结构上、相对于主体结构应有一定的活动能力。

(4) 幕墙是独立完整的外围护结构，它能承受作用于其上的重力、风力和地震作用（并将相应的反力传递给作为幕墙支撑系统的主体结构），但不分担主体结构的受力，幕墙可有相对于主体结构变位。

3.12 抗连续倒塌设计基本要求

要点：

抗连续倒塌设计是《高规》新增加的内容，结构的抗连续倒塌应注重抗倒塌概念设计，注意采取提高结构整体牢固性的措施，防止因偶然事件造成的结构局部破坏而导致的结构整体倒塌。《荷载规范》的相关内容见其第 10 章。

第 3.12.1 条

一、规范的规定

3.12.1 安全等级为一级的高层建筑结构应满足抗连续倒塌概念设计的要求；有特殊要求时，可采用拆除构件方法进行抗连续倒塌设计。

二、对规范规定的理解

1. 高层建筑结构应具有在偶然作用（指：爆炸、撞击、火灾、飓风、暴雪、洪水、地震、设计施工失误、地基基础失效等）发生时适宜的抗连续倒塌能力。

1) 结构连续倒塌是指结构因突发事件或严重超载而造成局部结构破坏失效，继而引起与失效破坏构件相连的构件的连续破坏，最终导致相对于初始局部破坏更大范围的倒塌破坏。

2) 结构局部构件失效后，破坏范围可能沿水平方向和竖直方向发展，其中破坏沿竖向发展影响更为突出（如 911 灾难中，世贸大楼受飞机撞击的楼层结构丧失竖向承载力，上部结构的重力荷载对下部楼层产生巨大的冲击力，导致下部楼层乃至整个结构的连续倒塌），高层建筑结构抗连续倒塌更显重要。造成结构连续倒塌的原因可以是爆炸、撞击、火灾、飓风、地震、设计施工失误、地基基础失效等偶然因素。当偶然因素导致局部结构破坏失效时，整体结构不能形成有效的多重荷载传递路径，破坏范围就可能沿水平方向或者竖直方向蔓延，最终导致结构发生大范围的倒塌甚至是结构的整体倒塌。

2. 国外抗连续倒塌的规定

1) 结构连续倒塌事故在国外并不罕见，英国 Ronan Point 公寓煤气爆炸倒塌，美国 Alfred P. Murrah 联邦大楼、WTC 世贸大楼倒塌，我国湖南衡阳大厦特大火灾后倒塌，法国戴高乐机场候机厅倒塌等都是比较典型的结构连续倒塌事故。每一次事故都造成了重大人员伤亡和财产损失，给地区乃至整个国家都造成了严重的负面影响。

2) 随着国家建设发展，建设项目越来越多，一些地位重要、具有较高安全等级要求的或者比较容易受到恐怖袭击的建筑结构抗连续倒塌问题显得更为突出。结构除了对强度、刚度、稳定进行设计验算外，还应对其进行抗连续倒塌设计。中国加入 WTO 后，国内的一些设计单位已面临到一些要求结构抗连续倒塌设计的国外工程（如中国建筑设计研究院 2007 年设计的莫斯科中国贸易中心工程）。对结构进行必要的抗连续倒塌设计的工程，当偶然事件发生时，将能有效控制结构破坏范围。

3）结构抗连续倒塌设计在欧美多个国家得到了广泛关注，英国、美国、加拿大、瑞典、俄罗斯等国颁布了相关的设计规范和标准。比较有代表性的有美国 General Services Administration（GSA）《新联邦大楼与现代主要工程抗连续倒塌分析与设计指南》（Progressive CollapseAnalysis and Design Guidelines for New Federal Office Buildings and Major ModernizationProject）、美国国防部（DEPARTMENT OF DEFENSE　简称 DOD）UFC（Unified Facilities Criteria 2005）《建筑抗连续倒塌设计》（Design of Buildings to Resist Progressive Collapse）以及英国规范对结构抗连续倒塌设计的规定等。

3. 国内抗连续倒塌的相关要求

我国《建筑结构可靠度设计统一标准》GB 50068 第 3.0.6 条对结构抗连续倒塌也做了定性的规定，"对偶然状况，建筑结构可采用下列原则之一按承载能力极限状态进行设计：

1）按作用效应的偶然荷载组合进行设计或采取保护措施，使主要承重结构不致因出现设计规定的偶然事件而丧失承载能力。

2）允许主要承重结构因出现设计规定的偶然事件而局部破坏，但其剩余部分具有在一段时间内不发生连续倒塌的可靠度"。

4.《高规》规定，安全等级一级时，应满足抗连续倒塌概念设计的要求（见第3.12.2 条）；有特殊要求时，可采用拆除构件方法（见第 3.12.3 条）进行抗连续倒塌设计；这些是结构抗连续倒塌的基本要求。

第 3.12.2 条

一、规范的规定

3.12.2　抗连续倒塌概念设计应符合下列规定：

1. 采取必要的结构连接措施，增强结构的整体性。
2. 主体结构宜采用多跨规则的超静定结构。
3. 结构构件应具有适宜的延性，避免剪切破坏、压溃破坏、锚固破坏、节点先于构件破坏。
4. 结构构件应具有一定的反向承载能力。
5. 周边及边跨框架的柱距不宜过大。
6. 转换结构应具有整体多重传递重力荷载途径。
7. 钢筋混凝土结构梁柱宜刚接，梁板顶、底钢筋在支座处宜按受拉要求连续贯通。
8. 钢结构框架梁柱宜刚接。
9. 独立基础之间宜采用拉梁连接。

二、对规范规定的理解

1. 高层建筑结构应具有在偶然作用发生时适宜的抗连续倒塌能力。

2. 结构的防连续倒塌设计应特别注意提高结构的整体牢固性，不允许采用摩擦连接传递重力荷载，应采用构件连接（刚接或铰接）传递重力荷载，具有适宜的多余约束性（构件间宜采用刚接）、整体连续性（增加多余约束）、稳固性和延性（和一般工程设计不同，应特别注意结构构件支座底钢筋受拉锚固的有效性，确保结构的有效拉结，提高结构的整体牢固性及构件的反向承载力，提高结构"抗意外作用"的能力）。

3. 有效拉结是防止结构连续倒塌的最有效办法，包括水平拉结、竖向拉结和楼板拉结（如图 13.12.2-1 所示）。

1）水平拉结指水平构件（如框架梁等）对所有竖向构件（如框架柱等）的拉结，要求节点按受拉锚固设计，当某一竖向构件（如框架柱）失效时，水平构件及其连接节点应能承受相应的悬挂拉力。

2）竖向拉结指竖向构件（如框架柱等）应按竖向受拉构件（一般情况下为偏心受压构件）设计，并沿全高连续，沿两个方向均匀分布。当某一竖向构件（如框架柱）失效时，上层竖向构件及其节点应能承受相应的悬挂拉力，竖向拉结及其连接的最小拉力值可按拉接构件承受楼层（竖向构件下端楼层）的竖向荷载计算（按竖向构件的受荷范围计算）。

3）楼板拉结，要求楼板支座钢筋按受拉锚固设计并具有足够的抗拉能力，当某一竖向构件（如框架柱）失效时，上层楼板应能承受相应的悬挂拉力，并将悬挂力传递至两端稳定结构，确保结构不发生连续倒塌。

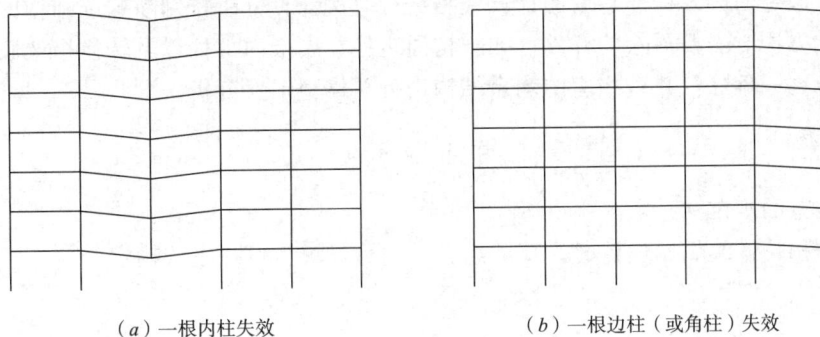

（a）一根内柱失效　　　　　　　　　（b）一根边柱（或角柱）失效

图 3.12.2-1

4. 水平构件应具有一定的反向承载能力，如连续梁边支座、非地震区简支梁支座顶面及连续梁、框架梁梁中支座底面应有一定数量的配筋及满足受拉锚固要求的连接构造，以保证偶然作用发生时，该构件具有一定的反向承载力，防止和延缓结构连续倒塌。

5. 房屋的边、角部属于结构抗连续倒塌的薄弱环节，跨度越大，结构的抗连续倒塌能力越差，实际工程中应尽量避免在房屋边、角部的大柱距，宜采用较小的柱网布置。

6. "转换结构应具有整体多重传递重力荷载的途径"指转换结构应形成空间多重传力体系，即至少在转换结构的两个主轴方向应形成各自独立完整的传递重力荷载的途径，以确保当一向传力途径失效时，另一向传力途径承受重力荷载的有效性，确保结构不发生连续倒塌。

第 3.12.3 条

一、规范的规定

3.12.3 抗连续倒塌的拆除构件方法应符合下列规定：

1. 逐个分别拆除结构周边柱、底层内部柱以及转换桁架腹杆等重要构件。

2. 可采用弹性静力方法分析剩余结构的内力与变形。

3. 剩余结构构件承载力应符合下式要求：

$$R_d \geqslant \beta S_d \tag{3.12.3}$$

式中：S_d——剩余结构构件效应设计值，可按本规程第 3.12.4 条的规定计算；

R_d——剩余结构构件承载力设计值，可按本规程第 3.12.5 条的规定计算；

β——效应折减系数。对中部水平构件取 0.67，对其他构件取 1.0。

二、对规范规定的理解

1. 本条拆除构件方法主要内容引自美国、英国有关规范。其中关于效应折减系数 β，主要是考虑偶然作用发生后，结构进入弹塑性内力重分布，对中部水平构件有一定的卸载效应（即可考虑周边构件的架越作用）。

2. 构件拆除法的本质是转变传力途径，当构件失效（构件被拆除）时，正常的传力途径被破坏，要求结构具有足够的空间作用能力，具有多重传力途径，当一个方向的传力途径失效时，另一方向的传力途径应能保证结构最基本的传力要求。构件拆除法可适用于一般结构构件（如框架梁和中部框架柱等），而对结构的关键构件（如角柱、转换梁等）则适应性较差，必要时应按第 3.12.6 条进行计算。

3. 本条要求的拆除方法是对结构构件的逐一拆除（一次只拆除一根），也即，对拆除一根杆件（假定的失效杆件）后的计算模型进行一次计算分析，判断剩余结构的整体稳定性，并按此方法对需要拆除的杆件（如结构周边柱、底层内部柱以及转换桁架腹杆等重要构件）进行逐一拆除，并对相应的剩余结构进行整体稳定性分析。

第 3.12.4 条

一、规范的规定

3.12.4 结构抗连续倒塌设计时，荷载组合的内力设计值可按下式确定：

$$S_d = \eta_d \left(S_{Gk} + \sum \psi_{qi} S_{Qi,k} \right) + \Psi_w S_{wk} \tag{3.12.4}$$

式中：S_{Gk}——永久荷载标准值产生的效应；

$S_{Qi,k}$——第 i 个竖向可变荷载标准值产生的效应；

S_{wk}——风荷载标准值产生的效应；

ψ_{qi}——可变荷载的准永久值系数；

Ψ_w——风荷载组合值系数，取 0.2；

η_d——竖向荷载动力放大系数。当构件直接与被拆除竖向构件相连时取 2.0，其他构件取 1.0。

二、对规范规定的理解

1. 本条规定中的"标准值产生的效应"均指效应标准值。

2. 结构抗连续倒塌设计时，荷载组合的内力设计值，实际就是在荷载效应的准永久组合基础上，考虑竖向荷载动力放大系数及风荷载的影响。

第 3.12.5 条

一、规范的规定

3.12.5 构件截面承载力计算时，混凝土强度可取标准值；钢材强度，正截面承载力验算时，可取标准值的 1.25 倍，受剪承载力验算时可取标准值。

二、对规范规定的理解

抗连续倒塌设计时，属于一种偶然作用的设计状况，可考虑构件的材料强度标准值及材料超强系数，以保证最基本的承载力要求。

第 3.12.6 条

一、规范的规定

3.12.6 当拆除某构件不能满足结构抗连续倒塌设计要求时，在该构件表面附加 $80kN/m^2$ 侧向偶然作用设计值，此时其承载力应满足下列公式要求：

$$R_d \geqslant S_d \tag{3.12.6-1}$$

$$S_d = S_{Gk} + 0.6S_{Qk} + S_{Ad} \tag{3.12.6-2}$$

式中：R_d——构件承载力设计值，按本规程第 3.8.1 条采用；

S_d——作用组合的效应设计值；

S_{Gk}——永久荷载标准值的效应；

S_{Qk}——活荷载标准值的效应；

S_{Ad}——侧向偶然作用设计值的效应。

二、对规范规定的理解

1. 本条参照美国国防部（DOD）制定的《建筑物最低反恐怖主义标准》（UFC4-010-01），侧向偶然作用进入整体结构计算，复核满足该构件截面设计承载力要求。

2. 本条着眼于在偶然作用（如爆炸等）下结构抗倒塌能力的验算（注意：结构仍需要承担重力荷载，也就是说对于所选定的结构构件除应承担规定的竖向荷载外，还受到侧向偶然作用）。

1）对梁，当楼板整体性较好时，其侧向偶然作用（$80h$，其中 h 为包含楼板高度的梁高度，单位 m，如图 3.12.6-1 所示）可认为由该楼层所有梁共同承担，对每根梁的影响不大。

2）对于柱，作用于该柱的侧向偶然作用（$80b$，其中 b 为柱子在垂直于侧向荷载作用方向的截面宽度，单位 m，如图 3.12.6-1 所示。注意柱子的侧向偶然作用仅在该层、该柱有，也就是与拆除构件法相同，采用一柱一计算方法，对选定的柱子作用一个一层高的侧向线荷载）由该柱承担，柱在侧向偶然作用下将产生侧向位移（整体结构的侧向位移 Δ 和柱自身的位移 δ），由于主体结构的侧向刚度较大，故 Δ 值较小，而柱自身的 δ 较大，在竖向荷载和侧向偶然作用下，柱子的 $p-\delta$ 效应明显，应验算柱子的抗倒塌能力。

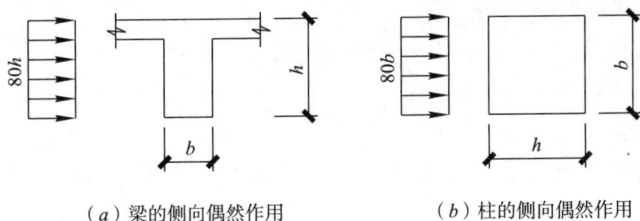

（a）梁的侧向偶然作用　　　　（b）柱的侧向偶然作用

图 3.12.6-1

4 荷载和地震作用

说明：

高层建筑受使用功能和其结构体系的影响，荷载计算有其自身特点，如设置擦窗机等清洗设备，设置旋转餐厅、屋顶直升机和屋顶卫星天线等，各相关设备具有荷载量值大、荷载变化大等特点；同时风荷载和地震作用对高层建筑的影响也很大。本章规定相应的荷载取值及地震作用计算方法。

4.1 竖 向 荷 载

要点：

除一般竖向荷载外，高层建筑的特殊荷载如：施工荷载、旋转餐厅荷载、屋顶擦窗机荷载及屋顶直升机荷载等应按《高规》的相关规定取值，《高规》未作规定的其他荷载见《荷载规范》第5章相关说明（高层建筑中电梯对其底板的冲击荷载，应按《荷载规范》第10.3节确定）。

第 4.1.1 条

一、规范的规定

4.1.1　高层建筑的自重荷载、楼（屋）面活荷载及屋面雪荷载等应按现行国家标准《建筑结构荷载规范》GB 50009 的有关规定采用。

二、对规范规定的理解

1. 高层建筑的楼面荷载取值与其他建筑一样，执行现行国家标准《荷载规范》的有关规定，屋面荷活载取值时，应注意屋顶擦窗机等设备的重量。设有直升机停机坪的屋顶应按《高规》第4.1.5条的规定确定屋顶活荷载。

2. 北方寒冷地区的屋顶，应考虑积雪荷载，并考虑相邻建筑对积雪系数的影响（见【例4.2.3-1】），屋顶面积较大时，还应根据实际采用的设备情况考虑屋顶铲雪机械设备（如屋顶铲车、轻型运雪卡车等）的重量（【例3.9.6-1】中裙房屋顶考虑有屋顶铲车、20kN轻型运雪卡车的荷载）。

第 4.1.2 条

一、规范的规定

4.1.2　施工中采用附墙塔、爬塔等对结构受力有影响的起重机械或其他施工设备时，应根据具体情况确定对结构产生的施工荷载。

二、对规范规定的理解

施工荷载属于特殊荷载，应根据实际情况确定，并考虑其在施工期间对结构的影响。当施工荷载对结构的影响较大时，应按有关规定（如第11.3.3条、第11.3.4条等）进行施工荷载作用下的结构承载力、变形及稳定性验算。

第 4.1.3 条

一、规范的规定

4.1.3 旋转餐厅轨道和驱动设备的自重应按实际情况确定。

二、对规范规定的理解

1. 旋转餐厅荷载具有其自身的特点，荷载作用位置及荷载量值较为固定，应根据设备厂家提供的荷载及其分布情况综合计算。

2. 与屋顶擦窗机荷载相比，旋转餐厅荷载主要是餐厅及设备的恒荷载，其相对简单，变化不大。

第 4.1.4 条

一、规范的规定

4.1.4 擦窗机等清洗设备应按其实际情况确定其自重的大小和作用位置。

二、对规范规定的理解

屋顶擦窗机的轨道及设备荷载，受使用情况的影响很大，荷载数值及其作用方向应根据设备厂家提供的荷载分布情况综合计算。

三、结构设计建议

1. 屋顶擦窗机分为固定式和移动式两类，其荷载的数值一般应按厂家提供的资料确定，当屋顶采用可移动式擦窗机时，其荷重对屋顶结构的影响较大，由于规范对此类荷载未有具体规定，因此，对荷载的取值、对主体结构的荷载折减等均应予以充分的考虑。当方案及初步设计阶段无详细设计资料时，可按表 4.1.4-1 的相关数值考虑。

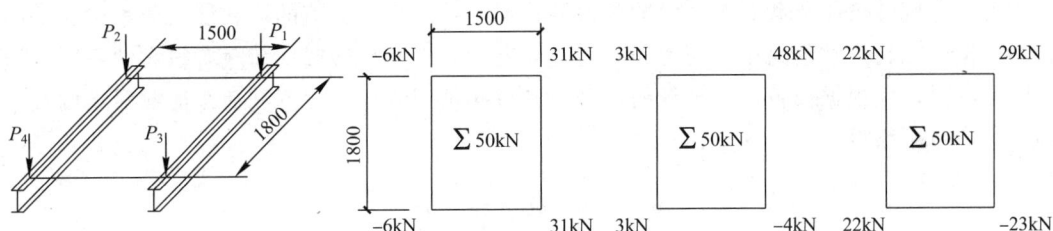

图 4.1.4-1 JPBS-1542 型擦窗机荷载分布图

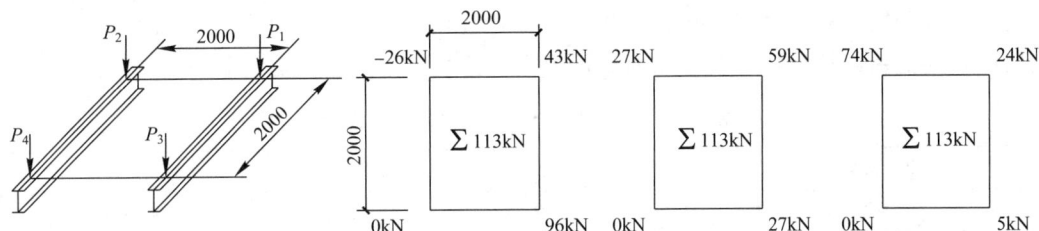

图 4.1.4-2 JPSS-1C46 型擦窗机荷载分布图

表 4.1.4-1 移动式擦窗机的荷载标准值

型号	总重量（kN）	悬挑长度（m）	轨距 S（m）	轮距 B（m）	支点最大压力（kN）	支点最大拉力（kN）
JPBS-1542	50	4.5	1.5	1.8	48	23
JPSS-1C46	113	9.0	2.0	2.0	96	26

2. 在结构整体计算中，可仅考虑移动式擦窗机的轨道及支墩等自重的影响（影响的范围可按一个柱网考虑，如采用表 4.1.4-1 中 JPBS-1542 型擦窗机且柱网为 8.1m×8.1m 时，可取等效均布自重标准值 $g_e = 50/ (8.1×1.5) = 4.12kN/m^2$），擦窗机移动的相关区域的活荷载标准值可取上人屋面活荷载（如 $1.5kN/m^2$）标准值；在构件的内力及配筋计算中，分构件按擦窗机荷载的最不利布置情况对构件进行调整复核，以满足构件的强度及变形要求，可不考虑擦窗机活荷载对构件挠度及裂缝宽度的影响，相关说明如图 4.1.4-3。

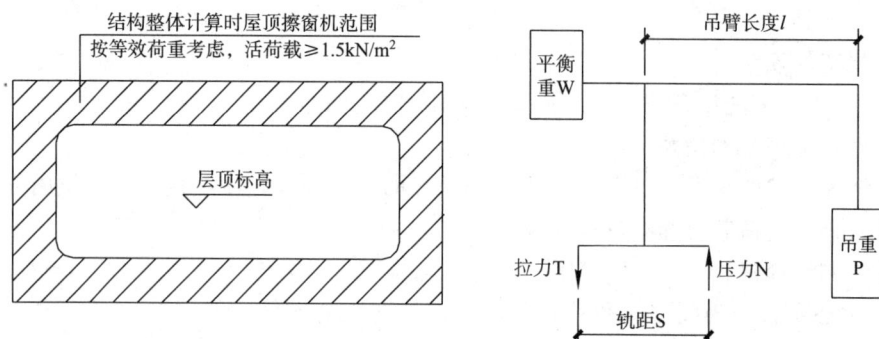

图 4.1.4-3 屋顶擦窗机荷载的取值建议

3. 当屋顶采用可移动式擦窗机时，其荷载数值大、运行轨迹固定且对屋顶结构的影响较大等与旋转餐厅荷载具有一定的相似性，但其荷载作用数值的跳跃性（受吊臂转动的影响，作用在轨道上的轮压在压力与拉力之间变化）又与旋转餐厅荷载有很大的不同，施工图设计时，应根据设备厂家提供的荷载及其分布情况确定，按不利荷载情况对结构及结构构件进行包络设计。

第 4.1.5 条

一、规范的规定

4.1.5 直升机平台的活荷载应采用下列两款中能使平台产生最大内力的荷载：

1. 直升机总重量引起的局部荷载，按由实际最大起飞重量决定的局部荷载标准值乘以动力系数确定。对具有液压轮胎起落架的直升机，动力系数可取 1.4；当没有机型技术资料时，局部荷载标准值及其作用面积可根据直升机类型按表 4.1.5 取用。

表 4.1.5 局部荷载标准值及其作用面积

直升机类型	局部荷载标准值（kN）	作用面积（m²）
轻型	20.0	0.20×0.20
中型	40.0	0.25×0.25
重型	60.0	0.30×0.30

2. 等效均布活荷载 $5kN/m^2$。

二、对规范规定的理解

1.《荷载规范》规定："直升机在屋面上的荷载也应乘以动力系数，对具有液压轮胎起落架的直升机可取 1.4，其动力荷载只传至楼板和梁"。实际工程中，不管直升机的起落架是否具有液压轮胎，均可近似取动力系数为 1.4。

2. 直升机的重量与机型有关，国产与进口机型差异较大，部分直升机的主要技术数据见表 4.1.5-1。国内工程在方案及初步设计阶段，直升机的荷重可按国产直 9 机的最大起飞重量确定。

表 4.1.5-1 直升机主要技术参数

机型	生产国	空重（kN）	最大起飞重量（kN）	尺寸（m）			
				旋翼直径	机长	机宽	机高
Z-9（直 9）	中国	19.75	40.00	11.68	13.29		3.31
SA360 海豚	法国	18.23	34.00	11.68	11.40		3.50
SA315 美洲鸵	法国	10.14	19.50	11.02	12.92		3.09
SA350 松鼠	法国	12.88	24.00	10.69	12.99	1.08	3.02
SA341 小羚羊	法国	9.17	18.00	10.50	11.97		3.15
BK-117	德国	16.50	28.50	11.00	13.00	1.60	3.36
BO-105	德国	12.56	24.00	9.84	8.56		3.00
山猫	英、法	30.70	45.35	12.80	12.06		3.66
S-76	美国	25.40	46.70	13.41	13.22	2.13	4.41
贝尔-205	美国	22.55	43.09	14.63	17.40		4.42
贝尔-206	美国	6.60	14.51	10.16	9.50		2.91
贝尔-500	美国	6.64	13.61	8.05	7.49	2.71	2.59
贝尔-222	美国	22.04	35.60	12.12	12.50	3.18	3.51
A109A	意大利	14.66	24.50	11.00	13.05	1.42	3.30

注：直 9 机主轮左右轮距 2.03m，前后轮距 3.61m。

三、相关索引

《荷载规范》的相关规定见其第 5.3.2 条、第 5.6.3 条和第 10.3.3 条。

4.2 风 荷 载

要点：

风荷载是高层建筑结构的主要侧向荷载。在地震区，刚度和质量较大的高层结构以地震作用为主。但在低烈度地震区和非地震区，以及虽在地震区，但对于房屋较高、质量较轻的钢结构高层建筑，风荷载往往起着主要的作用，有时甚至起着决定性的作用。

高层建筑的风荷载与其所处的地域、高层建筑对风荷载的敏感程度、高层建筑之间的群体效应等因素密切相关，其取值还应根据高层建筑自身的重要程度综合考虑。对风荷载比较敏感的高层建筑（如房屋高度大于 60m 的高层建筑等），承载力设计时的风压应按基本风压的 1.1 倍取值，对房屋高度不超过 60m 且对风荷载比较敏感的高层建筑，承载力设计时的风压取值宜比基本风压有适当的提高。结构的位移计算时，一般可采用基本风压值（或可根据实际情况确定）。

第 4.2.1 条

一、规范的规定

4.2.1 主体结构计算时，风荷载作用面积应取垂直于风向的最大投影面积。垂直于建筑物表面的单位面积风荷载标准值应按下式计算：

$$w_k = \beta_z \mu_s \mu_z w_0 \qquad (4.2.1)$$

式中：w_k——风荷载标准值（kN/m^2）；

w_0——基本风压（kN/m^2），应按本规程第 4.2.2 条的规定采用；

μ_z——风压高度变化系数，应按现行国家标准《建筑结构荷载规范》GB 50009 的有关规定采用；

μ_s——风荷载体型系数，应按本规程第 4.2.3 条的规定采用；

β_z——z 高度处的风振系数，应按现行国家标准《建筑结构荷载规范》GB 50009 的有关规定采用。

二、对规范规定的理解

1. 本条规定与《荷载规范》第 8.1.1 条的规定相同。

2. 在确定风荷载的作用面积时，应注意实际工程中的各种影响因素，尤其应注意设缝多塔对风荷载的遮挡问题，见图 4.2.1-1。

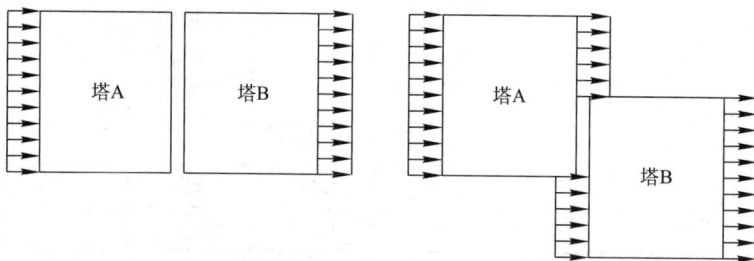

图 4.2.1-1　设缝多塔的遮挡问题

3. 结构承受的幕墙风荷载应根据幕墙的实际受力情况确定，尤其应注意跨越多层的幕墙风荷载对结构的影响。必要时应对程序计算的风荷载信息进行调整。

三、相关索引

《荷载规范》的相关规定见其第 8.1.1 条。

第 4.2.2 条

一、规范的规定

4.2.2 基本风压应按现行国家标准《建筑结构荷载规范》GB 50009 的规定采用。对风荷载比较敏感的高层建筑，承载力设计时应按基本风压的 1.1 倍采用。

二、对规范规定的理解

1. 一般情况下，"对风荷载比较敏感的高层建筑"可理解为自振周期较长的高层建筑。

2. "基本风压"指《荷载规范》规定的 50 年一遇的风压值，可直接按《荷载规范》查表确定。

3. 对风荷载取值的提高应同时满足两个基本条件：一是适用于对风荷载比较敏感的高层建筑，二是适用于承载能力极限状态设计中（如钢筋混凝土构件的配筋设计等），其他情况时，不需要提高。所有各类建筑（无论是否对风荷载敏感）的正常使用极限状态设计（如位移计算），一般可采用基本风压值（50 年重现期的风压值）或根据具体情况研究确定。

4. 对设计使用年限 50 年的高层建筑风荷载取值，不再采用 100 年重现期的提法，概念清晰，方便使用。

三、结构设计的相关问题

高层建筑对风荷载是否敏感，目前尚无实用的划分标准。一般情况下，结构对风荷载的敏感程度主要受结构自振周期影响（与结构体系及结构的侧向刚度大小密切相关，一般情况下，钢结构对风荷载的敏感程度比钢筋混凝土结构大，钢筋混凝土框架结构对风荷载的敏感程度比钢筋混凝土剪力墙结构大），结构自振周期长，则风荷载对结构的影响程度大，结构对风荷载敏感；反之，则对结构的影响程度小，结构对风荷载不敏感。

四、结构设计建议

1. 一般情况下，房屋高度大于 60m 的高层建筑可确定为对风荷载比较敏感的高层建筑，其承载能力极限状态设计时可按基本风压的 1.1 倍采用；对房屋高度不超过 60m 的高层建筑，当其对风荷载比较敏感（如采用钢框架结构等）时，风压的取值宜有适当的提高。

2. 对于特别重要的高层建筑，建议可按基本风压的 1.1 倍采用。

3. 设计使用年限 100 年的风荷载也可按上述原则确定，即：

1）风压按 100 年重现期确定，当没有 100 年重现期的风荷载数值时，也可直接按基本风压（重现期 50 年）放大 1.1 倍采用，对特别重要的高层建筑、对风荷载比较敏感的高层建筑及特别复杂的高层建筑，应专门研究。

2）对风荷载比较敏感的高层建筑，当进行承载能力极限状态设计时，应按 100 年重现期风压的 1.1 倍采用，当无 100 年重现期的风压数值时，也可直接按基本风压（重现期 50 年）的 1.21 倍计算。

3）所有各类建筑（无论是否对风荷载敏感）的正常使用极限状态设计（如位移计算），一般可采用 100 年重现期的风压值或根据具体情况研究确定。

五、相关索引

《荷载规范》的相关规定见其第 8.1.2 条和第 8.1.3 条。

第 4.2.3 条

一、规范的规定

4.2.3 计算主体结构的风荷载效应时，风荷载体型系数 μ_s 可按下列规定采用：

1. 圆形平面建筑取 0.8；

2. 正多边形及截角三角形平面建筑，由下式计算：

$$\mu_s = 0.8 + 1.2/\sqrt{n} \qquad (4.2.3)$$

式中：n——多边形的边数。

3. 高宽比 H/B 不大于 4 的矩形、方形、十字形平面建筑取 1.3；

4. 下列建筑取 1.4：

1）V 形、Y 形、弧形、双十字形、井字形平面建筑；

2）L 形、槽形和高宽比 H/B 大于 4 的十字形平面建筑；

3）高宽比 H/B 大于 4，长宽比 L/B 不大于 1.5 的矩形、鼓形平面建筑。

5. 在需要更细致进行风荷载计算的场合，风荷载体型系数可按本规程附录 B 采用，或由风洞试验确定。

二、对规范规定的理解

1. 风荷载体型系数 μ_s 是指风作用在建筑物表面上所引起的实际压力或吸力（垂直于建筑表面）与来流风的速度压的比值，它反映的是建筑物表面在稳定风压作用下静态压力的分布规律，主要与建筑物的体型、尺度、平面形状、周围环境和地面粗糙度等有关。

2. 依据公式（4.2.3），正多边形的风荷载体型系数 μ_s 见表 4.2.3-1，可以发现，风荷载的体型系数与平面形状关系密切，边数越少（建筑物的平面棱角越分明）μ_s 数值越大，圆形时 μ_s 数值最小，表明建筑物的边数越多、越接近圆形，则建筑所受的风荷载越小。

表 4.2.3-1　正多边形（边数为 n）的风荷载体型系数 μ_s

n	3	4	5	6	8	12	16	20	圆形
μ_s	1.493	1.400	1.337	1.290	1.224	1.146	1.100	1.068	0.800

3. 由《高规》附录 B 可以发现，风荷载的体型系数与建筑的平面形状密切相关，简单平面（如：圆形、正多边形等"凸形平面"）的风荷载的体型系数较小（圆形平面的风荷载体型系数最小为 0.8），复杂平面（如：扇形平面、槽形平面、Y 形平面等"凹形平面"）的风荷载体型系数较大（扇形平面的风荷载体型系数最大达 1.5）。

4. 高宽比 H/B 大于 4 时矩形、鼓形建筑的风荷载体型系数取值原则如下：

1）长宽比 L/B 不大于 1.5 时，取 $\mu_s=1.4$；

2）其他情况可按公式（4.2.3）计算确定。

5. 本条规定的第 4 款适用于复杂平面形状的建筑。

6. "需要更细致进行风荷载计算的场合"可理解为重要的高层建筑，对风荷载比较敏感的高层建筑（如钢框架结构房屋、房屋高度 $H>60\text{m}$ 的高层建筑等），平面形状特别复杂的高层建筑以及《高规》第 4.2.7 条所列的情况等，其风荷载体型系数可按《高规》附录 B 查取或由风洞试验确定（见第 4.2.4 条）。

7. 这里的"风洞试验"指边界层风洞试验，就是采用相似原理，在边界层风洞内对拟建建筑物的模型进行测试（是对缩尺模型的测试而不是对建筑物真型的实测）。实际工程中，应注意风洞试验结果与实际工程风作用之间存在的差异。

三、结构设计建议

1. 表 4.2.3-1 中三角形为等边三角形（截角），其风荷载按等边三角形近似计算，对截角的尺度规范未明确规定，实际工程中当截角尺寸不大于相应边长的 1/6 时，可认为是截角三角形平面。当截角尺寸较大时，风荷载体型系数接近正六边形，可根据截角的具体情况，偏安全地确定相应的风荷载体型系数。

2. 结构设计中，应尽量选用风荷载体型系数较小的"凸形平面"（实际工程中，常对矩形平面进行切角处理），避免采用风荷载体型系数较大的"凹形平面"。

四、相关索引

1.《高规》中对雪荷载未予以特殊规定，实际工程中应注意高层建筑对雪荷载分布的影响、屋顶建筑平面形状对雪荷载分布的不利影响（积雪的不均匀分布对屋面板、檩条及次梁等结构构件的影响较大，而对于主体结构构件如框架梁、框架柱及剪力墙等，可将承受的雪荷载均匀分布在其受荷范围内），尤其应注意凹形屋顶平面对积雪荷载的影响，北方严寒地区、冻融交替地区，还应注意积雪及积雪反复冻融结冰对建筑结构的影响，采取必要的措施消除或减轻雪荷载对建筑结构的影响。工程实例见【例 4.2.3-1】。

2.【例 4.2.3-1】

北京某钢框架结构房屋，盆形屋顶，两侧有楼房，屋顶积雪分布系数取值如图 4.2.3-1，说明如下：

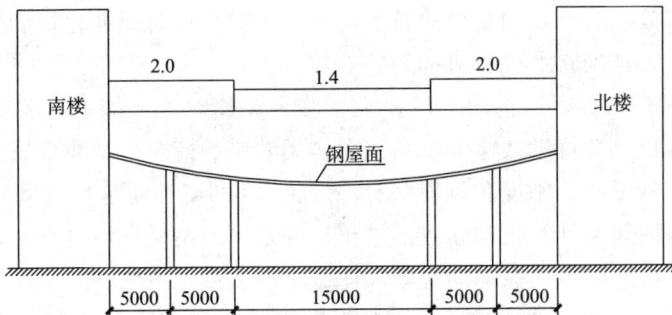

图 4.2.3-1　屋顶积雪系数分布图

1）两侧楼房高出本楼屋顶 10m，考虑两侧楼房影响的积雪系数按《荷载规范》中"高低屋面"情况确定，取两边各 10m 范围内 $\mu_r = 2.0$。

2）盆形屋面中部区域的积雪系数，按《荷载规范》中"双跨双坡或拱形屋面"的中间区域取值 $\mu_r = 1.4$。

3.《荷载规范》的相关规定见其第 8.3 节。

第 4.2.4 条

一、规范的规定

4.2.4　当多栋或群集的高层建筑相互间距较近时，宜考虑风力相互干扰的群体效应。一般可将单栋建筑的体型系数 μ_s 乘以相互干扰增大系数，该系数可参考类似条件的试验资料确定；必要时宜通过风洞试验确定。

二、对规范规定的理解

1. "多栋或群集"一般可理解为城市中心区或高层建筑集中的区域（如：大城市的 CBD 区域等），当房屋相互间距较近时，由于旋涡的相互干扰，常导致房屋某些部位的局部风压显著增加。

2. 重要的高层建筑，建筑平面（主要指对风荷载体型系数较大的平面，如《高规》

附录 B 中的槽形平面、扇形平面等）、体型复杂的工程（第 4.2.7 条所列情况），周围建筑物对风环境影响比较明显的工程等，宜进行风洞试验。

三、相关索引

《荷载规范》的相关规定见其第 8.3.2 条。

第 4.2.5 条

一、规范的规定

4.2.5 横风向振动效应或扭转风振效应明显的高层建筑，应考虑横风向风振或扭转风振的影响。横风向风振或扭转风振的计算范围、方法以及顺风向与横风向效应的组合方法应符合现行国家标准《建筑结构荷载规范》GB 50009 的有关规定。

二、对规范规定的理解

1. "横风向振动效应"明显的高层建筑，可理解为结构高宽比较大（细而高），平面形状接近圆形的高层建筑。

2. "扭转风振效应"明显的高层建筑，可理解为结构扭转周期比较大的结构，在不平衡风荷载的作用下，结构将产生明显的扭转效应。

3. 当结构高宽比较大，结构顶点风速大于临界风速时，可能引起较明显的结构横风向振动，甚至出现横风向振动效应大于顺风向作用效应的情况。结构横风向振动问题比较复杂，与结构平面的形状、刚度和风速都有一定关系，《荷载规范》对圆形平面结构、矩形平面结构的横风向风振计算范围和方法作出了规定。当结构体型复杂时，宜通过空气弹性模型的风洞试验确定横风向振动的等效风荷载，也可参考有关资料确定。

4. 一般情况下，高度超过 200m 的或自振周期超过 5s 的高层建筑，宜通过风洞试验研究确定横风向振动的影响。

5. 对正多边形（边数大于 4）及近似圆形的建筑（如椭圆形等）的横向风振问题可参考圆形采用，并宜进行风洞试验。

三、相关索引

《荷载规范》的相关规定见其第 8.5 节。关于风振效应的其他问题见本书第 3.7.6 条。

第 4.2.6 条

一、规范的规定

4.2.6 考虑横风向风振或扭转风振影响时，结构顺风向及横风向的侧向位移应分别符合本规程 3.7.3 条的规定。

二、对规范规定的理解

1. 结构设计中应注意考虑结构横风向风振对高层建筑特别是超高层建筑的影响，平面形状为圆形或接近圆形的细高形高层建筑，其横风向风振受建筑造型、平面尺寸等多方面因素影响，应根据现行国家标准《建筑结构荷载规范》GB 50009 规定考虑。

2. 横风向效应与顺风向效应是同时发生的，因此必须考虑两者的效应组合，而对于结构侧向位移控制，仍可按同时考虑横风向与顺风向影响后的主轴方向位移确定（即双向分别计算，按单方向控制），不必按矢量和的方向控制结构的层间位移。

三、相关索引

《荷载规范》的相关规定见其第 8.5 节。关于风振效应的其他问题见本书第 3.7.6 条。

第 4.2.7 条

一、规范的规定

4.2.7 房屋高度大于 200m 或有下列情况之一时，宜进行风洞试验判断确定建筑物的风荷载：

1. 平面形状或立面形状复杂；

2. 立面开洞或连体建筑；

3. 周围地形和环境较复杂。

二、对规范规定的理解

1. 需要进行风洞试验工程，属于复杂平面和立面对风荷载体型系数影响较大的工程，立面开洞（或连体）对风荷载影响较大的工程以及风环境复杂的工程。

2. 对风洞试验的结果，应进行分析判断，当其与规范建议的风荷载数值存在较大差距时，应进行分析比较，必要时应进行专门研究，合理确定建筑物的风荷载取值。

第 4.2.8 条

一、规范的规定

4.2.8 檐口、雨篷、遮阳板、阳台等水平构件，计算局部上浮风荷载时，风荷载体型系数 μ_s 不宜小于 2.0。

二、对规范规定的理解

水平外伸构件主要受向上的风吸力，对轻型结构（如钢雨篷等）应特别注意，还要注意风吸力引起的拉杆内力反号问题。必要时可适当增加悬挑结构的荷重（如钢管内填充混凝土等），避免风荷载下拉杆变压杆导致构件失稳。

三、相关索引

《荷载规范》的相关规定见其第 8.3.3 条。

第 4.2.9 条

一、规范的规定

4.2.9 设计高层建筑的幕墙结构时，风荷载应按国家现行标准《建筑结构荷载规范》GB 50009、《玻璃幕墙工程技术规范》JGJ 102、《金属与石材幕墙工程技术规范》JGJ 133 的有关规定采用。

二、对规范规定的理解

1. 幕墙结构不是主体结构，但其对主体结构的影响很大，结构设计中要根据幕墙结构的实际支承形式，确定结构所受到的幕墙荷载，尤其要注意索结构幕墙对结构构件的拉力。

2. 有框幕墙，结构一般只承受幕墙及幕墙结构的自重和风荷载，而对于索结构的幕墙，则由于幕墙支撑体系对索拉力的要求，结构除承受幕墙及幕墙结构的自重和风荷载外，常需要承担很大的拉力，导致构件截面及配筋的大量增加，结构设计时应予以充分注意，选择合适的平衡系统，避免对结构及构件的过大影响。

3. 大型公共建筑（如机场的候机楼等）的屋盖常设置很大的悬挑，有时悬挑长度可能超过 70m，在接近悬挑端部处与幕墙结构相连，结构设计中应特别注意幕墙结构与主体结构的支承关系，应明确幕墙结构承受重力荷载、承受水平荷载的传力路径，避免幕墙结构成为悬挑屋盖的支承结构，还应明确幕墙结构对屋盖竖向变形（风吸力作用时悬挑结构竖向变形减小，而没有风荷载时，悬挑结构竖向变形加大，由于悬挑长度很大，其竖向变形的变幅也很大，有时可达 200mm）的承受能力，必要时应采用特殊的连接节点，以释放竖向约束，并确保水平力传递的有效性。

三、相关索引

《荷载规范》的相关规定见其第 8.1.1 条和第 8.6 节。

4.3 地 震 作 用

要点：

1. 《抗震规范》对地震作用有详细的规定，本节对偶然偏心和双向地震等高层建筑结构设计中的地震作用问题作出了较为详细的规定，《高规》与《抗震规范》对抗震设计的相关规定存在一定的差异，结构抗震设计中，应注意相互参照。

2. 底部剪力法和振型分解反应谱法可用于规则均匀结构的地震作用计算，对于复杂结构及高振型影响比较明显的结构等宜采用时程分析法进行补充计算。

第 4.3.1 条

一、规范的规定

4.3.1 各抗震设防类别高层建筑的地震作用，应符合下列规定：

1. 甲类建筑：应按批准的地震安全性评价的结果且高于本地区抗震设防烈度的要求确定；

2. 乙、丙类建筑：应按本地区抗震设防烈度计算。

二、对规范规定的理解

1. 本条规定与《分类标准》的规定一致。

2. 本地区抗震设防烈度包括 6、7、8、9 度。

3. 本条规定 6 度时也要进行地震作用计算，与《抗震规范》第 4.2.1 条、第 4.4.1 条及第 5.1.6 条的规定不完全一致，高于《抗震规范》的相关要求。

4. 随着《中国地震动参数区划图》的修改，我国抗震设防的范围将扩大至全国所有的乡镇。

5. 地震安全性评价报告（以下简称《安评》）一般由地震部门编制。

6. 甲类建筑的地震作用，应"高于本地区抗震设防烈度的要求"并进行抗震设防专项审查。

7. 高层建筑没有丁类建筑。

三、结构设计建议

1. 《安评》一般提出相应于不同的设计使用年限（如 50 年、70 年及 100 年）的地震动参数，对重要性程度较高的高层建筑要求按较高的设计使用年限采用相应的地震动参数

（如【例 3.9.6-2】中工程，要求采用设计使用年限为 70 年的地震动参数）。

2. 《抗震规范》则统一按设计使用年限 50 年标准，采用性能设计的方法，针对工程的重要性程度制定相应的性能设计目标，并采取相应的抗震措施。

3. 实际工程中，当《安评》与《抗震规范》在设计使用年限上不一致时，应经专门研究确定（一般可执行《抗震规范》的规定）。

4. 实际工程中，小震设计时可按《安评》反应谱与规范反应谱分别计算，取基底（嵌固端）剪力的较大者设计（即当按《安评》反应谱计算的基底剪力大于按规范反应谱计算的基底剪力时，按《安评》反应谱计算，否则应按规范反应谱计算）。中震及大震设计时，应按规范反应谱计算（大震设计时，应注意对阻尼比及场地特征周期的调整）。当《安评》反应谱的计算结果起控制作用时，尤其当《安评》反应谱的计算结果比规范反应谱的计算结果大较多时，应注意调整中震及大震时结构或构件的抗震性能目标（避免出现中震不屈服比小震要求还低的情况）。

5. 按《安评》反应谱进行多遇地震作用计算时，只取用《安评》中 A_{max} 的数值，按 $\alpha_{max} = \beta_{max} \cdot A_{max}/980$ 计算，并取放大系数 $\beta_{max} = 2.25$，形状参数需按规范（《抗震规范》第 5.1.5 条，《高规》第 4.3.8 条）确定。对 T_g 应按土层等效剪切波速和覆盖层厚度并依据《建筑工程抗震性态设计通则》（试行）CECS 160 附录 A 进行复核。

6. 依据中国地震局文件（中震防发〔2015〕59 号）规定，只有特殊设防类（甲类）房屋建筑工程需要进行地震安全性评价工作。

四、相关索引

1. 《抗震规范》的相关规定见其第 4.1.6 条、第 5.1.5 条。

2. 更多问题可查阅参考文献〔30〕第 4.1.6 条。

第 4.3.2 条

一、规范的规定

4.3.2　高层建筑结构的地震作用计算应符合下列规定：

1. 一般情况下，应至少在结构两个主轴方向分别计算水平地震作用；**有斜交抗侧力构件的结构**，当相交角度大于 15°时，应分别计算各抗侧力构件方向的水平地震作用。

2. 质量与刚度分布明显不对称的结构，应计算双向水平地震作用下的扭转影响；其他情况，应计算单向水平地震作用下的扭转影响。

3. 高层建筑中的**大跨度、长悬臂结构**，7 度 **（0.15g）**、8 度抗震设计时应计入竖向地震作用。

4. 9 度抗震设计时应计算竖向地震作用。

二、对规范规定的理解

1. 本条规定与《抗震规范》第 5.1.1 条基本相同，增加了大跨度、长悬挑结构 7 度（0.15g）时也应考虑竖向地震作用的规定。

2. 本条规定中的"一般情况"指：一般工程，无特殊要求的工程（本条规定第 2、3、4 款以外的工程）。

3. "有斜交抗侧力构件的结构"指结构中任一构件与结构主轴方向斜交的情况，此时均应按规范要求计算沿各抗侧力构件方向的水平地震作用（斜交抗侧力构件较多时，结构设计中可按每隔 15°进行地震作用计算，以估算不完全与地震作用同方向的斜交抗侧力结构的地震作用）。注意"有斜交抗侧力构件的结构"与"斜交结构"的不同，"斜交结构"指结构的两个主轴方向交角不是直角（斜交）的情况。

4. 对"质量和刚度分布明显不对称的结构"规范未给予具体的量化，在实际工程执行过程中有一定的困难，一般应根据工程具体情况和工程经验确定，当无可靠经验时可依据楼层扭转位移比的数值按下列原则确定：

1）考虑偶然偏心影响的结构，当计算的扭转位移比 $\mu > 1.2$ 时，说明结构质量和刚度分布已处于明显不对称状态，此时应计入双向地震作用下的扭转影响。

2）对"质量和刚度分布明显不对称的结构"的判断属于对结构不规则的判断，采用的是对"扭转不规则"的计算方法。当结构属于"质量和刚度分布明显不对称的结构"时，应考虑扭转耦联的地震作用效应。同一结构尤其是结构平面的周边构件，考虑扭转耦联的地震作用效应将大于不考虑扭转耦联的地震作用效应。当对结构的质量和刚度分布情况无法准确判别时，计算中也可直接考虑扭转耦联效应。"质量和刚度分布明显不对称"可作为结构计算双向地震作用的前提条件。

5. 规范对"大跨度、长悬臂结构"的定义可见表 4.3.2-1，实际执行过程中还应考虑抗震设防烈度及不同的长悬臂构件特征等因素，宜按表 4.3.2-2 确定。

表 4.3.2-1　大跨度和长悬臂结构

本地区抗震设防烈度	大跨度屋架	长悬臂板	备注
8 度	≥24m	≥2m	其他结构的跨度大于表中数值时，也可确定为大跨度结构
9 度	≥18m	≥1.5m	
6、7、8、9	跨度大于 8m 的转换结构		

对高层建筑，由于竖向地震作用效应放大比较明显，因此，抗震设防烈度为 7 度（0.15g）、8 度（0.20g、0.30g）的大跨度长悬臂结构，也应考虑竖向地震作用。大跨度、长悬臂结构还应验算其自身及其支承部位结构的竖向地震效应。

三、结构设计建议

1. 结构设计中对长悬臂和大跨度可按表 4.3.2-2 综合确定。

表 4.3.2-2　大跨度和长悬臂结构的综合确定原则

本地区抗震设防烈度	大跨度屋架	长悬臂梁	长悬臂板	转换结构中转换构件的跨度	简化计算时竖向地震作用取重力荷载代表值的比例系数
7 度（0.1g）	>24m	>6m	>3m	>8m	5%
7 度（0.15g）	>20m	>5m	>2.5m		7.5%
8 度（0.20g）	>16m	>4m	>2m		10%
8 度（0.30g）	>14m	>3.5m	>1.75m		15%
9 度（0.40g）	>12m	>3m	>1.5m		20%

2. 一般情况下可直接采用现有计算程序进行大跨度和长悬臂结构的竖向地震作用计算，当工程需要的竖向地震作用数值与程序所采用的数值有差别时，可通过调整竖向地震作用分项系数 γ_{Ev}（当需要加大竖向地震作用影响时，对 γ_{Ev} 取大于 1 的数值，反之则对 γ_{Ev} 取小于 1 的数值，相关内容详见第 5.6.3 条）来实现。

3. 应验算大跨度、长悬臂结构在重力荷载代表值和多遇竖向地震作用标准值下的组合挠度值，并满足表 4.3.2-3 的要求（相关规定见《抗震规范》第 10.2.12 条）。

表 4.3.2-3 大跨度、长悬臂结构的挠度限值

结构体系	屋盖结构（短向跨度 l_1）	悬挑结构（悬挑跨度 l_2）
平面桁架、立体桁架、网架、张弦梁	$l_1/250$	$l_2/125$
拱、单层网壳	$l_1/400$	—
双层网壳、弦支穹顶	$l_1/300$	$l_2/150$

1）一般结构构件的竖向挠度计算中不考虑地震作用的效应组合，直接按荷载作用的标准组合及准永久组合计算。

2）对大跨屋盖结构构件，其竖向挠度应按下述两种组合情况的不利值验算：

（1）应考虑重力荷载作用的标准组合；

（2）还应考虑重力荷载代表值和竖向地震作用（在简化计算中，对竖向地震作用一般不区分多遇地震、设防烈度地震和罕遇地震）标准值的组合。

3）对长悬臂、大跨度及其他特别重要的构件（如转换构件等），其竖向挠度应按下述两种组合情况的不利值验算：

（1）应考虑重力荷载作用的标准组合，按《混凝土规范》第 7.2 节的有关规定计算。

（2）还应按公式（4.3.2-1）计算构件在重力荷载代表值和竖向地震作用标准值下的组合挠度值 f。

$$f = f_{GE} + f_{Ev} \tag{4.3.2-1}$$

式中：f_{GE}——重力荷载代表值作用下构件的挠度值，可分别计算静荷载作用下的挠度 f_G 和 1/2 活荷载作用下的挠度 $f_{0.5P}$，即 $f_{GE} = f_G + f_{0.5P}$。

f_{Ev}——竖向地震作用标准值下的挠度值，可以直接与重力荷载代表值挂钩，如 8 度时可取 $f_{Ev} = 0.1 f_{GE}$，则 $f = 1.1 f_{GE} = 1.1 (f_G + f_{0.5P})$。

4）在对所有大跨、大悬臂构件及特别重要的结构构件（如转换构件等）的挠度验算中，都应参考规范的本条规定进行上述 3）的验算，挠度限值依据不同的结构（或结构构件）形式按相关规范（对混凝土构件的挠度限值按《混凝土规范》第 3.4.3 条）确定。

第 4.3.3 条

一、规范的规定

4.3.3 计算单向地震作用时应考虑偶然偏心的影响。每层质心沿垂直于地震作用方向的偏移值可按下式采用：

$$e_i = \pm 0.05 L_i \tag{4.3.3}$$

式中：e_i——第 i 层质心偏移值（m），各楼层质心偏移方向相同；

L_i——第 i 层垂直于地震作用方向的建筑物总长度（m）。

二、对规范规定的理解

1. 计算单向地震作用时，考虑偶然偏心的影响主要出于以下几方面的原因：

1）结构实际的刚度和质量分布相对于计算假定值（结构的荷载分布和取值，构件的布置等）的偏差。

2）结构地震动力反应过程中，由于实际地震地面扭转运动的影响（目前对地面运动扭转分量的强震实测记录很少，地震作用计算中还不能考虑输入地面运动扭转分量）。

3）在弹塑性反应过程中，各抗侧力结构刚度退化程度不同等原因引起的结构扭转反应的增大。

鉴于以上情况，在现有条件下采用附加偶然偏心作用计算是一种较为实用而简便的方法（图 4.3.3-1）。

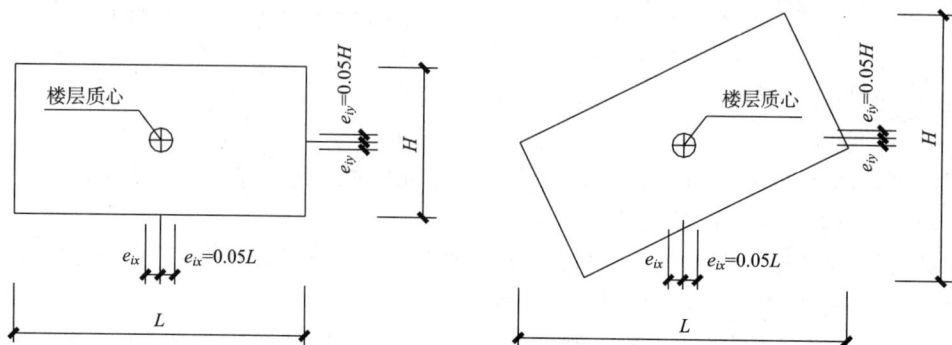

图 4.3.3-1

2. 计算双向地震作用时，不需要考虑偶然偏心的影响。

3. 美国、新西兰和欧洲等国家和地区的抗震规范都规定计算地震作用时应考虑附加偶然偏心，偶然偏心距的取值多为 $0.05L$。对于平面对称规则的建筑结构需附加偶然偏心；对于平面布置不规则的结构，除其自身已存在的偏心外，还需要考虑附加偶然偏心。

4. 本条规定直接取各层质量偶然偏心为 $0.05L$（L 为垂直于地震作用方向的建筑物总长度，且按各楼层质心偏移方向相同考虑，实际上，楼层的质量偏心不可能完全相同，因此，偶然偏心的计算属于一种近似考虑方法。当地震作用方向与建筑结构的两个主轴方向不垂直时，取投影长度计算）来计算单向水平地震作用，实际计算时，考虑偶然偏心影响的实现过程如下：

1）先按无偏心的初始质量分布情况计算结构的振动特性和地震作用，无偶然偏心的地震作用效应为（EX、EY）。

2）然后将每层质心分别沿两个主轴方向同时左偏或右偏（共四种偏心方式），左偏心地震作用效应为（EXM、EYM），右偏心地震作用效应为（EXP、EYP）。

5. 采用底部剪力法计算地震作用时，也应考虑偶然偏心的不利影响（可采用公式（4.3.3）确定质量偶然偏心值）。

6. 当计算双向地震作用时，可不考虑偶然偏心的影响（即采用公式（4.3.10-7）和公式（4.3.10-8）计算时，其中的"S_x"和"S_y"应采用无偶然偏心的地震作用效应 EX、EY），但应与单向地震作用考虑偶然偏心的计算结果（即采用公式（4.3.10-5）计算时，其中的"S_j"和"S_k"应采用考虑偶然偏心影响的地震作用效应 EXM、EYM 或 EXP、EYP）进行比较，取不利的情况进行设计。

7. 关于各楼层垂直于地震作用方向的建筑物总长度 L 的取值，可按回转半径相等的原则（即采用回转半径相等的等代平面法，如在图 4.3.3-2 中，假定保持平面尺寸 H 不变，通过拉伸平面尺寸 B 至 L，使改变后矩形平面的回转半径与实际平面 $B \times H$ 及 $b \times h$

的回转半径相同，则平面 $H \times L$ 就是实际平面的等代平面）确定。

1）当楼层平面有局部突出（当突出平面的边长不大于主要平面相应边长的 1/4，即图 4.3.3-3 中同时满足 $b/B \leqslant 1/4$，$h/H \leqslant 1/4$）时，用于确定偶然偏心的边长 L 可按规范公式（4.3.3-1）近似计算确定。

$$L = B + \frac{bh}{H}\left(1 + \frac{3b}{B}\right) \tag{4.3.3-1}$$

2）也可根据面积相等原则按公式（4.3.3-2）确定。

$$L = B + \frac{bh}{H} \tag{4.3.3-2}$$

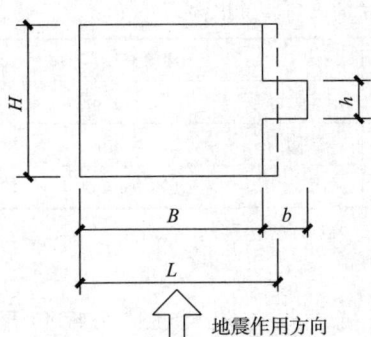

图 4.3.3-2　复杂平面的建筑物总长度计算　　　　　图 4.3.3-3

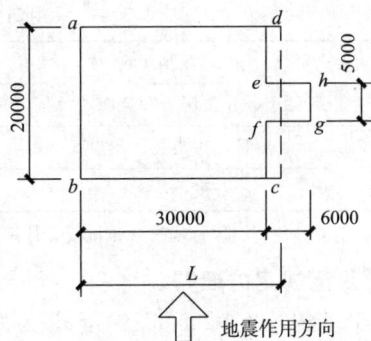

【例 4.3.3-1】　平面如图 4.3.3-3，用于确定偶然偏心的边长 L 计算如下：

按公式（4.3.3-1）计算得：$L = 30000 + \dfrac{6000 \times 5000}{20000}\left(1 + \dfrac{3 \times 6000}{30000}\right) = 32400$

按公式（4.3.3-2）计算得：$L = 30000 + \dfrac{6000 \times 5000}{20000} = 31500$

三、结构设计建议

1. 长矩形平面的建筑受楼层偶然偏心的影响较大，结构设计时应避免采用长宽比过大的建筑，必须采用时，应采取相应的结构措施。

2. 实际工程中，对长矩形平面楼层质心沿平面长度方向的偏移值不宜机械地按公式（4.3.3）计算，必要时应进行专门研究。

3. 由于在地震作用计算中考虑偶然偏心的影响属于估算的范畴，过多过于机械的计算没有必要，实际工程中，当不属于平面局部突出时，可直接按面积相等原则近似计算，也可偏安全地直接取 $L_i = B + b$ 进行计算。

四、相关索引

《高规》对结构平面的长宽比限值见其第 3.4.3 条。

第 4.3.4 条

一、规范的规定

4.3.4 高层建筑结构应根据不同情况，分别采用下列地震作用计算方法：

1. 高层建筑结构宜采用振型分解反应谱法；对<u>质量和刚度不对称、不均匀的结构</u>以及高度超过 100m 的高层建筑结构应采用考虑扭转耦联振动影响的振型分解反应谱法。

2. 高度不超过 40m、<u>以剪切变形为主</u>且<u>质量和刚度沿高度分布比较均匀</u>的高层建筑结构，可采用底部剪力法。

3. 7～9 度抗震设防的高层建筑，下列情况应采用弹性时程分析法进行多遇地震下的补充计算：

1）甲类高层建筑结构；

2）表 4.3.4 所列的乙、丙类高层建筑结构；

3）不满足本规程第 3.5.2～3.5.6 条规定的高层建筑结构；

4）本规程第 10 章规定的复杂高层建筑结构。

表 4.3.4 采用时程分析法的高层建筑结构

设防烈度、场地类别	建筑高度范围
8 度Ⅰ、Ⅱ类场地和 7 度	＞100m
8 度Ⅲ、Ⅳ类场地	＞80m
9 度	＞60m

注：场地类别应按现行国家标准《建筑抗震设计规范》GB 50011 的规定采用。

二、对规范规定的理解

1. 本条规定中的 7、8、9 度均为本地区抗震设防烈度，且 7 度包含（$0.10g$、$0.15g$）、8 度包含（$0.20g$、$0.30g$）的地区。

2. "质量和刚度沿高度分布比较均匀的高层建筑结构"

"规则"与"均匀"不同，上下有规律变化（如上大下小）为均匀但不一定规则，一般情况下应根据工程经验确定，当无可靠工程经验时，可按下列原则确定：

1）质量沿高度分布比较均匀（见图 4.3.4-1）为：

（1）任一楼层的质量不小于相邻楼层质量的 70%（顶层除外）且不大于相邻楼层质量的 130%。

（2）任一楼层的质量不小于相邻三个楼层质量平均值的 80%（顶层除外）且不大于相邻三个楼层质量平均值的 120%。

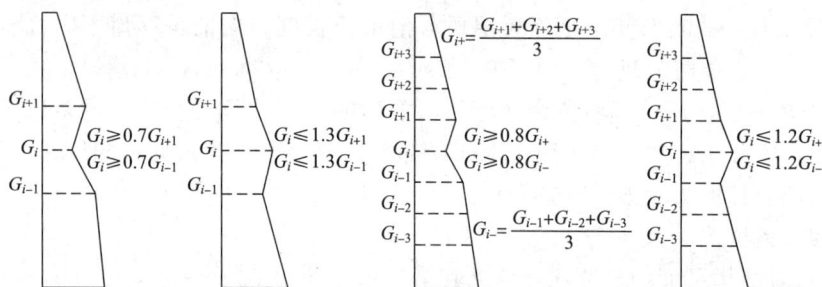

图 4.3.4-1

（3）质量沿竖向分布特别不均匀的结构一般指楼层质量大于相邻下部楼层质量 1.5 倍的情况（第 3.5.6 条）。

2）刚度沿高度分布比较均匀（见图 4.3.4-2）为（同时满足下列要求）：

（1）任一楼层的刚度不小于相邻楼层刚度的 70%（顶层除外）且不大于相邻楼层

138

的 130%；

（2）任一楼层的刚度不小于相邻三个楼层刚度平均值的 80%（顶层除外）且不大于相邻三个楼层刚度平均值的 120%；

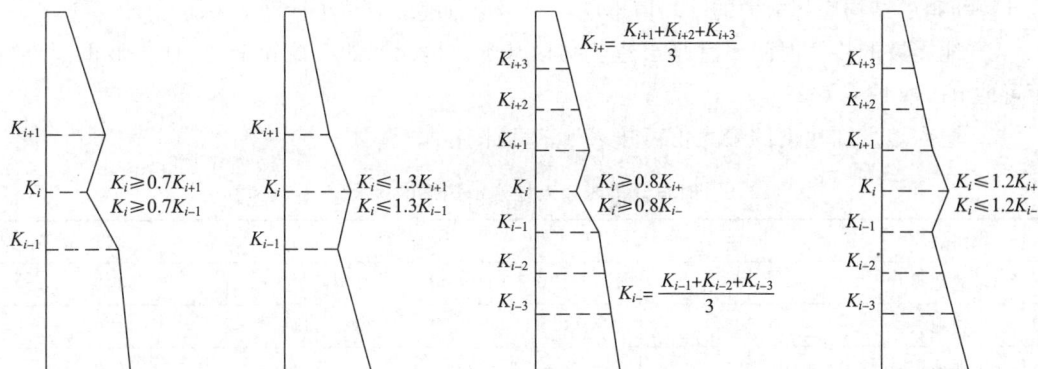

图 4.3.4-2

3）局部收进或突出的水平向尺寸不大于相邻层的 25%。

3. 以剪切变形为主的结构指："近似于单质点的结构"要求楼层数量不致太多。

4. 对"质量和刚度不对称、不均匀的结构"的理解，可参见"质量和刚度沿高度分布比较均匀的高层建筑结构"。

5. 表 4.3.4 中，"8 度 Ⅰ、Ⅱ 类场地和 7 度"可理解为"8 度（0.20g、0.30g）Ⅰ（包含 Ⅰ₀、Ⅰ₁ 类）、Ⅱ 类场地和 7 度（0.10g、0.15g）时 Ⅰ、Ⅱ、Ⅲ、Ⅳ 场地类别"的情况；"8 度 Ⅲ、Ⅳ 类场地"可理解为"8 度（0.20g、0.30g）Ⅲ、Ⅳ 类场地"的情况；"9 度"可理解为"9 度时 Ⅰ、Ⅱ、Ⅲ、Ⅳ 场地类别"时的情况。

6. 本条第 1 款中的"振型分解反应谱法"的效应组合可采用 SRSS 法和 CQC 法，而"考虑扭转耦联振动影响的振型分解反应谱法"则专指 CQC 法。

7. 本条第 3 款的"补充计算"主要指对结构抗震性能有重大影响的整体性计算指标（如：底部剪力、楼层剪力及层间位移等）的比较，主要解决结构的体系问题及关键部位控制问题。"补充计算"与结构构件的包络设计（主要指内力和配筋）不完全相同。

8. "表 4.3.4 所列的乙、丙类高层建筑结构"主要是高度较高的高层建筑。

9. "不满足本规程第 3.5.2～3.5.6 条规定的高层建筑结构"主要指竖向不规则的结构（侧向刚度不规则、层受剪承载力不足、竖向构件不连续、上部结构收进不规则、楼层质量分布不规则等）。

10. 《高规》第 10 章规定的复杂高层建筑结构指：带转换层的结构、带加强层的结构、错层结构、连体结构、竖向收进及悬挑结构（竖向收进及悬挑程度超过《高规》第 3.5.5 条限值的竖向不规则结构）。

第 4.3.5 条

一、规范的规定

4.3.5 进行结构时程分析时，应符合下列要求：

1. 应按建筑场地类别和设计地震分组选取实际地震记录和人工模拟的加速度时程曲线，

其中实际地震记录的数量不应少于总数量的 2/3，多组时程曲线的平均地震影响系数曲线应与振型分解反应谱法所采用的地震影响系数曲线在统计意义上相符；弹性时程分析时，每条时程曲线计算所得结构底部剪力不应小于振型分解反应谱法计算结果的 65%，多条时程曲线计算所得的结构底部剪力的平均值不应小于振型分解反应谱法计算结果的 80%。

2. 地震波的持续时间不宜小于建筑结构基本自振周期的 5 倍和 15s，地震波的时间间距可取 0.01s 或 0.02s。

3. 输入地震加速度的最大值可按表 4.3.5 采用。

表 4.3.5 时程分析时输入地震加速度的最大值 （cm/s²）

设防烈度	6 度	7 度	8 度	9 度
多遇地震	18	35 （55）	70 （110）	140
设防地震	50	100 （150）	200 （300）	400
罕遇地震	125	220 （310）	400 （510）	620

注：7、8 度时括号内数值分别用于设计基本地震加速度为 0.15g 和 0.30g 的地区，此处 g 为重力加速度。

4. 当取三组时程曲线进行计算时，结构地震作用效应宜取时程法计算结果的包络值与振型分解反应谱法计算结果的较大值；当取七组及七组以上时程曲线进行计算时，结构地震作用效应可取时程法计算结果的平均值与振型分解反应谱法计算结果的较大值。

二、对规范规定的理解

1. 本条规定中的 6、7、8、9 度均为本地区抗震设防烈度，且 7 度包含 （0.10g、0.15g）、8 度包含 （0.20g、0.30g） 的地区。

2. 实际地震记录的数量不应少于总数量的 2/3，当取三组时程曲线进行计算时，不应少于 2 条，当取七组时程曲线进行计算时，不宜少于 5 条 （不应少于 4 条）。

3. 本条规定对地震波的持续时间提出了明确的要求，补充了设防地震 （中震） 和 6 度时的数值。

4. 采用时程法进行补充计算时，结构地震作用效应取时程分析法与振型分解反应谱法两者计算结果的较大值。时程分析法的计算结果取值原则如下：当取三组时程曲线进行计算时，取包络值；当取七组及七组以上时程曲线进行计算时，取平均值。

5. 时程分析法计算属于小样本计算，而振型分解反应谱法属于大样本分析，时程分析法的计算结果应符合振型分解反应谱法的规律。

三、结构设计建议

1. 传统的分析方法 （如：振型分解反应谱法） 能解决较规则结构的抗震设计问题，是处理一般结构设计问题的简便而常用的方法，而在解决复杂结构的抗震设计问题时，往往难以发现结构的薄弱部位及关键部位，其计算的准确定性将大打折扣。

时程分析方法 （弹性时程分析法和弹塑性时程分析方法） 是解决复杂工程问题的有效方法之一，可以作为振型分解反应谱法的有效补充。受实际强震记录数量限制，目前尚难以做到按时程分析法进行结构设计，采用时程分析方法重在发现结构设计的规律性问题，找出采用振型分解反应谱法无法发现或难以发现的问题，发现结构的薄弱部位和刚度突变部位等。

2. 实际工程中应特别注意地震波的选取问题

选波要遵循"靠谱"的原则：

1) 频谱特性相符，即频谱特性"靠谱"。频谱特性用地震影响系数曲线表征，所选多组地震波的平均地震影响系数曲线（计算程序有图形输出）与振型分解反应谱法的所采用的地震影响系数曲线（计算程序有图形输出）在统计意义上相符（指在对应于结构主振型周期点上相差不大于 20%，可直接在计算程序输出的图形上比较，查找并确定当周期为结构主周期数值时，上述两图形的差异值是否满足小于 20% 的要求）。

2) 计算结果相近，弹性时程的分析结果（小样本）应与振型分解反应谱法（大样本）相近，即计算结果"靠谱"，做到每条波"靠谱"（每条时程曲线计算所得的结构底部剪力与振型分解反应谱法计算结果的比值，不应小于 0.65，也不应大于 1.35），多条波"靠谱"（多条时程曲线计算所得的结构底部剪力的平均值与振型分解反应谱法计算结果的比值，不应小于 0.8，也不应大于 1.2）。

3) 有效的持续时间，持续时间一般从加速度首次达到该时程曲线最大峰值的 10% 那一点算起，到最后一点达到最大峰值的 10% 为止，约为基本周期（$T1$）的 5～10 倍及不小于 15s。

3. 实际工程中应注意对地震波的筛选

按《抗震规范》第 5.1.2 条的要求，从频谱特性"靠谱"、计算结果"靠谱"及有效持续时间三方面，对每条波（不得进行调整放大）是否适合实际工程进行分析判断，剔除那些不符合实际工程的地震波。在所选的地震波中，天然波的数量不应少于总数量的 2/3，也就是当选用三条地震波时，应选用 2 条天然波，而采用 7 条地震波时，天然波的数量不宜少于 5 条（不应少于 4 条）。

4. 对计算结果的分析比较及应采取的调整措施

1) 当取三组加速度时程曲线输入时，计算结果取时程法的包络值（三条波的最大值）和振型分解反应谱法两者的较大值：

（1）三条加速度时程曲线的计算结果取各条同一层间的剪力和变形在不同时刻的最大值（即取时程法的包络值与振型分解反应谱法的计算结果相比较），以结构层间的剪力和层间变形为主要控制指标；

（2）当按时程分析法计算的结构底部剪力（三条时程曲线计算结果的包络值）不大于振型分解反应谱法的计算结果时，直接取振型分解反应谱法的计算结果设计；

（3）当按时程分析法计算的结构底部剪力（三条时程曲线计算结果的包络值）大于振型分解反应谱法的计算结果（但比值不大于 1.2）时，由于时程分析法计算一般不具备后续配筋设计功能，因此，应将振型分解反应谱法计算乘以相应的放大系数（三条时程曲线计算结果的包络值/振型分解反应谱法的计算结果），使两种方法的结构底部剪力大致相当，然后，取振型分解反应谱法的计算结果设计。

2) 当取七组及七组以上的时程曲线时，计算结果可取时程法的平均值和振型分解反应谱法的较大值。

（1）多条加速度时程曲线的计算结果取各条同一层间的剪力和变形在不同时刻的最大值的平均值（即取时程法的平均值与振型分解反应谱法的计算结果相比较），以结构层间的剪力和层间变形为主要控制指标；

（2）当按时程分析法计算的结构底部剪力（多条时程曲线计算结果的平均值）不大于振型分解反应谱法的计算结果时，直接取振型分解反应谱法的计算结果设计；

（3）当按时程分析法计算的结构底部剪力（多条时程曲线计算结果的平均值）大于振型分解反应谱法的计算结果（但比值不大于1.2）时，由于时程分析法计算一般不具备后续配筋设计功能，因此，应将振型分解反应谱法计算乘以相应的放大系数（多条时程曲线计算结果的平均值/振型分解反应谱法的计算结果），使两种方法的结构底部剪力大致相当，然后，取振型分解反应谱法的计算结果设计。

3）对层间变形较大的楼层，应适当增加配筋或改变构件截面尺寸。

4）受加速度时程曲线的选择影响，时程分析法的计算结果差异较大，实际工程中应尽量取七组及七组以上的时程曲线计算，避免由于加速度时程曲线选择不当而引起过大的计算误差。

5）弹性时程分析法的主要计算结果有：楼层水平地震剪力和层间位移分布。对于高层建筑，通常可以由此判别结构是否存在高振型响应（如果存在高振型响应，应对结构上部相关楼层地震剪力加以调整放大）并发现薄弱层。

5. 对复杂结构及超限高层建筑结构，常被要求对重要部位或重要构件按"中震"（即设防地震）进行设计，相应的时程分析所用地震加速度时程曲线的最大值见表4.3.5。"中震"设计的相关问题见参考文献［30］第5.1.4条。

四、相关索引

1.《抗震规范》的相关问题见其第5.1.2条及第5.1.4条。

2. 结构抗震设计中地震作用的多点输入问题见《抗震规范》第5.1.4条的规定。

3. 振型分解反应谱法和底部剪力法的相关概念见参考文献［30］第5.1.2条。

第4.3.6条

一、规范的规定

4.3.6　计算地震作用时，建筑结构的重力荷载代表值应取永久荷载标准值和可变荷载组合值之和。可变荷载的组合值系数应按下列规定采用：

1. 雪荷载取0.5；

2. 楼面活荷载按实际情况计算时取1.0；按等效均布活荷载计算时，藏书库、档案库、库房取0.8，一般民用建筑取0.5。

二、对规范规定的理解

1. 重力荷载代表值是计算地震作用效应的基本依据。

2. 任一楼层的重力荷载代表值，应取楼层重力荷载代表值（楼层竖向荷载）和外墙在该楼层上、下半层的外墙重力荷载代表值之和（图4.3.6-1）。

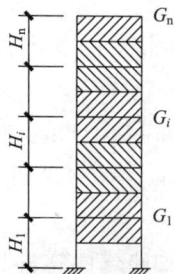

图 4.3.6-1　重力荷载代表值　　图 4.3.6-2　程序计算的重力荷载代表值

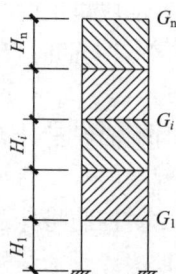

3. 吊车荷载，在高层建筑中应用较少，故可不考虑。

三、结构设计的相关问题

1. 在抗震设计计算中，重力荷载对结构的效应以重力荷载代表值效应的形式表现，因此，对永久荷载比例较大或活荷载比例较大的结构，还应特别注意楼面荷载的影响。

2. 现有计算程序中，无法区分楼面荷载的性质，因而也就无法严格执行规范的上述规定，一般情况下，对民用建筑的各类楼面活荷载可统一取用组合值系数 0.5。

3. 现有计算程序无法严格区分实际屋面与计算顶层的关系，无法区分实际存在的大屋面，而统一将结构计算的最顶层作为屋面考虑。

四、结构设计建议

1. 实际工程中应注意实际楼面与计算楼面的关系，计算程序若能将楼面活荷载分组，则可完全实现规范的要求。目前大多数程序不能对活荷载进行分类，只能输入一种活荷载（即《荷载规范》表 4.1.1 中的 1 (1) 项），使用时应特别注意。

2. 计算程序在确定楼层重力荷载代表值时，按楼层实际所承受的重力荷载计算，墙体荷载取楼层以上一层的墙体重量计算（见图 4.3.6-2）。对规则结构，程序计算的顶层重力荷载代表值偏小，应进行重力荷载代表值修正；对不规则结构，应根据工程具体情况对相关楼层的重力荷载代表值进行合理修正。

3. 上人屋面的活荷载较大，工程中常作为重要的人员活动场所，《抗震规范》在 G_E 计算中统一将屋面活荷载"不计入"的规定值得商榷，且偏于不安全。为此，建议高层建筑结构设计时对屋面活荷载的组合值系数可按以下原则取值：一般情况下，对不上人屋面可取 0（即不计算）；对上人屋面（或设备活荷载较大的不上人屋面），其屋面活荷载的组合值系数可按楼面活荷载考虑。

4. 对"按等效均布荷载计算的楼面活荷载"不宜只限定为"藏书库、档案库"，宜确定为"藏书库、档案库等"，对活荷载较大的特殊用房（如库房、空调机房、设备用房、UPS 电池室等），只要活荷载特性与藏书库、档案库等相近，均可按规范对"藏书库、档案库"的规定计算。屋面活荷载（如重型设备荷载等）较大时也可按"藏书库、档案库"的楼面活荷载计算。所有未列入《高规》第 4.3.6 条规定中的其他可变荷载的组合值系数，均可依据可变荷载的性质，按本条规范所列的同类荷载取值。

5. 结构设计中一般可不考虑消防车荷载效应与地震作用效应的组合。

6. 由于抗震设计中竖向构件的轴压比计算以 G_E 为依据，故经常出现地震作用组合时竖向构件的轴压比数值小于非地震时的情况，因此对轴压比的控制应留有适当的余地，以免配筋过大，下列情况时应特别注意：

1）当永久荷载较大时——此时，永久、短暂设计状况时的计算结果常由永久荷载效应控制，永久荷载的分项系数为 1.35；

2）楼面活荷载较大时——此时，G_E 中对楼面活荷载的折减数值很大。

五、相关索引

1. 《抗震规范》的相关规定见其第 5.1.3 条。

2. 更多问题可查阅参考文献 [30] 第 5.1.3 条。

第 4.3.7 条

一、规范的规定

4.3.7 建筑结构的地震影响系数应根据烈度、场地类别、设计地震分组和结构自振周期及阻尼比确定。其水平地震影响系数最大值 α_{max} 应按表 4.3.7-1 采用；特征周期应根据场地类别和设计地震分组按表 4.3.7-2 采用，计算罕遇地震作用时，特征周期应增加 0.05s。

注：周期大于 6.0s 的高层建筑结构所采用的地震影响系数应做专门研究。

表 4.3.7-1　水平地震影响系数最大值 α_{max}

地震影响	6 度	7 度	8 度	9 度
多遇地震	0.04	0.08（0.12）	0.16（0.24）	0.32
设防地震	0.12	0.23（0.34）	0.45（0.68）	0.90
罕遇地震	0.28	0.50（0.72）	0.90（1.20）	1.40

注：7、8 度时括号内数值分别用于设计基本地震加速度为 0.15g 和 0.30g 的地区。

表 4.3.7-2　特征周期值 T_g（s）

设计地震分组	场地类别				
	I_0	I_1	II	III	IV
第一组	0.20	0.25	0.35	0.45	0.65
第二组	0.25	0.30	0.40	0.55	0.75
第三组	0.30	0.35	0.45	0.65	0.90

二、对规范规定的理解

1. 本条规定中的 6、7、8、9 度均为本地区抗震设防烈度，且 7 度包含（0.10g、0.15g）、8 度包含（0.20g、0.30g）的地区。

2. 为适应结构抗震性能设计规定，《高规》增加了设防地震（中震）和 6 度时的水平地震影响系数最大值。

3. 根据土层等效剪切波速和场地覆盖层厚度将建筑的场地划分为 I、II、III、IV 四类，其中 I 类分为 I_0、I_1 两个亚类，具体场地划分标准见《建筑抗震设计规范》GB 50011；《高规》中提及 I 类场地当未专门注明 I_0 或 I_1 的，均包含这两个亚类。

三、相关索引

1. 《抗震规范》的相关规定见其第 5.1.4 条。

2. 更多问题可查阅参考文献［30］第 5.1.4 条。

第 4.3.8 条

一、规范的规定

4.3.8 高层建筑结构地震影响系数曲线（图 4.3.8）的形状参数和阻尼调整应符合下列规定：

1. 除有专门规定外，钢筋混凝土高层建筑结构的阻尼比应取 0.05，此时阻尼调整系数 η_2 应取 1.0，形状参数应符合下列规定：

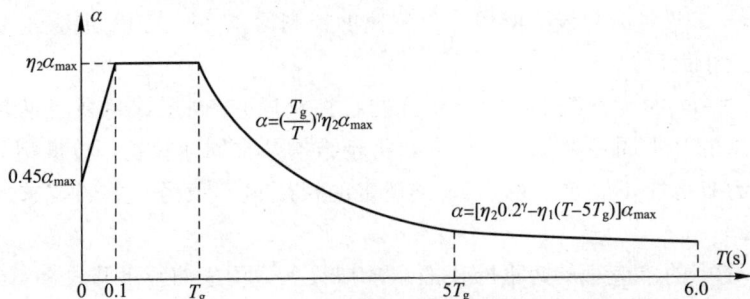

图 4.3.8 地震影响系数曲线

α—地震影响系数；α_{max}—地震影响系数最大值；T—结构自振周期；T_g—特征

周期；γ—衰减指数；η_1—直线下降段下降斜率调整系数；η_2—阻尼调整系数

1）直线上升段，周期小于 0.1s 的区段；

2）水平段，自 0.1s 至特征周期 T_g 的区段，地震影响系数应取最大值 α_{max}；

3）曲线下降段，自特征周期至 5 倍特征周期的区段，衰减指数 γ 应取 0.9；

4）直线下降段，自 5 倍特征周期至 6.0s 的区段，下降斜率调整系数 η_1 应取 0.02。

2. 当建筑结构的阻尼比不等于 0.05 时，地震影响系数曲线的分段情况与本条第 1 款相同，但其形状参数和阻尼调整系数 η_2 应符合下列规定：

1）下降段的衰减指数应按下式确定：

$$\gamma = 0.9 + \frac{0.05 - \zeta}{0.3 + 6\zeta} \qquad (4.3.8\text{-}1)$$

式中：γ——下降段的衰减指数；

ζ——阻尼比。

2）直线下降段的下降斜率调整系数应按下式确定：

$$\eta_1 = 0.02 + \frac{0.05 - \zeta}{4 + 32\zeta} \qquad (4.3.8\text{-}2)$$

式中：η_1——直线下降段的斜率调整系数，小于 0 时应取 0。

3）阻尼调整系数应按下式确定：

$$\eta_2 = 1 + \frac{0.05 - \zeta}{0.08 + 1.6\zeta} \qquad (4.3.8\text{-}3)$$

式中：η_2——阻尼调整系数，当 η_2 小于 0.55 时，应取 0.55。

二、对规范规定的理解

1. 本条规定的地震影响系数曲线（图 4.3.8）的形状参数和阻尼调整系数与《抗震规范》一致。

2. 图 4.3.8 所示的地震影响系数曲线由四段线组成，当结构的基本周期大于 6s 时，地震影响系数曲线应专门研究（一般可按直线下降段延伸，且使楼层地震剪力满足第 4.3.12 条的规定）。

1）$T = 0 \sim 0.1s$ 为直线上升段，$T = 0$ 时为刚体，动力不放大。由于几乎没有结构的自振周期位于该区域，因此，此段线对建筑结构设计没有太大的实际意义，设置该线段的目的只为地震影响系数曲线的完整性。

2）$T = 0.1s \sim T_g$ 时为水平直线段（也称加速度控制段），砌体结构及多层钢筋混凝土剪力墙结构等结构侧向刚度很大的建筑结构，其基本周期常位于该区域。

3）$T=T_g\sim5T_g$ 时为曲线下降段（也称速度控制段），一般钢筋混凝土结构房屋的基本周期大部分位于该区域。

4）$T=5T_g\sim6s$ 时为直线下降段（也称位移控制段），高层或超高层钢筋混凝土结构及混合结构房屋的基本周期常位于该区域，由于结构基本周期较长，按振型分解反应谱法计算的楼层剪力有可能不满足第 4.3.12 条规定的楼层最小剪力系数的要求，常需要进行相应验算。

3. 本条规定中的 γ 应理解为下降段的衰减指数（适用于曲线下降段和直线下降段）。

三、相关索引

1.《抗震规范》的相关规定见其第 5.1.5 条。

2. 更多问题可查阅参考文献［30］第 5.1.5 条。

第 4.3.9 条

一、规范的规定

4.3.9 采用振型分解反应谱方法时，对于不考虑扭转耦联振动影响的结构，应按下列规定进行地震作用和作用效应的计算：

1. 结构第 j 振型 i 层的水平地震作用的标准值应按下列公式确定：

$$F_{ji} = \alpha_j\gamma_j X_{ji}G_i \tag{4.3.9-1}$$

$$\gamma_j = \frac{\sum\limits_{i=1}^{n} X_{ji}G_i}{\sum\limits_{i=1}^{n} X_{ji}^2 G_i}(i = 1,2,\cdots,n; j = 1,2,\cdots,m) \tag{4.3.9-2}$$

式中：G_i——i 层的重力荷载代表值，应按本规程第 4.3.6 条的规定确定；

F_{ji}——第 j 振型 i 层水平地震作用的标准值；

α_j——相应于 j 振型自振周期的地震影响系数，应按本规程第 4.3.7、4.3.8 条确定；

X_{ji}——j 振型 i 层的水平相对位移；

γ_j——j 振型的参与系数；

n——结构计算总层数，小塔楼宜每层作为一个质点参与计算；

m——结构计算振型数。规则结构可取 3，当建筑较高、结构沿竖向刚度不均匀时可取 5～6。

2. 水平地震作用效应，当相邻振型的周期比小于 0.85 时，可按下式计算：

$$S = \sqrt{\sum_{j=1}^{m} S_j^2} \tag{4.3.9-3}$$

式中：S——水平地震作用标准值的效应；

S_j——j 振型的水平地震作用标准值的效应（弯矩、剪力、轴向力和位移等）。

二、对规范规定的理解

1. 本条规定与《抗规》第 5.2.2 条的规定一致。

2. 本条规定适用于较为规则的抗扭刚度较大的建筑结构，属于对地震作用及其效应的简化计算，即 SRSS（平方和开方）法。当相邻振型的周期比不小于 0.85 时，扭转耦联的影响明显，本条规定不适用。

3. 相比第 4.3.10 条的规定，采用振型分解反应谱方法时，对于不考虑扭转耦联振动影响的空间结构，各楼层仅取一个与地震作用同方向的水平位移，进行单向地震作用计算，不考虑与地震作用垂直方向的水平位移和楼层平面（xoy 平面）内的转角位移。

三、结构设计建议

1. 实际工程中，振型个数不必受本条规定的限制，一般可取振型参与质量达到总质量的 90％时所需的总振型数，当采用弹性楼板假定时，应特别注意对振型参与质量的把握。对周期较长（$T_1 > 1.5s$）或当高宽比＞5 时，振型数应适当增加以考虑高振型的影响。

2. 受建筑平面和立面变化的影响，实际工程中规则结构较少，同时随着计算程序的普遍应用及计算机解题能力的提高，对一般工程可不采用本条规定的简化计算方法，有条件时应采用第 4.3.10 条规定的方法。

四、相关索引

1.《抗震规范》的相关规定见其第 5.2.2 条。

2. 更多问题可查阅参考文献［30］第 5.2.2 条。

第 4.3.10 条

一、规范的规定

4.3.10 考虑扭转影响的平面、竖向不规则结构，按扭转耦联振型分解法计算时，各楼层可取两个正交的水平位移和一个转角位移共三个自由度，并应按下列规定计算地震作用和作用效应。确有依据时，可采用简化计算方法确定地震作用。

1. j 振型 i 层的水平地震作用标准值，应按下列公式确定：

$$F_{xji} = \alpha_j \gamma_{tj} X_{ji} G_i$$
$$F_{yji} = \alpha_j \gamma_{tj} Y_{ji} G_i (i = 1, 2, \cdots, n; j = 1, 2, \cdots, m) \qquad (4.3.10\text{-}1)$$
$$F_{tji} = \alpha_j \gamma_{tj} r_i^2 \varphi_{ji} G_i$$

式中：F_{xji}、F_{yji}、F_{tji}——分别为 j 振型 i 层的 x 方向、y 方向和转角方向的地震作用标准值；

$\quad\quad\quad X_{ji}$、Y_{ji}——分别为 j 振型 i 层质心在 x、y 方向的水平相对位移；

$\quad\quad\quad\quad\quad \varphi_{ji}$——$j$ 振型 i 层的相对扭转角；

$\quad\quad\quad\quad\quad r_i$——$i$ 层转动半径，可取 i 层绕质心的转动惯量除以该层质量的商的正二次方根；

$\quad\quad\quad\quad\quad \alpha_j$——相应于第 j 振型自振周期 T_j 的地震影响系数，应按本规程第 4.3.7、4.3.8 条确定；

$\quad\quad\quad\quad\quad \gamma_{tj}$——考虑扭转的 j 振型参与系数，可按本规程公式（4.3.10-2）～（4.3.10-4）确定；

$\quad\quad\quad\quad\quad n$——结构计算总质点数，小塔楼宜每层作为一个质点参加计算；

$\quad\quad\quad\quad\quad m$——结构计算振型数，一般情况下可取 9～15，多塔楼建筑每个塔楼的振型数不宜小于 9。

当仅考虑 x 方向地震作用时：

147

$$\gamma_{tj} = \sum_{i=1}^{n} X_{ji}G_i \Big/ \sum_{i=1}^{n} (X_{ji}^2 + Y_{ji}^2 + \varphi_{ji}^2 r_i^2)G_i \qquad (4.3.10\text{-}2)$$

当仅考虑 y 方向地震作用时：

$$\gamma_{tj} = \sum_{i=1}^{n} Y_{ji}G_i \Big/ \sum_{i=1}^{n} (X_{ji}^2 + Y_{ji}^2 + \varphi_{ji}^2 r_i^2)G_i \qquad (4.3.10\text{-}3)$$

当考虑与 x 方向夹角为 θ 的地震作用时：

$$\gamma_{tj} = \gamma_{xj}\cos\theta + \gamma_{yj}\sin\theta \qquad (4.3.10\text{-}4)$$

式中：γ_{xj}、γ_{yj} ——分别为由式（4.3.10-2）、（4.3.10-3）求得的振型参与系数。

2. 单向水平地震作用下，考虑扭转耦联的地震作用效应，应按下列公式确定：

$$S = \sqrt{\sum_{j=1}^{m}\sum_{k=1}^{m} \rho_{jk}S_jS_k} \qquad (4.3.10\text{-}5)$$

$$\rho_{jk} = \frac{8\sqrt{\zeta_j\zeta_k}(\zeta_j + \lambda_T\zeta_k)\lambda_T^{1.5}}{(1 - \lambda_T^2)^2 + 4\zeta_j\zeta_k(1 + \lambda_T^2)\lambda_T + 4(\zeta_j^2 + \zeta_k^2)\lambda_T^2} \qquad (4.3.10\text{-}6)$$

式中：S ——考虑扭转的地震作用标准值的效应；

S_j、S_k ——分别为 j、k 振型地震作用标准值的效应；

ρ_{jk} ——j 振型与 k 振型的耦联系数；

λ_T ——k 振型与 j 振型的自振周期比；

ζ_j、ζ_k ——分别为 j、k 振型的阻尼比。

3. 考虑双向水平地震作用下的扭转地震作用效应，应按下列公式中的较大值确定：

$$S = \sqrt{S_x^2 + (0.85S_y)^2} \qquad (4.3.10\text{-}7)$$

或 $$S = \sqrt{S_y^2 + (0.85S_x)^2} \qquad (4.3.10\text{-}8)$$

式中：S_x ——仅考虑 x 向水平地震作用时的地震作用效应，按式（4.3.10-5）计算；

S_y ——仅考虑 y 向水平地震作用时的地震作用效应，按式（4.3.10-5）计算。

二、对规范规定的理解

1. "转角位移"指楼层平面（xoy 平面）绕楼层刚度中心的转角，不同于层间位移角。

2. 计算振型数的"一般情况"指比较均匀的结构。对质量与刚度分布不均匀的结构振型数，还应以振型参与质量不小于 90% 为控制指标。

3. 当不考虑 y 向（或 x 向）位移及转角时，公式（4.3.10-2）、公式（4.3.10-3）演变为公式（4.3.9-2）。

4. 公式（4.3.10-5）中地震作用效应 S 指内力和位移的总称。考虑扭转耦联的地震作用效应计算时，应根据不同情况（考虑偶然偏心和考虑双向地震作用）取用相应的各振型地震作用标准值效应 S_j、S_k。

1）当考虑双向地震作用（即采用公式（4.3.10-7）和公式（4.3.10-8）计算双向地震作用下的扭转地震作用效应）时，公式（4.3.10-5）中的 S_j、S_k 取用考虑扭转耦联（但不考虑偶然偏心）的地震作用效应标准值。

2）当不考虑双向地震作用（即直接按公式（4.3.10-5）计算）时，公式（4.3.10-5）中的 S_j、S_k 应取用考虑扭转耦联（考虑偶然偏心）的地震作用效应标准值。

3）以框架柱计算为例：

（1）当按双向偏心受压计算柱配筋时，相应的弯矩 M_x 和 M_y（对应于公式（4.3.10-7）和（4.3.10-8）中的 S）应取用考虑扭转耦联（但不考虑偶然偏心）的弯矩值（即对应于公式（4.3.10-7）和（4.3.10-8）中的 S_x、S_y 应取用考虑扭转耦联但不考虑偶然偏心的弯矩值，也就是公式（4.3.10-5）中 S_j、S_k 应取用考虑扭转耦联但不考虑偶然偏心的地震作用效应标准值）。

（2）当分别按两个方向单向偏心受压计算柱配筋时，相应的弯矩 M_x 和 M_y（对应于公式（4.3.10-5）中的 S）应取用考虑扭转耦联（并考虑偶然偏心）的弯矩值（即公式（4.3.10-5）中 S_j、S_k 应取用考虑扭转耦联并考虑偶然偏心的地震作用效应标准值）。

5. 振型的耦联系数 ρ_{jk} 取决于阻尼比及自振周期比，对于确定的结构，其阻尼比一定，则 ρ_{jk} 主要取决于自振周期比 λ_T，钢筋混凝土结构不同周期比与 ρ_{jk} 的关系见表 4.3.10-1 及图 4.3.10-1。

表 4.3.10-1　钢筋混凝土结构 λ_T 与 ρ_{jk} 的关系

λ_T	1.0	0.95	0.9	0.85	0.8	0.7	0.6	0.5	0.4
ρ_{jk}	1.000	0.791	0.473	0.273	0.166	0.071	0.035	0.018	0.010

6. 采用公式（4.3.10-7）和公式（4.3.10-8）计算双向地震作用下的扭转地震作用效应时，其中的 S_x、S_y 指仅考虑 x 向（或 y 向）水平地震作用时，按公式（4.3.10-5）计算（不考虑偶然偏心）的地震作用效应。

三、相关索引

1.《抗震规范》的相关规定见其第 5.2.3 条。

2. 更多问题可查阅参考文献［30］第 5.2.3 条。

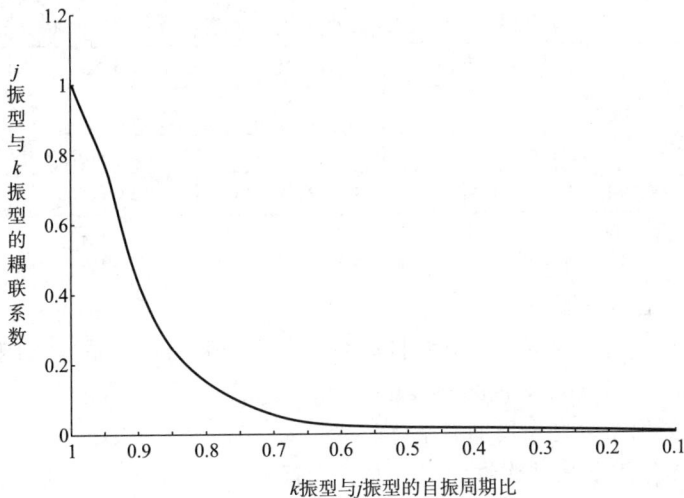

图 4.3.10-1　不同振型的耦联系数与其自振周期的比例关系

第 4.3.11 条

一、规范的规定

4.3.11 采用底部剪力法计算结构的水平地震作用时，可按本规程附录 C 执行。

二、结构设计建议

1. 随着电子计算机的普遍应用，底部剪力法在高层建筑结构设计中应用越来越少，但其概念清晰明了，计算简单方便，成为工程技术人员估算结构地震作用的有效手段。备考注册结构工程师专业考试的考生也应予以必要的重视。

2. 采用底部剪力法计算结构的水平地震作用时，也应考虑偶然偏心的影响。

三、相关索引

1. 《抗震规范》的相关规定见其第 5.2.1 条。

2. 《高规》的相关规定见其第 4.3.3 条。

3. 更多问题可查阅参考文献 [30] 第 5.2.1 条。

第 4.3.12 条

一、规范的规定

4.3.12 多遇地震水平地震作用计算时，结构各楼层对应于地震作用标准值的剪力应符合下式要求：

$$V_{Eki} \geqslant \lambda \sum_{j=i}^{n} G_j \qquad (4.3.12)$$

式中：V_{Eki}——第 i 层对应于水平地震作用标准值的剪力；

λ——水平地震剪力系数，不应小于表 4.3.12 规定的值；对于竖向不规则结构的薄弱层，尚应乘以 1.15 的增大系数；

G_j——第 j 层的重力荷载代表值；

n——结构计算总层数。

表 4.3.12　楼层最小地震剪力系数值

类别	6 度	7 度	8 度	9 度
扭转效应明显或基本周期小于 3.5s 的结构	0.008	0.016（0.024）	0.032（0.048）	0.064
基本周期大于 5.0s 的结构	0.006	0.012（0.018）	0.024（0.036）	0.048

注：1. 基本周期介于 3.5s 和 5.0s 之间的结构，应允许线性插入取值；
　　2. 7、8 度时括号内数值分别用于设计基本地震加速度为 0.15g 和 0.30g 的地区。

二、对规范规定的理解

1. 本条为强制性条文，规定不分结构体系（即对任何结构体系），均应满足表 4.3.12 的规定。规定中的 6、7、8、9 度为本地区抗震设防烈度。

2. 由于地震影响系数在长周期段下降较快，对于基本周期大于 3.5s 的结构，由此计算所得的水平地震作用下的结构效应可能太小。而对于长周期结构，地震动态作用中的地面运动速度和位移可能对结构的破坏具有更大的影响，但是规范所采用的振型分解反应谱法只反映了地面运动加速度对结构的影响，而地面运动速度和位移对结构的影响则难以对此做出估计，故应进行楼层最小剪力限制。

3. 出于结构安全的考虑，提出了对结构总水平地震剪力及各楼层水平地震剪力最小值的要求，规定了不同烈度下的剪力系数，当不满足时，结构总剪力和各楼层的水平地震剪力均需要进行适当的调整或改变结构布置使之满足要求。

4. 竖向不规则结构的定义见《抗震规范》表3.4.3-2。薄弱层的楼层最小地震剪力系数见表4.3.12-1（已按本条规定，比表4.3.12中数值放大1.15倍），对软弱层或薄弱层各振型组合的楼层地震剪力应先乘以第3.5.8条规定的放大系数，然后再与表4.3.12或表4.3.12-1比较。

表4.3.12-1　薄弱层的楼层最小地震剪力系数值

类别	6度	7度		8度		9度
	(0.05g)	(0.10g)	(0.15g)	(0.20g)	(0.30g)	(0.40g)
扭转效应明显或基本周期小于3.5s的结构	0.0092	0.0184	0.0276	0.0368	0.0552	0.0736
基本周期大于5.0s的结构	0.0069	0.0138	0.0207	0.0276	0.0414	0.0552

5. 本条规定不区分结构形式，规定统一的最低要求适用于所有结构（包含隔震和消能减震结构。隔震层以上结构的楼层水平地震剪力系数，也应按本地区抗震设防烈度符合本条规定）。

6. "扭转效应明显"的结构，是指考虑偶然偏心的楼层扭转位移比大于1.2的情况（注意："扭转效应明显"与"扭转刚度较小"不同，"扭转效应明显"说明结构受到着实际的扭转影响；而结构的"扭转刚度较小"说明结构的抗扭转能力较弱，但并不一定会受到较大扭转的影响）。实际工程中，对"扭转效应明显"的结构与第4.3.2条第2款中"质量与刚度分布明显不对称的结构"（"质量与刚度分布明显不对称"可直接导致结构产生明显的扭转效应）均可根据扭转位移比来把握。

7. 对楼层最小水平地震剪力的控制，主要是为反映地震作用不确定性及地面地震运动速度、位移对结构的作用影响，以弥补加速度反应谱计算方法的不足。

三、结构设计建议

1. 水平地震作用时，结构任一楼层的地震剪力系数均应满足表4.3.12（或表4.3.12-1）和《抗震规范》表5.2.5的要求（注意：地下室楼层，无论地下室顶板是否作为上部结构的嵌固部位，均不需要满足表4.3.12的地震剪力系数要求）。当部分楼层（注意：只能是部分楼层，而且是小部分楼层）计算分析得到的楼层地震水平剪力的标准值小于规范规定的楼层最小水平地震剪力（即不满足楼层最小剪力系数）时，可采用加大地震力调整系数的办法，对楼层进行剪力放大，使相应部位的楼层剪力满足规范要求。

2. 应控制调整的幅度不宜大于1.15，不应大于1.2。

3. 当需要调整的楼层超过楼层总数的15%或增大系数大于1.2时，说明结构侧向刚度过小，则应对建筑布置和结构体系及构件截面尺寸进行调整，提高结构侧向刚度，满足结构稳定和承载力要求（当按放大后的地震剪力计算的弹性层间位移角仍能满足规范要求时，也可不调整结构体系和结构布置）。

4. 当计算的楼层水平地震剪力的标准值小于楼层最小水平地震剪力时，可根据不同情况相应增大楼层水平地震剪力至满足规范要求，随之相应增大调整该部位楼层所受到的地震作用效应。

1）当底部总剪力不满足要求时，说明结构的总体侧向刚度偏小，结构各楼层的剪力（无论是否满足最小剪力系数要求）均需按不小于结构底层的剪力调整系数进行调整，不能只调整不满足最小剪力系数的楼层。

（1）当结构基本自振周期位于设计反应谱的加速度控制段（对应于图 4.3.8 的反应谱曲线的平直段）时，则各楼层均需乘以同样大小的增大系数（$\Delta_\lambda = \dfrac{\lambda}{\lambda_0}$，注意这里是各层剪力的增大系数相同，如：一层增加 $\Delta_\lambda V_{Ek1}$、二层增加 $\Delta_\lambda V_{Ek2}$、三层增加 $\Delta_\lambda V_{Ek3}$，其他各层以此类推）。

（2）当结构基本自振周期位于设计反应谱的位移控制段（对应于图 4.3.8 的反应谱曲线的直线下降段）时，则各楼层均需按底部剪力系数的差值（$\Delta\lambda_0 = \lambda - \lambda_0$）增加该楼层的地震剪力（注意：这里是各层剪力系数的差值相同，即楼层地震剪力增加的数值为

$$\Delta V_{Eki} = \Delta\lambda_0 G_{Ei} = \Delta\lambda_0 \sum_{j=i}^{n} G_j，如：一层增加 \Delta\lambda_0 G_{E1} = \Delta\lambda_0 \sum_{j=1}^{n} G_j、二层增加 \Delta\lambda_0 G_{E2} =$$

$$\Delta\lambda_0 \sum_{j=2}^{n} G_j、三层增加 \Delta\lambda_0 G_{E3} = \Delta\lambda_0 \sum_{j=3}^{n} G_j，其他各层以此类推）。$$

（3）当结构基本自振周期位于设计反应谱的速度控制段（对应于图 4.3.8 的反应谱曲线的曲线下降段）时，每层增加的地震剪力数值不应小于 $\Delta\lambda_0 G_{Ei}$（注意：《抗震规范》要求为大于 $\Delta\lambda_0 G_{Ei}$，因实际工程中无法确定具体数值，故此处改为不小于 $\Delta\lambda_0 G_{Ei}$），即：

① 底层增加的地震剪力为 $\Delta\lambda_0 G_{E1}$。

② 顶层增加的地震剪力可取动位移作用（即上述（2）项的数值，$\Delta\lambda_0 G_{En}$）和加速度作用（即上述（1）项 $\Delta_\lambda V_{Ekn}$）二者的平均值（即 $\Delta V_{Ekn} = 0.5（\Delta\lambda_0 G_{En} + \Delta_\lambda V_{Ekn}）$，且不小于 $\Delta\lambda_0 G_{En}$。

③ 中间层（位于底层与顶层之间）的楼层地震剪力的增加值可按线性分布计算。

（4）上述调整举例说明如下：

【例 4.3.12-1】　抗震设防烈度 7 度区的某 8 层房屋，房屋高度 25m，最小地震剪力系数为 0.016，各层重力荷载代表值 G_i（kN）及水平地震作用下的楼层剪力标准值 V_{Eki}（kN）见表 4.3.12-2。结构底部剪力系数为 0.014，不满足最小剪力系数 0.016 的要求，需要调整（底层及第 2、3 层楼层剪力不满足最小剪力系数要求，不满足的楼层数不多，且最大调整幅度较小为 1.143），分别按基本自振周期位于设计反应谱的加速度控制段、速度控制段和位移控制段，调整各楼层地震剪力。

① 当基本自振周期位于设计反应谱的加速度控制段时，结构底层的地震剪力调整系数 $\Delta_\lambda = 0.016/0.014 = 1.143$，则以上各层的楼层剪力均乘以底层的增大系数（如 2 层的楼层剪力为 $1.143 \times 1610 = 1840$kN），且满足不小于 0.016 的要求（如二层楼层剪力系数为 $1840/111000 = 0.0166 > 0.016$），调整后各楼层的地震剪力值（kN）及地震剪力增加值（kN）和楼层剪力系数见表 4.3.12-2 中的"方法①"。

② 当基本自振周期位于设计反应谱的位移控制段时，结构底层的地震剪力调整系数差 $\Delta\lambda_0 = 0.016 - 0.014 = 0.002$，则以上各层的楼层剪力均按相同的调整系数差 $\Delta\lambda_0$ 增加楼层的地震剪力 $\Delta\lambda_0 G_{Ei}$（如 2 层的楼层剪力增加值为 $0.002 \times 111000 = 222$kN），且增加后楼层的地震剪力系数满足不小于 0.016 的要求（如二层增加后的楼层剪力为 $1610 + 222 = 1832$kN，楼层剪力系数为 $1832/111000 = 0.0165 > 0.016$），调整后各楼层的地震剪力值（kN）及地震剪力增加值（kN）和楼层剪力系数见表 4.3.12-2 中的"方法②"。

③ 当基本自振周期位于设计反应谱的速度控制段时，结构底层的地震剪力增加值同方法①、②即为258kN，顶层的剪力增加值取①、②的平均值，即0.5（44＋36）＝40kN＞$\Delta\lambda_0 G_{En}$＝36kN，中间楼层的剪力增加值按线性分布确定，且满足不小于0.016的要求（如二层楼层剪力的增加值为40＋（258－40）×6/7＝227kN，楼层剪力为227＋1610＝1837kN，剪力系数为1837/111000＝0.0165＞0.016），调整后各楼层的地震剪力值（kN）及地震剪力增加值（kN）和楼层剪力系数见表4.3.12-2中的"方法③"。

表 4.3.12-2 【例 4.3.12-1】的计算数据汇总

楼层		1	2	3	4	5	6	7	8
G_i（kN）		18000	18000	15000	15000	15000	15000	15000	18000
$\sum G_{Ei}$（kN）		129000	111000	93000	78000	63000	48000	33000	18000
楼层剪力 V_{Eki}（kN）		1806	1610	1395	1326	1008	792	550	306
楼层剪力系数 λ_i		0.014	0.0145	0.015	0.017	0.016	0.0165	0.0167	0.017
方法①	剪力增加值	258	230	200	190	144	113	79	44
	楼层剪力	2064	1840	1595	1516	1152	905	629	350
	调整后 λ_i	0.016	0.0166	0.0172	0.0194	0.0183	0.0189	0.0191	0.0194
方法②	剪力增加值	258	222	186	156	126	96	66	36
	楼层剪力	2064	1832	1581	1482	1134	888	616	342
	调整后 λ_i	0.016	0.0165	0.017	0.019	0.018	0.0185	0.0187	0.019
方法③	剪力增加值	258	227	195	164	133	102	71	40
	楼层剪力	2064	1837	1590	1490	1141	894	621	346
	调整后 λ_i	0.016	0.0165	0.0171	0.0191	0.0181	0.0186	0.0188	0.0192

（5）以上算例可以发现，采用不同的调整方法对调整后楼层地震剪力的数值影响不大，且应注意到这是规范对楼层最小地震剪力的调整，实际工程中对楼层最小地震剪力的调整可直接采用方法①，即所有楼层采用与底层相同的剪力增大系数 Δ_λ，以简化调整过程并偏于安全。当楼层最小地震剪力系数不出现在结构底层时，按上述方法调整后还应对调整后的楼层剪力进行再核算，确保所有楼层满足最小地震剪力要求。

2）当底部总剪力满足要求，而其他部分楼层的地震剪力标准值不满足表4.3.12的要求时，可只调整不满足最小剪力系数的楼层（调整至满足表4.3.12的要求）。

3）楼层剪力调整后，应相应调整楼层的倾覆力矩（根据弹性计算的比例关系在竖向构件之间进行分配，但应注意，框架梁及连梁的梁端弯矩不应调整，以利于实现强柱弱梁、强剪弱弯要求），并按调整后的楼层剪力，重新计算结构在水平地震作用下的位移、倾覆力矩比等。

5. 满足最小地震剪力是结构后续抗震设计计算的前提，即只有先进行了最小地震剪力调整，然后才能调整构件内力、位移、倾覆力矩等。

6. 任何楼层（无论是一般楼层还是薄弱层）的地震剪力标准值均应满足本条的规定，即在实际工程中，应对振型组合的楼层地震剪力标准值按第3.5.8条调整后进行判别，以确定是否满足本条规定的楼层最小地震剪力要求：

1）对一般楼层，地震剪力标准值应满足表4.3.12的最小剪力系数要求，当不满足时，应调整至符合要求。

2）对于薄弱层，振型组合的楼层地震剪力标准值应按第3.5.8条的要求乘以1.25的放大系数，然后再满足表4.3.12-1的最小剪力系数要求，当不满足时，应调整至符合要求。

7. 当结构的剪重比不满足《高规》表4.3.12（或《抗震规范》表5.2.5）的要求时，减小周期折减系数及加大地震力调整系数均可达到提高地震剪力的目的，编者建议宜采用后者，以明确结构概念。

四、相关索引

1.《抗震规范》的相关规定见其第5.2.5条。

2.《高规》第5.4.4条规定：当高层建筑结构剪重比过小（剪力系数$\lambda < 0.02$）时，还应验算结构的稳定。

3.《高规》的其他相关规定见其第3.5.8条。

4. 更多相关问题可查阅参考文献［30］第5.2.5条。

第4.3.13条

一、规范的规定

4.3.13 结构竖向地震作用标准值可采用时程分析方法或振型分解反应谱方法计算，也可按下列规定计算（图4.3.13）：

1. 结构总竖向地震作用标准值可按下列公式计算：

$$F_{\text{Evk}} = \alpha_{\text{vmax}} G_{\text{eq}} \tag{4.3.13-1}$$

$$G_{\text{eq}} = 0.75 G_{\text{E}} \tag{4.3.13-2}$$

$$\alpha_{\text{vmax}} = 0.65 \alpha_{\text{max}} \tag{4.3.13-3}$$

式中：F_{Evk} ——结构总竖向地震作用标准值；

　　α_{vmax} ——结构竖向地震影响系数最大值；

　　G_{eq} ——结构等效总重力荷载代表值；

　　G_{E} ——计算竖向地震作用时，结构总重力荷载代表值，应取各质点重力荷载代表值之和。

2. 结构质点i的竖向地震作用标准值可按下式计算：

$$F_{\text{vi}} = \frac{G_i H_i}{\sum\limits_{j=1}^{n} G_j H_j} F_{\text{Evk}} \tag{4.3.13-4}$$

式中：F_{vi} ——质点i的竖向地震作用标准值；

　　G_i、G_j ——分别为集中于质点i、j的重力荷载代表值，应按本规程第4.3.6条的规定计算；

　　H_i、H_j ——分别为质点i、j的计算高度。

3. 楼层各构件的竖向地震作用效应可按各构件承受的重力荷载代表值比例分配，并宜乘以增大系数1.5。

二、对规范规定的理解

1. α_{max}指水平地震影响系数最大值，宜表述为α_{hmax}（见《抗震规范》第5.3.1条）。

2. 结构等效总重力荷载代表值 G_{eq} 及重力荷载代表值 G_E 的计算，与水平地震作用下的计算原则相同，即无论水平地震作用计算还是竖向地震作用计算，G_{eq} 和 G_E 的计算原则和计算方法是相同的（见《抗震规范》第 5.1.3 条和《高规》第 4.3.6 条）。

3. 本条第 3 款中"楼层各竖向构件地震作用效应"宜表述为"楼层各竖向构件地震作用"，即先将楼层地震作用按各构件承受的重力荷载代表值分配到各构件，然后再求各构件的竖向地震作用效应。

三、相关索引

《抗震规范》的相关规定见其第 5.3.1 条。

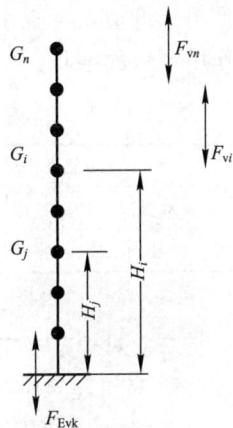

图 4.3.13 结构
竖向地震作用
计算示意图

第 4.3.14 条

一、规范的规定

4.3.14 跨度大于 24m 的楼盖结构、跨度大于 12 m 的转换结构和连体结构，悬挑长度大于 5m 的<u>悬挑结构</u>，结构竖向地震作用效应标准值宜采用时程分析方法或振型分解反应谱方法进行计算。时程分析计算时输入的地震加速度最大值可按规定的水平输入最大值的 65% 采用，反应谱分析时结构竖向地震影响系数最大值可按水平地震影响系数最大值的 65% 采用，但设计地震分组可按第一组采用。

二、对规范规定的理解

1. 考虑目前高层建筑中较多采用大跨度和长悬挑结构，需要采用时程分析方法或反应谱方法进行竖向地震的分析，给出了反应谱和时程分析计算时需要的数据。反应谱采用水平反应谱的 65%，包括最大值和形状参数（对于较小跨度的"大跨度和长悬挑结构"，其竖向地震作用也可采用近似计算方法）。

2. 之所以规定按第一组计算，是因为，由于竖向反应谱的特征周期与水平反应谱相比，尤其在远震中距时，明显小于水平反应谱。

3. 对处于发震断裂 10km 以内的场地，其最大值可能接近于水平谱，特征周期小于水平谱。

4. 依据《抗震规范》第 10.2.12 条的规定，竖向地震作用计算一般指多遇竖向地震作用计算，实际工程中，一般极少考虑"中震"和"大震"竖向地震作用的计算问题。

5. 注意本条规定中的"悬挑结构"与"悬挑构件"的不同，"悬挑结构"一般可理解为悬挑构件上有抗侧力构件的情况（如悬挑梁上有框架柱等），而"悬挑构件"则可理解为主要承受竖向荷载的情况（如一般悬挑梁等）。

三、相关索引

1.《抗震规范》的相关规定见其第 5.3.4 条、第 10.2.12 条。

2.《高规》的相关规定见其第 4.3.15 条。

第 4.3.15 条

一、规范的规定

4.3.15 高层建筑中，大跨度结构、悬挑结构、转换结构、连体结构的连接体的竖向地震作用标准值，不宜小于结构或构件承受的重力荷载代表值与表 4.3.15 所规定的竖向地震作用系数的乘积。

表 4.3.15　竖向地震作用系数

设防烈度	7 度	8 度		9 度
设计基本地震加速度	0.15g	0.20g	0.30g	0.40g
竖向地震作用系数	0.08	0.10	0.15	0.20

注：g 为重力加速度。

二、对规范规定的理解

1. 高层建筑中的大跨度、悬挑、转换、连体结构的竖向地震作用大小与其所处的位置和支撑结构的刚度都有一定关系，因此对于跨度较大、所处位置较高的情况，建议采用第 4.3.13 条、第 4.3.14 条的规定进行计算，并且计算结果不宜小于本条规定的限值。跨度或悬挑长度不大于《高规》第 4.3.14 条规定的大跨结构和悬挑结构，可按本条规定的地震作用系数乘以相应的重力荷载代表值作为竖向地震作用标准值。

2. 与《高规》第 4.3.12 条相比，本条规定对位于抗震设防高烈度区（7 度 0.15g 及其以上地区）的高层建筑结构应计算竖向地震作用，同时还规定了最小竖向地震作用系数值。

3. 实际工程中还可以结合工程具体情况，尤其是结构抗震性能设计要求，对所有各类抗震设计的结构或构件提出竖向地震作用计算要求，竖向地震作用系数不宜小于表 4.3.15-1 的数值。

表 4.3.15-1　竖向地震作用系数

设防烈度	6 度	7 度		8 度		9 度
设计基本地震加速度	0.05g	0.10g	0.15g	0.20g	0.30g	0.40g
竖向地震作用系数	0.03	0.05	0.08	0.10	0.15	0.20

三、相关索引

1. 《抗震规范》的相关规定见其 5.3.3 条。

2. 大跨度长悬臂结构，在重力荷载代表值及多遇竖向地震作用标准值下的组合挠度计算见《抗震规范》第 10.2.12 条。

3. 更多问题可见参考文献 [30] 第 10.2.12 条。

第 4.3.16 条、第 4.3.17 条

一、规范的规定

4.3.16　计算各振型地震影响系数所采用的结构自振周期应考虑非承重墙体的刚度影响予以折减。

4.3.17　当非承重墙体为砌体墙时，高层建筑结构的计算自振周期折减系数可按下列规定取值：

1. 框架结构可取 0.6～0.7；

2. 框架-剪力墙结构可取 0.7～0.8；

3. 框架-核心筒结构可取 0.8～0.9；

4. 剪力墙结构可取 0.8～1.0。

对于其他结构体系或采用其他非承重墙体时，可根据工程情况确定周期折减系数。

二、对规范规定的理解

1. 填充墙对结构刚度的影响，与结构自身的侧向刚度有关，填充墙对剪力墙结构的影响要小于对框架结构的影响；填充墙对结构刚度的影响，还与填充墙自身的刚度有关，采用砌体填充墙对结构的影响就比采用轻质填充墙大。

2. 本条规定中的周期折减系数为相应于砌体填充墙的数值，随着轻质填充墙及外部玻璃幕墙的广泛采用，结构计算中上述系数应根据工程实际情况调整采用。

3. 对照图 4.3.8 可知：采用周期折减系数时，结构自振周期变小：

1）当结构自振周期 $T_i < 0.1s$ 时，地震影响系数曲线的 α 值变小，地震作用也变小，但一般结构的基本自振周期很少有可能出现在这一区间，因而这一区域的周期折减对结构设计几乎没有影响；

2）自振周期从 $0.1s \leqslant T_i \leqslant T_g$ 时，地震影响系数曲线的 α 值不变，地震作用也不变，基本自振周期在这一区域的结构一般为刚度很大的结构（如砌体结构、多层剪力墙结构等），填充墙对结构刚度影响不大，地震作用不变。

3）自振周期 $T_i > T_g$，处在地震影响系数反应谱曲线的速度控制段（即地震影响系数曲线的曲线下降段）及位移控制段（即地震影响系数反应谱曲线的直线下降段），周期折减会放大地震作用。

4）这里还应注意，结构有多个自振周期，T_i 为多个自振周期中的一个，T_1 为结构基本自振周期。

4. 填充墙对结构的影响，目前还仅停留在定性计算的基础上，还只能大致考虑其对结构刚度及对框架柱的影响，而填充墙对结构的影响是多方面的：

1）填充墙对结构扭转不规则的影响，由于在同一楼层填充墙的不均匀性造成结构实际刚度分布的不均匀。

2）填充墙对上、下层刚度变化的影响，在上、下楼层由于填充墙布置的不连续性，又会造成填充墙对主体结构刚度的跳跃等。

3）在框架柱之间嵌砌的填充墙极容易使框架柱变成短柱，大大降低了框架柱的延性，严重降低了框架柱乃至整个结构的抗震性能。

5. 鉴于以上情况，要考虑填充墙对结构的影响，仅靠一个周期折减系数是很难实现的，在无法就填充墙对结构的影响进行比较准确的量化分析之前，抗震概念设计及采取有效的抗震构造措施就显得十分重要。结构设计中应特别注意填充墙对框架柱的影响，必要时应按《砌体规范》第 6.3.4 条的规定，设置与框架柱脱开的填充墙。

6. 对工程进行装修改造时，结构设计应特别注意填充墙位置的变化，尤其是框架结构，避免因填充墙设置不当，造成结构的过大扭转。

三、相关索引

《高规》的相关规定见第 6.1.3 条，《抗震规范》的相关规定见其第 3.7.4 条。

5 结构计算分析

说明：

结构计算是结构设计的基础，本章对高层建筑结构的分析计算提出了具体要求，在结构分析及计算机程序的选用时应予以重视。

5.1 一 般 规 定

要点：

本节规定涉及结构计算的模型选取，构件变形的类型及荷载选择的基本要求，是结构计算分析的基本保证。

第5.1.1条、第5.1.2条、第5.1.3条

一、规范的规定

5.1.1 高层建筑结构的荷载和地震作用应按本规程第4章的有关规定进行计算。

5.1.2 复杂结构和混合结构高层建筑的计算分析，除应符合本章规定外，尚应符合本规程第10章和第11章的有关规定。

5.1.3 高层建筑结构的变形和内力可按弹性方法计算。框架梁端及连梁等构件可考虑塑性变形引起的内力重分布。

二、对规范规定的理解

1.《高规》本章规定的计算方法，适合于较为规则的一般高层建筑结构，对复杂高层建筑及混合结构除应执行本章的规定外，还应执行第10章和第11章的特殊要求。

2. 规定结构变形和内力可按弹性方法计算，并规定框架梁及连梁等构件可考虑塑性变形引起的内力重分布（即考虑框架梁及连梁实际进入弹塑性状态，而按弹性方法进行近似计算）。

3. 在结构内力计算中，考虑地震时连梁的刚度降低（连梁按折减后的刚度计算）及框架梁端的塑性内力重分布（如按弹性方法计算后对梁端弯矩调幅，并相应调整梁的跨中弯矩）对结构内力的影响。

4. 在结构变形计算中，结构刚度按弹性方法计算，不考虑结构构件（如连梁、框架梁等）由于塑性发展而引起的刚度降低，也不考虑由于钢筋混凝土构件实际配筋对构件刚度的影响，变形计算属于一种近似计算的范畴，变形计算数值的大小是对结构刚度的大致判断，实际工程中不必对具体数值过分追究。

第5.1.4条

一、规范的规定

5.1.4 高层建筑结构分析模型应根据结构实际情况确定。所选取的分析模型应能较准确地反映结构中各构件的实际受力状况。

高层建筑结构分析，可选择平面结构空间协同、空间杆系、空间杆-薄壁杆系、空间杆-墙板元及其他组合有限元等计算模型。

二、对规范规定的理解

1. 结构设计计算的模型应以符合工程实际情况为基本要求，可采用符合工程实际情况的计算模型，即程序的选用以"适用"为前提，不必追求最新的计算模型。

2. 实际工程中，结构设计人员应具有清晰的结构概念，应能找出最直接的传力途径（竖向荷载和水平作用）并采用最基本的计算模型解决复杂的工程问题，避免被过于复杂的计算模型所困扰，被概念含糊不清的计算结果所左右。

3. 在空间分析程序应用十分普及的情况下，概念清晰的平面结构计算模型在结构或构件的比较计算及包络设计中应用十分普遍。

三、结构设计的相关问题

高层建筑结构分析的主要计算模型见表 5.1.4-1。

表 5.1.4-1　高层建筑结构分析的主要计算模型

序号	1	2	3	4	5
计算模型	平面结构空间协同	空间杆系	空间杆-薄壁杆系	空间杆-墙板元	组合有限元
代表性计算程序	TBDG	PKPM	TAT	SATWETUS、MADIS	SAP 系列 ETABS、PMSAP、GSSAP、STAAD

1. 平面结构空间协同法

1) 将结构划分为若干片正交或斜交的平面抗侧力结构，对任一方向的水平荷载或水平地震作用，所有正交或斜交的抗侧力结构均参加工作，由空间位移协调条件进行水平力的分配。程序采用刚性楼板假定（楼板在其自身平面内刚度满足刚性假定的条件）。

2) 平面结构空间协同法计算程序，多采用二维杆元模型（对剪力墙按壁式框架处理），适用于平面布置较为规则的框架结构、框架-剪力墙结构和剪力墙结构等。

3) 采用平面结构空间协同法计算程序，计算概念清晰明了，有利于结构设计人员基本概念的建立和巩固，但随着程序计算容量增大及建筑平面复杂程度的增加，平面结构空间协同法计算程序在结构设计中的应用越来越少。

2. 三维空间分析法

将结构作为空间体系，梁和柱均采用空间杆单元，剪力墙单元模型一般采用开口薄壁杆件模型、空间膜元模型，板壳元模型以及墙组元模型等。有刚性楼板（楼板在其自身平面内满足刚性楼板假定）和弹性楼板假定。

1) 开口薄壁杆件模型的剪力墙

(1) 开口薄壁杆件模型的特点

① 该模型采用开口薄壁杆件理论，将平面联肢墙或空间剪力墙模拟为开口薄壁杆件，每一杆件的两端各有 7 个自由度，前 6 个自由度与空间杆元（梁元、柱元等）相同，增加第 7 个自由度用来描述薄壁杆件的截面翘曲，其基本假定为：

② 在小变形条件下，杆件截面外轮廓在其自身平面内保持刚性，在出平面方向可以翘曲。

③ 采用薄壁柱原理计算剪力墙，忽略剪切变形的影响，楼板假定为刚性楼板。将同

一层彼此相连的剪力墙肢作为一个薄壁杆件单元，把上、下层剪力墙洞口间部分作为连梁单元，以大大减小结构的自由度。

（2）开口薄壁杆件模型的适用条件

① 剪力墙垂直落地（应避免剪力墙上、下平面错位），剪力墙上、下洞口对齐，截面剪心基本在同一垂线上；

② 剪力墙在每层楼面处均有楼板嵌固，以满足刚性楼层的假定；

③ 下列情况的剪力墙不适合采用薄壁杆件单元计算：长墙（剪力墙长度较大的墙，如墙长大于 8m 时，墙的受力将难以满足平截面假定的要求）、矮墙（墙的高宽比过小，如当墙的高宽比小于 3 时，墙的延性差、抗震性能差）、多肢剪力墙（由多个墙肢组成的复杂平面剪力墙，墙肢关系复杂，传力不明晰）、悬挑剪力墙、框支剪力墙（剪力墙不落地，竖向传力途径被打断）及无约束楼板的剪力墙（如越层剪力墙）等。

（3）采用开口薄壁杆件模型的注意事项

① 由于假定楼板平面内为刚性楼板，因而，不能考虑楼板的弹性变形；

② 由于忽略了剪切变形的影响，不能反映剪力滞后现象，导致结构计算刚度偏大，对于复杂连接（复杂形状）的剪力墙，高估了剪力墙的计算刚度，尤其是有较大的剪力墙核心筒时，整个筒体两向惯性矩过大，造成计算位移偏小；

③ 墙梁交接时引入刚臂，对梁的嵌固作用过大，使梁端弯矩偏大；

④ 剪力墙洞口间的连系梁，减弱了剪力墙的变形协调关系，分析结果偏柔，连梁越多，偏柔的程度越大；

⑤ 用于框架-剪力墙结构、剪力墙及筒体结构时，应根据结构实际情况对剪力墙做必要的技术处理（如设置结构计算洞等），以使计算结果合理、可信。

2）膜元模型的剪力墙

（1）膜元模型剪力墙的基本特点

该模型采用空间杆元计算梁、柱构件，把实体剪力墙或小开口剪力墙简化为一个膜单元＋边梁＋边柱，膜单元只能承受平面内荷载，即只有墙平面内的抗弯、抗剪和抗压强度，平面外刚度为零；边梁为一种特殊的刚性梁，在墙平面的抗弯刚度、抗剪刚度和轴向刚度无穷大，垂直于墙平面内的抗弯、抗剪和抗扭刚度为零；边柱的作用为等效替代剪力墙的平面外刚度。

采用该模型使结构自由度大为减少，分析结果较薄壁杆件模型更为合理。

（2）膜元模型剪力墙的适用范围

剪力墙膜元模型对不开洞的落地剪力墙精度较好，对于上、下层错洞口剪力墙、洞口不等宽剪力墙，程序计算中为使上、下层之间单元角点变形协调，计算单元有可能被划分得又细又长，造成单元刚度奇异，使分析结果失真。此外将剪力墙上、下洞口间部分模拟为一个梁单元，也削弱了剪力墙实际的变形协调关系，使得结构计算偏柔。

该模型适用于框架、框架-剪力墙、剪力墙及筒体结构。

3）板壳单元模型

（1）板壳单元模型的特点

该模型用每一节点 6 个自由度的壳元来模拟剪力墙单元，把剪力墙简化为一个膜单元＋一个板单元，剪力墙既有平面内刚度，又有平面外刚度，楼板即可以是弹性的，也可以按刚性楼板考虑，这是一种接近于实际情况的模型，相比于其他模型，它具有以下优点：

① 具有平面内、平面外刚度，可与空间任何构件连接，较好地反映剪力墙的真实受力状态，其计算刚度与实际刚度较为一致；

② 通过静力凝聚形成的墙元来模拟剪力墙，解决了剪力墙的模型化问题；

③ 允许剪力墙洞口不对齐，可以适应任意开洞的剪力墙，适用于较为复杂的结构，较好地反映复杂开洞剪力墙的内力和变形（尽管程序具有处理复杂洞口剪力墙的能力，但在实际工程中，还是应首先对剪力墙洞口进行规则化处理，以简化计算模型，理顺传力途径，确保计算结果真实可行）。

（2）壳元模型的适用范围

该模型适用于框架、框架-剪力墙、剪力墙及筒体等结构。是目前国内结构计算软件中较为先进的计算模型。

需要说明的是，墙元的划分并不是越细越好，当墙元划分过细（由于复杂部位内力及变形突变，程序自动进行有限元划分，有时容易造成有限元单元过小的情况）时，由于墙单元有一定的厚度，当单元的长、宽与单元的厚度接近时，墙元就不能再作为墙单元计算。

4）墙组元模型

（1）墙组元模型的特点

该模型是在薄壁杆件模型的基础上作了相应的调整，考虑了剪切变形的影响，并且引入节点竖向位移变量代替薄壁杆件模型的形心竖向位移量，从而能更准确地描述剪力墙的变形状态，是一种介于薄壁杆件单元和连续体有限元之间的分析单元。其基本假定为：

① 沿墙厚方向，纵向应力均匀分布；

② 纵向应变近似按 $\varepsilon_2 \approx \sigma_2/E$ 计算；

③ 墙组截面形状保持不变。

（2）墙组元模型的适用范围

适用于框架、框架-剪力墙、剪力墙及筒体结构。

第 5.1.5 条

一、规范的规定

5.1.5 进行高层建筑内力与位移计算时，可假定楼板在其自身平面内为无限刚性，设计时应采取相应的措施保证楼板平面内的整体刚度。

当楼板可能产生较明显的面内变形时，计算时应考虑楼板的面内变形影响或对采用楼板面内无限刚性假定计算方法的计算结果进行适当调整。

二、对规范规定的理解

1. 保证楼板平面内整体刚度的措施见表 5.1.5-1。

表 5.1.5-1　保证楼板平面内整体刚度的措施

序号	具体措施
1	采用现浇钢筋混凝土楼板和有现浇面层的装配整体式楼板
2	对局部削弱的楼面可采用楼板局部加厚、设置边梁、加大楼板配筋

2. 楼面面内变形会使楼层内抗侧刚度较小的构件位移和受力加大，表 5.1.5-2 所列各情形应考虑楼板面内变形。

表 5.1.5-2　应考虑楼板面内变形的情况

序号	情况
1	楼板有效宽度较窄的环行楼面或其他有大开洞楼面
2	有狭长外伸段楼面
3	局部变窄产生薄弱连接的楼面
4	连体结构的狭长连接体楼面

3. 考虑楼板面内变形影响时，应根据楼面结构的实际情况，楼板面内变形可全楼考虑、仅部分楼层考虑。考虑楼板的实际刚度可采用将楼板等效为剪弯水平梁的简化方法，也可采用有限元法进行计算。

三、结构设计建议

1. 在进行结构的总体性能（如："规定水平力"计算、楼层位移角和位移比计算、周期比计算、剪重比计算、结构的抗侧刚度计算、刚重比计算、倾覆力矩比计算、上部结构嵌固部位的确定、$0.2Q_0$ 调整、筒体结构的地震剪力调整等）分析时，关注的是结构的整体性能，应采用强制刚性楼板的假定。换言之，如果结构的总体指标计算时不能采用刚性楼板的假定，那么其计算数值对结构总体指标判别的意义也将大为降低，仅可作为判别时的参考。

2. 结构的内力及配筋（含结构的局部位移，如越层柱中间节点的侧向位移等）计算时，应根据楼盖的实际情况，采用恰当的楼板假定（可采用刚性楼板的假定、分块刚性楼板的假定、弹性楼板的假定等），条件允许（如计算容量足够）时，可直接采用弹性楼板的假定。

3. 工程设计时应注意上述计算假定问题，一般工程均可分别采用两种计算假定进行两次计算。

1）第一次计算时，在计算参数中选择"对所有楼层强制采用刚性楼板假定"，取用相关结果进行结构总体性能指标的判别。

2）第二次计算时，应取消"对所有楼层强制采用刚性楼板假定"，考虑楼板的实际刚度情况，采用弹性楼板假定、零刚度板假定、分块刚性楼板假定等，取用相应的内力和配筋（及结构的局部位移）结果设计。

四、相关索引

《高规》的相关规定见其第 3.4.6 条、第 3.4.7 条和第 3.4.8 条。

第 5.1.6 条

一、规范的规定

5.1.6　高层建筑结构按空间整体工作计算分析时，应考虑下列变形：

1. 梁的弯曲、剪切、扭转变形，必要时考虑轴向变形；

2. 柱的弯曲、剪切、轴向、扭转变形；

3. 墙的弯曲、剪切、轴向、扭转变形。

二、对规范规定的理解

1. 高层建筑按空间整体工作计算时应考虑的变形见表 5.1.6-1。

表 5.1.6-1　高层建筑按空间整体工作计算时应考虑的构件变形

构件名称	弯曲变形	剪切变形	轴向变形	扭转变形
梁	√	√	√（必要时考虑）	√
柱	√	√	√	√
墙	√	√	√	√

2. 结构计算中一般可不考虑梁的轴向变形，但当梁可能承受较大拉力（如设置斜柱、结构超长需要进行温度应力分析、转换梁、框支梁等情况）时，应考虑梁的轴向变形，此时，应按弹性楼板计算。在地震作用（尤其是设防地震和罕遇地震）下，对结构的关键部位楼板应考虑开裂对其轴向刚度的影响，设置楼层水平桁架或楼面钢梁以传递楼层水平力时，可偏安全地按零刚度楼板计算梁等楼面水平构件的轴力。

第 5.1.7 条

一、规范的规定

5.1.7　高层建筑结构应根据实际情况进行重力荷载、风荷载和（或）地震作用效应分析，并应按本规程第 5.6 节的规定进行荷载效应和作用效应计算。

二、对规范规定的理解

1. 竖向荷载、风荷载和地震作用是高层建筑结构设计中应考虑的主要作用，对非地震区建筑，竖向荷载、风荷载一般是影响结构设计的主要原因，而对于地震区建筑，除应考虑竖向荷载、风荷载对结构的影响外，还应考虑地震作用的影响。

2. 荷载效应和地震作用效应应按《高规》第 5.6 节的规定进行相应的效应组合，所有结构都应进行持久设计状况和短暂设计状况下的组合（即应按持久设计状况组合和短暂设计状况组合分别计算，取不利值设计）。而对于抗震建筑，还应满足地震设计状况下的组合要求，并依据不同组合的不利情况进行结构设计（即应按持久设计状况组合和短暂设计状况组合的不利值与地震设计状况比较，取最不利值设计）。

3. 注意，长期进行结构抗震设计的工程技术人员，常容易忽略持久设计状况和短暂设计状况下的组合要求。其实在结构抗震设计中，地震设计状况只是多个设计状况之一，不同烈度不同场地条件下，抗震建筑也并不一定都是地震设计状况控制（如 6、7 度地区当风荷载较大时，常由风荷载控制）。

第 5.1.8 条

一、规范的规定

5.1.8　高层建筑结构内力计算中，当楼面活荷载大于 $4kN/m^2$ 时，应考虑楼面活荷载不利布置引起的结构内力的增大；当整体计算中未考虑楼面活荷载不利布置时，应适当增大楼面梁的计算弯矩。

二、对规范规定的理解

1. 结构的荷重大致分布见表 5.1.8-1。

表 5.1.8-1　结构荷重表

序号	结构形式	总荷重（kN/m²）	活荷载（kN/m²）	活载在总荷载中的比重
1	框架结构、框架-剪力墙结构	12～14	2～3	15%～20%
2	剪力墙结构、筒体结构	13～16		

2. 对钢筋混凝土结构，当活荷载在全部楼层荷载中的比重较大（楼面活荷载大于4kN/m²）时，活荷载不利布置对梁正、负弯矩的影响较大，应予考虑。

3. 较大活荷载对梁的弯矩的影响可通过下列两种途径计算：

1）进行活荷载不利分布的详细分析计算（计算用时较多，结构方案阶段或初步设计计算时，一般可先不考虑活荷载的不利布置）；

2）将未考虑活荷载不利分布计算的框架梁弯矩（正、负弯矩）乘以 1.1～1.3 的放大系数予以近似考虑，活荷载较大时放大系数可取大值。实际工程中，对抗震设计的结构应结合梁端弯矩调幅系数和梁的活荷载不利布置情况，综合考虑活荷载不利布置对梁弯矩的放大系数，避免造成过大的梁端弯矩，导致强柱弱梁设计困难，还应避免梁跨中弯矩过大。

第 5.1.9 条

一、规范的规定

5.1.9　高层建筑结构在进行重力荷载作用效应分析时，柱、墙、斜撑等构件轴向变形宜采用适当的计算模型考虑施工过程的影响；复杂高层建筑及房屋高度大于 150m 的其他高层建筑结构，应考虑施工过程的影响。

二、结构设计的相关问题

1. 实际工程中，影响结构轴向变形及其变形差异的原因很多，有竖向构件的轴向变形问题，也有竖向构件的徐变收缩问题，还有计算假定和计算模型的准确性问题，更有上部结构计算模型和地基基础计算模型的协调统一问题。现阶段，要准确计算上部结构的轴向变形是有困难的。

2. 地基沉降也是影响建筑结构竖向变形的重要因素，目前采用的上部结构与地基基础分离式设计模式，仅以上部结构计算模型考虑结构的轴向变形，只适用于采用调平设计的地基基础工程，即地基达到理论上无差异沉降的情况，实际工程中很难做到。

3. 地基基础的盆式沉降（中间大，周边小）实际上加大了上部结构轴向变形的差异，且差异沉降的量值较大。大量已建工程按上部结构与地基基础分离计算（上部结构的下端为固定端，无差异沉降，而地基基础设计考虑沉降和差异沉降）但未出现明显的工程事故，至少可以说明以下两方面的问题：

1）上部结构具有很大的调节变形的能力，即塑性内力重分布能力强。

2）考虑上部结构影响的地基实际沉降可能比理论计算要小得多，也就是沉降计算的准确性较差。

三、结构设计建议

1. 对 150m 以上的高层建筑结构，明确提出了应考虑施工过程的影响。

2. 对竖向荷载宜考虑施工过程中的逐层加载的影响（图 5.1.9-1），关于竖向荷载作用下的施工分层加载分析如下：

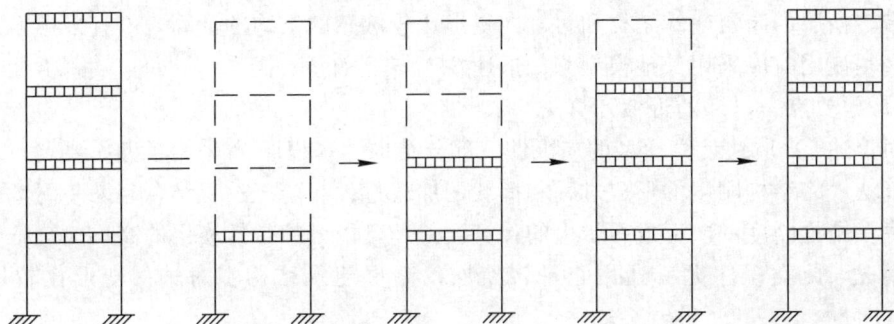

图 5.1.9-1

1）竖向荷载下的施工逐层加载的模拟应考虑下列关键问题：

（1）要点一：考虑结构刚度的形成过程

结构刚度随结构自重及其施工堆载由下而上逐层形成，在本层结构的形成以前下部结构已承受了其下各层的结构自重及其施工堆载的作用。

（2）要点二：考虑结构自重及施工堆载的加载过程

结构自重及其施工堆载的加载过程随施工过程由下而上逐层完成，上部结构不受下部结构的自重及其施工堆载的影响。

（3）要点三：考虑施工过程中的平层效应

本层以下的结构自重及其施工堆载不影响本层及其以上楼层的内力，施工中的平层过程使本层以下各层结构自重及其施工堆载在竖向构件中不产生影响本层及其以上楼层的变形累积。

2）结构计算程序对施工分层加载的处理及程序的适用范围

在结构计算中要实现对上述三个要点的全面考虑是有困难的，因此，结构程序一般采用近似方法考虑上述各因素的影响，提供结构设计计算选用的加载模型。

1）考虑要点二的近似计算法

为便于结构分析，程序提供采用图 5.1.9-2 的分层加载计算模型来近似考虑竖向荷载下结构的变形，其基本假定是直到结构完全建成都不承受任何荷载，即采用不变的结构总刚度矩阵，可分别算得各层的梁柱内力；需要指出的是上述模拟施工加载的计算方法，不是真正意义上模拟施工的逐层加载过程，其本质是在结构完全建成后（注意假定在整个结构建造过程中不施加任何荷载），竖向荷载由下而上的逐层添加过程，部分考虑了上述要点二的要求，由于结构刚度的一次形成及未考虑施工的平层效应，使结构中形成大量不真实的内力，对特殊结构其计算结果与实际受力情况出入较大。

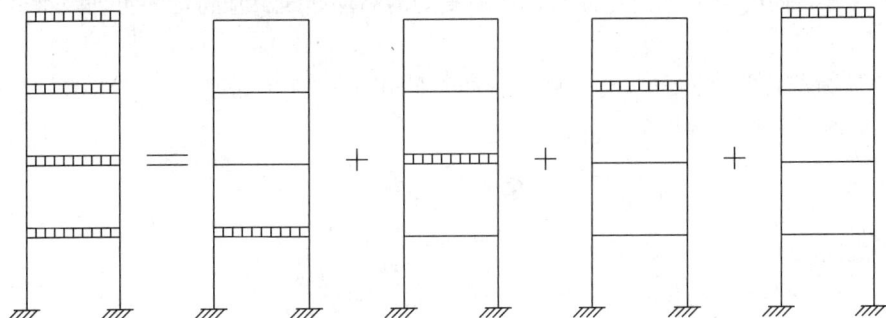

图 5.1.9-2

165

对带转换层的高层建筑结构和对轴向变形比较敏感的结构的计算，不宜采用上述程序计算，必须使用时应采用其他模型（如下述 2)）辅助计算。

2）考虑要点一、二的近似计算法

针对上述 1）所述计算模型的局限性，部分结构计算程序[18]采用了考虑要点一、二的近似计算法，将结构刚度的形成过程和荷载的加载过程与施工过程结合起来一同考虑，较好地解决了结构刚度一次形成所带来的计算误差，可以模拟带转换层的高层建筑结构的实际受力情况，此类程序尤其适用于带转换层的高层建筑结构和对轴向变形比较敏感的结构。

采用此类程序计算时，由于其所占用计算资源较多，相应计算时间较长，因此，需根据工程计算的需要程度选择每次一层或多层的加载模型，同时，由于其未考虑要点三，又使其计算的准确性大打折扣。

3）对需要考虑基础不均匀沉降及施工平层效应的工程，有的电算软件[18]在上述模拟施工的基础上，再采用经验调整处理法（即人为加大竖向构件的轴向刚度，一般为 10～100 倍，可根据上部结构与基础的刚度情况确定），模拟基础不均匀沉降及施工过程中的平层效应对上部结构的影响。尽管上述经验调整处理法在理论上并不严密，但这种处理方法在一定程度上考虑了地基的不均匀沉降及施工过程中的平层效应，使结构计算趋于合理。

4）模拟施工加载应考虑结构施工的实际过程，当每层结构面积比较小，每层的施工周期较短（当结构混凝土从浇注到拆除底模期间可多层施工，如一周一层等）时，不宜采用每一层分层加载模型计算；当每层结构面积比较大，每层的施工周期较长（如一个月左右）时，可采用每一层分层加载模型计算。应优先采用具有多层加载功能的计算程序。

5）施工模拟可根据需要采用适当的简化方法。

第 5.1.10 条

一、规范的规定

5.1.10 高层建筑结构进行风作用效应计算时，正反两个方向的风作用效应宜按两个方向计算的较大值采用；体型复杂的高层建筑，应考虑风向角的不利影响。

二、对规范规定的理解

1. 除对称结构外，高层建筑在正、反两个方向的风荷载作用效应一般是不相同的，取正反两个方向的较大值（即风向角相差 180° 的两个方向风压力和风吸力的较大值）计算，偏于安全，同时也为了简化计算；体型复杂的高层建筑，应考虑多方向风荷载的不利作用。

2. 当风荷载正、反两方向对主体结构的总的作用效应相同时，也应注意风荷载作用方向的不同对局部结构构件的效应差异。

第 5.1.11 条

一、规范的规定

5.1.11 结构整体内力与位移计算中，型钢混凝土和钢管混凝土构件宜按实际情况直接参与计算。并应按本规程第 11 章的有关规定进行截面设计。

二、对规范规定的理解

1. 随着结构分析软件技术的进步，已经可以实现在整体模型中直接考虑型钢混凝土和钢管混凝土构件，无需再将型钢混凝土和钢管混凝土构件等效为混凝土构件进行计算。

2. 现有结构计算程序，一般均可按型钢混凝土构件的实际情况（按型钢构件的实际截面）直接计算，程序使用前应仔细了解程序的相关功能。

三、结构设计建议

1. 在方案阶段及初步设计阶段，仍可将型钢混凝土和钢管混凝土构件，按相等的截面抗弯刚度原则等效为钢筋混凝土截面构件计算。

2. 钢筋混凝土结构中的型钢混凝土柱（注意，结构体系仍为钢筋混凝土结构，即在钢筋混凝土结构中设置有型钢混凝土柱），其轴压比应按型钢混凝土柱计算（公式(11.4.4)），轴压比限值可按钢筋混凝土柱控制（表6.4.2）。

3. 型钢混凝土结构中的型钢混凝土柱的轴压比，应按型钢混凝土柱计算（公式(11.4.4)），轴压比的限值应按型钢混凝土柱控制（表11.4.4）。

4. 目前情况下，钢筋混凝土剪力墙内型钢是否参与计算应根据工程具体情况及程序的计算功能确定，若程序不支持墙内型钢时，也可按普通钢筋混凝土剪力墙计算，利用墙内型钢替代边缘构件内的部分配筋（注意：约束边缘构件或构造边缘构件设置型钢后，边缘构件内的纵向钢筋不应小于其相应的构造配筋要求）。

第 5.1.12 条

一、规范的规定

5.1.12 体型复杂、结构布置复杂以及 B 级高度高层建筑结构，应采用至少两个不同力学模型的结构分析软件进行整体计算。

二、对规范规定的理解

1. 对体型复杂、结构布置复杂以及 B 级高度高层建筑结构，要求采用两个及两个以上不同力学模型的结构分析软件进行整体计算，其目的就是为避免结构计算的模型化误差。

2. 体型复杂、结构布置复杂的高层建筑结构，往往受力复杂、传力途径不直接，不同程序、计算模型不同时，其计算结果与实际受力情况的吻合程度也不尽相同。

3. 当房屋高度较高时（如 B 级高度高层建筑结构），采用不同的计算程序、不同的计算模型时，其计算结果也不相同。

4. 对体型复杂、结构布置复杂以及 B 级高度高层建筑结构进行结构分析时，应采用符合工程特点的两个不同计算模型程序计算（而不是采用任意与本工程结构特点互不相干的或计算模型一致的两个计算程序），且采用两个不同力学模型计算程序的计算结果应在同一定性分析判断的基础上，两者的计算差异只有定量的差别，而不应该存在本质的差异。

三、结构设计建议

1. 对"体形复杂、结构布置复杂"规范未明确量化标准，可按《高规》第 3.4 节及第 3.5 节的结构规则性要求来判定。

2. "不同力学模型"的程序指：表 5.1.4-1 中所列的符合工程实际情况的任意两个计算模型。

四、相关索引

《抗震规范》的相关规定见其第3.6.6条。

<h2 style="text-align:center">第 5.1.13 条</h2>

一、规范的规定

5.1.13　抗震设计时，B级高度的高层建筑结构、混合结构和本规程第10章规定的复杂高层建筑结构，尚应符合下列规定：

1. 宜考虑平扭耦联计算结构的扭转效应，振型数不应小于15，对多塔楼结构的振型数不应小于塔楼数的9倍，且计算振型数应使各振型参与质量之和不小于总质量的90%；

2. 应采用弹性时程分析法进行补充计算；

3. 宜采用弹塑性静力或弹塑性动力分析方法补充计算。

二、对规范规定的理解

B级高度及复杂高层建筑结构的计算要求见表5.1.13-1。

表 5.1.13-1　B级高度及复杂高层建筑结构的计算要求

序号	项目	要求	目的
1	整体内力位移计算的软件选用	至少两个不同力学模型的三维空间分析软件	避免计算的模型化误差
2	抗震计算时	宜考虑平扭耦联计算结构扭转效应	实际工程都存在扭转效应，对不规则结构其扭转效应更不能忽略
		振型数不应小于15个	其目的就是控制振型参与质量不小于总质量的90%
		多塔结构的振型数不应少于塔楼数的9倍	多塔楼结构的振型较为复杂，各单塔振型较多，更应注意对振型参与质量的控制，不小于总质量的90%
		振型参与质量不小于总质量的90%	
3	补充计算	应采用弹性时程分析法	解决高振型影响问题，弥补主要适用于加速度反应谱的振型分解反应谱法对地震速度和位移影响估计的不足
		宜采用弹塑性静力或弹塑性动力分析法	适用于对薄弱层的判别及罕遇地震下的薄弱层弹塑性变形验算

三、相关索引

《抗震规范》的相关规定见其第3.6.1条、第3.6.2条和第3.6.6条。

<h2 style="text-align:center">第 5.1.14 条</h2>

一、规范的规定

5.1.14　对多塔楼结构，宜按整体模型和各塔楼分开的模型分别计算，并采用较不利的结果进行结构设计。当塔楼周边的裙楼超过两跨时，分塔楼模型宜至少附带两跨的裙楼结构。

二、对规范规定的理解

多塔楼结构振动形态复杂，整体模型计算有时不容易判断结果的合理性，辅以分塔楼模型计算分析，取二者的不利结果进行设计（包络设计）较为妥当。

168

三、结构设计建议

1. 对多塔楼结构按整体模型计算时，应采用整体多塔模型（选择具有多塔模型的计算程序）计算。

2. 实际工程中，应注意对大底盘多塔楼结构的整体计算模型进行必要的分析比较，必要时应对程序自动判断的结果进行再判别，有时，多个单塔相对于大底盘而言是扭转振动（即各单塔沿同一趋势的水平振动导致大底盘结构的扭转），而这一振动相对于塔楼本身可能就是水平振动。

3. 对多塔楼结构按各塔楼分开的模型计算时，应合理确定塔楼及相关范围和其他范围，相关说明见【例5.1.14-1】。

【例5.1.14-1】 某工程（工程基本情况见【例3.9.6-1】），大底盘多塔楼结构，裙房（5层）顶框支转换，结构按整体模型和各塔楼分体模型分别计算，包络设计。

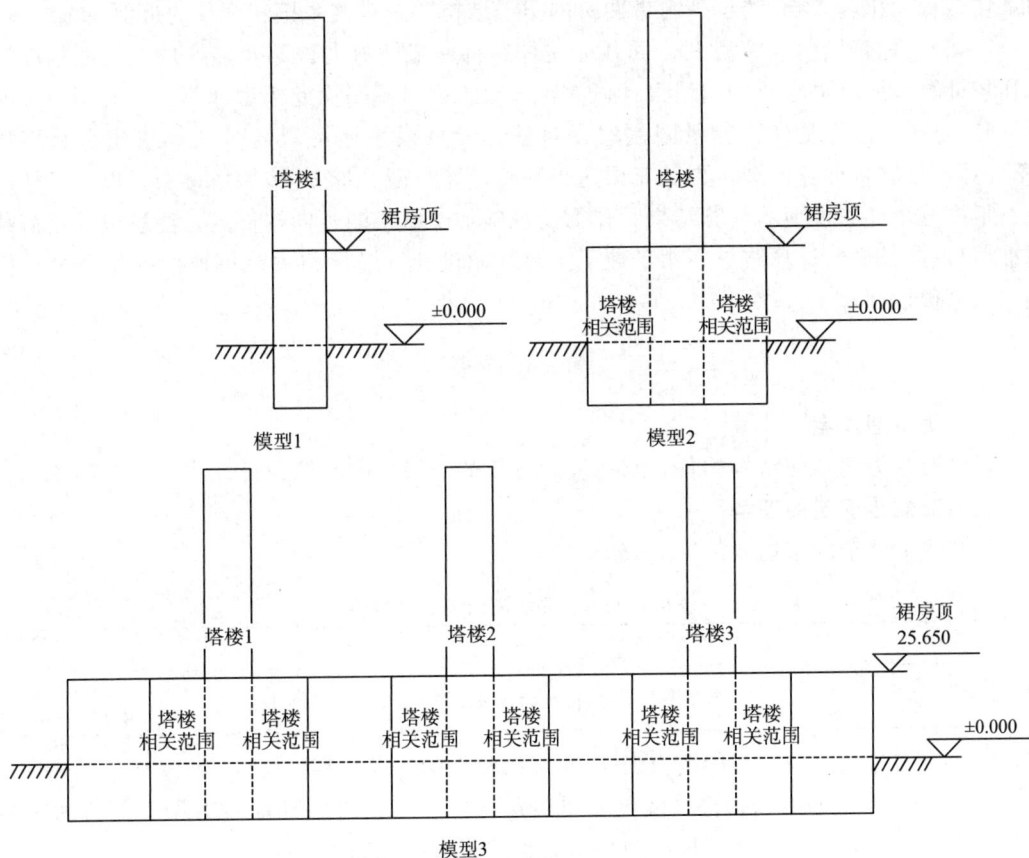

图 5.1.14-1 计算模型示意

本工程计算模型分块见图5.1.14-1，简要说明如下：

1）整体计算模型（模型3），应作为大底盘多塔楼结构设计的基本计算模型，地下室顶面作为上部结构的嵌固部位，取地下室、裙房及各塔楼计算，这一模型的计算结果主要用来考察塔楼合质心与裙房质心的偏心对结构的扭转影响（尤其是塔楼结构），考察整体结构（塔楼结构及裙房结构）的计算模型及主要计算指标，如周期、周期比、层间位移、位移比、各层的侧向刚度比、转换层下部结构与上部结构的等效侧向刚度比、结构的倾覆力矩比等，与分塔计算模型的结果进行比较，并用于结构超限审查及施工图设计。

2）分塔计算模型（模型2），各塔楼分塔计算（取塔楼及其裙房相关部位，塔楼地下室相关范围计算），塔楼相关范围内地下室设置适当数量的剪力墙，满足地下室顶面作为上部结构嵌固部位的侧向刚度比要求。按地下室顶面嵌固计算，主要验算塔楼结构的周期、周期比、层间位移、位移比、各层的侧向刚度比、转换层下部结构与上部结构的等效侧向刚度比（按《高规》附录E图E的做法，验证程序计算结果的正确性）、结构的倾覆力矩比、剪力墙与框架柱的剪力比等整体计算指标，与整体计算模型的计算结果进行比较并用于结构超限审查及施工图设计。

大底盘多塔楼的分塔计算模型中，之所以要求"分塔楼模型宜至少附带两跨的裙楼结构"，是因为，在分塔模型中当不考虑裙房时，将无法考虑塔楼质心与底盘质心的偏心距对塔楼结构的扭转影响，"至少附带两跨的裙楼结构"是对这一扭转现象的近似模拟。

3）分塔计算模型（模型1），可用于主体结构框架柱剪力调整及转换层上、下刚度比的比较计算，属于更粗放的包络设计做法，一般工程可不采用此模型计算。

4）当工程巨大受计算容量限制时，对整体计算模型还可以再分块，取裙房和塔楼（不计算地下室）计算模型，再补充裙房与基础计算模型（带1～2层塔楼层，以上塔楼的重量根据分塔计算模型的计算结果，作为荷载施加于塔楼的竖向构件上，注意应采用荷载标准值），此模型的计算结果，用于地下室及基础设计（塔楼相关范围取此模型及分塔模型的较大值设计）。

第 5.1.15 条

一、规范的规定

5.1.15 对受力复杂的结构构件，宜按应力分析的结果校核配筋设计。

二、对规范规定的理解

1. "受力复杂的结构构件"见表5.1.15-1。

表 5.1.15-1 受力复杂的结构构件

序号	1	2	3	4	5
构件名称	竖向布置复杂的剪力墙	加强层构件	转换层构件	错层构件	连接体及其相关构件等

2. "应力分析"的计算指按应力-应变关系确定构件内力和配筋。

3. 对受力复杂的结构构件，除需要进行结构整体分析外，还应按有限元等方法进行局部应力分析，并根据需要，按应力分析结果进行截面配筋设计校核。

4. "按应力分析结果进行截面配筋设计校核"的举例说明如下：对混凝土结构中的二维或三维非杆系构件（如表5.1.15-1中的受力复杂的结构构件），可采用弹性或弹塑性分析方法得到构件的应力设计值。对受拉区，可不考虑混凝土的抗拉作用，按主拉应力设计值的合力在配筋方向的分量确定配筋，按主拉应力的分布区域确定钢筋的布置范围；对受压区，考虑混凝土及受压钢筋的共同受压，确定受压钢筋的配置区域及配筋量。

三、相关索引

《混凝土规范》的相关规定见其第6.1.2条。

第 5.1.16 条

一、规范的规定

5.1.16 对结构分析软件的计算结果，应进行分析判断，确认其合理、有效后方可作为工程设计的依据。

二、对规范规定的理解

规范的本条规定可理解为以下几点：

1. 应选用符合本工程实际情况的计算程序

结构设计中普遍采用计算机分析计算，商业的电算程序应对实际工程有很好的适应性，同时应确保其运算的可靠性，不能以程序模型的"先进"与否来判断计算结果与实际工程的吻合程度。

2. 程序应用中的基本假定及计算参数应与实际工程相吻合

1）结构计算的基本假定应符合实际工程的受力特点（如采用刚性楼板假定时，应检查实际工程是否能符合刚性楼板的要求，水平传力路径是否直接、有效等）。

2）应对软件的功能有切实的了解，计算模型的选取必须符合结构的实际工作情况（如强柱弱梁计算中的梁端实配钢筋截面面积的确定方法，梁端底部配筋的确定原则等，实际工程设计是否符合并与之匹配）。

3）各主要参数的取值应有充分的依据（如当场地类别位于其分界线附近时，特征周期是否已进行了调整，当抗侧力结构采用预应力构件时，是否已对结构的阻尼比进行了调整等）。

3. 强调对计算结果的判别，对所采用的计算结果应先判别，并在确认合理有效后方可在设计中采用。

三、相关索引

《混凝土规范》的相关规定见其第 5.1.6 条。

5.2 计 算 参 数

要点：

采用计算机进行结构分析计算时，主要计算参数的取值准确与否直接影响结构计算结果的准确性，对各参数应准确把握。

第 5.2.1 条

一、规范的规定

5.2.1 高层建筑结构地震作用效应计算时，可对剪力墙连梁刚度予以折减，折减系数不宜小于 0.5。

二、结构设计的相关问题

1. 依据《高规》第 5.1.3 条的规定，本条规定中的"地震作用效应"应理解为地震作用下的内力计算（不包括变形计算）。

2. 抗震设计的连梁是结构的主要耗能构件，使连梁适当提前其他结构构件进入弹塑性状态，有利于提高结构的延性，对其他主要承受竖向荷载的结构构件能起到一定的保护作用。

3. 按弹性刚度参与整体分析时，连梁承受的弯矩和剪力很大，配筋设计困难，在不影响其承受竖向荷载能力的前提下，允许适当的刚度降低（连梁进入弹塑性状态）而把内力传递到剪力墙及框架上。连梁刚度折减系数不宜小于0.5，一般可根据设防烈度的高低按表5.2.1-1取值。

表 5.2.1-1 连梁的刚度折减系数

设防烈度	6、7 度	8、9 度
连梁刚度折减系数	0.7	0.5

4. 明确了仅对地震作用下的内力计算时，可以对连梁刚度进行折减，对其他荷载作用下的内力计算时，则不能考虑连梁刚度折减。

三、结构设计建议

1. 对连梁采用上述刚度折减系数后，当连梁箍筋配置仍有困难时，可按《高规》第7.2.26条的规定对连梁进行处理。也可按《混凝土规范》第11.7.8条的规定对连梁配置对角斜筋后取连梁的剪力增大系数 $\eta_{vb}=1.0$ 进行复核验算。也可在连梁内设置型钢（连梁两端的剪力墙或柱内应设置型钢）或钢板（钢板应在梁端剪力墙或柱内有效锚固）。

2. 当进行设防地震及罕遇地震下结构的抗震设计时，整体结构进入弹塑性状态，依据《高规》第3.11.3条的规定，连梁的刚度折减系数可取不小于0.3的数值。

四、相关索引

1. 《抗震规范》的相关规定见其第3.6.6条，更多问题可查阅参考文献［30］第3.6.6条。

2. 《混凝土规范》的相关规定见其第11.7.8条。

3. 《高规》的相关规定见其第3.11.3条。

第 5.2.2 条

一、规范的规定

5.2.2 在结构内力与位移计算中，现浇楼盖和装配整体式楼盖中，梁的刚度可考虑翼缘的作用予以增大。近似考虑时，楼面梁刚度增大系数可根据翼缘情况取为1.3~2.0。

对于无现浇面层的装配式楼盖，不宜考虑楼面梁刚度的增大。

二、结构设计建议

1. 框架梁的惯性矩，可按下式考虑现浇楼板作为梁翼缘的影响：

边框架梁 $I=1.5I_r$ (5.2.2-1)

中部框架梁 $I=2.0I_r$ (5.2.2-2)

装配整体式框架梁 $I=I_r$ (5.2.2-3)

式中：I_r——梁截面矩形部分的惯性矩。

2. 对楼板厚度与梁截面尺寸的比例关系比较特殊（如楼板过厚或过薄、梁截面过大或过小）时，可通过对典型梁（含现浇楼板）截面的惯性矩计算，确定相应的刚度增大系数。

3. 对在结构设计中广泛使用的现浇预应力空心楼板，应注意单向填充空心管引起的楼板各向异性问题，在平行和垂直于填充空心管的方向，宜取用不同的梁刚度增大系数。

4. 当电算程序采用考虑弹性楼板模型计算时，对现浇楼板作为梁翼缘的影响由程序自动考虑，此时取 $I=1.0I_r$ 即可。

5. 当电算程序采用单一的梁刚度增大系数，当局部楼层与全楼大部分楼层梁的刚度增大系数不同时，可进行局部比较计算。

6. 程序中连梁的刚度不受梁刚度增大系数的影响。

7. 采用梁的刚度放大系数，属于程序中对梁刚度采用的简化计算方法，通过对矩形截面梁采用刚度放大系数来考虑带翼缘梁的实际刚度。现有程序可根据梁截面及其现浇楼板的实际情况计算梁的刚度放大系数，对楼板布置有规律的结构，可直接采用程序计算的放大系数，但当楼板布置过于复杂时，程序的计算结果不合理，应对程序计算的梁刚度放大系数进行适当的复核调整。

三、相关索引

《抗震规范》的相关规定见其第 3.6.6 条，更多问题可查阅参考文献［30］第 3.6.6 条。

第 5.2.3 条

一、规范的规定

5.2.3 在竖向荷载作用下，可考虑框架梁端塑性变形内力重分布对梁端负弯矩乘以调幅系数进行调幅，并应符合下列规定：

1. 装配整体式框架梁端负弯矩调幅系数可取为 0.7～0.8，现浇框架梁端负弯矩调幅系数可取为 0.8～0.9；

2. 框架梁端负弯矩调幅后，梁跨中弯矩应按平衡条件相应增大；

3. 应先对竖向荷载作用下框架梁的弯矩进行调幅，再与水平作用产生的框架梁弯矩进行组合；

4. 截面设计时，框架梁跨中截面正弯矩设计值不应小于竖向荷载作用下按简支梁计算的跨中弯矩设计值的 50%。

二、对规范规定的理解

对规范的本条规定理解见表 5.2.3-1。

表 5.2.3-1　竖向荷载下内力重分布的相关要求

序号	项目	内容	理解与应用
1	梁端负弯矩调幅系数	装配整体式框架梁端 0.7～0.8	适当减少梁端负钢筋，有利于施工，并有利于提高结构的延性
		现浇框架梁端 0.8～0.9	
2	框架梁跨中弯矩 M	梁端负弯矩调幅后相应加大跨中弯矩	梁端负弯矩调幅后应根据弯矩平衡条件相应增加的跨中弯矩
		$M \geqslant 0.5M_0$，M_0 为在竖向荷载作用下按简支梁计算的跨中弯矩	任何情况下都应确保框架梁的跨中配筋不致过小，确保框架梁的基本承载能力
3	框架梁的弯矩组合要求	先调幅（竖向荷载下的弯矩）后组合（水平作用下的弯矩）	应特别注意调幅与组合的先后关系

三、结构设计建议

1. 实际工程中的悬挑梁的梁端负弯矩不得调幅，由于电算程序无法准确识别悬挑梁，因此结构设计时应注意复核。

2. 本条规定的"调幅系数"与《钢筋混凝土连续梁和框架考虑内力重分布设计规程》CECS 51 中的"调幅系数 β"的概念相反,设计时应注意区分。

3. 应注意对竖向荷载下框架梁的弯矩调幅,与水平作用产生的框架梁弯矩进行组合的先后顺序,手算计算中及备考注册工程师考试的读者应特别注意。

4. 本条规定的"框架梁"及《混凝土规范》第 5.4.1 条的规定中的"混凝土连续梁和连续单向板"可考虑塑性内力重分布,对双向板也宜考虑竖向荷载下的支座调幅,可以近似按单向板的原则调幅。

5. 楼板设计建议

1）楼板宜按弹性设计方法计算,考虑连续板端塑性变形内力重分布,对板端负弯矩可乘以 0.7~0.9 的调幅系数,并按楼板弯矩平衡原理相应增加楼板的跨中弯矩。

2）实际工程中,可根据工程的具体情况采取适当简化计算方法:

（1）当楼板的荷载、跨度及楼板的厚度等相同或相近时,各楼板可按单块楼板设计,直接对单块楼板的板端弯矩进行调幅,并相应增加楼板的跨中弯矩。

（2）当楼板的荷载、跨度及楼板的厚度等有明显不同时,需要考虑不同板块在同一板支座位置的弯矩协调问题,考虑相邻板块相互影响及支座弯矩调幅等因素,对支座弯矩可按两侧板块固端弯矩的平均值计算,对支座一侧调幅前负弯矩较大的楼板（调幅后支座负弯矩减小）,可按调幅后的支座弯矩确定其相应的跨中弯矩,对支座一侧调幅前负弯矩较小的楼板（调幅后支座负弯矩加大）,其跨中弯矩可不作调整（见图 5.2.3-1）。

3）楼板设计应注意正常使用极限状态要求（尤其是住宅建筑的楼板）,不宜采用塑性计算方法设计,否则楼板裂缝宽度难以满足使用要求。

四、相关索引

1.《抗震规范》的相关规定见其第 3.6.6 条,更多问题可查阅参考文献［30］第 3.6.6 条。

2.《混凝土规范》的相关规定见其第 5.4.1 条。

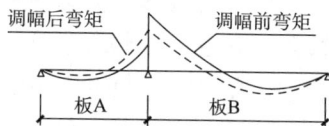

图 5.2.3-1

第 5.2.4 条

一、规范的规定

5.2.4　高层建筑结构楼面梁受扭计算时应考虑现浇楼盖对梁的约束作用。当计算中未考虑现浇楼盖对梁扭转的约束作用时,可对梁的计算扭矩予以折减。梁扭矩折减系数应根据梁周围楼盖的约束情况确定。

二、对规范规定的理解

1. 结构设计中可采用弹性楼板计算假定,考虑现浇楼板对楼面梁的约束作用。

2. 楼面梁受扭计算中,允许采用对扭矩折减的方法,近似考虑现浇楼（屋）盖对梁的约束作用。

三、结构设计建议

1. 当程序没有考虑楼板对梁抗扭转的约束作用时,梁的计算扭矩偏大,在计算时应予以折减,一般可取梁扭矩折减系数为 0.4。

2. 现行多数电算程序采用梁扭矩折减系数时，在扭矩折减的同时并未相应增加与受扭杆件垂直的其他相关杆件的弯矩，使被折减的计算扭矩"丢失"，造成节点不平衡，因此，对结构设计中预期计算扭矩较大的构件应进行复核验算，并在实际设计中留有适当的余地。

3. 当扭矩对构件本身及其相关构件的安全具有重大影响（如圆弧梁、折梁、悬挑梁等，尤其应注意梁两侧现浇楼板全部缺失的情况）时，不能简单地采用折减系数的方法考虑扭矩折减，而应对构件按考虑折减和不考虑折减（扭矩折减系数取 1.0）分别计算，包络设计。

4. 混凝土结构的抗扭属于结构的薄弱环节（在混凝土抗压、抗弯、抗剪及抗扭等诸多性能中，其抗扭能力是最弱项），结构设计中应采取必要措施（计算措施及构造措施），避免结构构件受到较大的扭矩作用，确保结构及构件具有足够的抗扭能力。实际工程中，当结构或构件受到较大扭矩时，应注意通过调整结构布置来减小结构实际受到的扭矩影响。

四、相关索引

《抗震规范》的相关规定见其第 3.6.6 条，更多问题可查阅参考文献［30］第 3.6.6 条。

5.3 计算简图处理

要点：

高层建筑是三维空间结构，构件多、受力复杂，在结构整体计算时应选用合理的计算模型，对结构（尤其是复杂结构）进行力学上的简化处理，并对复杂部位进行局部的补充分析计算，以确保结构分析计算的可靠性。

第 5.3.1 条

一、规范的规定

5.3.1 高层建筑结构分析计算时宜对结构进行力学上的简化处理，使其既能反映结构的受力性能，又适应于所选用的计算分析软件的力学模型。

二、对规范规定的理解

1. 结构分析计算时应确保结构受力明确、传力关系简单、直接，对复杂受力情况应进行必要的简化（如对错洞剪力墙、叠合错洞剪力墙等复杂开洞情况进行必要的整合和归并，对复杂墙肢、长墙肢剪力墙设置计算洞口等），可依据概念设计对结构进行基本受力分析和判断。

2. 应使所选用计算分析软件的力学模型与实际工程相适应，使计算结果能反映结构的真实受力状态。

三、结构设计建议

目前所采用的计算程序一般都有较强的前处理能力，这给结构设计带来了极大的方便，但伴随着计算程序处理能力的不断加强，任意给定一种情况输入，程序就能给出一种"计算结果"，这样常造成部分结构设计人员越来越不重视对结构计算模型的简化处理工作，以剪力墙为例，错洞墙、叠合错洞墙时有出现，造成结构设计人员结构概念缺失，结构设计的经济性也差，实际工程中应注意避免。

第 5.3.2 条

一、规范的规定

5.3.2 楼面梁与竖向构件的偏心以及上、下层竖向构件之间的偏心宜按实际情况计入结构的整体计算。当结构整体计算未考虑上述偏心时，应采用柱、墙端附加弯矩的方法予以近似考虑。

二、对规范规定的理解

1. 在结构内力与位移计算中，应优先选用具备自动考虑楼面梁与竖向构件的偏心以及上、下层竖向构件之间的偏心功能的分析软件（即具备构件偏心输入功能）。

2. 当所选用的程序不具备上述计算功能时，应采用柱、墙端附加弯矩的方法予以近似考虑。

三、结构设计建议

1. 楼面梁与竖向构件的偏心以及上、下层竖向构件之间的偏心使节点产生附加偏心，实际工程中应尽量避免采用偏心布置，使结构传力直接。

2. 结构设计中应尽量通过结构构造措施来减小或基本消除偏心的影响，如梁柱偏心较大时，可设置梁的水平加腋，既可以减小梁柱的偏心影响，又可以提高梁对柱的节点约束能力，从而提高梁柱节点区的抗剪能力。

四、相关索引

《高规》的相关规定见其第 6.1.7 条。

第 5.3.3 条

一、规范的规定

5.3.3 在结构整体计算中，密肋板楼盖可按实际情况进行计算。当不能按实际情况计算时，可按等刚度原则对密肋梁进行适当简化后再行计算。

对平板无梁楼盖，在计算中应考虑板的面外刚度影响，其面外刚度可按有限元方法计算或近似将柱上板带等效为框架梁计算。

二、对规范规定的理解

1. 实际工程中，对密肋板楼盖及平板无梁楼盖应优先考虑按实际情况进行计算，可按实际情况输入密肋板楼盖的结构布置（要求计算程序的节点数量足够大）及平板无梁楼盖（要求计算程序具备楼板有限元模型），避免对实际工程进行过多的人为简化。

2. 规范的本条规定理解见表 5.3.3-1。

表 5.3.3-1 密肋楼盖及平板无梁楼盖的计算处理要求

序号	楼盖类型	计算方式	计算要求
1	密肋楼盖	按实际情况计算	按实际的密肋梁布置计算
		简化计算	按等刚度原则等效
2	平板无梁楼盖	按实际情况计算	按有限元方法计算
		简化计算	将柱上板带等效为框架梁（宽扁梁）

三、结构设计建议

1. 密肋板楼盖的等效计算，将密肋梁等效为柱上框架梁，框架梁的截面宽度取被等效的密肋梁截面宽度之和，见图 5.3.3-1。

1）需要说明的是，上述简化过程夸大了密肋梁与框架柱的连接刚度（将柱上板带等代为框架梁，程序认为柱上板带与框架柱刚接，而实际上只有在柱宽范围内的密肋梁真正与柱刚性连接，程序计算的柱上板带与框架柱的连接刚度过大），使得等代框架梁的梁端计算弯矩偏大，应采取适当的计算措施（如梁端弯矩调幅等）使其回归到合理的范围内。

2）有条件时应按规范要求取实际情况计算。

2. 平板无梁楼盖的等效计算，将柱上板带等效为框架梁（等效的结果同样夸大了等代梁与框架柱的连接刚度），其等效框架梁的截面宽度取值见图 5.3.3-2。

3. 密肋楼盖及平板无梁楼盖的等效计算中，由于计算两方向的各自等效，当结构自重由计算机计算时，会造成部分结构自重的重复计算，设计时应予以重视。

4. 与《钢筋混凝土升板结构技术规程》GBJ 130 的有关规定不同，《高规》对密肋楼盖和平板无梁楼盖未区分竖向荷载与水平荷载的不同作用情况，而取用统一的等代梁宽度，结构设计时应根据工程的具体情况加以综合考虑。

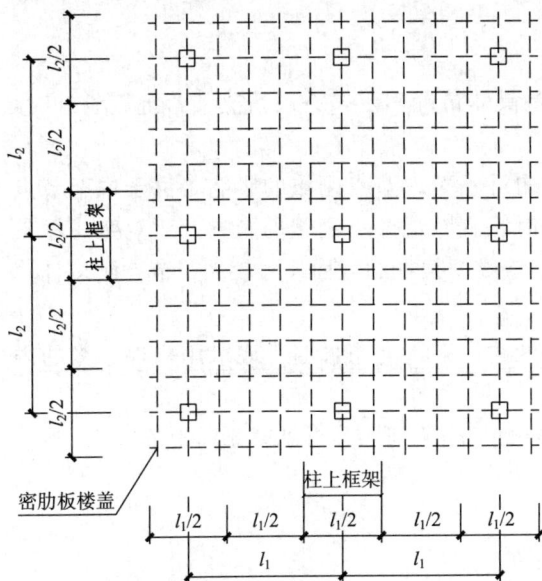

图 5.3.3-1

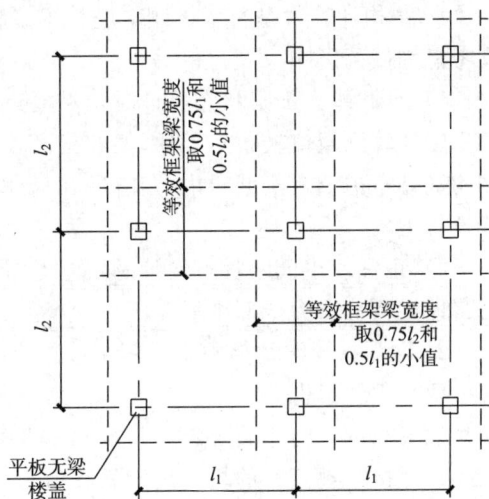

图 5.3.3-2

5. 对无梁楼盖结构，应特别注意板带边支座负钢筋在边梁的锚固有效性的问题，注意对边梁采取必要的加强措施，如设置宽扁梁或水平加腋等提高其抗扭能力；对板带（柱上板带及跨中板带）的边跨及第一内支座钢筋应进行必要的调整（相关问题见文献［30］第 6.6.4 条）。

四、相关索引

1. 《抗震规范》的相关规定见其第 6.6.4 条。

2. 更多相关问题可查阅参考文献［30］第 6.6.4 条。

第 5.3.4 条

一、规范的规定

5.3.4 在结构整体计算中，宜考虑框架或壁式框架梁、柱节点区的刚域（图 5.3.4）影响。梁端截面弯矩可取刚域端截面的弯矩计算值。刚域的长度可按下列公式计算：

$$l_{b1} = a_1 - 0.25h_b \qquad (5.3.4\text{-}1)$$

$$l_{b2} = a_2 - 0.25h_b \qquad (5.3.4\text{-}2)$$

$$l_{c1} = c_1 - 0.25b_c \qquad (5.3.4\text{-}3)$$

$$l_{c2} = c_2 - 0.25b_c \qquad (5.3.4\text{-}4)$$

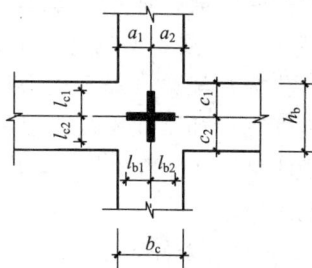

图 5.3.4　刚域

当计算的刚域长度为负值时，应取为零。

二、对规范规定的理解

1. 适当考虑节点刚域对构件内力的影响，可反映结构的真实受力状态。

2. 采用计算机计算时，一般程序都具有自动计算节点刚域的功能，只需根据工程的实际情况确定是否考虑程序的此项功能。

3. 刚域边缘不同于构件边缘，刚域的大小与梁柱构件的截面有关，梁截面高度较大时，一般会出现刚域为零的情况。

三、结构设计建议

1. 结构计算中是否考虑刚域应根据工程的具体情况确定，一般情况下，抗震设计时，宜考虑刚域的影响。

1）承载能力极限状态设计时，对框架结构可不考虑节点刚域的影响（由于框架节点的实际计算刚域值较小），当框架柱截面较大时，宜考虑节点刚域的影响。而对壁式框架结构则宜考虑节点刚域对内力和位移的影响（壁式框架柱的截面尺寸较大，节点刚域计算值也较大）。

2）正常使用极限状态设计时，应考虑刚域的影响，有条件时，应取用构件边缘的内力（即梁柱节点为全部刚域范围）计算。

2. 在强柱弱梁计算中宜采用刚域边缘的内力（相关问题分析见第 6.2.1 条）。

四、相关索引

1.《高规》的相关规定见其第 6.2.1 条。

2.《抗震规范》的相关规定见其第 6.2.2 条。

3. 更多相关问题可查阅参考文献［30］第 6.2.2 条。

第 5.3.5 条

一、规范的规定

5.3.5 在结构整体计算中，转换层结构、加强层结构、连体结构、竖向收进结构（含多塔楼结构），应选用合适的计算模型进行分析。在整体计算中对转换层、加强层、连接体等做简化处理的，宜对其局部进行更细致的补充计算分析。

二、对规范规定的理解

1. 对复杂结构，在不改变结构整体变形和受力特点的前提下，在结构整体计算时，可对局部部位进行适当的简化处理。

2. 对在整体分析计算中做简化处理的部位，应对局部结构或结构构件进行补充分析计算（相关结构见表 5.3.5-1）。如对框支转换梁采用专门计算程序（如 FEQ）进行补充计算，对水平转换构件可采用重力荷载下不考虑上部结构共同工作的计算模型，以确保其承受重力荷载（可按标准值计算）的能力。

表 5.3.5-1 应进行补充分析计算的复杂结构

复杂结构类型	转换层结构	加强层结构	连体结构	竖向收进结构（含多塔楼结构）
复杂部位	转换层	加强层	连接体	多塔与大底盘的连接部位

三、相关索引

《高规》的相关规定可见其第 10 章。

第 5.3.6 条

一、规范的规定

5.3.6 复杂平面和立面的剪力墙结构，应采用合适的计算模型进行分析。当采用有限元模型时，应在截面变化处合理地选择和划分单元；当采用杆系模型计算时，对错洞墙、叠合错洞墙可采取适当的模型化处理，并应在整体计算的基础上对结构局部进行更细致的补充计算分析。

二、对规范规定的理解

1. 对复杂结构，应特别注意计算模型的适应性问题，对特别复杂的结构应采用两个不同力学模型的计算程序进行比较计算，以消除计算的模型化误差。

2. 当采用有限元程序时，在截面变化处（指刚度突变的部位），应进行合适的有限元划分（有限元的大小应根据工程的实际情况确定，既不能太大也不能太小，相关问题可查阅文献［30］）。

3. 对复杂洞口的剪力墙（如错洞墙、叠合错洞墙等），应进行适当的简化处理，使传力途径简单明确。对长墙肢、矮墙等应进行适当的开洞处理，确保计算结果的真实可信。

4. 对复杂部位应按第 5.3.5 条的要求进行必要的补充计算。

三、相关索引

《高规》的相关规定可见其第 5.3.5 条及第 10 章。

第 5.3.7 条

一、规范的规定

5.3.7 高层建筑结构整体计算中，当地下室顶板作为上部结构嵌固部位时，地下一层与首层侧向刚度比不宜小于 2。

二、对规范规定的理解

1. 计算地下室结构楼层侧向刚度时，可考虑"地上结构"以外的地下室相关部位，一般指"地上结构"四周每边外扩不超过三跨（不大于 20m）的范围。

2.《高规》明确指出：此处楼层侧向刚度比按其附录 E.0.1 条的公式计算，即等效剪切刚度比值法：

$$\gamma_e = \frac{G_1 A_1}{G_2 A_2} \times \frac{h_2}{h_1} \qquad (5.3.7\text{-}1)$$

$$A_i = A_{w,i} + \sum_j C_{i,j} A_{ci,j} \qquad (i = 1, 2) \qquad (5.3.7\text{-}2)$$

$$C_{i,j} = 2.5 \left(\frac{h_{ci,j}}{h_i} \right)^2 \qquad (i = 1, 2) \qquad (5.3.7\text{-}3)$$

式中：G_1、G_2——分别为地下一层和首层（即地上一层）的混凝土剪变模量；

$\quad\quad A_1$、A_2——分别为地下一层和首层的折算抗剪截面面积，按式（5.3.7-2）计算；

$\quad\quad A_{w,i}$——第 i 层全部剪力墙在计算方向（注意剪力墙计算的方向性）的有效截面面积（不包括翼缘面积）；

$\quad\quad A_{ci,j}$——第 i 层第 j 根柱的截面面积；

$\quad\quad h_i$——第 i 层的层高；

$\quad\quad h_{ci,j}$——第 i 层第 j 根柱沿计算方向的截面高度；

$\quad\quad C_{i,j}$——第 i 层第 j 根柱截面面积折算系数，当计算值大于 1 时取 1。

3. 《高规》的本条规定比《抗震规范》第 6.1.14 条第 2 款的规定更加清晰也更具操作性，因为，一般情况下，上部结构首层的楼层侧向刚度可调小的可能性较小，因此，着眼于对上部结构首层侧向刚度调小的做法也不具可操作性，而依据楼层侧向刚度比的实际情况，结合地下一层建筑使用功能，通过适当设置地下室剪力墙可实现规范对嵌固部位楼层侧向刚度比的要求（相关问题可查阅参考文献［30］）。

4. 《高层建筑筏形与箱型基础技术规范》JGJ 6（以下简称《筏基规范》）第 6.1.3 条规定，当地下室的四周外墙与填土紧密接触时，上部结构的嵌固部位按下列规定确定：

1）当地下室为单层或多层箱型基础地下室时，地下室顶板可作为上部结构的嵌固部位（上部结构为框架、框架-剪力墙、框架-核心筒结构及剪力墙结构等）。

2）上部结构为框架、框架-剪力墙、框架-核心筒结构时，当采用筏型基础的单层或多层地下室以及采用箱基的多层地下室，当地下一层的侧向刚度 K_B 不小于与其相连的上部结构底层侧向刚度 K_F 的 1.5 倍时，地下室顶板可作为上部结构的嵌固部位。

3）对大底盘整体式筏形基础，地下室侧向刚度计算时可考虑表 5.3.7-1 的上部结构"相关部位"的地下室钢筋混凝土墙的影响（注意：表 5.3.7-1 中的距离 d 不是上部结构"相关范围"的宽度，而是上部结构最外侧的剪力墙与地下室钢筋混凝土墙之间的距离。比较可以发现，当上部结构剪力墙不设置在房屋周边时，如框架-核心筒结构等，按表 5.3.7-1 计算的地下室楼层侧向刚度比较小，也较难以满足作为上部结构嵌固部位的刚度比要求）。但此范围内的侧向刚度不能重复使用于相邻塔楼。

表 5.3.7-1　地下室混凝土墙与主体结构最外侧剪力墙之间的最大间距 d（m）

非抗震设计	抗震设防烈度		
	6、7 度	8 度	9 度
$d \leqslant 50$	$d \leqslant 40$	$d \leqslant 30$	$d \leqslant 20$

4）表 5.3.7-1 的墙间距要求与《高规》表 8.1.8 及《抗震规范》表 6.1.6 的剪力墙间距要求，三者在数值上相近，在概念上相同，其目的都是为了确保剪力墙之间楼盖具有足够的协同工作能力，这与地下室楼层侧向刚度计算中的"相关范围"概念也是一致的。

表 5.3.7-1 多从剪力墙刚度分布角度考虑，而"相关范围"则更多考虑上部结构（框架和剪力墙）的整体结构角度来考察楼层侧向刚度问题。

三、结构设计的相关问题

1. 实际工程中，应正确理解规范条文说明中的"地上结构"，避免过于机械地套用而出现不合理的现象。要分清考察的重点问题，"地上结构"应围绕考察对象展开，如：当考察地下室对主体结构的嵌固作用时，地下室对应于"地上结构"的相关范围应取地上主体结构及其相关范围，而不能取机械地取全部"地上结构"（地上很大面积的裙房及其相关范围）计算。

2. 对上部结构嵌固部位刚度比的计算要求（楼层侧向刚度比的计算方法及刚度比的数值），各相关规范的规定不完全相同，楼层侧向刚度比的计算方法不同，限定的楼层侧向刚度比的数值不同，楼层侧向刚度比的使用范围不同：

1)《抗震规范》第 6.1.14 条第 2 款规定："结构地上一层的侧向刚度，不宜大于相关范围地下一层侧向刚度的 0.5 倍"，但未明确规定侧向刚度比的计算方法。依据楼层侧向刚度比确定上部结构嵌固部位的方法，适用于所有各类结构体系（框架结构、板柱-剪力墙结构、框架-剪力墙结构、剪力墙结构、框架-核心筒结构、筒体结构等）。

2)《高规》第 5.3.7 条及其条文说明中规定：楼层侧向刚度比采用其附录 E 的等效剪切刚度计算；当地下室顶板作为上部结构嵌固部位时，地下一层与首层侧向刚度比不宜小于 2；同时还规定了"相关范围"的计算范围；依据楼层侧向刚度比确定上部结构嵌固部位的方法，适用于所有各类结构体系（框架结构、板柱-剪力墙结构、框架-剪力墙结构、剪力墙结构、框架-核心筒结构、筒体结构等）。

3)《筏基规范》第 6.1.3 条规定地下室（及其上部结构"相关范围"）与上部结构的侧向刚度比为不小于 1.5（规定的地下室范围见表 5.3.7-1），但未明确结构侧向刚度的具体计算方法。同时，《筏基规范》还规定依据刚度比确定上部结构的嵌固部位的方法，不适用于剪力墙结构（仅适用于框架结构、板柱-剪力墙结构、框架-剪力墙结构、框架-核心筒结构等），对筏形基础的剪力墙结构，未规定上部结构的嵌固部位。

4) 结构的嵌固问题，本质上应该是嵌固端上下层的侧向刚度比问题，《筏基规范》将地下室楼层侧向刚度与抗震设防烈度挂钩，即依据地震作用的强弱来确定嵌固部位楼板的有效计算范围，考虑到嵌固部位楼板和一般楼层楼板之间在楼板厚度、楼板完整性及配筋构造要求等方面的明显差异，《筏基规范》的这一做法值得商榷。

3. 嵌固端计算模型的不同，上部结构的计算结果也不相同。

4.《高规》的本条规定为"侧向刚度比不宜小于 2"，实际工程中已演变为"侧向刚度比不应小于 2"，过多地强调地下一层对上部结构首层的刚度比，导致为增加地下一层侧向刚度比而设置了许多无根悬墙（仅地下一层设置的墙，以下各层不设置），这既违背了结构设计的基本理念，也造成了较大的浪费。

四、结构设计建议

1. 关于上部结构的嵌固问题

1) 对上部结构嵌固的主要因素

关注上部结构的嵌固问题，主要应关注三大问题：

一是嵌固部位下层与上部结构首层的侧向刚度比问题；

二是地下室四周填土（包括室外地表土层）对地下室的约束问题（《筏基规范》将"地下室的四周外墙与填土紧密接触"作为判定上部结构嵌固部位的重要因素，可见地下室四周填土对地下室刚度影响的重要性），而满足要求的地下室四周回填土对地下室侧向刚度的贡献一般是地下室结构自身侧向刚度的 3 倍以上，因此，在实际工程设计中更应注意对地下室四周回填土质量的控制；

三是，地下室顶板的整体刚度问题。规范从楼板开洞、楼盖混凝土强度等级、楼盖结构形式、楼板厚度、楼板配筋等全方位作了较为详细的规定，目的是使地下室顶板必须具备足够的平面内和平面外刚度，以有效传递地震剪力（由于地下室设置了大量的混凝土墙，在地下室顶板处，造成上部结构与下部地下室在侧向刚度上的突变，上部结构的底部剪力需要通过地下室顶板传递到地下室混凝土墙上）。

2）嵌固端的刚度比要求

（1）参考《高规》附录 F（F.1.6 条）的规定，结构设计中"嵌固端"的刚度比不应小于 4，若套用《高规》的该项规定，对于上部结构的嵌固端，考虑地下室四周填土影响的地下室的侧向刚度也不应小于上部结构首层的 4 倍，当地下室结构与上部结构首层的侧向刚度比不小于 1.5 时，能基本满足对上部结构的嵌固要求。

（2）按公式（5.3.7-1）计算刚度比时，地下室的所有墙、柱（不仅是剪力墙、框架柱，还包括人防墙、地下室外墙等）凡对地下室结构侧向刚度有贡献者，均可参与计算。

（3）影响公式（5.3.7-1）的主要因素是地下室墙、柱的截面，要满足 $\gamma_e \geqslant 2$ 的要求，所需增加的墙、柱截面面积相对较多，因此，建议对嵌固端楼层侧向刚度比的计算，宜采用不同计算方法比较（既不宜只采用公式（5.3.7-1）计算，也不宜只采用公式（3.5.2-1）或公式（3.5.2-2）计算）：

① 一般情况下，应采取结构措施，按公式（5.3.7-1）计算刚度比满足 $\gamma_e \geqslant 2$ 的要求，以利于施工图审查的顺利通过。

② 当按公式（5.3.7-1）计算的刚度比不能满足 $\gamma_e \geqslant 2$ 的要求，而按公式（3.5.2-1）或公式（3.5.2-2）计算的刚度比应满足 $\gamma_1 \geqslant 2$ 或 $\gamma_2 \geqslant 2$ 的要求时，当采取强化地下室墙外填土质量，确保地下室周围填土对地下室外墙的约束较强时，可按有效数字控制，即满足 $\gamma_e \geqslant 1.5$ 即可（注意，应先与施工图审查单位沟通）。

（4）有些电算程序默认输出的结构侧向刚度比为按《高规》第 3.5.2 条计算的数值，也有程序可输出各种情况下的计算刚度比数值，查验地下室与上部结构底层的楼层侧向刚度比数值时，应注意以下两点：

① 应注意核查按公式（5.3.7-1）计算的数值是否满足不宜小于 2（不应小于 1.5）的要求；

② 还应注意核查按《高规》第 3.5.2 条计算的楼层侧向刚度比是否满足不小于 2 的要求。

3）箱型基础对上部结构的嵌固作用

依据《筏基规范》的规定，对地下室为单层或多层箱型基础时，无论上部结构采用何种结构体系（框架结构、框架-剪力墙结构、框架-核心筒结构、剪力墙结构等），地下室顶板均可作为上部结构的嵌固部位。也即认为箱型基础与上部结构首层的侧向刚度比能自动满足对上部结构的嵌固部位要求，而无需进行嵌固部位侧向刚度比验算。

4）地下室顶板作为上部结构的嵌固部位是最经济合理地选择

（1）地下室顶板通常具备满足嵌固部位要求的基本条件，一般情况下，应尽量将上部结构的嵌固部位选择在地下室顶面。

（2）地下室顶板作为上部结构的嵌固部位时，结构的加强部位明确，地下室结构的加强范围高度较小，结构设计经济性好。有人提出为节省工程造价可以采用降低嵌固部位的办法，其理由是降低结构的嵌固部位可以减小地下室的加强区域高度。其实这是错误的，是对上部结构"底部加强部位"及"总加强范围"概念的误解，因而是不合适的，也是不安全的。

（3）嵌固部位在地下室顶面是最合理最经济的选择，这也就是为什么一般工程都应该优先选择地下室顶面作为上部结构嵌固部位的原因。嵌固部位越降低，总加强范围越大，因而结构的费用越高。

（4）只有地下室才具备对上部结构嵌固的基本条件。上部其他楼层（如裙房顶等处），即便满足刚度比要求也不能成为其上部结构的嵌固部位，而只能作为刚度突变楼层考虑（属于刚度突变区域，引起内力突变并产生明显的变形集中现象，对结构抗震不利）。

5）上部结构嵌固部位（一般为地下室顶板）的楼板设计建议

（1）对嵌固部位楼板规范做出了具体的规定（《抗震规范》第6.1.14条，《高规》第3.2.2条、第3.6.3条和第12.2.1条），其目的就是要通过采取结构措施，加强楼层的平面内和平面外刚度并确保楼层的整体性。

（2）梁板结构的楼层，其平面外刚度较大，地震作用下，楼板的面外变形较小，符合刚性楼板的假定，有利于传递水平地震剪力。相对于梁板结构而言，无梁楼盖结构的面外刚度较小，难以符合刚性楼板假定的基本要求。因此，作为上部结构嵌固部位的地下室顶板，上部结构及其相关范围（指主楼以外不小于3跨20m的范围）应采用现浇梁板结构，裙房地下室顶板的其他范围宜采用现浇梁板结构（可采用无梁楼盖结构）。

（3）刚度比计算中的"相关范围"指主楼以外不大于20m的范围（见图5.3.7-1），考察的是上部结构周边地下室对上部结构有效约束刚度的贡献，可尽量偏小取值以策安全。此处的"相关范围"与《抗震规范》第6.1.3条中的"相关范围"在概念及取值上存在较大差异，应注意区分。

（4）当无梁楼盖的楼板厚度足够厚（如楼板厚度不小于跨度的1/20且不小于300mm）时，可认为其属于梁板结构（注意：应与施工图审查单位沟通）。当采用现浇空心楼板时，空腔上、下实心混凝土板的最小厚度均不得小于150mm（并应满足防水要求）。

6）对"地上结构"理解

对"地上结构"的范围不能仅从字面上机械地理解，应根据实际工程情况灵活把握（图5.3.7-1）：

（1）当"地上结构"为塔楼（即地面以上全为主楼，或只有塔楼而无裙房，或裙房面积很小，即塔楼外裙房的跨数不大于3跨或20m）时，"地上结构"可取塔楼＋裙房的范围，相应地，地下一层取塔楼及其相关范围（即塔楼及其周边不大于3跨或20m）的区域计算。

（2）当"地上结构"裙房面积较大（即塔楼外裙房的跨数大于3跨或20m）时，应对嵌固部位上、下楼层的侧向刚度比进行包络设计，即：

① 验算地下室对主楼的侧向刚度比，地下室取主楼及其相关范围，地上一层取主楼及其与地下室相关范围对应的区域计算（一般情况下，由于塔楼范围内剪力墙布置较多，因此，此部分计算一般对地下室混凝土墙、柱的设置起控制作用）；

② 验算地下室对"主楼＋全部裙房"的侧向刚度比，地下室取"主楼＋全部裙房"及其相关范围，地上一层取"主楼＋全部裙房"计算（一般情况下，由于裙房范围内剪力墙布置较少，因此，此部分计算一般对地下室混凝土墙、柱的设置不起控制作用，仅作补充计算用，以判别地下室是否满足对全部地上结构嵌固刚度比的要求，当主楼剪力墙较多时，无需计算）。

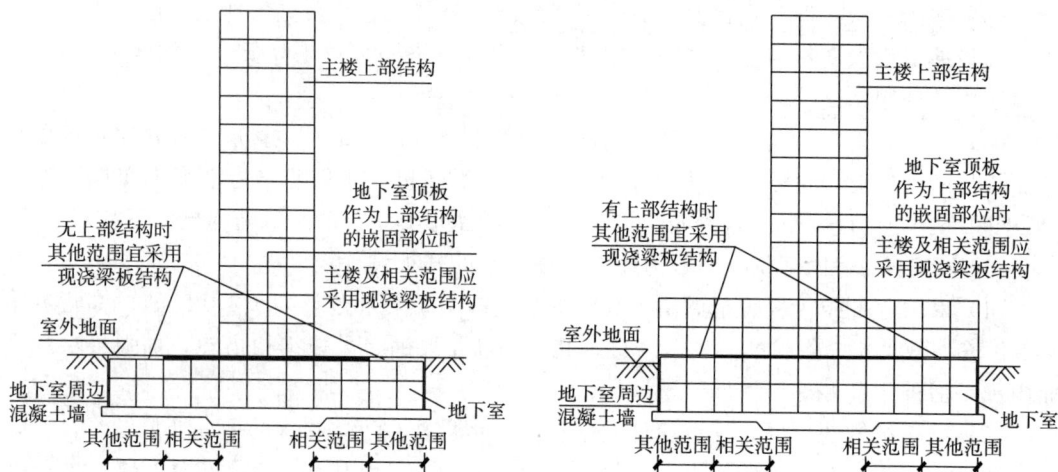

图 5.3.7-1 对"地上结构"的把握

（3）对"相关范围"区域计算，一般情况下，可不考虑表 5.3.7-1 的规定。确有需要时，可按表 5.3.7-1 的规定进行补充计算。

2. 嵌固端计算模型对上部结构计算结果的影响

在结构设计计算中，一般都要假定上部结构的嵌固位置，实际上，这一假定只在刚性地基的条件下才能实现，而对于绝大多数属于柔性地基而言，水平力作用下的结构底部以及地下室和基础都会出现不同程度的转动。另外，地基的沉降也是影响上部结构嵌固假定的重要原因。因此，所谓嵌固只存在理论上的可能，而工程中的嵌固实际上只是指无限接近于固定的计算基面。

1）实际工程中，对上部结构嵌固端的计算模型大致可分为以下几种：

（1）"绝对嵌固模型"，就是嵌固端完全约束（水平位移、竖向位移和转角位移均为零）；

（2）"一般嵌固模型"，就是嵌固端水平位移完全约束（水平位移及竖向位移为零，而转角位移不为零，带地下室且在地下室顶面嵌固的模型就属于"一般嵌固模型"）；

（3）"按地下室刚度计算的嵌固模型"，就是将绝对嵌固端取在基础顶面，地下室按实际刚度并考虑土体对地下室刚度的影响。

2）不同嵌固端计算模型对计算结果的影响

（1）采用"绝对嵌固模型"，上部结构的侧向刚度计算值偏大，地震作用偏大，结构位移较小，楼层位移比及高层建筑底部按公式（3.5.2-2）计算的楼层侧向刚度比计算比较容易满足；上部结构的底部加强部位明确。"绝对嵌固模型"一般只用在结构的比较计算中，如：多塔楼复杂结构中的单塔楼模型比较计算、高层建筑底部按公式（3.5.2-2）计算的楼层侧向刚度比计算等。

（2）按"一般嵌固模型"计算，能较准确地反映在水平力（如风荷载、地震作用等）作用下上部结构的竖向构件在地下室顶面转动的实际情况，但夸大了地下室对嵌固端水平位移的约束刚度，上部结构的侧向刚度计算值仍偏大，地震作用偏大，结构位移较小，楼层位移比及高层建筑底部按公式（3.5.2-2）计算的楼层侧向刚度比计算较不容易满足；上部结构的底部加强部位明确。"一般嵌固模型"可用在地下室侧向刚度较大，地下室水平位移足够小（小到可以忽略不计的程度）情况。一般工程，可优先考虑采用此计算模型。

（3）"按地下室刚度计算的嵌固模型"，能较好地模拟地下室对上部结构楼层侧向刚度的影响，反映在水平力（如风荷载、地震作用）作用下地下室产生水平位移和转角的实际情况。但要准确模拟地下室外填土对地下室侧向刚度的影响较为困难，计算前提较粗，计算结果的可信度较低，高层建筑底部按公式（3.5.2-2）计算的楼层位移较难以满足。上部结构的底部加强部位位置（涉及内力调整、抗震构造措施等）不应随嵌固端的下移而变化。"按地下室刚度计算的嵌固模型"可用在地下室侧向刚度较小，地下室水平位移较大（大到无法忽略的程度）的情况，尽管本计算模型从理论上说是对地下室的最合理模拟，但由于地基计算参数取值的复杂性和不确定性，因此，一般情况下不建议采用。必要时可采用此模型进行比较计算。

3. 复杂情况下上部结构嵌固部位的确定问题

实际工程中，上部结构嵌固部位的确定过程往往较为复杂（如：当主楼地下室顶板与裙房或纯地下室顶板标高错位时，当地下一层与首层的刚度比不满足要求时，当地下室顶板的完整性不满足要求时等），结构的嵌固端确定比较困难，建议应采用包络设计方法，进行不同嵌固部位的多模型比较计算，取不利值设计。

1）将地下室顶板作为上部结构的嵌固部位计算，主要用于结构整体计算指标的把握，上部结构首层及其以上楼层的结构设计，地下室与上部结构相关构件设计时，可考虑由地上一层向下延伸。

2）将上部结构的嵌固部位确定在地下一层地面或至基础顶面进行比较计算，确定嵌固部位下移对结构弹性层间位移角的影响等问题。

五、相关索引

1. 《抗震规范》的相关规定见其第 6.1.14 条。

2. 《高规》的相关规定见其第 3.5.2 条、附录 E.0.1 条。

3. 更多相关问题可查阅参考文献 [30] 第 6.1.14 条。

5.4 重力二阶效应及结构稳定

要点：

1. 结构的重力二阶效应与结构的刚重比有关，结构设计中应将重力二阶效应产生的内力、位移增量控制在一定的范围内（满足第 5.4.1 条规定时，结构内力增量控制在

10%以内，重力 P-Δ 效应可忽略不计；满足第 5.4.4 条规定时，结构内力增量控制在 20%以内，可确保结构的稳定）。简化的弹性计算方法（见《混凝土规范》附录 B）是考虑重力 P-Δ 效应的最简单可行的方法。

2.《高规》所关注的主要是结构的二阶效应（P-Δ 效应），而《混凝土规范》关注的主要是构件的重力二阶效应（P-δ 效应，见《混凝土规范》第 6.2.4 条）。一般情况下 P-Δ 效应与 P-δ 效应不应同时考虑，特殊情况下（当柱中部弯矩有可能大于柱端弯矩时）仍应考虑。

第 5.4.1 条

一、规范的规定

5.4.1 当高层建筑结构满足下列规定时，弹性计算分析时可不考虑重力二阶效应的不利影响。

1. 剪力墙结构、框架-剪力墙结构、板柱-剪力墙结构、筒体结构：

$$EJ_{\mathrm{d}} \geqslant 2.7 H^2 \sum_{i=1}^{n} G_i \tag{5.4.1-1}$$

2. 框架结构：

$$D_i \geqslant 20 \sum_{j=i}^{n} G_j / h_i \qquad (i = 1, 2, \cdots, n) \tag{5.4.1-2}$$

式中：EJ_{d}——结构一个主轴方向的弹性等效侧向刚度，可按倒三角形分布荷载作用下结构顶点位移相等的原则，将结构的侧向刚度折算为竖向悬臂受弯构件的等效侧向刚度；

H——房屋高度；

G_i、G_j——分别为第 i、j 楼层重力荷载设计值（注意：不是重力荷载代表值 G_{E}——编者注），取 1.2 倍的永久荷载标准值（即 $1.2g$——编者注）与 1.4 倍的楼面可变荷载标准值（即 $1.4p$——编者注）的组合值（即 $1.2g + 1.4p$——编者注）；

h_i——第 i 楼层层高；

D_i——第 i 楼层的弹性等效侧向刚度，可取该层剪力（V_i——编者注）与层间位移（Δ_i——编者注）的比值（即 $D_i = V_i / \Delta_i$——编者注）；

n——结构计算总层数。

二、对规范规定的理解

1. 本条提出的是对结构重力二阶效应（P-Δ 效应）的上限要求（即对重力二阶效应可忽略不计时的刚重比要求），当结构的刚重比满足规范本条要求时，结构的二阶效应影响相对较小，结构按弹性分析的二阶效应对结构的内力位移的增量控制在 5%以内，在考虑实际刚度折减 50%的情况下，结构内力增量可控制在 10%以内，重力 P-Δ 效应可以忽略不计。

2. 在水平力作用下，带有剪力墙或筒体的高层建筑结构的变形形态为弯剪型，框架结构的变形形态为剪切型。计算分析表明，重力荷载在水平作用位移效应上引起的二阶效应（即重力 P-Δ 效应）有时比较严重。对混凝土结构，随着结构刚度的降低，重力二阶效应的不利影响呈非线性增长。因此，对结构的弹性刚度和重力荷载作用的关系应加以限制，如果结构满足本条要求，重力二阶效应的影响相对较小，可忽略不计。

3. 结构的弹性等效侧向刚度 EJ_d，可近似按倒三角形分布荷载作用下结构顶点位移相等的原则，将结构的侧向刚度折算为竖向悬臂受弯构件的等效侧向刚度。假定倒三角形分布荷载的最大值为 q，在该荷载作用下结构顶点质心的弹性水平位移为 u，房屋高度为 H，则结构的弹性等效侧向刚度 EJ_d 可按下式计算：

$$EJ_d = \frac{11qH^4}{120u} \tag{5.4.1-3}$$

三、结构设计建议

1. 在地震作用下相应于第一振型的水平地震力分布接近倒三角形分布，风荷载分布也近似倒三角形分布，灵活应用公式（5.4.1-3）可很容易估算出水平作用力 q、结构顶点水平位移 u 与结构等效侧向刚度 EJ_d 的数值。

2. 实际工程中可依据公式（5.4.1-3），在已知作用的侧向荷载 q 及其作用下的结构顶点位移 u 的情况下，可估算出结构的等效侧向刚度 EJ_d；也可在已知结构等效侧向刚度 EJ_d 及作用侧向荷载 q 的情况下，估算结构的顶点水平位移 u。

3. 《高规》采用刚重比对结构的稳定性进行简单判别，当结构的刚重比不满足本条规定时，应对结构进行较为细致的结构稳定分析，验算结构的抗倾覆稳定性。房屋高宽比较大的高层建筑应特别注意验算。

四、相关索引

《混凝土规范》的相关规定见其第 6.2.4 条。

第 5.4.2 条

一、规范的规定

5.4.2 当高层建筑结构不满足本规程第 5.4.1 条的规定时，结构弹性计算时应考虑重力二阶效应对水平力作用下结构内力和位移的不利影响。

二、对规范规定的理解

1. 不满足第 5.4.1 条时，应考虑重力二阶效应。

2. 混凝土结构在水平力作用下，如果侧向刚度不满足第 5.4.1 条的规定时，应考虑重力二阶效应（P-Δ 效应，注意此处 Δ 为质心位移，不考虑偶然偏心）对结构构件的不利影响，可按第 5.4.3 条的规定计算，但重力二阶效应产生的内力、位移增量宜控制一定范围，不宜过大（《高规》第 5.4.4 条提出刚重比的下限要求，在考虑结构弹性刚度折减 50% 的情况下，重力 P-Δ 效应仍可控制在 20% 以内，结构的稳定具有适当的安全储备）。

3. 考虑二阶效应后计算的位移（采用简化方法计算时，应对未考虑重力二阶效应的计算结果乘以结构位移增大系数，见第 5.4.3 条）仍应满足本规程第 3.7.3 条的规定。

第 5.4.3 条

一、规范的规定

5.4.3 高层建筑结构重力二阶效应可采用有限元方法进行计算；也可采用对未考虑重力二阶效应的计算结果乘以增大系数的方法近似考虑。近似考虑时，结构位移增大系数 F_1、F_{1i} 以及结构构件弯矩和剪力增大系数 F_2、F_{2i} 可分别按下列规定计算，位移计算结果仍应满足本规程第 3.7.3 条的规定。

对框架结构，可按下列公式计算：

$$F_{1i} = \cfrac{1}{1 - \sum\limits_{j=i}^{n} G_j / (D_i h_i)} \qquad (i = 1, 2, \cdots, n) \tag{5.4.3-1}$$

$$F_{2i} = \cfrac{1}{1 - 2 \sum\limits_{j=i}^{n} G_j / (D_i h_i)} \qquad (i = 1, 2, \cdots, n) \tag{5.4.3-2}$$

对剪力墙结构、框架-剪力墙结构、筒体结构，可按下列公式计算：

$$F_1 = \cfrac{1}{1 - 0.14 H^2 \sum\limits_{i=1}^{n} G_i / (EJ_d)} \qquad (i = 1, 2, \cdots, n) \tag{5.4.3-3}$$

$$F_2 = \cfrac{1}{1 - 0.28 H^2 \sum\limits_{i=1}^{n} G_i / (EJ_d)} \qquad (i = 1, 2, \cdots, n) \tag{5.4.3-4}$$

二、对规范规定的理解

1. 重力 P-Δ 效应可采用有限元分析计算，也可按简化的弹性方法近似考虑。增大系数法是一种简单近似的考虑重力 P-Δ 效应的方法。

1）有限元方法

采用有限元方法，考虑重力二阶效应对结构的影响，采用具备有限元分析模型的计算程序计算。

2）增大系数法

（1）增大系数法可采用本条规定的方法，对未考虑重力二阶效应的计算结果乘以适当的增大系数；其增大系数依据不同的结构形式分别按规范公式（5.4.3-1）～（5.4.3-4）计算。注意：结构位移增大系数为 F_1、F_{1i}，结构构件弯矩和剪力增大系数为 F_2、F_{2i}。

（2）增大系数法也可采用《混凝土规范》附录 B 的方法。

3）弹性方法

结构的重力二阶效应可采用弹性方法计算，即在结构分析中对构件的弹性抗弯刚度 $E_c I$ 乘以表 5.4.3-1 的折减系数。

表 5.4.3-1　用弹性方法计算重力二阶效应时构件的弹性抗弯刚度 $E_c I$ 折减系数

构件名称	梁	柱	剪力墙及核心筒壁
折减系数	0.4	0.6	0.45

2. 考虑重力 P-Δ 效应的结构位移可采用未考虑重力二阶效应的位移（按弹性方法计算）乘以位移增大系数（由于《高规》第 3.7.3 条规定的位移限值是按弹性方法计算的，因此位移增大系数计算时，<u>不考虑结构刚度的折减</u>），但位移限制条件不变。

3. 考虑重力 P-Δ 效应的结构构件（梁、柱、剪力墙）内力可采用未考虑重力二阶效应的内力（按弹性方法计算）乘以内力增大系数（内力增大系数计算时，<u>考虑结构刚度的折减</u>，折减系数近似取 0.5，以适当提高结构构件承载力的安全储备）。

三、结构设计建议

1. 对板柱-剪力墙结构也应考虑重力二阶效应的不利影响，其计算方法可参考框架-

剪力墙结构。

2. 依据《抗震规范》第 3.6.3 条的规定："混凝土柱考虑多遇地震作用产生的重力二阶效应的内力时，不应与《混凝土规范》承载力计算时考虑的重力二阶效应重复"，即 $P\text{-}\Delta$ 效应与 $P\text{-}\delta$ 效应不重复考虑。$P\text{-}\delta$ 效应指轴向压力在挠曲杆件中产生的二阶效应，是偏压杆件中由轴向压力在产生了挠曲变形的杆件内引起额外曲率和弯矩增量。

1) 对反弯点在柱高中部（即沿柱高弯矩不同号）的偏心受压构件中，$P\text{-}\delta$ 效应虽然能增大构件除两端区域外各截面的曲率和弯矩，但增大后的弯矩一般不会超过构件两端控制截面的弯矩，因此，这种情况下，$P\text{-}\delta$ 效应不会对杆件截面的偏心受压承载力产生不利影响。

2) 对反弯点不在柱高范围内（即沿柱高均为同号弯矩）的较细长且轴压比偏大的偏心受压构件中，经 $P\text{-}\delta$ 效应增大后杆件中部的弯矩，有可能超过杆件两端控制截面的弯矩，此时，必须考虑 $P\text{-}\delta$ 效应对杆件截面的偏心受压承载力产生的不利影响。

3) $P\text{-}\delta$ 效应的计算主要指《混凝土规范》第 6.2.3 条、第 6.2.4 条、第 6.2.5 条规定的内容。

四、相关索引

《混凝土规范》的相关规定见其第 6.2.3 条、第 6.2.4 条、第 6.2.5 条及其附录 B。

第 5.4.4 条

一、规范的规定

5.4.4 高层建筑结构的整体稳定性应符合下列规定：

1. 剪力墙结构、框架–剪力墙结构、筒体结构应符合下式要求：

$$EJ_d \geqslant 1.4H^2 \sum_{i=1}^{n} G_i \tag{5.4.4-1}$$

2. 框架结构应符合下式要求：

$$D_i \geqslant 10 \sum_{j=i}^{n} G_j / h_i \qquad (i = 1, 2, \cdots, n) \tag{5.4.4-2}$$

二、对规范规定的理解

1. 本条提出的是对结构重力二阶效应（$P\text{-}\Delta$ 效应）的下限要求（即确保结构稳定性的最小刚重比要求）。

2. 高层建筑结构的稳定设计主要是控制风荷载或地震作用下，重力荷载产生的二阶效应（常称其为重力 $P\text{-}\Delta$ 效应）不致过大，避免引起结构的失稳倒塌。

3. 结构的刚重比（结构刚度和重力荷载之比）是影响 $P\text{-}\Delta$ 效应的主要参数，当结构的刚重比满足本条规定（刚重比的下限值）时，在考虑结构弹性刚度折减 50% 的情况下，重力 $P\text{-}\Delta$ 效应可控制在 20% 范围内，结构的稳定具有适当的安全储备。而当结构的刚重比进一步减小时，则重力 $P\text{-}\Delta$ 效应将会呈现非线性关系而急剧增长，直至引起结构的整体失稳。

4. 对高层建筑结构，当结构的设计水平力较小（如计算楼层的剪重比 $\lambda < 0.02$）时，结构刚度虽能满足水平位移限值要求，但往往不能满足结构的稳定要求，因此，6 度、7 度（$0.10g$）地区建筑结构及 6 度、7 度（$0.10g$、$0.15g$）地区的长周期结构应特别注意，

尤其是高宽比较大的高层建筑结构。

5. 规范的本条规定是结构稳定验算的最低标准，无充分依据时不应放松要求，当不满足本条规定时，应调整并增加结构的侧向刚度。

6. 研究表明，高层建筑混凝土结构仅在竖向重力荷载作用下产生整体失稳的可能性很小。高层建筑结构的稳定设计主要是控制在风荷载或水平地震作用下，重力荷载产生的二阶效应（重力 P-Δ 效应）不致过大，以致引起结构的失稳倒塌。结构的刚度和重力荷载之比（刚重比）是影响重力 P-Δ 效应的主要参数。

7. 如结构的刚重比满足本条公式（5.4.4-1）或（5.4.4-2）的规定，则重力 P-Δ 效应可控制在20%之内，结构的稳定具有适宜的安全储备。若结构的刚重比进一步减小，则重力 P-Δ 效应将会呈非线性关系急剧增长，直至引起结构的整体失稳。在水平力作用下，高层建筑结构的稳定应满足本条的规定，不应再放松要求。

三、结构设计建议

对板柱-剪力墙结构也应考虑结构的整体稳定性问题，其计算方法可参考框架-剪力墙结构。

四、相关索引

结构剪重比要求见《抗震规范》第5.2.5条及《高规》的第4.3.12条。

5.5　结构弹塑性分析及薄弱层弹塑性变形验算

要点：

结构抗震设计的根本问题应该是结构在大震下的弹塑性变形控制问题，结构的弹塑性分析是解决复杂工程抗震问题的重要手段。本节各规定与《抗震规范》第5.5节规定的内容基本相同，相关说明可参考《抗震规范》。

第5.5.1条

一、规范的规定

5.5.1　高层建筑混凝土结构进行弹塑性计算分析时，可根据实际工程情况采用静力或动力时程分析方法，并应符合下列规定：

1. 当采用结构抗震性能设计时，应根据本规程第3.11节的有关规定预定结构的抗震性能目标；

2. 梁、柱、斜撑、剪力墙、楼板等结构构件，应根据实际情况和分析精度要求采用合适的简化模型；

3. 构件的几何尺寸、混凝土构件所配的钢筋和型钢、混合结构的钢构件应按实际情况参与计算；

4. 应根据预定的结构抗震性能目标，合理取用钢筋、钢材、混凝土材料的力学性能指标以及本构关系。钢筋和混凝土材料的本构关系可按现行国家标准《混凝土结构设计规范》GB 50010 的有关规定采用；

5. 应考虑几何非线性影响；

6. 进行动力弹塑性计算时，地面运动加速度时程的选取、预估罕遇地震作用时的峰值加速度取值以及计算结果的选用应符合本规程第 4.3.5 条的规定；

7. 应对计算结果的合理性进行分析和判断。

二、对规范规定的理解

1. 对重要的建筑结构、超高层建筑结构、复杂的高层建筑结构进行弹塑性计算分析，可以分析结构的薄弱部位、验证结构的抗震性能，是目前应用越来越多的一种方法。

2. 在进行结构弹塑性计算分析时，应根据工程的重要性、破坏后的危害性及修复的难易程度，设定结构的抗震性能目标，见《高规》第 3.11 节的有关规定。

3. 建立结构计算模型时，可根据结构构件的性能和分析的精度要求，采用恰当的简化分析模型。如梁、柱、斜撑可采用一维单元；墙、板可采用二维或三维单元。结构的几何尺寸、钢筋、型钢、钢构件等应按实际设计情况采用，不应简单采用弹性计算软件的分析结果。

4. 结构材料（钢筋、型钢、混凝土等）的性能指标（如变形模量、强度取值等）以及本构关系（constitutive relation，反映材料特定性质的数学模型。最熟知的本构关系有虎克定律、圣维南原理等），与预定的结构或结构构件的抗震性能目标有密切关系，应根据实际情况合理选用。如材料强度可分别取用设计值、标准值、抗拉极限值或实测值、实测平均值等。结构材料本构关系直接影响弹塑性分析结果，选择时应特别注意。钢筋和混凝土的本构关系，在《混凝土规范》附录 C 中有相应规定，可参考使用。

5. 结构弹塑性变形往往比弹性变形大很多，考虑结构几何非线性进行计算是必要的，结果的可靠性会也有所提高。

6. 与弹性静力分析计算相比，结构的弹塑性分析具有更大的不确定性，有时在局部区域会出现与弹性静力分析规律不一致的情况，这与地震波的选取、分析软件的计算模型、阻尼的取值、构件损伤程度的衡量、有限元的划分以及设计人员的经验等多种条件及人为因素有关，弹塑性计算分析的结果是否合理，应根据工程经验进行分析和判断，对计算中出现的不合理的怪异现象，还应与软件编制人员沟通并共同研究解决。

第 5.5.2 条

一、规范的规定

5.5.2 在预估的罕遇地震作用下，高层建筑结构薄弱层（部位）弹塑性变形计算可采用下列方法：

1. 不超过 12 层且层侧向刚度无突变的框架结构可采用本规程第 5.5.3 条规定的简化计算法。

2. 除第 1 款以外的建筑结构可采用弹塑性静力或动力分析方法。

二、对规范规定的理解

1. 本条规定对抗震设计高层建筑结构（包括 6 度区）均需要验算薄弱层弹塑性变形。

2. 对满足《高规》第 5.4.4 条规定但不满足第 5.4.1 条规定的结构，计算弹塑性变形时应考虑重力二阶效应的不利影响，或对未考虑重力二阶效应计算的弹塑性变形乘以增大系数（可取增大系数 1.2）。

3. 采用弹塑性动力分析方法进行薄弱层验算时，宜符合以下要求：

1) 应按建筑场地类别和设计地震分组选用实际强震记录和人工模拟的加速度时程曲

线，其中实际强震记录的数量不应少于总数的 2/3。

2）地震波持续时间不宜少于 12s，数值化时距可取为 0.01s 或 0.02s。

3）输入地震波的最大加速度，可按表 5.5.2-1 采用。

表 5.5.2-1　弹塑性动力时程分析时输入地震加速度的最大值 A_{max}

抗震设防烈度	6 度	7 度（0.10g）	7 度（0.15g）	8 度（0.20g）	8 度（0.30g）	9 度
A_{max}（cm/s²）	125	220	310	400	510	620

三、相关索引

《抗震规范》的相关规定见其第 5.5.3 条。

第 5.5.3 条

一、规范的规定

5.5.3　结构薄弱层（部位）的弹塑性层间位移的简化计算，宜符合下列规定：

1. 结构薄弱层（部位）的位置可按下列情况确定：

1）楼层屈服强度系数沿高度分布均匀的结构，可取底层；

2）楼层屈服强度系数沿高度分布不均匀的结构，可取该系数最小的楼层（部位）和相对较小的楼层，一般不超过 2～3 处。

2. 弹塑性层间位移可按下列公式计算：

$$\Delta u_p = \eta_p \Delta u_e \tag{5.5.3-1}$$

或

$$\Delta u_p = \mu \Delta u_y = \frac{\eta_p}{\xi_y} \Delta u_y \tag{5.5.3-2}$$

式中：Δu_p——弹塑性层间位移（mm）；

Δu_y——层间屈服位移（mm）；

μ——楼层延性系数；

Δu_e——罕遇地震作用下按弹性分析的层间位移（mm）。计算时，水平地震影响系数最大值应按本规程表 4.3.7-1 采用；

η_p——弹塑性位移增大系数，当薄弱层（部位）的屈服强度系数不小于相邻层（部位）该系数平均值的 0.8 时，可按表 5.5.3 采用；当不大于该平均值的 0.5 时，可按表内相应数值的 1.5 倍采用；其他情况可采用内插法取值；

ξ_y——楼层屈服强度系数。

表 5.5.3　结构的弹塑性位移增大系数 η_p

ξ_y	0.5	0.4	0.3
η_p	1.8	2.0	2.2

二、对规范规定的理解

1. 罕遇地震作用下，结构薄弱层（部位）的弹塑性层间位移验算宜优先采用静力或动力时程分析法计算。

2. 在简化计算中，罕遇地震作用下弹塑性层间位移（Δu_p）建立在罕遇地震作用下按弹性分析的层间位移（Δu_e）的基础上，而在罕遇地震作用下，实际结构已进入弹塑性阶段，按弹性假定计算的位移其准确性大打折扣。因此，本条规定的简化计算方法属于估算的范畴，一般只适用于房屋层数不多（一般不宜超过 12 层）且侧向刚度无突变的框架结构（见第 5.5.2 条的规定）。

5.6 荷载组合和地震作用组合的效应

要点：

1. 所有建筑结构（无论地震区建筑还是非地震区建筑）都应考虑荷载作用的效应组合（永久荷载效应起控制作用时或可变荷载效应起控制作用时），地震区建筑还应考虑地震作用控制的效应组合，并按荷载效应组合和地震作用控制的效应组合的不利情况进行结构设计。地震作用效应与荷载效应的组合依据《荷载规范》、《抗震规范》和《高规》的相关规定并结合高层建筑的自身特点确定。

2. 要特别注意结构设计的最不利情况与荷载效应不利值之间的差别。

第 5.6.1 条

一、规范的规定

5.6.1 持久设计状况和短暂设计状况下，当荷载与荷载效应按线性关系考虑时，荷载基本组合的效应设计值应按下式确定：

$$S_d = \gamma_G S_{Gk} + \gamma_L \Psi_Q \gamma_Q S_{Qk} + \Psi_w \gamma_w S_{wk} \tag{5.6.1}$$

式中：S_d——荷载组合的效应设计值；

γ_G——永久荷载分项系数；

γ_Q——楼面活荷载分项系数；

γ_w——风荷载的分项系数；

γ_L——考虑结构设计使用年限的荷载调整系数，设计使用年限为 **50** 年时取 **1.0**，设计使用年限为 **100** 年时取 **1.1**；

S_{Gk}——永久荷载效应标准值；

S_{Qk}——楼面活荷载效应标准值；

S_{wk}——风荷载效应标准值；

Ψ_Q、Ψ_w——分别为楼面活荷载组合值系数和风荷载组合值系数，当永久荷载效应起控制作用时应分别取 **0.7** 和 **0.0**；当可变荷载效应起控制作用时应分别取 **1.0** 和 **0.6** 或 **0.7** 和 **1.0**。

注：对书库、档案库、储藏室、通风机房和电梯机房，本条楼面活荷载组合值系数取 **0.7** 的场合应取为 **0.9**。

二、对规范规定的理解

1. 根据现行国家标准《工程结构可靠性设计统一标准》GB 50153 以及《荷载规范》、《抗震规范》的有关规定，本条增加了考虑设计使用年限的荷载调整系数（即对于设计使用年限为 100 年时，其荷载的取值仍按设计基准期为 50 年及设计使用年限为 50 年考虑，只在效应组合时乘以设计使用年限的荷载调整系数 γ_L）。

2. 建筑结构工程中的作用（包括荷载）及作用效应基本上都遵循线性关系，第 5.6.1 条和第 5.6.3 条均适应于作用和作用效应呈线性对应关系的情况。如果结构上所受的作用和作用效应不符合线性关系，则作用效应组合应遵循现行国家标准《工程结构可靠性设计统一标准》GB 50153 的有关规定。

3. 楼面活荷载组合值系数 Ψ_Q 和风荷载组合值系数 Ψ_w 取值见表 5.6.1-1。

表 5.6.1-1　楼面活荷载组合值系数 ψ_Q 和风荷载组合值系数 ψ_w

系数	荷载效应情况	条件		取值
Ψ_Q	永久荷载效应起控制作用时	书库、档案库、储藏室、通风机房和电梯机房		0.9
		其他		0.7
	可变荷载效应起控制作用时	风荷载为主要可变荷载时	书库、档案库、储藏室、通风机房和电梯机房	0.9
			其他	0.7
		楼面活荷载为主要可变荷载时		1.0
Ψ_w		永久荷载效应起控制作用时		0.0
	可变荷载效应起控制作用时	风荷载为主要可变荷载时		1.0
		楼面活荷载为主要可变荷载时		0.6

4. 位移计算时，公式（5.6.1）中各分项系数均应取 1.0。

三、相关索引

《荷载规范》的相关规定见其第 3.2 节和 4.1 节。

第 5.6.2 条

一、规范的规定

5.6.2　持久设计状况和短暂设计状况下，荷载基本组合的分项系数应按下列规定采用：

1. 永久荷载的分项系数 γ_G：当其效应对结构承载力不利时，对由可变荷载效应控制的组合应取 1.2，对由永久荷载效应控制的组合应取 1.35；当其效应对结构承载力有利时，应取 1.0。

2. 楼面活荷载的分项系数 γ_Q：一般情况下应取 1.4。

3. 风荷载的分项系数 γ_w 应取 1.4。

二、对规范规定的理解

荷载分项系数依据对结构承载力有利不利的原则确定。但应注意在同一组合中同一工况的效应应采用相同的分项系数，以强柱弱梁计算中框架柱两侧的梁端弯矩计算为例，当计算梁端同时针方向的弯矩时，对同一工况的荷载（或地震作用）效应应取用相同的荷载（或地震作用）分项系数（而不是按各自梁端弯矩的有利或不利原则取值）。

三、相关索引

《荷载规范》的相关规定见其第 3.2.5 条和第 3.2.8 条。

第 5.6.3 条

一、规范的规定

5.6.3　地震设计状况下，当作用与作用效应按线性关系考虑时，荷载和地震作用基本组合的效应设计值应按下式确定：

$$S_d = \gamma_G S_{GE} + \gamma_{Eh} S_{Ehk} + \gamma_{Ev} S_{Evk} + \Psi_w \gamma_w S_{wk} \tag{5.6.3}$$

式中：S_d——荷载和地震作用组合的效应设计值；

$\quad S_{GE}$——重力荷载代表值的效应；

$\quad S_{Ehk}$——水平地震作用标准值的效应，尚应乘以相应的增大系数、调整系数；

$\quad S_{Evk}$——竖向地震作用标准值的效应，尚应乘以相应的增大系数、调整系数；

$\quad \gamma_G$——重力荷载分项系数；

$\quad \gamma_w$——风荷载分项系数；

$\quad \gamma_{Eh}$——水平地震作用分项系数；

$\quad \gamma_{Ev}$——竖向地震作用分项系数；

$\quad \Psi_w$——风荷载的组合值系数，应取 **0.2**。

二、对规范规定的理解

1. 本条规定中的地震作用标准值效应 S_{Ehk} 和 S_{Evk} 均"应乘以相应的增大系数和调整系数"，其中的"增大系数和调整系数"为"与抗震等级有关的增大系数和调整系数"。对照《高规》第 3.11.3 条的规定可发现，在设防烈度地震或预估的罕遇地震作用下，不考虑与抗震等级有关的增大系数和调整系数的地震作用标准值效应为 S_{Ehk}^* 和 S_{Evk}^*。

2. 位移计算时，公式（5.6.3）中各分项系数均应取 1.0。

三、相关索引

《抗震规范》的相关规定见其第 5.4.1 条。

第 5.6.4 条

一、规范的规定

5.6.4 地震设计状况下，荷载和地震作用基本组合的分项系数应按表 5.6.4 采用。当重力荷载效应对结构的承载力有利时，表 5.6.4 中 γ_G 不应大于 1.0。

表 5.6.4 地震设计状况时荷载和作用的分项系数

参与组合的荷载和作用	γ_G	γ_{Eh}	γ_{Ev}	γ_w	说明
重力荷载及水平地震作用	1.2	1.3	—	—	抗震设计的高层建筑结构均应考虑
重力荷载及竖向地震作用	1.2	—	1.3	—	9 度抗震设计时考虑；水平长悬臂和大跨度结构 7 度（0.15g）、8 度、9 度抗震设计时考虑
重力荷载、水平地震及竖向地震作用	1.2	1.3	0.5	—	9 度抗震设计时考虑；水平长悬臂和大跨度结构 7 度（0.15g）、8 度、9 度抗震设计时考虑
重力荷载、水平地震作用及风荷载	1.2	1.3	—	1.4	60m 以上的高层建筑考虑
重力荷载、水平地震作用、竖向地震作用及风荷载	1.2	1.3	0.5	1.4	60m 以上的高层建筑，9 度抗震设计时考虑；水平长悬臂和大跨度结构 7 度（0.15g）、8 度、9 度抗震设计时考虑
	1.2	0.5	1.3	1.4	水平长悬臂结构和大跨度结构，7 度（0.15g）、8 度、9 度抗震设计时考虑

注：1. g 为重力加速度；

　　2. "—"表示组合中不考虑该项荷载或作用效应。

二、对规范规定的理解

1. "水平长悬臂和大跨度结构 7 度（0.15g）、8 度、9 度抗震设计时考虑"指：适用于地震作用 7 度（0.15g，注意：7 度 0.10g 可不考虑）、8 度（0.20g 及 0.30g）、9 度（0.40g）的水平长悬臂和大跨度结构。

2. **"水平长悬臂结构和大跨度结构，7 度（0.15g）、8 度、9 度抗震设计时考虑"**指：适用于 7 度（0.15g，注意：7 度 0.10g 可不考虑）、8 度（0.20g 及 0.30g）、9 度（0.40g）的水平长悬臂和大跨度结构。

3. 实际工程中，应对表 5.6.4 中规定采用的各种组合方式进行分别计算，按最不利情况（注意这里的"最不利情况"不一定是效应值的最大值，而是结构设计的最不利情况，即抗力计算的最不利情况，对混凝土结构指需要的构件截面最大，或配筋最多等）进行设计，而不能简单比较哪一组效应组合值的大或小，也不一定组合项越多效应就越大，效应值最大时也不一定是结构设计的最不利情况。

三、相关索引

《抗震规范》的相关规定见其第 5.4.1 条。

第 5.6.5 条

一、规范的规定

5.6.5 非抗震设计时，应按本规程第 5.6.1 条的规定进行荷载组合的效应计算。抗震设计时，应同时按本规程第 5.6.1 条和 5.6.3 条的规定进行荷载和地震作用组合的效应计算；按本规程第 5.6.3 条计算的组合内力设计值，尚应按本规程的有关规定进行调整。

二、对规范规定的理解

1. 非抗震设计的高层建筑结构只需按公式（5.6.1）要求计算荷载效应组合，而抗震设计的高层建筑结构，除需按公式（5.6.1）要求计算荷载效应组合外，还应按需按公式（5.6.3）要求计算地震作用控制的效应组合，结构设计时取公式（5.6.1）与公式（5.6.3）的不利情况（注意：不是效应值的不利情况，而应是结构抗力设计的不利情况，相关问题见第 5.6.4 条）。由此可以发现，抗震设计的建筑结构，其效应组合是在非抗震设计基础上的再组合（要满足非抗震设计的效应组合要求，还要满足抗震设计的效应组合要求），其组合的种类要比非抗震设计时大量增加。

2. 对抗震设计的高层建筑结构，应先组合（注意：对地震作用标准值效应，应先考虑抗震等级的相应调整系数，而后参与组合，相关问题见第 5.6.3 条）后调整，即：应按公式（5.6.1）和公式（5.6.3）计算荷载效应和地震作用效应组合后，再按本规程的有关规定对组合内力进行必要的调整（如强柱弱梁、强剪弱弯及强柱根要求等）。

3. 同一构件的不同截面或不同设计要求（承载力极限状态设计或正常使用极限状态设计）时，可能对应于不同的组合工况，应分别进行验算。

三、相关索引

《抗震规范》的相关规定见其第 6.2 节。

6 框架结构设计

说明：

1. 框架结构作为一种主要的结构形式，由于其抗侧刚度一般较小（其耗能能力约为剪力墙结构的 1/20），因此，在高层建筑中的应用受到一定的制约（房屋高度接近框架结构限值时，应采用框架-剪力墙结构、框架-核心筒结构、剪力墙结构等侧向刚度较大的结构体系）。框架结构的设计计算应满足规范规定的基本要求并采取相应的抗震构造措施。

2. 本章规定的内容适用于框架结构的框架及其他结构中的框架（特殊说明者除外）。

6.1 一 般 规 定

要点：

和《抗震规范》一样，《高规》对框架结构（包括其他结构中的框架）设计提出了相关的设计要求。

第 6.1.1 条

一、规范的规定

6.1.1　框架结构应设计成双向梁柱抗侧力体系。主体结构除个别部位外，不应采用铰接。

二、对规范规定的理解

1. 本条规定的"个别部位"可理解为个别框架梁的梁端部位，即部分框架梁端出现塑性铰应以不危及结构的整体机制为前提，注意，这里说的"铰接"主要指"塑性铰"而不应是"滑动铰"。

2. 个别部位的铰接做法见图 6.1.1-1。

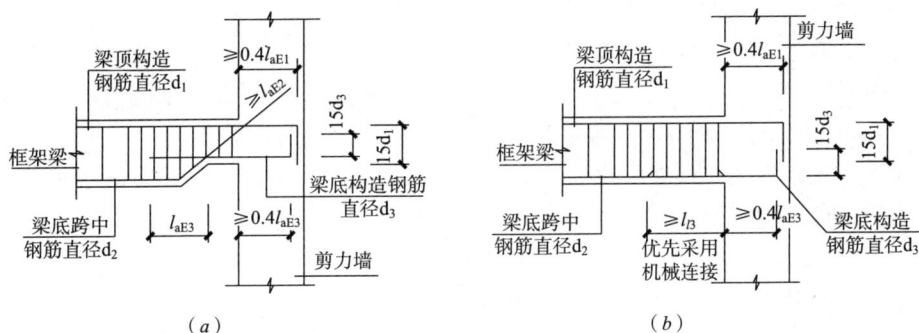

图 6.1.1-1　梁与柱（或墙平面外）连接的铰接处理

(a) 梁端变截面铰接；(b) 梁端等截面铰接

197

第 6.1.2 条

一、规范的规定

6.1.2 抗震设计的框架结构不应采用单跨框架。

二、对规范规定的理解

1. "单跨框架"是指框架只有一跨的情况（即每层每榀框架只有两根框架柱和一根框架梁），"单跨框架结构"是指整栋建筑全部采用单跨框架的结构，不包括仅局部为单跨框架的框架结构和框架-剪力墙结构中的单跨框架。

2. 震害调查表明：单跨框架结构，尤其是多层及高层建筑结构中的单跨框架结构，震害严重。因此，抗震设计的框架结构不应采用冗余度低的"单跨框架结构"也不宜采用"单跨框架"。

3. 本条规定宜表述为"抗震设计时不应采用单跨框架结构"，即：在高层建筑中，不应采用单跨框架结构（不宜采用单跨框架），与《抗震规范》第 6.1.5 条的规定一致。

4. "单跨框架"可在框架-剪力墙结构等多道防线结构中采用。

三、相关索引

1. 在超限高层建筑结构中，对单跨框架的限制要求见住房及城乡建设部建质［2015］第 67 号（详附录 F）。

2. 《抗震规范》对单跨框架结构的限制要求见其第 6.1.5 条。

第 6.1.3 条

一、规范的规定

6.1.3 框架结构的填充墙及隔墙宜选用轻质墙体。抗震设计时，框架结构如采用砌体填充墙，其布置应符合下列规定：

1. 避免形成上、下层刚度变化过大。

2. 避免形成短柱。

3. 减少因抗侧刚度偏心所造成的结构扭转。

二、对规范规定的理解

1. 对本条第 1 款的规定，在结构设计中应特别注意，往往由于上、下层建筑隔墙的布置不同，形成上、下层抗侧刚度的过大变化，设计中应要求上、下层建筑隔墙有规律均匀变化，必要时，应采取措施，减少因隔墙布置引起的上、下层抗侧刚度的过大变化。

2. 在框架柱之间嵌砌隔墙，容易形成框架短柱，设计时应特别注意，可按《砌体规范》的要求，在填充墙与框架柱之间设缝。当无法避免时，应对短柱采取减小轴压比、全层通高加密箍筋等加强措施。

3. 对照本条第 3 款的规定，结构设计时应特别注意填充墙的平面布置不均匀、不对称造成结构的扭转。

三、结构设计的相关问题

1. 实际工程中，结构设计对填充墙的设置的对称性、均匀性问题很少关注，原因有二：

1）一是，长期以来结构设计人员往往只关注填充墙的荷载问题，对主体结构侧向刚度的影响（通过填充墙对结构的周期折减系数得以体现）及填充墙形成的框架短柱（结构设计中采取填充墙与主体结构的脱离措施，或对框架柱采取抗剪加强措施等）等问题，很少关注填充墙的不均匀性及不对称性对主体结构造成的扭转和对上、下层刚度不规则的影响。

2）二是，填充墙设置多属于建筑使用功能问题，结构设计人员很难在填充墙的设置上有发言权，结构设计在填充墙设置管理方面存在着事实上的盲区，严重影响到框架结构的抗震性能（对框架-剪力墙结构、剪力墙结构等侧向刚度较大及抗扭能力较强的的结构体系，其影响程度相对较小）。

2. 结构设计应按本条规定要求，更多关注填充墙设置的均匀对称性（上下均匀，平面均匀对称）问题，还应密切注意房屋改造时的填充墙设置问题。

四、相关索引

《抗震规范》的相关规定见其第 3.7.4 条，《高规》的相关规定见第 4.3.16、4.3.17 条。

第 6.1.4 条

一、规范的规定

6.1.4 抗震设计时，框架结构的楼梯间应符合下列规定：

1. 楼梯间的布置应尽量减小其造成的结构平面不规则。

2. 宜采用现浇钢筋混凝土楼梯，楼梯结构应有足够的抗倒塌能力。

3. 宜采取措施减小楼梯对主体结构的影响。

4. 当钢筋混凝土楼梯与主体结构整体连接时，应考虑楼梯对地震作用及其效应的影响，并应对楼梯构件进行抗震承载力验算。

二、对规范规定的理解

1. 震害调查表明，楼梯间设置不当或抗震措施不到位时危害严重，其抗震"安全岛"和"主要疏散通道"的作用难以发挥。

2. 应从概念设计出发，判别楼梯间设置对结构平面不规则的影响程度。楼梯间的设置应遵循均匀对称原则，避免在房屋端部、角部设置楼梯间，避免楼梯间设置造成结构刚度的较大改变，避免造成结构的扭转不规则。

3. 当楼梯构件与主体结构整浇时，楼梯板起斜撑的作用，对主体结构的刚度、承载力及整体结构的规则性影响很大。

三、结构设计建议

1. 本条规定"楼梯间的布置应尽量减小其造成的结构平面不规则"，及《抗震规范》第 6.1.15 条规定的"楼梯间的布置不应导致结构平面特别不规则"，均是对楼梯设计的最基本要求，不仅适用于框架结构的楼梯，同样也适用于其他各类结构的楼梯。

2. 在其他各类结构（如框架-剪力墙结构、框架-核心筒结构、剪力墙结构）中，由于结构自身刚度较大，楼梯的斜撑作用对主体结构的影响较小。当楼梯四周设置混凝土剪力墙时，楼梯对主体结构的影响可以忽略。

3. 减小楼梯构件对主体结构刚度影响的构造措施，可结合工程具体情况确定，一般情况下，可采取将楼梯平台与主体结构脱开的办法（或在每梯段下端梯板与平台或楼层之间设置水平隔离缝），以切断楼梯平台板与主体结构的水平传力途径，使每层楼梯平台板支承在楼面梁上且对结构的侧向刚度影响降低到最低限度。楼梯间四角宜设置落地框架柱。

4. 采用图 6.1.4-1 做法时，楼梯柱的设置及截面面积应满足框架柱的要求（见第

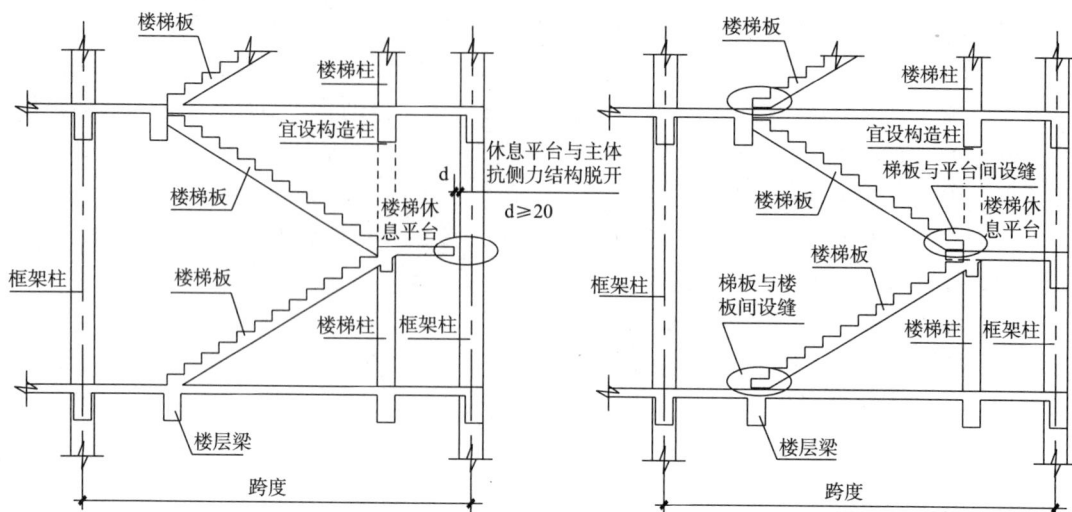

图 6.1.4-1　减小楼梯对主体结构影响的做法示意

6.4.1 条），梯板上部应设置配筋率不小于 0.1％的通长钢筋，梯板周边应设置暗梁或钢筋带，休息平台柱与上层结构之间宜设构造柱，加强拉接。

5. 楼梯间两侧填充墙与柱之间的拉结要求应满足《抗震规范》、《砌体规范》相关规定的要求。构造柱的可按《抗震规范》第 7.3.1 条及第 7.4.1 条要求设置。

四、相关索引

1.《抗震规范》的相关规定见其第 6.3.5 条、第 7.3.1 条、第 7.4.1 条、第 13.3.4 条。

2.《砌体规范》的相关规定见其第 3.1.2 条。

第 6.1.5 条

一、规范的规定

6.1.5　抗震设计时，砌体填充墙及隔墙应具有自身稳定性，并应符合下列规定：

1. 砌体的砂浆强度等级不应低于 M5，当采用砖及混凝土砌块时，砌块的强度等级不应低于 MU5；采用轻质砌块时，砌块的强度等级不应低于 MU2.5；墙顶应与框架梁或楼板密切结合。

2. 砌体填充墙应沿框架柱全高每隔 500mm 左右设置 2 根直径 6mm 的拉筋，6 度时拉筋宜沿墙全长贯通，7、8、9 度时拉筋应沿墙全长贯通。

3. 墙长大于 5m 时，墙顶与梁（板）宜有钢筋拉结；墙长大于 8m 或层高的 2 倍时，宜设置间距不大于 4m 的钢筋混凝土构造柱；墙高超过 4m 时，墙体半高处（或门洞上皮）宜设置与柱连接且沿墙全长贯通的钢筋混凝土水平系梁。

4. 楼梯间采用砌体填充墙时，应设置间距不大于层高且不大于 4m 的钢筋混凝土构造柱并采用钢丝网砂浆面层加强。

二、对规范规定的理解

1. 在汶川地震中，砌体填充墙的破坏严重，造成倒塌伤人。

2. "砖及混凝土砌块"指轻质砌块以外的所有砌块，一般常用做外墙及卫生间填充墙体材料，砌块的强度等级较高（不应低于 MU5 级）。

3. 内墙一般采用轻质砌块，且约束条件较好，填充墙体的砌块强度等级可以适当降低（不应低于 MU2.5 级）。

4. 多本规范对填充墙的材料要求各不相同（见表 6.1.5-1）：

1）《高规》本条第 1 款的规定对"砖及混凝土砌块"和"轻质砌块"分别提出强度等级要求。同时考虑"砖及混凝土砌块"的强度等级一般较高，因而提出较高的强度等级要求，而对于"轻质砌块"则强度等级较低，一般仅可适用于层高较小的楼层。

2）《抗震规范》第 13.3.4 条第 2 款规定："实心块体的强度等级不宜低于 MU2.5，空心块体的强度等级不宜低于 MU3.5"。《抗震规范》区分实心块体砌体墙和空心块体砌体墙的不同抗震性能（实心块体砌体墙的均匀性及抗震性能要优于空心块体砌体墙），分别对块体提出相应的强度等级要求，从抗震概念设计角度看，《抗震规范》的规定更合理。

3）《砌体规范》第 3.1.2 条规定：自承重的空心砖、轻集料混凝土砌块的强度等级应不低于 MU3.5 级。

表 6.1.5-1　各规范对砌体填充墙材料要求汇总

规范	材料	强度等级		理解与应用
《高规》	砖及混凝土砌块	≥MU5	区分轻质与一般块体	现阶段可执行《抗震规范》的规定，并结合其他规范的规定，适当提高块体的强度等级
	轻质砌块	≥MU2.5		
《抗震规范》	实心块体	≥MU2.5	区分实心与空心块体	
	空心块体	≥MU3.5		
《砌体规范》	自承重的空心砖、轻集料混凝土砌块	≥MU3.5	不区分块体统一要求	

三、结构设计建议

1. 对填充墙块体的强度等级要求，现阶段可执行《抗震规范》的规定，并可结合多本规范的规定综合确定块体的强度等级，有条件时可适当提高实心块体的强度等级。

2. 应加强构造柱与框架梁或楼板的连接（必要时应加密构造柱布置），可根据需要（填充墙的稳定需要、填充墙与其顶部梁板的连接需要等）在墙顶设置钢筋混凝土压顶梁（与构造柱交圈）。

3. 楼梯间采用砌体填充墙时，应采取更严格的抗震措施（加密设置构造柱，构造柱间距不大于 4m；砌体填充墙设置直径不小于 4mm，间距不大于 150mm 的钢筋网，砂浆面层厚度不小于 30mm，宜双面设置），确保作为人流疏散通道的楼梯间墙的抗震安全。结构设计时还应特别注意：对疏散通道两侧的隔墙，也应采取上述抗震加强措施（必要时，应在结构设计总说明中予以说明，以防遗漏）。

4. 实际工程中，楼梯间四角应设框架柱（砌体结构设构造柱），还宜结合《抗震规范》第 7.3.1 条的要求设置构造柱（楼梯斜段上、下端对应墙体处的四根构造柱，楼梯间四角的框架柱或构造柱，共有 8 根构造柱或框架柱）及《抗震规范》按第 7.3.8 条规定设置圈梁（楼层半高处的圈梁），以实现楼梯间成为"应急疏散安全岛"的抗震设计构想。

四、相关索引

1.《抗震规范》的相关规定见其第 13.3.3 条。

2.《砌体规范》的相关规定见其第 3.1.2 条。

第 6.1.6 条

一、规范的规定

6.1.6 框架结构按抗震设计时，不应采用部分由砌体墙承重之混合形式。框架结构中的楼、电梯间及局部出屋顶的电梯机房、楼梯间、水箱间等，应采用框架承重，不应采用砌体墙承重。

二、对规范规定的理解

在同一结构单元中采用不同的结构体系，其抗侧刚度、变形能力等相差很大，将对建筑的抗震产生不利影响，结构抗震设计中将难以估计结构的地震反应。高层建筑结构严格禁止在同一结构单元中不同结构体系的混杂。

第 6.1.7 条

一、规范的规定

6.1.7 框架梁、柱中心线宜重合。当梁柱中心线不能重合时，在计算中应考虑偏心对梁柱节点核心区受力和构造的不利影响，以及梁荷载对柱子的偏心影响。

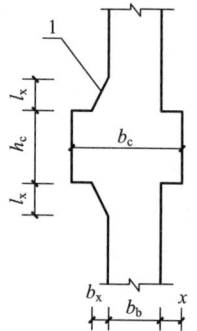

图 6.1.7 水平
加腋梁
1-梁水平加腋

梁、柱中心线之间的偏心距，9 度抗震设计时不应大于柱截面在该方向宽度的 1/4；非抗震设计和 6~8 度抗震设计时不宜大于柱截面在该方向宽度的 1/4，如偏心距大于该方向柱宽的 1/4 时，可采取增设梁的水平加腋（图 6.1.7）等措施。设置水平加腋后，仍须考虑梁柱偏心的不利影响。

1. 梁的水平加腋厚度可取梁截面高度，其水平尺寸宜满足下列要求：

$$b_x/l_x \leqslant 1/2 \qquad (6.1.7-1)$$

$$b_x/b_b \leqslant 2/3 \qquad (6.1.7-2)$$

$$b_b + b_x + x \geqslant b_c/2 \qquad (6.1.7-3)$$

式中：b_x——梁水平加腋宽度（mm）；

l_x——梁水平加腋长度（mm）；

b_b——梁截面宽度（mm）；

b_c——沿偏心方向柱截面宽度（mm）；

x——非加腋侧梁边到柱边的距离（mm）。

2. 梁采用水平加腋时，框架节点有效宽度 b_j 宜符合下式要求：

1）当 $x=0$ 时，b_j 按下式计算：

$$b_j \leqslant b_b + b_x \qquad (6.1.7-4)$$

2）当 $x \neq 0$ 时，b_j 取（6.1.7-5）和（6.1.7-6）二式计算的较大值，且应满足公式（6.1.7-7）的要求：

$$b_j \leqslant b_b + b_x + x \qquad (6.1.7-5)$$

$$b_j \leqslant b_b + 2x \qquad (6.1.7-6)$$

$$b_j \leqslant b_b + 0.5h_c \qquad (6.1.7-7)$$

式中：h_c——柱截面高度（mm）。

二、对规范规定的理解

1. 9 度设计时梁柱偏心的限值不应（《抗震规范》为不宜）大于柱截面在该方向宽度的 1/4，参见《抗震规范》第 6.1.5 条。

2. 采用水平加腋的方法能明显改善梁柱节点承受反复荷载的性能。

三、结构设计建议

实际工程中，有条件时应优先考虑采用设置水平加腋的方法，通过采取构造措施改善水平力的传递路径，缓解框架梁柱偏心对框架梁柱节点的不利影响程度，并结合对框架梁柱偏心的不利影响分析计算，采取综合措施确保结构安全。

四、相关索引

《抗震规范》的相关规定见其第 6.1.5 条及第 6.3.2 条。

第 6.1.8 条

一、规范的规定

6.1.8 不与框架柱相连的次梁，可按非抗震要求进行设计。

二、结构设计建议

1. 不与框架柱（包括框架-剪力墙结构中的柱）相连的次梁（包括与剪力墙的墙厚度方向相连的梁），可按非抗震设计。图 6.1.8-1 为框架楼层平面中的一个区格。梁 L1 两端不与框架柱相连，因而 L1 的构造可按非抗震的要求设计，例如：梁端箍筋不需要按抗震要求加密，仅需满足抗剪强度的要求，其间距也可按非抗震构件的要求；箍筋无需弯 135°钩，90°钩即可；纵筋的锚固、搭接等都可按非抗震设计确定等。

2. 一端与框架柱相连（包括与剪力墙墙长方向相连的梁跨高比大于 5 的连梁），另一端与梁（框架梁或次梁等）相连（如梁 L2，与 L1 不同），与框架柱（或剪力墙）相连端应按抗震设计，其要求应与框架梁相同，与梁相连端构造可同 L1 梁。

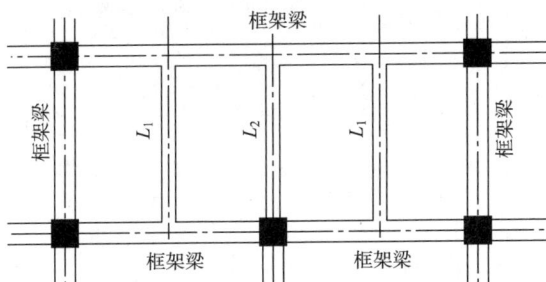

图 6.1.8-1 结构平面中的次梁

6.2 截 面 设 计

要点：

1. 本节包含框架（包括框架结构的框架及其他结构中的框架，特殊说明者除外）截面设计中与抗震等级相关的内容，涉及"强柱弱梁"、"强柱根"等框架设计的基本内容，也是施工图设计及施工图审查的重要内容，本节内容与《抗震规范》及《混凝土规范》相近，实际工程中应用时应相互参照。

2. 本节内容涉及钢筋混凝土结构构件的内力调整，系数多、相互关系错综复杂，梳理清楚有利于掌握规范"四强、四弱"的基本要求。主要问题有：框架柱柱端弯矩及剪力的确定、框架梁梁端剪力的确定、剪力墙剪力的确定等。

3. 对"一级框架结构及 9 度时的框架"，其计算要求无需符合对"其他情况"的规定。

4. 此处列出规范（含《抗震规范》）对构件内力调整的系数汇总表，以便于对比分析。

表 6.2.0-1　钢筋混凝土框架内力的调整系数

结构类型	构件类型	部位（规范条款号）	抗震等级	内力增大系数及其表达式【被增大对象】			备注
				弯矩	剪力	轴力	
框架结构	框架梁	全部框架梁 (3.10.3) (6.2.5)	特一级	1.0	1.2【对一级 V_c】	1.0	注1：按梁端弯矩设计值计算的剪力设计值
			一级		按公式（6.2.5-1）计算 V_c		
			二级		1.2【注1】		
			三级		1.1【注1】		
			四级		1.0【注1】		
	框架柱	底层柱柱底截面 (3.10.2) (6.2.2) (6.2.3) (6.2.4)	特一级	2.04=1.2×1.7 (2.244=1.1×2.04) 【注2】	1.2 (1.32=1.1×1.2) 【对一级 V_c】	1.0	注2：柱下端截面组合的弯矩计算值
			一级	1.7 (1.87=1.1×1.7) 【注2】	按公式（6.2.3-1）计算 V_c (1.1V_c)		
			二级	1.5 (1.65=1.1×1.5) 【注2】	1.95=1.3×1.5 (2.145=1.1×1.95) 【注2】		
			三级	1.3 (1.43=1.1×1.3) 【注2】	1.56=1.2×1.3 (1.716=1.1×1.56) 【注2】		
			四级	1.2 (1.32=1.1×1.2) 【注2】	1.32=1.1×1.2 (1.452=1.1×1.32) 【注2】		
		其他层框架柱端截面 (3.10.2) (6.2.1) (6.2.3) (6.2.4)	特一级	1.2 (1.32=1.1×1.2) 【对一级 M_c】	1.2 (1.32=1.1×1.2) 【对一级 V_c】	1.0	注3：节点左右梁端截面同时针方向组合的弯矩设计值之和 $\sum M_b$
			一级	按公式（6.2.1-1）计算 M_c (1.1M_c)	按公式（6.2.3-1）计算 V_c (1.1V_c)		
			二级	1.5 (1.65=1.1×1.5) 【注3】	1.95=1.3×1.5 (2.145=1.1×1.95) 【注3】		

续表6.2.0-1

结构类型	构件类型	部位（规范条款号）	抗震等级	内力增大系数及其表达式【被增大对象】			备注
				弯矩	剪力	轴力	
			三级	1.3 (1.43＝1.1×1.3) 【注3】	1.56＝1.2×1.3 (1.716＝1.1×1.56) 【注3】		
			四级	1.2 (1.32＝1.1×1.2) 【注3】	1.32＝1.1×1.2 (1.452＝1.1×1.32) 【注3】		
部分框支剪力墙结构	转换梁及框架梁	转换梁 (10.2.4)	特一级	1.9 【注4】	1.9 【注5】	1.9 【注6】	注4：水平地震作用下的计算弯矩 M_b； 注5：水平地震作用下的计算剪力 V_b； 注6：水平地震作用下的计算轴力 N_b；
			一级	1.6 【注4】	1.6 【注5】	1.6 【注6】	
			二级	1.3 【注4】	1.3 【注5】	1.3 【注6】	
		框架梁 (6.2.5)	同框架结构的框架梁				
	转换柱及框架柱	转换柱上端截面和底层柱柱底 (3.10.2) (3.10.4) (6.2.4) (10.2.11)	特一级	1.8 (1.98＝1.1×1.8) 【注7】	2.52＝1.2×2.1 (2.772＝1.1×2.52) 【注7】	1.8 【注8】	注7：柱端组合弯矩计算值（不考虑强柱弱梁要求）； 注8：地震作用下的计算轴力 N_c；
			一级	1.5 (1.65＝1.1×1.5) 【注7】	2.1＝1.4×1.5 (2.31＝1.1×2.1) 【注7】	1.5 【注8】	
			二级	1.3 (1.43＝1.1×1.3) 【注7】	1.56＝1.2×1.3 (1.716＝1.1×1.56) 【注7】	1.2 【注8】	
		转换柱的其他部位 (3.10.2) (10.2.11)	特一级	1.68＝1.2×1.4 (1.848＝1.1×1.68) 【注3】	2.352＝1.2×1.96 (2.587＝1.1×2.352) 【注3】	1.8 【注8】	
			一级	1.4 (1.54＝1.1×1.4) 【注3】	1.96＝1.4×1.4 (2.156＝1.1×1.96) 【注3】	1.5 【注8】	
			二级	1.2 (1.32＝1.1×1.2) 【注3】	1.44＝1.2×1.2 (1.584＝1.1×1.44) 【注3】	1.2 【注8】	
		框架柱	同"其他结构的框架"中的框架柱				
其他结构的框架	框架梁	一级时剪力调整系数1.3，其余同"框架结构"的框架梁					
	框架柱	底层柱柱底截面 (3.10.2) (6.2.3) (6.2.4)	特一级	1.2 (1.32＝1.1×1.2) 【对一级 M_c】	1.2 (1.32＝1.1×1.2) 【对一级 V_c】	1.0	
			9度的一级	1.0 (1.1＝1.1×1.0) 【注2】	按公式（6.2.3-1）计算 V_c (1.1V_c)		

205

续表 6.2.0-1

结构类型	构件类型	部位（规范条款号）	抗震等级	内力增大系数及其表达式【被增大对象】 弯矩	内力增大系数及其表达式【被增大对象】 剪力	轴力	备注
			一级		1.4 (1.54=1.1×1.4) 【注2】		
			二级	1.0 (1.1=1.1×1.0) 【注2】	1.2 (1.32=1.1×1.2) 【注2】	1.0	
			三、四级		1.1 (1.21=1.1×1.1) 【注2】		
		其他层框架柱 (3.10.2) (6.2.1) (6.2.3) (6.2.4)	特一级	1.2 (1.32=1.1×1.2) 【对一级 M_c】	1.2 (1.32=1.1×1.2) 【对一级 V_c】		
			9度的一级	按公式(6.2.1-2) 计算 M_c (1.1M_c)	按公式(6.2.3-1) 计算 V_c (1.1V_c)		
			一级	1.4 (1.54=1.1×1.4) 【注3】	1.96=1.4×1.4 (2.156=1.1×1.96) 【注3】	1.0	
			二级	1.2 (1.32=1.1×1.2) 【注3】	1.44=1.2×1.2 (1.584=1.1×1.44) 【注3】		
			三、四级	1.1 (1.21=1.1×1.1) 【注3】	1.21=1.1×1.1 (1.331=1.1×1.21) 【注3】		

注：1. 括号"（ ）"中数值用于角柱；
　　2. 特一级的相关规定见第3.10节；
　　3. 底层柱的配筋取柱上端和下端的大值；
　　4. 当参考文献［30］中数值与本表不一致时，以本表为准。

表 6.2.0-2　钢筋混凝土剪力墙设计内力的调整系数

结构类型	构件类型	部位（规范条款号）	抗震等级	内力调整系数及其表达式【被增大对象】 弯矩	内力调整系数及其表达式【被增大对象】 剪力	备注
普通高层结构	连梁	全部连梁 (3.10.5) (6.2.5)	特一级	同一级连梁	同一级连梁	注A：梁端截面组合的弯矩计算值； 注B：与梁端截面实配的正截面抗震受弯承载力相对应的弯矩值；
			9度的一级	1.0【注B】	1.1【注B】	
			一级	1.0【注A】	1.3【注A】	
			二级		1.2【注A】	
			三级		1.1【注A】	
			四级		1.0【注A】	
	一般剪力墙	底部加强部位 (3.10.5) (7.2.6)	特一级	1.1【注C】	1.9【注D】	注C：本层墙肢底部截面考虑地震作用组合的弯矩计算值；
			9度的一级	1.0【注C】	按公式(7.2.6-2)计算	
			一级	1.0【注C】	1.6【注D】	

续表 6.2.0-2

结构类型	构件类型	部位(规范条款号)	抗震等级	内力调整系数及其表达式【被增大对象】		备注
				弯矩	剪力	
复杂高层结构	一般剪力墙	底部加强部位(3.10.5)(7.2.6)	二级	1.0【注C】	1.4【注D】	注D：墙肢考虑地震作用组合的剪力计算值；注E：墙肢截面考虑地震作用组合的弯矩计算值；
			三级		1.2【注D】	
			四级		1.0【注D】	
		其他部位(3.10.5)(7.2.5)	特一级	1.3【注E】	1.4【注D】	
			一级	1.2【注E】	1.3【注D】	
			二、三、四级	1.0【注E】	1.0【注D】	
	短肢剪力墙	底部加强部位	同一般剪力墙的加强部位			1.68=1.2×1.4 为建议值，规范为 1.4，可根据工程情况确定，取不小于 1.4 的数值
		其他部位(3.10.5)(7.2.2)(7.2.5)	特一级	同一般剪力墙的其他部位	1.68=1.2×1.4【注D】	
			一级		1.4【注D】	
			二级		1.2【注D】	
			三级		1.1【注D】	
	连梁	所有连梁	同普通高层结构的"连梁"			
	落地剪力墙	转换结构中落地剪力墙的底部加强部位(3.10.5)(7.2.6)(10.2.18)	特一级	1.8【注F】	1.9【注D】	注F：墙肢底部截面考虑地震作用组合的弯矩计算值；
			一级	1.5【注F】	1.6【注D】	
			二级	1.3【注F】	1.4【注D】	
			三级	1.1【注F】	1.2【注D】	
		其他部位	同普通高层结构一般剪力墙的"其他部位"			
	短肢剪力墙	所有部位	同普通结构的"短肢剪力墙"			

注：1. "9度的一级"可不按表中"一级"要求调整；

    2. 特一级的相关规定见第 3.10 节。

第 6.2.1 条

一、规范的规定

6.2.1 抗震设计时，除顶层、柱轴压比小于 0.15 者及框支梁柱节点外，框架的梁、柱节点处考虑地震作用组合的柱端弯矩设计值应符合下列要求：

1. 一级框架结构及 9 度时的框架：

$$\sum M_c = 1.2 \sum M_{bua} \tag{6.2.1-1}$$

2. 其他情况：

$$\sum M_c = \eta_c \sum M_b \tag{6.2.1-2}$$

式中：$\sum M_c$——节点上、下柱端截面顺时针或逆时针方向组合弯矩设计值之和；上、下柱端的弯矩设计值，可按弹性分析的弯矩比例进行分配；

$\sum M_{\mathrm{b}}$——节点左、右梁端截面逆时针或顺时针方向组合弯矩设计值之和；当抗震等级为一级且节点左、右梁端均为负弯矩时，绝对值较小的弯矩应取零；

$\sum M_{\mathrm{bua}}$——节点左、右梁端逆时针或顺时针方向实配的正截面抗震受弯承载力所对应的弯矩值之和，可根据实际配筋面积（计入受压钢筋和梁有效翼缘宽度范围内的楼板钢筋）和材料强度标准值并考虑承载力抗震调整系数计算；

η_{c}——柱端弯矩增大系数。对框架结构，二、三级分别取 1.5 和 1.3；对其他结构中的框架，一、二、三、四级分别取 1.4、1.2、1.1 和 1.1 依据第 3.10.2 条规定，特一级为 $1.2 \times 1.4 = 1.68$——编者注。

二、对规范规定的理解

1. 本条规定中的 9 度应理解为本地区抗震设防烈度 9 度。

2. 由于框架柱的延性通常比框架梁的延性小，一旦框架柱形成了塑性铰，就会产生较大的层间侧移，并影响结构承受竖向荷载的能力。因此，在框架柱的设计中，有目的地增大框架柱的柱端弯矩设计值，体现了"强柱弱梁"的设计概念的要求。

3. 实际工程中应注意框架与框架结构的区别。

4. 本条仅适用于梁柱节点（即不适用于柱根截面）。表 6.2.1-1 所列情况不适用于本条款。柱轴压比很小（<0.15）时由于其具有较大的变形能力（顶层框架柱也具有轴压比小且变形能力较大的特点），故可不考虑强柱弱梁要求。框支梁与框支柱的节点一般难以实现强柱弱梁，故可不验算，而通过采取相应的抗震措施得以保证。

表 6.2.1-1 可不进行强柱弱梁验算的情况

部位	一、二、三级框架的梁柱节点处		
情况	框架顶层	柱轴压比小于 0.15 者	框支梁与框支柱的节点

5. 由于高层框架结构没有抗震等级四级的情况，因而与《抗震规范》第 6.2.2 条相比取消了对框架结构四级的有关规定。

6. 对一级框架结构和 9 度的框架，本条规定强调采用实配方法，即按梁端实配钢筋确定相应的柱端弯矩设计值（公式（6.2.1-1）），而直接采用增大系数的方法（公式（6.2.1-2））属于简单的估算方法，因此，即使按增大系数的方法比实配方法确定的柱端弯矩设计值更大，也可不采用增大系数的方法。

1）与《抗震规范》第 6.2.2 条规定略有不同，一级框架结构和 <u>9 度时的框架</u>（与《抗震规范》"9 度的一级框架"不同，由于高层建筑无丁类建筑，因而由表 3.9.3 可知，对高层建筑 9 度时的框架对应于抗震措施的抗震等级不低于一级）应按实配钢筋进行强柱弱梁的计算，无需按（6.2.1-2）式的要求进行验算。

2）研究表明：当梁的实配钢筋不超过计算配筋的 10%，并考虑楼板钢筋及钢筋超强影响时，梁端实配的正截面抗震受弯承载力所对应的弯矩 M_{bua} 往往要超过梁端弯矩设计值 M_{b} 的 1.65 倍，相应地满足公式（6.2.1-1）要求时 $\sum M_{\mathrm{c}} = 1.2 \sum M_{\mathrm{bua}} \approx 2 M_{\mathrm{b}}$。

3）一般情况下，9 度设防烈度的一级框架和一级抗震等级的框架结构，其计算柱端弯矩设计值由式（6.2.1-1）控制。从中也可以推算出，仅考虑楼板钢筋及钢筋超强影响时，地震时梁端实际所能承受的弯矩将增大 50% 以上。

4）当楼板与梁整体现浇时，板内配筋对梁的抗弯承载力有相当的影响，本条规定增加了在计算梁端实际配筋面积时，应计入梁有效翼缘宽度范围内楼板钢筋，可直接取梁两侧各 6 倍板厚的范围）内的纵向钢筋（包括板顶钢筋及通长配置或在梁内有效锚固的板底钢筋）。

5）对二、三级框架结构，也可以按公式（6.2.1-1）采用实配反算。但当框架梁按构造要求配筋时，为避免出现因梁的实际受弯承载力与弯矩设计值相差太多（按构造配筋的梁端实际受弯承载力可能要远大于梁端的弯矩设计值）而无法实现强柱弱梁的情况，宜采用实配反算的方法确定柱子的受弯承载力设计。此时公式（6.2.1-1）中的系数 1.2 可适当降低取 1.1。

7. 在梁端弯矩计算中，规范要求按"逆时针或顺时针"方向分别计算并取较大值，即取逆时针方向之和以及顺时针方向之和两者绝对值的较大值。在 M_b 计算时，仅"一级框架"节点左右梁端均为负弯矩时，绝对值较小的弯矩应取零，对其他抗震等级的框架节点绝对值较小的弯矩可不取零，直接取设计值。

8. 当框架底部若干层的柱反弯点不在柱的层高范围内时，说明该若干层的框架梁相对较弱，虽较容易满足强柱弱梁要求，但为避免在竖向荷载和地震共同作用下变形集中，导致压屈失稳，柱端弯矩仍应乘以增大系数。

9. 规范的上述规定可用图 6.2.1-1～图 6.2.1-4 来理解。

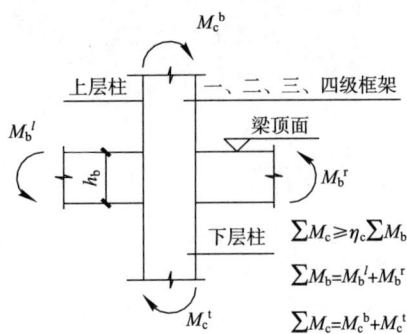

图 6.2.1-1

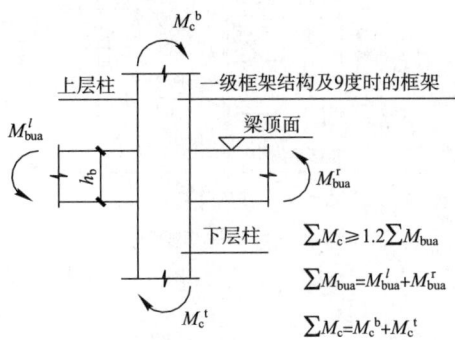

图 6.2.1-2

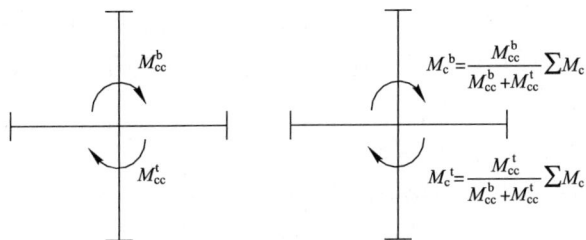

图中 M_{cc}^b、M_{cc}^t 为按弹性分析法计算的柱端弯矩

图 6.2.1-3

图中 M_{cc}^b、M_c^t 为柱端弯矩设计值

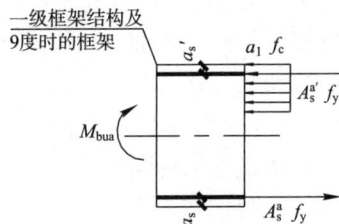

图中 $A_s^{a'}$、A_s^a 为梁及其有效翼缘宽度范围内楼板实配的钢筋面积

图 6.2.1-4

三、结构设计建议

1. 影响强柱弱梁的主要因素

1）梁端负弯矩

由图 6.2.1-1 可以看出，梁端负弯矩是影响强柱弱梁的重要因素，梁端负弯矩越大，则

对框架柱的要求越高；因此，适当降低梁端负弯矩数值，对强柱弱梁的实现具有积极意义。

2）梁端正弯矩

由图 6.2.1-1 还可以发现，在强柱弱梁验算中，梁端正弯矩与节点相对应的梁端负弯矩组成强柱弱梁验算中的梁端力偶，合理取用梁端正弯矩数值，同样对强柱弱梁的实现具有重要的意义。

3）梁端楼板配筋的影响

在现浇结构中，现浇楼板对梁的刚度影响可通过梁刚度放大系数予以近似考虑，但就现浇楼板配筋对梁端实际受弯承载力的影响，其研究和设计措施相对滞后。

4）梁端实配钢筋

梁端（指梁端的顶部和底部）实配钢筋直接影响梁端受弯承载力，合理控制梁端实配钢筋与计算钢筋的比例关系，对强柱弱梁的实现意义重大。

2. 结构设计中存在的主要问题

1）弹性计算模型加大了梁端负弯矩（见图 6.2.1-5）

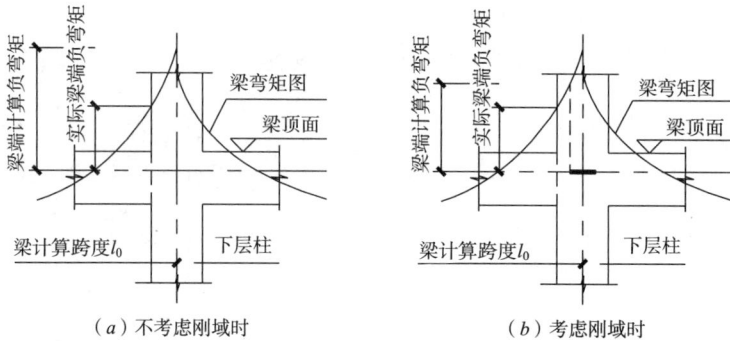

（a）不考虑刚域时　　　　　（b）考虑刚域时

图 6.2.1-5　梁端实际弯矩与计算弯矩的关系

结构分析计算中，框架梁端部负弯矩按梁的计算跨度 l_0 计算，内力计算位置位于梁柱交点处（即在柱截面中心处，当考虑刚域时，梁端计算截面位于柱截面范围内离柱边 $h_b/4$ 处），结构计算没有考虑柱截面尺寸对构件计算内力的影响，而构件抗力计算时采用的是梁端（柱边）截面，抗力和效应计算分别采用不同截面，造成截面位置的不一致，加大了梁端截面配筋量值，从而加大了强柱弱梁实现的难度。

2）不合理的构件裂缝宽度验算加大了梁端实际配筋（见图 6.2.1-5）

验算梁端截面的裂缝宽度时，内力取值和实际截面位置不统一（内力取自柱截面范围内的梁计算端部，不是真正的梁端，应取柱边缘处梁的真实截面），这种内力与计算截面的不一致，导致梁端计算弯矩过大，梁端裂缝宽度计算值大于实际值，同时，加大梁端配筋，对强柱弱梁的实现极为不利。

3）梁底钢筋的不合理配置（见图 6.2.1-6）

目前，梁详图设计基本上采用平面绘图方法，不区分具体情况盲目套用图集，造成梁端底面的实际配筋大大超出强柱弱梁计算中对应于梁底弯矩设计值的配筋量，梁底配筋越多，问题越严重。

4）现浇楼板配筋对梁端实际承载力的影响（见图 6.2.1-7）

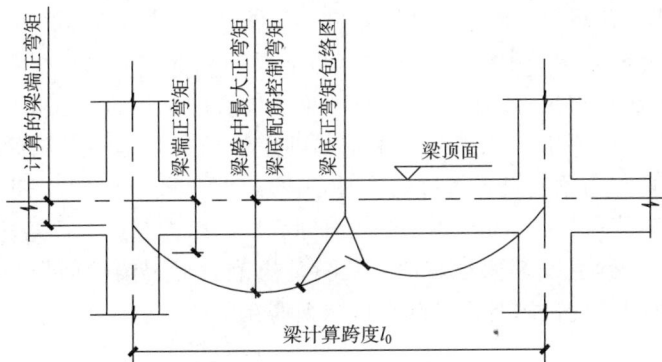

图 6.2.1-6 跨中最大正弯矩与梁端正弯矩的关系

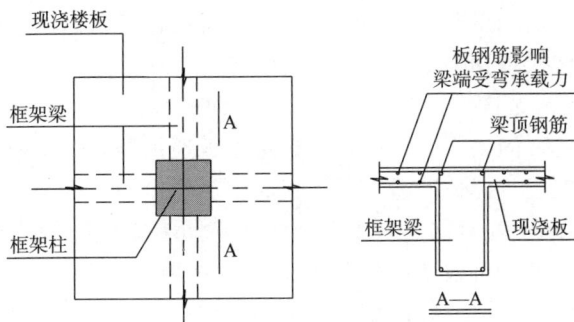

图 6.2.1-7 现浇板钢筋对梁端受弯承载力的影响

现浇楼板的配筋对框架梁实际截面承载力有明显影响，在梁端截面有效翼缘宽度范围内，与框架梁跨度同向的楼板钢筋对框架梁端部实际抗弯承载力的影响很大，但在计算程序中没有得到很好的体现，加剧了强柱弱梁实现的难度。

5）梁端实配钢筋与计算钢筋量的差值问题

实际工程中，梁端钢筋的超配（梁端负弯矩钢筋超配，梁端底面正弯矩钢筋超配）现象普遍，加大了梁端实际受弯承载力与计算受弯承载力的差距，使强柱弱梁的实现更加困难。

3. 结构设计建议

1）抗震设计的结构应尽量考虑结构的塑性内力重分布，采用柱边缘截面处的梁端内力设计值，建议在计算程序中设置梁净跨单元，用于强柱弱梁的计算及构件裂缝宽度验算。

2）构件的裂缝宽度验算中，宜采用考虑塑性内力重分布的分析方法，采用柱边缘截面处的梁端内力设计值，确保构件的裂缝宽度验算不致给强柱弱梁验算增加新的负担。同时，建议按梁的净跨单元验算框架梁梁端的裂缝宽度。当所选用的程序不能自动取用支座边缘内力时，可根据工程经验，对梁端弯矩进行适当的折减；也可根据框架梁竖向荷载的比值，采用下列近似计算方法将梁端及跨中按弹性方法计算的弯矩均乘以折减系数 C，C 可根据简支梁在集中荷载下的跨中弯矩 M_{p0} 与全部荷载下的跨中弯矩 M_0 的比值 n（$n = M_{p0}/M_0$）按下式确定，$C = [nl_0 + (1-n) l_n] l_n/l_0^2$，其中 l_n 为梁的净跨，l_0 为梁的支座中心距；当以均布荷载为主时 $C=(l_n/l_0)^2$，以集中荷载为主时 $C=l_n/l_0$。

3）应正确区分框架梁<u>跨中截面配筋</u>要求与框架梁<u>端部截面梁底配筋</u>的不同概念，控制梁端下部实际配筋的数量与强柱弱梁计算中梁底配筋的计算值不致相差过大，建议可根据框架梁端部底面配筋要求和框架梁跨中钢筋的差异情况，适当控制梁底钢筋进入支座（框架柱内）的数量（当梁底设置多排钢筋时，一般情况下，可仅考虑第一排钢筋进入支座，其他各排钢筋可不进入支座，即在柱截面外截断。以控制进入框架柱内的梁底钢筋不小于框架梁端部截面梁底配筋的计算值，及满足规范对框架梁配筋的构造要求为原则），既有利于强柱弱梁的实现，同时也可减少过多钢筋在梁柱节点区的锚固，有利于保证节点区混凝土的质量。

4）应适当考虑现浇楼板中的钢筋对框架梁端部实际的正截面抗震受弯承载力的影响，建议计算程序在强柱弱梁的计算中应留有开关，以便设计人员可根据楼板负弯矩钢筋的实际配置情况，对用于强柱弱梁验算的梁端组合负弯矩设计值乘以适当的放大系数。当所选用的程序不能近似考虑楼板钢筋对强柱弱梁的影响时，在手算复核中，考虑框架梁两侧各6倍楼板厚度的有效翼缘范围内，与框架梁跨度同向的板内（由于板底钢筋在支座的锚固常不能满足受拉钢筋的锚固要求，因此，宜仅考虑板顶钢筋。当楼板的板底钢筋按连续钢筋配置时，还应根据工程具体情况适当考虑板底钢筋的作用）纵向钢筋的作用。

5）应严格控制梁端实配钢筋，对梁端负弯矩钢筋不应超配（控制实配钢筋不超过计算钢筋面积，一般情况下，可取实配钢筋面积为计算钢筋面积的95％～100％）；对梁端正弯矩钢筋应控制超配比例（一般情况下，可控制超配量在10％以内）。

6）在进行梁的配筋设计及梁端裂缝验算时，应考虑梁端实配受压钢筋的作用，以适当减小梁顶配筋，有利于强柱弱梁的实现。

7）首层框架柱的计算长度系数，不带地下室建模时，程序默认为1.0，而带地下室建模时，程序默认为1.25，实际工程中应注意对计算长度系数的调整。

四、相关索引

1.《混凝土规范》的相关规定见其第5.2.4条、第11.4.1条。

2.《抗震规范》的相关规定见其第6.2.2条。

3. 更多问题可查阅参考文献［30］第6.2.2条。

第6.2.2条

一、规范的规定

6.2.2 抗震设计时，一、二、三级<u>框架结构</u>的<u>底层柱底</u>截面的弯矩设计值，应分别采用考虑地震作用组合的弯矩值与增大系数1.7、1.5、1.3〈依据第3.10.2条规定，特一级为1.2×1.7＝2.04——编者注〉的乘积。底层框架柱纵向钢筋应按上、下端的不利情况配置。

二、对规范规定的理解

1. 底层柱底指框架柱的嵌固端，一般情况下，有地下室时为地下室顶板处，无地下室时为基础顶面。

2. 本条规定的要求常称作为框架结构的强柱根要求。规定中的底层柱底截面"考虑地震作用组合的弯矩值"应理解为底层柱底截面"考虑地震作用组合的弯矩计算值"。

3. 研究表明，框架结构的底层柱下端、在强震下不能避免出现塑性铰。将框架结构底层柱下端弯矩计算值乘以增大系数，以加强底层柱下端的实际受弯承载力，推迟塑性铰的出现。

4. 本条规定的增大系数只适用于框架结构，对其他结构类型中的框架（如：框架-剪力墙结构中的框架、框架-核心筒结构中的框架、板柱-剪力墙结构中的框架等），无此项要求。

5. 底层框架柱纵向钢筋应按上、下端的不利情况配置，即应取按本条规定增大后的底层柱的柱底截面弯矩设计值与底层柱顶截面弯矩设计值（按 6.2.1 条调整后）的较大值配筋。

三、结构设计建议

1. 当地下室顶板不能作为上部结构的嵌固端时，也应考虑地下室顶板的实际嵌固作用，应将地下室顶板作为嵌固端，计算底层框架柱的配筋并将其往下延伸至嵌固端。

2. 无地下室且基础埋深较大并在首层地面设置刚性地坪或拉梁层时，也应将刚性地坪作为嵌固端，计算底层框架柱的配筋，并将其往下延伸至基础。

四、相关索引

1.《混凝土规范》的相关规定见其第 11.4.2 条。

2.《抗震规范》的相关规定见其第 6.2.3 条。

3. 更多问题可查阅文献［30］第 6.2.3 条。

第 6.2.3 条

一、规范的规定

6.2.3 抗震设计的框架柱、框支柱端部截面的剪力设计值，一、二、三、四级时应按下列公式计算：

1. 一级框架结构和 9 度时的框架：

$$V = 1.2(M_{cua}^t + M_{cua}^b)/H_n \qquad (6.2.3\text{-}1)$$

2. 其他情况：

$$V = \eta_{vc}(M_c^t + M_c^b)/H_n \qquad (6.2.3\text{-}2)$$

式中：M_c^t、M_c^b——分别为柱上、下端顺时针或逆时针方向截面组合的弯矩设计值，应符合本规程第 6.2.1、6.2.2 条的规定；

M_{cua}^t、M_{cua}^b——分别为柱（偏心受压柱，N 可取重力荷载代表值产生的轴向压力设计值——编者注）上、下端顺时针或逆时针方向实配的正截面抗震受弯承载力所对应的弯矩值，可根据实配钢筋面积、材料强度标准值和重力荷载代表值产生的轴向压力设计值并考虑承载力抗震调整系数计算；

H_n——柱的净高；

η_{vc}——柱端剪力增大系数。对框架结构，二、三级分别取 1.3、1.2；对其他结构类型的框架，一级、二级分别取 1.4 和 1.2，三、四级均取 1.1。（依据第 3.10.2 条规定，特一级为 1.2×1.4＝1.68——编者注）

二、对规范规定的理解

1. 本条规定中的 9 度应理解为本地区抗震设防烈度 9 度。

2. 框架柱、框支柱设计时应满足"强剪弱弯"的要求。在设计中，需要有目的地增大剪力设值。对其他情况的框架扩大了进行"强剪弱弯"的范围，要求四级框架柱也要增大。

3. 柱剪力增大系数 η_{vc} 与框架柱的类型有关，框架结构中框架柱的剪力增大系数要大于其他结构类型（如框架-抗震墙结构、框架-核心筒结构、板柱-抗震墙结构等）的框架柱，见表 6.2.3-1。

表 6.2.3-1　框架柱剪力增大系数 η_{vc}

抗震等级		一级	二级	三级	四级	注意：是对由柱端同时针方向组合的（包括实配的）弯矩设计值反算所得之剪力值的增大，弯矩增大时，剪力也随弯矩同比例增大（见表 6.2.0-1）
增大系数	框架结构	按公式（6.2.3-1）计算（含 9 度时的框架）	1.3	1.2	高层框架结构无四级	
	其他结构	1.4	1.2	1.1		

4. 规范的上述规定可按图 6.2.3-1 来理解。

5. 在柱端弯矩设计值计算中，规范要求按"逆时针或顺时针"方向分别计算并取较大值，即取逆时针方向之和以及顺时针方向之和两者的较大值。但应注意当柱的反弯点不在楼层内时，不再要求将较小弯矩值取零。这是因为当柱的反弯点不在楼层内时，说明这些楼层的框架柱相对较强（框架梁相对较弱），只需按两柱端弯矩设计值的差值计算，即可确保框架柱的强剪弱弯。

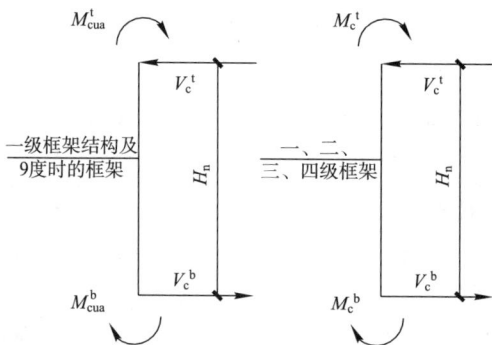

图 6.2.3-1

三、相关索引

1. 《混凝土规范》的相关规定见其第 11.4.3 条。

2. 《抗震规范》的相关规定见其第 6.2.5 条。

第 6.2.4 条

一、规范的规定

6.2.4 抗震设计时，框架角柱应按双向偏心受力构件进行正截面承载力设计。一、二、三、四级框架角柱经按本规程第 6.2.1～6.2.3 条调整后的弯矩、剪力设计值应乘以不小于 1.1 的增大系数。

二、对规范规定的理解

1. 框架角柱指位于平面凸角处，与柱在两个正交方向各只有一根框架梁相连的框架柱，与平面刚度中心距离较远，受扭转影响较大，具有典型的双向受力构件特征。

2. 按本条规定对框架角柱的弯矩、剪力设计值放大 10% 是对已经按相关规定调整后的组合内力（组合弯矩设计值、组合剪力设计值）的再调整。即对弯矩和剪力均可分别乘1.1 的放大系数。（有程序，对剪力依据放大后的弯矩按第 6.2.3 条公式计算后，再乘以放大系数 1.1，即对柱弯矩乘以 1.1×1.1＝1.21 的放大系数，高于规范的要求）

3. 与《抗震规范》略有不同，本条规定对抗震设计的框架角柱（包括框架结构的角柱及框架的角柱）应按双向偏心受力构件进行正截面承载力设计。

4. 这里的双向偏心受力构件指框架角柱应按双向偏心受力公式进行正截面承载力设计。也即应按公式（4.3.10-7）和公式（4.3.10-8）计算角柱的双向地震作用效应。

5. 大部分计算程序对角柱都具备按双向偏心受力构件进行正截面承载力设计的功能，当计算考虑双向地震作用时，程序对角柱直接按双向偏心受压（或受拉）公式计算。当程序不考虑双向地震作用时，结构设计中，应按本条规定要求对角柱进行双向偏心受力构件正截面承载力复核验算。

6. 实际工程中，宜对角柱按单向偏心受力构件分别计算（单向地震作用，考虑偶然偏心的影响），并与按双向偏心受力构件的计算（双向地震作用，不考虑偶然偏心的影响）结果进行比较，取不利值设计。

三、相关索引

1.《抗震规范》的相关规定见其第 5.2.3 条、第 6.2.6 条。

2.《高规》的相关规定见其第 4.3.10 条。

3.《混凝土规范》的相关规定见其第 11.4.5 条。

第 6.2.5 条

一、规范的规定

6.2.5 抗震设计时，框架梁端部截面组合的剪力设计值，一、二、三级应按下列公式计算；四级时可直接取考虑地震作用组合的剪力计算值。

1. 一级框架结构及 9 度时的框架：

$$V = 1.1(M_{bua}^l + M_{bua}^r)/l_n + V_{Gb} \tag{6.2.5-1}$$

2. 其他情况：

$$V = \eta_{vb}(M_b^l + M_b^r)/l_n + V_{Gb} \tag{6.2.5-2}$$

式中：M_b^l、M_b^r——分别为梁左、右端逆时针或顺时针方向截面组合的弯矩设计值。当抗震等级为一级且梁两端弯矩均为负弯矩时，绝对值较小一端的弯矩应取零；

M_{bua}^l、M_{bua}^r——分别为梁左、右端逆时针或顺时针方向实配的正截面抗震受弯承载力所对应的弯矩值，可根据实配钢筋面积（计入受压钢筋，包括有效翼缘宽度范围内的楼板钢筋）和材料强度标准值并考虑承载力抗震调整系数计算；

l_n——梁的净跨；

V_{Gb}——梁在重力荷载代表值（9度时还应包括竖向地震作用标准值）作用下，按简支梁分析的梁端截面剪力设计值；

η_{vb}——梁端剪力增大系数，一、二、三级分别取 1.3、1.2 和 1.1（依据第 3.10.3 条的规定，特一级为 1.2×1.3＝1.56——编者注）。

二、对规范规定的理解

1. 本条规定中的 9 度应理解为本地区抗震设防烈度 9 度。

2. 梁端剪力增大系数实际上是对梁端部分剪力（不是全部剪力）的增大，见表 6.2.5-1。

表 6.2.5-1　梁端剪力增大系数 η_{vb}

抗震等级	一级	二级	三级	注意：仅是对由梁端同时针方向组合的（包括实配的）弯矩设计值反算所得之剪力值的增大，对重力荷载代表值 G_E（9 度时包括竖向地震作用）产生的剪力不放大
增大系数	1.3 （一级框架结构及 9 度时的框架按公式（6.2.5-1）确定）	1.2	1.1	

3. 公式（6.2.5-1）适用于一级框架结构的框架梁、9 度时的框架梁。

4. 在梁端弯矩计算中，规范要求按"逆时针或顺时针"方向分别计算并取较大值，即取逆时针方向之和以及顺时针方向之和两者弯矩绝对值的较大值。

5. M_{bua}^l、M_{bua}^r 计算及楼板钢筋的影响见第 6.2.1 条相关内容。

6. 规范的上述规定可按图 6.2.5-1 来理解。

三、相关索引

1.《混凝土规范》的相关规定见其第 11.3.2 条。

2.《抗震规范》的相关规定见其第 6.2.4 条。

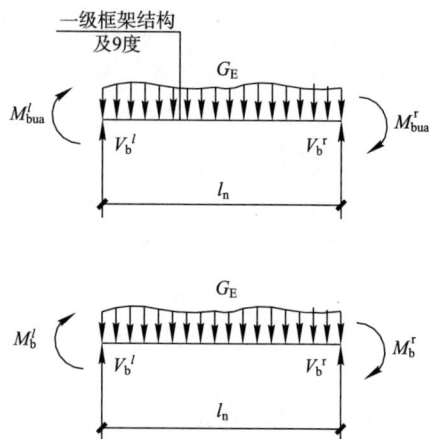

图 6.2.5-1

第 6.2.6 条

一、规范的规定

6.2.6　框架梁、柱，其受剪截面应符合下列要求：

1. 持久、短暂设计状况

$$V \leqslant 0.25\beta_c f_c b h_0 \tag{6.2.6-1}$$

2. 地震设计状况

跨高比大于 2.5 的梁及剪跨比大于 2 的柱：

$$V \leqslant \frac{1}{\gamma_{RE}}(0.2\beta_c f_c b h_0) \tag{6.2.6-2}$$

跨高比不大于 2.5 的梁及剪跨比不大于 2 的柱：

$$V \leqslant \frac{1}{\gamma_{RE}}(0.15\beta_c f_c bh_0) \tag{6.2.6-3}$$

框架柱的剪跨比可按下式计算：

$$\lambda = M^c/(V^c h_0) \tag{6.2.6-4}$$

式中：V——梁、柱计算截面的剪力设计值；

λ——框架柱的剪跨比（沿柱截面的两个方向分别计算，各自取用相应的数值——编者注）；反弯点位于柱高中部的框架柱，可取柱净高（H_n——编者注）与计算方向两倍柱截面有效高度（$2h_{c0}$——编者注）之比值（即 $\lambda = H_n/(2h_{c0})$，当柱截面有效高度在两个方向不相等时，应分别计算——编者注）；

M^c——柱端截面未经本规程第 6.2.1、6.2.2、6.2.4 条调整的<u>组合弯矩计算值</u>，可取柱上、下端的较大值；

V^c——柱端截面<u>与组合弯矩计算值对应</u>的组合剪力计算值；

β_c——混凝土强度影响系数。当混凝土强度等级不大于 C50 时取 1.0；当混凝土强度等级为 C80 时取 0.8；当混凝土强度等级在 C50 和 C80 之间时可按线性内插取用；

b——矩形截面的宽度，T 形截面、工形截面的腹板宽度；

h_0——梁、柱截面计算方向有效高度。

二、对规范规定的理解

1. 本条规定与《抗震规范》的不同点在于《高规》考虑了混凝土的强度影响系数 β_c。

2. 框架柱的剪压比为截面的平均剪应力（也称名义剪应力）与混凝土轴心抗压强度的比值。这是在结构抗震设计中经常使用的关键指标。试验研究表明：框架柱剪压比超过一定数值时，导致较早出现斜裂缝，即使增加箍筋也不能有效提高其受剪承载力（在箍筋未屈服的情况下，可能已发生混凝土斜压破坏或发生受弯钢筋屈服后的剪切变形破坏，它不是受剪承载力不足，而是剪切变形超过了混凝土的极限导致的破坏），应限制框架柱的剪压比（本质是要求框架柱达到一定的面积指标），对剪跨比较小的短柱（应避免采用）其限制更为严格。

3. 框架柱的剪跨比 λ 应沿柱截面的两个方向分别计算，各自取用相应的数值，即同一框架柱在不同计算方向其剪跨比 λ_x、λ_y 的数值可能不同。

4. 反弯点位于柱高中部的框架柱，可取柱净高（H_n）与计算方向 2 倍柱截面有效高度（$2h_{c0}$）之比（注意：《抗震规范》第 6.2.9 条的规定为"2 倍柱截面高度"，不准确，应按《高规》的本条规定采用"2 倍柱截面有效高度"计算），即 $\lambda = H_n/(2h_{c0})$，当柱截面有效高度在两个方向不相等时，应分别计算并各自取用相应的数值。框架柱的剪跨比 λ 计算如图 6.2.6-1，注意：<u>剪跨比计算中的剪力 V^c 应取与 M^c 对应（指效应组合相对应）的数值</u>。

5. 圆形截面柱按面积相等原则等效后的方形截面边长为 $0.886d$，其中 d 为圆形截面柱的直径。

6. 地震设计状况时，框架梁和框架柱的剪压比要求见表 6.2.6-1（$r_{RE} = 0.85$）。

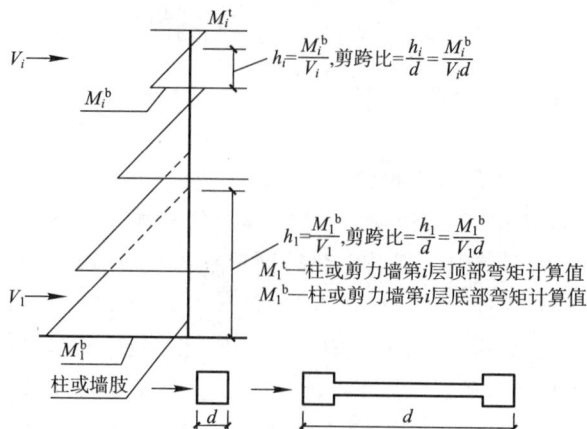

图 6.2.6-1　剪跨比计算简图

表 6.2.6-1　框架梁和框架柱的剪压比要求

构件类型	剪压比（$\frac{\gamma_{RE}V}{\beta_c f_c bh_0}$）要求	$\frac{V}{\beta_c f_c bh_0}$
$l_0/h > 2.5$ 的框架梁、$\lambda > 2$ 的框架柱	$\leqslant 0.20$	$\leqslant 0.24$
$l_0/h \leqslant 2.5$ 的框架梁，$\lambda \leqslant 2$ 的框架柱	$\leqslant 0.15$	$\leqslant 0.18$

三、结构设计建议

对框架梁的跨高比计算多本规范均没有给出具体的规定，此处借用《混凝土结构设计规范》GB 50010—2002 第 10.7.1 条、第 11.7.8 条的规定，跨高比按 l_0/h 计算，$l_0 = 1.15 l_n$，其中 l_0 为梁计算跨度，l_n 为梁的净跨度，h 为梁截面高度。

四、相关索引

1.《混凝土规范》的相关规定见其第 11.3.3 条、第 11.4.6 条、第 11.7.3 条。

2.《高规》的相关规定见其第 7.2.7 条。

第 6.2.7 条

一、规范的规定

6.2.7　抗震设计时，一、二、三级框架的节点核心区应进行抗震验算；四级框架节点可不进行抗震验算。各抗震等级的框架节点均应符合构造措施的要求。

二、对规范规定的理解

1. 明确提出了对一、二、三级框架节点（因特一级抗震等级要满足一级的要求，故包括特一级，也包括顶层端节点在内的所有框架节点）的验算要求，同时明确了各抗震等级（包括四级抗震等级）的框架节点均应符合第 6.4.10 条构造措施的要求。

2. 节点核心区的验算应符合《混凝土规范》第 11.6 节的要求。

三、相关索引

1.《混凝土规范》的相关规定见其第 11.6 节。

2.《抗震规范》的相关规定见其第 6.2.14 条及其附录 D。

第 6.2.8 条

一、规范的规定

6.2.8 矩形截面偏心受压框架柱，其斜截面受剪承载力应按下列公式计算：

1. 持久、短暂设计状况

$$V \leqslant \frac{1.75}{\lambda+1} f_t b h_0 + f_{yv} \frac{A_{sv}}{s} h_0 + 0.07N \tag{6.2.8-1}$$

2. 地震设计状况

$$V \leqslant \frac{1}{\gamma_{RE}} \left(\frac{1.05}{\lambda+1} f_t b h_0 + f_{yv} \frac{A_{sv}}{s} h_0 + 0.056N \right) \tag{6.2.8-2}$$

式中：λ——框架柱的剪跨比。当 $\lambda < 1$ 时，取 $\lambda = 1$；当 $\lambda > 3$ 时，取 $\lambda = 3$；

$\quad N$——考虑风荷载或地震作用组合的框架柱轴向压力设计值（与剪力设计值 V 对应

$\quad\quad$——编者注），当 N 大于 $0.3 f_c A_c$ 时，取 $0.3 f_c A_c$。

二、对规范规定的理解

1. 本条只给出了矩形截面偏心受压框架柱的斜截面受剪承载力计算公式，对其他截面形状的框架柱可按《混凝土规范》第 6.3.12 条、第 6.3.13 条和第 11.4.7 条的规定计算。

2. 由公式（6.2.8-1）及公式（6.2.8-2）可以看出，矩形截面偏心受压框架柱的斜截面受剪承载力由三部分组成，一是混凝土受剪承载力；二是箍筋的受剪承载力；三是轴向压力对抗剪承载力的影响，框架柱承受适量的轴向压力（如轴压比不大于 0.3）时，可以提高框架柱的受剪承载力，实际工程中应采取措施使框架柱承担一定量的轴力。

3. 框架柱的剪跨比按第 6.2.6 条计算。

三、相关索引

1. 《混凝土规范》的相关规定见其第 6.3.12 条、第 6.3.13 条和第 11.4.7 条。

2. 《高规》的相关规定见其第 7.2.10 条。

第 6.2.9 条

一、规范的规定

6.2.9 当矩形截面框架柱出现拉力时，其斜截面受剪承载力应按下列公式计算：

1. 持久、短暂设计状况

$$V \leqslant \frac{1.75}{\lambda+1} f_t b h_0 + f_{yv} \frac{A_{sv}}{s} h_0 - 0.2N \tag{6.2.9-1}$$

2. 地震设计状况

$$V \leqslant \frac{1}{\gamma_{RE}} \left(\frac{1.05}{\lambda+1} f_t b h_0 + f_{yv} \frac{A_{sv}}{s} h_0 - 0.2N \right) \tag{6.2.9-2}$$

式中：N——与剪力设计值 V 对应的轴向拉力设计值，取绝对值。

$\quad \lambda$——框架柱的剪跨比（取值要求同第 6.2.8 条——编者注）。

当公式（6.2.9-1）右端的计算值或公式（6.2.9-2）右端括号内的计算值小于 $f_{yv} \frac{A_{sv}}{s} h_0$ 时，应取等于 $f_{yv} \frac{A_{sv}}{s} h_0$，且 $f_{yv} \frac{A_{sv}}{s} h_0$ 值不应小于 $0.36 f_t b h_0$。

二、对规范规定的理解

1. 本条只给出了矩形截面偏心受拉框架柱的斜截面受剪承载力计算公式，对其他截面形状的框架柱可按《混凝土规范》第 6.3.14 条、第 6.3.15 条和第 11.4.8 条的规定计算。

2. 由公式（6.2.9-1）及公式（6.2.9-2）可以看出，矩形截面偏心受拉框架柱的斜截面受剪承载力由三部分组成，一是混凝土受剪承载力；二是箍筋的受剪承载力；三是轴向拉力对抗剪承载力的影响，当框架柱承受轴向拉力，框架柱的受剪承载力明显降低，实际工程中应避免框架柱出现偏心受拉情况。

3. 比较公式（6.2.8-1）、（6.2.8-2）与公式（6.2.9-1）、（6.2.9-2）可以看出，在偏心受压及偏心受拉状态下，混凝土及箍筋项的抗剪承载力没有明显改变，而当轴向力改变（由压力转变为拉力）时，框架柱的抗剪承载力发生很大的变化，同时，拉压力对框架柱的抗剪承载力影响程度也不相同（等量的拉压力对框架柱的抗剪承载力影响不同，偏心受压时，增量较小，而当偏心受拉时，减幅较大）。

4. 当轴向拉力较大时，有可能出现公式（6.2.9-1）右端的计算值或公式（6.2.9-2）右端括号内的计算值小于 $f_{yv}\dfrac{A_{sv}}{s}h_0$ 的情况，这时应取等于 $f_{yv}\dfrac{A_{sv}}{s}h_0$，且 $f_{yv}\dfrac{A_{sv}}{s}h_0$ 不应小于 $0.36f_t bh_0$ 计算，结构设计时应注意。

5. 框架柱的剪跨比按第 6.2.6 条计算，取值原则见 第 6.2.8 条的规定。

三、相关索引

1. 《混凝土规范》的相关规定见其第 6.3.14 条、第 6.3.15 条和第 11.4.8 条。

2. 《高规》的相关规定见其第 7.2.11 条。

第 6.2.10 条

一、规范的规定

6.2.10　本章未作规定的框架梁、柱和框支梁、柱截面的其他承载力验算，应按照现行国家标准《混凝土结构设计规范》GB 50010 的有关规定执行。

二、对规范规定的理解

1. 结构构件的承载力验算要求，当《高规》未作具体规定时，应遵循《混凝土规范》的规定。

2. 高层建筑混凝土结构设计应遵循的原则是，《高规》有具体规定时应遵循《高规》的规定，《高规》没有具体规定时，还应遵循其他现行规范的规定，如：《荷载规范》、《抗震规范》、《地基规范》等，结构设计时应注意各相关规范的相互参照。

3. 《高规》第 6.2 节未作规定的承载力计算包括：截面受弯承载力、受扭承载力、剪扭承载力、受拉（受压）承载力、偏心受拉（受压）承载力、拉（压）弯剪扭承载力、局部承压承载力、双向受剪承载力等。

6.3　框架梁构造要求

要点：

本节对框架梁（包括框架结构的框架梁及其他结构的框架梁，特殊说明者除外）设计提出了具体而详细的要求，属于施工图审查中重要而具体的内容，本节的规定与《抗震规范》及《混凝土规范》相近，结构设计时应相互参照。

第 6.3.1 条

一、规范的规定

6.3.1 框架结构的主梁截面高度可按计算跨度 $1/10\sim1/18$ 确定；梁净跨与截面高度之比不宜小于 4。梁的截面宽度不宜小于梁截面高度的 $1/4$，也不宜小于 200mm。

当梁高较小或采用扁梁时，除应验算其承载力和受剪截面要求外，尚应满足刚度和裂缝的有关要求。在计算梁的挠度时，可扣除梁的合理起拱值；对现浇梁板结构，宜考虑梁受压翼缘的有利影响。

二、对规范规定的理解

1. 梁宽 b 还宜 $\geqslant b_c/2$，b_c 为柱截面宽度。

2. 以往设计的框架梁截面一般取高跨比为 $1/12\sim1/8$，近年来，有些工程的主梁截面高度较小，如柱网 8m 时，框架梁的截面高度 450mm（梁宽在 350mm 或 400mm），框架梁截面的高跨比在 $1/18$ 左右。

3. 本条规定的高跨比要严于美国 ACI 318-08 的规定，当纵向钢筋的屈服强度为 420Mpa 时，ACI 318-08 规定的梁高跨比数值见表 6.3.1-1，新西兰 DZ 3101-06 也有相似的规定。

表 6.3.1-1 国外规范规定的梁高跨比数值表

国外规范	支承情况	简支梁	一端连续梁	两端连续梁	纵向钢筋屈服强度
ACI 318	高跨比 h/l_0	1/16	1/18.5	1/21	420Mpa
DZ3101-06	高跨比 h/l_0	1/20	1/23	1/26	300Mpa
		1/17	1/19	1/22	430Mpa

4. 对扁梁的截面要求见《抗震规范》第 6.3.2 条的规定。

5. 一般情况下，现浇钢筋混凝土梁截面高度可参考表 6.3.1-2 取值。

表 6.3.1-2 现浇钢筋混凝土梁截面高度表

序号	梁的种类		梁截面高跨比 h/l_0	常用跨度（m）
1	现浇楼盖	普通主梁	$1/10\sim1/15$	$\leqslant 9$
		宽扁主梁	$1/15\sim1/18$	
		次梁	$1/12\sim1/15$	
2	独立梁	简支梁	$1/8\sim1/12$	$\leqslant 12$
		连续梁	$1/12\sim1/15$	
3	悬臂梁		$1/5\sim1/6$	$\leqslant 4$
4	井字梁		$1/15\sim1/20$	$\leqslant 15$
5	框支梁		$1/8$	$\leqslant 9$
6	底部框架结构的框架梁		$1/10$	$\leqslant 7$

6. 预应力梁的设计规定见《混凝土规范》第 10 章。

三、结构设计建议

1. 实际工程中，可直接按高跨比 1/10～1/18 确定框架梁的截面高度，高跨比上限范围（1/10～1/12）可用于荷载较大的情况（如：设备层、避难层等），荷载较小（如：一般办公楼荷载）时可按高跨比下限范围（1/15～1/18）确定梁的截面高度。柱网尺寸较大（如超过 8m）时，可根据实际柱网尺寸按高跨比上限范围（1/10～1/12）确定框架梁的截面高度。

2. 计算梁的挠度时，可考虑受压区有效翼缘对梁刚度的影响，并从计算的挠度值中扣除梁的合理起拱数值。

3. 采用无梁楼盖结构时，当厚板不小于跨度的 1/18 且沿柱网设置暗梁时，可认为其属于梁板结构。当采用空心楼板时，框架柱宽度及其两侧各 1.5 倍楼板厚度范围内应采用实心板，并应按《抗震规范》第 6.6 节的规定采取相应的结构措施。

4. 结构设计中确定梁截面时，还应注意其对结构抗震性能及结构设计的经济性的影响。

1）适当加大梁的截面高度时，梁的自重较小，刚度较大，对结构侧向刚度的贡献也较大。在竖向荷载作用下梁的配筋较小，一般说来结构设计的经济性也较好（但需要的层高较高，房屋的总体经济指标可能不是最佳）。

2）当在结构设计中采用宽扁梁或梁的截面高度较小时，梁的自重增加，刚度较小，对结构侧向刚度的贡献也较小，相应地会加大框架柱或剪力墙的负担，框架柱或剪力墙的截面和配筋较大，框架梁的配筋也大，一般情况下，结构设计的经济性较差（但房屋的综合经济指标可能较好，实际是以牺牲结构的经济指标换来房屋的整体经济性指标的改善，结构设计中，应与甲方及其他各相关专业提前沟通，避免秋后算账）。但框架梁截面较小时，较容易实现梁铰机制（容易满足强柱弱梁的要求），结构的抗震性能不差。

四、相关索引

1. 《抗震规范》的相关规定见其第 6.3.1 条、第 6.3.2 条、第 6.6 节。
2. 《混凝土规范》的相关规定见其第 11.9 节。

第 6.3.2 条

一、规范的规定

6.3.2　框架梁设计应符合下列要求：

1. 抗震设计时，<u>计入受压钢筋作用的梁端截面混凝土受压区高度与有效高度之比值</u>，一级不应大于 0.25，二、三级不应大于 0.35。

2. 纵向受拉钢筋的最小配筋百分率 ρ_{min}（%），非抗震设计时，不应小于 0.2 和 $45f_t/f_y$ 二者的较大值；抗震设计时，不应小于表 6.3.2-1 规定的数值。

表 6.3.2-1　梁纵向受拉钢筋最小配筋百分率 ρ_{min}（%）

抗震等级	位置	
	支座（取较大值）	跨中（取较大值）
一级	0.40 和 $80f_t/f_y$	0.30 和 $65f_t/f_y$
二级	0.30 和 $65f_t/f_y$	0.25 和 $55f_t/f_y$
三、四级	0.25 和 $55f_t/f_y$	0.20 和 $45f_t/f_y$

3. 抗震设计时，梁端截面的底面和顶面纵向钢筋截面面积的比值，除按计算确定外，一级不应小于 0.5，二、三级不应小于 0.3。

4. 抗震设计时，梁端箍筋的加密区长度、箍筋最大间距和最小直径应符合表 6.3.2-2 的要求；当梁端纵向钢筋配筋率大于 2% 时，表中箍筋最小直径应增大 2mm。

表 6.3.2-2　梁端箍筋加密区的长度、箍筋最大间距和最小直径

抗震等级	加密区长度 （取较大值）（mm）	箍筋最大间距 （取最小值）（mm）	箍筋最小直径 （mm）
一	$2.0h_b$，500	$h_b/4$，$6d$，100	10
二	$1.5h_b$，500	$h_b/4$，$8d$，100	8
三	$1.5h_b$，500	$h_b/4$，$8d$，150	8
四	$1.5h_b$，500	$h_b/4$，8d，150	6

注：1. d 为纵向钢筋直径，h_b 为梁截面高度；

　　2. 一、二级抗震等级框架梁，当箍筋直径大于 12mm、肢数不少于 4 肢且肢距不大于 150mm 时，箍筋加密区最大间距应允许适当放松，但不应大于 150mm。

二、对规范规定的理解

1. 在钢筋混凝土构件设计中，当"计入受压钢筋作用"时，应注意以下问题：

1）纵向受压钢筋的锚固应按照《混凝土规范》第 8.3.4 条及第 8.3.1 条的规定，满足对受压钢筋的特殊锚固要求，并在纵向受压钢筋锚固长度范围内配置横向构造钢筋（箍筋或横向钢筋，其钢筋直径和间距见《混凝土规范》第 8.3.1 条，注意：依据《混凝土规范》第 2.1.23 条的规定，这里的"横向钢筋"指"垂直于纵向受力钢筋的箍筋或间接钢筋"，而不是墙的水平分布钢筋或楼板的分布钢筋），以防止保护层混凝土劈裂时，纵向受压钢筋的锚固突然失效。

2）纵向受压钢筋应尽量采用机械连接。

3）当纵向受压钢筋采用搭接接头时，应按《高规》第 6.3.4 条第 3、6 款或第 6.3.5 条第 4 款及《混凝土规范》第 8.4.6 条及第 8.3.1 条的规定，在纵向受压钢筋搭接长度及其搭接接头的两个端面外各 100mm 的范围内配置箍筋及横向构造钢筋。

4）一般情况下，在梁或柱内可以考虑受压钢筋的作用（具备在纵向受压钢筋搭接长度及其相关范围内配置箍筋及横向钢筋的条件），而在墙或楼板内一般不具备考虑受压钢筋作用的基本条件。

2. 应特别注意本条第 3 款关于"抗震设计时，梁端截面的底面和顶面纵向钢筋截面面积的比值"的规定。在强柱弱梁验算中，计算程序在确定梁端底截面的配筋时，直接套用本条规定，当框架梁的跨中钢筋全部伸入框架柱内时，计算程序的强柱弱梁验算结果与实际设计情况有较大的出入，且不安全。

3. 本条第 4 款的"当梁端纵向钢筋配筋率大于 2% 时"应理解为"当梁端纵向<u>受拉</u>钢筋配筋率大于 2% 时"，由于梁跨中配筋导致的梁端受压钢筋配筋率较大时，可不用加大箍筋的直径。

4. 由表 6.3.2-1 可以发现，当采用高强度钢筋时，梁的纵向受拉钢筋最小配筋率相应减小，而提高梁的混凝土强度等级时，梁的纵向受拉钢筋最小配筋率也相应增加。实际工程中，梁的混凝土强度等级不宜过高并应尽量采用高强度钢筋。

5. 表 6.3.2-2 注 2 主要为了便于施工并保证混凝土质量。考虑当箍筋直径较大且肢数较多时，箍筋的净距偏小不利于混凝土的浇筑，故将箍筋的间距适当放宽。

三、相关索引

1.《混凝土规范》的相关规定见其第 2.1.23 条、第 8.3.1 条、第 8.3.4 条和第 8.4.6 条。

2.《抗震规范》的相关规定见其第 6.3.3 条。

3.《高规》的相关规定见其第 6.3.4 条及第 6.3.5 条。

4. 更多问题可查阅参考文献［30］第 6.3.3 条。

第 6.3.3 条

一、规范的规定

6.3.3　梁的纵向钢筋配置，尚应符合下列规定：

1. 抗震设计时，梁端纵向受拉钢筋的配筋率不宜大于 2.5%，不应大于 2.75%；当梁端受拉钢筋的配筋率大于 2.5% 时，受压钢筋的配筋率不应小于受拉钢筋的一半。

2. 沿梁全长顶面和底面应至少各配置两根纵向配筋，一、二级抗震设计时钢筋直径不应小于 14mm，且分别不应小于梁两端顶面和底面纵向配筋中较大截面面积的 1/4；三、四级抗震设计和非抗震设计时钢筋直径不应小于 12mm。

3. 一、二、三级抗震等级的框架梁内贯通中柱的每根纵向钢筋的直径，对矩形截面柱，不宜大于柱在该方向截面尺寸的 1/20；对圆形截面柱，不宜大于纵向钢筋所在位置柱截面弦长的 1/20。

二、对规范规定的理解

1. 本条第 1 款 "当梁端受拉钢筋的配筋率大于 2.5% 时，受压钢筋的配筋率不应小于受拉钢筋的一半"，应特别注意由此引起的强柱弱梁验算问题。当梁端顶面与底面采用不同强度等级的钢筋时，受压钢筋不宜再按配筋率控制，可理解为 "受压钢筋的强度值不应小于受拉钢筋的一半"，即按梁端受压钢筋强度 $A'_s f'_y \geqslant A_y f_y / 2$ 控制。

2. 对本条第 2 款的理解：

1) 依据《混凝土规范》第 11.3.7 条的规定，"沿梁全长顶面" 的配筋的含义指 "保证梁各部位都配有这部分钢筋，并不意味着不允许这部分钢筋在适当部位设置接头"，因此，"沿梁全长顶面" 的配筋可以是梁两端部分负筋通长配置，也可以是梁跨中顶面钢筋与其两侧梁端负筋连接（满足受拉要求的机械连接或搭接等）。

2) 应注意对其中 "分别" 和 "较大" 的把握，可理解为顶面不应小于梁两端顶面纵向配筋中较大截面面积的 1/4；底面不应小于梁底纵向配筋截面面积的 1/4。

3) 规定中的 2 根直径 14mm 的钢筋和 2 根直径 12mm 的钢筋，可理解为对钢筋数量（2根）和最小钢筋直径（14mm 及 12mm）的要求，实际工程中可尽量采用 HRB400 级钢筋。

3. 根据近年来工程应用情况和反馈意见，梁的纵向钢筋最大配筋率不再作为强制性条文，"不应大于 2.5%" 改为 "不宜大于 2.5%"。

4. 根据国外试验资料，受弯构件的延性随其配筋率的提高而降低。但当配置不少于受拉钢筋 50% 的受压钢筋时，其延性可以与低配筋率的构件相当。新西兰规范规定，当受弯构件的压区钢筋大于拉区钢筋的 50% 时，受拉钢筋配筋率不大于 2.5% 的规定可以适当放松。当受压钢筋不少于受拉钢筋的 75% 时，其受拉钢筋配筋率可提高 30%，也即配筋率可放宽至 3.25%。因此本条规定，当受压钢筋不小于受拉钢筋的 0.5 倍时，受拉钢筋的配筋率可提高至 2.75%。

5. 本条第 3 款的规定主要是防止梁在反复作用（如风荷载及地震作用）时钢筋的滑移。采用圆形截面柱时，应尽量对中布置框架梁。当梁钢筋所在位置的弦长不满足要求时，应设置方形梁柱节点。

三、相关索引

1. 《混凝土规范》的相关规定见其第 11.3.7 条。

2. 《抗震规范》的相关规定见其第 6.3.4 条。

3. 更多问题可查阅参考文献 [30] 第 6.3.4 条。

第 6.3.4 条

一、规范的规定

6.3.4 非抗震设计时，框架梁箍筋配筋构造应符合下列规定：

1. 应沿梁全长设置箍筋，第一个箍筋应设置在距支座边缘 50mm 处。

2. 截面高度大于 800mm 的梁，其箍筋直径不宜小于 8mm；其余截面高度的梁不应小于 6mm。在受力钢筋搭接长度范围内，箍筋直径不应小于搭接钢筋最大直径的 1/4。

3. 箍筋间距不应大于表 6.3.4 的规定；在纵向受拉钢筋的搭接长度范围内，箍筋间距尚不应大于搭接钢筋较小直径的 5 倍，且不应大于 100mm；在纵向受压钢筋的搭接长度范围内，箍筋间距尚不应大于搭接钢筋较小直径的 10 倍，且不应大于 200mm。

4. 承受弯矩和剪力的梁，当梁的剪力设计值大于 $0.7f_t bh_0$ 时，其箍筋的面积配筋率应符合下式规定：

$$\rho_{sv} \geqslant 0.24 f_t / f_{yv} \tag{6.3.4-1}$$

5. 承受弯矩、剪力和扭矩的梁，其箍筋面积配筋率和受扭纵向钢筋的面积配筋率应分别符合公式（6.3.4-2）和公式（6.3.4-3）的规定：

$$\rho_{sv} \geqslant 0.28 f_t / f_{yv} \tag{6.3.4-2}$$

$$\rho_{tl} \geqslant 0.6 \sqrt{\frac{T}{Vb}} f_t / f_y \tag{6.3.4-3}$$

当 $T/(Vb)$ 大于 2.0 时，取 2.0。

式中：T、V——分别为扭矩、剪力设计值；

ρ_{tl}、b——分别为受扭纵向钢筋的面积配筋率、梁宽。

表 6.3.4 非抗震设计梁箍筋最大间距（mm）

h_b（mm）	$V > 0.7f_t bh_0$	$V \leqslant 0.7f_t bh_0$
$h_b \leqslant 300$	150	200
$300 < h_b \leqslant 500$	200	300
$500 < h_b \leqslant 800$	250	350
$h_b > 800$	300	400

6. 当梁中配有计算需要的纵向受压钢筋时，其箍筋配置尚应符合下列规定：

1）箍筋直径不应小于纵向受压钢筋最大直径的 1/4；

2）箍筋应做成封闭式；

3）箍筋间距不应大于 15d 且不应大于 400mm；当一层内的受压钢筋多于 5 根且直径大于 18mm 时，箍筋间距不应大于 10d（d 为纵向受压钢筋的最小直径）；

4）当梁截面宽度大于 400mm 且一层内的纵向受压钢筋多于 3 根时，或当梁截面宽度不大于 400mm 但一层内的纵向受压钢筋多于 4 根时，应设置复合箍筋。

二、对规范规定的理解

1. 本条是对箍筋设置的具体规定，也是结构设计中常容易疏忽的内容。

2. 为增加混凝土的抗剪承载力及加强箍筋对内部混凝土的约束，防止纵向受力钢筋的压屈，提出箍筋的最低配置要求。

3. 箍筋的面积配筋率，指在箍筋间距 s 范围内，全部箍筋的总截面面积 A_{sv}（对双肢箍筋为 2 个箍肢的截面面积，对四肢箍筋则为 4 个箍肢的截面面积）与 bs 的比值（见图 6.3.4-1），即：

$$\rho_{sv} = A_{sv}/(bs) \tag{6.3.4-4}$$

式中：b——梁的截面宽度。

当梁宽为 400mm（四肢箍），箍筋为 ϕ10@100（4）时，$\rho_{sv} = A_{sv}/(bs) = 4 \times 78.5/(400 \times 100) = 0.785\%$。

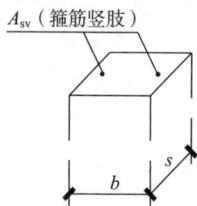

图 6.3.4-1 箍筋的面积配筋率   图 6.3.4-2 抗扭纵筋的面积配筋率

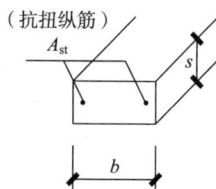

4. 受扭纵向钢筋的面积配筋率，指在受扭纵向钢筋沿梁高度方向的间距 s 范围内，全部受扭纵向钢筋的总截面面积 A_{st}（梁截面两侧各 1 根纵向钢筋的截面面积之和）与 bs 的比值（见图 6.3.4-2），即：

$$\rho_{tl} = A_{st}/(bs) \tag{6.3.4-5}$$

式中：b——梁截面宽度。

当梁宽为 400mm，抗扭纵向钢筋为 2$\underline{\Phi}$16@200 时，$\rho_{tl} = A_{st}/(bs) = 2 \times 201/(400 \times 200) = 0.5\%$。

5. 由公式（6.3.4-1）、公式（6.3.4-2）和公式（6.3.4-3）可以发现，当采用高强度钢筋时，梁的箍筋面积配筋率 ρ_{sv} 和梁的受扭纵向钢筋的面积配筋率 ρ_{tl} 相应减小，而提高梁的混凝土强度等级时，ρ_{sv} 和 ρ_{tl} 也相应增加。实际工程中，梁的混凝土强度等级不宜过高并应尽量采用高强度钢筋。

6. 本条第 4 款对受剪力较大的梁、第 5 款对受弯、剪、扭的梁提出了特殊的箍筋设置要求，对其他梁可按本条要求设置构造箍筋（按第 2 款确定箍筋直径，按表 6.3.4 确定箍筋间距）。

三、相关索引

《混凝土规范》的相关规定见其第 9.2.5 条。

第6.3.5条

一、规范的规定

6.3.5 抗震设计时，框架梁的箍筋尚应符合下列构造要求：

1. 沿梁全长箍筋的面积配筋率应符合下列规定：

一级 $\qquad \rho_{sv} \geqslant 0.30 f_t / f_{yv}$ （6.3.5-1）

二级 $\qquad \rho_{sv} \geqslant 0.28 f_t / f_{yv}$ （6.3.5-2）

三、四级 $\qquad \rho_{sv} \geqslant 0.26 f_t / f_{yv}$ （6.3.5-3）

式中：ρ_{sv}——框架梁沿梁全长箍筋的面积配筋率。

2. 在箍筋加密区范围内的箍筋肢距：一级不宜大于 200mm 和 20 倍箍筋直径的较大值，二、三级不宜大于 250mm 和 20 倍箍筋直径的较大值，四级不宜大于 300mm。

3. 箍筋应有 135°弯钩，弯钩端头直段长度不应小于 10 倍的箍筋直径和 75mm 的较大值。

4. 在纵向钢筋搭接长度范围内的箍筋间距，钢筋受拉时不应大于搭接钢筋较小直径的 5 倍，且不应大于 100mm；钢筋受压时不应大于搭接钢筋较小直径的 10 倍，且不应大于 200mm。

5. 框架梁非加密区箍筋最大间距不宜大于加密区箍筋间距的 2 倍。

二、对规范规定的理解

1. 抗震设计的框架梁的箍筋设置，除应满足本条的特殊规定外，还应满足第6.3.4条的相关规定〈承受弯矩、剪力和扭矩时，公式（6.3.4-2）的要求比公式（6.3.5-3）更严〉，框架梁的箍筋设置（特别是非加密区的箍筋设置）也是结构设计中常容易疏忽的内容。

2. 框架梁沿梁全长箍筋（可理解为对梁箍筋非加密区的要求）的面积配筋率按第6.3.4条计算。

3. 实际工程中，框架梁加密区箍筋的面积配筋率可取梁全长箍筋面积配筋率的 2 倍。

4. 梁箍筋和受扭纵筋的最小面积配筋率见表 6.3.5-1。

表 6.3.5-1　梁箍筋和受扭纵筋的最小面积配筋率

情况				最小面积配筋率	计算公式编号
受弯、剪时的箍筋	抗震	特一级	梁端加密区	宜 $0.66 f_t / f_{yv}$	按第 3.10.3 条规定
			非加密区	宜 $0.33 f_t / f_{yv}$	
		一级（沿梁全长）		$0.30 f_t / f_{yv}$	（6.3.5-1）
		二级（沿梁全长）		$0.28 f_t / f_{yv}$	（6.3.5-2）
		三、四级（沿梁全长）		$0.26 f_t / f_{yv}$	（6.3.5-3）
	非抗震（沿梁全长）			$0.24 f_t / f_{yv}$	（6.3.4-1）
受弯、剪、扭时	箍筋（沿梁全长）			$0.28 f_t / f_{yv}$	（6.3.4-2）
	受扭纵筋 ρ_{tl}			$0.6 \sqrt{\dfrac{T}{Vb}} f_t / f_y$	（6.3.4-3）

三、相关索引

1. 《混凝土规范》的相关规定见其第11.3.8条及第11.3.9条。

2. 《抗震规范》的相关规定见其第6.3.4条。

第 6.3.6 条

一、规范的规定

6.3.6 框架梁的纵向钢筋不应与箍筋、拉筋及预埋件等焊接。

二、对规范规定的理解

1. 梁的纵筋（包括柱的纵筋）与箍筋、拉筋等作十字交叉形的焊接时，容易使纵筋变脆，对于抗震不利，因此作此规定。当采用焊接封闭箍时应特别注意避免出现箍筋与纵筋焊接在一起的情况。

2. 框架梁的纵向钢筋在端部可以按《混凝土规范》第 8.3.3 条的规定采用弯钩或机械锚固措施（如与端部锚板焊接等）。

三、结构设计建议

1. 实际工程中，应避免预埋件锚筋或吊钩钢筋与梁受力钢筋焊接。

2. 为固定柱或墙的纵向受力钢筋，实际施工中常将竖向纵筋与固定钢筋焊接，在焊接点发生对竖向钢筋的"咬肉"现象（焊接使竖向钢筋软化而形成竖向缺口），对受力钢筋损伤严重，应严格禁止。

第 6.3.7 条

一、规范的规定

6.3.7 框架梁上开洞时，洞口位置宜位于梁跨中 1/3 区段，洞口高度不应大于梁高的 40%；开洞较大时应进行验算。梁上洞口周边应配置附加纵向钢筋和箍筋（图 6.3.7），并应符合计算及构造要求。

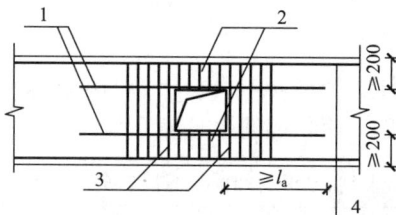

图 6.3.7 梁上洞口周边配筋构造示意
1—洞口上、下附加纵向钢筋；2—洞口上、下附加箍筋；3—洞口两侧附加箍筋；
4—梁纵向钢筋；l_a—受拉钢筋的锚固长度

二、对规范规定的理解

1. 本条给出了梁上开洞的具体要求。当梁承受均布荷载时，在梁跨度的中部 1/3 区段内，剪力较小。洞口高度较大时，应通过计算确定洞口上、下的纵向钢筋和箍筋。在梁两端接近支座处，如必须开洞，洞口不宜过大，且必须经过核算，加强配筋构造。

2. 当梁宽度较大时，可在洞口角部配置斜筋，否则，当梁宽度较小时钢筋之间的间距过小，会使混凝土浇捣困难。

三、结构设计建议

1. 图 6.3.7 可供参考采用，当梁跨中部有集中荷载时，应根据具体情况另行考虑。

2. 实际工程中，应限制梁上开洞（以避免结构完成后设备安装时，对梁上洞口的随

228

意扩大），优先考虑在梁上设置钢套管，同时，应限定梁上洞口或套管的设置区域，沿梁长度方向应限定在梁弯矩和剪力较小的区段，梁截面高度方向应限定在梁高的中部区域，避免对钢筋混凝土梁受压区或受拉区的过大损伤。

3. "梁跨中 1/3 区段"不一定是设置洞口和套管的最适宜位置，应避免在跨中正弯矩最大的区域设置洞口或套管，洞口或套管设置的合理位置应该在梁弯矩和剪力较小的区段，一般情况下，可将梁净跨分为 5 段，其中的 2、4 区段为设置洞口或套管的适宜区域（图 6.3.7-1）。

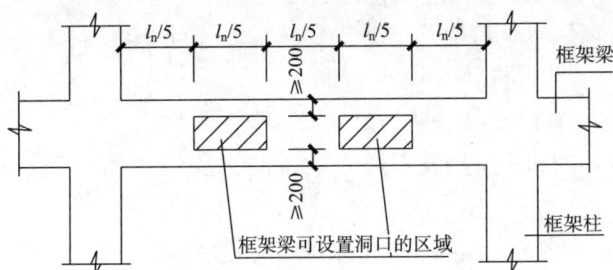

图 6.3.7-1 框架梁上可设置洞口的区域

4. 对"开洞较大"的情况，应根据工程经验确定，当无可靠工程经验时，当洞口高度不小于梁高的 1/3 且不小于 200mm 时，可确定为开洞较大。当开洞较大时，应按下列要求对梁进行承载力验算：

1）洞口上部梁、下部梁的受剪截面要求：

$$V_1 \leqslant 0.25 f_c A_1 \tag{6.3.7-1}$$

$$V_2 \leqslant 0.25 f_c A_2 \tag{6.3.7-2}$$

$$V_1 = \mu V + q_1 l_n / 2 \tag{6.3.7-3}$$

$$V_2 = (1 - \mu) V + q_2 l_n / 2 \tag{6.3.7-4}$$

$$\mu = \frac{1}{2} \left(\frac{b_1 h_1}{b_1 h_1 + b_2 h_2} + \frac{b_1 h_1^3}{b_1 h_1^3 + b_2 h_2^3} \right) \tag{6.3.7-5}$$

式中：V_1、V_2——洞口上梁、下梁的剪力设计值；

V——洞口中点处（即洞口净宽 l_n 的 1/2 处）的剪力设计值；

μ——剪力分配系数；

q_1、q_2——作用在洞口上部梁、下部梁上的均布荷载设计值；

l_n——洞口的净宽；

f_c——混凝土轴心受压强度设计值；

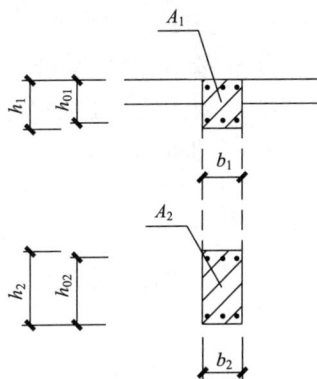

图 6.3.7-2 洞口上部、下部梁的有效截面面积

A_1、A_2——洞口上梁、下梁的有效截面面积，可取图 6.3.7-2 的阴影部分计算。

2）洞口上梁、下梁的抗剪箍筋配置：

根据已计算出的 V_1、V_2，按《混凝土规范》第 6.3.4 条的要求，分别计算出洞口上梁、下梁的抗剪箍筋（抗震设计时，应考虑地震作用效应的影响）。

3）洞口上梁、下梁的弯矩设计值，按下列公式计算：

$$M_1 = \mu V \frac{l_n}{2} + \frac{q_1 l_n^2}{12} \tag{6.3.7-6}$$

$$M_2 = (1 - \mu) V \frac{l_n}{2} + \frac{q_2 l_n^2}{12} \tag{6.3.7-7}$$

式中：M_1、M_2——洞口上梁、下梁的弯矩设计值。

4）洞口上梁、下梁的抗弯钢筋配置：

根据已计算出的 M_1、M_2，可按 $A_s = M/(0.9 h_0 f_y)$ 分别计算出洞口上梁、下梁的纵向钢筋。

四、相关索引

1.《混凝土规范》的相关规定见其第 6.3.4 条。

2.《高层建筑筏形与箱型基础技术规范》的相关规定见其第 6.3.12 条、第 6.3.13 条。

6.4　框架柱构造要求

要点：

本节规定的内容是框架柱（包括框架结构的框架柱及其他结构的框架柱，特殊说明者除外）设计中的具体内容，也是施工图审查过程中重点关注的问题。本节规定的大部分内容与《抗震规范》及《混凝土规范》相近，使用时应相互参照。

第 6.4.1 条

一、规范的规定

6.4.1　柱截面尺寸宜符合下列规定：

1. 矩形截面柱的边长，非抗震设计时不宜小于 250mm，抗震设计时，四级不宜小于 300mm，一、二、三级时不宜小于 400mm；圆柱直径，非抗震和四级抗震设计时不宜小于 350mm，一、二、三级时不宜小于 450mm。

2. 柱剪跨比宜大于 2。

3. 柱截面高宽比不宜大于 3。

二、对规范规定的理解

1. 对非抗震设计时的柱截面边长，本条予以规定，而《混凝土规范》没有相应的限制规定。

2. 考虑到抗震安全，抗震设计时柱截面尺寸不宜过小。

三、结构设计建议

1. 楼梯柱作为一种特殊的结构柱，宜按抗震设计的框架柱要求采取相应的构造措施，楼梯柱的箍筋宜全高加密，其抗震等级应根据具体情况确定：

1）当框架柱兼作楼梯柱时，该框架柱的抗震等级宜比相应框架的抗震等级提高一级采用，且不低于三级。

2）当楼梯柱由楼面梁支撑时，该楼梯柱的抗震等级应根据楼梯柱支撑楼梯平台的数量，按单层（楼梯柱支撑单个楼梯平台）或多层（楼梯柱支撑多个楼梯平台）框架结构的框架柱确定（抗震等级：不超过 2 层时按四级，超过 2 层时按三级）。

2. 楼梯柱的截面宽度不应小于 200mm，截面面积不应小于框架柱的截面面积要求，当框架柱截面宽度受限时，可相应加大柱截面长度，如抗震等级为四级的矩形截面楼梯柱，其截面宽度为 200mm，则截面长度不应小于 450mm，以使楼梯柱的总截面面积不小于 300mm×300mm。

四、相关索引

1. 《抗震规范》的相关规定见其第 6.3.5 条。
2. 《混凝土规范》的相关规定见其第 11.4.11 条。

第 6.4.2 条

一、规范的规定

6.4.2 抗震设计时，钢筋混凝土柱轴压比不宜超过表 6.4.2 的规定；对于 <u>Ⅳ 类场地上较高的高层建筑</u>，其轴压比限值应适当减小。

表 6.4.2 柱轴压比限值

结构类型	抗震等级			
	一	二	三	四
框架结构	0.65	0.75	0.85	—
板柱-剪力墙、框架-剪力墙、框架-核心筒、筒中筒结构	0.75	0.85	0.9	0.95
部分框支剪力墙结构	0.60	0.70		—

注：1. 轴压比指柱考虑地震作用组合的轴压力设计值与柱全截面面积和混凝土轴心抗压强度设计值乘积的比值；

2. 表内数值适用于混凝土强度等级不高于 C60 的柱。当混凝土强度等级为 C65～C70 时，轴压比限值应比表中数值降低 0.05；当混凝土强度等级为 C75～C80 时，轴压比限值应比表中数值降低 0.10；

3. 表内数值适用于剪跨比大于 2 的柱；剪跨比不大于 2 但不小于 1.5 的柱，其轴压比限值应比表中值减小 0.05；剪跨比小于 1.5 的柱，其轴压比限值应专门研究并采取特殊构造措施；

4. 当沿柱全高采用井字复合箍，箍筋间距不大于 100mm、肢距不大于 200mm、直径不小于 12mm，或当沿柱全高采用复合螺旋箍，箍筋螺距不大于 100mm、肢距不大于 200mm、直径不小于 12mm，或当沿柱全高采用连续复合螺旋箍，且螺距不大于 80mm、肢距不大于 200mm、直径不小于 10mm 时，轴压比限值可增加 0.10；

5. 当柱截面中部设置由附加纵向钢筋形成的芯柱，且附加纵向钢筋的截面面积不小于柱截面面积的 0.8% 时，柱轴压比限值可增加 0.05。当本项措施与注 4 的措施共同采用时，柱轴压比限值可比表中数值增加 0.15，但箍筋的配箍特征值仍可按轴压比增加 0.10 的要求确定；

6. 调整后的柱轴压比限值不应大于 1.05。

二、对规范规定的理解

1. 抗震设计时，限制框架柱的轴压比主要是为了保证柱的延性要求。本条规定对不同结构体系中的柱提出了不同的轴压比限值。

2. 根据国内外的研究成果，当配箍量、箍筋形式满足一定要求，或在柱截面中部设置配筋芯柱且配筋量满足一定要求时，柱的延性性能有不同程度的提高，因此可对柱的轴压比限值适当放宽。

3. 采用注 4 的三种配箍做法时，相应的配箍特征值应按增大后的轴压比由表 6.4.7 确定。

4. "较高的高层建筑"是指，高于 40m 的框架结构或高于 60m 的其他结构体系的混凝土房屋建筑。其轴压比限值可比表 6.4.2 减小 0.05。

5. 影响柱轴压比限值的主要因素见表 6.4.2-1。

表 6.4.2-1　影响柱轴压比限值的主要因素

序号	情况		轴压比的增减
1	Ⅳ类场地	H>40m 的框架结构或 H>60 的其他结构体系的混凝土房屋	建议 −0.05
2	混凝土强度等级	C65～C70	−0.05
		C75～C80	−0.10
3	剪跨比 λ	1.5≤λ≤2.0	−0.05
		λ<1.5	应专门研究（建议−0.10）
4	箍筋（沿柱全高设置，满足情况之一）	采用井字复合箍，箍筋间距不大于 100mm、肢距不大于 200mm、直径不小于 12mm	+0.10
		采用复合螺旋箍，箍筋螺距不大于 100mm、肢距不大于 200mm、直径不小于 12mm	+0.10
		采用连续复合螺旋箍，且螺距不大于 80mm、肢距不大于 200mm、直径不小于 10mm	+0.10
5	芯柱	芯柱配筋面积不小于柱截面面积的 0.8%	+0.05

注：当 λ<1.5 时，应专门研究并宜采取以下结构措施：

1. 首先调整结构布置，改善其受力性能；

2. 无法调整结构布置时，轴压比限值宜降低 0.10；

3. 采用表中 4、5 项措施，改善柱子的延性；

4. 必要时可按《混凝土规范》第 11.7.10 条规定，设置交叉斜向钢筋承担柱剪力。

三、结构设计建议

1. 当采用设置配筋芯柱的方式放宽柱轴压比限值时，配筋芯柱的截面尺寸（不宜过小，也不宜过大，过小时，配筋困难，过大时，对柱的抗弯性能影响较大）可参照以下原则确定（图 6.4.2-1）：

1）当柱截面为矩形时，配筋芯柱也可采用矩形截面，其边长可取柱截面相应边长的 1/3～1/2。

2）当柱截面为正方形或圆形时，配筋芯柱宜采用正方形，其边长可取柱截面边长或直径的 1/3～1/2。

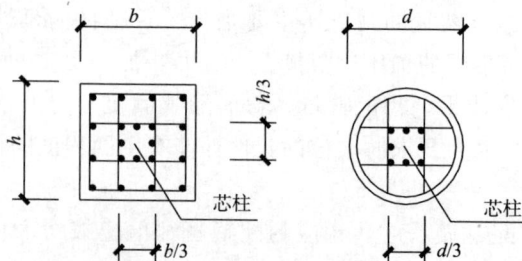

图 6.4.2-1　芯柱的截面尺寸

3）芯柱箍筋的主要作用是芯柱的定位，不计入柱子的体积配箍率，主要靠外围混凝土的约束确保芯柱的竖向承载力。

2. 结构设计中，应特别注意柱剪跨比、混凝土强度等级（框架柱设计中常采用高强度等级的混凝土）及配箍方式对对轴压比限值的影响。如：某工程为Ⅳ类场地上较高的高层建筑，采用框架-剪力墙结构，框架柱的抗震等级一级，剪跨比为1.8，混凝土强度等级为C70，柱全高采用直径12mm间距100mm肢距200mm的井字复合箍，则框架柱轴压比的限值为0.75－0.05－0.05－0.05＋0.10＝0.7。其中"Ⅳ类场地上较高的高层建筑"、"剪跨比为1.8"和"混凝土强度等级为C70"每项均应减小轴压比限值0.05，而"柱全高采用直径12mm间距100mm肢距200mm的井字复合箍"可增加轴压比限值0.1。

3. 设置芯柱的目的在于改善钢筋混凝土框架柱的延性，结构分析时一般不考虑芯柱对框架柱抗弯及抗剪承载力的影响，因此，芯柱一般设置在柱截面的中部。但设置芯柱时内部箍筋施工困难，当多层地下室的框架柱设置芯柱时，在嵌固端以下的地下室楼层，可结合工程具体情况将芯柱纵向钢筋与柱纵向钢筋一起配置，即柱周边纵向钢筋满足柱纵向钢筋及芯柱纵向钢筋的总配筋要求，同时适当加大、加密箍筋配置（注意：此做法仅适用于嵌固端以下的地下室楼层，对其他楼层不适用）。

4. 芯柱纵向钢筋的配筋率不宜小于柱总截面面积的0.8%，配筋率过低时，对提高柱子延性的作用不大，当因设置芯柱而提高柱子轴压比的限值时，其芯柱的配筋率应不小于0.8%（为改善柱子延性而增设的构造芯柱，可不受此限）。由于芯柱截面往往只占柱子截面的1/10左右，芯柱自身范围内的配筋率很高（达8%～10%），因此，芯柱应采用大直径的纵向钢筋（一般采用直径25mm或32mm的钢筋）。

四、相关索引

1.《抗震规范》的相关规定见其第6.3.6条。

2.《混凝土规范》的相关规定见其第11.4.16条。

3. 更多问题可查阅参考文献［30］第6.3.6条。

第6.4.3条

一、规范的规定

6.4.3　柱纵向钢筋和箍筋配置应符合下列要求：

1. 柱全部纵向钢筋的配筋率，不应小于表6.4.3-1的规定值，且柱截面每一侧纵向钢筋配筋率不应小于0.2%；抗震设计时，对Ⅳ类场地上较高的高层建筑，表中数值应增加0.1。

表6.4.3-1　柱纵向受力钢筋最小配筋百分率（%）

柱类型	抗震等级				非抗震
	一级	二级	三级	四级	
中柱、边柱	0.9（1.0）	0.7（0.8）	0.6（0.7）	0.5（0.6）	0.5
角柱	1.1	0.9	0.8	0.7	0.5
框支柱	1.1	0.9	—	—	0.7

注：1. 表中括号内数值适用于框架结构；

　　2. 采用335MPa级、400MPa级纵向受力钢筋时，应分别按表中数值增加0.1和0.05采用；

　　3. 当混凝土强度等级高于C60时，上述数值应增加0.1采用。

2. 抗震设计时，柱箍筋在规定的范围内应加密，加密区的箍筋间距和直径，应符合下列要求：

1） 箍筋的最大间距和最小直径，应按表 6.4.3-2 采用；

表 6.4.3-2　柱端箍筋加密区的构造要求

抗震等级	箍筋最大间距（mm）	箍筋最小直径（mm）
一级	6d 和 100 的较小值	10
二级	8d 和 100 的较小值	8
三级	8d 和 150（柱根 100）的较小值	8
四级	8d 和 150（柱根 100）的较小值	6（柱根 8）

注：1. d 为柱纵向钢筋直径（mm）；

　　2. 柱根指框架柱底部嵌固部位。

2） 一级框架柱箍筋直径大于 12mm 且箍筋肢距不大于 150mm 及二级框架柱箍筋直径不小于 10mm 且肢距不大于 200mm 时，除柱根外最大间距应允许采用 150mm；三级框架柱的截面尺寸不大于 400mm 时，箍筋最小直径应允许采用 6mm；四级框架柱的剪跨比不大于 2 或柱中全部纵向钢筋的配筋率大于 3% 时，箍筋直径不应小于 8mm；

3） 剪跨比不大于 2 的柱，箍筋间距不应大于 100mm。

二、对规范规定的理解

1. 本条第 1 款，可理解为对高层建筑结构的框架柱，无论是否抗震（与《抗震规范》仅对抗震设计的框架柱要求不完全相同）均应满足表 6.4.3-1 及每侧配筋率不小于 0.2% 的纵向钢筋配筋要求。

2. 影响框架柱最小配筋率的因素很多，有框架柱的类型、抗震等级的高低、场地条件的影响、混凝土及钢筋强度等级的高低等诸多因素。如某 IV 类场地上较高的高层建筑，采用钢筋混凝土框架-剪力墙结构，框架的抗震等级为一级，框架柱的混凝土强度等级为 C70，框架柱纵向钢筋及箍筋均采用 HRB400 级钢筋，则框架角柱的最小配筋率为 1.1＋0.1＋0.1＋0.05＝1.35，其中的两个 0.1 是由于 IV 类场地上较高的高层建筑和混凝土强度等级的影响系数，而 0.05 则是钢筋强度等级的影响系数。

影响柱纵向钢筋最小配筋率的主要因素见表 6.4.3-3。

表 6.4.3-3　影响柱纵向钢筋最小配筋百分率的主要因素

序号	情况		最小配筋率的增减
1	IV 类场地	H＞40m 的框架结构或 H＞60 的其他结构体系的混凝土房屋	＋0.10
2	钢筋牌号	HRB335	＋0.10
		HRB400	＋0.05
3	混凝土强度等级	＞C60	＋0.10
4	特一级	中柱、边柱 1.4%，角柱 1.6%，框支柱 1.6%	遇情况 1、2、3 时做相应调整

3. 对"柱根"的理解见第 6.2.2 条。

4. 本条第 2 款第 2）项主要考虑当箍筋直径较大且肢数较多时，箍筋的净距偏小不利于混凝土的浇筑，故将箍筋的间距适当放宽，以便于施工和保证混凝土的浇筑质量。但应注意：箍筋的间距放宽后，柱的体积配箍率仍需满足本规程的相关要求。对箍筋的肢距提出要求，是为保证箍筋对混凝土及受压钢筋具有足够的约束。

5. 也可以根据本条第 2 款第 3）项的规定，推算出剪跨比不大于 2 的柱，在不同抗震等级时纵向钢筋的最小直径要求，一级不应小于 18mm、二级不应小于 14mm 等。

6. 本条规定中的"柱纵向钢筋"不含芯柱钢筋。

三、相关索引

1. 《抗震规范》的相关规定见第 6.3.7 条。

2. 《混凝土规范》的相关规定见其第 11.4.12 条。

第 6.4.4 条

一、规范的规定

6.4.4 柱的纵向钢筋配置，尚应满足下列规定：

1. 抗震设计时，宜采用对称配筋。

2. 截面尺寸大于 400mm 的柱，一、二、三级抗震设计时，其纵向钢筋间距不宜大于 200mm；抗震等级为四级和非抗震设计时，柱纵向钢筋间距不宜大于 300mm；柱纵向钢筋净距均不应小于 50mm。

3. 全部纵向钢筋的配筋率，非抗震设计时不宜大于 5％、不应大于 6％，抗震设计时不应大于 5％。

4. 一级且剪跨比不大于 2 的柱，其单侧纵向受拉钢筋的配筋率不宜大于 1.2％。

5. 边柱、角柱及剪力墙端柱考虑地震作用组合产生小偏心受拉时，柱内纵筋总截面面积应比计算值增加 25％。

二、对规范规定的理解

1. 抗震等级为"一级且剪跨比不大于 2 的柱"，其延性较差，应适当控制框架柱的抗弯承载力，避免剪切破坏。

2. 在地震作用下，当混凝土柱产生裂缝后刚度退化严重，应采取措施，确保偏心受拉框架柱的承载力要求。

3. 本条第 2 款中，"非抗震设计时，柱纵向钢筋间距不宜大于 300mm"，与《混凝土规范》第 9.3.1 条柱纵向钢筋净距"不宜大于 300mm"的规定不完全一致，建议执行《高规》的本条规定，按柱纵向钢筋间距（钢筋中到中间距）不宜大于 300mm 控制（《混凝土规范》对钢筋最大间距按钢筋净距控制意义不大）。

4. 本条规定中的"柱纵向钢筋"不含芯柱钢筋。

三、相关索引

1. 《抗震规范》的相关规定见第 6.3.8 条。

2. 《混凝土规范》的相关规定见其第 11.4.13 条。

第 6.4.5 条

一、规范的规定

6.4.5 柱的纵筋不应与箍筋、拉筋及预埋件等焊接。

二、对规范规定的理解

本条规定与第 6.3.6 条对梁纵筋的要求相同，相关问题可参考第 6.3.6 条。

第 6.4.6 条

一、规范的规定

6.4.6 抗震设计时，柱箍筋加密区的范围应符合下列规定：

1. 底层柱的上端和其他各层柱的两端，应取矩形截面柱之长边尺寸（或圆形截面柱之直径）、柱净高之 1/6 和 500mm 三者之最大值范围；

2. 底层柱刚性地面上、下各 500mm 的范围；

3. 底层柱柱根以上 1/3 柱净高的范围；

4. 剪跨比不大于 2 的柱和因填充墙等形成的柱净高与截面高度之比不大于 4 的柱全高范围；

5. 一级、二级框架角柱的全高范围；

6. 需要提高变形能力的柱的全高范围。

二、对规范规定的理解

1. 本条规定的柱端箍筋加密区的范围与《抗震规范》及《混凝土规范》相同。

2. 对柱端箍筋加密区的长度规定是依据震害调查及试验结果得出的，该长度相当于柱端潜在塑性铰区的范围再加一定量的安全裕量。

3. 本条第 6 款的目的在于确保大变形下的箍筋对混凝土具有有效的约束作用。

三、相关索引

1. 《抗震规范》的相关规定见第 6.3.9 条。

2. 《混凝土规范》的相关规定见其第 11.4.14 条。

第 6.4.7 条

一、规范的规定

6.4.7 柱加密区范围内箍筋的体积配箍率，应符合下列规定：

1. 柱箍筋加密区箍筋的体积配箍率，应符合下式要求：

$$\rho_v \geqslant \lambda_v f_c / f_{yv} \tag{6.4.7}$$

式中：ρ_v——柱箍筋的体积配箍率；

λ_v——柱最小配箍特征值，宜按表 6.4.7 采用；

f_c——混凝土轴心抗压强度设计值，当柱混凝土强度等级低于 C35 时，应按 C35 计算；

f_{yv}——柱箍筋或拉筋的抗拉强度设计值。

表 6.4.7　柱端箍筋加密区最小配箍特征值 λ_v

抗震等级	箍筋形式	柱轴压比								
		≤0.30	0.40	0.50	0.60	0.70	0.80	0.90	1.00	1.05
一	普通箍、复合箍	0.10	0.11	0.13	0.15	0.17	0.20	0.23	—	—
	螺旋箍、复合或连续复合螺旋箍	0.08	0.09	0.11	0.13	0.15	0.18	0.21	—	—

续表 6.4.7

抗震等级	箍筋形式	柱轴压比								
		≤0.30	0.40	0.50	0.60	0.70	0.80	0.90	1.00	1.05
二	普通箍、复合箍	0.08	0.09	0.11	0.13	0.15	0.17	0.19	0.22	0.24
	螺旋箍、复合或连续复合螺旋箍	0.06	0.07	0.09	0.11	0.13	0.15	0.17	0.20	0.22
三	普通箍、复合箍	0.06	0.07	0.09	0.11	0.13	0.15	0.17	0.20	0.22
	螺旋箍、复合或连续复合螺旋箍	0.05	0.06	0.07	0.09	0.11	0.13	0.15	0.18	0.20

注：普通箍指单个矩形箍或单个圆形箍；螺旋箍指单个连续螺旋箍筋；复合箍指由矩形、多边形、圆形箍或拉筋组成的箍筋；复合螺旋箍指由螺旋箍与矩形、多边形、圆形或拉筋组成的箍筋；连续复合螺旋箍指全部螺旋箍由同一根钢筋加工而成的箍筋。

2. 对一、二、三、四级框架柱，其箍筋加密区范围内箍筋的体积配箍率尚且分别不应小于 0.8%、0.6%、0.4%和 0.4%。

3. 剪跨比不大于 2 的柱宜采用复合螺旋箍或井字复合箍，其体积配箍率不应小于 1.2%；设防烈度为 9 度时，不应小于 1.5%。

4. 计算复合螺旋箍筋的体积配箍率时，其非螺旋箍筋的体积应乘以换算系数 0.8。

二、对规范规定的理解

1. 本条规定取消了对柱箍筋或拉筋的抗拉强度设计值的限定，有利于在工程中采用高强度钢材的箍筋。由公式（6.4.7）可以发现，当采用高强度钢筋时，可适当减小柱加密区箍筋体积配箍率的限值。

2. 关于在复合箍筋的体积配箍率计算中是否应扣除重叠部分箍筋体积的问题，《抗震规范》第 6.3.9 条的说明中指出"因重叠部分对混凝土的约束情况比较复杂，如何计算有待进一步研究"；《混凝土规范》第 11.4.17 条则明确规定：柱箍筋加密区体积配箍率计算中，"应扣除重叠部分的箍筋体积"。目前情况下，可执行《混凝土规范》的规定。

三、结构设计建议

1. 《混凝土规范》第 11.4.17 条规定："混凝土强度等级高于 C60 时，箍筋宜采用复合箍、复合螺旋箍或连续复合矩形螺旋箍，当轴压比不大于 0.6 时，其加密区的最小配箍特征值宜按表中数值增加 0.02，当轴压比大于 0.6 时，宜按表中数值增加 0.03"。其他规范无此类规定，设计时宜执行《混凝土规范》的规定。

2. 本条规定（第 4 款除外）均为抗震设计的要求，非抗震设计无此要求。

3. 关于箍筋体积配箍率的计算问题

1）作为结构抗震设计的重要指标，多本规范对箍筋的体积配筋率 ρ_v 均未给出具体的计算要求，此处参考《混凝土规范》第 6.6.3 条对间接钢筋体积配箍率的计算公式，箍筋的体积配筋率可按式（6.4.7-1）计算。对复合箍，应根据《混凝土规范》第 11.4.17 条的规定，"计算中应扣除重叠部分的箍筋体积"。

2）普通箍筋及复合箍筋（图 6.4.7-1）

$$\rho_v = \frac{n_1 A_{s1} l_1 + n_2 A_{s2} l_2 + n_3 A_{s3} l_3}{A_{cor} s} \qquad (6.4.7\text{-}1)$$

3）螺旋箍筋（图 6.4.7-1）

$$\rho_v = \frac{4 A_{ss1}}{d_{cor} s} \qquad (6.4.7\text{-}2)$$

式中：$n_1 A_{s1} l_1 \sim n_3 A_{s3} l_3$ ——分别为沿 1～3 方向（图 6.4.7-1）的箍筋肢数、肢面积及肢长（箍筋的肢长取箍筋的中到中长度如图 6.4.7-1 中，箍肢长度 l_1 为两侧垂直箍肢的中到中长度。复合箍中的重叠肢长应扣除）；

A_{cor}、d_{cor} ——分别为普通箍筋或复合箍筋范围内、及螺旋箍筋范围内最大的混凝土核心面积和核心直径（核心面积和核心直径计算至箍筋内表面，如图 6.4.7-1 中，核心面积为外圈箍筋内表面所围成的面积，核心直径为外圈箍筋内表面之间的直径）；

s ——箍筋沿柱高度方向的间距；

A_{ss1} ——螺旋箍筋的单肢面积。

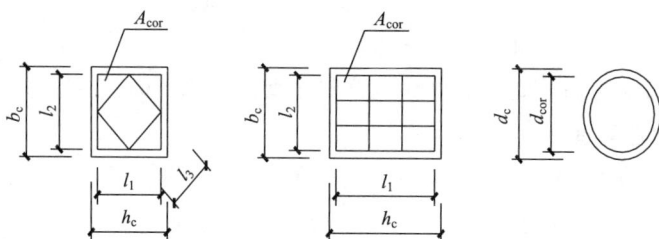

图 6.4.7-1

4. 关于短柱

1）剪跨比不大于 2 的柱是真正的短柱，有第 6.4.2 条的轴压比降低要求、有第 6.4.4 条的一级单侧最大纵向配筋率限制要求、有第 6.4.6 条的全高箍筋加密要求、有第 6.4.7 条的最小体积配箍率 ρ_{vmin} 要求等。

2）柱净高与柱截面高度之比不大于 4 的柱，有可能是短柱（剪跨比不大于 2），也有可能不是短柱（剪跨比大于 2）。当剪跨比大于 2 时，只需按第 6.4.6 条全高箍筋加密即可。

3）实际工程中，对上述两种情况应加以区分：

（1）在多层建筑中，因设置楼梯形成的短柱，一般不会出现剪跨比不大于 2 的情况，可按第 6.4.6 条进行箍筋加密。

（2）在框架-核心筒结构中大截面尺寸的框架柱，及部分框支剪力墙结构中大截面尺寸的框支柱等，由于剪力墙承担了大部分剪力，柱子承担的剪力较小，一般也不会出现剪跨比不大于 2 的情况。

四、相关索引

1.《抗震规范》的相关规定见第 6.3.9 条。

2.《混凝土规范》的相关规定见其第 6.6.3 条、第 11.4.17 条。

第 6.4.8 条

一、规范的规定

6.4.8 抗震设计时，柱箍筋设置尚应符合下列规定：

1. 箍筋应为封闭式，其末端应做成 135°弯钩且弯钩末端平直段长度不应小于 10 倍的箍筋直径，且不应小于 75mm。

2. 箍筋加密区的箍筋肢距，一级不宜大于 200mm，二、三级不宜大于 250mm 和 20 倍箍筋直径的较大值，四级不宜大于 300mm。每隔一根纵向钢筋宜在两个方向有箍筋约束；采用拉筋组合箍时，拉筋宜紧靠纵向钢筋并勾住封闭箍筋。

3. 柱非加密区的箍筋，其体积配箍率不宜小于加密区的一半；其箍筋间距，不应大于加密区箍筋间距的 2 倍，且一、二级不应大于 10 倍纵向钢筋直径，三、四级不应大于 15 倍纵向钢筋直径。

二、对规范规定的理解

1. 提出加密区箍筋（及拉筋）肢距的要求，是为了确保柱端出现塑性铰时，箍筋（及拉筋）对混凝土及受压钢筋具有有效的约束。

2. 当采用菱形、八字形等与外围箍筋不平行的箍筋形式时，箍筋肢距的计算，应考虑斜向箍筋的作用。

三、相关索引

1. 《抗震规范》的相关规定见第 6.3.9 条。

2. 《混凝土规范》的相关规定见其第 11.4.18 条。

第 6.4.9 条

一、规范的规定

6.4.9 非抗震设计时，柱中箍筋应符合以下规定：

1. 周边箍筋应为封闭式；

2. 箍筋间距不应大于 400mm，且不应大于构件截面的短边尺寸和最小纵向受力钢筋直径的 15 倍；

3. 箍筋直径不应小于最大纵向钢筋直径的 1/4，且不应小于 6mm；

4. 当柱中全部纵向受力钢筋的配筋率超过 3% 时，箍筋直径不应小于 8mm，箍筋间距不应大于最小纵向钢筋直径的 10 倍，且不应大于 200mm；箍筋末端应做成 135°弯钩且弯钩末端平直段长度不应小于 10 倍箍筋直径；

5. 当柱每边纵筋多于 3 根时，应设置复合箍筋；

6. 柱内纵向钢筋采用搭接做法时，搭接长度范围内箍筋直径不应小于搭接钢筋较大直径的 1/4；在纵向受拉钢筋的搭接长度范围内的箍筋间距不应大于搭接钢筋较小直径的 5 倍，且不应大于 100mm；在纵向受压钢筋的搭接长度范围内的箍筋间距不应大于搭接钢筋较小直径的 10 倍，且不应大于 200mm。当受压钢筋直径大于 25mm 时，尚应在搭接接头端面外 100mm 的范围内各设置两道箍筋。

二、对规范规定的理解

1. 《混凝土规范》第 9.3.2 第 5 款的规定为："柱中全部纵向受力钢筋的配筋率大于

3‰时，箍筋直径不应小于8mm，间距不应大于$10d$，且不应大于200mm；箍筋末端应做成135°弯钩，且弯钩末端平直段长度不应小于$10d$，d为纵向受力钢筋的最小直径"。该规定中的第二个"$10d$"应为"10倍箍筋直径"。实际工程中可执行《高规》本条第4款的规定。

2. 本条规定与《混凝土规范》第9.3.2条基本相同。

三、相关索引

《混凝土规范》的相关规定见其第9.3.2条。

第6.4.10条

一、规范的规定

6.4.10 框架节点核心区应设置水平箍筋，且应符合下列规定：

1. 非抗震设计时，箍筋配置应符合本规程第6.4.9条的有关规定，但箍筋间距不宜大于250mm。对四边有梁与之相连的节点，可仅沿节点周边设置矩形箍筋。

2. 抗震设计时，箍筋的最大间距和最小直径宜符合本规程第6.4.3条有关柱箍筋的规定。一、二、三级框架节点核心区配箍特征值分别不宜小于0.12、0.10和0.08，且箍筋体积配箍率分别不宜小于0.6%、0.5%和0.4%。柱剪跨比不大于2的框架节点核心区的体积配箍率不宜小于核心区上、下柱端体积配箍率中的较大值。

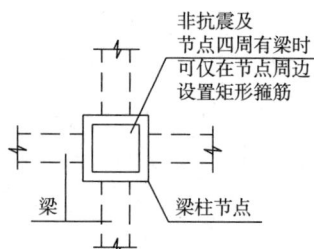

图 6.4.10-1

二、对规范规定的理解

1. 非抗震时，四边有梁与之相连的节点箍筋做法见图6.4.10-1。

2. 高层建筑抗震设计时，应结合对框架梁柱节点的偏心处理及梁柱节点区混凝土强度等级的调整等多种情况，采取综合措施设置约束较好的节点核心区，有利于提高节点区的抗剪承载力，并有利于实现框架梁端的强剪弱弯（图6.4.10-2、图6.4.10-3）。

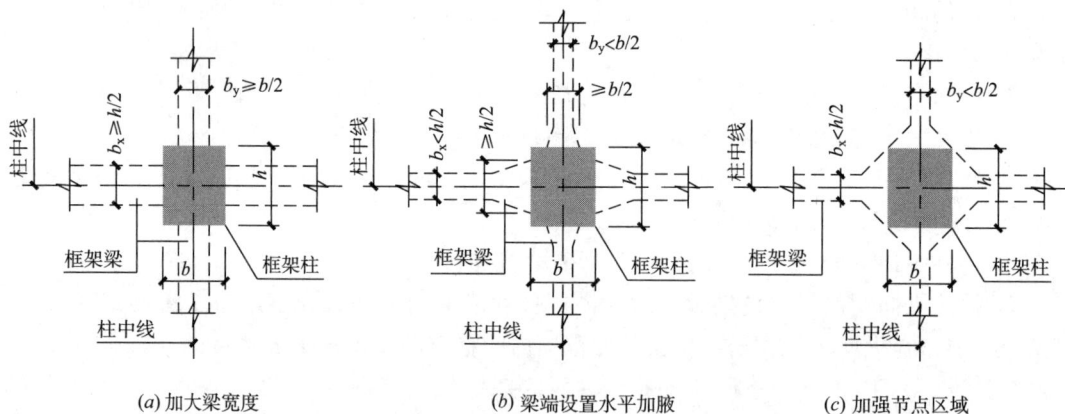

(a) 加大梁宽度 (b) 梁端设置水平加腋 (c) 加强节点区域

图 6.4.10-2 提高梁柱节点区抗剪承载力的有效途径

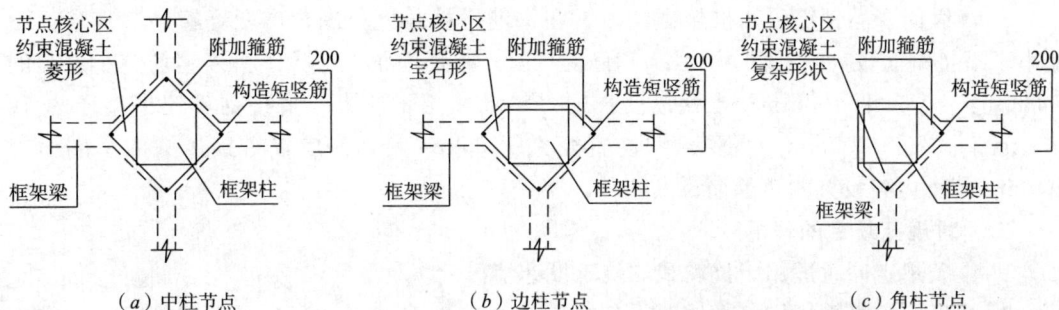

（a）中柱节点　　　　　　　（b）边柱节点　　　　　　　（c）角柱节点

图 6.4.10-3　增强梁柱核心区混凝土约束的途径

3. 对本条第 2 款的理解见《抗震规范》第 6.3.10 条的相关内容。

三、相关索引

1.《混凝土规范》的相关规定见其第 11.6.8 条。

2.《抗震规范》的相关规定见第 6.3.10 条。

3. 更多问题可查阅参考文献［30］第 6.3.10 条。

第 6.4.11 条

一、规范的规定

6.4.11　柱箍筋的配筋形式，应考虑浇筑混凝土的工艺要求，在柱截面中心部位应留出浇筑混凝土所用导管的空间。

二、对规范规定的理解

1. 高层建筑现浇混凝土柱施工时，一般情况下采用导管将混凝土直接引入柱底部，然后随着混凝土的浇筑将导管逐渐上提，直至浇筑完毕。因此，在布置柱箍筋时，需在柱中心位置留出不少于 $300mm \times 300mm$ 的空位（注意：第 6.4.8 条提出箍筋肢距要求，主要为提供对周边纵向钢筋的有效拉结，与本条要求的柱中心箍筋空位不矛盾，此处柱内箍筋可做成"梭形"），以便于施工。

2. 对于截面很大或长矩形柱或型钢混凝土柱，尚需与施工单位协商留出多个导管的位置。

6.5　钢筋的连接和锚固

要点：

对钢筋的连接和锚固的规定大部分内容与《混凝土规范》相近，相关说明可见《混凝土规范》的相关条款，此处提供相互索引以方便读者使用。

第 6.5.1 条

一、规范的规定

6.5.1　受力钢筋的连接接头应符合下列规定：

1. 受力钢筋的连接接头宜设置在构件受力较小部位；抗震设计时，宜避开梁端、柱端箍筋加密区范围。钢筋连接可采用机械连接、绑扎搭接或焊接。

2. 当纵向受力钢筋采用搭接做法时，在钢筋搭接长度范围内应配置箍筋，其直径不应小于搭接钢筋较大直径的 1/4。当钢筋受拉时，箍筋间距不应大于搭接钢筋较小直径的 5 倍，且不应大于 100mm；当钢筋受压时，箍筋间距不应大于搭接钢筋较小直径的 10 倍，且不应大于 200mm。当受压钢筋直径大于 25mm 时，尚应在搭接接头两个端面外 100mm 范围内各设置两道箍筋。

二、对规范规定的理解

1. 本条规定同时适用于抗震和非抗震设计情况。

2. 柱纵向钢筋采用搭接做法时，应在钢筋搭接长度范围（当为受压钢筋时，应在钢筋搭接长度范围及其两个端面）内，配置规定要求的箍筋。而对于机械连接及焊接连接，则无此要求。

三、结构设计建议

1. 由于机械连接技术日趋成熟且较焊接连接质量稳定可靠，结构设计及施工过程中，有条件时应优先采用机械连接，结构关键部位的钢筋连接应采用机械连接（纵向受力钢筋的接头宜相互错开）。

2. 机械连接应满足等强度要求，即连接的强度不低于母材的强度。

3. 由本条规定可以发现，与采用搭接连接相比，采用机械连接可减少纵向钢筋的搭接量并减少额外设置的箍筋，有利于节能减材并降低工程造价（当钢筋直径较大时，更为明显）。

四、相关索引

《混凝土规范》的相关规定见其第 8.4 节、第 11.1.7 条及第 11.1.8 条。

第 6.5.2 条

一、规范的规定

6.5.2 非抗震设计时，受拉钢筋的最小锚固长度应取 l_a。受拉钢筋绑扎搭接的搭接长度，应根据位于同一连接区段内搭接钢筋截面面积的百分率按下式计算，且不应小于 300mm。

$$l_1 = \zeta \, l_a \tag{6.5.2}$$

式中：l_1——受拉钢筋的搭接长度（mm）；

l_a——受拉钢筋的锚固长度（mm），应按现行国家标准《混凝土结构设计规范》GB 50010 的有关规定采用；

ζ——受拉钢筋搭接长度修正系数，应按表 6.5.2 采用。

表 6.5.2 纵向受拉钢筋搭接长度修正系数 ζ

同一连接区段内搭接钢筋面积百分率（%）	≤25	50	100
受拉搭接长度修正系数 ζ	1.2	1.4	1.6

注：同一连接区段内搭接钢筋面积百分率取在同一连接区段内有搭接接头的受力钢筋与全部受力钢筋面积之比。

二、对规范规定的理解

1. 钢筋的锚固长度按《混凝土规范》第 8.3.1 条的规定计算：

$$l_a = \zeta_a l_{ab} \tag{6.5.2-1}$$

对普通钢筋

$$l_{ab} = \alpha \frac{f_y}{f_t} d \tag{6.5.2-2}$$

对预应力钢筋
$$l_{ab} = \alpha \frac{f_{py}}{f_t} d \qquad (6.5.2\text{-}3)$$

式中：l_{ab}——受拉钢筋的基本锚固长度；

f_y、f_{py}——普通钢筋、预应力钢筋的抗拉强度设计值；

f_t——混凝土轴心抗压强度设计值，当混凝土强度等级高于 C60 时，按 C60 取值；

d——锚固钢筋的直径，当采用并筋时，为等效钢筋直径（按截面面积相等的原则确定）；

α——锚固钢筋的外形系数，按表 6.5.2-1 取值。

ζ_a——钢筋锚固长度修正系数，对普通钢筋按表 6.5.2-2 取值，当多于一项时，可按连乘计算，但不应小于 0.6；对预应力钢筋，可取 1.0。

表 6.5.2-1　锚固钢筋的外形系数 α

钢筋类型	光圆钢筋	带肋钢筋	螺旋肋钢丝	三股钢绞线	七股钢绞线
α	0.16	0.14	0.13	0.16	0.17

注：光圆钢筋末端应做 180°弯钩，弯后平直段长度不应小于 3d，但作受压钢筋时可不做弯钩。

表 6.5.2-2　纵向受拉普通钢筋的锚固长度修正系数 ζ_a

序号	情况		ζ_a	理解与应用
1	当带肋钢筋的公称直径 d>25mm 时		1.10	<25mm 时，取 1.0；并筋时按等效钢筋直径计算
2	环氧树脂涂层带肋钢筋		1.25	不采用环氧树脂涂层带肋钢筋时，取 1.0
3	施工过程中易扰动的钢筋		1.10	施工中采取防钢筋扰动措施时，取 1.0
4	当纵向钢筋的实际配筋面积大于其设计计算面积时		设计计算面积/实际配筋面积	有抗震设防要求及直接承受动力荷载的结构构件不考虑
5	锚固钢筋的保护层厚度为	3d	0.80	中间按内插取值，d 为锚固钢筋直径
		5d	0.70	

2. 由公式（6.5.2-2）及公式（6.5.2-3）可以发现，钢筋的基本锚固长度 l_{ab} 与被锚固钢筋的强度等级有关，钢筋的强度等级（抗拉强度设计值）越高，l_{ab} 数值越大；而混凝土强度等级越高，l_{ab} 数值越小；钢筋的外形越光滑，l_{ab} 数值越大。实际工程中，提高混凝土强度等级、采用带肋钢筋并采用有利于增强钢筋与混凝土握裹力的措施时，可适当减小钢筋的锚固长度要求。

3. 同一连接区段的概念见图 6.5.2-1。

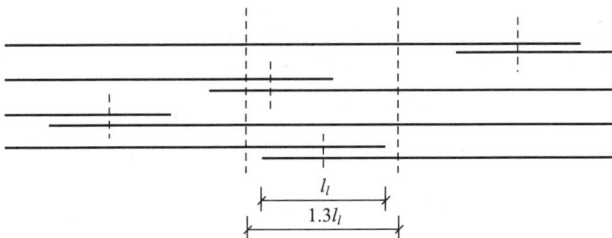

图 6.5.2-1　同一连接区段内纵向受拉钢筋的绑扎搭接接头

图中所示，同一连接区段内的搭接接头钢筋为 2 根，

当钢筋直径相同时，钢筋搭接接头的面积百分率为 50%

4．实际工程中，水平构件（梁或板）内的钢筋（尤其是小直径钢筋）常采用搭接连接，对大直径钢筋宜采用机械连接。

5．特殊情况下（有特殊规定时），可不完全按表 6.5.2 确定纵向受力钢筋的搭接长度，如：顶层端节点处，在梁宽范围以内的柱外侧纵向钢筋可与梁上部纵向钢筋搭接，搭接长度不应小于 $1.5l_a$（见第 6.5.4 条）；剪力墙的水平及竖向分布钢筋的搭接长度为 $1.2l_{aE}$（见第 7.2.20 条）等。

6．《混凝土规范》第 8.4.3 条规定，"并筋采用绑扎搭接连接时，应按每根单筋错开搭接的方式连接。接头面积百分率应按同一连接区段内所有的单根钢筋计算。并筋中钢筋的搭接长度应按单筋分别计算"，对上述规定理解如下：

1）对照上述规定，《混凝土规范》第 4.2.7 条的规定仅可用于非搭接连接（如机械连接或焊接连接）的钢筋接头中。

2）并筋绑扎搭接时，应按每根单筋分别错开搭接，而不是以"并筋"为单位错开搭接。

3）钢筋的搭接长度实质上就是单筋的搭接长度，而不是并筋的搭接长度。在并筋绑扎搭接连接中，单根钢筋搭接的受力状况与一般钢筋的搭接受力状况相当，一般可不增加单根钢筋的搭接长度，实际工程中，当单根钢筋直径较大时（如大于 25mm 时）应适当加大单筋的搭接长度。

三、相关索引

《混凝土规范》的相关规定见其第 4.2.7 条、第 8.3.1 条、第 8.3.2 条、第 8.4.3 条。

第 6.5.3 条

一、规范的规定

6.5.3　抗震设计时，钢筋混凝土结构构件纵向受力钢筋的锚固和连接，应符合下列要求：

1．纵向受拉钢筋的最小锚固长度 l_{aE} 应按下列规定采用：

| 一、二级抗震等级 | $l_{aE} = 1.15l_a$ | (6.5.3-1) |

| 三级抗震等级 | $l_{aE} = 1.05l_a$ | (6.5.3-2) |

| 四级抗震等级 | $l_{aE} = 1.00l_a$ | (6.5.3-3) |

2．当采用绑扎搭接接头时，其搭接长度不应小于下式的计算值：

$$l_{LE} = \zeta l_{aE} \qquad (6.5.3-4)$$

式中：l_{LE}——抗震设计时受拉钢筋的搭接长度。

3．受拉钢筋直径大于 25mm、受压钢筋直径大于 28mm 时，不宜采用绑扎搭接接头；

4．现浇钢筋混凝土框架梁、柱纵向受力钢筋的连接方法，应符合下列规定：

1）框架柱：一、二级抗震等级及三级抗震等级的底层，宜采用机械连接接头，也可采用绑扎搭接或焊接接头；三级抗震等级的其他部位和四级抗震等级，可采用绑扎搭接或焊接接头；

2）框支梁、框支柱：宜采用机械连接接头；

3）框架梁：一级宜采用机械连接接头，二、三、四级可采用绑扎搭接或焊接接头。

5．位于同一连接区段内的受拉钢筋接头面积百分率不宜超过 50%；

6．当接头位置无法避开梁端、柱端箍筋加密区时，应采用满足等强度要求的机械连接接头，且钢筋接头面积百分率不宜超过 50%；

7. 钢筋的机械连接、绑扎搭接及焊接，尚应符合国家现行有关标准的规定。

二、对规范规定的理解

1. 抗震设计时，应优先考虑机械连接。特殊构件（如框支梁、框支柱等）及抗震等级较高的框架柱，应采用机械连接。

2. 抗震设计时，钢筋的锚固长度 l_{aE} 和搭接长度 l_{lE} 均与非抗震设计时受拉钢筋的锚固长度 l_a 有关。

3. "满足等强度要求的机械连接接头"指机械连接接头的强度应不低于相连接钢筋的强度。

三、相关索引

《混凝土规范》的相关规定见其第 11.1.7 条。

第 6.5.4 条

一、规范的规定

6.5.4 非抗震设计时，框架梁、柱的纵向钢筋在框架节点区的锚固和搭接（图 6.5.4）应符合下列要求：

1. 顶层中节点柱纵向钢筋和边节点柱内侧纵向钢筋应伸至柱顶；当从梁底边计算的直线锚固长度不小于 l_a 时，可不必水平弯折，否则应向柱内或梁、板内水平弯折，当充分利用柱纵向钢筋的抗拉强度时，其锚固段弯折前的竖直投影长度不应小于 $0.5l_{ab}$，弯折后的水平投影长度不宜小于 12 倍的柱纵向钢筋直径。此处，l_{ab} 为钢筋基本锚固长度，应符合现行国家标准《混凝土结构设计规范》GB 50010 的有关规定。

2. 顶层端节点处，在梁宽范围以内的柱外侧纵向钢筋可与梁上部纵向钢筋搭接，搭接长度不应小于 $1.5l_a$；在梁宽范围以外的柱外侧纵向钢筋可伸入现浇板内，其伸入长度与伸入梁内的相同（即与柱外侧钢筋在梁截面宽度范围以内的水平搭接长度相同——编者注）。当柱外侧纵向钢筋的配筋率大于 1.2% 时，伸入梁内的柱纵向钢筋宜分两批截断，其截断点之间的距离不宜小于 20 倍的柱纵向钢筋直径。

3. 梁上部纵向钢筋伸入端节点的锚固长度，直线锚固时不应小于 l_a，且伸过柱中心线的长度不宜小于 5 倍的梁纵向钢筋直径；当柱截面尺寸不足时，<u>梁上部纵向钢筋应伸至节点对边</u>（即柱外侧纵向钢筋内边——编者注）<u>并向下弯折</u>，弯折水平段（应理解为弯折前水平段及弯折的圆弧段，见图 6.5.4-1——编者注）的投影长度不应小于 $0.4l_{ab}$，弯折后竖直投影长度（应理解为弯折的圆弧段及弯折后竖直段的总投影长度，见图 6.5.4-1——编者注）不应小于 15 倍纵向钢筋直径。

4. 当<u>计算中不利用</u>梁下部纵向钢筋的强度时，其伸入节点内的锚固长度应取不小于 12 倍的梁纵向钢筋直径。当计算中充分利用梁下部钢筋的抗拉强度时，梁下部纵向钢筋可采用直线方式或向上 90°弯折方式锚固于节点内，直线锚固时的锚固长度不应小于 l_a；弯折锚固时，弯折水平段的投影长度不应小于 $0.4l_{ab}$，弯折后竖直投影长度不应小于 15 倍纵向钢筋直径。

5. 当采用锚固板锚固措施时，钢筋锚固构造应符合现行国家标准《混凝土结构设计规范》GB 50010 的有关规定。

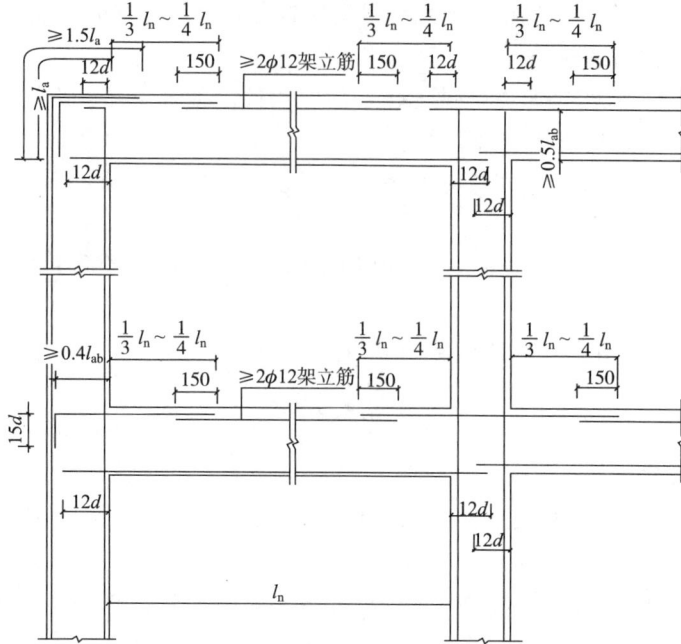

图 6.5.4 非抗震设计时框架梁、柱纵向钢筋在节点区的锚固示意

二、对规范规定的理解

1. 梁、柱钢筋直线锚固时，其锚固长度以 l_a 为基本计算要求（锚固长度为 l_a）。

2. 梁、柱钢筋锚固应尽量采用直线锚固方式，由于弯折锚固节点区受力复杂，施工不便，因此，实际工程中不应提倡（尤其不应提倡以节约钢筋为目的的弯折锚固）。

3. 梁、柱钢筋弯折锚固时，其弯折前的<u>直段钢筋应伸至节点对边受力钢筋内侧</u>，直段锚固长度以 l_{ab} 为基本计算要求（柱钢筋的直段锚固长度为 $0.5l_{ab}$，梁钢筋的直段锚固长度为 $0.4l_{ab}$），弯折后的直段长度以锚固钢筋的直径 d 为基本计算要求（柱钢筋锚固长度为 $12d$，梁钢筋锚固长度 $15d$）。钢筋末端 90°弯折锚固的长度计算见图 6.5.4-1。

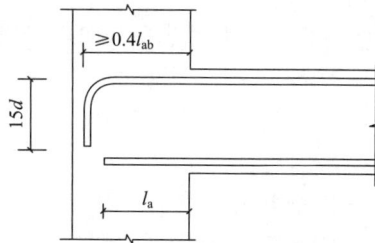

图 6.5.4-1 钢筋末端 90°弯折锚固的长度计算

4. 《混凝土规范》第 9.3.7 条规定"伸入梁内的柱外侧钢筋截面面积不宜小于其全部面积的 65%"，比本条第 2 款要求严格，因此，高层建筑结构设计时还应执行《混凝土规范》的规定。

5. 本条第 4 款"当计算中不利用梁下部纵向钢筋的强度时，其伸入节点内的锚固长度应取不小于 12 倍的梁纵向钢筋直径"的规定与《混凝土规范》第 9.3.5 条第 1 款"对

带肋钢筋不小于 $12d$，对光面钢筋不小于 $15d$"的规定不完全一样（《混凝土规范》的"d 为钢筋的最大直径"应理解为"d 为钢筋直径"）。

1）框架梁底部钢筋在框架柱的锚固，按梁端截面"计算中不利用梁下部纵向钢筋的强度"考虑，只需满足构造锚固要求。

2）当相邻框架梁的跨度相差较大时，小跨框架梁的底部钢筋在框架柱内的锚固长度应满足受拉钢筋的受力锚固要求。梁端负钢筋的延伸长度应根据负弯矩分布情况确定，也可适当加大梁顶跨中钢筋，并与其左右端梁顶负筋满足受力搭接要求（即将构造搭接长度 150mm 调整为受拉搭接长度 l_L）。

3）本条第 4 款的规定列出了"计算中不利用"和"计算中充分利用"梁下部钢筋的抗拉强度的两种情况，实际工程当"计算中部分利用"时，可按内插法并偏安全地确定钢筋的锚固长度（即按"计算中不利用"时锚固长度 $12d$，"计算中充分利用"时锚固长度为 l_a，"计算中部分利用"时可根据利用的比例确定锚固长度），但与锚固长度计算中表 6.5.2-2 中第 4 项情况不同时考虑。

6.《混凝土规范》第 9.3.5 条第 4 款的规定，不适用于计算中不利用钢筋强度（抗拉强度或抗压强度）的情况，即对《混凝土规范》第 9.3.5 条第 1 款的构造锚固长度不能再折减。

三、相关索引

《混凝土规范》的相关规定见其第 9.3.4 条～第 9.3.7 条。

第 6.5.5 条

一、规范的规定

6.5.5 抗震设计时，框架梁、柱的纵向钢筋在框架节点区的锚固和搭接（图 6.5.5）应符合下列要求：

1. 顶层中节点柱纵向钢筋和边节点柱内侧纵向钢筋应伸至柱顶。当从梁底边计算的直线锚固长度不小于 l_{aE} 时，可不必水平弯折，否则应向柱内或梁内、板内水平弯折，锚固段弯折前的竖直投影长度不应小于 $0.5l_{abE}$，弯折后的水平投影长度不宜小于 12 倍的柱纵向钢筋直径。此处，l_{abE} 为抗震时钢筋的基本锚固长度，一、二级取 $1.15l_{ab}$，三、四级分别取 $1.05l_{ab}$ 和 $1.00l_{ab}$。

2. 顶层端节点处，柱外侧纵向钢筋可与梁上部纵向钢筋搭接，搭接长度不应小于 $1.5l_{aE}$，且伸入梁内的柱外侧纵向钢筋截面面积不宜小于柱外侧全部纵向钢筋截面面积的 65%；在梁宽范围以外的柱外侧纵向钢筋可伸入现浇板内，其伸入长度与伸入梁内的相同（即与柱外侧钢筋在梁截面宽度范围以内的水平搭接长度相同——编者注）。当柱外侧纵向钢筋的配筋率大于 1.2% 时，伸入梁内的柱纵向钢筋宜分两批截断，其截断点之间的距离不宜小于 20 倍的柱纵向钢筋直径。

3. 梁上部纵向钢筋伸入端节点的锚固长度，直线锚固时不应小于 l_{aE}，且伸过柱中心线的长度不应小于 5 倍的梁纵向钢筋直径；当柱截面尺寸不足时，梁上部纵向钢筋应伸至节点对边并向下弯折，锚固段弯折前的水平投影长度不应小于 $0.4l_{abE}$，弯折后的竖直投影长度应取 15 倍的梁纵向钢筋直径。

4. 梁下部纵向钢筋的锚固与梁上部纵向钢筋相同，但采用 90°弯折方式锚固时，竖直段应向上弯入节点内（应理解为：竖直段应伸至节点对边并向上弯入节点内——编者注）。

247

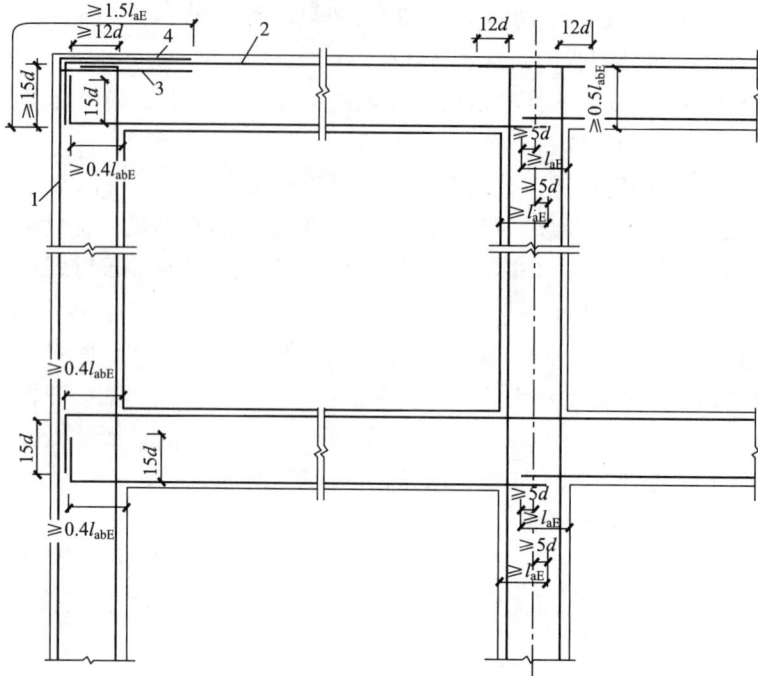

图 6.5.5 抗震设计时框架梁、柱纵向钢筋在节点区的锚固示意

1—柱外侧纵向钢筋；2—梁上部纵向钢筋；3—伸入梁内的柱外侧

纵向钢筋；4—不能伸入梁内的柱外侧纵向钢筋，可伸入板内

二、对规范规定的理解

1. 相对于第 6.5.4 条的要求，本条引入抗震设计的基本锚固要求。抗震设计时，框架梁、柱纵向钢筋在节点区锚固的基本做法与非抗震时相同（所不同的是将非抗震设计时的 l_a 和 l_{ab} 变成 l_{aE} 和 l_{abE}）。

2. 与第 6.5.4 条不同之处在于，抗震设计的框架梁，其下部钢筋在两端框架柱内的锚固与梁上部钢筋（顶层边节点除外）锚固要求相同，应满足受拉钢筋的受力锚固要求。

3. 本条规定的仅是抗震设计的框架梁、柱纵向钢筋在梁柱节点区的锚固要求，框架梁、柱配筋的其他要求见《混凝土规范》、《抗震规范》及《高规》其他相关规定。

三、相关索引

1.《混凝土规范》的相关规定见其第 11.3.7 条。

2.《抗震规范》的相关规定见其第 6.3.3 条及第 6.4.4 条。

3.《高规》的相关规定见其第 6.3 节。

7 剪力墙结构设计

说明：

作为主要的抗侧力构件，剪力墙在高层建筑结构中应用十分普遍，与《抗震规范》不同，《高规》提出了短肢剪力墙的概念，同时对短肢剪力墙的应用提出明确的限制条件。

7.1 一 般 规 定

要点：

本节的一般规定是剪力墙结构设计应遵循的基本原则，也是剪力墙结构概念设计的重要内容，是确保剪力墙结构整体工作性能的重要措施。

第 7.1.1 条

一、规范的规定

7.1.1 剪力墙结构应具有适宜的侧向刚度，其布置应符合下列规定：

1. 平面布置宜简单、规则，宜沿两个主轴方向或其他方向双向布置，两个方向的侧向刚度不宜相差过大。抗震设计时，不应采用仅单向有墙的结构布置。

2. 宜自下到上连续布置，避免刚度突变。

3. 门窗洞口宜上下对齐、成列布置，形成明确的墙肢和连梁；宜避免造成墙肢宽度相差悬殊的洞口设置；抗震设计时，一、二、三级剪力墙的底部加强部位不宜采用上下洞口不对齐的错洞墙，全高均不宜采用洞口局部重叠的叠合错洞墙。

二、对规范规定的理解

1. 本条规定中的"剪力墙结构"指：以剪力墙及因剪力墙开洞形成的连梁组成的结构，其变形特点为弯曲型变形（可以通过查验结构的层间位移曲线进行初步判别）。

2. 和其他各类结构形式一样，剪力墙结构也应采用简单的平面、立面布置和恰当的侧向刚度。抗震设计时，应在结构的两个主轴方向设置剪力墙（低烈度地区的建筑结构更应注意），避免两向动力特性的过大差异。

3. 剪力墙布置是否造成结构上、下层刚度的突变，可按《高规》第 3.5 节的规定量化。

4. 对剪力墙上的洞口应进行结构的规则化处理，剪力墙的门窗洞口宜上、下对齐，成列布置，形成明确的墙肢和连梁。

5. 洞口设置应合理，避免使墙肢刚度相差过大。

6. 一、二、三级抗震等级剪力墙的底部加强部位不宜采用错洞墙，必须采用时，洞口错开距离宜≥2m（图 7.1.1-1）。

7. 一、二、三级抗震等级剪力墙不宜采用叠合错洞墙，必须采用时，应采取措施使剪力墙形成明确的墙肢和连梁，将叠合洞口转化为规则大洞口，门窗洞边采用轻质材料填充。

8. 底层局部有错洞墙时，应采取如下措施：

1）标准层洞口部位的竖向钢筋，应伸至底层，并在一、二层形成上下连续的边缘构件；

2）二层洞口下设暗梁并加强配筋；

3）底层墙截面的边缘构件应伸至二层。

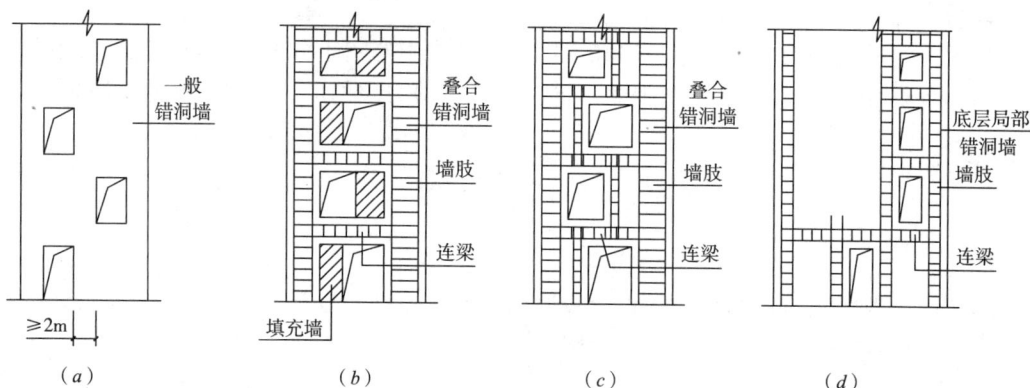

图 7.1.1-1

三、结构设计建议

1. 对结构两向侧向刚度应结合工程经验把握，"不宜相差过大"一般可控制两向的主要计算指标（周期、层间位移等）相比不小于 80%。

2. 实际工程中，应注意剪力墙布置及剪力墙墙肢的均匀性要求，避免平面布置不均匀引起的竖向承载力及侧向刚度的突变。

3. 实际工程中，对具有不规则洞口的剪力墙，首先应进行剪力墙开洞的规则化处理（注意：这一点非常重要，随着程序计算功能日益强大，尽管剪力墙的布置及其洞口位置可以照搬建筑图，且只要有输入就会有"计算结果"，但剪力墙不经规则化处理的计算结果，其结构传力路径不清晰，"计算结果"的可信度低），对具有不规则洞口布置的错洞墙，应按弹性平面有限元方法进行应力分析，并按应力计算结果进行截面配筋设计或校核。

4. 在剪力墙结构中，一般结构侧向刚度较大，而延性较差，有条件通过调整剪力墙的连梁并由连梁的变形来耗能，改善剪力墙结构的延性。但连梁的刚度也不是越小越好，过小的连梁刚度，减弱了连梁的耗能能力，使剪力墙结构成为全部为独立墙肢加弱连梁的壁式框架结构。有些工程（尤其是在住宅建筑中），为压低层高，在剪力墙之间的连梁大部分设计为跨高比比较大的弱连梁（当连梁的跨高比不小于 5 时，如同框架梁），这样的结构虽然剪力墙较多，但受力特性接近框架结构，当房屋高度较高时，对抗震不利。

四、相关索引

《抗震规范》的相关规定见其第 6.1.8 条。

第 7.1.2 条

一、规范的规定

7.1.2　剪力墙不宜过长，较长的剪力墙宜设置跨高比较大的连梁（即弱连梁——编者注）

将其分成长度较均匀的若干墙段，各墙段的高度（即墙段的总高度——编者注）与墙段的长度之比不宜小于3，墙段长度不宜大于8m。

二、对规范规定的理解

1. 实际工程中，剪力墙的长度应基本均匀，墙肢长度不应相差过大，应总体保持在相当的水平，以使各剪力墙墙肢受力均匀。

2. 当墙肢长度较长时，为避免剪力墙的脆性及剪切破坏，使剪力墙具有一定的延性，可通过开设洞口将长墙分成长度较小、较均匀的联肢墙（注意：不是将墙肢长度分得越短越好，而是各个墙肢长度与平面内所有剪力墙的总体墙肢长度越接近越好），应使剪力墙的总高度与墙段长度之比不小于3。而对洞口连梁宜采用约束弯矩较小、跨高比较大的连梁，使连梁具有适当的刚度并具有足够的耗能能力（相关分析见结构设计的相关问题）。

3. "墙肢长度较长"可分为以下两种情况：一是，墙肢本身长度较长，如墙肢长度超过8m；二是，相对于其他墙肢而言，墙肢长度相对较长，如墙肢长度接近8m。实际工程中，不能只看墙肢长度是否超过8m。当墙肢长度不太长时，而其他墙肢长度相对较小时，也应注意对相对较长的墙肢进行适当开洞处理。

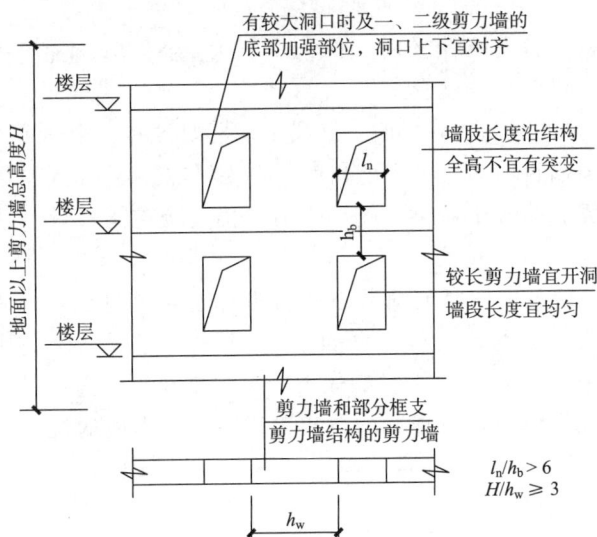

图 7.1.2-1 对剪力墙的开洞处理

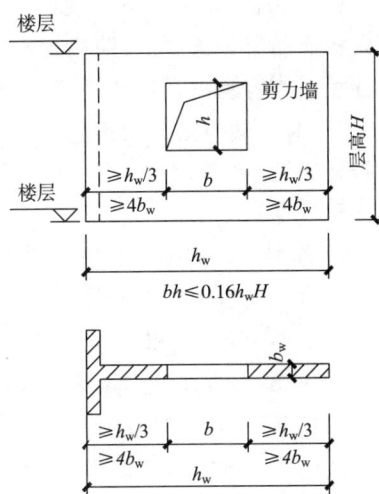

图 7.1.2-2 小洞口剪力墙

4. 对嵌固部位以下的地下室墙肢，可不执行本条规定。

三、结构设计的相关问题

1. 《抗震规范》第6.1.9条的规定指出："较长的剪力墙宜设置跨高比大于6的连梁形成洞口"。

2. 《高规》第7.1.2条的条文说明中也指出："用以分割墙段的洞口上可设置约束弯矩较小的弱连梁（其跨高比一般宜大于6）"。

3. 上述两条规定与《高规》第7.1.1条的条文说明中对剪力墙连梁的要求相互矛盾。事实上，剪力墙结构的连梁应具有适当的刚度（考虑到剪力墙结构自身的刚度较大，而延性不足，剪力墙连梁的刚度不应过大，连梁刚度一般应偏小取值，如可取连梁的跨高比在

2.5～5之间）并具有足够的耗能能力，连梁刚度过大或过小都不是最好的选择：

1）连梁刚度较小（如当连梁的跨高比不小于5）时，使多肢剪力墙结构变为壁式框架结构或接近排架结构（弱连梁连接的独立墙肢）。结构的侧向刚度很小，连梁的耗能能力大为降低，对抗震不利，这种结构也是《高规》第7.1.1条限制使用的结构。

2）连梁刚度过大（如当连梁的跨高比小于2.5时），连梁的耗能能力很小，在强烈地震作用下，当连梁破坏后，极容易导致剪力墙墙肢的破坏，也应避免。

四、相关索引

1.《抗震规范》的相关规定见其第6.1.9条。

2.《高规》的相关规定见其第7.1.1条。

第 7.1.3 条

一、规范的规定

7.1.3 跨高比小于5的连梁应按<u>本章的有关规定</u>设计，跨高比不小于5的连梁宜按框架梁设计。

二、对规范规定的理解

1. 连梁的定义

1）依据《高规》条文说明："两端与剪力墙在平面内相连的梁为连梁"。跨高比较小的连梁对剪切变形

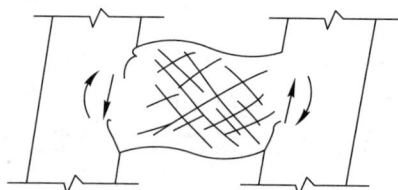

图 7.1.3-1 连梁的受力与变形

十分敏感，容易出现剪切裂缝，而当连梁的跨高比较大时，连梁呈现框架梁的特性。

2）对一端与剪力墙相连（梁与剪力墙在剪力墙平面内相连），一端与框架柱相连，梁的跨高比较小（如小于5），且竖向荷载下的弯矩对梁影响不大时，仍宜按连梁设计（按墙开洞计算）。

2. 连梁弯矩以水平作用下产生的弯矩为主、竖向荷载下的弯矩对连梁影响不大（荷载组合后两端弯矩仍然反号），一般情况下，跨高比较小（如小于5）的是连梁；跨高比较大（不小于5）连梁为弱连梁，竖向荷载产生的弯矩影响较大，则宜按框架梁进行设计（计算和构造都可按"框架梁"，按墙开洞计算），但连梁的抗震等级应按剪力墙的抗震等级采用在框架—剪力墙结构的施工图设计时应特别注意，弱连梁不应用"KL"表示，否则，其抗震等级及混凝土强度等级容易与框架混淆。

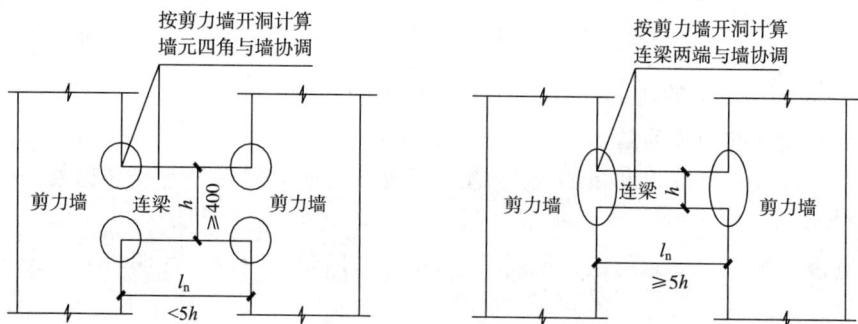

（a）图 7.1.3-2 强弱连梁的实用区分方法 （b）

（a）较强连梁；（b）弱连梁

3. 依据《高规》第 7.2.24 条的规定，跨高比按 l/h_b 计算。对跨高比计算中的连梁跨度 l 规范未具体规定，实际工程中可取连梁净跨 l_n 计算（偏于安全）。

4. 连梁可依据跨高比划分为强连梁和弱连梁（见表 7.1.3-1），实际工程中对连梁的划分还应结合连梁的实际高度确定，一般情况下，连梁高度不宜小于 400mm。

表 7.1.3-1　按跨高比划分的连梁

连梁	超强连梁	强连梁	连梁	弱连梁
跨高比 l_n/h_b	$l_n/h_b \leqslant 1.5$	$1.5 < l_n/h_b \leqslant 2.5$	$2.5 < l_n/h_b < 5$	$l_n/h_b \geqslant 5$

5. "本章的有关规定"指第 7.2 节的相关内容。

三、相关索引

1. 《混凝土规范》的相关规定见其第 11.7.3 条。

2. 《高规》的其他规定见其第 7.2.24 条。

第 7.1.4 条

一、规范的规定

7.1.4 抗震设计时，剪力墙底部加强部位的范围，应符合下列规定：

1. 底部加强部位的高度，应从地下室顶板算起；

2. 底部加强部位的高度可取底部两层和墙体总高度的 1/10 二者的较大值，部分框支剪力墙结构底部加强部位的高度应符合本规程 10.2.2 条的规定；

3. 当结构计算嵌固端位于地下一层底板或以下时，底部加强部位宜延伸到计算嵌固端。

二、对规范规定的理解

1. 无论地下室顶坂是否作为上部结构的嵌固部位，剪刀墙底部加强部位在地下室顶板以上的高度不变。当地下室顶板不能作为上部结构的嵌固端时，剪力墙底部加强部位的高度应向下延伸至计算嵌固端。由此可见，地下室顶板作为上部结构的嵌固部位是最经济合理地选择。

2. 剪力墙底部加强部位高度见表 7.1.4-1 及图 7.1.4-1。

表 7.1.4-1　剪力墙底部加强部位高度

剪力墙高度（m）	底部加强区高度（取大值）
部分框支剪力墙结构	取至转换层以上两层且不宜小于房屋高度的 1/10（第 10.2.2 条）
其他结构	底部两层的高度、墙体总高度的 1/10

三、结构设计的相关问题

与《抗震规范》一样，《高规》对剪力墙底部加强部位的高度也依据剪力墙高度确定（虽有《高规》第 7.1.1 条宜竖向连续布置的要求），不尽合理。

四、结构设计建议

1. 建议剪力墙底部加强部位的高度按房屋高度计算（而不按剪力墙高度计算）。

2. "当结构计算嵌固端位于地下一层底板或以下时，底部加强部位宜延伸到计算嵌固端"，即总加强范围应延伸至嵌固端的下一层（当计算嵌固端在基础顶面时，底部总加强范围位应延伸至基础顶面。

3. 应注意"底部加强部位"、"总加强范围"及"约束边缘构件范围"的区别。

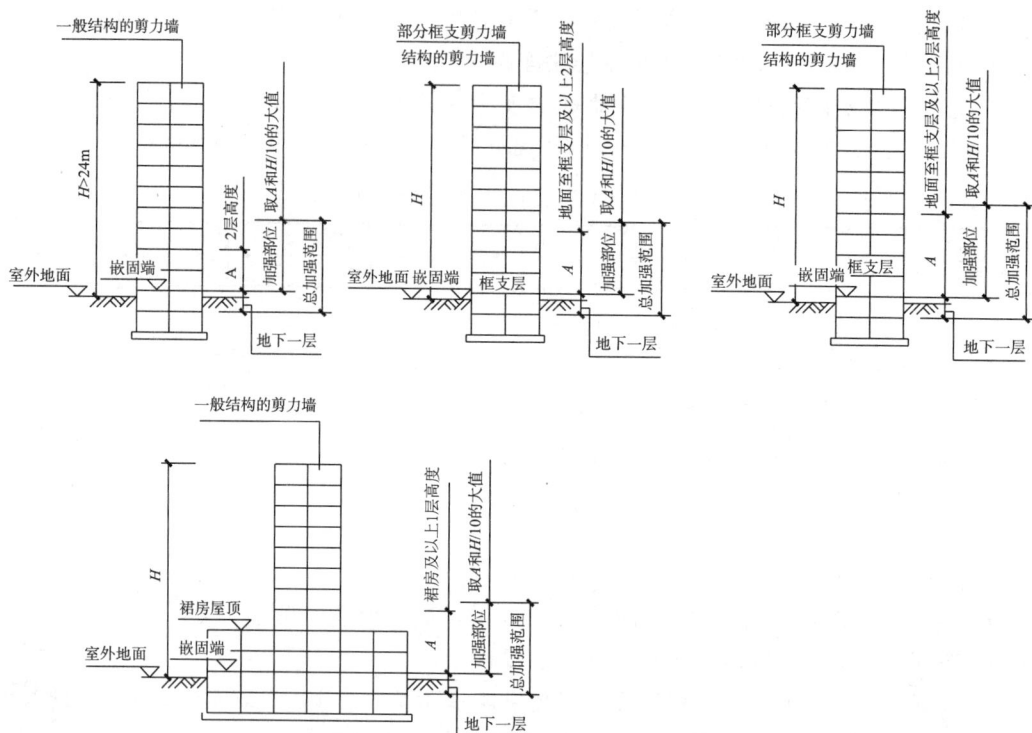

图 7.1.4-1

1）剪刀墙的底部加强部位指：墙体底部可能出现塑性铰的高度范围，采取提高其受剪承载力，加强其抗震构造措施，使其具有较大的弹塑性变形能力，从而提高整个结构的抗地震倒塌能力。

2）剪力墙的总加强范围为：底部加强部位及其向下延伸至嵌固端的下一层（当嵌固端在基础顶面时，延伸至基础顶面）。

3）约束边缘构件的范围为：下至嵌固端以下一层底（第12．2．1条，当嵌固端位于基础顶面时，下至基础顶面），上至加强部位的上一层顶（第7．2．14条），对塔楼中与裙房相连的剪力墙，上至裙房屋面的上一层顶（第10．6．3条）。

五、相关索引

1．《抗震规范》的相关内容见其第6.1.10条。

2．《高规》的其他相关规定见其第10.2.2条。

3．《混凝土规范》的相关规定见其第11.1.5条。

第 7.1.5 条

一、规范的规定

7.1.5 楼面梁不宜支承在剪力墙或核心筒的连梁上。

二、对规范规定的理解

本条所指的楼面梁，应理解为承受较大竖向荷载的主梁（框架梁或次梁），而不一定仅指结构设计中的框架梁。本条规定的目的在于确保主梁有足够的承受竖向荷载的能力。

三、结构设计建议

1. 结构设计中应采取适当的措施,调整楼面梁的结构布置(图 7.1.5-1),采取楼层梁移位或与墙斜交及设置过渡梁等措施,避免楼面主梁支承在连梁上。

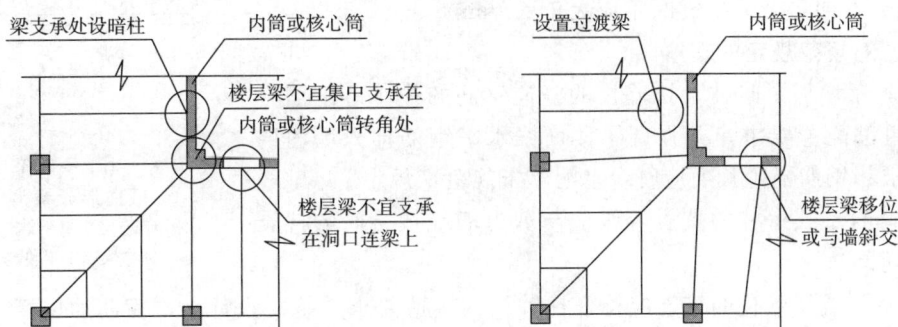

图 7.1.5-1 避免楼面梁支承在连梁上的措施

2. 当楼面主梁必须以连梁作为支承时,对主梁端应按铰接处理,地震作用时主梁及连梁承受竖向荷载的能力应有足够的保证。

3. 必要时,应在连梁内设置型钢或钢板。

四、相关索引

《抗震规范》的相关内容见其第 6.5.3 条及第 6.7.3 条。

第 7.1.6 条

一、规范的规定

7.1.6 当剪力墙或核心筒墙肢与其平面外相交的楼面梁刚接时,可沿楼面梁轴线方向设置与梁相连的剪力墙、扶壁柱或在墙内设置暗柱,并应符合下列规定:

1. 设置沿楼面梁轴线方向与梁相连的剪力墙时,墙的厚度不宜小于梁的截面宽度;

2. 设置扶壁柱时,其截面宽度不应小于梁宽,其截面高度可计入墙厚;

3. 墙内设置暗柱时,暗柱的截面高度可取墙的厚度,暗柱的截面宽度可取梁宽加 2 倍墙厚;

4. 应通过计算确定暗柱或扶壁柱的纵向钢筋(或型钢),纵向钢筋的总配筋率不宜小于表 7.1.6 的规定。

表 7.1.6 暗柱、扶壁柱纵向钢筋的构造配筋率

设计状况	抗震设计				非抗震设计
	一级	二级	三级	四级	
配筋率(%)	0.9	0.7	0.6	0.5	0.5

注:采用 400MPa、335MPa 级钢筋时,表中数值宜分别增加 0.05 和 0.10。

5. 楼面梁的水平钢筋应伸入剪力墙或扶壁柱,伸入长度应符合钢筋锚固要求。钢筋锚固段的水平投影长度,非抗震设计时不宜小于 $0.4l_{ab}$,抗震设计时不宜小于 $0.4l_{abE}$;当锚固段的水平投影长度不满足要求时,可将楼面梁伸出墙面形成梁头,梁的纵筋伸入梁头后弯折锚固(图 7.1.6),也可采取其他可靠的锚固措施。

6. 暗柱或扶壁柱应设置箍筋，箍筋直径，一、二、三级时不应小于 8mm，四级及非抗震时不应小于 6mm，且均不应小于纵向钢筋直径的 1/4；箍筋间距，一、二、三级时不应大于 150mm，四级及非抗震时不应大于 200mm。

二、对规范规定的理解

1. 本条增加了暗柱、扶壁柱的竖向钢筋的最小总配筋率要求和箍筋配置要求，并强调了楼面梁水平钢筋伸入墙内的锚固要求；钢筋锚固长度应符合《混凝土规范》规定。

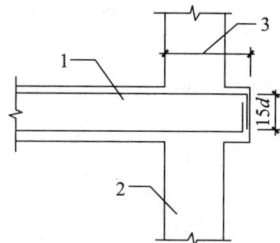

图 7.1.6 楼面梁伸出墙面形成梁头
1—楼面梁；2—剪力墙；3—楼面梁钢筋锚固水平投影长度

2. 暗柱或扶壁柱的抗震等级应与剪力墙或核心筒的抗震等级相同。

3. 暗柱或扶壁柱的箍筋应符合柱箍筋的构造要求。抗震设计时，箍筋加密区的范围及其构造要求应符合相同抗震等级的柱的要求。

4. 梁下墙内设置暗柱时，暗柱的截面宽度不宜过大（可取梁宽加 2 倍墙厚）。

5. 暗柱、扶壁柱的最小配筋要求见表 7.1.6-1。

表 7.1.6-1　暗柱、扶壁柱的最小配筋要求

设计状况			抗震设计				非抗震设计
			特一、一级	二级	三级	四级	
纵筋配筋率（%）	钢筋强度	≥500 MPa	0.90	0.70	0.60	0.50	0.50
		400 MPa	0.95	0.75	0.65	0.55	0.55
		335 MPa	1.00	0.80	0.70	0.60	0.60
箍筋			直径不小于 8，间距不大于 150			直径不小于 6，间距不大于 200	
			直径不小于纵筋直径的 1/4				

三、结构设计建议

1. 对楼面梁与剪力墙在同一平面内（梁与墙长度方向相交）时，梁与墙一般为刚性连接，应注意当墙肢长度较小（不满足连梁纵向钢筋的锚固长度的两倍）时，与墙在同一直线上且支承在同一墙肢上的梁（或连梁），梁底部钢筋应直通（梁顶钢筋宜直通）。

2. 当梁与墙不在同一平面内（梁与墙厚度方向相交）且墙厚度较小时，梁与墙一般为半刚接，实际工程中当梁截面高度 h_b 与墙肢厚度 b_w 之比较大（如 $h_b/h_w \geqslant 2$）时，会使墙肢平面外承受较大的弯矩，此时，应注意剪力墙平面外的受弯安全问题，结构计算及构造设计时应采取相应的措施，有条件时应在梁墙交接部位设置暗柱，或适当加大梁下及其两侧适当部位（一般为梁两侧各一倍墙厚）墙体的竖向分布钢筋直径。

3. 应控制剪力墙平面外的弯矩。当剪力墙墙肢与其平面外方向的楼面梁连接时，可采取下列措施，减小梁端部弯矩对墙的不利影响：

1）沿梁轴线方向设置与梁相连的剪力墙，抵抗该墙肢平面外弯矩。

2）当不能设置与梁轴线方向相连的剪力墙时，宜在墙与梁相交处设置扶壁柱。用扶壁柱承担梁端弯矩，按计算确定截面及配筋。

3）当不能设置扶壁柱时，应在墙与梁相交处设置暗柱，并宜按计算确定配筋。

4）必要时，剪力墙内可设置型钢。

5）楼面梁伸出墙面形成梁头，或设置为内凸边框梁，边框梁宽度（含墙厚度）满足梁端钢筋锚固要求。

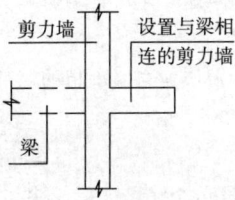
图 7.1.6-1

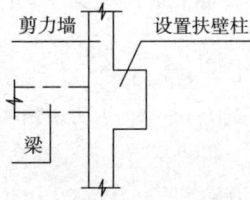
图 7.1.6-2

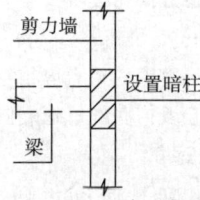
图 7.1.6-3

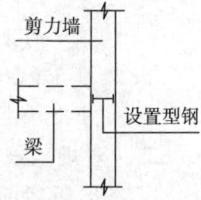
图 7.1.6-4

4. 当楼面梁与剪力墙平面外相交时，部分电算程序对墙肢沿墙厚度方向的内力和配筋不输出，需要设计者查阅相应的计算结果文件，结构设计时应特别注意，对经判别墙肢内力和配筋可能较大时，应注意核查。

四、相关索引

1.《抗震规范》的相关内容见其第 6.5.3 条。

2. 更多问题可查阅参考文献［30］第 6.5.3 条。

第 7.1.7 条

一、规范的规定

7.1.7 当墙肢的截面高度与厚度之比不大于 4 时，宜按框架柱进行<u>截面设计</u>。

二、对规范规定的理解

1. $h_w/b_w \leq 4$ 的剪力墙按柱进行截面设计，这里的"截面设计"指抗力计算（如配筋计算等，主要涉及内力臂的取值，当按墙计算时，内力臂取 $h_w - b_w$，而按柱计算时则为 $h_0 - a_s$）的内容，对效应（墙肢刚度、内力及位移等）计算过程仍按墙元模型计算（墙肢的截面尺寸无需满足第 6.4.1 的要求）。

2.《混凝土规范》第 9.4.1 条规定"竖向构件截面长边、短边（厚度）比值大于 4 时，宜按墙的要求进行设计"，与《高规》的本条规定一致。

3.《抗震规范》的第 6.4.6 条规定："剪力墙的墙肢长度不大于墙厚的 3 倍时，应按柱的有关要求进行设计"，与《高规》及《混凝土规范》的规定略有不同。

三、相关索引

1.《抗震规范》的相关内容见其第 6.4.6 条。

2.《混凝土规范》的相关规定见其第 9.4.1 条。

第 7.1.8 条

一、规范的规定

7.1.8 抗震设计时，高层建筑结构<u>不应全部采用短肢剪力墙</u>；B 级高度高层建筑以及抗震设防烈度为 9 度的 A 级高度高层建筑，不宜布置短肢剪力墙，不应采用具有较多短肢剪力墙的剪力墙结构。当采用具有较多短肢剪力墙的剪力墙结构时，应符合下列规定：

1. 在规定的水平地震作用下，短肢剪力墙承担的底部倾覆力矩不宜大于结构底部总地震倾覆力矩的 50%；

2. 房屋适用高度应比本规程表 3.3.1-1 规定的剪力墙结构的最大适用高度适当降低，7 度、8 度（0.2g）和 8 度（0.3g）时分别不应大于 100m、80m 和 60m。

注：1. 短肢剪力墙是指截面厚度不大于 300mm、各肢截面高度与厚度之比的最大值大于 4 但不大于 8 的剪力墙；

2. 具有较多短肢剪力墙的剪力墙结构是指，在规定的水平地震作用下，短肢剪力墙承担的底部倾覆力矩不小于结构底部总地震倾覆力矩的 30% 的剪力墙结构。

二、对规范规定的理解

1. 按墙肢截面的高度与厚度之比，剪力墙可分为一般剪力墙和短肢剪力墙，见表 7.1.8-1，$h_w/b_w > 8$ 的剪力墙为一般剪力墙（下称剪力墙）。

表 7.1.8-1　各类剪力墙的截面高宽比

剪力墙分类	一般剪力墙	短肢剪力墙（$b_w \leqslant 300$mm）	超短肢剪力墙	柱形墙肢
剪力墙截面高宽比	$h_w/b_w > 8$	$8 \geqslant h_w/b_w > 4$	$4 \geqslant h_w/b_w > 3$	$h_w/b_w \leqslant 3$

2. 剪力墙开大洞口时，会形成短肢剪力墙，短肢剪力墙一般较多地出现在多层和高层住宅建筑中，仅适用于墙肢厚度 $b_w \leqslant 300$mm 的情况，当墙肢厚度 $b_w > 300$mm 时，一般可不考虑短肢剪力墙问题。

3. 在规定的水平力作用下，当短肢剪力墙承担的底部倾覆力矩不小于结构底部总倾覆力矩的 30% 时，称为具有较多短肢剪力墙的剪力墙结构。

1）抗震设计时，高层建筑结构不应全部采用短肢剪力墙。

2）B 级高度高层建筑以及抗震设防烈度为 9 度的 A 级高度高层建筑，不宜布置短肢剪力墙，不应采用具有较多短肢剪力墙的剪力墙结构。

3）上述 1）、2）以外的其他情况时，可采用短肢剪力墙较多的剪力墙结构，但应限制房屋的最大适用高度并采取相应的结构措施。

三、结构设计的相关问题

1. 对"短肢剪力墙较多"的定量把握。

2. 对短肢剪力墙较多的房屋最大适用高度比剪力墙结构"适当降低"的定量把握。

3. 关于 9 度区是否可采用短肢剪力墙结构的问题。

4. 《高规》条文说明中指出：对于 L、T、十字形剪力墙，两个方向的墙肢高度与厚度之比最大值 $4 < h_w/b_w \leqslant 8$ 时，才为短肢剪力墙。

5. 短肢剪力墙在非地震区建筑中的应用问题。

四、结构设计建议

1. "全部为短肢剪力墙的剪力墙结构"可理解为无一般剪力墙的剪力墙结构。即结构中不存在一般剪力墙（或只有数量极少的一般剪力墙）。

2. 实际工程中可依据《高规》的本条规定对"短肢剪力墙较多"的情况进行判别，但"短肢剪力墙较多"的内容很广泛，从概念上说还可以认为是：

1）短肢剪力墙的截面面积占剪力墙总截面面积 50% 以上（广东省标准 DBJ/T 15-46）；

2）短肢剪力墙承受荷载的面积较大，达到楼层面积的 40%～50% 以上（较高的建筑允许的面积应取更小的数量）；

3）短肢剪力墙的布置比较集中，集中在平面的一边，或建筑的周边。也就是说局部范围内的"短肢剪力墙较多",当短肢剪力墙出现破坏后,楼层有可能倒塌。

在结构方案及初步设计阶段,对可能导致"短肢剪力墙较多"的情况应从概念设计角度加以控制。

3. 对"短肢剪力墙较多"的剪力墙结构,其房屋适用高度"适当降低"的幅度应根据工程经验确定,无可靠设计经验时可按比剪力墙结构降低20%考虑(见表7.1.8-2)。

表 7.1.8-2　"短肢剪力墙较多时"房屋最大适用高度 H_{max} 建议 (m)

情况	非抗震设计	6度	7度	8度 (0.20g)	8度 (0.30g)	9度
H_{max}	120	110	100	80	60	24

4. 对9度区应严格限制短肢剪力墙的使用。高层建筑不宜布置短肢剪力墙,不应采用短肢剪力墙较多的剪力墙结构。对多层建筑可允许采用短肢剪力墙较多的剪力墙结构。

5. 非抗震设计时,也应设置一定数量的一般剪力墙或筒体并限制短肢剪力墙的使用(尤其当风荷载起控制作用时)。对"短肢剪力墙较多"的判别可参考《高规》的本条规定,当在风荷载作用下短肢剪力墙承担的底部倾覆力矩不小于结构底部总倾覆力矩的30%时,称为具有"较多短肢剪力墙"的剪力墙结构。房屋高度限值可参考表7.1.8-2。

6. 对短肢剪力墙的判别

1)《高规》强调所有墙肢中 h_w/b_w 的最大值,也即对 L 形、T 形、十字形剪力墙只要有一肢为一般剪力墙时,整个墙肢就可以不划分为短肢剪力墙。编者认为这一规定的合理性值得探讨。《高规》第7.1.8条条文说明指出:"短肢剪力墙沿建筑高度可能有较多楼层的墙肢会出现反弯点,受力特点接近异形柱"。而《高规》按所有墙肢中最大 h_w/b_w 来判定短肢剪力墙的规定,并没有从根本上改变较短墙肢的异形柱特性。编者建议,实际工程中仍应按互为翼墙的理念,以墙肢为基本判别单元。

2)强连梁(连梁的净跨度与连梁截面高度的比值不大于2.5,且连梁截面高度不小于400mm)的连肢墙(洞口位置见图7.1.2-2,洞高不宜大于层高的0.5倍,不应大于层高的0.8倍),可不判定为短肢剪力墙。

3)判断是否为短肢剪力墙的基本依据是墙肢的高宽比 (h_w/b_w),同时应注意互为翼墙的概念(更多分析见第7.2.15条)。有效翼墙可提高剪力墙墙肢的稳定性能,但不能改变墙肢的短肢剪力墙属性。以 L 形墙肢为例:

【例 7.1.8-1】　竖向墙肢(墙肢 A)厚度为 200mm,水平向墙肢(墙肢 B)厚度为 180mm,墙肢 A 总长度 1800mm,墙肢 B 总长度 900mm(见图 7.1.8-1)。判别墙肢是否为短肢剪力墙。

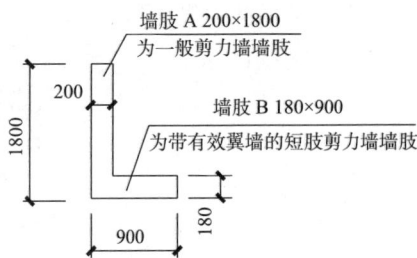

图 7.1.8-1

当考察墙肢 A 时, $h_w/b_w=1800/200=9>8$,墙肢 A 为带有效翼墙的一般剪力墙墙肢;而在考察墙肢 B 时, $h_w/b_w=900/180=5<8$,为短肢剪力墙,其翼墙为 $1800/180=10>3$ 为有效翼墙,即墙肢 B 为带有效翼墙的短肢剪力墙墙肢。

4)实际工程中,为迎合建设单位控制结构混凝土用量及钢筋用量的要求,常有设计人员不区分工程的具体情况，对较高的高层建筑，机械地控制剪力墙截面的高宽比（h_w/b_w），如将 200mm 厚剪力墙的墙肢长度控制在 1650mm 或 1700mm，以避免出现短肢剪力墙。其实，这种做法不仅违背剪力墙结构设计的基本原则，同时由于墙肢两端需要设置边缘构件，连梁配筋也大于墙体配筋，因此，结构设计的经济性也不见得好（加上墙体开洞处需要采用砌体填充墙）。在剪力墙结构尤其是高度较高（如房屋高度不小于 60m）的剪力墙结构中，应尽量采用一般剪力墙，以提高结构的抗震性能，并降低房屋的综合造价。

5）对地下室中上部结构嵌固端的下一层墙肢，如果对应的地上墙肢为一般剪力墙（墙厚为 b_w，墙长为 h_w），由于地下室层高的原因而需加厚剪力墙的厚度（至 b_{w0}），导致不满足一般剪力墙的宽厚比要求，此时应根据不同情况区别对待：

（1）当以墙厚为 b_w、墙长为 h_w 按《高规》附录 D 验算，满足剪力墙墙肢的稳定要求时，该墙肢（墙厚为 b_{w0}，墙长为 h_w）可不按短肢剪力墙设计。

（2）当以墙厚为 b_w、墙长为 h_w 按《高规》附录 D 验算，不满足剪力墙墙肢的稳定要求时，该墙肢（墙厚为 b_{w0}，墙长为 h_w）应按短肢剪力墙设计。

6）在剪力墙结构中设置少量的短肢剪力墙是允许的，设置少量的短肢剪力墙并不影响对原结构体系的判别，其结构仍可确定为一般剪力墙结构或可称其为短肢剪力墙较少的剪力墙结构。

五、相关索引

1.《高规》的相关规定见其第 7.2.1 条、7.2.2 条及附录 D。

2. 更多问题可查阅文献［30］第 6.4.1 条。

第 7.1.9 条

一、规范的规定

7.1.9 剪力墙应进行平面内的斜截面受剪、偏心受压或偏心受拉、平面外轴心受压承载力验算。在集中荷载作用下，墙内无暗柱时还应进行局部受压承载力验算。

二、对规范规定的理解

1. 本条规定中的"集中荷载"指较大的集中荷载。

2. 对剪力墙除应进行一般验算外，还应根据墙的受力特点进行有针对性的验算，如较大截面的梁与墙肢平面外连接并使墙平面外作用较大的弯矩时，还应验算墙体在平面外的轴心受压承载力等。

7.2 截面设计及构造

要点：

1. 本节对剪力墙的截面设计提出了明确而具体的规定，其基本要求与《抗震规范》及《混凝土规范》相同，《高规》按墙体稳定验算确定剪力墙厚度的相关要求与《抗震规范》的规定略有不同。

2. 本节内容是施工图审查的重点内容，也是施工图设计中问题较为突出的部分，结构设计时应予以重视。

第 7.2.1 条

一、规范的规定

7.2.1 剪力墙的截面厚度应符合下列规定：

1. 应符合本规程附录 D 的墙体稳定验算要求。

2. 一、二级剪力墙：底部加强部位不应小于 200mm，其他部位不应小于 160mm；一字形独立剪力墙底部加强部位不应小于 220mm，其他部位不应小于 180mm。

3. 三、四级剪力墙：不应小于 160mm，一字形独立剪力墙的底部加强部位尚不应小于 180mm。

4. 非抗震设计时不应小于 160mm。

5. 剪力墙井筒中，分隔电梯井或管道井的墙肢截面厚度可适当减小，但不宜小于 160mm。

二、对规范规定的理解

1.《高规》强调按稳定要求（本条第 1 款的规定）确定墙的厚度，同时还应满足最小墙厚要求（本条第 2～5 款的规定）。

2. 在方案阶段及初步设计阶段时，可依据《抗震规范》第 6.4.1 条及《混凝土规范》第 11.7.12 条的规定估算剪力墙的厚度，剪力墙底部加强部位可选层高或无支长度（图 7.2.1-1）二者较小值的 1/20，其他部位为层高或剪力墙无支长度二者较小值的 1/25，无端柱或无翼墙的一字形独立剪力墙底部加强部位截面厚度为层高的 1/16，其他部位为层高的 1/20。

3.《高规》附录 D 关于墙体稳定验算的规定（为便于对照，此处排列与《高规》一致）：

D.0.1 剪力墙墙肢应满足下式的稳定要求：

$$q \leqslant \frac{E_c t^3}{10 l_0^2} \qquad (D.0.1)$$

式中：q——作用于墙顶组合的等效竖向均布荷载设计值（注：沿墙顶每延米的竖向均布荷载数值，墙顶的总荷载 $N = ql$，其中 l 为墙肢总长度（m））；

E_c——剪力墙混凝土的弹性模量；

t——剪力墙墙肢截面厚度；

l_0——剪力墙墙肢计算长度，应按第 D.0.2 条确定。

D.0.2 剪力墙墙肢计算长度应按下式计算：

$$l_0 = \beta h \qquad (D.0.2)$$

式中：β——墙肢计算长度系数，应按第 D.0.3 条确定；

h——墙肢所在楼层的层高。

D.0.3 墙肢计算长度系数 β 应根据墙肢的支承条件按下列规定采用：

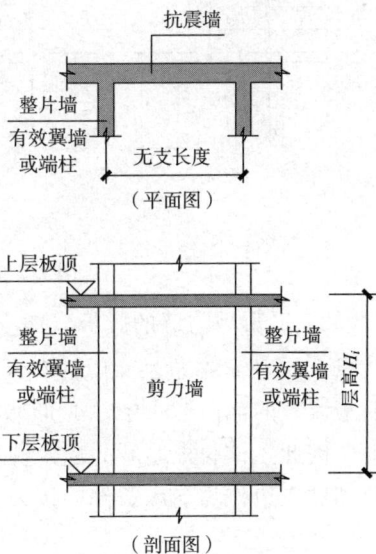

图 7.2.1-1 剪力墙的层高与无支长度

1）单片独立墙肢按两边支承板（注：适用于矩形墙肢，或翼墙为无效翼墙的 T 形、L 形、槽形和工字形剪力墙，上、下楼层作为支承条件）计算，取 β 等于 1.0；

2）T 形、L 形、槽形和工字形剪力墙的翼缘（图 D），采用三边支承板（注：考虑腹板墙肢对翼缘墙肢稳定的作用，翼缘墙肢的稳定性要好于上、下楼板支承的墙肢情况，翼缘墙肢可按上、下楼层和有效翼墙三边作为支承条件）按式（D.0.3-1）计算；当 β 计算值小于 0.25 时，取 0.25；

$$\beta = \frac{1}{\sqrt{1 + \left(\dfrac{h}{2b_{\mathrm{f}}}\right)^2}} \tag{D.0.3-1}$$

式中：b_{f}——T 形、L 形、槽形、工字形剪力墙的单侧翼缘截面高度，取图 D 中各 b_{fi} 的较大值或最大值（注：本条是对翼缘墙肢的稳定验算，翼缘墙肢的长度取单侧翼缘的较大值计算，如图 D（a）中，当 $b_{\mathrm{f2}} \geqslant b_{\mathrm{f1}}$ 时，墙肢的计算长度 β 取 b_{f2} 计算，相应的 β 值用于 b_{f1} 和 b_{f2} 墙肢，还应注意，L 形墙肢中的两墙肢，均为翼缘墙肢，可理解为互为翼缘墙肢。没有腹板墙肢）。

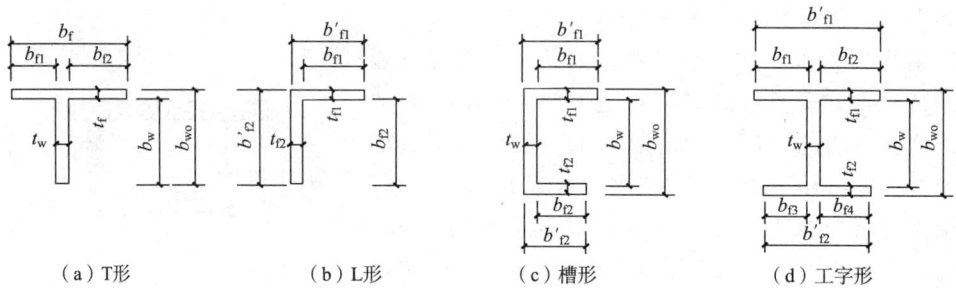

（a）T 形　　　　　（b）L 形　　　　　（c）槽形　　　　　（d）工字形
图 D　剪力墙腹板与单侧翼缘截面高度示意

3）T 形剪力墙的腹板（图 D）也按三边支承板计算，但应将公式（D.0.3-1）中的 b_{f} 代以 b_{w}（注：本条是专门针对 T 形剪力墙的腹板墙肢的计算长度 β 的计算规定，在具有腹板墙肢的截面形式中，T 形墙肢较为特殊，其一端有翼缘墙肢，而另一端没有翼缘墙肢，因此，该腹板墙肢的稳定性要好于上、下楼板支承的情况，可按上、下楼层和有效翼缘墙肢三边作为支承条件，按公式（D.0.3-1a）计算）。

$$\beta = \frac{1}{\sqrt{1 + \left(\dfrac{h}{2b_{\mathrm{w}}}\right)^2}} \tag{D.0.3-1a}$$

4. 槽形和工字形剪力墙的腹板（图 D），采用四边支承板（注：本条是对槽形和工字形剪力墙的腹板墙肢的专门规定，槽形和工字形剪力墙的腹板墙肢，由于两端均有有效翼缘墙肢，因此，该腹板墙肢的稳定性好，可按上、下楼层和两端有效翼缘墙肢四边作为支承条件）按式（D.0.3-2）计算，当 β 计算值小于 0.2 时，取 0.2。

$$\beta = \frac{1}{\sqrt{1 + \left(\dfrac{3h}{2b_{\mathrm{w}}}\right)^2}} \tag{D.0.3-2}$$

D.0.4　当 T 形、L 形、槽形、工字形剪力墙的翼缘截面高度（注：对应于图 D 中，翼缘截面高度 b_{f} 分别为：T 形 $b_{\mathrm{f}} = b_{\mathrm{f1}} + t_{\mathrm{w}} + b_{\mathrm{f2}}$；L 形 $b'_{\mathrm{f1}} = b_{\mathrm{f1}} + t_{\mathrm{f2}}$ 或 $b'_{\mathrm{f2}} = b_{\mathrm{f2}} + t_{\mathrm{f1}}$ 取较小

值；槽形 $b'_{f1} = b_{f1} + t_w$ 或 $b'_{f2} = t_w + b_{f2}$ 取较小值；工字形 $b'_{f1} = b_{f1} + t_w + b_{f2}$ 或 $b'_{f2} = b_{f3} + t_w + b_{f4}$ 取较小值）或 T 形、L 形（注：按图 D 的规定，L 形墙肢无腹板墙肢，此处不应该包括 L 形。对应于图 D 中，腹板截面高度 b_{w0} 分别为：T 形 $b_{w0} = b_w + t_f$；槽形 $b_{w0} = b_w + t_{f1} + t_{f2}$；工字形 $b_{w0} = b_w + t_{f1} + t_{f2}$）剪力墙的腹板截面高度与翼缘截面厚度之和小于截面厚度的 3 倍和 800mm（注：满足其中之一，即当 $b_f < 3t_w$ 或端柱截面边长小于 2 倍墙厚，注意：《高规》第 D.0.4 条规定不清晰，也与其第 7.2.15 条规定不连贯）时，尚宜按下式验算剪力墙的整体稳定（注：当剪力墙的截面宽度 b_f 或截面高度 b_{w0} 较小且层高 h 较大时，墙肢的整体失稳可能先于各墙肢的局部失稳，因此，需要补充对墙肢整体稳定的验算，注意应区别墙肢整体稳定和无效翼墙的概念，此处可理解为：<u>当属于《高规》第 7.2.15 条的无效翼墙或无效端柱时，除应按无效翼墙或无效端柱验算剪力墙墙肢的稳定外，还应验算包含无效翼墙或无效端柱之剪力墙的整体稳定</u>）。

$$N \leqslant \frac{1.2E_c I}{h^2} \qquad (D.0.4)$$

式中：N——作用于墙顶组合的竖向荷载设计值（注：是墙顶总荷载 $N = ql$）；

$\quad\quad\ I$——剪力墙整体截面的惯性矩，取两个方向的较小值（采用墙肢的较小惯性矩计算，相当于等效墙厚 t_e，即在保持墙肢惯性矩不变的情况下，按等效墙厚 t_e 及公式 (D.0.1) 计算，将 $N = ql$，$I = \dfrac{l \cdot t_e^3}{12}$ 代入公式 (D.0.4) 可得公式 (D.0.1)）。

三、结构设计建议

关于依据《高规》附录 D 按墙体稳定计算确定墙肢厚度的问题

1. 实际工程中常需要按《高规》附录 D 验算墙肢的稳定。在墙肢平面外设置确保墙肢稳定的约束构件对提高墙肢的承载力及确保墙肢的稳定性作用明显。试验表明：有平面外约束（长翼墙、端柱或有效翼墙等）的墙肢与平面外无约束矩形截面墙肢相比，不仅墙板的稳定性明显改善，而且其极限承载力约提高 40%，极限层间位移角约增加一倍，对地震能量的消耗能力大 20% 左右。

2. 实际工程中当墙顶荷载 q 较小时，计算所需的墙厚也较小，举例说明如下：

【例 7.2.1-1】 某 13 层剪力墙住宅楼，首层层高 7m，按稳定计算的墙厚 200mm。墙肢厚度过小，仅为层高的 1/35，影响结构安全。

3. 设计建议：

1) 按《高规》附录 D 计算墙体稳定时，可只按墙肢顶底受楼板约束的计算模型即按《高规》公式 (D.0.1) 计算，验算墙肢的稳定性，以确保墙肢安全。

2) 当以层高（或剪力墙无支长度）作为主要控制指标时，<u>按稳定计算确定的墙肢厚度不应小于层高（或剪力墙无支长度）的 1/25</u>。

3) 当楼梯间布置在平面边角部时，应注意以下问题：

（1）楼梯间外部剪力墙承受少量的竖向荷载，地震时容易出现拉应力。

（2）墙的计算长度不能按上、下楼梯高度取值，墙的稳定性也不能完全由程序自动验算，应进行必要的复核计算。

（3）应采取措施，加强墙与楼层及休息平台的连接。必要时，应加大梯板厚度，梯板短向钢筋应加大并按受拉锚固要求锚入墙内（施工较为复杂），梯板沿长向板边就设置暗梁或钢筋带，加大梯板的平面内刚度并给墙以较大的平面外约束。

四、相关索引

1.《抗震规范》的相关规定见其第 6.4.1 条。

2.《混凝土规范》的相关规定见其第 11.7.12 条。

第 7.2.2 条

一、规范的规定

7.2.2 抗震设计时，短肢剪力墙的设计应符合下列规定：

1. 短肢剪力墙截面厚度除应符合本规程第 7.2.1 条的要求外，底部加强部位尚不应小于 200mm，其他部位尚不应小于 180mm。

2. 一、二、三级短肢剪力墙的轴压比，分别不宜大于 0.45、0.50、0.55，一字形截面短肢剪力墙的轴压比限值应相应减少 0.1。

3. 短肢剪力墙的底部加强部位的应按本节 7.2.6 条调整剪力设计值，其他各层一、二、三级时剪力设计值应分别乘以增大系数 1.4、1.2 和 1.1。

4. 短肢剪力墙边缘构件的设置应符合本规程第 7.2.14 条的规定。

5. 短肢剪力墙的全部竖向钢筋的配筋率，底部加强部位一、二级不宜小于 1.2%，三级、四级不宜小于 1.0%；其他部位一、二级不宜小于 1.0%，三级、四级不宜小于 0.8%。

6. 不宜采用一字形短肢剪力墙，不宜在一字形短肢剪力墙上布置平面外与之相交的<u>单侧楼面梁</u>。

二、对规范规定的理解

1. 对"短肢剪力墙较多"的情况采取结构体系控制措施，即降低房屋的最大适用高度（见第 7.1.8 条的规定），而对短肢剪力墙则采取对墙肢自身的加强措施。

2. 不论是否为"短肢剪力墙较多"的剪力墙结构，所有短肢剪力墙都要求满足本条对短肢剪力墙自身的加强措施。

表 7.2.2-1 对短肢剪力墙的加强措施

序号	项目		规定	理解与应用
1	短肢剪力墙的轴压比 μ_N	带有效翼墙或端柱时	一、二、三级时分别不宜大于 0.45、0.50 和 0.55	非抗震设计时，可不控制
		一字形剪力墙（含无效翼墙）时	一、二、三级时分别不宜大于 0.35、0.40 和 0.45	
2	短肢剪力墙的各层剪力设计值增大系数	底部加强部位	按《高规》第 7.2.6 条规定调整	非抗震设计时可不放大。一级："其他部位"的弯矩按第 7.2.5 条调整，剪力按本条规定调整
		其他部位	一级 1.4、二级 1.2、三级、四级 1.1	
3	短肢剪力墙的全部竖向钢筋的最小配筋率		底部加强部位：一、二级≥1.2%，三、四级≥1.0%；其他部位：一、二级≥1.0%，三、四级≥0.8%	非抗震设计时可按四级
4	短肢剪力墙的最小截面厚度		底部加强部位≥200mm，其他部位≥180mm	对一字形短肢剪力墙，底部加强部位≥220mm，其他部位≥200mm
5	短肢剪力墙宜设置翼缘		一字形短肢剪力墙平面外不宜布置与之相交的单侧楼面梁	必要时，应采取确保墙肢平面外稳定的措施

三、相关索引

1. 《高规》的相关规定见其第7.1.8条。

2. 更多问题可查阅参考文献 [30] 第6.4.1条。

第7.2.3条

一、规范的规定

7.2.3 高层剪力墙结构的竖向和水平分布钢筋不应单排配置。剪力墙截面厚度不大于400mm时，可采用双排配筋；大于400mm、但不大于700mm时，宜采用三排配筋；大于700mm时，宜采用四排配筋。<u>各排分布钢筋之间拉筋</u>的间距不应大于600mm，直径不应小于6mm。

二、对规范规定的理解

1. 当剪力墙厚度较大时，如果只配置双排钢筋，则在墙厚中部形成大面积的素混凝土，将导致剪力墙截面应力的不均匀，因此，要采用三排或四排钢筋（每排钢筋包含水平分布钢筋及竖向分布钢筋）。截面设计所需的总配筋可分配在各排分布筋中，靠墙面的配筋比例可适当加大。

2. 在底部加强部位，约束边缘构件以外的拉筋间距宜适当加密。

3. 对本条规定的理解见表7.2.3-1。

表7.2.3-1 墙体分布筋及拉筋的设置要求

墙厚（mm）	应采用的分布筋排数	双（多）排筋间的拉结钢筋	
		一般部位	加强区
$160 \leqslant b_w \leqslant 400$	2	拉筋直径 d 应 $\geqslant$ 6mm 拉筋间距 s 应 $\leqslant$ 600mm	比一般部位适当加密
$400 < b_w \leqslant 700$	3		
$b_w > 700$	4		
高层建筑剪力墙不应采用单排配筋的水平及竖向分布筋，拉筋应能确保多排分布钢筋之间的联系			

三、相关索引

1. 《抗震规范》的相关规定见其第6.4.4条。

2. 《混凝土规范》的相关规定见其第11.7.13条、第11.7.15条。

3. 《高规》的相关规定见其第7.2.18条。

第7.2.4条

一、规范的规定

7.2.4 抗震设计的双肢剪力墙，其墙肢不宜出现小偏心受拉；当任一墙肢为偏心受拉时，另一墙肢的弯矩设计值及剪力设计值应乘以增大系数1.25。

二、对规范规定的理解

1. 剪力墙墙肢出现小偏心受拉时，墙肢极易出现裂缝，一旦出现水平通缝必将严重降低其抗剪承载力，抗侧刚度严重退化，抗剪承载力不足。当该墙肢为双肢

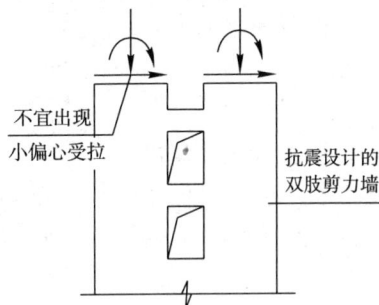

图7.2.4-1

剪力墙的墙肢时，荷载（或作用）产生的剪力将转移到另一墙肢而导致另一墙肢的抗剪承载力不足。

2. 试验表明，在双肢剪力墙中，受压墙肢分配的剪力约为双肢墙总剪力的 70%～90%，双肢墙在极限状态下，由轴力拉压形成的抗倾覆力矩约为外荷载（或作用）总倾覆力矩的 40%～70%。因此，应提高受压墙肢的设计剪力以提高墙肢的受剪承载力并适当加大墙肢的纵向钢筋。

3. 考虑地震作用的往复性，实际上双肢剪力墙中的两个墙肢都应该采取加强措施。

4. 实际工程中还应注意，对重要工程及关键部位的墙肢，要关注其在设防地震作用下，墙肢由受压墙肢转变为受拉墙肢的情况，必要时应采取相应的结构措施。

三、相关索引

《抗震规范》的相关规定见其第 6.2.7 条。

第 7.2.5 条

一、规范的规定

7.2.5 一级剪力墙的底部加强部位以上部位，墙肢的组合弯矩设计值和组合剪力设计值应乘以增大系数，弯矩增大系数可取为 1.2，剪力增大系数可取为 1.3。

二、对规范规定的理解

1. 本条规定中对弯矩（或剪力）的放大，是对墙肢组合的弯矩（或剪力）计算值的再放大。

2. 注意《抗震规范》第 6.2.7 条规定"剪力相应调整"，《混凝土规范》第 11.7.1 条规定"剪力设计值应作相应调整"，实际工程中可执行《高规》的本条规定。

3. 本条规定的目的是：通过配筋方式（底部加强部位不提高抗弯承载力，而在底部加强部位以上采取提高墙肢抗弯和抗剪承载力的加强措施）迫使一级剪力墙的塑性铰区位于墙肢的底部加强部位。

图 7.2.5-1 一级剪力墙的
塑性铰区设计

4. 特一级剪力墙的底部加强部位以上部位（第 3.10.5 条），弯矩设计值应乘以 1.3 的增大系数，剪力设计值应按考虑地震作用组合的剪力计算值的 1.4 倍采用。

三、相关索引

1. 《抗震规范》的相关规定见其第 6.2.7 条。

2. 《混凝土规范》的相关规定见其第 11.7.1 条。

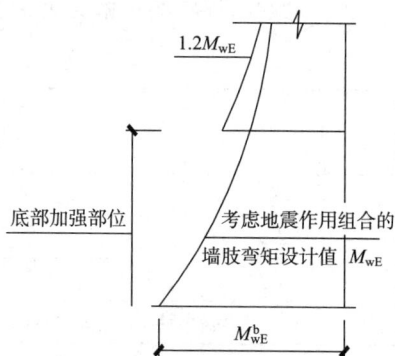

第 7.2.6 条

一、规范的规定

7.2.6 底部加强部位剪力墙截面的剪力设计值，一、二、三级时应按式（7.2.6-1）调整，9 度一级剪力墙应按式（7.2.6-2）调整；二、三级的其他部位及四级时可不调整。

$$V = \eta_{vw} V_w \qquad (7.2.6\text{-}1)$$

$$V = 1.1 \frac{M_{wua}}{M_w} V_w \qquad (7.2.6-2)$$

式中：V——底部加强部位剪力墙截面剪力设计值；

V_w——底部加强部位剪力墙截面考虑地震作用组合的剪力计算值；

M_{wua}——<u>剪力墙正截面抗震受弯承载力</u>，应考虑承载力抗震调整系数 γ_{RE}、采用实配纵筋面积、材料强度标准值和组合的轴力设计值等计算，有翼墙时应计入墙两侧各一倍翼墙厚度范围内的纵向钢筋；

M_w——底部加强部位剪力墙底截面弯矩的组合<u>计算值</u>；

η_{vw}——剪力增大系数，一级取 1.6，二级取 1.4，三级取 1.2（依据第 3.10.5 条规定，特一级为 1.9——编者注）。

二、对规范规定的理解

1. 对剪力墙截面剪力设计值的调整，仅特一、一、二、三级剪力墙的底部加强部位有此要求，确保剪力墙的强剪弱弯。

2. "剪力墙正截面抗震受弯承载力"计算应按偏心受压墙肢计算。

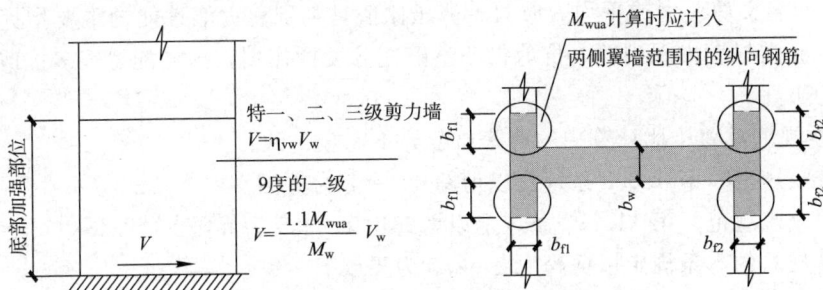

图 7.2.6-1 剪力墙抗震受弯承载力计算

3. 本条对 M_w 的解释与《抗震规范》第 6.2.8 条的"组合的弯矩设计值"不同，应采用弯矩计算值，但因墙底弯矩不放大，故"弯矩的组合计算值"与"组合的弯矩设计值"数值相同。

三、相关索引

1. 《抗震规范》的相关规定见其第 6.2.8 条。

2. 《混凝土规范》的相关规定见其第 11.7.2 条。

第 7.2.7 条

一、规范的规定

7.2.7 剪力墙墙肢截面剪力设计值应符合下列规定：

1. <u>持久、短暂设计状况</u>

$$V \leqslant 0.25\beta_c f_c b_w h_{w0} \qquad (7.2.7-1)$$

2. 地震设计状况

剪跨比 λ 大于 2.5 时

$$V \leqslant \frac{1}{\gamma_{RE}}(0.20\beta_c f_c b_w h_{w0}) \qquad (7.2.7-2)$$

剪跨比 λ 不大于 2.5 时

$$V \leqslant \frac{1}{\gamma_{RE}}(0.15\beta_c f_c b_w h_{w0}) \tag{7.2.7-3}$$

剪跨比可按下式计算：

$$\lambda = M^c/(V^c h_{w0}) \tag{7.2.7-4}$$

式中：V——剪力墙墙肢截面的剪力设计值；

h_{w0}——剪力墙截面有效高度；

β_c——混凝土强度影响系数，应按本规程第 6.2.6 条采用；

λ——剪跨比，其中 M^c、V^c 应取同一组合的、未按本规程有关规定（如第 3.10.5、7.2.2、7.2.4、7.2.5、7.2.6 和 10.2.18 条等——编者注）调整的墙肢截面弯矩、剪力计算值，并取墙肢上、下端截面计算的剪跨比的较大值。

二、对规范规定的理解

1. 剪力墙的剪压比 $\gamma_{RE}V/(\beta_c f_c b_w h_{w0})$ 截面剪力与截面受压承载力之比，$\gamma_{RE}V/(b_w h_{w0})$ 也叫名义剪应力或平均剪应力，剪压比值是判别剪力墙性能的重要指标，当剪压比过高时，会在早期出现裂缝，抗剪钢筋不能充分发挥作用，即使配置很多抗剪钢筋，也会过早剪切破坏。

2. 多本规范对剪压比计算中的剪跨比分界不完全一致：

1)《抗震规范》第 6.2.9 条规定以剪跨比 $\lambda=2$ 为界限。

2)《混凝土规范》第 11.7.3 条规定以剪跨比 $\lambda=2.5$ 为界限。

3)《高规》的本条规定以剪跨比 $\lambda=2.5$ 为界限。

3. 对比《高规》第 6.2.6 条的规定，可以发现框架柱的剪压比计算中可考虑反弯点位于柱高中部的情况，由于剪力墙主要为弯曲变形，因此，剪力墙的剪跨比只按公式（7.2.7-4）计算，公式（7.2.7-4）与公式（6.2.6-4）的意义相同。

4. 对持久设计状况，《高规》前后表述不一（有"持久"和"永久"），本书统一按《高规》第 3.8.1 条及《混凝土规范》第 3.3.2 条的规定修改为"持久"。

三、结构设计建议

结构设计中可按《高规》及《混凝土规范》的规定，确定剪力墙的剪跨比界限，并验算截面的剪压比。

四、相关索引

1.《抗震规范》的相关规定见其第 6.2.9 条。

2.《混凝土规范》的相关规定见其第 11.7.3 条。

3.《高规》的相关规定见其第 6.2.6 条。

第 7.2.8 条

一、规范的规定

7.2.8 矩形、T 形、I 形偏心受压剪力墙墙肢（图 7.2.8）的正截面受压承载力应符合现行国家标准《混凝土结构设计规范》GB 50010 的有关规定，也可按下列公式计算：

1. 持久、短暂设计状况

$$N \leqslant A'_s f'_y - A_s \sigma_s - N_{sw} + N_c \quad (7.2.8-1)$$

$$N\left(e_0 + h_{w0} - \frac{h_w}{2}\right) \leqslant A'_s f'_y(h_{w0} - a'_s) - M_{sw} + M_c$$

$$(7.2.8-2)$$

当 $x > h'_f$ 时

$$N_c = \alpha_1 f_c b_w x + \alpha_1 f_c (b'_f - b_w) h'_f \quad (7.2.8-3)$$

$$M_c = \alpha_1 f_c b_w x \left(h_{w0} - \frac{x}{2}\right) + \alpha_1 f_c (b'_f - b_w) h'_f \left(h_{w0} - \frac{h'_f}{2}\right)$$

$$(7.2.8-4)$$

图 7.2.8 截面及尺寸

当 $x \leqslant h'_f$ 时

$$N_c = \alpha_1 f_c b'_f x \quad (7.2.8-5)$$

$$M_c = \alpha_1 f_c b'_f x \left(h_{w0} - \frac{x}{2}\right) \quad (7.2.8-6)$$

当 $x \leqslant \xi_b h_{w0}$ 时

$$\sigma_s = f_y \quad (7.2.8-7)$$

$$N_{sw} = (h_{w0} - 1.5x) b_w f_{yw} \rho_w \quad (7.2.8-8)$$

$$M_{sw} = \frac{1}{2}(h_{w0} - 1.5x)^2 b_w f_{yw} \rho_w \quad (7.2.8-9)$$

当 $x > \xi_b h_{w0}$ 时

$$\sigma_s = \frac{f_y}{\xi_b - 0.8}\left(\frac{x}{h_{w0}} - \beta_1\right) \quad \underline{(7.2.8-10)}$$

$$N_{sw} = 0 \quad \underline{(7.2.8-11)}$$

$$M_{sw} = 0 \quad \underline{(7.2.8-12)}$$

$$\xi_b = \frac{\beta_1}{1 + \dfrac{f_y}{E_s \varepsilon_{cu}}} \quad \underline{(7.2.8-13)}$$

式中：a'_s——剪力墙受压区端部钢筋合力点到受压区边缘的距离；

b'_f——T 形或 I 形截面受压区翼缘宽度；

e_0——偏心距，$e_0 = M/N$；

f_y、f'_y——分别为剪力墙端部受拉、受压钢筋强度设计值；

f_{yw}——剪力墙墙体竖向分布钢筋强度设计值；

f_c——混凝土轴心抗压强度设计值；

h'_f——T 形或 I 形截面受压区翼缘的高度；

h_{w0}——剪力墙截面有效高度，$h_{w0} = h_w - a'_s$（当 $h_w/b_w > 4$ 时，a'_s 取图 7.2.15 中约束边缘构件阴影区长度的 $1/2$；当 $h_w/b_w \leqslant 4$ 时，a'_s 按柱取值——编者注）；

ρ_w——剪力墙竖向分布钢筋配筋率；

ξ_b——界限相对受压区高度；

α_1——受压区混凝土矩形应力图的应力与混凝土轴心抗压强度设计值的比值，混凝土强度等级不超过 C50 时取 1.0，混凝土强度等级为 C80 时取 0.94，混凝土

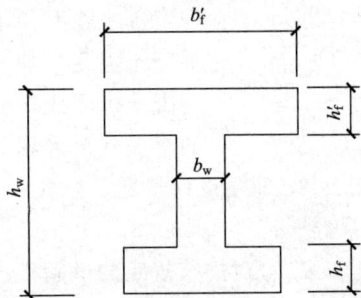

强度等级在 C50 和 C80 之间时可按线性内插取值；

β_1——混凝土强度影响系数，应按《混凝土规范》第 6.2.6 条的规定采用；

ε_{cu}——混凝土极限压应变，应按现行国家标准《混凝土结构设计规范》GB 50010 的有关规定采用。

2. 地震设计状况，公式（7.2.8-1）、公式（7.2.8-2）右端均应除以承载力抗震调整系数 γ_{RE}，γ_{RE} 取 0.85。

二、对规范规定的理解

依据《混凝土规范》第 6.2.7 条的相关规定，公式（7.2.8-10）、（7.2.8-13）中已将《高规》的 β_c 更改为 β_1，β_1 为混凝土强度等级对中和轴高度的影响系数，随混凝土强度等级的提高而逐渐降低，当混凝土强度等级不超过 C50 时 $\beta_1 = 0.8$；当混凝土强度等级为 C80 时 $\beta_1 = 0.74$；当混凝土强度等级在 C50 和 C80 之间时，可按线性内插取值。

三、结构设计建议

1. 由于《高规》的本条规定与《混凝土规范》的相关规定有较大的不同，且《高规》明确规定本条相关计算应符合《混凝土规范》的要求，因此，一般情况下可不必按《高规》的本条规定计算。

2. 本条规定采用的是简化计算公式，对小偏心受压剪力墙的截面承载力计算已作了简化，但同《混凝土规范》一样，仍需解 ξ 的三次方程。对此，编者建议引用《混凝土规范》关于小偏压柱的近似计算公式，考虑受压翼缘的作用后，可建立下列近似计算公式；式中不考虑竖向分布钢筋的作用，以及图 7.2.8-1 中，当受压区进入左端翼缘内时，不考虑该翼缘的作用。当 $\xi < 0.626$ 时，算得的 A_s 值略偏小。

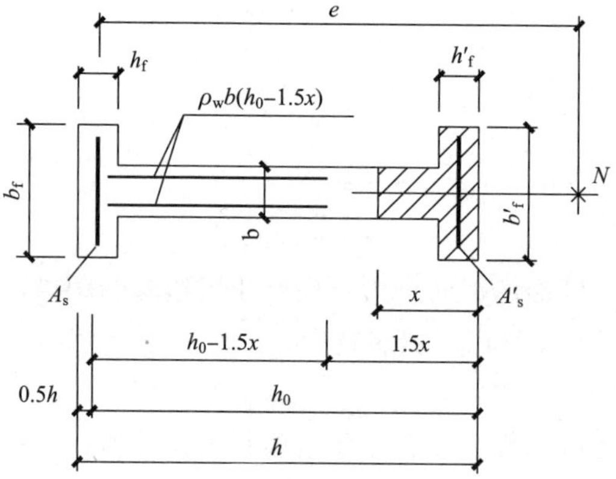

图 7.2.8-1

非抗震剪力墙

$$A_s = A'_s = \frac{Ne - \alpha_1 f_c h'_f (b'_f - b)(h_0 - 0.5h'_f) - \alpha_1 f_c bx(h_0 - 0.5x)}{f'_y (h_0 - a'_s)}$$

(7.2.8-14)

当 $x = \xi h_0$ 时，ξ 可按下式简化计算：

$$\xi = \frac{N - \xi_b \alpha_1 f_c b h_0 - (b'_f - b)\alpha_1 f_c h'_f}{\dfrac{Ne - \alpha_1 f_c h'_f (b'_f - b)(h_0 - 0.5h'_f) - 0.43\alpha_1 f_c b h_0^2}{(\beta_1 - \xi_b)(h_0 - a'_s)} + \alpha_1 f_c b h_0} + \xi_b \quad (7.2.8\text{-}15)$$

$$e = e_0 + h_0 - \frac{h}{2}, \qquad e_0 = \frac{M}{N}, \qquad a_s' = 0.5 h_f'$$

式中：ξ_b——相对界限受压区高度，按《混凝土规范》第6.2.7条计算；

ξ——相对受压区高度，$\xi = x/h_0$。

公式（7.2.8-14）、（7.2.8-15），也适用于受压区位于翼缘及腹板部位的 T 形截面剪力墙，但两端需采用对称配筋。

3. 大、小偏心受压抗震剪力墙的端部纵向钢筋面积，在应用式（7.2.8-14）、（7.2.8-15）计算时，需采用下列公式中的 M、N 值：

$$N = \gamma_{RE} N_E, \qquad M = \gamma_{RE} M_E, \qquad \gamma_{RE} = 0.85$$

式中：N_E、M_E——分别为考虑地震作用组合的轴向压力设计值及弯矩设计值，并按《抗震规范》的相关规定进行增大及调整后的数值。

4. 大偏心受压剪力墙端部的纵向钢筋 A_s 的配置，应考虑与 $(h_0 - 1.5x)$ 范围内竖向分布钢筋的位置重叠，适当加大暗柱的实际配筋。

四、相关索引

《混凝土规范》的相关规定见其第6.2.6条、第6.2.7条。

第 7.2.9 条

一、规范的规定

7.2.9 矩形截面偏心受拉剪力墙的正截面受拉承载力应符合下列规定：

1. 持久、短暂设计状况

$$N \leqslant \frac{1}{\dfrac{1}{N_{0u}} + \dfrac{e_0}{M_{wu}}} \tag{7.2.9-1}$$

2. 地震设计状况

$$N \leqslant \frac{1}{\gamma_{RE}} \left[\frac{1}{\dfrac{1}{N_{0u}} + \dfrac{e_0}{M_{wu}}} \right] \tag{7.2.9-2}$$

N_{0u} 和 M_{wu} 可分别按下列公式计算：

$$N_{0u} = 2 A_s f_y + A_{sw} f_{yw} \tag{7.2.9-3}$$

$$M_{wu} = A_s f_y (h_{w0} - a_s') + A_{sw} f_{yw} \frac{(h_{w0} - a_s')}{2} \tag{7.2.9-4}$$

式中：A_{sw}——剪力墙竖向分布钢筋的截面面积。

二、对规范规定的理解

1. 对称配筋的剪力墙，其全部竖向钢筋为 $(A_s + A_{sw} + A_s)$，即剪力墙竖向分布钢筋的截面面积 A_{sw} 不包括剪力墙端部的纵向受力钢筋 A_s。

2. 矩形截面剪力墙的偏心受拉属于单向偏心受拉构件，本条规定采用《混凝土规范》第6.2.25条对矩形截面双向偏心受拉构件的计算公式，并给出了 N_{0u} 和 M_{wu} 的简化计算公式。

3. 沿截面高度或周边均匀配筋的矩形、T 形或 I 字形偏心受拉构件，其正截面承载力符合公式（7.2.9-1）的变化规律，且偏于安全，公式（7.2.9-1）是一个通用公式，适用于对称配筋的钢筋混凝土单向、双向偏心受拉构件，《混凝土规范》第 6.2.23 条的公式，也符合公式（7.2.9-1）。

三、相关索引

《混凝土规范》的相关规定见其第 6.2.25 条。

第 7.2.10 条

一、规范的规定

7.2.10 偏心受压剪力墙的斜截面受剪承载力应符合下列规定：

1. 持久、短暂设计状况

$$V \leqslant \frac{1}{\lambda - 0.5}\left(0.5 f_t b_w h_{w0} + 0.13 N \frac{A_w}{A}\right) + f_{yh} \frac{A_{sh}}{s} h_{w0} \tag{7.2.10-1}$$

2. 地震设计状况

$$V \leqslant \frac{1}{\gamma_{RE}}\left[\frac{1}{\lambda - 0.5}\left(0.4 f_t b_w h_{w0} + 0.1 N \frac{A_w}{A}\right) + 0.8 f_{yh} \frac{A_{sh}}{s} h_{w0}\right] \tag{7.2.10-2}$$

式中：N——剪力墙截面轴向压力设计值，N 大于 $0.2 f_c b_w h_w$ 时，应取 $0.2 f_c b_w h_w$；

　　　A——剪力墙全截面面积；

　　A_w——T 形或 I 形截面剪力墙腹板的面积，矩形截面时应取 A；

　　　λ——计算截面的剪跨比，λ 小于 1.5 时应取 1.5，λ 大于 2.2 时应取 2.2，计算截面与墙底之间的距离小于 $0.5 h_{w0}$ 时，λ 应按距墙底 $0.5 h_{w0}$ 处的弯矩值与剪力值计算；

　　　s——剪力墙水平分布钢筋间距。

二、对规范规定的理解

1. 本条规定与《混凝土规范》第 6.3.21 条及第 11.7.4 条规定的公式一样。

2. 在偏心受力构件中，适当的轴压力（如不大于 $0.2 f_c b_w h_w$）有利于提高构件的受剪承载力，但增加过大时作用不再明显，实际工程中应加以控制。

3. 剪切破坏属于脆性破坏，其基本形式及其相应的结构措施见表 7.2.10-1。

表 7.2.10-1　剪力墙剪切破坏的形式及其相应的结构措施

序号	剪切破坏的形式	主要结构措施
1	剪拉破坏、斜压破坏	按构造要求（控制最小配筋率和最大钢筋间距）设置墙体分布钢筋，防止剪力墙的剪拉破坏和斜压破坏
2	剪压破坏	按计算确定剪力墙中需要的水平钢筋数量，防止发生剪压破坏

三、相关索引

《混凝土规范》的相关规定见其第 6.3.21 条、第 11.7.4 条。

第 7.2.11 条

一、规范的规定

7.2.11 偏心受拉剪力墙的斜截面受剪承载力应符合下列规定：

1. 持久、短暂设计状况

$$V \leqslant \frac{1}{\lambda - 0.5}\left(0.5f_t b_w h_{w0} - 0.13N\frac{A_w}{A}\right) + f_{yh}\frac{A_{sh}}{s}h_{w0} \qquad (7.2.11\text{-}1)$$

上式右端计算值小于 $f_{yh}\dfrac{A_{sh}}{s}h_{w0}$ 时，应取等于 $f_{yh}\dfrac{A_{sh}}{s}h_{w0}$。

2. 地震设计状况

$$V \leqslant \frac{1}{\gamma_{RE}}\left[\frac{1}{\lambda - 0.5}\left(0.4f_t b_w h_{w0} - 0.1N\frac{A_w}{A}\right) + 0.8f_{yh}\frac{A_{sh}}{s}h_{w0}\right] \qquad (7.2.11\text{-}2)$$

上式右端方括号内计算值小于 $0.8f_{yh}\dfrac{A_{sh}}{s}h_{w0}$ 时，应取等于 $0.8f_{yh}\dfrac{A_{sh}}{s}h_{w0}$。

二、对规范规定的理解

1. 本条规定的计算公式与第 7.2.10 条的偏心受压计算公式形式一致。比较可以发现，轴向拉力将降低构件的斜截面受剪承载力。

2. 公式中的 A_{sh} 为剪力墙腹板的水平分布钢筋截面面积。

3. 手算计算时应注意对公式右端项的复核。

三、相关索引

《混凝土规范》的相关规定见其第 6.3.22 条、第 11.7.5 条。

第 7.2.12 条

一、规范的规定

7.2.12 抗震等级为一级的剪力墙，水平施工缝的抗滑移应符合下式要求：

$$V_{wj} \leqslant \frac{1}{\gamma_{RE}}(0.6f_y A_s + 0.8N) \qquad (7.2.12)$$

式中：V_{wj}——剪力墙水平施工缝处剪力设计值；

    A_s——水平施工缝处剪力墙腹板内竖向分布钢筋和边缘构件中的竖向钢筋总面积（注：不包括边缘构件以外的两侧翼墙），以及在墙体中有足够锚固长度的附加竖向插筋面积；

    f_y——竖向钢筋抗拉强度设计值；

    N——水平施工缝处考虑地震作用组合的轴向力设计值，压力取正值，拉力取负值。

二、对规范规定的理解

1. 抗震等级为一级的剪力墙的水平施工缝处应进行抗滑移（即抗剪）验算。

2. 穿过剪力墙水平施工缝处的所有竖向钢筋，当满足锚固要求时均可作为抗滑移钢筋使用。

3. 当已有钢筋不能满足抗滑移要求时，可设置抗滑移竖向短筋（钢筋总长度不小于 $2l_{aE}$，在水平施工缝上下均满足锚固长度 l_{aE} 要求）。

4. 《抗震规范》第 6.2.11 条规定："当墙肢底部出现大偏心受拉时，宜在墙肢的底截面处另设交叉防滑斜筋"。《高规》规定的抗滑移钢筋，也可结合《抗震规范》的要求综合考虑。

三、相关索引

1. 《混凝土规范》的相关规定见其第 11.7.6 条。

2. 《抗震规范》的相关规定见其第 3.9.7 条。

第 7. 2. 13 条

一、规范的规定

7.2.13 在重力荷载代表值作用下，一、二、三级剪力墙墙肢的轴压比不宜超过表 7.2.13 的限值。

表 7.2.13 剪力墙墙肢轴压比限值

抗震等级	一级（9度）	一级（6、7、8度）	二、三级
轴压比限值	0.4	0.5	0.6

注：墙肢轴压比是指重力荷载代表值作用下墙肢承受的轴向压力设计值与墙肢的全截面面积和混凝土轴心抗压强度设计值乘积之比值。

二、对规范规定的理解

1. 本条规定中的 6、7、8、9 度应理解为本地区抗震设防烈度。

2. 对剪力墙墙肢的轴压比限值不仅限于底部加强部位，而是适用于剪力墙全高的规定。

3. 墙肢轴压比 μ_N 按公式（7.2.13-1）计算：

$$\mu_N = N_w/(f_c A_w) \qquad (7.2.13\text{-}1)$$

式中：N_w——重力荷载代表值作用下剪力墙墙肢的轴向压力设计值；应按公式（5.6.3）

计算，仅考虑重力荷载代表值效应 S_{GE} 及其重力荷载分项系数 γ_G。

A_w——剪力墙墙肢截面面积；

f_c——混凝土轴心抗压强度设计值。

4. 特一级剪力墙的轴压比限值同一级。

三、结构设计建议

本条规定对剪力墙轴压比的限制为"不宜"，即可允许超过，但未规定突破本条限值时的技术措施（注意：框架柱与剪力墙不同，在轴压比突破后有明确的构造规定），为此编者建议，在确有必要且采取切实有效的措施（如墙内在底部加强部位及相邻的上一层设置型钢等）后可考虑适量突破轴压比限制，一般情况下不应突破。

四、相关索引

1.《混凝土规范》的相关规定见其第 11.7.16 条。

2.《抗震规范》的相关规定见其第 6.4.2 条。

第 7. 2. 14 条

一、规范的规定

7.2.14 剪力墙两端和洞口两侧应设置边缘构件，并应符合下列规定：

1. 一、二、三级剪力墙底层墙肢底截面的轴压比大于表 7.2.14 的规定值时，以及部分框支剪力墙结构的剪力墙，应在底部加强部位及相邻的上一层设置约束边缘构件，约束边缘构件应符合本规程第 7.2.15 条的规定；

2. 除本条第 1 款所列部位外，剪力墙应按本规程第 7.2.16 条设置构造边缘构件；

3. B 级高度高层建筑的剪力墙，宜在约束边缘构件层与构造边缘构件层之间设置 1～2 层过渡层，过渡层边缘构件的箍筋配置要求可低于约束边缘构件的要求，但应高于构造边缘构件的要求。

表 7.2.14　剪力墙可不设约束边缘构件的最大轴压比

等级或烈度	一级（9 度）	一级（6、7、8 度）	二、三级
轴压比	0.1	0.2	0.3

二、对规范规定的理解

1. 本条规定中的 6、7、8、9 度应理解为本地区抗震设防烈度。

2. "底层墙肢底截面"指嵌固端处截面，属于剪力墙抗震设计中应重点关注的区域。

3. 约束边缘构件的设置范围：

1）地面以上：对一般结构为底部加强部位及其以上一层，带转换层的高层建筑结构应按第 10.2.2 条的规定至转换层以上第 3 层（即底部加强部位以上一层）。

2）地面一下：应延伸至嵌固端的下一层，当嵌固端位于基础顶面时，延伸至基础。

4. 本条对 B 级高度高层建筑剪力墙，提出了在约束边缘构件与构造边缘构件之间设置过渡层的要求（过渡层应设置在约束边缘构件以上部位，即在剪力墙底部加强部位以上一层的以上 1～2 层），且对过渡层配筋给出了非常灵活的建议。

5. 当剪力墙的轴压比较低时，一、二、三级剪力墙（不包含部分框支剪力墙结构中的剪力墙）底部加强部位可以设置构造边缘构件。

6. 本条规定中的"洞口"指剪力墙中的较大洞口，一般指图 7.1.2-2 以外的洞口。

三、结构设计建议

1. 以底层墙肢的轴压比作为判别是否设置约束边缘构件的依据，是建立在墙肢在底部加强部位高度范围内截面不变（或均匀变化）基础上的，也就是在底部加强部位的高度范围内，墙肢的最大轴压比数值应出现在墙底截面。底部加强部位及相邻上一层的剪力墙，当侧向刚度无突变时，墙的厚度不宜改变。对复杂工程，当剪力墙墙底截面的轴压比不是最大值时，应以底部加强部位高度范围内墙肢的最大轴压比数值来确定是否设置约束边缘构件。

2. 在剪力墙的约束边缘构件和构造边缘构件之间设置过渡层，可以避免剪力墙边缘构件设置的突变，实现平稳过渡。实际工程中，对复杂结构、结构设计的关键部位等结构设计认为有必要的工程和部位，均可参考本条的规定灵活设置剪力墙的过渡层，以避免剪力墙刚度及承载力的突变，改善结构的延性，提高剪力墙的抗震能力。

3. 对剪力墙边缘构件灵活设置过渡层，也是抗震概念设计和抗震性能化设计的重要内容之一。过渡层边缘构件的截面尺寸可同构造边缘构件；配箍特征值取约束边缘构件的入口与第 7.2.16 条第 4 款规定的 0.1 之和的平均值，即（$\lambda_v + 0.1$）/2；竖向钢筋取约束边缘构件与构造边缘构件之和的平均值。

4. 实际工程中，在剪力墙底部加强部位以上楼层，由于剪力墙厚度变化过大（墙厚减小过于剧烈，实际工程中应加以避免），墙肢轴压比很大（超过表 7.2.13 数值），此时，应注意设置约束边缘构件或至少应设置过渡层。

5. 结构设计中，为避免设置剪力墙约束边缘构件，常采用加厚底部加强部位剪力墙的做法，此时，应注意在底部加强部位以上改变墙厚引起的轴压比变大问题，当轴压比较大（超过表 7.2.14-1 数值）时，应考虑设置过渡层。

四、相关索引

1. 《混凝土规范》的相关规定见其第 11.7.17 条、第 11.7.19 条。

2. 《抗震规范》的相关规定见其第 6.4.5 条。

3. 更多问题可查阅参考文献 [30] 第 6.4.5 条。

第 7.2.15 条

一、规范的规定

7.2.15 剪力墙的约束边缘构件可为暗柱、端柱和翼墙（图 7.2.15），并应符合下列规定：

1. 约束边缘构件沿墙肢的长度 l_c 和箍筋配箍特征值 λ_v 应符合表 7.2.15 的要求，其体积配箍率 ρ_v 应按下式计算：

$$\rho_v = \lambda_v \frac{f_c}{f_{yv}} \tag{7.2.15}$$

式中：ρ_v——箍筋体积配箍率。可计入箍筋、拉筋以及符合构造要求的水平分布钢筋，计入的水平分布钢筋的体积配箍率不应大于总体积配箍率 30%；

λ_v——约束边缘构件配箍特征值；

f_c——混凝土轴心抗压强度设计值；混凝土强度等级低于 C35 时，应取 C35 的混凝土轴心抗压强度设计值；

f_{yv}——箍筋、拉筋或水平分布钢筋的抗拉强度设计值。

表 7.2.15　约束边缘构件沿墙肢的长度 l_c 及其配箍特征值 λ_v

项目	一级（9 度）		一级（6、7、8 度）		二、三级	
	$\mu_N \leqslant 0.2$	$\mu_N > 0.2$	$\mu_N \leqslant 0.3$	$\mu_N > 0.3$	$\mu_N \leqslant 0.4$	$\mu_N > 0.4$
l_c（暗柱）	$0.20h_w$	$0.25h_w$	$0.15h_w$	$0.20h_w$	$0.15h_w$	$0.20h_w$
l_c（翼墙或暗柱）	$0.15h_w$	$0.20h_w$	$0.10h_w$	$0.15h_w$	$0.10h_w$	$0.15h_w$
λ_v	0.12	0.20	0.12	0.20	0.12	0.20

注：1. μ_N 为墙肢在重力荷载代表值作用下的轴压比，h_w 为墙肢的长度；

    2. 剪力墙的翼墙长度小于翼墙厚度（应为剪力墙厚度——编者注）的 3 倍或端柱截面边长小于 2 倍墙厚时，按无翼墙、无端柱查表；

    3. l_c 为约束边缘构件沿墙肢的长度（图 7.2.15）。对暗柱不应小于墙厚和 400mm 的较大值；有翼墙或端柱时，不应小于翼墙厚度或端柱沿墙肢方向截面高度加 300mm。

2. 剪力墙约束边缘构件阴影部分（图 7.2.15）的竖向钢筋除应满足正截面受压（受拉）承载力计算要求外，其配筋率一、二、三级时分别不应小于 1.2%、1.0% 和 1.0%，并分别不应少于 8φ16、6φ16 和 6φ14 的钢筋（φ 表示钢筋直径）；

3. 约束边缘构件内箍筋或拉筋沿竖向的间距，一级不宜大于 100mm，二、三级不宜大于 150mm；箍筋、拉筋沿水平方向的肢距不宜大于 300mm，不应大于竖向钢筋间距的 2 倍。

276

（a）暗柱

（b）有翼墙

（c）有端柱

（d）转角墙（L形墙）

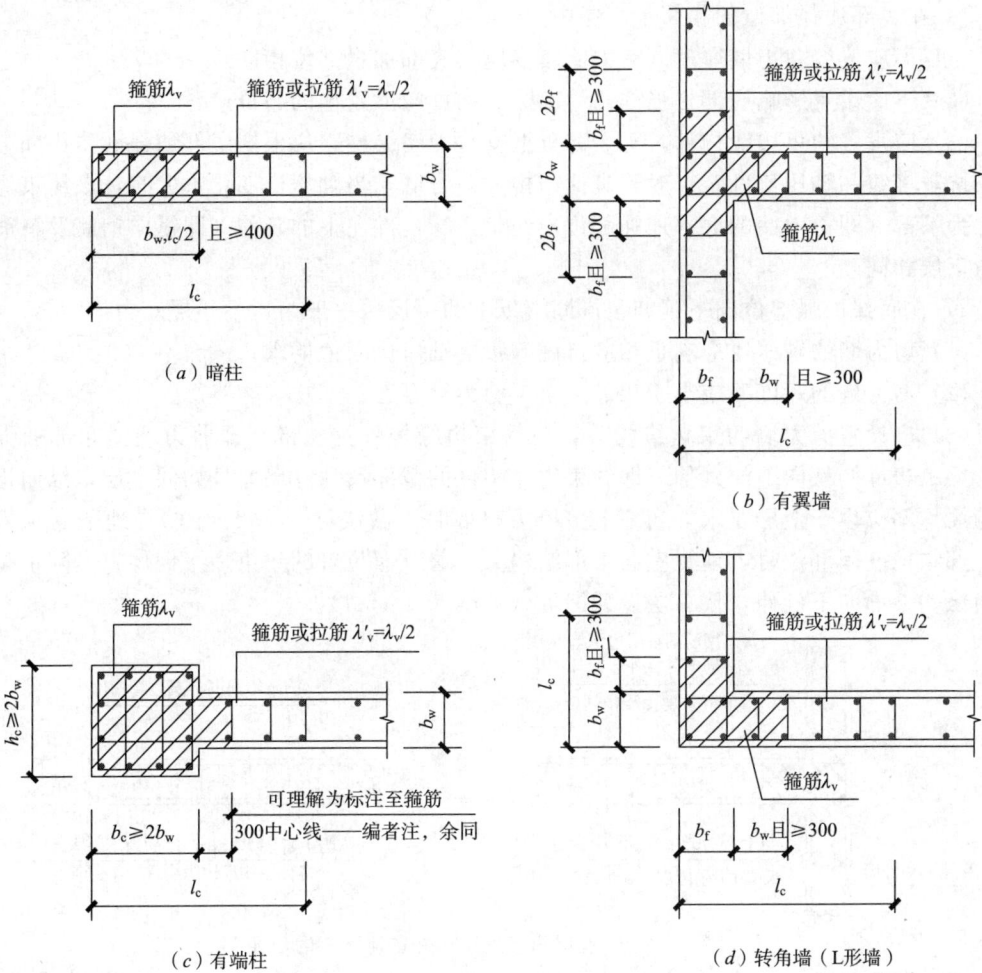

图 7.2.15　剪力墙的约束边缘构件

二、对规范规定的理解

1. 箍筋体积配箍率的计算要求同公式（6.4.7）。体积配箍率的计算中可考虑"符合构造要求的水平分布钢筋"，且规定"计入的水平分布钢筋的体积配箍率不应大于总体积配箍率 30％"（适用于阴影区和非阴影区），与《抗震规范》第 6.4.5 条的规定一致。

2. 当墙内水平分布钢筋伸入约束边缘构件，且在墙端有 90°弯折后延伸到另一排分布钢筋并钩住其竖向钢筋，水平钢筋之间设置了足够的拉筋形成复合箍，可以起到有效约束混凝土的作用时（做法可查阅标准图 11-G101），可认为是"符合构造要求的水平分布钢筋"，在配箍率中计入水平分布钢筋。

3. 计算配箍率时，箍筋（拉筋）抗拉强度设计值不再受 360MPa 的限制，有利于采用高强度钢筋。但当混凝土强度等级低于 C35 时，应按 C35 混凝土确定。

4. 剪力墙翼墙的长度为包含剪力墙肢厚度 b_w 在内的全部长度，即图 7.2.15-2 中的 h_f。

5. 剪力墙底部的"总加强范围"由三部分组成：剪力墙的底部加强部位、底部加强部位的相邻的上一层、底部加强部位向下延伸至嵌固端的下一层。在剪力墙底部的"总加强范围"内，均应设置约束边缘构件。

1）在底部加强部位的相邻上一层中：

（1）不应改变剪力墙厚度（剪力墙厚度应与底部加强部位相同）；

（2）不应设置影响底部加强部位约束边缘构件向上延伸的洞口；

（3）应设置约束边缘构件，对于部分框支剪力墙结构，应根据底部加强部位相邻上一层的抗震等级和轴压比确定；对于其他结构的剪力墙，当轴压比变化不大时，该约束边缘构件为下部（即剪力墙的底部加强部位）约束边缘构件向上的延伸（即纵向钢筋及箍筋均应与下层相同）。

2）在底部加强部位向下延伸至嵌固端以下的一层（一般为地下一层）中：

（1）剪力墙的轴压比应满足相应抗震等级的轴压比限值要求；

（2）剪力墙的厚度不应小于相邻的上层剪力墙厚度；

（3）应设置剪力墙约束边缘构件，该约束边缘构件为上部（即剪力墙的底部加强部位）约束边缘构件向下的延伸（即约束边缘构件的截面尺寸除墙厚外均同上层，纵向钢筋及箍筋均不应小于上层要求，当地下室墙为整墙时，做法见图7.2.15-6）。地下室顶板作为上部结构嵌固部位时，地下室与上部结构剪力墙对应位置的约束边缘构件，实际上是首层边缘构件的向下延伸，按首层设计即可（见图7.2.15-1）。

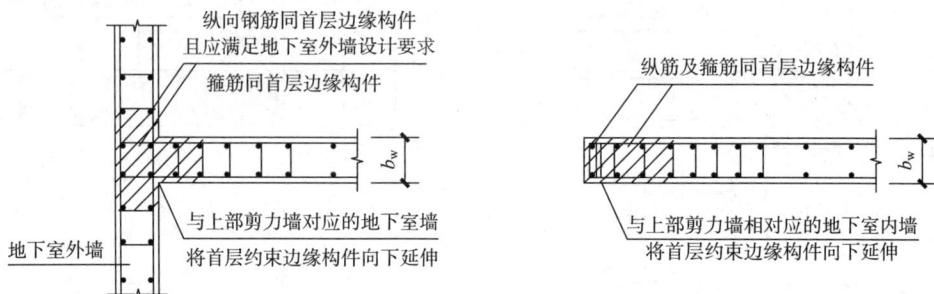

图7.2.15-1 首层约束边缘构件在地下室的延伸

三、结构设计建议

1. 有效翼墙的作用及分析

1）表7.2.15注2中规定"剪力墙的翼墙长度小于翼墙厚度3倍时，按无翼墙"，编者认为这一规定明显不合理，当b_w与b_f厚度不同时，简单的比较就会发现其中的问题，如当$b_w=500mm$、$b_f=200mm$时，长度$3\times200=600mm$的翼墙对500mm厚剪力墙的约束作用很有限（几乎没有作用），而当$b_w=200mm$、$b_f=500mm$时，要求翼墙长度$3\times500=1500mm$明显过长，而$3\times200=600mm$的翼墙对200mm厚剪力墙的约束作用就已足够明显。

2）对剪力墙有效翼墙的判定

（1）《抗震规范》第6.4.5条规定"剪力墙的翼墙长度小于其厚度的3倍或端柱截面边长小于2倍墙厚时，视为无翼墙，无端柱"。

（2）《混凝土规范》第11.7.18条规定："两侧翼墙小于其厚度3倍时，视为无翼墙剪力墙；端柱截面小于墙厚2倍时，视为无端柱剪力墙"。

（3）上述两本规范中的"其厚度"应理解为被考察的墙肢厚度b_w，而不是翼墙本身厚度b_f（见图7.2.15-2）。有资料依据规范对剪力墙边缘构件范围的规定，来定义T型截面剪力墙的翼墙长度（要求在翼墙宽度每侧不小于2倍墙厚时才认定翼墙有效）是不合理的，有效翼墙与边缘构件钢筋的分布范围不是同一概念。任何情况下，当翼墙长度h_f不

小于墙肢厚度 b_w 的 3 倍时，均可认为翼墙有效（见图 7.2.15-2）。

3）翼墙是否有效，实际上考察的是翼墙墙肢（b_f 段墙肢）对墙肢本身（b_w 段墙肢）稳定的有利影响程度。很明显对于 L 形墙肢（或 T 形墙肢）具有互为翼墙的特性（对 T 形截面，就腹板墙肢对翼缘墙肢而言，更准确地说应该是侧墙墙肢，其对翼缘墙肢稳定的有利影响与 L 形截面的翼墙墙肢作用基本相同），即当考察 L 形墙肢（或 T 形墙肢）的其中一肢时，另一与之垂直的墙肢就是其翼墙墙肢；同样，当考察另一墙肢时，相对应的墙肢就是翼墙墙肢（见图 7.2.15-4）。对斜交墙肢，则情况相对复杂，结构设计时可结合上述对有效翼墙的判别原则，当翼墙墙肢（b_f 段墙肢）在垂直于被考察墙肢（b_w 段墙肢）长度方向的投影长度 $\geqslant 3b_w$ 时，可判别为有效翼墙，否则，为无效翼墙（图 7.2.15-3）。注意：这里的"无效翼墙"主要指翼墙墙肢（b_f 段墙肢）对墙肢本身（b_w 段墙肢）稳定的影响小到可以忽略的程度，墙肢（b_w 段墙肢）稳定验算时不考虑无效翼墙的存在。但"无效翼墙"只是对墙肢稳定的作用较小而被认为"无效"，其仍可以分担墙肢的轴压力，起减小墙肢轴压比的作用，而墙肢端部的配筋可均匀分布在"无效翼墙"范围内，以提高墙肢截面的内力臂长度。

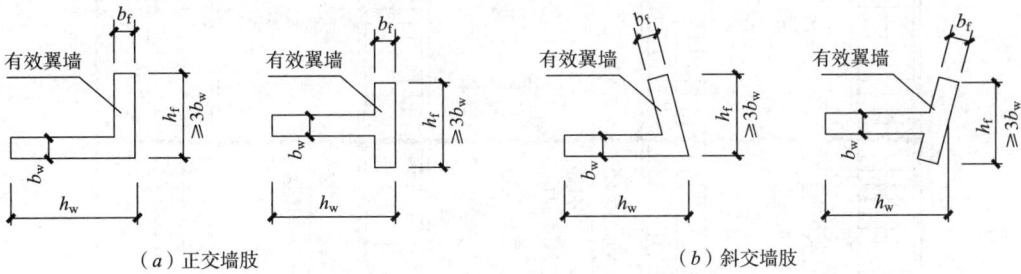

（a）正交墙肢　　　　　　　　　　（b）斜交墙肢

图 7.2.15-2　剪力墙的有效翼墙

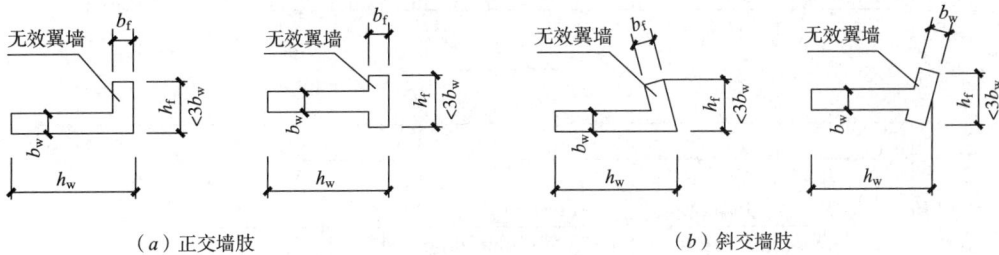

（a）正交墙肢　　　　　　　　　　（b）斜交墙肢

图 7.2.15-3　剪力墙的无效翼墙

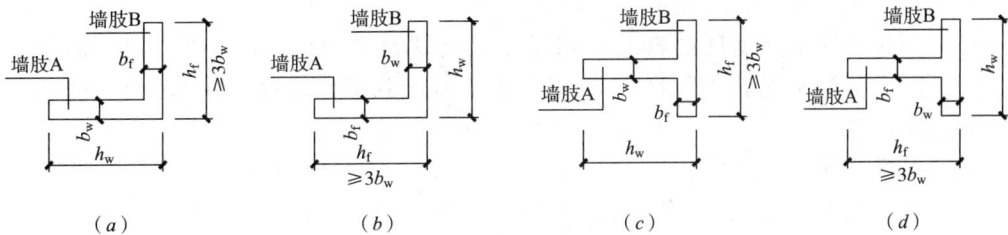

（a）　　　　　　（b）　　　　　　（c）　　　　　　（d）

图 7.2.15-4　正交墙肢的互为翼墙

（a）、（c）墙肢 B 为墙肢 A 的有效翼墙；（b）、（d）墙肢 A 为墙肢 B 的有效翼墙

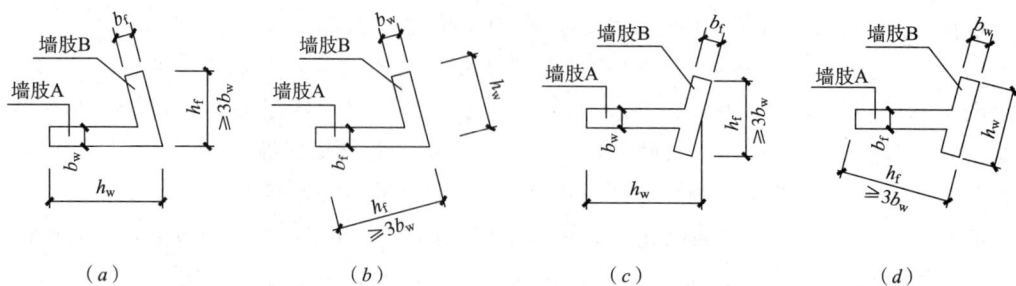

图 7.2.15-5 斜交墙肢的互为翼墙

（a）、（c）墙肢 B 为墙肢 A 的有效翼墙；　（b）、（d）墙肢 A 为墙肢 B 的有效翼墙

2. 在底部加强部位向下延伸一层（一般为地下一层）中，当地下室剪力墙（或地下室外墙）为整片墙时，沿地下室剪力墙长度方向设置的上部结构向下延伸的边缘构件，在地下室墙长的中部（其竖向远离嵌固部位）时，可适当加大边缘构件的箍筋间距（见图 7.2.15-6）。

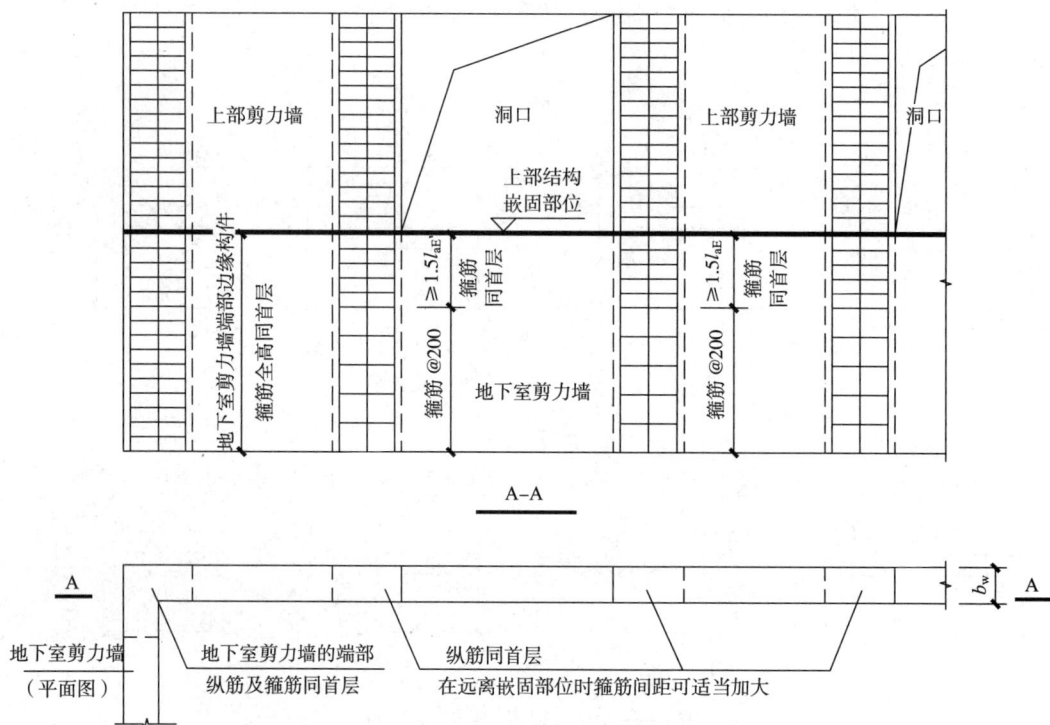

图 7.2.15-6 地下室剪力墙边缘构件中箍筋的配置

3. 对抗震设防低烈度区的框支结构及复杂高层建筑结构，规范要求（《高规》第 10.2.20 条、《混凝土规范》第 11.7.17 条）在底部加强部位设置剪力墙端柱、翼墙及约束边缘构件。

四、相关索引

1. 《混凝土规范》的相关规定见其第 11.7.17 条。

2. 《抗震规范》的相关规定见其第 6.4.5 条。

3. 更多问题可查阅参考文献［30］第 6.4.5 条。

第 7.2.16 条

一、规范的规定

7.2.16 剪力墙构造边缘构件的范围宜按图 7.2.16 中阴影部分采用，其最小配筋应满足表 7.2.16 的规定，并应符合下列规定：

1. 竖向配筋应满足正截面受压（受拉）承载力的要求；

2. 当端柱承受集中荷载时，其竖向钢筋、箍筋直径和间距应满足（应理解为还应满足——编者注）框架柱的相应要求；

3. 箍筋、拉筋沿水平方向的肢距不宜大于 300mm，不应大于竖向钢筋间距的 2 倍；

4. 抗震设计时，对于连体结构、错层结构以及 B 级高度高层建筑结构中的剪力墙（筒体），其构造边缘构件的最小配筋应符合下列要求：

1）竖向钢筋最小量应将表 7.2.16 中的数值提高 $0.001A_c$；

2）箍筋的配筋范围宜取图 7.2.16 中阴影部分，其配箍特征值 λ_v 不宜小于 0.1。

5. 非抗震设计的剪力墙，墙肢端部应配置不少于 4φ12 的纵向钢筋，箍筋直径不应小于 6mm、间距不宜大于 250mm。

表 7.2.16　剪力墙构造边缘构件的最小配筋要求

抗震等级	底部加强部位		
	竖向钢筋最小量（取较大值）	箍筋	
		最小直径（mm）	沿竖向最大间距（mm）
一	$0.010A_c$，6φ16	8	100
二	$0.008A_c$，6φ14	8	150
三	$0.006A_c$，6φ12	6	150
四	$0.005A_c$，4φ12	6	200
抗震等级	其他部位		
	竖向钢筋最小量（取较大值）	箍筋	
		最小直径（mm）	沿竖向最大间距（mm）
一	$0.008A_c$，6φ14	8	150
二	$0.006A_c$，6φ12	8	200
三	$0.005A_c$，4φ12	6	200
四	$0.004A_c$，4φ12	6	250

注：1. A_c 为构造边缘构件的截面面积，即图 7.2.16 剪力墙截面的阴影部分；

2. 符号 φ 表示钢筋直径；

3. 其他部位的转角处宜采用箍筋。

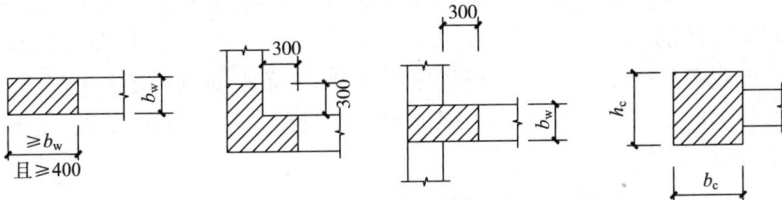

图 7.2.16　剪力墙的构造边缘构件范围

二、对规范规定的理解

1. 本条第 4 款对特殊的高层建筑（如：连体结构、错层结构以及 B 级高度高层建筑结构）中的剪力墙（筒体）的构造边缘构件的配箍做法可见国家标准图 11G101。

2.《混凝土规范》第 9.4.8 条规定，非抗震设计的剪力墙端部应每端配置"不宜少于

4 根直径 12mm 或 2 根直径 16mm 的钢筋"。

三、结构设计建议

1. 构造边缘构件纵向钢筋配置时，应满足最少钢筋根数、最小钢筋直径及最小配筋面积要求，并宜采用高强度钢筋。端柱还应满足框架柱要求。

2.《混凝土规范》图 11.7.19、《抗震规范》图 6.4.5-1 中对翼墙和转角墙构造边缘构件的尺寸要求，与《高规》本条规定不一致，实际工程中可执行《高规》的规定。

四、相关索引

1.《混凝土规范》的相关规定见其第 9.4.8 条、第 11.7.19 条。

2.《抗震规范》的相关规定见其第 6.4.5 条。

3. 更多问题可查阅参考文献 [30] 第 6.4.5 条。

第 7.2.17 条

一、规范的规定

7.2.17 剪力墙竖向和水平分布钢筋的配筋率，一、二、三级时均不应小于 0.25%，四级和非抗震设计时均不应小于 0.20%。

二、对规范规定的理解

1. 本条为强制性规定，结构设计时必须执行。

2. 配置适当数量的剪力墙分布钢筋可避免墙肢的脆性破坏（见表 7.2.10-1），提高墙肢的抗震性能。

三、相关索引

1.《混凝土规范》的相关规定见其第 11.7.14 条。

2.《抗震规范》的相关规定见其第 6.4.3 条。

第 7.2.18 条

一、规范的规定

7.2.18 剪力墙的竖向和水平分布钢筋的间距均不宜大于 300mm，直径不应小于 8mm。剪力墙的竖向和水平分布钢筋的直径不宜大于墙厚的 1/10。

二、对规范规定的理解

1. 限制剪力墙分布钢筋间距也是避免墙肢的脆性破坏（见表 7.2.10-1）的重要措施，可提高墙肢的抗震性能。

2.《混凝土规范》第 11.7.15 条还规定："竖向分布钢筋直径不宜小于 10mm，"主要考虑施工要求，实际工程中由于采用高强度钢筋，当层高不大时仍可采用 8 钢筋。

三、相关索引

1.《混凝土规范》的相关规定见其第 11.7.15 条。

2.《抗震规范》的相关规定见其第 6.4.4 条。

第 7.2.19 条

一、规范的规定

7.2.19 房屋顶层剪力墙、长矩形平面房屋的楼梯间和电梯间剪力墙、端开间纵向剪力墙以及端山墙的水平和竖向分布钢筋的配筋率均不应小于 0.25%，间距均不应大于 200mm。

二、对规范规定的理解

1. 结构重要部位的剪力墙，其水平和竖向分布筋的配筋率宜适当提高，对温度、收缩应力较大的部位，水平分布筋的配筋率宜适当提高。需加强配置水平及竖向分布筋的剪力墙加强区见表 7.2.19-1 及图 7.2.19-1。

2. 非抗震设计的一般剪力墙加强区见图 7.2.19-2。

表 7.2.19-1　水平及竖向分布筋的加强区

序号	需加强的部位（加强区）		
①	剪力墙顶层		水平及竖向分布筋的配筋率（双层配筋）应≥0.25%　钢筋间距 s 应≤200mm
②	长矩形平面房屋	楼、电梯间墙体	
③		端开间的纵向剪力墙	
④		端山墙	

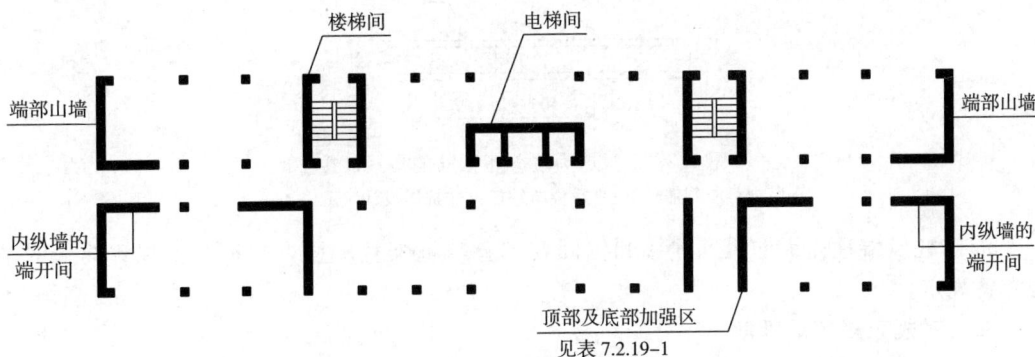

图 7.2.19-1

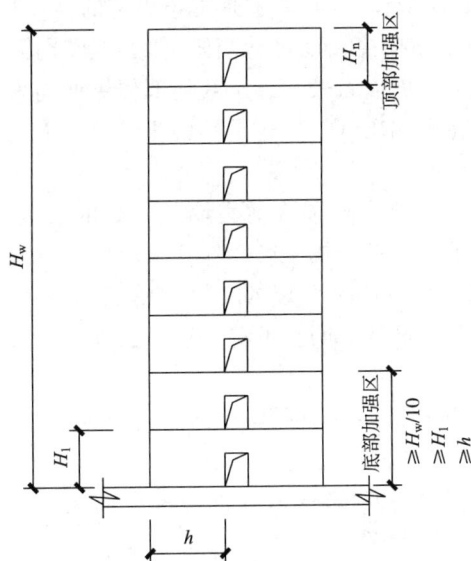

图 7.2.19-2

三、相关索引

《混凝土规范》的相关规定见其第9.4.4条。

第7.2.20条

一、规范的规定

7.2.20 剪力墙的钢筋锚固和连接应符合下列规定：

1. 非抗震设计时，剪力墙纵向钢筋最小锚固长度应取 l_a；抗震设计时，剪力墙纵向钢筋最小锚固长度应取 l_{aE}。l_a、l_{aE} 的取值应分别符合本规程第6.5节的有关规定。

2. 剪力墙竖向及水平分布钢筋采用搭接连接时（图7.2.20），一、二级剪力墙的底部加强部位，接头位置应错开，同一截面连接的钢筋数量不宜超过总数量的50%，错开净距不宜小于500mm；其他情况剪力墙的钢筋可在同一截面连接。分布钢筋的搭接长度，非抗震设计时不应小于 $1.2l_a$；抗震设计时，不应小于 $1.2l_{aE}$。

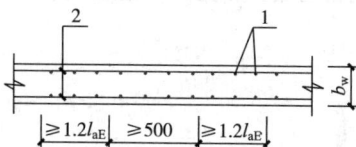

图7.2.20　剪力墙分布钢筋的搭接连接

1—竖向分布钢筋；2—水平分布钢筋；非抗震设计时图中 l_{aE} 取 l_a

3. 暗柱及端柱内纵向钢筋连接和锚固要求宜与框架柱相同，宜符合本规程第6.5节的有关规定。

二、对规范规定的理解

1. 按《高规》第6.5.2、6.5.3条要求，剪力墙竖向及水平分布钢筋的搭接长度，当在一级、二级抗震等级的剪力墙加强部位（按图7.2.20错开50%搭接）应 $\geqslant 1.4l_{aE}$；其他情况（错开100%搭接）应 $\geqslant 1.6l_{aE}$，而不是本条规定的 $\geqslant 1.2l_{aE}$。

2. 本条对剪力墙分布钢筋搭接长度可适当降低的主要原因为：剪力墙的水平分布钢筋以抗剪为主，除剪力墙中部剪应力较大外，其他部位钢筋均未达屈服；而位于剪力墙中部的竖向分布钢筋，无论在大偏压（拉）还是小偏压（拉）情况下均未达到屈服。

三、结构设计的相关问题

1. 本规定未限定剪力墙水平分布筋在剪力墙长中部的搭接，有可能出现在截面剪应力最大区域钢筋受拉搭接不满足《高规》第6.5.2条规定的情况。

2. 对剪力墙约束边缘构件（阴影区以外）纵向钢筋的搭接要求，规范未予明确，一般常理解为按竖向分布筋要求设计，明显不符合边缘构件的受力状况。

四、结构设计建议

1. 剪力墙水平分布钢筋的搭接宜避开墙截面长度方向的中间部位（墙肢截面剪应力较大的中部区域，一般为墙长的1/3）。

2. 剪力墙约束边缘构件范围阴影区以外部位的纵向钢筋，应按框架柱的要求连接，不应按剪力墙分布钢筋的规定连接。

五、相关索引

1. 《混凝土规范》的相关规定见其第8.4.4条、第9.4.6条。

2.《高规》的相关规定见其第 6.5.2 条。

第 7.2.21 条

一、规范的规定

7.2.21 连梁两端截面的剪力设计值 V 应按下列规定确定：

1. 非抗震设计以及四级剪力墙的连梁，应分别取考虑水平风荷载、水平地震作用组合的剪力设计值；

2. 一、二、三级剪力墙的连梁，其梁端截面组合的剪力设计值应按式（7.2.21-1）确定，9 度时一级剪力墙的连梁应按式（7.2.21-2）确定。

$$V = \eta_{vb} \frac{M_b^l + M_b^r}{l_n} + V_{Gb} \tag{7.2.21-1}$$

$$V = 1.1(M_{bua}^l + M_{bua}^r)/l_n + V_{Gb} \tag{7.2.21-2}$$

式中：M_b^l、M_b^r——分别为连梁左右端截面顺时针或逆时针方向的弯矩设计值；

M_{bua}^l、M_{bua}^r——分别为连梁左右端截面顺时针或逆时针方向实配的抗震受弯承载力所对应的弯矩值，应按实配钢筋面积（计入受压钢筋）和材料强度标准值并考虑承载力抗震调整系数计算；

l_n——连梁的净跨；

V_{Gb}——在重力荷载代表值作用下按简支梁计算的梁端截面剪力设计值；

η_{vb}——连梁剪力增大系数，一级取 1.3，二级取 1.2，三级取 1.1。

二、对规范规定的理解

1. 抗震设计时，连梁的剪力增大仅是对连梁梁端弯矩反算出的剪力的增大，对重力荷载引起的梁端剪力不放大。

2.《混凝土规范》第 11.7.8 条规定"配置有对角斜筋的连梁 η_{vb} 取 1.0"，而《抗震规范》及《高规》无此规定。

特一级连梁同一级（第 3.10.5 条）。

三、结构设计建议

在配置有对角斜筋的连梁中，斜筋的水平分力会提高连梁的抗弯承载力，而竖向分力会提高连梁的抗剪承载力，通过调整连梁的剪力增大系数 η_{vb}，从而达到考虑设置对角斜筋对提高连梁抗剪承载力的有利影响。《混凝土规范》的规定与《抗震规范》、《高规》的规定不完全一致，实际工程中，在结构整体计算时，可不考虑斜筋对连梁剪力增大系数 η_{vb} 的调整，即采用《抗震规范》和《高规》的规定，对连梁进行复核验算（尤其是超筋连梁）时，可考虑设置对角斜筋对提高连梁抗剪承载力的有利影响（即按《混凝土规范》的规定对连梁进行复核验算）。

四、相关索引

1.《混凝土规范》的相关规定见其第 11.7.8 条。

2.《抗震规范》的相关规定见其第 6.2.4 条。

第 7.2.22 条

一、规范的规定

7.2.22 连梁截面剪力设计值应符合下列规定：

1. 持久、短暂设计状况

$$V \leqslant 0.25\beta_c f_c b_b h_{b0} \tag{7.2.22-1}$$

2. 地震设计状况

跨高比大于 2.5 的连梁

$$V \leqslant \frac{1}{\gamma_{RE}}(0.20\beta_c f_c b_b h_{b0}) \tag{7.2.22-2}$$

跨高比不大于 2.5 的连梁

$$V \leqslant \frac{1}{\gamma_{RE}}(0.15\beta_c f_c b_b h_{b0}) \tag{7.2.22-3}$$

式中：V——按本规程第 7.2.21 条调整后的连梁截面剪力设计值；

b_b——连梁截面宽度；

h_{b0}——连梁截面有效高度；

β_c——混凝土强度影响系数，见本规程 6.2.6 条。

二、对规范规定的理解

1. 本条规定中对连梁截面剪力的限值，工程上将 $\dfrac{\gamma_{RE}V}{\beta_c f_c b_b h_{b0}}$ 常称为"剪压比"，又将

$\dfrac{\gamma_{RE}V}{b_b h_{b0}}$ 称作为名义剪应力（假定剪力设计值均匀分布在剪切截面上计算所得的剪应力）或

平均剪应力，连梁对剪切变形十分敏感，因此，对"剪压比"（即"名义剪应力"）限制较

为严格，以避免连梁的剪切破坏。

2. 剪压比、名义剪应力的意义还可见第 7.2.7 条说明。

三、相关索引

1.《混凝土规范》的相关规定见其第 11.7.9 条。

2.《抗震规范》的相关规定见其第 6.2.9 条。

第 7.2.23 条

一、规范的规定

7.2.23 连梁的斜截面受剪承载力应符合下列规定：

1. 持久、短暂设计状况

$$V \leqslant 0.7 f_t b_b h_{b0} + f_{yv}\frac{A_{sv}}{s}h_{b0} \tag{7.2.23-1}$$

2. 地震设计状况

跨高比大于 2.5 的连梁

$$V \leqslant \frac{1}{\gamma_{RE}}\left(0.42 f_t b_b h_{b0} + f_{yv}\frac{A_{sv}}{s}h_{b0}\right) \tag{7.2.23-2}$$

跨高比不大于 2.5 的连梁

$$V \leqslant \frac{1}{\gamma_{RE}}\left(0.38 f_t b_b h_{b0} + 0.9 f_{yv}\frac{A_{sv}}{s}h_{b0}\right) \tag{7.2.23-3}$$

式中：V——按 7.2.21 条调整后的连梁截面剪力设计值。

二、对规范规定的理解

1. 连梁的受剪承载力由两部分组成：混凝土的自身抗剪承载力及箍筋的抗剪承载力。

考虑连梁在反复作用下，抗剪承载力主要应由箍筋承担。

2. 有程序给出超筋连梁按本条公式计算的箍筋面积，其实对超筋连梁再按本条公式计算已经没有意义，实际工程中也不应按此计算结果设计。连梁的最大箍筋配置梁应符合表 7.2.26-3 的要求。

三、相关索引

《混凝土规范》的相关规定见其第 6.3.4 条、第 11.7.9 条。

第 7.2.24 条

一、规范的规定

7.2.24 跨高比（l/h_b）不大于 1.5 的连梁，非抗震设计时，其纵向钢筋的最小配筋率可取为 0.2%；抗震设计时，其纵向钢筋的最小配筋率宜符合表 7.2.24 的要求；跨高比大于 1.5 的连梁，其纵向钢筋的最小配筋率可按框架梁的要求采用。

表 7.2.24 跨高比不大于 1.5 的连梁纵向钢筋的最小配筋率（%）

跨高比	最小配筋率（采用较大值）
$l/h_b \leqslant 0.5$	0.20，$45f_t/f_y$
$0.5 < l/h_b \leqslant 1.5$	0.25，$55f_t/f_y$

二、对规范规定的理解

1. 在跨高比中，连梁的计算跨度 l 如何计算规范未明确，实际工程中可按连梁的净跨 l_n 计算，偏于安全。

2. 连梁的"纵向钢筋"指连梁顶面或底面的单侧配筋。本条给出了连梁纵向钢筋的最小配筋率的限值，以防止连梁出现少筋破坏。

3. 跨高比大于 1.5 的连梁，其纵向钢筋的最小配筋率应按框架梁的要求（即表 6.3.2-1 中支座截面的最小配筋率）采用。比较表 7.2.24 和表 6.3.2-1 可以发现，连梁的跨高比越小，强剪弱弯的要求也越高，最小配筋率数值也越小，实际工程中应注意依据连梁的跨高比数值实现对连梁配筋率的分级控制。

4. 非抗震设计时，钢筋混凝土构件的纵向受力钢筋的最小配筋率应按《混凝土规范》第 8.5.1 条的规定计算，应注意：

1）混凝土强度等级对最小配筋率的影响（混凝土强度等级较高时脆性特征较为明显，当采用 C60 以上混凝土时，最小配筋率应增加 0.10%）。

2）钢筋强度对板类受弯构件（不包括悬臂板）最小配筋率的影响（受弯板类构件的混凝土强度等级一般为 C30，最小配筋率基本上由常数限值控制，强度等级较高的钢筋不能发挥作用，当采用强度等级 400MPa、500MPa 的钢筋时，其最小配筋百分率应采用 0.15，$45f_t/f_y$ 中的较大值）。

3）在受压构件（指柱、压杆等截面长宽比不大于 4 的构件）中，为改善压杆的性能，避免混凝土突然压溃，并使其具有必要的刚度和抵抗偶然偏心作用的能力，受压构件的最小配筋率应按《混凝土规范》表 8.5.1 的规定确定。

4）钢筋混凝土梁及连梁的配筋率计算应取用构件的有效截面（bh_0），而最小配筋率限值计算时，应采用构件的全截面（bh）计算。

三、相关索引

1.《混凝土规范》的相关规定见其第 8.5.1 条、第 11.7.11 条。

2.《高规》的相关规定见其第 6.3.2 条。

第 7.2.25 条

一、规范的规定

7.2.25 剪力墙结构连梁中，非抗震设计时，顶面及底面单侧纵向钢筋的最大配筋率不宜大于 2.5%；抗震设计时，顶面及底面单侧纵向钢筋的最大配筋率宜符合表 7.2.25 的要求。如不满足，则应按实配钢筋进行连梁强剪弱弯的验算。

表 7.2.25　连梁纵向钢筋的最大配筋率（%）

跨高比	最大配筋率
$l/h_b \leqslant 1.0$	0.6
$1.0 < l/h_b \leqslant 2.0$	1.2
$2.0 < l/h_b \leqslant 2.5$	1.5

二、对规范规定的理解

1. 除 9 度时一级剪力墙的连梁以外，其他所有连梁的剪力设计值是按第 7.2.21 条的规定，以梁端弯矩为基本计算指标，采用乘以增大系数的方法计算的（与实际配筋量无关），容易使设计人员忽略对连梁受弯钢筋数量的限制，特别是当梁端计算配筋值很小而按构造要求配置受弯钢筋时，容易忽略对连梁的强剪弱弯要求。本条给出了连梁纵向钢筋的最大配筋率的限值，以防止连梁的受弯钢筋配置过多，避免连梁由于抗剪承载力不足而导致其剪切破坏。

2. 为实现连梁的强剪弱弯，《高规》第 7.2.21 条规定按强剪弱弯要求计算连梁剪力设计值，第 7.2.22 条又规定了名义剪应力的上限值（即剪压比最大值），两条共同使用，就相当于限制了受弯配筋，连梁的纵向受力钢筋不宜过大。

3. 连梁是否满足强剪弱弯的要求，应按连梁的实配纵向钢筋进行强剪弱弯验算。表 7.2.25 为依据工程经验给出的连梁最大纵向配筋率数值，当连梁的纵向钢筋配筋率不大于表中数值时，一般可不进行连梁的强剪弱弯验算；当连梁的纵向钢筋配筋率大于表中数值时，应补充连梁的强剪弱弯验算。

三、相关索引

对超筋连梁的处理见第 7.2.26 条。

第 7.2.26 条

一、规范的规定

7.2.26 当剪力墙的连梁不满足本规程第 7.2.22 条的要求时，可采取下列措施：

1. 减小连梁截面高度或采取其他减小连梁刚度的措施。

2. 抗震设计剪力墙连梁的弯矩可塑性调幅；内力计算时已经按本规程第 5.2.1 条的规定降低了刚度的连梁，其弯矩值不宜再调幅，或限制再调幅范围。此时，应取弯矩调幅后相应的剪力设计值校核其是否满足本规程第 7.2.22 条的规定；剪力墙中其他连梁和墙肢的弯矩设计值宜视调幅连梁数量的多少而相应适当增大。

3. 当连梁破坏对承受竖向荷载<u>无明显影响</u>时，可按<u>独立墙肢</u>的计算简图进行<u>第二次多遇地震作用下的内力分析</u>，墙肢截面按两次计算的较大值计算配筋。

二、对规范规定的理解

1. 连梁剪力超限时，应采取"减小连梁刚度的措施"。连梁的剪力与连梁的梁端弯矩直接相关，对连梁刚度的减小实际上就是直接减小连梁的梁端弯矩。

2. 对连梁弯矩调幅后，程序按调幅后连梁的梁端弯矩相应增加其他连梁和墙肢的弯矩设计值。

3. 连梁破坏对承受竖向荷载"无明显影响"可理解为，应采取结构措施（如可调整梁的布置，见图 7.1.5-1）尽量减少连梁承担的竖向荷载。

4. "独立墙肢"可理解为连梁与剪力墙弱连接而接近铰接，剪力墙和连梁的计算简图与排架结构中的铰接连杆及独立柱类似。

5. "第二次多遇地震作用下的内力分析"是指第二次分析计算，可理解为补充计算。

三、结构设计建议

剪力墙结构、框架-剪力墙结构中连梁及框架-筒体结构中的裙梁一般较容易出现连梁抗剪承载力不足现象（超筋），此时，对抗震等级为二、三、四级的连梁应优先考虑按《混凝土规范》第 11.7.10 条的规定，<u>对连梁设置对角斜筋并对连梁的剪力设计值进行复核验算</u>（按《混凝土规范》第 11.7.8 条的规定，配置对角斜筋的连梁取剪力放大系数 $\eta_{vb}=1$）。当处理后仍不满足要求时，可作如下处理：

1. 对连梁的调幅处理（计算结果 I）

1）抗震设计剪力墙中连梁的弯矩和剪力可进行塑性调幅，以降低其剪力设计值。但在结构计算中已对连梁进行了刚度折减的连梁，其调幅范围应限制或不再调幅。当部分连梁降低弯矩设计值后，其余部位的连梁和墙肢的弯矩应相应加大。

2）一般情况下，经全部调幅（包括计算中连梁刚度折减和对计算结果的后期调幅）后的弯矩设计值不小于调幅前（完全弹性）的 0.8 倍（6、7 度）和 0.5 倍（8、9 度）。

3）采用本调整方法应注意以下几点：

（1）本调整方法考虑连梁端部的塑性内力重分布，对跨高比较大的连梁效果比较好，而对跨高比较小的连梁效果较差。

（2）经本次调整，仍可确保连梁对承受竖向荷载无明显影响。

（3）连梁调幅处理后，当计算结果（计算结果 I）满足规范要求时，连梁及剪力墙可直接按计算结果配筋；当计算结果（计算结果 I）不满足规范要求时，宜对连梁进行铰接处理。

2. 对连梁的铰接处理（计算结果 II）

1）当连梁的破坏对承受竖向荷载无明显影响（即连梁不作为次梁的支承梁或连梁承担的竖向荷载较小）时，可假定该连梁在大震下的破坏，对剪力墙按独立墙肢进行第二次多遇地震作用下的结构内力分析（当连梁按杆元输入时，为减小结构计算工作量可将连梁按两端铰接梁计算；而当连梁按墙元输入时，则处理相对困难），墙肢应按两次计算所得的较大内力进行配筋设计（一般情况下，连梁铰接处理后，墙的计算结果较大），以保证墙肢的安全。

2）采用本调整方法应注意以下几点：

（1）对剪力墙按独立墙肢进行第二次多遇地震作用下的结构内力分析法，考虑的是连梁对剪力墙约束作用的完全失效，事实上，通过采取恰当的构造措施可确保连梁对剪力墙的约束不完全丧失，避免出现"独立墙肢"。

（2）本调整方法中为减小结构计算工作量而采用的铰接连梁计算模型，就是当采取合理的构造措施后，在大震时仍能确保连梁对剪力墙的水平约束作用。

（3）应特别注意本次调整中的连梁为其破坏对承受竖向荷载无明显影响的连梁，即本连梁不作为次梁或主梁的支承梁。

（4）还应重视对上述"第二次"的理解，本次计算可理解为包络设计计算的重要步骤之一。

（5）对连梁进行计算处理后（计算结果Ⅱ），当结构的层间位移仍能满足规范要求（即层间弹性位移角符合《高规》表3.7.3要求）时，连梁及剪力墙可按计算结果Ⅰ和Ⅱ进行包络设计，同时应采取措施确保计算中的铰接连梁与剪力墙的真正"铰接"（铰接做法可参见图6.1.1-1）。当剪力墙的配筋过大时，应优先考虑调整结构布置并加大结构的侧向刚度，当确无其他有效措施时，对超筋连梁可考虑采用下述实用计算处理方法。

3. 对超筋连梁的实用计算处理方法（计算结果Ⅲ）

1）当对连梁进行计算处理后（计算结果Ⅱ），剪力墙配筋过大，或结构的侧向位移过大（不能基本满足规范要求，即层间位移角超出表3.7.3要求较多），且确无其他手段加大结构的侧向刚度时，需要在结构计算中考虑连梁对墙实际存在的约束作用，即需考虑连梁与剪力墙的半刚接作用，对剪力墙进行包络设计，即在结构分析中采取适当降低连梁计算截面（而在结构设计中仍采用原有连梁的构件截面尺寸）的方法，其计算控制目标是：连梁的计算剪力小于连梁所能承担的最大剪力（注意，这时计算程序的判断结果可能仍然超筋，但其判断是对新计算截面的判断，不是对实际截面的判断），其设计目标是：连梁承担其最大可能承受的地震作用，适当减小剪力墙的配筋量，改善结构的抗震性能并提高结构设计的经济性。

2）采用本调整方法应注意以下几点：

（1）本次调整中的连梁为其梁破坏对承受竖向荷载无明显影响的连梁，即本连梁不作为次梁或主梁的支承梁。

（2）本调整方法不宜作为首选方法，仅适用于确无其他有效手段加大结构的侧向刚度来减小剪力墙过大配筋时的特殊情况。

（3）本调整方法的基本思路是：连梁与剪力墙的连接既不是完全刚接也不是完全铰接，而是期望通过采取合理的抗震措施，实现连梁与剪力墙的半刚接。

（4）本调整方法对剪力墙实行包络设计，对连梁按强剪弱弯要求设计，连梁箍筋根据实际连梁截面的最大抗剪承载力确定。

（5）本次调整计算可理解为包络设计计算的重要步骤之一。

3）对剪力墙应进行包络设计，配筋取计算结果Ⅰ、Ⅲ的较大值（此时，要求连梁取用实际截面，即计算结果Ⅰ所采用的截面）。

4）连梁取实际截面，即计算结果Ⅰ的截面，按 V_2 及相应弯矩 M_2 计算连梁配筋，举例如下：

【例 7.2.26-1】 某连梁截面为 250mm×600mm，抗震等级一级，采用 C30 混凝土，HRB400 级钢筋，连梁的跨高比为 2。该连梁所能承担的最大剪力（按第 7.2.22 条计算，也可从电算结果的超筋信息中直接读取）$[V_1] = 356$kN，初次计算（第一次计算，对应计算结果Ⅰ）剪力为 $V_1 = 450$kN＞$[V_1]$，需调整计算。减小连梁的计算截面，如取 250mm×450mm（第二次计算），此时连梁的计算剪力（对应计算结果Ⅲ）$V_2 = 330$kN＜$[V_1]$，相应计算弯矩为 M_2，调整计算结束。施工图设计时，连梁截面仍取为 250mm×600mm，连梁纵向钢筋按 M_2 计算，连梁箍筋按连梁实际所能承担的最大剪力 $[V_1]$ 确定。计算过程见表 7.2.26-1。

表 7.2.26-1 连梁超筋调整计算要点

步骤	计算截面 $(b×h)$ (mm)	计算剪力 (kN)	截面允许剪力 (kN)	计算判别	计算弯矩 M (kN·m)	计算配筋 (mm²)	实际截面	实配箍筋 (mm²)	实配纵筋 (mm²)
1	250×600	450＞356	356	需调整	350	2122	250×600	127	1235
2	250×450	330＜356		计算结束	200	1682			

表中"实配纵筋"取 $1682×(450-35)/(600-35)=1235$mm² 和一级框架梁的最小配筋率 0.40% 所对应配筋 $(0.4\% × 250×600 = 600$mm²$)$ 的较大值。表中"实配箍筋"按表 7.2.26-3 直接查得，注意：对抗剪超筋的连梁，程序直接按《高规》第 7.2.23 条计算的箍筋不能用于设计（相关问题见第 7.2.23 条说明），应按表 7.2.26-2 及表 7.2.26-3 配筋。

5）实际工程中对连梁配筋时还可进行适当的简化处理

（1）纵向钢筋配置：根据实际连梁与计算连梁有效高度的比值，对计算的连梁纵向钢筋面积进行调整，并按其配筋（注意：当连梁计算截面减小的幅度过大（从计算结果中表现为 V_2 小于 $[V_1]$ 过多）时，常出现纵向钢筋的折算值不满足最小配筋率要求，此时应适当加大至满足最小配筋率要求，当箍筋按下述（2）的方法配置时，连梁仍能满足强剪弱弯的要求）；需要说明的是，有文献提出按《高规》第 7.2.21 条公式反算连梁梁端弯矩的方法（以下简称"反算法"），笔者认为"反算法"存在以下两方面的问题：一是，"反算法"假定连梁两端弯矩相等，当连梁两端墙肢截面刚度差异较大时，误差也大；二是，采用"反算法"，补充计算工作量大，作为一种近似计算方法，意义不大。

（2）箍筋配置：对连梁箍筋按连梁的截面要求（第 7.2.22 条的要求，即连梁计算剪力按 $[V_1]$ 值考虑）作为连梁的剪力设计值求出相应连梁的箍筋面积，计算公式如下：

① 持久、短暂设计状况：公式（7.2.22-1）右式与公式（7.2.23-1）右式相等，

$$0.25f_cbh_0 = 0.7f_tbh_0 + f_{yv}\frac{A_{sv}}{s}h_0 \tag{7.2.26-1}$$

得：

$$A_{sv} = \frac{(0.25f_c - 0.7f_t)s}{f_{yv}}b \tag{7.2.26-2}$$

当采用 HRB400 级钢筋、连梁箍筋间距 $s=100$mm 时，非抗震设计的连梁最大箍筋面积 A_{sv} (mm²) 见表 7.2.26-2，单肢箍筋的截面面积 $A_{sv1} = A_{sv}/n$，其中 n 为箍筋肢数。

表 7.2.26-2　非抗震设计的连梁最大箍筋面积 A_{SV}（mm^2）

梁宽（mm）	非抗震设计						
	C20	C25	C30	C35	C40	C45	C50
200	91	116	143	171	199	234	248
250	113	145	179	214	249	279	310
300	136	174	215	257	298	335	371
350	156	202	251	300	349	391	433
400	181	232	287	342	398	447	495
450	204	261	322	385	448	503	556
500	292	290	358	428	498	558	618
550	249	319	394	471	547	614	680
600	272	348	430	513	597	670	748

注：当采用 HRB335、HPB300 及 HPB235 级钢筋时，表中数值应分别乘以 1.2、1.333 和 1.714。

② 地震设计状况时：

■跨高比大于 2.5 时：

按公式（7.2.22-2）右式与公式（7.2.23-2）右式相等：

$$0.20 f_c b h_0 = 0.42 f_t b h_0 + f_{yv} \frac{A_{sv}}{s} h_0 \tag{7.2.26-3}$$

得：

$$A_{sv} = \frac{(0.20 f_c - 0.42 f_t) s}{f_{yv}} b \tag{7.2.26-4}$$

■跨高比不大于 2.5 时：

按公式（7.2.22-3）右式与公式（7.2.23-3）右式相等：

$$0.15 f_c b h_0 = 0.38 f_t b h_0 + 0.9 f_{yv} \frac{A_{sv}}{s} h_0 \tag{7.2.26-5}$$

得：

$$A_{sv} = \frac{(0.17 f_c - 0.42 f_t) s}{f_{yv}} b \tag{7.2.26-6}$$

当采用 HRB400 级钢筋、连梁箍筋间距 $s = 100mm$ 时，抗震设计的连梁最大箍筋面积 A_{sv}（mm^2）见表 7.2.26-3，单肢箍筋的截面面积 $A_{sv1} = A_{sv}/n$，其中 n 为箍筋肢数。

表 7.2.26-3　连梁的最大箍筋面积 A_{SV}（mm^2）

梁宽（mm）	跨高比大于 2.5 时							跨高比不大于 2.5 时						
	C20	C25	C30	C35	C40	C45	C50	C20	C25	C30	C35	C40	C45	C50
200	81	103	125	149	173	193	213	65	82	102	121	140	157	174
250	102	128	157	186	216	241	266	81	103	127	151	176	197	218
300	122	154	188	223	258	289	319	97	124	152	182	211	236	261
350	142	108	220	261	302	337	372	114	145	178	212	246	275	305
400	162	205	251	298	345	385	425	130	165	203	242	281	314	348
450	183	231	282	335	388	433	478	146	186	229	272	316	353	391
500	202	257	314	373	431	481	531	162	207	254	302	351	393	435

续表 7.2.26-3

梁宽(mm)	跨高比大于 2.5 时							跨高比不大于 2.5 时						
	C20	C25	C30	C35	C40	C45	C50	C20	C25	C30	C35	C40	C45	C50
550	223	282	345	410	474	530	584	179	228	279	333	386	432	478
600	243	308	377	447	517	577	637	195	248	305	363	421	471	522

注：当采用 HRB335、HPB300 及 HPB235 级钢筋时，表中数值应分别乘以 1.2、1.333 和 1.714。

6）第二次计算，只进行结构的承载能力计算，不需要验算结构的层间位移角（相关问题见第 3.7.3 条）。

三、相关索引

1.《抗震规范》的相关规定见其第 6.4.7 条。

2. 更多问题可查阅参考文献［30］第 6.4.7 条。

第 7.2.27 条

一、规范的规定

7.2.27 连梁配筋构造（图 7.2.27）应满足下列规定：

1. 连梁顶面、底面纵向水平钢筋伸入墙肢的长度，抗震设计时不应小于 l_{aE}，非抗震设计时不应小于 l_a，且均不应小于 600mm。

2. 抗震设计时，沿连梁全长箍筋的构造应按本规程第 6.3.2 条框架梁梁端加密区的箍筋构造要求；非抗震设计时，沿连梁全长的箍筋直径不应小于 6mm，间距不应大于 150mm。

3. 顶层连梁纵向水平钢筋伸入墙肢的长度范围内应配置箍筋，箍筋间距不宜大于 150mm，直径应与该连梁的箍筋直径相同。

4. 连梁高度范围内的墙肢水平分布钢筋应在连梁内拉通作为连梁的腰筋。当连梁截面高度大于 700mm 时，其两侧面腰筋的直径不应小于 8mm，间距不应大于 200mm；跨高比不大于 2.5 的连梁，其两侧腰筋的总面积配筋率不应小于 0.3%。

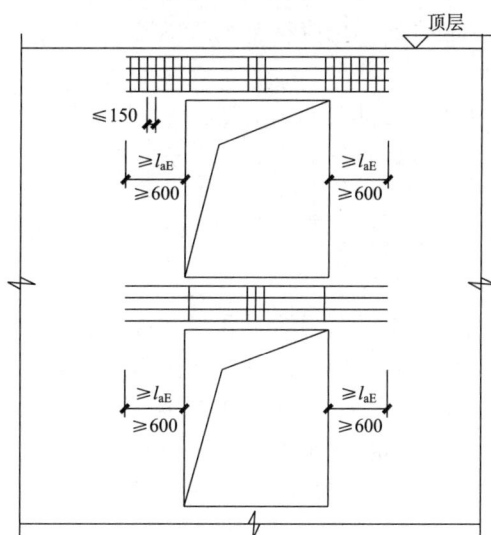

图 7.2.27　连梁配筋构造示意

注：非抗震设计时图中 l_{aE} 取 l_a

二、对规范规定的理解

1. "两侧腰筋的总面积"按梁的腹板面积计算，为单位梁高配筋面积，其腰筋总配筋（左、右两侧）面积为 0.3‰ab，其中，a 为腰筋沿梁高方向的间距（mm），b 为梁截面宽度（mm）。

2. 《混凝土规范》第 11.7.11 条第 5 款规定："剪力墙的水平分布钢筋可作为连梁的纵向构造钢筋在连梁内贯通。当梁的腹板高度 h_w 不小于 450mm 时，其两侧面沿梁高范围设置的纵向构造钢筋的直径不应小于 10mm，间距不应大于 200mm"。《混凝土规范》的这一规定与《高规》本条第 4 款的规定不完全一致，可理解为《高规》适用于抗震及非抗震设计情况，而《混凝土规范》第 11 章的规定仅适用于抗震设计状况。

3. 对本条规定的理解见图 7.2.27-1 和图 7.2.27-2。

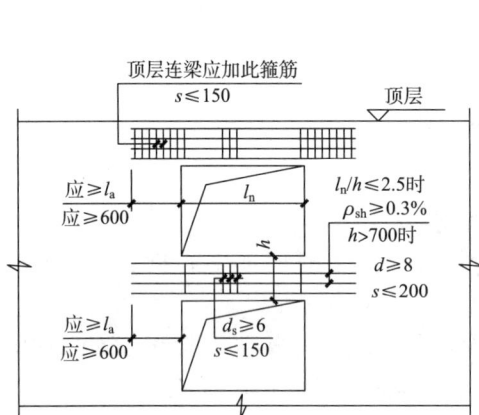

图 7.2.27-1　非抗震设计的连梁

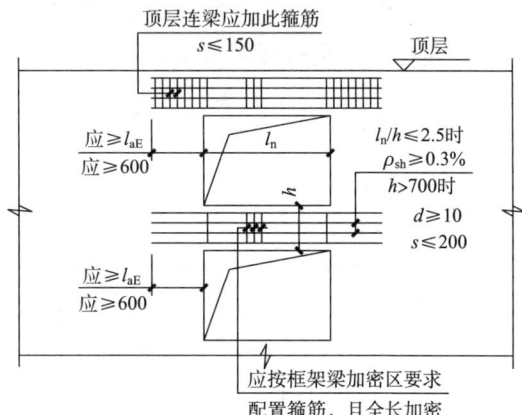

图 7.2.27-2　抗震设计的连梁

三、结构设计建议

1. 连梁腰筋的直径及间距，抗震设计时，应执行《混凝土规范》第 11.7.11 条的规定；非抗震设计时，应执行《高规》的规定。

2. 实际工程中，对跨高比不小于 5 的连梁，尽管已按"框架梁"设计，但腰筋设置、纵筋锚固范围内的箍筋配置要求等，仍应符合本条规定。

四、相关索引

1. 《抗震规范》的相关规定见其第 6.4.7 条。

2. 《混凝土规范》的相关规定见其第 11.7.11 条。

第 7.2.28 条

一、规范的规定

7.2.28　剪力墙开小洞口和连梁开洞应符合下列规定：

1. 剪力墙开有边长小于 800mm 的小洞口、且在结构整体计算中不考虑其影响时，应在洞口上、下和左、右配置补强钢筋，补强钢筋的直径不应小于 12 mm，截面面积应分别不小于被截断的水平分布钢筋和竖向分布钢筋的面积（图 7.2.28a）。

2. 穿过连梁的管道宜预埋套管，洞口上、下的截面有效高度不宜小于梁高的 1/3，且不宜小于 200mm；被洞口削弱的截面应进行承载力验算，洞口处应配置补强钢筋和箍筋（图 7.2.28b），补强纵向钢筋的直径不应小于 12mm。

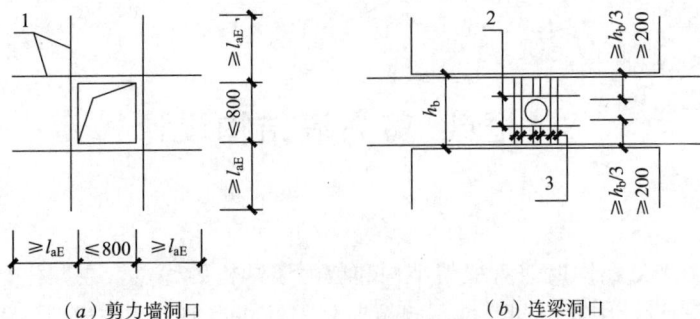

（a）剪力墙洞口　　　　　　　　　（b）连梁洞口

图 7.2.28　洞口补强配筋示意

1—墙洞口周边补强钢筋；2—连梁洞口上、下补强纵向钢筋；

3—连梁洞口补强钢筋；非抗震设计时图中 l_{aE} 取 l_a

二、结构设计建议

1. 比较本条与第 6.3.7 条的规定可以发现，规范对连梁上的开洞限制较严，增加了连梁洞口上、下的有效截面高度不宜小于梁高的 1/3 的规定，而对框架梁则无此限值。

2. 连梁的洞口补强做法也可参照第 6.3.7 条的规定。

三、相关索引

《高规》的相关规定见其第 6.3.7 条。

8 框架-剪力墙结构设计

说明:

1. 框架-剪力墙结构同时兼有框架结构和剪力墙结构的优点,在办公类高层建筑中应用相当普遍,结构设计中除应同时满足规范对框架结构和剪力墙结构的要求外,还应符合本章框架-剪力墙结构特有的相关规定,重要概念有:倾覆力矩比、$0.2Q_0$ 调整等。

2. 影响框架-剪力墙结构体系的因素很多,有框架和剪力墙的倾覆力矩比、框架和剪力墙的剪力分摊比等,而倾覆力矩比只是其中一个较为主要的因素,对框架-剪力墙结构,尽管规范只以倾覆力矩比作为主要判别指标,但当框架承担的剪力过小(可参考《高规》第 9.1.11 条的规定,如小于结构底部总剪力的 10%)时,对结构的层间位移角可按偏剪力墙结构控制。

3. 本章包括框架-剪力墙结构和板柱-剪力墙结构。尽管表 3.3.1-1 中对板柱-剪力墙结构房屋的最大适用高度作了较大的调整,但编者仍然建议在实际工程中应慎用。

8.1 一 般 规 定

要点:

本节的一般规定,是框架-剪力墙结构设计应遵循的基本原则,也是框架-剪力墙结构设计的基础。

第 8.1.1 条

一、规范的规定

8.1.1 框架-剪力墙结构、板柱-剪力墙结构的结构布置、计算分析、截面设计及构造要求除应符合本章的规定外,尚应分别符合本规程第 3、5、6 和 7 章的有关规定。

二、对规范规定的理解

本条明确规定了《高规》本章的适用范围,强调对框架-剪力墙结构、板柱-剪力墙结构还应遵循《高规》的其他相关规定,也即本章只是对框架-剪力墙结构、板柱-剪力墙结构的特殊规定。

三、相关索引

对框架-剪力墙结构、板柱-剪力墙结构还应参照《抗震规范》的相关规定。

第 8.1.2 条

一、规范的规定

8.1.2 框架-剪力墙结构可采用下列形式:

1. 框架与剪力墙(单片墙、联肢墙或较小井筒)分开布置;

2. 在框架结构的若干跨内嵌入剪力墙(带边框剪力墙);

3. 在单片抗侧力结构内连续分别布置框架和剪力墙；

4. 上述两种或三种形式的混合。

二、对规范规定的理解

框架与剪力墙的常用组成形式见表 8.1.2-1。

表 8.1.2-1　框架与剪力墙的常用组成形式

序号	名称	基本布置
1	单片式剪力墙	框架与剪力墙（单片墙、连肢墙或较小井筒）分开布置
2	带边框剪力墙	在框架结构的若干跨内嵌入剪力墙
3	单片框架和剪力墙	在单片抗侧力结构内连续分别布置框架和剪力墙
4	混合式剪力墙	1＋2＋3

三、相关索引

《抗震规范》的相关规定见其第 6.1.8 条、第 8.1.7 条。

第 8.1.3 条

一、规范的规定

8.1.3　抗震设计的框架-剪力墙结构，应根据在规定的水平力作用下结构底层框架部分承受的地震倾覆力矩与结构总地震倾覆力矩的比值，确定相应的设计方法，并应符合下列规定：

1. 框架部分承受的地震倾覆力矩不大于结构总地震倾覆力矩的 10% 时，按剪力墙结构设计，其中的框架部分应按框架-剪力墙结构的框架进行设计；

2. 当框架部分承受的地震倾覆力矩大于结构总地震倾覆力矩的 10% 但不大于 50% 时，按框架-剪力墙结构进行设计；

3. 当框架部分承受的地震倾覆力矩大于结构总地震倾覆力矩的 50% 但不大于 80% 时，按框架-剪力墙结构进行设计，其最大适用高度可比框架结构适当增加，框架部分的抗震等级和轴压比限值宜按框架结构的规定采用；

4. 当框架部分承受的地震倾覆力矩大于结构总地震倾覆力矩的 80% 时，按框架-剪力墙结构进行设计，但其最大适用高度宜按框架结构采用，框架部分的抗震等级和轴压比限值应按框架结构的规定采用。当结构的层间位移角不满足框架-剪力墙结构的规定时，可按本规程第 3.11 节的有关规定进行结构抗震性能分析和论证。

二、对规范规定的理解

1. 由框架和剪力墙组成的结构，在规定的水平力作用下，结构底层框架部分承受的地震倾覆力矩与结构总地震倾覆力矩的比值不尽相同，结构性能也有较大的差别。在结构设计时，依据倾覆力矩的比值确定该结构相应的适用高度和构造措施等。确定倾覆力矩比时，均应按框架和剪力墙组成的结构（程序计算中勾选"框架-剪力墙结构"）进行实际输入和计算分析。

2. 当框架部分承担的地震倾覆力矩不大于结构总倾覆力矩的 10% 时，意味着结构中框架承担的地震作用较小，绝大部分均由剪力墙承担，结构的性能接近于纯剪力墙结构（可称其为"少量框架的剪力墙结构"），此时，剪力墙的抗震等级可按剪力墙结构确定，

297

其侧向位移控制指标按剪力墙结构采用。房屋的最大适用高度按框架-剪力墙结构确定，框架部分按框架-剪力墙结构的框架进行设计。

3. 当框架部分承受的地震倾覆力矩大于结构总地震倾覆力矩的 10％但不大于 50％时，说明结构有足够的剪力墙，剪力墙是结构的主要抗侧力构件，是结构抗震的第一道防线，其框架部分是次要的抗侧力构件，属于结构抗震的第二道防线，该结构属于一般框架-剪力墙结构（可称其为"框架-剪力墙"结构），按规范对框架-剪力墙结构的相关规定进行设计。

4. 当框架部分承受的地震倾覆力矩大于结构总倾覆力矩的 50％但不大于 80％时，意味着结构中剪力墙的数量偏少，框架承担较大的地震作用（可称其为"强框架的框架-剪力墙结构"，注意：《抗震规范》将其归类为少量剪力墙的框架结构，与《高规》相比，可操作性不强），此时，框架部分的抗震等级和轴压比宜按框架结构的规定执行，剪力墙部分的抗震等级和轴压比按框架-剪力墙结构的规定采用；房屋的最大适用高度不宜再按框架-剪力墙结构确定，其最大适用高度可比框架结构适当增加。

5. 当框架部分承受的倾覆力矩大于结构总倾覆力矩的 80％时，意味着结构中剪力墙的数量极少（结合《抗震规范》第 6.1.3 条的规定，可称其为"少量剪力墙的框架结构"），此时，框架部分的抗震等级和轴压比应按框架结构的规定执行，剪力墙部分的抗震等级和轴压比按框架-剪力墙结构的规定采用；其最大适用高度宜按框架结构采用。对于这种少墙框架结构，由于其抗震性能较差，不主张采用（<u>注意：这里的"抗震性能较差，不主张采用"，是指与框架-剪力墙结构比较，也即"少量剪力墙的框架结构"的抗震性能要比"框架-剪力墙结构"差，但合理采用包络设计原则后，其抗震性能将比纯"框架结构"有明显的提高</u>），以避免剪力墙受力过大、过早破坏。不可避免时，宜采取将此种剪力墙减薄、开竖缝、开结构洞、配置少量单排钢筋等措施，减小剪力墙的作用。

6. 在第 3、4 款规定的情况下，为避免剪力墙过早破坏，其位移相关控制指标应按框架-剪力墙结构采用，一般在低烈度区（如 6 度等），其层间位移角较容易满足。

三、结构设计的相关问题

1. 结构底层框架和剪力墙地震倾覆力矩的计算数值与倾覆力矩的计算模型密切相关（一是"规范算法"，就是按《抗震规范》第 6.1.3 条规定的简化公式计算；二是"轴力算法"，即按倾覆力矩的定义考虑弯矩、剪力及轴力等的综合影响），有地下室时，是否带地下室计算（即嵌固端是否采用绝对嵌固的计算模型），则结构底层框架和剪力墙的倾覆力矩数值的差异也大（推荐采用不带地下室的绝对嵌固模型的底层倾覆力矩比来判断）。计算方法不同，计算假定不同，计算结果也不同，并将直接影响结构体系的确定。当剪力墙（或核心筒剪力墙）较多（或房屋高度较大）时，按"规范算法"计算的框架倾覆力矩比有时还会出现负值。

2. 《高规》本条将框架与剪力墙组成的结构体系称为"框架-剪力墙结构"，与《抗震规范》第 6.1.3 条的规定不一致，也与其第 1、4 款内容不相符。

3. 本条第 1 款规定："框架部分应按框架-剪力墙结构的框架进行设计"，当上、下层框架柱数量相差较大且直接按框架-剪力墙结构进行框架的剪力调整时，设计困难。

4. 本条第 3 款规定："最大适用高度可比框架结构适当增加"，而条文说明规定"提高的幅度可视剪力墙承担的地震倾覆力矩来确定"，实际工程中，对框架-剪力墙结构承担的地震倾覆力矩无法准确确定：

1）按第 2 款规定，若将框架部分承受的地震倾覆力矩为结构总地震倾覆力矩的 50％，确定为框架-剪力墙结构对应的倾覆力矩时，则当框架部分承受的地震倾覆力矩略超过结构总地震倾覆力矩的 50％时，房屋的最大适用高度接近框架-剪力墙结构，不符合第 3 款"比框架结构适当增加"的规定。

2）当将框架-剪力墙结构对应的倾覆力矩，确定为框架部分承受的地震倾覆力矩不大于结构总地震倾覆力矩的 50％的其他数值时，则又不符合第 2 款的规定。

5. 本条第 3 款规定："框架部分的抗震等级和轴压比限值宜按框架结构的规定采用"，当房屋的最大适用高度超过框架结构的最大适用高度时，及抗震设防标准按 9 度要求时，框架的抗震等级确定困难。

6. 本条第 4 款规定："按框架-剪力墙结构进行设计"，高烈度区的建筑结构，当采用"少量剪力墙的框架结构"时，剪力墙超筋现象明显，难以按"框架-剪力墙"结构进行设计，同时，规范对框架结构的包络设计问题、框架结构的大震位移控制问题等均未明确。

7. 关于本条规定，《抗震规范》和《高规》有较多一致的规定，也有许多不一致的地方。

8. 实际工程中，当房屋高度较高而采用纯框架结构体系时，结构设计的各项指标较容易满足，结构设计简单（但梁、柱截面偏大，合法不合理），施工图审查也省事，出于对纯框架结构抗震性能的担忧而增设少量剪力墙时，需要进行包络设计，进行多模型比较，结构设计工作量成倍增长，施工图审查也费力、费事，由于对结构设计的经济性改善不明显，有时甲方也不理解。为提高框架结构的抗震性能而采用少量剪力墙的框架结构时，常使结构设计处在里外不讨好的尴尬境地中。

四、结构设计建议

针对结构设计中遇到的问题，对比《抗震规范》及相关文献提出如下建议，供结构设计时参考。

1. 实际工程中对地震倾覆力矩比的计算，应注意以下几点：

1）应注意结构底层框架和剪力墙倾覆力矩计算模型与其限值的对应关系，即规范对倾覆力矩比的划分原则，是建立在《抗震规范》对结构底层框架和剪力墙倾覆力矩的简化计算的基础之上的，也即是结合抗震经验确定的指标。因此，实际工程中应以"规范算法"为主，必要时可采用"轴力算法"进行补充及比较计算。

2）影响框架-剪力墙结构体系的因素很多，有框架和剪力墙的倾覆力矩比、框架和剪力墙的剪力分摊比等，而倾覆力矩比只是其中一个较为主要的因素。当框架承担的剪力过小（可参考《高规》第 9.1.11 条的规定）时，对结构的层间位移角可按偏剪力墙结构控制（同本章第 1 款做法）。

3）对倾覆力矩比的计算部位也应灵活掌握，对一般结构（竖向规则）可只考察其底层，而对复杂结构、超限建筑工程等，宜核查其底部加强部位的每一层。

4）当结构底层框架和剪力墙的倾覆力矩比处在结构体系的分界线附近时，应采取措施加以避免，以减少结构体系的飘忽给结构设计带来的困难。

2. 本条规定中的"抗震设计的框架-剪力墙结构"，宜调整为"抗震设计的由框架和剪力墙组成的结构"，避免因不同结构体系而造成的混乱（规定的大前提为框架-剪力墙结构体系，而第 1、4 款的结构不属于结构设计意义上的框架-剪力墙结构)。

3. 对"少量框架的剪力墙结构"，"框架部分应按框架-剪力墙结构的框架进行设计"，也即需要按《高规》第 8.1.4 条的要求进行框架的剪力调整。

1) 理论上，当框架部分承担的地震倾覆力矩足够小（如不大于结构总地震倾覆力矩的 10%）时，框架部分不能成为第二道防线，因此，也没有必要对框架进行剪力调整。

2) 考虑实际工程中框架柱的数量有限，作为一种包络设计方法对框架进行适当的剪力调整也是可行的，但按照《高规》第 8.1.4 条进行框架的剪力调整时，应避免同一调整区段内框架柱数量的过大变化，否则，极容易造成框架柱调整后剪力过大的不合理现象。

4. 关于框架与剪力墙组成的结构体系

(1) 依据《高规》第 8.1.3 条的规定，框架与剪力墙可根据结构底部的地震倾覆力矩比，组成相应的结构体系（见表 8.1.3-1 及图 8.1.3-1)。

表 8.1.3-1　结构体系与 M_f/M_0 的大致关系

结构体系	纯框架结构	少量剪力墙的框架结构	框架-剪力墙结构		少量框架的剪力墙结构	剪力墙结构
			强框架	弱框架		
M_f/M_0	1.0	1.0~A	A~0.5	0.5~B	B~0	0

注：1. M_0 在规定的水平作用下，结构底层地震倾覆力矩的总和；M_f 框架部分承担的底层地震倾覆力矩；

　　2. 对应于少量剪力墙的框架结构，上表相应确定少量框架的剪力墙结构；

　　3. A 和 B 值应根据工程经验确定，一般情况可分别取 0.8 和 0.1。

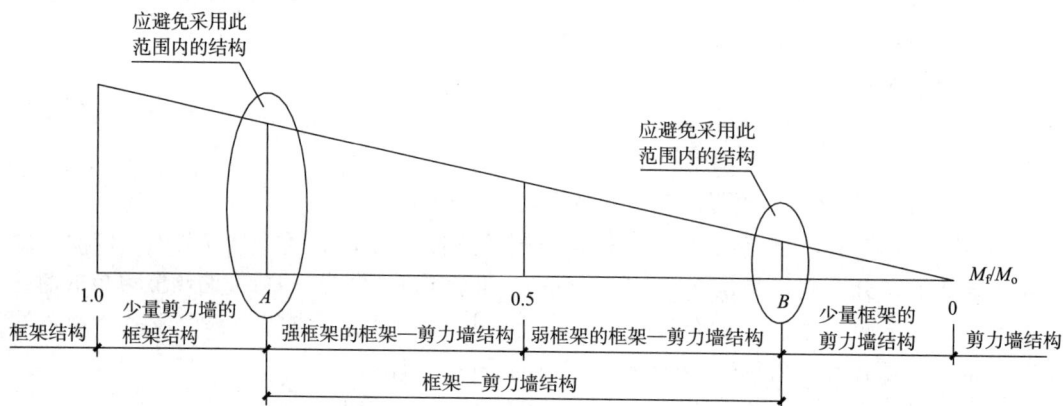

图 8.1.3-1　结构体系与 M_f/M_0 的大致关系

(2) 布置少量剪力墙的框架结构与剪力墙较少的框架-剪力墙结构（即强框架的框架-剪力墙结构）在定量上无明确的界限，如在结构的弹性层间位移角仅能满足框架结构限值要求的前提下，可将框架和剪力墙协同工作的结构描述为"配置少量剪力墙的框架结构"，而当结构的弹性层间位移角满足框架-剪力墙结构限值要求的前提下，又可将框架和剪力墙协同工作的结构描述为"框架-剪力墙结构"。这种对结构体系定性把握的摇摆性加大了结构设计中对结构体系描述的随意性，也加大了结构设计的难度。

(3) 规范规定了考虑剪力墙与框架的协同工作原则，但未明确对剪力墙和框架的具体设计方法，更加大了结构设计中的把握难度。

5. 关于"强框架的框架-剪力墙"结构设计的相关问题

对"强框架的框架-剪力墙结构"应按《高规》第8.1.3条第3款的规定设计,按框架-剪力墙结构进行设计,框架柱的抗震等级和轴压比限值按框架结构的规定设计。可不执行《抗震规范》第6.1.3条第1款的规定。

1)框架抗震等级的确定

(1)当房屋高度超过框架结构的最大适用高度时,框架的抗震等级可按房屋高度为框架结构限值时的框架结构确定。

(2)抗震设防标准按9度时,高层框架的抗震等级可取一级。

2)《高规》第8.1.3条第3款,对"强框架的框架-剪力墙"结构,提出房屋的"最大适用高度可比框架结构适当增加"的要求,体现出规范对"强框架的框架-剪力墙"结构的抗震性能的基本判断,设计概念也较为清晰,但这种判断在实际工程中很难量化,且与规范条文说明所推荐的方法相矛盾,为此,可不考虑"比框架结构适当增加"的要求。

3)"强框架的框架-剪力墙"的房屋最大适用高度,可视框架承担的地震倾覆力矩来确定(此方法设计概念欠清晰,设计方法也过于机械,但可操作性强),计算房屋最大适用高度限值 $[H]$ 时,框架的倾覆力矩比数值 $[M_f]$:对框架结构可取 80%,对框架-剪力墙结构可取 50%,按框架承担的倾覆力矩数值 M_f,在框架结构房屋的最大适用高度 $[H_f]$ 及框架-剪力墙结构房屋的最大适用高度 $[H_{f-w}]$ 之间内插,举例说明如下:7 度区,某框架-剪力墙结构,当 $M_f=65\%$ 时,$[H]=50+(120-50)\dfrac{80\%-65\%}{80\%-50\%}=85m$。

4)依据《抗震规范》第6.1.4条规定,防震缝的宽度应按框架结构确定,其防震缝的宽度相对较大。对"强框架的框架-剪力墙"结构其防震缝的宽度也可根据工程经验确定(事先应与施工图审查单位沟通,避免返工),宜根据框架的倾覆力矩的比值,在框架结构与框架-剪力墙结构之间合理取值,并宜偏于安全地偏框架取值。

6. 关于"少量剪力墙的框架结构"

1)2002 版高规(以下简称"老高规")第6.1.7条中对少量剪力墙的框架结构做出了一般性规定,推出了这一独特的结构体系,但对其中的剪力墙及框架未予以量化,未明确提出框架的包络设计及大震位移的验算要求,对剪力墙在这种结构形式中的作用未予以说明,相关文献的规定和解释也各不相同,导致结构设计及施工图审查时无章可循或对布置少量剪力墙的框架结构提出按框架-剪力墙结构设计的混乱局面。造成该结构体系事实上处在有规定而无法采用的尴尬境地,这成为布置少量剪力墙的框架结构在实际工程中难以广泛应用的主要原因。

2)《抗震规范》第6.1.3条对少量剪力墙的框架结构做出了新的规定,使少量剪力墙的框架结构的范围进一步扩大,且在实际工程中更难以准确把握和应用。实际工程中,可执行《高规》第8.1.3条第4款的规定,缩小"少量剪力墙的框架结构"的范围,可不执行《抗震规范》第6.1.3条第1款的规定。

3)对少量剪力墙的框架结构的认识

"老高规"第6.1.7条指出:抗震设计的框架结构中,当仅布置少量钢筋混凝土剪力墙时,结构分析计算应考虑该剪力墙与框架的协同工作。对上述规定可以从以下几方面理解:

（1）设置少量剪力墙并没有改变结构体系，是带有少量剪力墙的框架结构，属于一种特殊的结构形式，但仍是框架结构（明确结构体系的目的在于分清框架及剪力墙在结构中的地位，其中框架是主体，是承受竖向荷载的主体，也是主要的抗侧力结构）。

（2）结构分析计算中除应按纯框架结构计算外还应考虑剪力墙与框架的协同工作。对"考虑该剪力墙与框架的协同工作"的规定，可理解为是一种补充计算的要求，设计中还应满足按纯框架结构进行承载力设计计算及包络设计的要求等。

（3）需要说明的是，规范虽未明确要按纯框架结构计算，但对这一特殊的框架结构，现行规范和规程对钢筋混凝土框架结构的承载力要求、弹塑性变形限值要求等均应满足，因此，按纯框架结构的要求进行补充设计计算是必要的，对这类框架结构按纯框架结构和按框架与剪力墙协同工作（即按框架-剪力墙结构）分别计算，包络设计也是必需的。

4）在钢筋混凝土框架结构中，下列三种情况下需要设置少量的钢筋混凝土剪力墙：

（1）在多遇地震（或风荷载）作用下，当纯框架结构的弹性层间位移角 θ_e 不能满足规范 $\theta_e \leqslant 1/550$ 的要求时，通过布置少量剪力墙，使结构的弹性层间位移角满足相应的限值要求。

（2）当纯框架的地震位移满足规范要求，即纯框架结构的弹性层间位移角能满足 $\theta_e \leqslant 1/550$ 的要求时，为适当减小结构在多遇地震作用下的侧向变形，而设置少量钢筋混凝土剪力墙。在这里，设置少量剪力墙的目的在于适当改善框架结构的抗震性能。

（3）依据《抗震规范》第 6.1.1 条的规定，按《抗震规范》第 6.1.4 条第 2 款规定在防震缝两侧设置抗撞墙的钢筋混凝土框架结构房屋，其本质就是少量剪力墙的框架结构。

5）为在结构设计中更好地把握规范，对少量剪力墙的框架结构可按以下原则[26]设计：

（1）《抗震规范》扩大了少量剪力墙的框架结构的范围，体现了《抗震规范》加大剪力墙设置要求的基本精神，但这一特定的结构体系需要在工程中得以顺利应用，尚需规范做出相应的补充规定。

（2）对少量剪力墙的框架结构，房屋的最大适用高度可按框架结构确定。当按纯框架结构计算的弹性层间位移角不满足《高规》及《抗震规范》 $\theta_e \leqslant 1/550$ 限值时，其最大适用高度还应比框架结构再适当降低（如降低 10%）。

（3）按框架和剪力墙协同工作验算层间位移角，层间位移角限值宜按框架结构确定。

（4）防震缝的宽度应按框架结构确定。

（5）框架的设计原则：

①按纯框架结构（不计入剪力墙）和框架-剪力墙结构分别计算，包络设计。

②对纯框架结构进行大震弹塑性位移验算。

③框架的抗震等级及轴压比限值按纯框架结构确定。

（6）剪力墙的设计原则：

①剪力墙抗震等级可取框架-剪力墙结构中框架的抗震等级。

②剪力墙的配筋设计：

a. 对计算不超筋的剪力墙按计算配筋。

b. 对抗剪不超筋而抗弯超筋的剪力墙，按计算要求配置剪力墙的水平及竖向分布钢筋，按剪力墙端部最大配筋要求（配筋率不超过 5%）配置端部纵向钢筋。

c. 对抗剪超筋的剪力墙，按剪力墙的剪压比 $\lambda \geqslant 2.5$ 确定剪力墙的抗剪承载力（按

《混凝土规范》公式（11.7.3-1）在剪力墙其他条件已知时，可求得剪力设计值 V_w）并确定墙的水平钢筋（按《混凝土规范》公式（11.7.4）取 $\lambda = 2.2$ 计算在剪力墙其他条件已知时，可求得 A_{sh}）；按强剪弱弯要求确定墙的竖向钢筋（剪力墙的弯矩设计值取 $M_w \approx \lambda V_w h_0 / \eta_{vw}$，为有利于实现强剪弱弯，此处取 $\lambda = 1.5$ 计算，并按 $M_w = \dfrac{1}{\gamma_{RE}} (f_y A_s (h_0 - b))$ 计算，同时按构造要求配置剪力墙的竖向分布钢筋）。举例说明如下：

【例 8.1.3-1】　某抗剪超筋的矩形截面偏心受压剪力墙，混凝土强度等级 C30（$f_c = 14.3 \text{N/mm}^2$、$f_t = 1.43 \text{N/mm}^2$），$b = 200 \text{mm}$，$h = 2000 \text{mm}$，$h_0 = 1800 \text{mm}$，$N = 1200 \text{kN}$，$\eta_{vw} = 1.6$，采用 HRB400 级钢筋，确定其水平分布钢筋 A_{sh} 和纵向钢筋 A_s。

根据《混凝土规范》公式（11.7.3-1）得：

$$V_w = \frac{1}{\gamma_{RE}}(0.2\beta_c f_c b h_0) = \frac{1}{0.85} \times 0.2 \times 1 \times 14.3 \times 200 \times 1800 = 1211294 \text{N}$$

$N = 1200 \text{KN} > 0.2 f_c bh = 1144 \text{KN}$，取 $N = 1144 \text{KN}$

根据《混凝土规范》公式（11.7.4）得：

$$A_{sh}/s = \left[\gamma_{RE} V_w - \frac{1}{\lambda - 0.5} \left(0.4 f_t b h_0 + 0.1 N \frac{A_w}{A} \right) \right] / (0.8 f_{yv} h_0)$$

$$= \left[0.85 \times 1211294 - \frac{1}{2.2 - 0.5} \times (0.4 \times 1.43 \times 200 \times 1800 + 0.1 \times 1144000 \times 1) \right] / (0.8 \times 360 \times 1800)$$

$$= (1029600 - 188424)/518400 = 1.62 \text{mm}^2/\text{mm}, 配直径 12@125 (A_{sh}/s = 1.81)$$

$$M_w \approx \lambda V_w h_0 / \eta_{vw} = 1.5 \times 1211294 \times 1800 / \eta_{vw} = 2044 \text{kN} \cdot \text{m}$$

$$A_s = \frac{\gamma_{RE} M_w}{f_y (h_0 - b)} = \frac{0.75 \times 2044 \times 10^6}{360 \times (1800 - 200)} = 2661 \text{mm}^2，配 7 根直径 22mm 的钢筋。$$

d. 在少量剪力墙的框架结构中，框架是主要的抗侧力结构。在风载或地震作用很小（低于多遇地震作用）时，剪力墙辅助框架结构满足规范对框架结构的弹性层间位移角要求，提供的是剪力墙的弹性刚度 $E_w I_w$；在设防烈度地震及罕遇地震时，剪力墙塑性开展，刚度退化。

e. 有施工图审查单位要求，对少量剪力墙的框架结构中的剪力墙，必须按框架-剪力墙协同工作（即按框架-剪力墙结构计算）的计算结果配筋设计。其实这种做法并不妥当，因为少量剪力墙的框架结构与框架-剪力墙结构有本质的区别，并不是只要有剪力墙就都能成为框架-剪力墙结构，也并不是所有的剪力墙都能成为第一道防线。在剪力墙很少的框架结构中，剪力墙成不了第一道防线（注意：由于剪力墙自身的刚度大，这就决定了剪力墙（不管结构体系如何）均不可能成为第二道防线）。

（7）需要注意的是，剪力墙下的基础应按上部为框架和剪力墙协同工作时的计算结果设计。但当按地震作用标准组合效应确定基础面积或桩数量时，应充分考虑地基基础的各种有利因素，避免基础面积过大或桩数过多。以桩基础为例，设计时宜考虑桩土共同工作等因素，以适当减少剪力墙下桩的数量，并使剪力墙下桩数与正常使用状态下需要的桩数相差不能太多，否则，会加大剪力墙与框架柱的不均匀沉降。

（8）特别建议

由于布置少量剪力墙的框架结构在设计原则及具体设计中存在诸多不确定因素，给结构设计和施工图审查带来相当的困难，笔者建议，在规范的补充规定未正式出台之前，结构设计中应尽量避免采用，尽可能采用概念清晰、便于操作且抗震性能较好的框架-剪力墙结构。必须采用时，应提前与施工图审查单位沟通，以利于设计顺利进行，避免返工。

五、相关索引

1.《抗震规范》的相关规定见其第 6.1.3 条。

2. 更多问题可查阅参考文献［30］第 6.1.3 条。

第 8.1.4 条

一、规范的规定

8.1.4 抗震设计时，框架-剪力墙结构对应于地震作用标准值的各层框架总剪力应符合下列规定：

1. 满足式（8.1.4）要求的楼层，其框架总剪力不必调整；不满足式（8.1.4）要求的楼层，其框架总剪力应按 $0.2V_0$ 和 $1.5V_{f,max}$ 二者的较小值采用。

$$V_f \geqslant 0.2V_0 \tag{8.1.4}$$

式中：V_0——对框架柱数量从下至上基本不变的规则结构，应取对应于地震作用标准值的结构底层总剪力；对框架柱数量从下至上分段有规律变化的结构，应取每段底层结构对应于地震作用标准值的总剪力；

V_f——对应于地震作用标准值且<u>未经调整</u>的各层（或某一段内各层）框架承担的地震总剪力；

$V_{f,max}$——对框架柱数量从下至上基本不变的结构，应取对应于地震作用标准值且<u>未经调整</u>的各层框架承担的地震总剪力中的最大值；对框架柱数量从下至上分段有规律变化的结构，应取每段中对应于地震作用标准值且未经调整的各层框架承担的地震总剪力中的最大值。

2. 各层框架所承担的地震总剪力按本条第 1 款调整后，应按调整前、后总剪力的比值调整每根框架柱和与之相连框架梁的剪力及端部弯矩标准值，框架柱的轴力标准值可不予调整。

3. 按振型分解反应谱法计算地震作用时，本条第 1 款所规定的调整可在振型组合之后、并满足本规程第 4.3.12 条关于楼层最小地震剪力系数的前提下进行。

二、对规范规定的理解

1. 本条规定中的"未经调整"指未经其他调整，但应满足楼层最小地震剪力系数要求。

2. 本条规定的调整应在满足楼层最小地震剪力系数的前提下进行，也就是说，楼层最小地震剪力系数判别在先（先按《抗震规范》第 5.2.5 条或《高规》第 4.3.12 条要求，对各振型组合后的楼层剪力标准值进行核查，当不满足规范要求时，先调整至满足楼层最小地震剪力系数要求），本条调整在后（当调整至满足楼层最小地震剪力系数要求后的剪力值仍不满足公式（8.1.4）要求时，再按本条第 1 款要求进行调整）。

3. 本条第 3 款的规定可理解为：

1）按振型分解反应谱法计算地震作用时，应先进行振型组合（注意是按公式（4.3.9-3）、（4.3.10-5）或公式（4.3.10-7）、（4.3.10-8）进行的各振型地震作用的组合，不是公式（5.6.3）的荷载效应与地震作用效应的组合），尔后进行楼层最小剪力系数调整，最后进行框架的剪力调整。

2）按其他方法计算地震作用时，应先进行楼层最小剪力系数调整，尔后进行框架的剪力调整。

4. 框架-剪力墙结构中各层框架总剪力（即第 i 层框架柱剪力之和）$V_{fi} < 0.2V_0$ 时，取下列两式的较小值（图 8.1.4-1）：

$$V_{fi}^c = 0.2V_0 \tag{8.1.4-1}$$

$$V_{fi}^c = 1.5V_{fmax} \tag{8.1.4-2}$$

式中：V_{fi}^c 等同于规范条文中的 V_f。

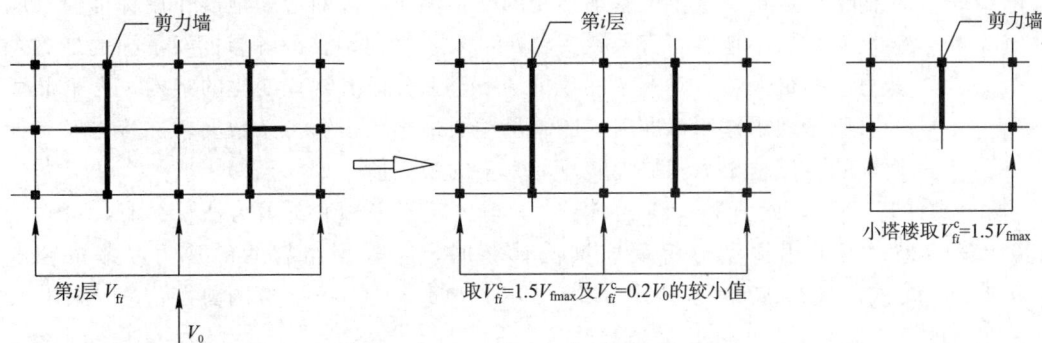

图 8.1.4-1

5. 按公式（8.1.4-1）和公式（8.1.4-2）对框架部分调整时需注意：

1）各层框架所承担的地震总剪力，按上述调整后应按调整前、后总剪力的比值调整每根框架柱和与之相连的框架梁的剪力及端部弯矩标准值，但框架柱的轴力标准值可不调整。

2）框架剪力调整应在满足楼层最小地震剪力系数（见《高规》第 4.3.12 条）即剪重比的前提下进行。

3）《抗震规范》第 6.2.13 条规定框架剪力调整适用的大前提是"侧向刚度沿竖向分布基本均匀"的框架-剪力墙结构，《高规》采用分段调整的办法，正是为实现分段"侧向刚度沿竖向基本均匀"的目标，由于规定了在框架柱的数量沿竖向有规律分段变化时可分段调整的方法，避免了全楼取统一调整系数造成的某些楼层柱承担过大剪力的现象，使调整更趋合理。

4）对框架柱数量沿竖向变化过于复杂的情况（需要分段很多很细时），其框架柱剪力的调整方法仍需专门研究。

5）当框架柱数量很少（如第 8.1.3 条第 1 款之结构，少量框架不可能成为二道防线）时，也可参考《高规》第 10.2.17 条第 1 款之规定，依据框架柱数量进行调整，可避免框架柱承担过大地震剪力的不合理现象。

三、结构设计建议

按公式（8.1.4-1）和公式（8.1.4-2）对框架-剪力墙结构中框架柱和框架梁内力调整时，可按下述方法进行：

1. 计算各层框架内力的增大系数

框架内力的增大系数取下列两式中的较小值：

$$\lambda_i = 1.5 \frac{V_{k\,fmax}}{V_{fi}} \qquad ; \qquad \lambda_i = 0.2 \frac{V_{0k}}{V_{fi}}$$

式中：λ_i——第 i 层框架的剪力增大系数；

　　V_{fi}——增大前第 i 层框架部分的楼层总剪力；

　　V_{0k}——对框架柱数量从下至上基本不变的规则建筑，为对应于地震作用标准值的结构底部总剪力；对框架柱数量从下至上分段有规律变化的结构，为第 k 段最下层结构对应于地震作用标准值的总剪力；

$V_{k\,fmax}$——对框架柱数量从下至上基本不变的规则建筑，为对应于地震作用标准值（应满足楼层最小地震剪力系数要求）且未经其他调整的各层框架承担的地震总剪力中的最大值；对框架柱数量从下至上分段有规律变化的结构，为第 k 段中对应于地震作用标准值（应满足楼层最小地震剪力系数要求）且未经其他调整的各层框架承担的地震总剪力中的最大值。

按上式计算 λ_i 时，关于 V_{0k}、V_{fi}、$V_{k\,fmax}$ 的取值，当采用底部剪力法计算时，可直接取其计算结果；当采用振型分解反应谱法计算时，应采用组合后的剪力，即按公式（4.3.9-3）、公式（4.3.10-5）或公式（4.3.10-7）、（4.3.10-8）计算的剪力。

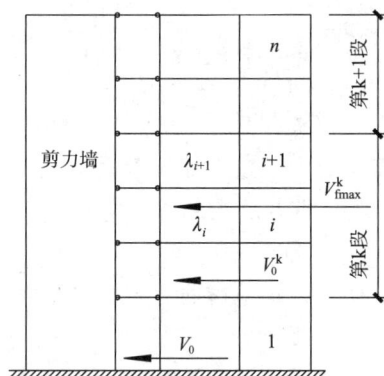

图 8.1.4-2

2. 第 i 层框架柱及框架梁的内力增大值

框架柱：$M_{c2}^i = \lambda_i M_{c1}^i$，　　　$V_{c2}^i = \lambda_i V_{ci}^i$，　　　$N_{c2}^i = N_{c1}^i$（轴力不增大）

框架梁：$M_{b2}^i = \dfrac{\lambda_i + \lambda_{i+1}}{2} M_{b1}^i$，　$V_{b2}^i = \dfrac{\lambda_i + \lambda_{i+1}}{2} V_{b1}^i$

上式中内力符号的下标 1 及 2，分别表示增大前、后的内力。框架梁的内力增大系数取第 i 层和第 $i+1$ 层的平均值。

3. 楼层剪力的调整是对应于地震作用标准值的单项内力的调整（当采用振型分解反应谱法计算地震作用时，其调整在振型组合之后），不同于对组合内力（地震作用与其他荷载效应组合）的调整。

4. 对框架地震剪力的调整时应注意对结构均匀性的要求，当结构分段均匀变化时，可分段调整，但当结构平面变化很大（即当调整区段很多）时，应调整结构布置，满足结构均匀性要求。

5. 地下室框架的地震剪力可不调整。少量框架的剪力墙结构的框架剪力也可不调整，必须调整时，应采取相应结构措施（更多问题可见第 8.1.3 条）。

6. 比较可以发现，经济型框架-剪力墙结构其框架的底部剪力宜满足并接近 $0.2V_0$ 和 $1.5V_{f,max}$ 二者较小值的要求，若调整后达到，则结构设计的经济性必然不是最佳。

四、相关索引

1. 《抗震规范》的相关规定见其第 5.2.5 条、第 6.2.13 条。

2. 《高规》的相关规定见其第 8.1.3 条。

第 8.1.5 条

一、规范的规定

8.1.5 框架-剪力墙结构应设计成双向抗侧力体系；抗震设计时，结构两主轴方向均应布置剪力墙。

二、对规范规定的理解

1. 与第 3.4 节要求相同，合理的抗侧力体系对结构的抗震极为有利。

2. 框架-剪力墙结构在两个主轴方向的结构体系应一致，框架-剪力墙结构不能设计成一个主轴方向为框架（或少量剪力墙的框架结构）而另一个主轴方向为框架-剪力墙的结构，也不能设计成一个主轴方向为剪力墙（或少量框架的剪力墙结构）而另一个主轴方向为框架-剪力墙的结构。

三、相关索引

1. 《抗震规范》的相关规定见其第 3.5.3 条。

2. 《高规》的相关规定见其第 3.4 节、第 6.1.1 条、第 8.1.7 条。

第 8.1.6 条

一、规范的规定

8.1.6 框架-剪力墙结构中，主体结构构件之间除个别节点外不应采用铰接；梁与柱或柱与剪力墙的中线宜重合；框架梁、柱中心线之间有偏离时，应符合本规程第 6.1.7 条的有关规定。

二、对规范规定的理解

1. 可采用铰接的"个别节点"主要指梁（连梁）的端节点，如当梁与剪力墙厚度方向相连（梁与墙垂直相交）时、剪力墙连梁、剪力墙与框架柱之间的连梁（以承受水平荷载或水平地震作用为主）等。

2. 铰接做法见图 6.1.1-1。

三、相关索引

《高规》的相关规定见其第 6.1.1 条、第 6.1.7 条。

第 8.1.7 条

一、规范的规定

8.1.7 框架-剪力墙结构中剪力墙的布置宜符合下列规定：

1. 剪力墙宜均匀布置在<u>建筑物的周边附近</u>、<u>楼梯间</u>、<u>电梯间</u>、<u>平面形状变化及恒载</u>

较大的部位，剪力墙间距不宜过大；

2. 平面形状凹凸较大时，宜在凸出部分的端部附近布置剪力墙；

3. 纵、横剪力墙宜组成 L 形、T 形和 [形等型式；

4. 单片剪力墙底部承担的水平剪力不应超过结构底部总水平剪力的 30%；

5. 剪力墙宜贯通建筑物的全高，宜避免刚度突变；剪力墙开洞时，洞口宜上下对齐；

6. 楼、电梯间等竖井宜尽量与靠近的抗侧力结构结合布置；

7. 抗震设计时，剪力墙的布置宜使结构各主轴方向的侧向刚度接近。

二、对规范规定的理解

1. 剪力墙均匀布置在"建筑物的周边附近"时，可最大限度地增强结构的抗扭能力（此规定与本条第 2 款的要求是一致的）。

2. 在"楼梯间、电梯间"布置剪力墙时，可与建筑的使用功能有机结合，避免设置剪力墙占用建筑面积。设置剪力墙还提高了结构对"楼梯间、电梯间"的"呵护"作用，有利于发挥"楼梯间、电梯间"在地震时的疏散功能，减小了楼梯刚度对结构的不利影响。

3. "平面形状变化"的部位属于应力集中的部位，"恒载较大的部位"重力荷载代表值也较大，地震作用也大，设置剪力墙可最大限度地确保承受竖向荷载的能力。

4. 带翼缘（有效翼缘及无效翼缘）剪力墙的承载力及稳定性能要好于矩形墙肢，因此，结构设计中应优先采用。

5. 剪力墙宜均匀（这里的均匀指剪力墙分布均匀，剪力墙截面尺寸也应基本均匀）布置，过分集中（剪力墙截面尺寸过大）时，主要墙肢吸收了过多的地震作用，成为决定结构安危的最主要构件，一旦主要墙肢出现问题（墙体开裂、刚度退化等），其他墙肢将无法承担由其转嫁过来的地震作用，危及整体结构的安全，因此，需要控制每道剪力墙承担的地震剪力不能超过结构底部总剪力的 30%。

6. 宜采取措施（可通过调整剪力墙的布置、改变剪力墙厚度、开设结构洞口等），使剪力墙刚度沿高度变化均匀，达到上小、下大的目的。对剪力墙的洞口应进行规则化处理，避免在结构设计时不加处理，直接按建筑或其他专业的要求开洞计算。

7. 为实现两个主轴方向刚度相近的目的（与第 8.1.5 条的要求相近），可控制结构两向周期比不小于 80%，结构两向底部倾覆力矩比、框架与剪力墙的剪力比等均体现同一结构体系的特征，不能一个主轴方向表现为框架-剪力墙结构的特征，而另外一个主轴方向表现为框架结构（或少量剪力墙的框架结构）的特征或剪力墙结构（或少量框架的剪力墙结构）的特征等。

8. 本条规定可理解归纳为表 8.1.7-1。

表 8.1.7-1 剪力墙布置的一般要求

序号	情况	布置原则
1	一般情况	剪力墙宜均匀布置在建筑物的周边（纵向剪力墙不宜集中布置在平面的远端，当房屋平面长度较大时更应注意）、楼梯间、电梯间、平面形状变化及恒载较大的部位，剪力墙间距不宜过大
2	平面形状凹凸较大时	宜在突出部分的端部附近布置剪力墙

续表 8.1.7-1

序号	情况	布置原则
3	纵、横向剪力墙	宜组成 L 形、T 形和 [形等
4	单片剪力墙底部承担的水平剪力	不宜超过结构底部总水平剪力的 30%
5	剪力墙竖向布置要求	宜贯通建筑物全高，避免刚度突变，洞口上下对齐
6	楼、电梯竖井	与靠近的抗侧力结构结合布置
7	抗震设计的剪力墙	宜使结构各主轴方向的侧向刚度接近

三、相关索引

1.《抗震规范》的相关规定见其第 3.5.3 条、第 6.1.8 条。

2.《高规》的相关规定见其第 8.1.5 条。

第 8.1.8 条

一、规范的规定

8.1.8 长矩形平面或平面有一部分较长的建筑中，其剪力墙的布置尚宜符合下列规定：

1. 横向剪力墙沿长方向的间距宜满足表 8.1.8 的要求，当这些剪力墙之间的楼盖有较大开洞时，剪力墙的间距应适当减小；

2. 纵向剪力墙不宜集中布置在房屋的两尽端。

表 8.1.8 剪力墙间距 (m)

楼盖形式	非抗震设计（取较小值）	抗震设防烈度		
		6 度、7 度（取较小值）	8 度（取较小值）	9 度（取较小值）
现浇	5.0B，60	4.0B，50	3.0B，40	2.0B，30
装配整体	3.5B，50	3.0B，40	2.5B，30	—

注：1. 表中 B 为剪力墙之间的楼盖宽度 (m)；

2. 装配整体式楼盖的现浇层应符合本规程第 3.6.2 条的有关规定；

3. 现浇层厚度大于 60mm 的叠合楼板可作为现浇板考虑；

4. 当房屋端部未布置剪力墙时，第一片剪力墙与房屋端部的距离，不宜大于表中剪力墙间距的 1/2。

二、对规范规定的理解

1. 楼盖的"较大开洞"可理解为边长不小于 800mm（洞口的一边或洞口的两边）的洞口，但此处应着眼于楼板洞口对楼板整体刚度及楼板协同工作能力的影响。对关键部位的楼板开洞情况应予以特别关注。当楼板开有较大洞口时，表 8.1.8 中的 B 应取楼板的有效宽度。

2. 表 8.1.8 着眼于地震作用下，剪力墙之间的共同工作能力，故与设防烈度有关联，应注意剪力墙与房屋端部的距离问题，当房屋平面端部框架的楼面外伸距离过长时，不利于地震作用向剪力墙的传递。

3. 对本条所涉及的特定建筑（长矩形平面或平面中有一部分较长如 L 形平面中有一肢较长时）对横向剪力墙的间距和纵向剪力墙的布置有明确的要求：

1) 当横向剪力墙间距较大时，在地震作用下，由于不能保证楼盖平面（横墙之间）

的刚性，框架与剪力墙的共同工作能力降低，相应地会增加框架的负担，因此，对特定的建筑需要限定剪力墙的最大间距。

2）纵向剪力墙布置在平面尽端时，由于剪力墙对楼盖两端的约束作用，平面长度尺寸较大时，楼盖中部的梁板容易因混凝土收缩和温度变化而出现裂缝。由于横向剪力墙的布置与房屋的纵向垂直，因此，对横向剪力墙布置没有限制。

三、结构设计建议

1. 对长矩形建筑平面规程未予以定量，应根据工程经验确定，当无可靠设计经验时，可将长宽比 $L/B \geqslant 3$ 时的结构确定为长矩形平面。第 3.4.3 条的长宽比限值，可理解为长矩形建筑平面长宽比的最大值。

2. 结构设计中，可对所有形状的建筑平面按本条规定控制剪力墙间距（偏于安全）。

四、相关索引

1.《抗震规范》的相关规定见其第 6.1.6 条。

2.《高规》的相关规定见其第 3.4.3 条。

第 8.1.9 条

一、规范的规定

8.1.9　板柱-剪力墙结构的布置应符合下列规定：

1. 应同时布置筒体或两主轴方向的剪力墙以形成双向抗侧力体系，并应避免结构刚度偏心，其中剪力墙或筒体应分别符合本规程第 7 章和第 9 章的有关规定，且宜在对应剪力墙或筒体的各楼层处设置暗梁。

2. 抗震设计时，房屋的周边应设置边梁形成周边框架，房屋的顶层及地下室顶板宜采用梁板结构。

3. 有楼、电梯间等较大开洞时，洞口周围宜设置框架梁或边梁。

4. 无梁板可根据承载力和变形要求采用无柱帽（柱托）板或有柱帽（柱托）板形式。柱托板的长度和厚度应按计算确定，且每方向长度不宜小于板跨度的 1/6，其厚度不宜小于板厚度的 1/4。7 度时宜采用有柱托板，8 度时应采用有柱托板，此时，托板每方向长度尚不宜小于同方向柱截面宽度和 4 倍板厚之和，托板处总厚度尚不应小于柱纵向钢筋直径的 16 倍。当无柱托板且无梁板受冲切承载力不足时，可采用型钢剪力架（键），此时板的厚度不应小于 200mm。

5. 双向无梁板厚度与长跨之比，不宜小于表 8.1.9 的规定。

表 8.1.9　双向无梁板厚度与长跨的最小比值

非预应力楼板		预应力楼板	
无柱托板	有柱托板	无柱托板	有柱托板
1/30	1/35	1/40	1/45

二、对规范规定的理解

对板柱-剪力墙结构的布置要求可理解为表 8.1.9-1 及图 8.1.9-1。

310

表 8.1.9-1 板柱-剪力墙结构的布置要求

序号	情况	布置原则	理解与应用
1	一般要求	应布置成双向抗侧力体系，两个主轴方向均应设置剪力墙	剪力墙双向设置，确保结构两向动力特性相近
2	抗震设计要求	房屋的周边应设置框架梁	设置周边框架，加强楼盖的整体性并增加结构的抗扭能力
		房屋的顶层及地下一层顶板宜采用梁板结构	当无梁板的厚度不小于其跨度的1/18时可认为属于梁板结构，但设计时应与施工图审查单位沟通（见第5.3.7条）
3	楼、电梯等较大开洞时	洞口周围宜设置框架梁或边梁	确保楼板刚度及结构的整体性
4	采用托板式柱帽时	非抗震时设计时：托板尺寸见图8.1.9-1	工程经验表明，结构设计时，应优先考虑设置柱帽，否则柱周常容易出现裂缝
		抗震设计时：托板尺寸应满足图8.1.9-1要求	
5	无托板无柱帽时无梁板厚度	非抗震设计时：不应小于150mm	结构设计时应避免采用无托板、无柱帽的无梁板
		抗震设计时：不应小于200mm	
6	双向无梁板的厚度	见表8.1.9	当楼板的长宽比较大时，楼板厚度应根据具体情况确定

三、结构设计建议

本条第 4 款规定"抗震设计时，托板每方向长度尚不宜小于同方向柱截面宽度与 4 倍板厚度之和"，其中的板厚度指无梁板厚度还是托板厚度规范未予明确。在图 8.1.9-1 中按无梁板厚度理解。

四、相关索引

《抗震规范》的相关规定见其第 6.6.2 条。

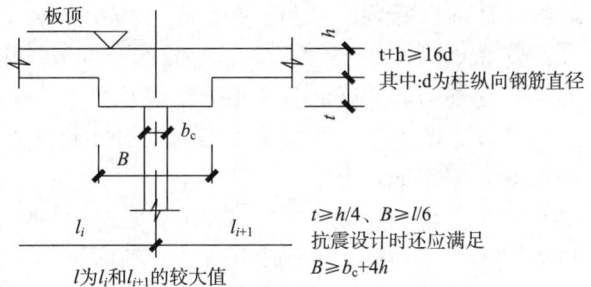

图 8.1.9-1

第 8.1.10 条

一、规范的规定

8.1.10 抗风设计时，板柱-剪力墙结构中各层筒体或剪力墙应能承担不小于 80％相应方向该层承担的风荷载作用下的剪力；抗震设计时，应能承担各层全部相应方向该层承担的地震剪力，而各层板柱部分尚应能承担不小于 20％相应方向该层承担的地震剪力，且应符合有关抗震构造要求。

二、对规范规定的理解

1. 抗震设计时，按多道设防原则，虽规定剪力墙承担全部地震剪力（每层相应方向），但各层板柱部分除应符合计算要求外，仍应能承担不少于该层相应方向地震剪力的 20％。

2. 地震区建筑，尤其是地震区高层建筑，应避免采用板柱-剪力墙结构。

三、相关索引

相关规定及设计计算的相关做法见《抗震规范》的第 6.6.3 条。

8.2 截面设计及构造

要点：

本节是对框架-剪力墙结构设计的具体规定，实际工程设计中除应遵循本节的相关规定外，还应遵循对框架及剪力墙的设计要求。

第8.2.1条

一、规范的规定

8.2.1 框架-剪力墙结构、板柱-剪力墙结构中，剪力墙的竖向、水平分布钢筋的配筋率，抗震设计时均不应小于 **0.25%**，非抗震设计时均不应小于 **0.20%**，并应至少双排布置。各排分布筋之间应设置拉筋，拉筋的直径不应小于 **6mm**，间距不应大于 **600mm**。

二、对规范规定的理解

1. 本条规定抗震和非抗震设计时，剪力墙的最小配筋限值，是必须遵守的强制性规定。

2. 在框架-剪力墙结构（或板柱-剪力墙结构）中，由于剪力墙相对较少（相对剪力墙结构而言），因此，要比剪力墙结构中的剪力墙重要，与剪力墙结构（《高规》第7.2.17条、第7.2.18条）相比，提高了四级抗震等级的配筋要求增加了拉筋设置要求。

3. 对剪力墙的竖向和水平分布钢筋配置，各相关规范的规定也不相同：

1）《高规》第7.2.18条的要求，分布钢筋直径不应小于8mm且不宜大于剪力墙厚度的1/10，间距不宜大于300mm。

2）《混凝土规范》第11.7.15条规定："竖向分布钢筋直径不宜小于10mm"。《抗震规范》第6.4.4条规定，剪力墙结构的剪力墙，其水平和竖向分布钢筋的直径不应小于8mm，竖向钢筋直径不宜小于10mm。

3）《抗震规范》第6.5.2条规定：框架-剪力墙结构的剪刀墙，其竖向和横向分布"钢筋直径不宜小于10mm"。

综合各本规范，在框架-剪力墙结构中，剪力墙的竖向和水平分布钢筋直径不宜小于10mm且不宜大于剪力墙厚度的1/10，间距不宜大于300mm。

4. 依据第3.10.5条规定，特一级剪力墙的水平和竖向分布钢筋配筋率，底部加强部位0.4%，一般部位0.35%。

三、相关索引

1. 《抗震规范》的相关规定见其第6.4.3条、第6.4.4条、第6.5.2条。

2. 《混凝土规范》的相关规定见其第11.7.14条、第11.7.15条。

3. 《高规》的相关规定见其第7.2.17条、第7.2.18条。

第8.2.2条

一、规范的规定

8.2.2 带边框剪力墙的构造应符合下列规定：

1. 带边框剪力墙的截面厚度应符合本规程附录D的墙体稳定计算要求，且应符合下列规定：

1）抗震设计时，一、二级剪力墙的底部加强部位不应小于200mm；

2）除本款 1）项以外的其他情况下不应小于 160mm。

2. 剪力墙的水平钢筋应全部锚入边框柱内，锚固长度不应小于 l_a（非抗震设计）或 l_{aE}（抗震设计）；

3. 与剪力墙重合的框架梁可保留，亦可做成宽度与墙厚相同的暗梁，暗梁截面高度可取墙厚的 2 倍或与该榀框架梁截面等高，暗梁的配筋可按构造配置且应符合一般框架梁相应抗震等级的最小配筋要求；

4. 剪力墙截面宜按工字形设计，其端部的纵向受力钢筋应配置在边框柱截面内；

5. 边框柱截面宜与该榀框架其他柱的截面相同，边框柱应符合本规程第 6 章有关框架柱构造配筋规定；剪力墙底部加强部位边框柱的箍筋宜沿全高加密；当带边框剪力墙上的洞口紧邻边框柱时，边框柱的箍筋宜沿全高加密。

二、对规范规定的理解

1. 带边框剪力墙的构造要求见表 8.2.2-1 及图 8.2.2-1。

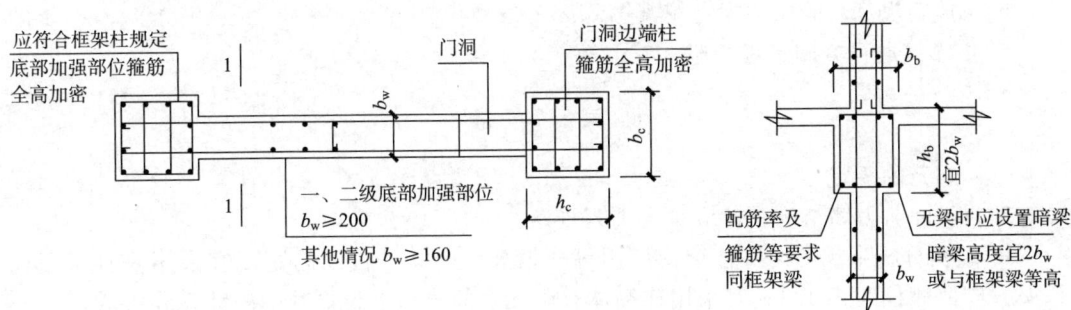

图 8.2.2-1

表 8.2.2-1　带边框剪力墙的构造要求表

序号	情况	构造要求		
1	剪力墙的厚度 b_w	按附录 D 的墙体稳定计算且不小于下列要求		
		抗震设计时， 一、二级剪力墙底部加强部位		$b_w \geqslant 200mm$
		其他情况		$b_w \geqslant 160mm$
2	剪力墙的水平筋	应全部锚入边框梁内，锚固长度不应小于 l_a（非抗震设计）或 l_{aE}（抗震设计）		
3	边框梁设置	与剪力墙重合的边框梁可保留，也可做成宽度与墙厚相等的暗梁		
		暗梁的截面高度可取墙厚的 2 倍或与该榀框架梁截面等高		
		暗梁配筋按构造配置且应符合相应抗震等级的框架梁最小配筋要求		
4	剪力墙截面设计	宜按工字形，其端部的纵向受力钢筋应配置在边框柱内		
5	边框柱截面 及配筋要求	边框柱截面宜与该榀框架的其他柱截面相同		
		边框柱应满足框架柱构造配筋的规定		
		剪力墙底部加强部位的边框柱箍筋宜全高加密		
		当带边框剪力墙上的洞口紧邻边框柱时，柱箍筋宜全高加密		

2. 边框柱的本质

1）边框属于剪力墙的一部分，其边框与嵌入的剪力墙共同受力。边框柱是剪力墙的

313

端柱，只不过形状像柱，但边框柱不是柱，是墙。

2）一般情况下，边框柱的截面可以与该榀框架其他柱的截面相同，而不要求一定相同，边框柱的截面大小可根据实际工程需要确定，但应满足规范对剪力墙端柱的要求。

3）边框柱的轴压比限值及构造配筋应同时满足规范对框架柱及剪力墙端柱（边缘构件）的要求。

当边框柱按柱输入时，程序按框架柱（第 6.4.2 条）计算其轴压比（按考虑地震作用组合的轴压力设计值计算），当计算的轴压比大于相应抗震等级剪力墙的轴压比限值（表 7.2.13）时，应将边框柱及其相邻剪力墙按组合剪力墙（边框柱＋剪力墙）计算其轴压比（按重力荷载代表值作用下，墙肢承受的轴压力设计值计算），并应满足表 7.2.13 的限值要求。

3. 剪力墙设置边框时，应注意采取措施，确保剪力墙及其边框的抗剪承载力与抗弯承载力同步增加。采用的剪力墙的高宽比不应小于 3，矮墙应采取开竖缝等结构措施。

三、相关索引

1.《抗震规范》的相关规定见其第 6.5.1 条。

2. 更多问题可查阅参考文献［30］第 6.5.1 条。

第 8.2.3 条

一、规范的规定

8.2.3 板柱-剪力墙结构设计应符合下列规定：

1. 结构分析中规则的板柱结构可用等代框架法，其等代梁的宽度宜采用垂直于等代框架方向两侧柱距各 1/4；宜采用连续体有限元空间模型进行更准确的计算分析。

2. 楼板在柱周边临界截面的冲切应力，不宜超过 $0.7f_t$，超过时应配置抗冲切钢筋或抗剪栓钉，当地震作用导致柱上板带支座弯矩反号时还应对反向作复核。板柱节点冲切承载力可按现行国家标准《混凝土结构设计规范》GB 50010 的相关规定进行验算，并应考虑节点不平衡弯矩作用下产生的剪力影响。

3. 沿两个主轴方向均应布置通过柱截面的板底连续钢筋，且钢筋的总截面面积应符合下式要求：

$$A_s \geqslant N_G / f_y \tag{8.2.3}$$

式中：A_s——通过柱截面的板底连续钢筋的总截面面积；

N_G——该层楼面重力荷载代表值作用下的柱轴向压力设计值，8 度时尚宜计入竖向地震影响；

f_y——通过柱截面的板底连续钢筋的抗拉强度设计值。

二、对规范规定的理解

1. 为确保板柱-剪力墙结构计算的准确性，第 1 款对板柱-剪力墙结构的计算分析方法进行了规定，等代框架法属于近似计算方法，只适用于规则结构。有条件时或对不规则结构，应采用连续体有限元空间模型进行计算分析。

2. 第 2 款提出了板柱-剪力墙的抗冲切能力要求，同时规定了当板截面冲切强度不满足要求时的构造措施。

1）"楼板在柱周边临界截面的冲切应力"即楼板传给柱的剪力，竖向力扣除冲切锥面积后的平均冲切应力。

2）抗冲切钢筋（包括箍筋、弯起钢筋和剪力架等）的作用与板厚有关，板厚越大其作用也大，加拿大规范要求板厚大于 300mm；抗剪栓钉（将栓钉用自动焊接方法焊在薄钢板上，形成一组栓钉，计算时考虑同一冲切锥面上栓钉钉杆的作用）的布置相对灵活，施工也方便，且具有良好的抗冲切性能，还能节约钢材，应优先考虑。工程经验表明：实际工程中应尽量采用有柱帽平板，有利于钢筋或栓钉抗冲切作用的发挥，提高节点的抗冲切能力，否则，柱周楼板裂缝明显。

3）本条第 2 款中的"地震作用"指多遇地震作用。

3. 第 3 款的规定可理解为防冲切破坏的基本要求：

1）公式（8.2.3）中钢筋 A_s 的受力方向与 N_G 的作用方向不一致，本公式采用悬挂的概念，即提出钢筋发生很大变形后的悬挂承载力要求，是一种概念设计要求，与结构抗连续倒塌概念相同。钢筋 A_s 在两个方向的配置比例，可根据两个方向重力荷载代表值的比例关系确定。

2）考虑楼板钢筋的吊挂作用，要求楼板的板底钢筋在支座应连通或满足受拉锚固要求。

3）补充了在 8 度时（9 度时的高层建筑，不应采用板柱-剪力墙结构）尚宜计入竖向地震作用影响的要求。

4）当地震作用导致柱上板带的支座弯矩反号（如出现跨度变化较大等情况）时，还应验算板柱节点的反向冲切（注意：应正确确定反向冲切的截面位置和反向冲切力）。

三、相关索引

1.《抗震规范》的相关规定见其第 6.6.3 条。

2.《混凝土规范》的相关规定见其第 11.9 节及附录 F。

第 8.2.4 条

一、规范的规定

8.2.4 板柱-剪力墙结构中，板的构造应符合下列规定：

1. 抗震设计时，应在柱上板带中设置构造暗梁，暗梁宽度取柱宽及两侧各 1.5 倍板厚之和，暗梁支座上部钢筋截面积不宜小于柱上板带钢筋截面积的 50%，并应全跨拉通，暗梁下部钢筋应不小于上部钢筋的 1/2。暗梁箍筋的布置，当计算不需要时，直径不应小于 8mm，间距不宜大于 $3h_0/4$，肢距不宜大于 $2h_0$；当计算需要时应按计算确定，且直径不应小于 10mm，间距不宜大于 $h_0/2$，肢距不宜大于 $1.5h_0$。

2. 设置柱托板时，非抗震设计时托板底部宜布置构造钢筋；抗震设计时托板底部钢筋应按计算确定，并应满足抗震锚固要求。计算柱上板带的支座钢筋时，可考虑托板厚度的有利影响。

3. 无梁楼板开局部洞口时，应验算承载力及刚度要求。当未作专门分析时，在板的不同部位开单个洞的大小应符合图 8.2.4 的要求。若在同一部位开多个洞时，则在同一截面上各个洞宽之和不应大于该部位单个洞的允许宽度。所有洞边均应设置补强钢筋。

二、对规范规定的理解

1. 在板柱-剪力墙结构中，柱上板带框架的受力主要集中在柱的连线附近，故抗震设计的高层建筑，无论是否设置柱帽，均应沿柱轴线设置暗梁（非抗震设计时宜设置暗梁），以加强板与柱的连接，更好地起到板柱框架的作用。

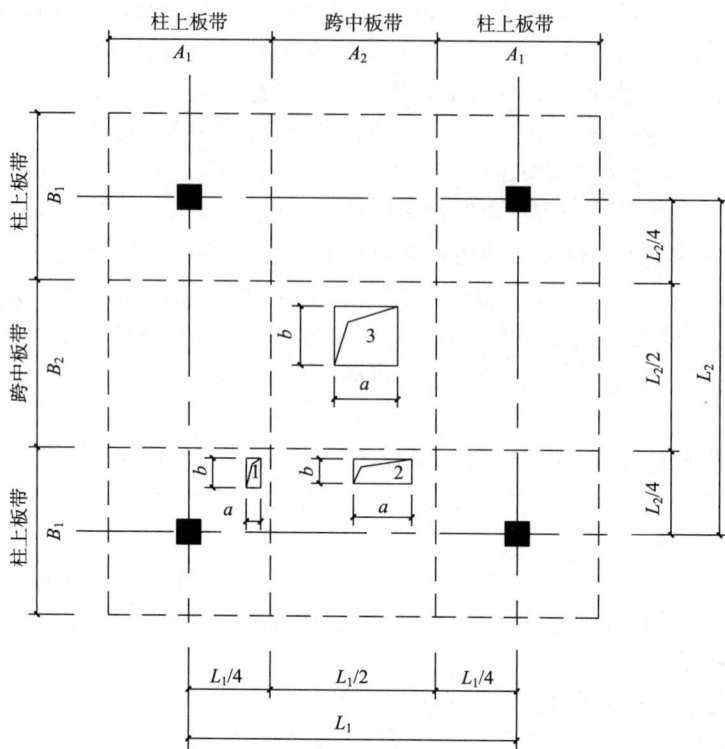

图 8.2.4 无梁楼板开洞要求

注：洞 1：$a \leqslant a_c/4$ 且 $a \leqslant t/2$，$b \leqslant b_c/4$ 且 $b \leqslant t/2$，其中，a 为洞口短边尺寸，b 为洞口长边尺寸，a_c 为相应于洞口短边方向的柱宽，b_c 为相应于洞口长边方向的柱宽，t 为板厚；洞 2：$a \leqslant A_2/4$ 且 $\underline{b \leqslant B_1/4}$；洞 3：$a \leqslant A_2/4$ 且 $b \leqslant B_2/4$

2．柱上板带的钢筋应较集中地布置在暗梁部位（柱上板带的上部钢筋至少要有 1/2 钢筋配置在暗梁内，并通长设置），暗梁支座截面需要时可附加短负筋。

3．对板柱-剪力墙结构中板的构造要求可理解如表 8.2.4-1 和图 8.2.4-1。

表 8.2.4-1 板柱-剪力墙结构中板的构造要求

序号	情况	构造要求		
1	抗震设计时暗梁设置要求	板柱-剪力墙结构	应在柱上板带中设置构造暗梁	
		暗梁宽度 b_b	$b_b = b_c + 2 \times 1.5h$	
		暗梁上部钢筋面积	应有不小于柱上板带钢筋总截面面积 1/2 的钢筋全跨拉通	
		暗梁下部钢筋	不应小于上部钢筋的 1/2	
		箍筋（h_0 为板的有效高度）	计算需要时	直径应 $\geqslant 10mm$，间距 $\leqslant h_0/2$，肢距 $\leqslant 1.5h_0$
			计算不需要时	直径应 $\geqslant 8mm$，间距 $\leqslant 3h_0/4$，肢距 $\leqslant 2h_0$
2	设置柱托板时	非抗震设计时	托板底部宜布置构造钢筋	
		抗震设计时	托板底部钢筋应按计算确定，并满足锚固要求	
		计算柱上板带支座钢筋时	可考虑托板厚度（对减小板跨）的有利影响	
3	无梁板的开洞限制	见图 8.2.4，对洞 2 建议取 $b \leqslant B_1/8$		

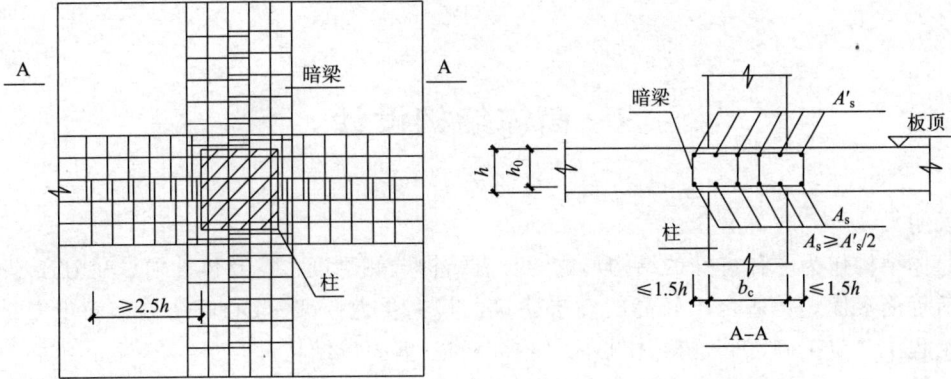

图 8.2.4-1

三、结构设计建议

1. 计算暗梁支座弯矩配筋时，暗梁支座截面高度可包括柱托板厚度。

2. 暗梁配筋的直径宜大于暗梁以外板钢筋的直径，但不宜大于柱截面相应边长的 1/20。

3. 宜根据洞 2 的位置及其洞口的设置方向，取 $b \leqslant B_1/8$。

9 筒体结构设计

说明：

筒体结构作为一种特殊的结构形式，具有结构抗侧刚度大、整体性强、受力合理、使用灵活等诸多优点，适合于较高的高层建筑，其主要为框架-核心筒结构和筒中筒结构。实际工程中，应正确区分框架-核心筒结构和板柱-剪力墙结构。

筒体结构中的核心筒剪力墙和一般框架-剪力墙中的剪力墙不同，由于剪力墙组成筒体，筒体的侧向刚度更大，变形能力更强，因此，适合于更大高度的房屋，但当核心筒的平面尺寸过小或过分集中在房屋平面的中部区域时，结构的抗扭能力减小，结构的扭转周期与平动周期的比值较大且难以满足规范的要求。此时，可考虑设置双筒或多筒结构形成双筒或多核心筒结构。

近年来，框架-核心筒结构体系也在不断地演变，以核心筒剪力墙为基本特征，在外框架位置设置适当的零散剪力墙（主要承担竖向荷载）或支撑，组成特殊的框架-核心筒结构（需要用性能设计方法，必要时应进行抗震设防专项审查）。

影响框架-核心筒结构的因素很多，有框架和核心筒承担的底层剪力比、框架和剪力墙承担的底层倾覆力矩比等，而剪力比只是其中一个较为主要的因素，对框架-核心筒结构，尽管规范只以剪力比作为主要判别指标，但当框架承担的倾覆力矩比过小（可参考《高规》第8.1.3条的规定，如小于结构底部总倾覆力矩的10%）时，对结构的层间位移角可按偏剪力墙结构控制。

9.1 一 般 规 定

要点：

本节规定的是各类筒体结构设计应遵循的基本原则，与普通框架-剪力墙结构有较多的不同点。

第 9.1.1 条

一、规范的规定

9.1.1 本章适用于钢筋混凝土框架-核心筒结构和筒中筒结构，其他类型的筒体结构可参照使用。筒体结构各种构件的截面设计和构造措施除应遵守本章规定外，尚应符合本规程第 6～8 章的有关规定。

二、对规范规定的理解

本条明确了本节只规定了筒体结构设计的特殊要求，其一般设计要求（如筒体剪力墙、连梁、框架梁、框架柱等的设计要求），需符合《高规》第 6、7、8 章的相关规定。

第 9.1.2 条

一、规范的规定

9.1.2 筒中筒结构的高度不宜低于 80m，高宽比不宜小于 3。对高度不超过 60m 的框架-核心筒结构，可按框架-剪力墙结构设计。

二、对规范规定的理解

1. 研究表明，筒中筒结构的空间受力性能与其高度和高宽比有关，当高宽比小于 3 时，就不能较好地发挥结构的空间作用。《高规》第 7.1.2 条要求剪力墙的高宽比"不宜小于 3"，与本条规定一致。

2. 框架-核心筒结构的高度和高宽比可不受本条的限制。对于高度较低的框架-核心筒结构，可按框架-剪力墙结构设计，适当降低核心筒和框架的构造要求。

三、结构设计的相关问题

1. 框架-核心筒结构、框架-剪力墙结构房屋的最大适用高度比较见表 9.1.2-1。

表 9.1.2-1　框架-核心筒结构、框架-剪力墙结构房屋的最大适用高度（m）比较

结构体系	非抗震设计	抗震设防烈度				
		6 度	7 度	8 度 (0.2g)	8 度 (0.3g)	9 度
框架-核心筒	160	150	130	100	90	70
框架-剪力墙	150	130	120	100	80	50

2. 对照表 9.1.2-1 可以发现：

1）框架-核心筒结构房屋的最大适用高度要高于框架-剪力墙结构，抗震设防烈度较低时，框架-核心筒结构、框架-剪力墙结构的房屋最大适用高度比房屋高度 60m 高很多，而在 9 度时，框架-剪力墙结构房屋的最大适用高度为 50m＜60m。

2）统一规定"高度不超过 60m 的框架-核心筒结构，可按框架-剪力墙结构设计"，对较低设防烈度地区的房屋要求过严（以 7 度为例，框架-剪力墙结构的房屋高度可达 120m，在同时可采用框架-核心筒结构和框架-剪力墙结构时，依据本条规定，当房屋高度在 60～120m 之间时，应该按框架-核心筒结构设计，限值范围很大）；而对较高设防烈度地区的房屋则要求偏松（以 8 度为例，框架-剪力墙结构的房屋高度可达 80m，在同时可采用框架-核心筒结构和框架-剪力墙结构时，依据本条规定，当房屋高度在 60～80m 之间时，应该按框架-核心筒结构设计，限制范围很小）。

3. 规范对框架-核心筒结构的设计要求严于对框架-剪力墙结构，理论上对框架-核心筒结构的要求应该适用于房屋高度接近或超过框架-剪力墙结构房屋高度限值的结构。否则，在同时可采用框架-核心筒结构和框架-剪力墙结构时，会导致采用较好的抗侧力结构体系需采取更为严格的结构措施，所需的结构费用较高，而采用整体性相对较差的框架-剪力墙结构时，却能得到规范的"奖赏"（采取相对不严的结构措施，所需的结构费用也较低），很不合理。

四、结构设计建议

1. 在同时可采用框架-核心筒结构和框架-剪力墙结构时，应优先考虑采用抗震性能相对较好的框架-核心筒结构，以提高结构的抗震性能。

2. 对房屋高度不很高的框架-核心筒结构，可按框架-剪力墙结构设计。其界限高度可依据抗震设防烈度的不同及工程的具体情况确定（房屋高度超过 60m 时，应先与施工

图审查单位沟通），一般情况下，可按不超过框架-剪力墙结构房屋最大适用高度的80％确定（见表9.1.2-2）。

表 9.1.2-2   建议可按框架-剪力墙结构设计的框架-核心筒结构房屋最大高度（m）

结构体系	非抗震设计	抗震设防烈度				
		6 度	7 度	8 度（0.2g）	8 度（0.3g）	9 度
框架-核心筒	130	120	100	80	70	50

3. 同时可采用框架-核心筒结构和框架-剪力墙结构的工程，当采用框架-剪力墙结构时，应在设计文件中对结构体系予以明确，以有利于施工图审查。

第 9.1.3 条

一、规范的规定

9.1.3   当相邻层的柱不贯通时，应设置转换梁等构件。带转换构件的结构设计应符合本规程第 10 章的有关规定。

二、对规范规定的理解

当混凝土框架-核心筒结构中的外框架柱或筒中筒结构中的外框筒柱不贯通时，将导致结构竖向传力路径被打断，引起结构侧向刚度的突变，并容易形成薄弱层，属于《高规》第 10 章复杂高层建筑结构设计的内容。

第 9.1.4 条

一、规范的规定

9.1.4   筒体结构的楼盖外角宜设置双层双向钢筋（图 9.1.4），单层单向配筋率不宜小于 0.3％，钢筋的直径不应小于 8mm，间距不应大于 150mm，配筋范围不宜小于外框架（或外筒）至内筒外墙中距的 1/3 和 3m。

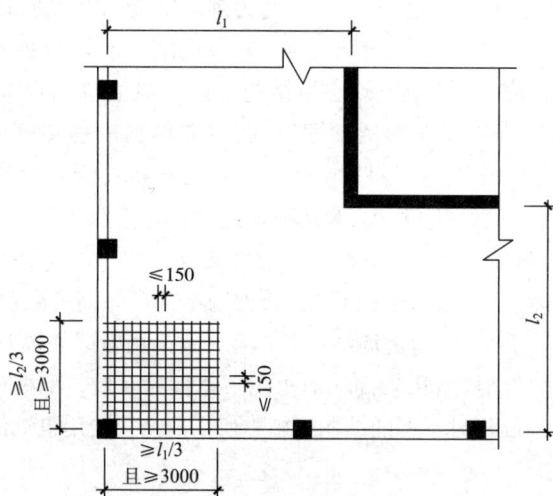

图 9.1.4   板角配筋示意

二、对规范规定的理解

1. 筒体结构的角部属于受力较为复杂的部位也是需要重点加强的部位，在竖向力作用下，楼盖四周外角要上翘，但受外框筒或外框架的约束，此处楼板会有斜裂缝，结构设计时应对相关范围楼板采取加强措施。

2. 本条规定明确了楼板加强的范围以外框柱中线至内筒外墙中线的距离（即图 9.1.4 中的 l_1、l_2）为计算依据。

三、结构设计建议

1. 结构设计时，应避免楼盖四角的楼板开大洞，局部楼层（如裙房层等）必须开洞时，应采取设置洞边梁等措施。

2. 实际工程中，可对角部钢筋在原有配筋的基础上进行加强，如原楼板钢筋间距为 200mm，则可设置满足规范要求的同间距短钢筋。

第 9.1.5 条

一、规范的规定

9.1.5 核心筒或内筒的外墙与外框柱间的中距，非抗震设计大于 15m、抗震设计大于 12m 时，宜采取增设内柱等措施。

二、对规范规定的理解

当核心筒或内筒的外墙与外框柱间的距离（即核心筒与外框架之间的跨度）过大时，核心筒与外框筒之间的共同作用较弱，基础受力的均匀性也差，同时，楼面梁的高度也相对较大，影响房屋使用，且经济性也较差。因此，当跨度较大时，宜设置内柱减小跨度。

三、结构设计建议

1. 承受适当的竖向荷载（压力），有利于充分利用混凝土的受力特点（但压力过大也不合理，实际工程中可将轴压比超过 0.3 作为界限），提高墙、柱的抗剪承载力，可避免（或推迟）墙、柱在设防烈度地震或罕遇地震作用下产生偏心受拉情况。

2. 当核心筒或内筒的外墙与外框柱间的距离不很大时，应避免设置内柱，避免造成内柱对核心筒竖向荷载的"屏蔽"。

3. 实际工程中，应避免过于靠近核心筒设置内柱，避免剪力墙承受过少的竖向荷载，或演变为自承重剪力墙（注意：在框架-剪力墙结构中，经常出现楼梯间设置在房屋边角部的情况，剪力墙作为外墙使其基本不承担竖向荷载，对剪力墙的抗震性能影响很大），避免剪力墙成为偏心受拉构件。

四、相关索引

1.《抗震规范》的相关规定见其第 6.2.7 条。

2.《混凝土规范》的相关规定见其第 11.7.4 条、第 11.7.5 条。

第 9.1.6 条

一、规范的规定

9.1.6 核心筒或内筒中剪力墙截面形状宜简单；截面形状复杂的墙体可按应力进行截面设计校核。

二、对规范规定的理解

复杂形状的剪力墙，受力也复杂，计算分析的准确性也低，实际工程中应尽量避免采用，或对其进行适当的简化处理。必须采用时，还应按应力进行截面设计校核，并留有适当的余地。

三、结构设计建议

1. 限于结构计算假定及结构计算模型的合理性问题，复杂墙肢的计算结果，往往难以直接应用，为此应进行必要的补充分析计算，并进行包络设计。此处，以图 9.1.6-1 所示的高层建筑的长短墙肢为例，当短墙肢剪力墙承受大梁传来的竖向荷载时，基础顶面墙肢的压力分布极不合理，依据墙肢变形协调对竖向力的调整和再分配幅度极为有限，造成短墙肢承担了大部分的竖向荷载，而长墙肢则轴压力很小，与考虑圣文南原理的压力扩散结果相差很大。

2. 核心筒或内筒是筒体结构的主要承重和抗震构件，截面复杂的墙体设计时应采用有限元分析程序进行复核验算，并按较大值设计。

四、相关索引

1.《抗震规范》的相关规定见其第 3.6.6 条。

2.《高规》的相关规定见其第 5.1.15 条。

3.《混凝土规范》的相关规定见其第 6.1.2 条。

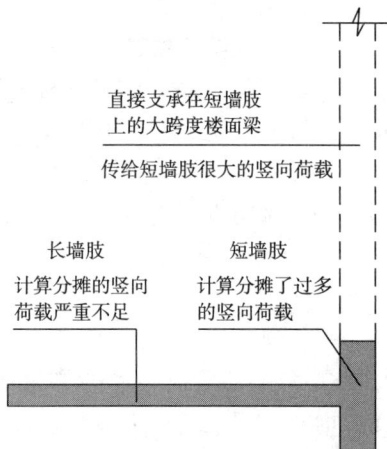

图 9.1.6-1　复杂墙肢的竖向传力关系（平面图）

第 9.1.7 条

一、规范的规定

9.1.7　筒体结构核心筒或内筒设计应符合下列规定：

1. 墙肢宜均匀、对称布置；

2. 筒体角部附近不宜开洞，当不可避免时，筒角内壁至洞口的距离不应小于 500mm 和开洞墙截面厚度的较大值；

3. 筒体墙应按本规程附录 D 验算墙体稳定，且外墙厚度不应小于 200mm，内墙厚度不应小于 160mm，必要时可设置扶壁柱或扶壁墙；

4. 筒体墙的水平、竖向配筋不应少于两排，其最小配筋率应符合本规程第 7.2.17 条的规定；

5. 抗震设计时，核心筒、内筒的连梁宜配置对角斜向钢筋或交叉暗撑；

6. 筒体墙的加强部位高度、轴压比限值、边缘构件设置以及截面设计，应符合本规程第 7 章的有关规定。

二、对规范规定的理解

1. 筒体角部属于结构的关键部位，应严格限制开洞（见图 9.1.7-1）。

2. 连梁对角斜向钢筋或交叉暗撑的设置规定，见第 9.3.8 条。

三、结构设计建议

1. 核心筒剪力墙应设置成带翼墙或端柱的墙体，避免采用一字形墙体，当必须采用时，应严格限制墙的高厚比。工程实践表明，

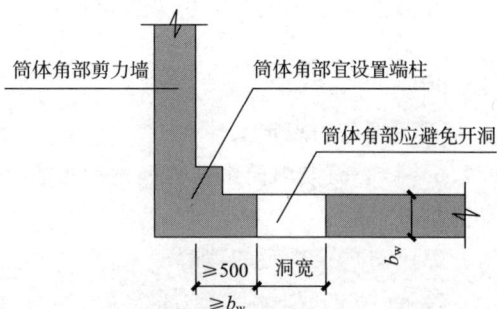

图 9.1.7-1　限制筒体角部剪力墙开洞

一字形墙体的高厚比均不应大于 1/25，当层高较高（如房屋的底层等）时，应特别注意。

2. 核心筒连梁宜设计成具有一定刚度且耗能能力强的连梁，应优先考虑采用双连梁（相关问题可查阅参考文献［30］图 6.4.7-3）。

四、相关索引

1.《抗震规范》的相关规定见其第 6.4.1 条、第 6.5.1 条。

2.《混凝土规范》的相关规定见其第 11.7.10 条、第 11.7.12 条。

3.《高规》的相关规定见其第 7.2.1 条。

第 9.1.8 条

一、规范的规定

9.1.8 核心筒或内筒的外墙不宜在水平方向连续开洞，洞间墙肢的截面高度不宜小于 1.2m；当洞间墙肢的截面高度与厚度之比小于 4 时，宜按框架柱进行截面设计。

二、对规范规定的理解

1. 限制核心筒外墙墙肢开洞，避免出现小墙肢等薄弱环节。

2. 对小墙肢还应按框架柱的构造要求限制轴压比、设置箍筋和纵向钢筋，以加强其抗震能力。

三、结构设计建议

1. 对与因开洞形成的过小墙肢（与两侧墙肢的截面尺度差异很大，墙肢的截面高度与厚度之比小于 4，且难以确保地震时能完全承受竖向荷载时），可不参与结构整体分析（即将小墙肢及其两侧的洞口视作为一个大洞口，洞顶连梁纵筋在小墙肢顶部直通，箍筋全梁加密），而实际设计过程中，该墙肢仍可保留并按小墙肢设计。

2. 由于剪力墙与框架柱的轴压比计算方法不同，对小墙肢的轴压比限制时应按两种方法分别计算，包络设计。

四、相关索引

1.《抗震规范》的相关规定见其第 6.4.6 条。

2.《混凝土规范》的相关规定见其第 9.4.1 条。

3.《高规》的相关规定见其第 7.1.7 条。

第 9.1.9 条

一、规范的规定

9.1.9 抗震设计时，框筒柱和框架柱的轴压比限值可按框架-剪力墙结构的规定采用。

二、对规范规定的理解

框筒柱和框架柱在筒体结构中的作用与框架-剪力墙结构中的框架柱相似，属于结构抗震设计的第二道防线，因此，本条明确了框筒柱和框架柱的轴压比限值，取表 6.4.2 中框架-剪力墙结构中框架柱的轴压比限值。

三、结构设计建议

框架-核心筒结构中的其他结构构件设计时，当无特殊规定时，均可执行框架-剪力墙结构的相关规定。

四、相关索引

1.《抗震规范》的相关规定见其第 6.3.6 条。

2.《混凝土规范》的相关规定见其第 11.4.16 条。

第 9.1.10 条

一、规范的规定

9.1.10 楼盖主梁不宜搁置在核心筒或内筒的连梁上。

二、对规范规定的理解

作为主要耗能构件，核心筒或内筒的连梁在地震作用下将产生较大的塑性变形，而当连梁上搁置有承受较大楼面荷载的梁时，还会使连梁产生较大的附加剪力和扭矩，易导致连梁脆性破坏，因此，一般情况下，不应将楼盖主梁搁置在核心筒或内筒的连梁上。

三、结构设计建议

1. 结构设计中，可改变楼面梁的布置方式，采取楼面梁与核心筒剪力墙斜交连接，或设置过渡梁等办法，避免楼面梁搁置在核心筒或内筒的连梁上（见图 9.1.10-1）。

2. 实际工程中，当无法避免时，核心筒或内筒连梁应设置成型钢混凝土连梁（采用窄翼缘型钢或抗剪钢板），并采取相应的加强措施，确保连梁的强剪弱弯及大震下承受竖向荷载的能力。

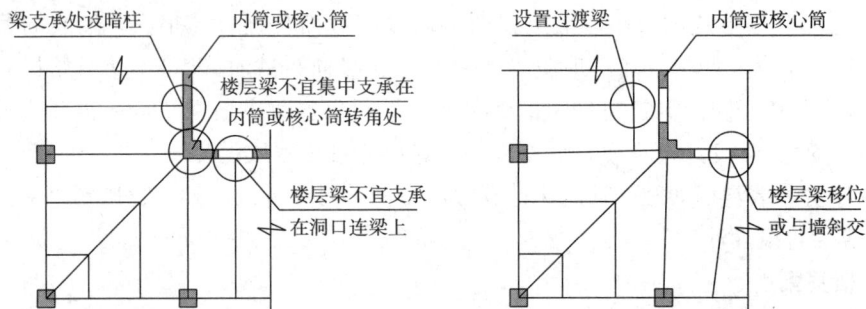

图 9.1.10-1　楼面梁与连梁的避让措施

3. 结构设计时应采取措施加强核心筒的整体性，有条件时，可在核心筒周围设置钢筋混凝土宽扁梁（见图 9.1.10-2）。

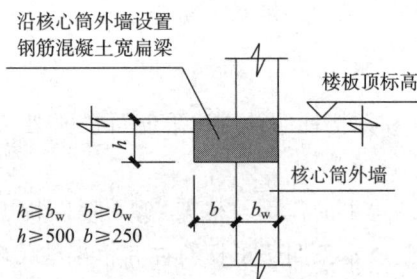

图 9.1.10-2　加强核心筒整体性的措施

四、相关索引

《抗震规范》的相关规定见其第 6.7.3 条。

第 9.1.11 条

一、规范的规定

9.1.11 抗震设计时，简体结构的框架部分按侧向刚度分配的楼层地震剪力标准值应符合下列规定：

1. 框架部分分配的楼层地震剪力标准值的最大值不宜小于结构底部总地震剪力的 10%。

2. 当框架部分分配的楼层地震剪力标准值的最大值小于结构底部总地震剪力的 10% 时，各层框架部分承担的地震剪力标准值应增大到结构底部总地震剪力标准值的 15%；此时，各层核心筒墙体的地震剪力标准值宜乘以增大系数 1.1，但可不大于结构底部总地震剪力标准值，墙体的抗震构造措施应按抗震等级提高一级后采用，已为特一级的可不再提高。

3. 当框架部分分配的地震剪力标准值小于结构底部总地震剪力标准值的 20%，但其最大值不小于结构底部总地震剪力标准值的 10% 时，应按结构底部总地震剪力标准值的 20% 和框架部分楼层地震剪力标准值中最大值的 1.5 倍二者的较小值进行调整。

按本条第 2 款或第 3 款调整框架柱的地震剪力后，框架柱端弯矩及与之相连的框架梁端弯矩、剪力应进行相应调整。

有加强层时，本条框架部分分配的楼层地震剪力标准值的最大值不应包括加强层及其上、下层的框架剪力。

二、对规范规定的理解

1. 本条规定中对框架剪力的调整，是在满足楼层最小剪力系数（即满足第 4.3.12 条）要求后的调整。

2. 本条规定中的"分配"均指结构弹性计算中"按侧向刚度分配"。

3. 当框架部分分配的楼层地震剪力标准值的最大值小于结构底部总地震剪力的 10% 时，核心筒剪力墙为主要的抗侧力结构，框架的二道防线作用较弱，类似少量框架柱的剪力墙结构（见第 8.1.3 条的相关规定），为此，应对此类结构采取加强措施，提高框架部分的分担剪力（提高至结构底部总地震剪力标准值的 15%，一般情况下，15% 的结构底部剪力，不会小于框架分配的楼层最大剪力），加强框架的二道防线作用；加强核心筒剪力墙（核心筒剪力乘以 1.1 的放大系数），使其能承担全部结构的地震剪力（见图 9.1.11-1）。

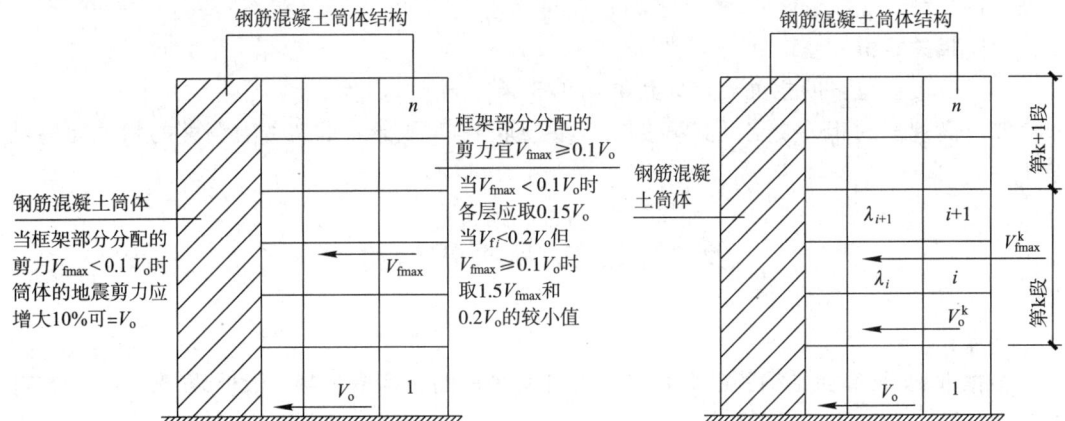

图 9.1.11-1 简体结构的剪力调整

4. 执行本条规定时应注意：

1）本条第 1 款是对"<u>楼层地震剪力标准值的最大值</u>"的要求，即是对地上结构所有各楼层中的最大楼层地震剪力的要求，是要满足与结构底部总地震剪力的比值（还应注意：不是与相应楼层地震剪力的比值）要求。

2）本条不是对楼层剪力最小值的要求（与《高规》第 4.3.12 条及《抗震规范》第 5.2.5 条的要求不同），也不是对结构底层框架分配的楼层地震剪力标准值的要求。

3）在框架-核心筒结构和筒中筒结构中（注意：按照《高规》第 11.1.6 条的规定，本条规定也适用于混合结构），框架（或框筒）部分承担的楼层剪力的比值一般呈现下部（约房屋高度 $H/3$）小、上部（约房屋高度 $H/3$）大的规律，在房屋底层（指上部结构的首层）框架（或框筒）部分按侧向刚度分配的地震剪力一般很难满足 $0.2Q_0$ 及底部剪力 15% 的要求，在房屋底部（如房屋高度 $H/3$），地震剪力一般主要由核心筒剪力墙承担，而在房屋的上部（如房屋高度 $H/3$），框架（或框筒）成为抵抗地震剪力的主要构件。

5. 本条第 3 款中"框架部分分配的楼层地震剪力标准值"应理解为"某一楼层的框架部分分配的楼层地震剪力标准值"；"但其最大值"指框架部分所有各楼层分配的地震剪力标准值的最大值。本条的规定与第 8.1.4 条的思路相同。

6. 加强层框架的刚度突变，常引起框架剪力的突变，因此，加强层及其上、下层的框架剪力不作为剪力调整时的判别依据，加强层的地震剪力也不需要调整。

7. 本条规定的调整方法，不适用于平面变化过大的情况。

三、结构设计建议

1. 结构设计中，框架-核心筒结构的楼层平面上下层不应变化太大。当变化剧烈时，对楼层剪力的调整可参考框架-剪力墙结构分段调整的办法（第 8.1.4 条），并应专门研究。

2. 和第 8.1.3 条的设计建议一样，对框架-核心筒结构，尽管规范只以楼层剪力比（楼层按弹性计算方法分配的最大地震剪力标准值与结构底部总剪力标准值的比值）作为主要判别指标，但当框架部分承担的结构底部倾覆力矩过小（可参考《高规》第 8.1.3 条第 1 款的规定，如小于结构底部总倾覆力矩的 10%）时，对结构的层间位移角可按偏剪力墙结构控制。

四、相关索引

1.《抗震规范》的相关规定见其第 6.1.3 条、第 6.7.1 条。

2.《高规》的相关规定见其第 8.1.3 条、第 11.1.4 条，框架剪力调整的相关问题见第 11.1.6 条。

9.2 框架-核心筒结构

要点：

根据框架-核心筒结构的受力特点，对其所采取的结构措施与一般框架-剪力墙结构有明显的不同。

第 9. 2. 1 条

一、规范的规定

9.2.1 核心筒宜贯通建筑物全高。核心筒的宽度不宜小于筒体总高的 1/12，当筒体结构设置角筒、剪力墙或增强结构整体刚度的构件时，核心筒的宽度可适当减小。

二、对规范规定的理解

1. 对本条规定的理解可见图 9.2.1-1。

2. 工程经验表明，当核心筒宽度尺寸过小时，结构的整体计算指标（如层间位移角等）将难以满足规范的要求。当房屋高度较高时，一般核心筒的平面面积不宜小于楼层面积的 20%。

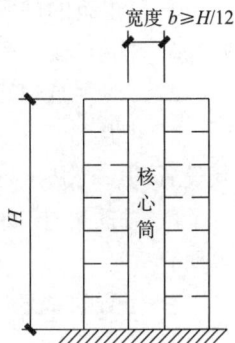

图 9.2.1-1

第 9. 2. 2 条

一、规范的规定

9.2.2 抗震设计时，核心筒墙体设计尚应符合下列规定：

1. 底部加强部位主要墙体的水平和竖向分布钢筋的配筋率均不宜小于 0.30%；

2. 底部加强部位<u>角部墙体</u>约束边缘构件沿墙肢的长度宜取墙肢截面高度的 1/4，约束边缘构件范围内应主要采用箍筋；

3. 底部加强部位以上<u>角部墙体</u>宜按本规程 7.2.15 条的规定设置约束边缘构件。

二、对规范规定的理解

1. 抗震设计时，核心筒剪力墙为框架-核心筒结构的主要抗侧力构件，墙肢底部加强部位的分布钢筋配筋率不宜小于 0.30%，比普通剪力墙略有提高。

2. 底部加强部位角部墙体约束边缘构件沿墙肢的长度取墙肢截面高度的 1/4，比一般剪力墙结构要求高（见图 9.2.2-1）。

3. 底部加强部位及相邻上一层，当侧向刚度无突变时，不宜改变墙体厚度。

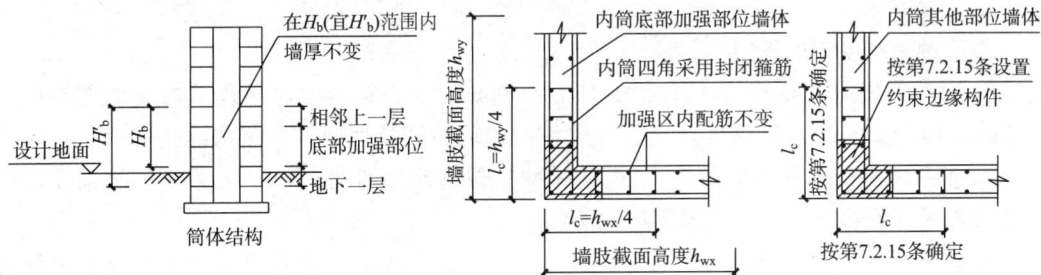

图 9.2.2-1 对核心筒角部剪力墙的特殊要求

三、相关索引

1. 《混凝土规范》的相关规定见其第 11.7.17 条。

2. 《抗震规范》的相关规定见其第 6.7.2 条。

第 9.2.3 条

一、规范的规定

9.2.3 框架-核心筒结构的周边柱间必须设置框架梁。

二、对规范规定的理解

1. 可从另一个角度来理解规范的本条规定，即：框架-核心筒结构的周边框架梁是必须设置的，而其他框架梁可根据实际情况设置。

2. 对框架-核心筒结构与板柱-剪力墙结构的区别见《抗震规范》第 6.1.1 条的相关说明。

3. 工程实践表明：设置周边框架梁，可以形成周边框架，提高结构的整体性。

第 9.2.4 条

一、规范的规定

9.2.4 核心筒连梁的受剪截面应符合本规程第 9.3.6 条的要求，其构造设计应符合本规程第 9.3.7、9.3.8 条的有关规定。

二、对规范规定的理解

核心筒连梁的截面控制要求与一般剪力墙结构的连梁相同，由于核心筒剪力墙连梁一般截面高度较大，吸收了大量的地震作用，因此对其规定特殊的构造要求，以提高连梁的抗剪能力，确保连梁的强剪弱弯，并改善连梁的延性。

第 9.2.5 条

一、规范的规定

9.2.5 对内筒偏置的框架-筒体结构，应控制结构在考虑偶然偏心影响的规定地震力作用下，最大楼层水平位移和层间位移不应大于该楼层平均值的 1.4 倍，结构扭转为主的第一自振周期 T_t 与平动为主的第一自振周期 T_1 之比不应大于 0.85，且 T_1 的扭转成分不宜大于 30%。

二、对规范规定的理解

1. 内筒偏置的框架-筒体结构，其质心与刚心的偏心距较大，导致结构在地震作用下的扭转反应增大。对这类结构，应特别关注结构的扭转特性，控制结构的扭转反应。

2. 本条要求对内筒偏置的框架-筒体结构的位移比和周期比均按规范对 B 级高度高层建筑的要求（见第 3.4.5 条）从严控制。

3. 内筒偏置时，结构的第一自振周期 T_1 中会含有较大的扭转成分，为了改善结构抗震的基本性能，除控制结构扭转为主的第一自振周期 T_t 与平动为主的第一自振周期 T_1 之比不应大于 0.85 外，尚需控制 T_1 的扭转成分不宜大于平动成分的一半（扭转成分不大于 30% 时，平动成分不小于 70%，则扭转成分不大于平动成分的一半）。

4. 实际工程中对"内筒偏置"应根据工程经验合理把握，一般情况下，当内筒偏置造成质心与刚心的偏心距较大（偏心距不小于相应楼层宽度的 15%）时，可确定为"内筒偏置"。

5. 实际工程中，超高层建筑的电梯常分区设置，造成高区核心筒剪力墙偏置。

三、结构设计建议

1. 对剪力墙偏置明显的框架-剪力墙结构，宜参考本条规定，除限制结构扭转周期与平动周期的比值外，还应对结构第一自振周期（以平动为主）中的扭转分量进行限制。

2. 本条可作为较为复杂的框架-剪力墙结构性能设计的基本指标之一。也可以作为对复杂结构第一平动周期判别的重要依据。

四、相关索引

《高规》的相关规定见其第 3.4.5 条。

第 9.2.6 条

一、规范的规定

9.2.6 当内筒偏置、长宽比大于 2 时，宜采用框架-双筒结构。

二、对规范规定的理解

在框架-核心筒结构中，当内筒偏置、长宽比大于 2、核心筒尺寸过小或核心筒剪力墙过于集中在平面中部时，结构的抗扭刚度偏小，其扭转与平动的周期比将难以满足规范要求，内筒采用双筒可增强结构的扭转刚度，减小结构在水平地震作用下的扭转效应。

三、相关索引

《高规》的相关规定见其第 9.3.2 条。

第 9.2.7 条

一、规范的规定

9.2.7 当框架-双筒结构的双筒间楼板开洞时，其有效楼板宽度不宜小于楼板典型宽度的 50%，洞口附近楼板应加厚，并应采用双层双向配筋，且每层单向配筋率不应小于 0.25%；双筒间楼板宜按弹性板进行细化分析。

二、对规范规定的理解

1. 在框架-双筒结构中，双筒间的楼板作为协调两侧筒体的主要受力构件，且因传递双筒间的力偶会产生较大的平面剪力，因此，对双筒间开洞楼板应提出更为严格的构造要求，并要求按弹性板进行细化分析。

2. 对关键楼层，必要时可在双核心筒之间设置用于传递楼层水平力的水平钢桁架。

9.3 筒中筒结构

要点：

与框架-核心筒结构设计要求相同，本节规定了筒中筒结构设计的特殊要求。

第 9.3.1 条、第 9.3.2 条

一、规范的规定

9.3.1 筒中筒结构的平面外形宜选用圆形、正多边形、椭圆形或矩形等，内筒宜居中。

9.3.2 矩形平面的长宽比不宜大于 2。

二、对规范规定的理解

1. 筒体结构的空间作用与筒体的形状有关,采用合适的平面形状可以减小剪力滞后现象(如采用圆形、方形或近似圆形、方形的建筑平面,其剪力滞后现象明显小于长矩形平面),使结构更好地发挥空间受力性能。

2. 明确提出矩形平面的长宽比要求,其目的也是为改善结构的空间作用,矩形、三角形平面的剪力滞后现象明显,而当矩形平面的长宽比大于 2 时,剪力滞后现象更明显。

第 9.3.3 条

一、规范的规定

9.3.3 内筒的宽度可为高度的 $1/12 \sim 1/15$,如有另外的角筒或剪力墙时,内筒平面尺寸可适当减小。内筒宜贯通建筑物全高,竖向刚度宜均匀变化。

二、对规范规定的理解

对本条规定的理解可见图 9.3.3-1,其中 H 为房屋高度。

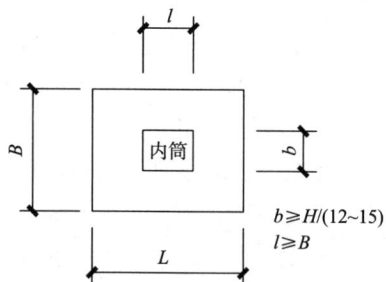

$b \geqslant H/(12 \sim 15)$
$l \geqslant B$

图 9.3.3-1

第 9.3.4 条

一、规范的规定

9.3.4 三角形平面宜切角,外筒的切角长度不宜小于相应边长的 $1/8$,其角部可设置刚度较大的角柱或角筒;内筒的切角长度不宜小于相应边长的 $1/10$,切角处的筒壁宜适当加厚。

二、对规范规定的理解

1. 对三角形平面切角可以改善空间结构的受力性能减小剪力滞后现象。

2. 对本条规定的理解可见图 9.3.4-1。

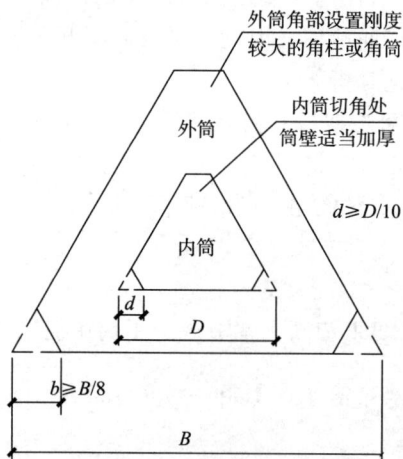

图 9.3.4-1

第 9.3.5 条

一、规范的规定

9.3.5 外框筒应符合下列规定：

1. 柱距不宜大于 4m，框筒柱的截面长边应沿筒壁方向布置，必要时可采用 T 形截面；

2. 洞口面积不宜大于墙面面积的 60%，洞口高宽比宜与层高和柱距之比值相近；

3. 外框筒梁的截面高度可取柱净距的 1/4；

4. 角柱截面面积可取中柱的 1~2 倍。

二、对规范规定的理解

1. 围绕着提高结构的整体性，减小剪力滞后现象采取相应的结构措施。

2. 外框筒的设计要求见表 9.3.5-1。

表 9.3.5-1 外框筒的设计要求

序号	情况		规定	理解与应用
1	框筒柱的柱距		不宜大于 4m	柱距越小，空间作用越大
2	框筒柱的截面长边		应沿筒壁方向布置，必要时可采用 T 形截面	加大周边框架的侧向刚度
3	外框筒	洞口（梁、柱以外的部分）面积	不宜大于墙面面积的 60%	墙开洞面积越小越好
		洞口的高宽比	和层高与柱距的比值相近	洞口的形状与墙肢的形状（柱网与层高）越接近越好
4	外框筒梁的截面		可取柱净距的 1/4	加大框筒梁的刚度，减小剪力滞后
5	角柱截面面积		可取中柱的 1~2 倍	剪力滞后加大了角柱的轴力，加大角柱截面可减小楼盖（角部）的翘曲

第 9.3.6 条

一、规范的规定

9.3.6 外框筒梁和内筒连梁的截面尺寸应符合下列规定：

1. 持久、短暂设计状况

$$V_b \leqslant 0.25\beta_c f_c b_b h_{b0} \tag{9.3.6-1}$$

2. 地震设计状况

1）跨高比大于 2.5 时

$$V_b \leqslant \frac{1}{\gamma_{RE}}(0.20\beta_c f_c b_b h_{b0}) \tag{9.3.6-2}$$

2）跨高比不大于 2.5 时

$$V_b \leqslant \frac{1}{\gamma_{RE}}(0.15\beta_c f_c b_b h_{b0}) \tag{9.3.6-3}$$

式中：V_b——外框筒梁或内筒连梁剪力设计值；

b_b——外框筒梁或内筒连梁截面宽度；

331

h_{b0}——外框筒梁或内筒连梁截面的有效高度；

β_c——混凝土强度影响系数，应按本规程第6.2.6条规定采用。

二、对规范规定的理解

本条规定与第7.2.22条一致，结构设计时可相互参照。

三、相关索引

1.《抗震规范》的相关规定见其第6.2.9条。

2.《混凝土规范》的相关规定见其第11.7.9条。

第9.3.7条

一、规范的规定

9.3.7　外框筒梁和内筒连梁的构造配筋应符合下列要求：

1. 非抗震设计时，箍筋直径不应小于8mm；抗震设计时，箍筋直径不应小于10mm。

2. 非抗震设计时，箍筋间距不应大于150mm；抗震设计时，箍筋间距沿梁长不变，且不应大于100mm，当梁内设置交叉暗撑时，箍筋间距不应大于200mm。

3. 框筒梁上、下纵向钢筋的直径均不应小于16mm，腰筋的直径不应小于10mm，腰筋间距不应大于200mm。

二、对规范规定的理解

1. 外筒梁和内筒连梁是筒中筒结构中的主要受力构件，在水平地震作用下，梁端承受着弯矩和剪力的反复作用。由于梁高较大、跨度较小，应采取比一般框架梁更为严格的抗剪措施。

2. 对本条规定的理解见图9.3.7-1。

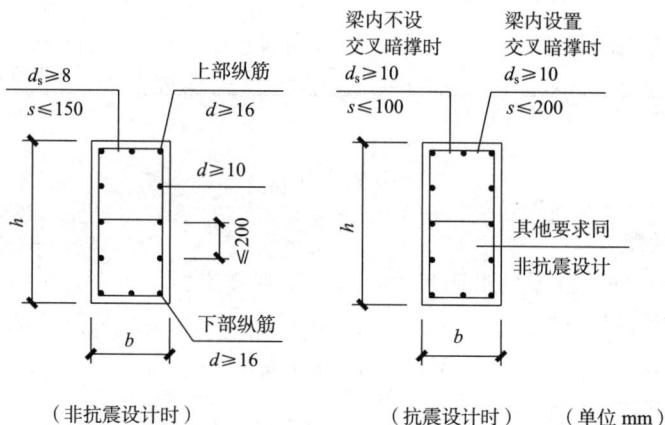

图 9.3.7-1

第9.3.8条

一、规范的规定

9.3.8　跨高比不大于2的框筒梁和内筒连梁宜增配对角斜向钢筋。跨高比不大于1的框筒梁和内筒连梁宜采用交叉暗撑（图9.3.8），且应符合下列规定：

1. 梁的截面宽度不宜小于400mm；

2. 全部剪力应由暗撑承担，每根暗撑应由不少于 4 根纵向钢筋组成，纵筋直径不应小于 14mm，其总面积 A_s 应按下列公式计算：

1）持久、短暂设计状况

$$A_s \geqslant \frac{V_b}{2f_y \sin\alpha} \tag{9.3.8-1}$$

2）地震设计状况

$$A_s \geqslant \frac{\gamma_{RE} V_b}{2f_y \sin\alpha} \tag{9.3.8-2}$$

式中：α——暗撑与水平线的夹角；

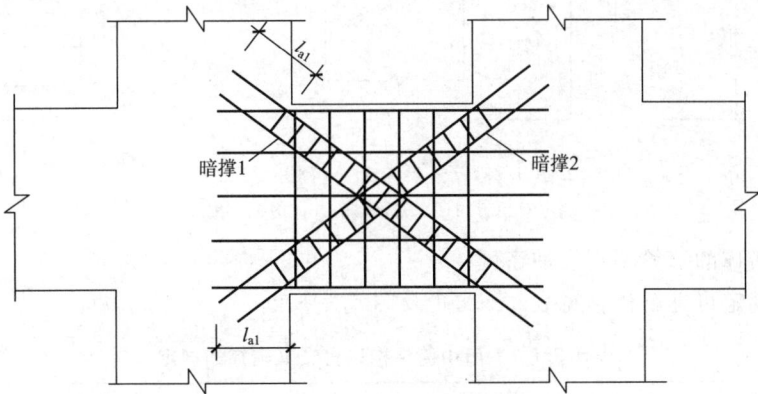

图 9.3.8　梁内交叉暗撑的配筋

3. 两个方向暗撑的纵向钢筋均应采用矩形箍筋或螺旋箍筋绑成一体，箍筋直径不应小于 8mm，箍筋间距不应大于 150mm；

4. 纵筋伸入竖向构件的长度不应小于 l_{a1}，非抗震设计时 l_{a1} 可取 l_a；抗震设计时 l_{a1} 宜取 $1.15l_a$；

5. 梁内普通箍筋的配置应符合本规程第 9.3.7 条的构造要求。

二、对规范规定的理解

1. 本条规定适用于所有各类结构中跨高比不大于 2 的连梁，对连梁抗剪箍筋的配置有以下三种形式：

1）配置普通箍筋，《抗震规范》、《高规》及《混凝土规范》给定的方法，依据国内外试验结果得出，箍筋按《混凝土规范》第 11.7.9 条的规定计算。

2）集中对角斜筋和对角暗撑，参考美国 ACI 318-08 规范和国内外的试验结果得出，按《高规》的本条规定或按《混凝土规范》第 11.7.10 条的规定计算。

3）交叉斜筋，依据近年来国内外试验结果分析得出，按《混凝土规范》第 11.7.10 条的规定计算。

2. 研究表明，在跨高比较小的框筒梁和内筒连梁（受力特性见第 9.3.7 条）增设交叉暗撑对提高其抗震性能有较好的作用，但交叉暗撑的施工有一定难度。

3. 设置对角斜筋，可以明显提高框筒梁和内筒连梁的抗剪承载力（依据《混凝土规范》第 11.7.8 条的规定，配置对角斜筋的连梁，可取剪力增大系数 $\eta_{vb} = 1$）和延性。增配对角斜筋的做法见图 9.3.8-1，更多具体要求可见《混凝土规范》第 11.7.10 条的相关规定。

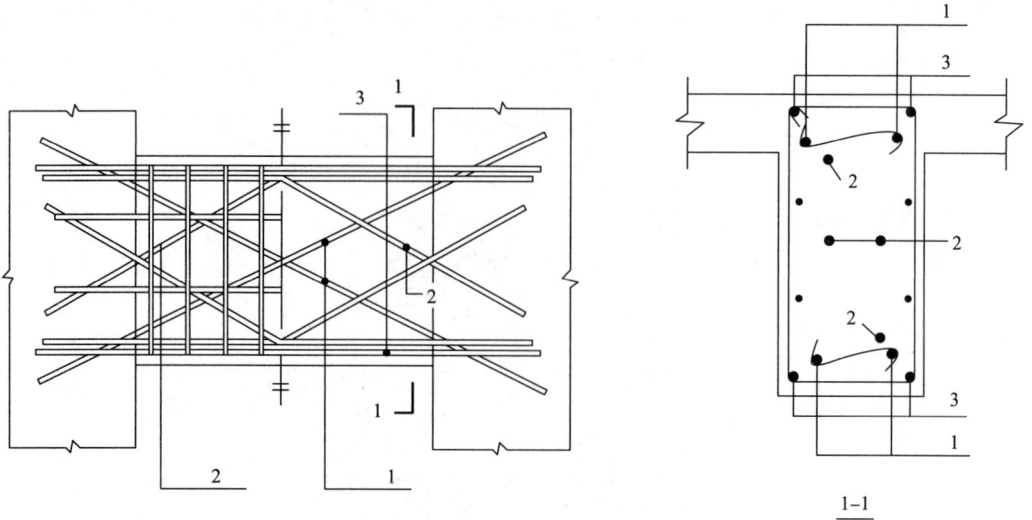

图 9.3.8-1 梁内交叉斜筋的配置

1—对角斜筋；2—折线筋；3—纵向钢筋

4. 交叉暗撑的箍筋不再设加密区。

5. 本条规定可理解概括见表 9.3.8-1 及图 9.3.8-2。

表 9.3.8-1 筒中筒结构设置交叉暗撑的规定

序号	情况		规定
1	框筒梁和内筒连梁	跨高比不大于 2 时	宜增配对角斜向钢筋
		跨高比不大于 1 时	宜采用交叉暗撑
2	梁截面的宽度		不宜小于 400mm
3	梁的全部剪力		由暗撑承担
4	每根暗撑纵向钢筋	根数（直径）	4 根（直径不应小于 14mm）
		钢筋面积	按公式（9.3.8-1）或（9.3.8-2）计算确定
		在竖向构件内的锚固	满足 l_{a1}（抗震 $1.15l_a$、非抗震 l_a）
5	暗撑箍筋	直径	不应小于 8mm
		间距	不应大于 150mm
6	梁内普通箍筋		可按构造要求（见第 9.3.7 条）

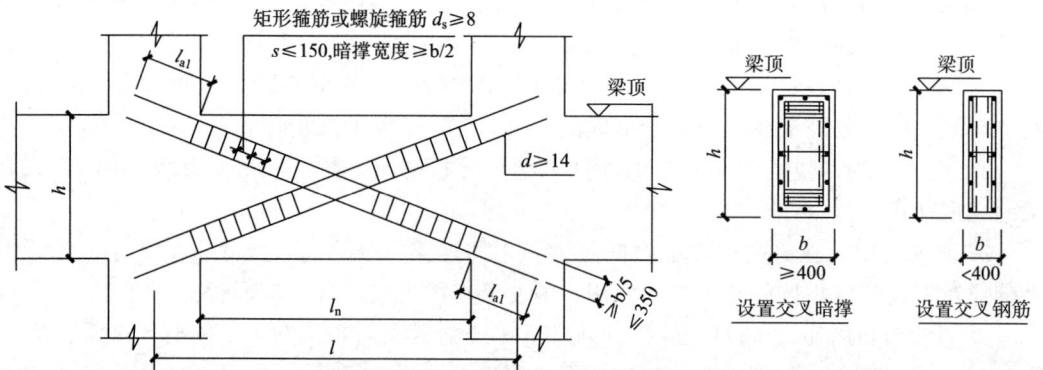

图 9.3.8-2

三、结构设计建议

1. 实际工程中，为方便暗撑施工，梁宽不宜小于 500mm。当梁宽较小而不宜设置暗撑时，可设置交叉斜向钢筋。

2. 配置"集中对角斜筋和对角暗撑"或"交叉斜向钢筋"的连梁，连梁还应按第 9.3.7 条的规定配置构造普通箍筋。

1）配置"集中对角斜筋和对角暗撑"的连梁，其连梁的剪力应全部由"集中对角斜筋和对角暗撑"承担。

2）配置"交叉斜向钢筋"的连梁，其连梁的剪力由普通箍筋和"交叉斜向钢筋"共同承担。

四、相关索引

1.《抗震规范》的相关规定见其第 6.7.4 条。

2.《混凝土规范》的相关规定见其第 11.7.10 条。

10 复杂高层建筑结构设计

说明：

1. 复杂高层建筑结构包含有带转换层的结构、带加强层的结构、错层结构、连体结构和竖向体型收进、悬挑结构等。复杂高层建筑均为不规则结构，受力复杂，应选择适合的设计计算方法并进行必要的辅助计算和采取合理的抗震构造措施等。

2.《高规》在第3.4.5条、第4.3.4条、第5.1.13条及第5.3.5条等规定中，对复杂高层建筑结构的扭转位移比、扭平周期比、弹性时程分析方法、弹塑性分析方法及其他补充计算等做出了规定。

3. 本章内容为结构施工图审查和抗震超限审查的重点内容。

10.1 一 般 规 定

要点：

本节定义了复杂高层建筑结构的类型，限定在同一高层建筑结构工程中，复杂高层建筑类型不能同时出现两种（不含）以上，规定了对复杂部位设计计算的基本原则。本节为施工图审查及超限审查的重点内容。

第 10.1.1 条

一、规范的规定

10.1.1 本章对复杂高层建筑结构的规定适用于带转换层的结构、带加强层的结构、错层结构、连体结构以及竖向体型收进、悬挑结构。

二、对规范规定的理解

1. 复杂高层建筑结构的主要类型见表10.1.1-1。

表 10.1.1-1 复杂高层建筑结构的主要类型

序号	1	2	3	4	5	6
主要类型	带转换层的结构	带加强层的结构	错层结构	连体结构	竖向体型收进	悬挑结构

2. 复杂高层建筑结构可以是表10.1.1-1中的一种，也可能是其中多种复杂结构的组合形式。

3. 抗震设计时，同时具有表10.1.1-1中两种以上复杂类型的高层建筑结构属于超限高层建筑结构，应按住房和城乡建设部建质［2015］67号文件要求进行超限高层建筑工程抗震设防专项审查。

三、相关索引

住房和城乡建设部建质［2015］67号文件见附录F。

第 10.1.2 条

一、规范的规定

10.1.2　9 度抗震设计时不应采用带转换层的结构、带加强层的结构、错层结构和连体结构。

二、对规范规定的理解

1. 本条规定中的 9 度为本地区抗震设防烈度，本条为强制性条文。

2. 9 度抗震设计时，表 10.1.1-1 中前 4 种结构类型缺乏研究和实际工程经验，故不应采用。

3. 9 度抗震设计时可采用竖向体型收进的结构及悬挑结构。

第 10.1.3 条

一、规范的规定

10.1.3　7 度和 8 度抗震设计时，<u>剪力墙结构错层高层建筑</u>的房屋高度分别不宜大于 80m 和 60m；<u>框架-剪力墙结构错层高层建筑</u>的房屋高度分别不应大于 80m 和 60m。抗震设计时，B 级高度高层建筑不宜采用连体结构；底部带转换层的 B 级高度筒中筒结构，当外筒框支层以上采用由剪力墙构成的壁式框架时，其最大适用高度应比本规程表 3.3.1-2 规定的数值<u>适当降低</u>。

二、对规范规定的理解

1. 本条规定中的 7、8 度指本地区抗震设防烈度 7、8 度。

2. 应正确区分各类错层高层建筑（剪力墙结构的错层高层建筑、框架-剪力墙的结构错层高层建筑，对框架-剪力墙结构的错层高层建筑限制更严），区分局部错层与错层结构。错层结构受力复杂，地震作用下易形成多处薄弱部位，应对房屋高度加以限制。

3. 本条规定可理解为表 10.1.3-1。

表 10.1.3-1　相关设计要求

序号	情况		规定	理解与应用
1	错层高层建筑的房屋高度 H	剪力墙结构	7 度宜 $H \leqslant 80m$；8 度宜 $H \leqslant 60m$	对错层结构，限制房屋高度是主要抗震措施
2		框架-剪力墙结构	7 度应 $H \leqslant 80m$；8 度应 $H \leqslant 60m$	
3	抗震设计时，B 级高度的高层建筑		不宜采用连体结构	房屋越高，连体结构的连体部位震害越重
4	底部带转换层的筒中筒结构 B 级高度高层建筑的最大适用高度		当外筒框支层以上采用剪力墙构成的壁式框架时，比表 3.3.1-2 适当降低	当外筒框支层以上采用壁式框架时，抗震性能比密柱框架更差

4. 本条规定为抗震超限审查重点控制的内容之一。

三、结构设计建议

对本条规定中"适当降低"的幅度应根据工程经验确定，当无可靠设计依据时，可按降低 10% 考虑。

第 10.1.4 条

一、规范的规定

10.1.4　7 度和 8 度抗震设计的高层建筑不宜同时采用超过两种本规程第 10.1.1 条所规

定的复杂高层建筑结构。

二、对规范规定的理解

1. 本条规定中的 7、8 度指本地区抗震设防烈度 7、8 度。

2. 本条规定为抗震超限审查重点控制的内容之一。

三、结构设计建议

对 6 度及非抗震设计时，规程未限制在同一高层建筑中同时采用的复杂结构类型的种类；一般情况下 6 度抗震设计时，同时采用的复杂结构类型不宜超过三项，对非抗震设计的工程可适当从宽。对超限高层建筑应进行超限抗震设防专项审查；其他可根据具体情况确定，并宜先征得施工图审查单位的认可。

第 10.1.5 条

一、规范的规定

10.1.5　复杂高层建筑结构的计算分析应符合本规程第 5 章的有关规定。复杂高层建筑结构中的受力复杂部位，尚宜进行应力分析，并按应力进行配筋设计校核。

二、对规范规定的理解

规范的本条规定可理解为在进行整体分析计算后，应对复杂部位采用有限元等方法进行应力分析，并进行配筋校核，按较大值配筋。

三、相关索引

1. 《高规》的相关规定见其第 5.1.15 条。

2. 《混凝土规范》的相关规定见其第 6.1.2 条。

10.2　带转换层高层建筑结构

要点：

高层建筑中，带转换层结构应用十分普遍，除采用转换梁外，转换桁架、空腹桁架、箱形结构、斜撑结构及厚板结构等应用相当普遍，本节对转换层的位置作出相关规定，限定厚板转换的使用。

第 10.2.1 条

一、规范的规定

10.2.1　在高层建筑结构的底部，当上部楼层部分竖向构件（剪力墙、框架柱）不能直接连续贯通落地时，应设置结构转换层，形成带转换层高层建筑结构。本节对带托墙转换层的剪力墙结构（部分框支剪力墙结构）及带托柱转换层的简体结构的设计做出规定。

二、对规范规定的理解

1. 本节主要针对底部带转换层的高层建筑，"高层建筑结构的底部"可理解为在房屋下部的 $H/3$ 高度范围内。

2. 转换结构分为托墙转换层的剪力墙结构（部分框支剪力墙结构）和托柱转换层结构。

1) 当上部为剪力墙结构，下部部分构件转换为柱时，形成部分框支剪力墙结构，相应的转换梁又称为框支梁，转换柱又称为框支柱。

2）当上部为密柱，通过转换构件，下部为稀柱时，形成托柱转换层结构。

3）直接承托被转换构件的梁为转换梁，转换梁以下直接支撑转换梁的柱都是转换柱（一直延续到柱脚），转换框架是由转换梁和转换柱组成的框架。

三、结构设计建议

1. 要正确区分部分框支剪力墙结构和托柱转换结构，对框支梁、框支柱的要求适用于梁托墙情况（不完全适用于梁上托柱情况）。

2. 部分框支剪力墙结构有特殊的加强措施（如控制底部大空间的层数，抗震等级的提高等）。

3.《抗震规范》第 6.1.1 条指出：框支转换"不包括仅个别框支的情况"，"个别框支"指"个别墙体不落地，例如不落地墙的面积不大于总截面面积的 10%"。实际工程中，应区分"个别框支"和"一般框支"的情况，对"个别框支"（当框支的位置在房屋中部区域，且被转换的墙肢面积不超过该墙肢所在楼层墙肢总面积的 10% 时）可认为其不属于本章所述的框支转换结构，仅对转换的相关范围采取加强措施（可仅加大水平力转换路径范围内的板厚、加强此部分板的配筋，并提高转换结构的抗震等级等），对转换构件按本章规定设计。

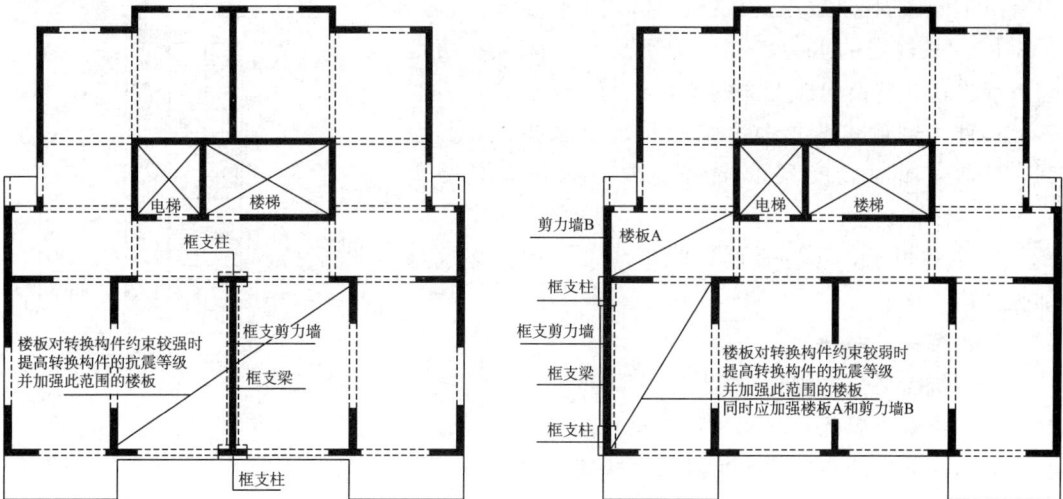

图 10.2.1-1　对"个别框支"的理解

4. 位于房屋高度中、上部范围内框架柱的托换，对结构的整体侧向刚度不会产生很大的影响，一般情况下可认为不属于复杂高层建筑结构，但转换构件可参考本章规定设计。

四、相关索引

1. 住房和城乡建设部建质［2015］67 号文件见附录 F。

2. 广东省标准（DBJ/T 15-46）规定："当框架-剪力墙或筒体结构仅少量剪力墙不连续，需转换的剪力墙面积不大于剪力墙总面积的 8% 时，可仅加大水平力转换路径范围内的板厚、加强此部分板的配筋，并提高转换结构的抗震等级。"

第 10.2.2 条

一、规范的规定

10.2.2 带转换层的高层建筑结构，其剪力墙底部加强部位的高度应从地下室顶板算起，宜取至转换层以上两层且不宜小于房屋高度的 1/10。

二、对规范规定的理解

1. 无论地下室顶板是否作为上部结构的嵌固部位，剪力墙底部加强部位的高度均应从地下室顶板算起，并取至转换层以上两层且不宜小于房屋高度的 1/10，也即约束边缘构件至少应至转换层以上 3 层的高度。

2. 当地下室顶板不能作为上部结构的嵌固部位时，也应考虑地下室顶板实际存在的嵌固作用（分不同嵌固部位进行包络设计），在地下室顶板以上剪力墙"底部加强部位"的高度不变（与地下室顶板作为上部结构的嵌固部位时相同），地下室顶板以下剪力墙的"加强范围"（要求同剪力墙底部加强部位）向下延伸至嵌固端的下一层（嵌固端位于基础顶面时，至嵌固端）。此处应特别注意剪力墙"底部加强部位"和"加强范围"的不同。

3. 实际工程中，经常有设计人员误以为嵌固部位下移可以节约结构造价，其实这是对规范规定的误解及没有对不同嵌固部位进行包络设计所致，是不安全的。

4. 本条规定的剪力墙指所有剪力墙，既包括落地剪力墙也包括转换构件上部的不落地剪力墙。之所以对转换构件上部的不落地剪力墙也采取加强措施，是因为，该剪力墙对转换层的抗震性能影响很大且受力复杂。

5. 本条规定，非抗震设计时也应设置剪力墙底部加强部位。

三、相关索引

1.《抗震规范》的相关规定见其第 6.1.10 条。

2.《混凝土规范》的相关规定见其第 11.1.5 条。

3.《高规》的相关规定见其第 7.1.4 条。

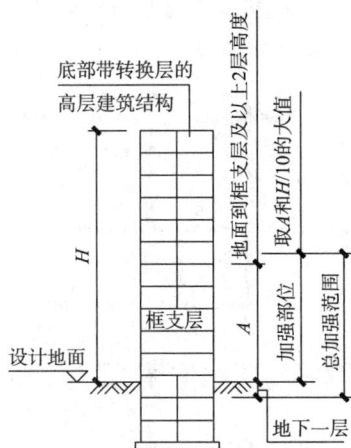

图 10.2.2-1

第 10.2.3 条

一、规范的规定

10.2.3 转换层上部结构与下部结构的侧向刚度变化应符合本规程附录 E 的规定。

二、对规范规定的理解

1. 当转换层上、下结构的侧向刚度相差较大时，在风荷载及水平地震作用下，转换层上、下结构构件的内力突变，形成薄弱层并可能导致部分构件提前破坏。强调转换层上、下两个计算模型的侧向刚度相近，正是为减小这种突变。

2. 采用不同的计算方法，刚度比的计算结果差异很大，转换层上、下结构的侧向刚度比计算应遵循《高规》附录 E 的相关规定，并应按不同计算方法进行对比分析。

1）转换层位置在 1、2 层时，可按公式（10.2.3-1）采用等效剪切刚度比法进行近似计算。且宜 $\gamma_{e1} \approx 1$，非抗震时应 $\gamma_{e1} \geqslant 0.4$，抗震设计时应 $\gamma_{e1} \geqslant 0.5$。

$$\gamma_{e1} = \frac{G_1 A_1}{G_2 A_2} \times \frac{h_2}{h_1} \tag{10.2.3-1}$$

2）当转换层位置在 2 层以上时，应采用两种不同的计算方法分别计算：

（1）按公式（3.5.2-1）计算，且计算的转换层与其相邻上层的侧向刚度比不应小于 0.6；

（2）按公式（10.2.3-2）计算，且宜 $\gamma_{e2} \approx 1$，非抗震时应 $\gamma_{e2} \geqslant 0.5$，抗震设计时应 $\gamma_{e2} \geqslant 0.8$。

$$\gamma_{e2} = \frac{\Delta_2 H_1}{\Delta_1 H_2} \tag{10.2.3-2}$$

3. 由于刚度比计算的不确定性，实际工程中，可不拘泥于刚度比计算的具体数值，对转换结构应进行抗震性能化设计，并采取包络设计方法，确保转换结构的抗震性能并确保结构安全。

三、相关索引

1.《抗震规范》的相关规定见其第 3.4.3 条。

2.《高规》的相关规定见其第 3.5.2 条。

第 10.2.4 条

一、规范的规定

10.2.4 转换结构构件可采用转换梁、桁架、空腹桁架、箱形结构、斜撑等，非抗震设计和 6 度抗震设计时可采用厚板，7、8 度抗震设计时地下室的转换结构构件可采用厚板。特一、一、二级转换结构构件的水平地震作用计算内力应分别乘以增大系数 1.9、1.6、1.3；转换结构构件应按本规程第 4.3.2 条的规定考虑竖向地震作用。

二、对规范规定的理解

1. 转换结构构件可采用梁、桁架、空腹桁架、箱形结构、斜撑等，统称为转换构件；部分框支剪力墙结构中的转换梁，称为框支梁，转换柱（上端与框支梁相连，下端至基础的框架柱）称为框支柱。

2. 转换结构构件的主要类型见表 10.2.4-1。

表 10.2.4-1 转换结构构件的主要类型

序号	1	2	3	4	5	6
主要类型	转换梁	转换桁架	空腹桁架	箱形结构	斜撑结构	厚板结构

3. 限定厚板结构仅可用于 7、8 度抗震设计的地下室转换构件、6 度及非抗震设计的转换构件。

4. 在带转换层的高层建筑结构中，转换层应认定为"薄弱层"（应注意区分"薄弱层"和"软弱层"：当不满足第 3.5.3 条规定时，称其为薄弱层；当不满足第 3.5.2 条规定时，称其为"软弱层"），其地震剪力（按第 4.3.9 条、第 4.3.10 条振型组合后的地震剪力标准值）应首先乘以第 3.5.8 条规定的增大系数 1.25，然后再判别是否符合楼层最小地震剪力系数的要求（见表 4.3.12-1）。

5. 转换构件的水平地震作用计算内力应乘以表 10.2.4-2 的增大系数（注意：此处增大是在已完成对上述第 4 项的增大后进行的，即是在满足第 4.3.12 条要求后的再调整）。

表 10.2.4-2 转换构件的水平地震作用计算内力增大系数

抗震等级	特一级	一级	二级
计算内力增大系数	1.9	1.6	1.3

三、结构设计建议

1. 抗震设计时转换构件可按下列方法考虑竖向地震作用的影响，并考虑竖向地震对转换构件挠度的影响。

1）8 度抗震设计时：

（1）采用反应谱法和动力时程分析法计算；

（2）近似计算法，即：将转换构件在重力荷载标准值作用下的内力乘以增大系数 1.1。

2）7 度及 7 度以下时，可采用近似计算方法：

（1）7 度（0.15g）时，可将转换构件在重力荷载标准值作用下的内力乘以增大系数 1.1。

（2）7 度（0.1g）及 6 度时，可将转换构件在重力荷载标准值作用下的内力乘以增大系数 1.05。

3）转换构件的挠度计算应考虑竖向地震的影响，其计算方法见《抗震规范》第 10.2.12 条的规定，具体计算过程可查阅参考文献［30］。

2. 对转换构件，应根据具体情况进行抗震性能化设计或进行必要的比较计算：

1）对框支转换构件，应根据框支转换的重要性程度，提出相应的性能目标：

（1）对重要的水平转换构件，应按大震不屈服要求验算。

（2）对较重要的水平转换构件，应按中震弹性要求验算。

2）对托柱转换构件，可按中震弹性要求验算。

3）在多遇地震作用下，由于转换构件的水平地震作用计算内力已按抗震等级乘以相应的增大系数（特一级 1.9、一级 1.6、二级 1.3），因此，按"中震不屈服"设计一般不起控制作用。

3. 对转换构件，宜采用重力荷载（即只考虑静荷载和活荷载作用，不考虑风荷载、地震作用等）下，不考虑上部结构共同作用（即不考虑转换构件以上楼层的架越作用，也就是按导荷方式确定上部结构作用在转换构件上的重力荷载数值）的复核验算，工程经验表明，此复核计算的结果一般对转换构件的设计起主要控制作用。

四、相关索引

《抗震规范》的相关规定见其第 10.2.12 条。

第 10.2.5 条

一、规范的规定

10.2.5 部分框支剪力墙结构在地面以上设置转换层的位置，8 度时不宜超过 3 层，7 度时不宜超过 5 层，6 度时可适当提高。

二、对规范规定的理解

1. 本条规定为超限高层建筑工程抗震设防专项审查的重点内容。本条规定中的 6、7、8 度指本地区抗震设防烈度。

2. 本条限定部分框支剪力墙结构在地面以上转换层的位置见表 10.2.5-1。

表 10.2.5-1 部分框支剪力墙高层建筑结构地面以上转换层的位置

情况	8 度	7 度	6 度
转换层位置（层数）	≤3	≤5	适当增加

3. 本条规定中的"适当增加"应根据工程经验确定，必要时应通过抗震超限审查或事先征得施工图审查单位的认可，当无可靠经验时，"适当增加"不宜超过 6 层。

4. 本条规定按不同设防烈度确定部分框支剪力墙结构在地面以上设置转换层的位置，比《抗震规范》第 6.1.1 条的规定更合理。

5. 转换层位置在三层及三层以上时，可理解为高位转换，高位转换对结构抗震不利。

6. 托柱转换层结构，其刚度变化、受力情况等与部分框支剪力墙结构有明显不同，因此，本条规定仅适用于部分框支剪力墙结构，而不适用于托柱转换层结构（规范对托柱转换的楼层位置没有限定）。

7. 非抗震设计时，转换层的位置可不受本条限制。但当风荷载较大时，宜考虑转换层刚度突变对结构性能的影响。

三、相关索引

《抗震规范》的相关规定见其第 6.1.1 条。

第 10.2.6 条

一、规范的规定

10.2.6 带转换层的高层建筑结构，其抗震等级应符合本规程第 3.9 节的有关规定，带托柱转换层的筒体结构，其转换柱和转换梁的抗震等级按部分框支剪力墙结构中的框支框架采纳。对部分框支剪力墙结构，当转换层的位置设置在 3 层及 3 层以上时，其框支柱、剪力墙底部加强部位的抗震等级宜按本规程表 3.9.3 和表 3.9.4 的规定提高一级采用，已为特一级时可不提高。

二、对规范规定的理解

1. 托柱转换与托墙转换不同，但在确定抗震措施时，对托柱转换层的筒体结构，其转换柱和转换梁的抗震等级予以适当提高，"按部分框支剪力墙结构中的框支框架"确定。

2. 对部分框支剪力墙结构，当高位转换（转换层的位置设置在 3 层及 3 层以上）时，其框支柱、剪力墙底部加强部位的抗震等级应提高（宜按《高规》表 3.9.3 和表 3.9.4 的规定提高一级采用，已为特一级时可不提高）。

3. 注意：依据条文说明，本条规定中的抗震等级提高可理解为对应于"抗震构造措施的抗震等级"，而对应于"抗震措施的抗震等级"可不提高。也就是只提高与抗震构造措施相关的内容，而与抗震措施相关的如内力调整系数等可不加大。实际工程中，可根据工程的重要性程度，结合抗震性能设计要求确定是对抗震措施的提高，还是仅对抗震构造措施的提高。

三、结构设计建议

实际工程中涉及抗震等级提高的因素很多，程度也各不相同，抗震等级的确定不是简单的累积过程，应结合工程实际情况及抗震性能化设计需要综合考虑。

1. 乙类建筑抗震措施（包括抗震构造措施）的提高（第 3.9.7 条）——实际工程中应区分全部为乙类建筑和局部为乙类建筑的情况。

1）全部为乙类建筑时，应严格按规范要求提高抗震措施。

2）当局部乙类建筑（如裙房为乙类而主楼为丙类）时，往往依据乙类建筑对裙房高度范围按全楼（主楼高度）为乙类建筑确定相应的抗震等级，其抗震等级的提高幅度相对较大。

3）对乙类建筑，当房屋高度超出提高一度后对应的房屋最大适用高度时，也应根据不同情况区别对待。

（1）当全楼为乙类建筑时，应严格按规定提高相应的抗震构造措施。

（2）当为局部乙类建筑时，实际上在抗震等级的确定过程中已经有过较大程度的提高，如果再考虑抗震构造措施的提高，则提高的幅度过大，也即局部乙类建筑与全部为乙类建筑在抗震等级的划分中没有区别，明显不合理。因此，对抗震构造措施可比丙类建筑适当提高。

2. Ⅲ、Ⅳ类场地时抗震构造措施的提高（第3.9.7条）——对Ⅲ、Ⅳ类场地且涉及基本地震加速度为0.15g及0.3g的建筑，应按提高一度确定相应的抗震构造措施。

3. 高位框支转换时对应于抗震构造措施的抗震等级的提高（第10.2.6条）——比一般框支结构的抗震等级提高一级，已为特一级时不再提高。

4. 加强层及其相邻层框架柱及核心筒剪力墙抗震等级的调整（第10.3.3条）——抗震等级应提高一级，已为特一级时不再提高。

5. 错层处框架柱抗震等级的调整（第10.4.4条）——抗震等级应提高一级，已为特一级时不再提高。

6. 连接体及与连接体相连的结构构件的调整（第10.5.6条）——连体高度及其上、下层抗震等级应提高一级，已为特一级时不再提高。

7. 竖向体型收进、悬挑结构时抗震措施的调整（第10.6.5条）——体型收进部位上、下各两层塔楼周边竖向结构构件的抗震等级提高一级，已为特一级时不再提高。

8. 结构设计时，对多重调整应根据工程实际情况，准确把握抗震等级的提高幅度并采取相应的抗震措施：

1）当调整前已经为特一级抗震等级时（可理解为应采取比特一级更有效的抗震措施，需要进行结构抗震性能化设计的工程），应对结构及结构设计的关键部位进行抗震性能化设计（如对框支柱及剪力墙底部加强部位等按中震弹性或大震不屈服验算等），采取更为严格的抗震措施。

2）当调整前的抗震等级（对应于抗震措施及抗震构造措施）为一级（调整后对应于抗震构造措施的抗震等级为特一级）时，（可理解为应采取比一级更有效的抗震措施，并宜进行结构抗震性能化设计的工程），宜对结构及结构设计的关键部位进行抗震性能化设计（如对框支柱及剪力墙底部加强部位按中震不屈服或中震弹性设计），采取较为严格的抗震构造措施。

3）对多重提高后对应于抗震构造措施的抗震等级为特一级的情况，可参考上述2）的做法。【例3.9.6-1】的工程，属于多重提高（6度乙类建筑、乙类建筑房屋高度超7度高限、5层顶高位框支转换、竖向体型收进等）后的抗震等级（对应于抗震构造措施）提高至特一级的工程。

四、相关索引

1.《抗震规范》的相关规定见其第6.1.2条。

2.《高规》的相关规定见其第3.9.3条、第3.9.4条，对转换梁的相关规定见其第10.2.4条。

第 10.2.7 条

一、规范的规定

10.2.7　转换梁设计应符合下列要求：

1. 转换梁上、下部纵向钢筋的最小配筋率，非抗震设计时均不应小于 0.30%；抗震设计时，特一、一、和二级分别不应小于 0.60%、0.50% 和 0.40%。

2. 离柱边 1.5 倍梁截面高度范围内的梁箍筋应加密，加密区箍筋直径不应小于 10mm、间距不应大于 100mm。加密区箍筋的最小面积配筋率，非抗震设计时不应小于 $0.9\,f_t/f_{yv}$；抗震设计时，特一、一和二级分别不应小于 $1.3\,f_t/f_{yv}$、$1.2\,f_t/f_{yv}$ 和 $1.1\,f_t/f_{yv}$。

3. 偏心受拉的转换梁的支座上部纵向钢筋至少应有 50% 沿梁全长贯通，下部纵向钢筋应全部直通到柱内；沿梁腹板高度应配置间距不大于 200mm、直径不小于 16mm 的腰筋。

二、对规范规定的理解

1. "箍筋的最小面积配筋率" ρ_{sv} 按公式（6.3.4-5）计算。

表 10.2.7-1　转换梁箍筋的最小面积配筋率 ρ_{sv} 及梁上、下纵向钢筋最小配筋率 ρ_s

情况	非抗震	特一级	一级	二级
箍筋 ρ_{sv}	$0.9\,f_t/f_{yv}$	$1.3\,f_t/f_{yv}$	$1.2\,f_t/f_{yv}$	$1.1\,f_t/f_{yv}$
纵向钢筋 ρ_s	0.3%	0.6%	0.5%	0.4%

2. 由于转换构件一般为偏心受拉构件，研究表明：转换梁截面受拉区域很大，甚至可能是全截面受拉，因此，加强转换梁顶部通长钢筋及其两侧腰筋的配置十分重要。

3. 转换梁受力复杂且属于特别重要的结构构件，对其配筋提出比一般框架梁更高的要求，框支梁配筋要求见图 10.2.7-1。

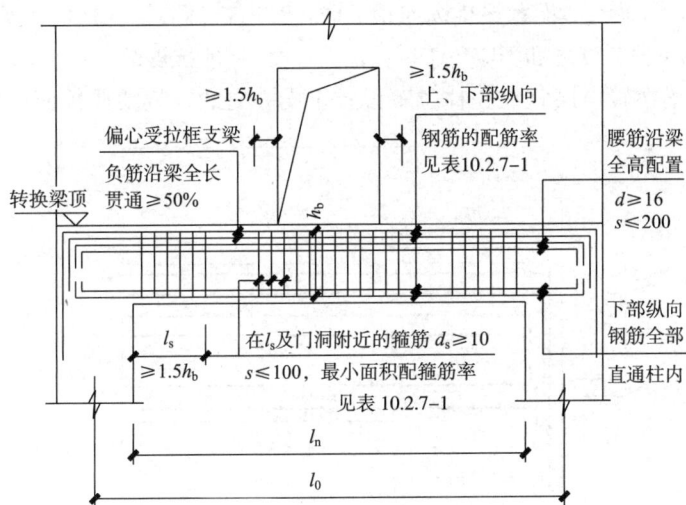

图 10.2.7-1

第 10.2.8 条

一、规范的规定

10.2.8　转换梁设计尚应符合下列规定：

1. 转换梁与转换柱截面中线宜重合。

2. 转换梁截面高度不宜小于计算跨度的 1/8。托柱转换梁截面宽度不应小于其上所托柱在梁宽方向的截面宽度。框支梁截面宽度不宜大于框支柱相应方向的截面宽度，且不宜小于其上墙体截面厚度的 2 倍和 400mm 的较大值。

3. 转换梁截面组合的剪力设计值应符合下列规定：

持久、短暂设计状况

$$V \leqslant 0.20 \beta_c f_c b h_0 \tag{10.2.8-1}$$

地震设计状况

$$V \leqslant \frac{1}{\gamma_{RE}} (0.15 \beta_c f_c b h_0) \tag{10.2.8-2}$$

4. 托柱转换梁应沿腹板高度配置腰筋，其直径不宜小于 12mm、间距不宜大于 200mm。

5. 转换梁纵向钢筋接头宜采用机械连接，同一连接区段内接头钢筋截面面积不宜超过全部纵筋截面面积的 50%，接头位置应避开上部墙体开洞部位、梁上托柱部位及受力较大部位。

6. 转换梁不宜开洞。若必须开洞时，洞口边离开支座柱边的距离不宜小于梁截面高度；被洞口削弱的截面应进行承载力计算，因开洞形成的上、下弦杆应加强纵向钢筋和抗剪箍筋的配置。

7. 对托柱转换梁的托柱部位和框支梁上部的墙体开洞部位，梁的箍筋应加密配置，加密区范围可取梁上托柱边或墙边两侧各 1.5 倍转换梁高度；箍筋直径、间距及面积配筋率应符合本规程第 10.2.7 条第 2 款的规定。

8. 部分框支剪力墙结构中的框支梁上、下纵向钢筋和腰筋（图 10.2.8）应在节点区可靠锚固，水平段应伸至柱边，且非抗震设计时不应小于 $0.4 l_{ab}$，抗震设计时不应小于 $0.4 l_{abE}$，梁上部第一排纵向钢筋应向柱内弯折锚固，且应延伸过梁底不小于 l_a（非抗震设计）或 l_{aE}（抗震设计）；当梁上部配置多排纵向钢筋时，其内排钢筋锚入柱内的长度可适当减小，但水平段长度和弯下段长度之和不应小于钢筋锚固长度 l_a（非抗震设计）或 l_{aE}（抗震设计）。

9. 托柱转换梁在转换层宜在托柱位置设置正交方向的框架梁或楼面梁。

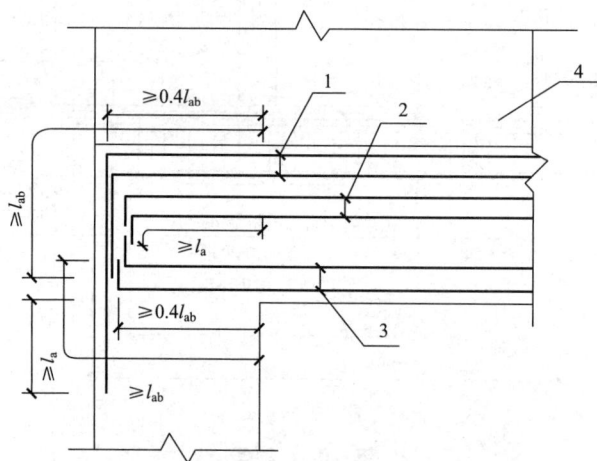

图 10.2.8 框支梁主筋和腰筋的锚固

1—梁上部纵向钢筋；2—梁腰筋；

3—梁下部纵向钢筋；4—上部剪力墙；

抗震设计时图中 l_a、l_{ab} 应分别取为 l_{aE}、l_{abE}

二、对规范规定的理解

框支梁截面要求见图 10.2.8-1。

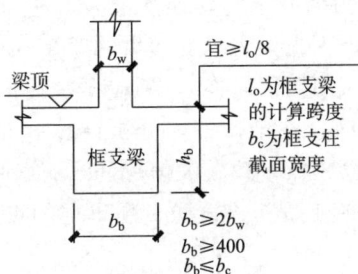

图 10.2.8-1

三、结构设计建议

1. 应特别注意本条第 9 款的规定，托柱转换梁应在与转换梁正交方向设置框架梁或楼面梁，以承担转换梁平面外的柱底弯矩。其实不只是托柱转换需要注意垂直于转换梁的平面外弯矩，对框支转换更应注意剪力墙与转换梁的偏心问题（见图 10.2.8-2），框支转换梁与上部被转换的剪力墙重心不重合时，框支梁将承受很大的扭矩，容易出现扭剪破坏，这种情况经常出现在塔楼外墙与裙房柱外侧上、下对齐的框支转换中。实际工程中，应设置与框支梁垂直的楼面梁，减小框支梁的扭矩。

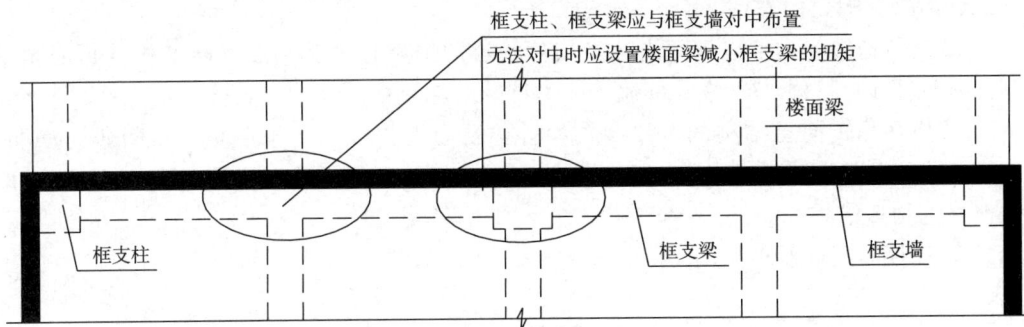

图 10.2.8-2

2. 框支梁上墙体不宜开洞，必须开洞时洞口应设置在框支梁的跨中位置，应避免设置边门洞。当框支梁上墙体设置边门洞时，往往形成小墙肢，其应力集中现象十分严重，而边门洞部位框支梁应力急剧加大。试验研究及计算分析表明，在水平荷载作用下，上部有边门洞的框支梁的弯矩约为上部无边门洞框支梁弯矩的 3 倍，相应的剪力也为 3 倍。因此，应采取特别加强措施（如设置加腋等）。

3. 2010 版规范，对纵向钢筋的锚固增加了基本锚固 l_{ab} 及 l_{abE}，l_{ab} 及 l_{abE} 的锚固多用于构件端部的受拉钢筋（梁、柱）的锚固（见《混凝土规范》图 9.3.4、图 9.3.6、图 9.3.7 及图 11.6.7），因为，框支梁与柱相比刚度很大，地震时一般不会首先破坏。

第 10.2.9 条

一、规范的规定

10.2.9 转换层上部的竖向抗侧力构件（墙、柱）宜直接落在转换层的主要转换构件上。

二、对规范规定的理解

1. 带转换层的高层建筑结构宜采用直接转换（即上部剪力墙直接落在转换层主结构上）。

2. 由框支主梁承托上部剪力墙并承托转换次梁及其上剪力墙的转换方式称其为多次转换，多次转换传力路径长，框支主梁将承受较大的弯矩、剪力和扭矩，带转换层的高层建筑结构应避免主、次梁转换（即两次转换），不应多次转换。

3. 必须采用主、次梁转换时，在结构整体分析计算后，应对转换部位采用有限元等方法进行应力分析，并进行配筋校核，按较大值配筋，有条件时宜采用箱形转换层。

4. 本条规定为超限高层建筑工程抗震设防专项审查的重点内容。

第 10.2.10 条

一、规范的规定

10.2.10 转换柱设计应符合下列要求：

1. 柱内全部纵向钢筋配筋率应符合本规程第 6.4.3 条中框支柱的规定；

2. 抗震设计时，转换柱箍筋应采用复合螺旋箍或井字复合箍，并应沿柱全高加密，箍筋直径不应小于 10mm，箍筋间距不应大于 100mm 和 6 倍纵向钢筋直径的较小值；

3. 抗震设计时，转换柱的箍筋配箍特征值应比普通框架柱要求的数值增加 0.02 采用，且箍筋体积配箍率不应小于 1.5%。

二、对规范规定的理解

1. 转换柱指转换构件以下并与转换构件相连的框架柱，其高度为转换构件顶面至基础顶面（见图 10.2.10-1），框支柱属于一种特殊的转换柱。

2. 转换柱是转换层结构的重要结构构件，受力大，破坏后果严重。实验研究表明，随着地震作用的增大，落地剪力墙开裂、刚度降低，转换柱承受的地震作用逐渐加大。应采取严格的构造措施。

3. 转换柱的配筋要求见图 10.2.10-2。

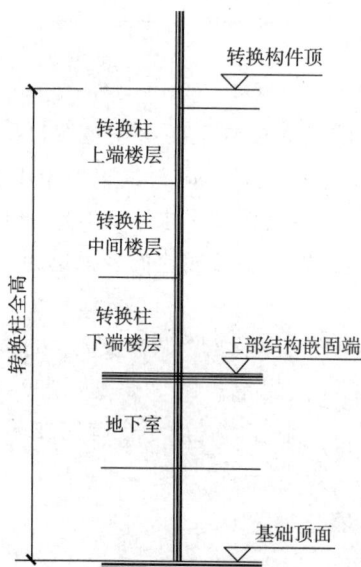

图 10.2.10-1

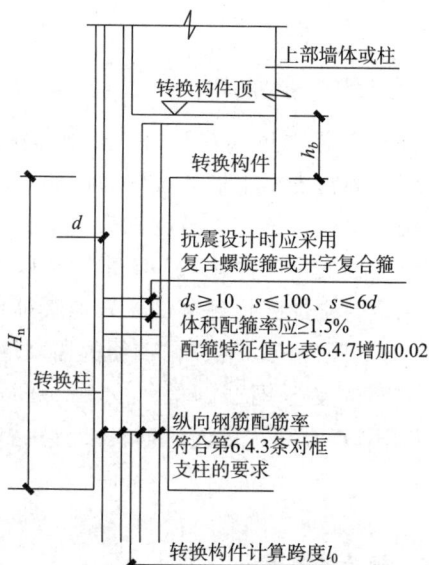

图 10.2.10-2

4. 框支柱的配筋汇总

1) 框支柱的全部纵向受力钢筋的最小配筋率汇总见表 10.2.10-1。

(1) 特一级框支柱,按第 3.10.4 条及第 6.4.3 条规定确定,考虑混凝土强度等级及钢筋牌号的影响。

(2) 其他框支柱,按第 6.4.3 条的规定确定,考虑混凝土强度等级及钢筋牌号的影响。

表 10.2.10-1 框支柱纵向受力钢筋最小配筋百分率

钢筋种类	混凝土强度等级	抗震等级			非抗震
		特一级	一级	二级	
>400 MPa	高于 C60	1.7	1.2	1.0	0.8
	其他	1.6	1.1	0.9	0.7
400 MPa	高于 C60	1.75	1.25	1.05	0.85
	其他	1.65	1.15	0.95	0.75
335 MPa	高于 C60	1.8	1.3	1.1	0.9
	其他	1.7	1.2	1.0	0.8

2) 框支柱的柱端加密区最小配箍特征值 λ_v 和最小体积配箍率 ρ_v 汇总见表 10.2.10-2。

(1) 非抗震设计的框支柱,按第 10.2.11 条确定,宜采用复合螺旋箍或井字复合箍,箍筋直径 $d_v \geq 10mm$,箍筋间距 $s_v \leq 150mm$,$\rho_v \geq 0.8\%$。

(2) 特一级框支柱,按第 3.10.4 条及第 6.4.7 条规定确定,λ_v 比普通框架柱(表 6.4.7)增加 0.03,$\rho_v \geq 1.6\%$,框支柱的轴压比限值按表 6.4.2 确定为 0.6,采取有效措施后轴压比最多可放大 0.15 至 0.6+0.15=0.75,但 λ_v 可按放大 0.1 即 0.6+0.1=0.7 确定。

(3) 其他框支柱,按第 10.2.10 条及第 6.4.7 条规定确定,λ_v 比普通框架柱(表 6.4.7)增加 0.02,$\rho_v \geq 1.5\%$,框支柱的轴压比限值按表 6.4.2 确定:

① 一级为 0.6,采取有效措施后轴压比最多可放大 0.15 至 0.6+0.15=0.75,但 λ_v 可按放大 0.1 即 0.6+0.1=0.7 确定。

② 二级为 0.7,采取有效措施后轴压比最多可放大 0.15 至 0.7+0.15=0.85,但 λ_v 可按放大 0.1 即 0.7+0.1=0.8 确定。

表 10.2.10-2 框支柱柱端加密区最小配箍特征值 λ_v 和最小体积配箍率 ρ_v

抗震等级	λ_v							ρ_v
	箍筋形式	柱轴压比						
		≤0.3	0.4	0.5	0.6	0.7	0.8	
特一级 (比普通柱+0.03)	井字复合箍	0.13	0.14	0.16	0.18	0.20	—	1.6%
	复合螺旋箍	0.11	0.12	0.14	0.16	0.18	—	
一级 (比普通柱+0.02)	井字复合箍	0.12	0.13	0.15	0.17	0.19	—	1.5%
	复合螺旋箍	0.10	0.11	0.13	0.15	0.17	—	
二级 (比普通柱+0.02)	井字复合箍	0.10	0.11	0.13	0.15	0.17	0.19	1.5%
	复合螺旋箍	0.08	0.09	0.11	0.13	0.15	0.17	
非抗震	采用复合螺旋箍或井字复合箍,$d_v \geq 10$,$S_v \leq 150$							0.8%

第 10.2.11 条

一、规范的规定

10.2.11 转换柱设计尚应符合下列规定：

1. 柱截面宽度，非抗震设计时不宜小于 400mm，抗震设计时不应小于 450mm；柱截面高度，非抗震设计时不宜小于转换梁跨度的 1/15，抗震设计时不宜小于转换梁跨度的 1/12。

2. 一、二级转换柱由地震作用产生的轴力应分别乘以增大系数 1.5、1.2，但计算柱轴压比时可不考虑该增大系数。

3. 与转换构件相连的一、二级转换柱的上端和底层柱下端截面的弯矩组合值应分别乘以增大系数 1.5、1.3，其他层转换柱柱端弯矩设计值应符合本规程第 6.2.1 条的规定。

4. 一、二级柱端截面的剪力设计值应符合本规程第 6.2.3 条的有关规定。

5. 转换角柱的弯矩设计值和剪力设计值应分别在本条第 3、4 款的基础上乘以增大系数 1.1。

6. 柱截面的组合剪力设计值应符合下列规定：

持久、短暂设计状况 $\qquad V \leqslant 0.20 \beta_c f_c b h_0$ （10.2.11-1）

地震设计状况 $\qquad V \leqslant \dfrac{1}{\gamma_{RE}} (0.15 \beta_c f_c b h_0)$ （10.2.11-2）

7. 纵向钢筋间距均不应小于 80mm，且抗震设计时不宜大于 200mm，非抗震设计时不宜大于 250mm；抗震设计时，柱内全部纵向钢筋配筋率不宜大于 4.0%。

8. 非抗震设计时，转换柱宜采用复合螺旋箍或井字复合箍，其箍筋体积配箍率不宜小于 0.8%，箍筋直径不宜小于 10mm，箍筋间距不宜大于 150mm。

9. 部分框支剪力墙结构中的框支柱在上部墙体范围内的纵向钢筋应伸入上部墙体内不少于一层；其余柱纵筋应锚入转换层梁内或板内。从柱边算起，锚入梁内、板内的钢筋长度，抗震设计时不应小于 l_{aE}，非抗震设计时不应小于 l_a。

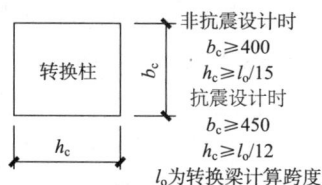

图 10.2.11-1

二、对规范规定的理解

转换柱的截面要求见图 10.2.11-1。

三、结构设计建议

1. 转换构件至上部结构嵌固部位之间的转换柱，其内力需按本条规定调整；

2. 与上部结构嵌固部位相邻的地下室楼层（一般为地下一层）的转换柱，其抗震等级同上层转换柱，每侧的纵向钢筋面积除应符合计算要求外，不应少于地上一层的 1.1 倍（见第 12.2.1 条）。

3. 以下各层的转换柱，相应于抗震构造措施的抗震等级可逐层降低，但最低不宜低于三级。

四、相关索引

1.《抗震规范》的相关规定见其第 6.1.2 条。

2.《混凝土规范》的相关规定见其第 11.1.3 条。

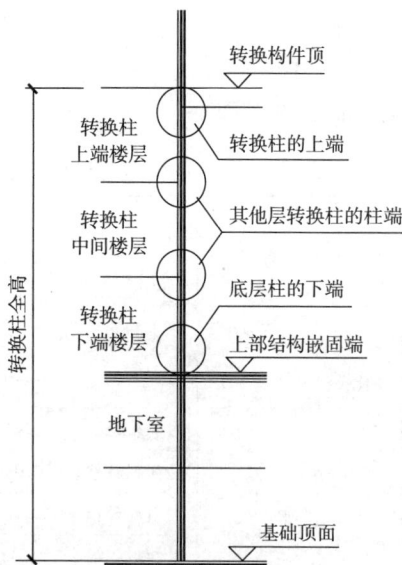

图 10.2.11-2

第 10.2.12 条

一、规范的规定

10.2.12 抗震设计时，转换梁、柱的节点核心区应进行抗震验算，节点应符合构造措施的要求。转换梁、柱的节点核心区应按本规程第 6.4.10 条规定设置水平箍筋。

二、对规范规定的理解

转换构件节点区受力复杂且非常大，提出对转换梁柱节点核心区的水平箍筋设置要求。

三、相关索引

1. 《抗震规范》的相关规定见其第 6.3.10 条。

2. 《混凝土规范》的相关规定见其第 11.6.8 条。

第 10.2.13 条

一、规范的规定

10.2.13 箱形转换结构上、下楼板厚度均不宜小于 180mm，应根据转换柱的布置和建筑功能要求设置双向横隔板；上、下板配筋设计应同时考虑板局部弯曲和箱形转换层整体弯曲的影响，横隔板宜按深梁设计。

二、对规范规定的理解

1. 箱形转换层的顶、底板，除产生局部弯曲外，还会产生因箱形结构整体变形产生的整体弯曲，截面承载力设计时应该同时考虑这两种弯曲变形在截面内产生的拉应力、压应力。

2. 箱形转换构件设计时要保证其整体受力作用，因此规定箱形转换结构上、下楼板（即顶、底板）厚度均不宜小于 180mm，并应设置横隔板。

3. 箱形转换结构上、下楼板厚度不宜小于 180mm。板配筋时除应考虑弯矩计算外，尚应考虑其自身平面内的拉力、压力的影响。

4. 对本条规定的理解见图 10.2.13-1。

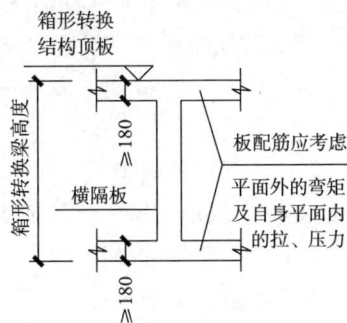

图 10.2.13-1

第 10.2.14 条

一、规范的规定

10.2.14 厚板设计应符合下列规定：

1. 转换厚板的厚度可由抗弯、抗剪、抗冲切截面验算确定。

2. 转换厚板可局部做成薄板，薄板与厚板交界处可加腋；转换厚板亦可局部做成夹心板。

3. 转换厚板宜按整体计算时所划分的主要交叉梁系的剪力和弯矩设计值进行截面设计并按有限元法分析结果进行配筋校核；受弯纵向钢筋可沿转换板上、下部双层双向配置，每一方向总配筋率不宜小于 0.6%；转换板内暗梁的抗剪箍筋面积配筋率不宜小于 0.45%。

4. 厚板外周边宜配置钢筋骨架网。

5. 转换厚板上、下部的剪力墙、柱的纵向钢筋均应在转换厚板内可靠锚固。

6. 转换厚板上、下一层的楼板应适当加强，楼板厚度不宜小于 150mm。

二、对规范规定的理解

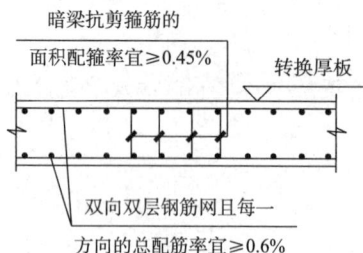

图 10.2.14-1

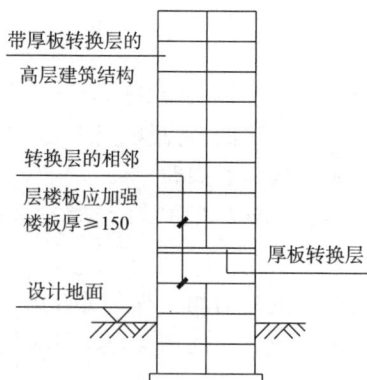

图 10.2.14-2

三、结构设计建议

1. 与转换层楼板不同，厚板转换对转换板内每层每方向的纵向钢筋不作规定，而是规定每一方向总的最小配筋量，实际工程中可适当调整上、下层钢筋的比例，建议每层每方向的配筋率不小于 0.25％。

2. 当转换厚板上、下的剪力墙、柱直通时，其纵向钢筋应通长设置，不应各自在厚板内锚固，本条第 5 款仅适用于在转换厚板上、下剪力墙、柱不能直通之情形。

3. 转换厚板内应设置暗梁，暗梁的设置应与整体分析计算的交叉梁系一致。

第 10.2.15 条

一、规范的规定

10.2.15　采用空腹桁架转换层时，空腹桁架宜满层设置，应有足够的刚度。空腹桁架的上、下弦杆宜考虑楼板作用，并应加强上、下弦杆与框架柱的锚固连接构造；竖腹杆应按强剪弱弯进行配筋设计，并加强箍筋配置以及与上、下弦杆的连接构造措施。

二、对规范规定的理解

试验研究及设计经验表明，空腹桁架转换层的整体作用非常重要，桁架的各杆件应根据各自的受力特点进行相应的设计构造，上、下弦杆还应考虑轴向变形的影响。

第 10.2.16 条

一、规范的规定

10.2.16　部分框支剪力墙结构的布置应符合下列规定：

1. 落地剪力墙和筒体底部墙体应加厚；

2. 框支柱周围楼板不应错层布置；

3. 落地剪力墙和筒体的洞口宜布置在墙体的中部；

4. 框支梁上一层墙体内不宜设置边门洞，也不宜在框支中柱上方设置门洞；

5. 落地剪力墙的间距 l 应符合下列规定：

1）非抗震设计时，l 不宜大于 $3B$ 和 36m；

2）抗震设计时，当底部框支层为 1～2 层时，l 不宜大于 $2B$ 和 24m；当底部框支层为 3 层及 3 层以上时，l 不宜大于 $1.5B$ 和 20m。此处，B 为落地墙之间楼盖的平均宽度。

6. 框支柱与相邻落地剪力墙的距离，1～2 层框支层时不宜大于 12m，3 层及 3 层以上框支层时不宜大于 10m；

7. 框支框架承担的地震倾覆力矩应小于结构总地震倾覆力矩的 50%；

8. 当框支梁承托剪力墙并承托转换次梁及其上剪力墙时，应进行应力分析，按应力校核配筋，并加强构造措施。B 级高度部分框支剪力墙高层建筑的结构转换层，不宜采用框支主、次梁方案。

二、对规范规定的理解

1. 在转换结构中，由于存在不落地剪力墙或框筒柱，因此对落地剪力墙及筒体剪力墙加强是必须的，考虑到实际工程中增加剪力墙的数量难度较大，一般可结合底部楼层的层高情况等适当加厚落地剪力墙的墙厚。

2. 转换结构中，不落地剪力墙的剪力绝大部分需要落地剪力墙来承担（框支柱只承担其中很小的部分），楼面结构为楼层剪力的重要传力途径，因此，在框支柱周围的楼板（也即不落地剪力墙周围的楼板）不应采用错层。

3. 框支梁上一层墙体受力复杂，应避免开洞，尤其应避免开边门洞（相关问题分析见第 10.2.8 条）。

4. 限制落地剪力墙的间距能确保结构的整体工作性能，"B 为落地墙之间楼盖的平均宽度"，实际工程中对落地剪力墙之间的楼板，应避免开大洞、避免楼板出现较大的凹凸，确保楼板宽度基本均匀，当楼板的有效宽度变化较大时，B 宜按落地剪力墙之间的最小宽度计算。

5. 对框支框架承担的倾覆力矩的限制，其目的就是为防止落地剪力墙过少，保证部分框支剪力墙结构具有必要的侧向刚度，确保剪力墙成为主要抗侧力结构。

第 10.2.17 条

一、规范的规定

10.2.17 部分框支剪力墙结构框支柱承受的水平地震剪力标准值应按下列规定采用：

1. 每层框支柱的数目不多于 10 根时，当底部框支层为 1～2 层时，每根柱所受的剪力应至少取结构基底剪力的 2%；当底部框支层为 3 层及 3 层以上时，每根柱所受的剪力应至少取结构基底剪力的 3%；

2. 每层框支柱的数目多于 10 根时，当底部框支层为 1～2 层时，每层框支柱承受剪力之和应至少取结构基底剪力的 20%；当框支层为 3 层及 3 层以上时，每层框支柱承受剪力之和应至少取结构基底剪力的 30%。

框支柱剪力调整后，应相应调整框支柱的弯矩及柱端框架梁的剪力和弯矩，但框支梁的剪力、弯矩、框支柱的轴力可不调整。

二、对规范规定的理解

1. 在框支转换结构中，由于落地剪力墙与框支柱之间巨大的刚度差，落地剪力墙几乎承受了全部地震剪力，框支柱按计算确定的地震剪力很小。实际工程中由于转换层结构的面内变形会使框支柱的剪力显著增加，试验（12层底层大空间剪力墙住宅模型）表明：实测框支柱的剪力为按楼板刚度无穷大假定计算值的6～8倍，且当落地剪力墙出现裂缝后，框支柱的剪力还会增加，因此，考虑框支柱的重要性，对框支柱承受的剪力应予以放大。

2. 对本条规定可用图10.2.17-1来理解。

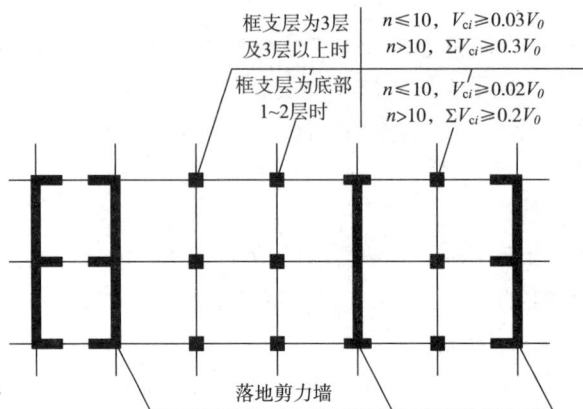

框支层为3层 | $n \leqslant 10$, $V_{ci} \geqslant 0.03V_0$
及3层以上时 | $n > 10$, $\sum V_{ci} \geqslant 0.3V_0$

框支层为底部 | $n \leqslant 10$, $V'_{ci} \geqslant 0.02V_0$
1～2层时 | $n > 10$, $\sum V'_{ci} \geqslant 0.2V_0$

落地剪力墙

图 10.2.17-1

3. 框支转换梁的截面大，在框支梁与框支柱的节点处，梁端一般不会出现塑性铰，因此，框支柱剪力调整时，可不对框支梁的梁端弯矩和剪力进行相应调整（但与框支柱相连的一般框架梁的梁端弯矩和剪力，仍应按框支柱剪力的调整幅度进行相应的调整）。

三、结构设计的相关问题

当框支柱数量不多于10根且框支柱刚度相差较大时，按本条要求调整后对较大刚度的框支柱其加强程度较低，而刚度较小的框支柱则易出现配筋过大的反常结果。

四、结构设计建议

1. 当框支柱数量不多于10根时，框支柱的侧向刚度差异不能太大，截面应基本相当。建议有条件时，对照规范对框支柱数量多于10根时的处理方法，可按以下原则补充调整计算，并取规范方法与式（10.2.17-2）计算之大值设计，举例说明如下：

【例 10.2.17-1】

某层框支柱数量 n 根（$n \leqslant 10$），则：

框支柱承受的总地震剪力 V_{c0} 不应小于 $n \times 2\%$ 的结构底部总地震剪力 V_0，即：

$$V_{c0} = 2\% \, n V_0 \qquad (10.2.17\text{-}1)$$

每根框支柱承受的地震剪力 V_{ci} 按各框支柱承受的地震剪力计算值 V_{ci}^c 的比例分配，即：

$$V_{ci} = \frac{V_{ci}^c}{\sum\limits_{i=1}^{n} V_{ci}^c} V_{c0} \qquad (10.2.17\text{-}2)$$

2. 当框支柱数量不少于10根时，由于框支柱其刚度受框支梁等构件的影响大，实际所承受的剪力各不相同：

框支柱承受的总地震剪力 V_{c0} 不应小于20%的结构底部总地震剪力 V_0，即：

$$V_{c0} = 0.2 V_0 \qquad (10.2.17\text{-}3)$$

每根框支柱承受的地震剪力 V_{ci} 按各框支柱承受的地震剪力计算值 V_{ci}^c 的比例分配，即：

$$V_{ci} = \frac{V_{ci}^c}{\sum\limits_{i=1}^{n} V_{ci}^c} V_{c0}$$ (10.2.17-4)

五、相关索引

《抗震规范》的相关规定见其第 6.2.10 条。

第 10.2.18 条

一、规范的规定

10.2.18 部分框支剪力墙结构中，特一、一、二、三级落地剪力墙底部加强部位的弯矩设计值应按墙底截面有地震作用组合的弯矩值乘以增大系数 1.8、1.5、1.3、1.1 采用；其剪力设计值应按本规程第 3.10.5 条、第 7.2.6 条的规定进行调整。落地剪力墙墙肢不宜出现偏心受拉。

二、对规范规定的理解

相比第 7.2.5 条的规定可以发现，部分框支剪力墙结构中的落地剪力墙，其墙底弯矩设计值与一般剪力墙结构不同，需要乘以与抗震等级相应的放大系数，同时还应按强剪弱弯要求同步放大其剪力设计值，实现的是强墙根的要求，即延缓墙底出现塑性铰的时间。

三、结构设计的相关问题

1. 部分框支剪力墙结构中的落地剪力墙，其弯矩和剪力调整过程如下：

1）特一级落地剪力墙

（1）底部加强部位，其弯矩设计值按本条规定，将考虑地震作用组合的弯矩计算值乘以 1.8 的放大系数；剪力设计值应按第 3.10.5 条的规定，将考虑地震作用组合的剪力计算值乘以 1.9 的放大系数；

（2）其他部位，其弯矩设计值应按第 3.10.5 条的规定，将考虑地震作用组合的弯矩计算值乘以 1.3 的放大系数；剪力计算值应按第 3.10.5 条的规定，将考虑地震作用组合的剪力计算值乘以 1.4 的放大系数。

（3）依据第 3.9.3 条的规定，9 度时，不应采用部分框支剪力墙结构，因此，无 9 度特一级落地剪力墙。

2）9 度一级落地剪力墙

（1）底部加强部位，其弯矩设计值按本条规定，将考虑地震作用组合的弯矩计算值乘以 1.5 的放大系数；剪力设计值应按公式（7.2.6-2）计算，由于将弯矩设计值放大了 1.5 倍，也就意味着相应地将考虑地震作用组合的剪力设计值也乘了 1.5 的放大系数（不小于剪力计算值的 $1.1 \times 1.5 = 1.65$ 倍）；

（2）其他部位，按第 7.2.5 条的规定，将考虑地震作用组合的弯矩计算值乘以 1.2 的放大系数；将考虑地震作用组合的剪力计算值乘以 1.3 的放大系数。

3）其他的一级落地剪力墙

（1）底部加强部位，其弯矩设计值按本条规定，将考虑地震作用组合的弯矩计算值乘以 1.5 的放大系数；剪力设计值应将考虑地震作用组合的剪力计算值乘以 1.6 的放大系数，也即按公式（7.2.6-1）计算时的剪力增大系数 $\eta_{vw} = 1.6$ 。

（2）其他部位，应按第7.2.5条的规定，将考虑地震作用组合的弯矩计算值乘以1.2的放大系数；将考虑地震作用组合的剪力计算值乘以1.3的放大系数。

4）二级落地剪力墙

（1）底部加强部位，其弯矩设计值按本条规定，将考虑地震作用组合的弯矩计算值乘以1.3的放大系数；剪力设计值应将考虑地震作用组合的剪力计算值乘以1.4的放大系数，也即按公式（7.2.6-1）计算时的剪力增大系数 $\eta_{vw} = 1.4$ 。

（2）其他部位，应按第7.2.5条的规定，考虑地震作用组合的弯矩计算值和剪力计算值不放大。

5）三级落地剪力墙

（1）底部加强部位，其弯矩设计值按本条规定，将考虑地震作用组合的弯矩计算值乘以1.1的放大系数；剪力设计值应将考虑地震作用组合的剪力计算值乘以1.2的放大系数，也即按公式（7.2.6-1）计算时的剪力增大系数 $\eta_{vw} = 1.2$ 。

（2）其他部位，应按第7.2.5条的规定，考虑地震作用组合的弯矩计算值和剪力计算值不放大。

6）部分框支剪力墙结构中的落地剪力墙，其弯矩和剪力调整汇总见表10.2.18-1。

表 10.2.18-1　部分框支剪力墙结构中的落地剪力墙弯矩和剪力调整

序号	情况	部位	弯矩放大系数	剪力放大系数
1	特一级	底部加强部位	1.8（第10.2.18条）（对考虑地震作用组合的弯矩计算值的放大）	1.9（第3.10.5条）（对考虑地震作用组合的剪力计算值的放大）
		其他部位	1.3（第3.10.5条）（对考虑地震作用组合的弯矩计算值的放大）	1.4（第3.10.5条）（对考虑地震作用组合的剪力计算值的放大）
2	9度一级	底部加强部位	1.5（第10.2.18条）（对考虑地震作用组合的弯矩计算值的放大）	≥1.1×1.5＝1.65（第7.2.6条）（弯矩放大，剪力同步放大）
		其他部位	1.2（第7.2.5条）（对考虑地震作用组合的弯矩计算值的放大）	1.3（第7.2.5条）（对考虑地震作用组合的剪力计算值的放大）
3	其他一级	底部加强部位	1.5（第10.2.18条）（对考虑地震作用组合的弯矩计算值的放大）	1.6（第7.2.6条）（对考虑地震作用组合的剪力计算值的放大）
		其他部位	1.2（第7.2.5条）（对考虑地震作用组合的弯矩计算值的放大）	1.3（第7.2.5条）（对考虑地震作用组合的剪力计算值的放大）
4	二级	底部加强部位	1.3（第10.2.18条）（对考虑地震作用组合的弯矩计算值的放大）	1.4（第7.2.6条）（对考虑地震作用组合的剪力计算值的放大）
		其他部位	1.0（第7.2.5条）（考虑地震作用组合的弯矩计算值不放大）	1.0（第7.2.5条）（考虑地震作用组合的剪力计算值不放大）
5	三级	底部加强部位	1.1（第10.2.18条）（对考虑地震作用组合的弯矩计算值的放大）	1.2（第7.2.6条）（对考虑地震作用组合的剪力计算值的放大）
		其他部位	1.0（第7.2.5条）（考虑地震作用组合的弯矩计算值不放大）	1.0（第7.2.5条）（考虑地震作用组合的剪力计算值不放大）

2. 在部分框支剪力墙结构中，由于底部框架-剪力墙结构与上部剪力墙结构侧向刚度的差异（侧向刚度上大下小，实际工程中，应避免对底部框架-剪力墙侧向刚度的过度加强），按本条规定对落地剪力墙弯矩及剪力调整后，仍能确保落地剪力墙的塑性铰出现在底部加强部位。

四、相关索引

1.《抗震规范》的相关规定见其第 6.2.7 条、6.2.8 条。

2.《混凝土规范》的相关规定见其第 11.7.1 条、11.7.2 条。

第 10.2.19 条

一、规范的规定

10.2.19 部分框支剪力墙结构中，剪力墙底部加强部位墙体的水平和竖向分布钢筋的最小配筋率，抗震设计时不应小于 **0.3%**，非抗震设计时不应小于 **0.25%**；抗震设计时钢筋间距不应大于 **200mm**，钢筋直径不应小于 **8mm**。

二、对规范规定的理解

1. 对本条规定的理解见图 10.2.19-1。

2. 本条规定要求非抗震设计时，剪力墙底部加强部位也应采取加强措施。

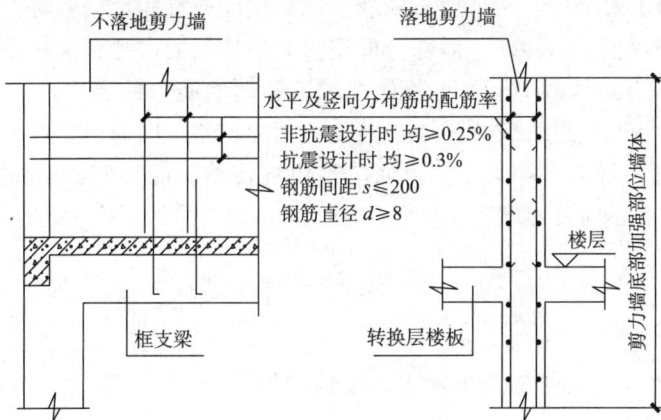

图 10.2.19-1

三、相关索引

1.《抗震规范》的相关规定见其第 6.4.3 条。

2.《混凝土规范》的相关规定见其第 9.4.2 条、11.7.14 条。

3.《高规》的相关规定见其第 7.2.17 条。

第 10.2.20 条

一、规范的规定

10.2.20 部分框支剪力墙结构的剪力墙底部加强部位，墙体两端宜设置翼墙或端柱，抗震设计时尚应按本规程第 7.2.15 条的规定设置约束边缘构件。

二、对规范规定的理解

1. 本条规定非抗震设计时，剪力墙底部加强部位也宜采取加强措施，设置翼墙或端

357

柱提高剪力墙的稳定性。

2. 对部分框支剪力墙结构的剪力墙底部加强部位，无论是否满足表 7.2.14 的最大轴压比规定，均应按第 7.2.15 条规定设置约束边缘构件。

3. 部分框支剪力墙结构中的特一级落地剪力墙的底部加强部位，宜配置型钢，型钢宜向上（即底部加强部位的上一层）、向下（即上部结构嵌固部位的下一层）各延伸一层（见第 3.10.5 条）。

三、相关索引

1.《抗震规范》的相关规定见其第 6.4.5 条。

2.《混凝土规范》的相关规定见其第 11.7.17 条。

3.《高规》的相关规定见其第 7.2.14 条。

第 10.2.21 条

一、规范的规定

10.2.21　部分框支剪力墙结构的落地剪力墙基础应有良好的整体性和抗转动的能力。

二、对规范规定的理解

1. 在部分框支剪力墙结构中，落地剪力墙属于特别重要的结构构件，既是主要抗侧构件，也是主要的承重构件，一旦地基较软、基础刚度或整体性较差时，在地震作用下剪力墙的基础可能产生较大的转动，对部分框支剪力墙结构的内力和位移产生不利影响。

2. 事实上，所有结构的基础都有整体性和抗转动的能力的要求，而对部分框支剪力墙结构由于上部结构耐受差异沉降及基础转动的能力较差，因而问题更加突出。

3. 本条规定可理解为：对落地剪力墙应采用抗转动性能良好的整体式基础，如墙下条形基础、筏板基础或桩基础等。

第 10.2.22 条

一、规范的规定

10.2.22　部分框支剪力墙结构框支梁上部墙体的构造应符合下列规定：

1. 当梁上部的墙体开有边门洞时（图10.2.22），洞边墙体宜设置翼墙、端柱或加厚，并应按本规程第 7.2.15 条约束边缘构件的要求进行配筋设计；当洞口靠近梁端部且梁的受剪承载力不满足要求时，可采取框支梁加腋或增大框支墙洞口连梁刚度等措施。

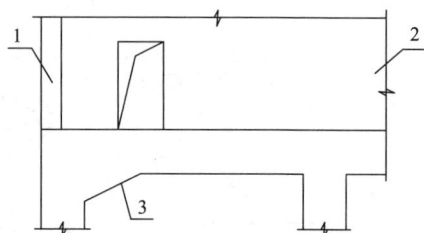

图 10.2.22　框支梁上墙体有边门洞时
洞边墙体的构造要求

1—翼墙或端柱；2—剪力墙；3—框支梁加腋

2. 框支梁上部墙体竖向钢筋在梁内的锚固长度，抗震设计时不应小于 l_{aE}，非抗震设计时不应小于 l_a。

3. 框支梁上部一层墙体的配筋宜按下列规定进行校核：

1）柱上墙体的端部竖向钢筋面积 A_s：

$$A_s = h_c b_w (\sigma_{01} - f_c)/f_y \tag{10.2.22-1}$$

2）柱边 $0.2 l_n$ 宽度范围内竖向分布钢筋面积 A_{sw}：

$$A_{sw} = 0.2 l_n b_w (\sigma_{02} - f_c) / f_{yw} \tag{10.2.22-2}$$

3）框支梁上部 $0.2 l_n$ 高度范围内水平分布筋面积 A_{sh}：

$$A_{sh} = 0.2 l_n b_w \sigma_{xmax} / f_{yh} \tag{10.2.22-3}$$

式中：l_n ——框支梁净跨度（mm）；

　　h_c ——框支柱截面高度（mm）；

　　b_w ——墙肢截面厚度（mm）；

　　σ_{01} ——柱上墙体 h_c 范围内考虑风荷载、地震作用组合的平均压应力设计值（N/mm²）；

　　σ_{02} ——柱边墙体 $0.2 l_n$ 范围内考虑风荷载、地震作用组合的平均压应力设计值（N/mm²）；

　　σ_{xmax} ——框支梁与墙体交接面上考虑风荷载、地震作用组合的水平拉应力设计值（N/mm²）。

有地震作用组合时，公式（10.2.22-1）～（10.2.22-3）中 σ_{01}、σ_{02}、σ_{xmax} 均应乘以 γ_{RE}，γ_{RE} 取 0.85。

4. 框支梁与其上部墙体的水平施工缝处宜按本规程第 7.2.12 条的规定验算抗滑移能力。

二、对规范规定的理解

1. 试验研究及分析计算表明：框支梁上部的墙体受力复杂，在多个部位出现明显的应力集中现象，容易导致剪力墙破坏，是结构受力的薄弱环节也是结构设计的关键部位，因此，对相关部位提出具体加强措施。

2. 对本条第 2 款的理解见图 10.2.22-1。

3. 对本条第 3、4 款的理解见图 10.2.22-2。

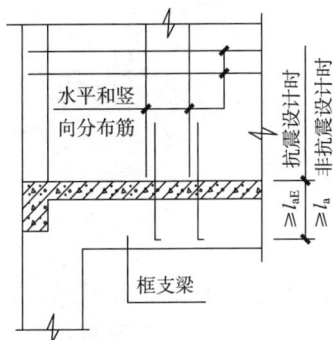

图 10.2.22-1

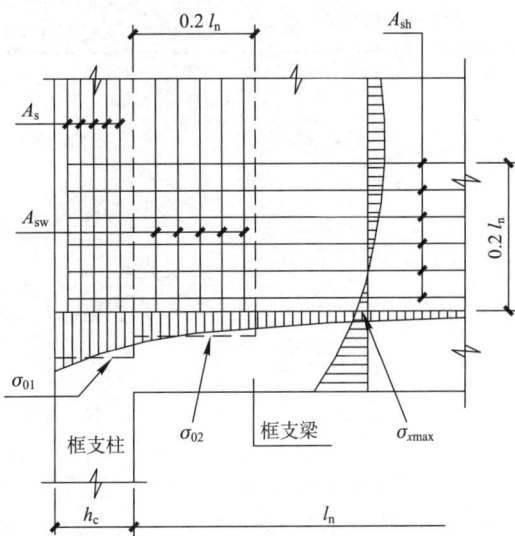

图 10.2.22-2

第 10.2.23 条

一、规范的规定

10.2.23 部分框支剪力墙结构中，框支转换层楼板厚度不宜小于 180mm，应双层双向配筋，且每层每方向的配筋率不宜小于 0.25%，楼板中钢筋应<u>锚固在边梁或墙体内</u>；落地剪力墙和筒体外围的楼板不宜开洞。<u>楼板边缘和较大洞口周边应设置边梁</u>，其宽度不宜小于板厚的 2 倍，全截面纵向钢筋配筋率不应小于 1.0%。<u>与转换层相邻楼层</u>的楼板也应适当加强。

二、对规范规定的理解

1. 在部分框支剪力墙结构中，转换层楼板是重要的水平传力构件，不落地剪力墙的剪力需要通过转换层楼板传递到落地剪力墙上，转换层楼板及其相邻层楼板受力较大，应加强对转换层楼板的构造要求，确保楼板传力的可靠性。

2. 楼板中的钢筋"锚固在边梁或墙体内"，指楼板的上、下钢筋均应满足受拉锚固长度 l_{aE} 要求。

3. "楼板边缘和较大洞口周边应设置边梁"，实际工程中可对洞口尺寸不小于 800mm 的洞口边缘设置楼面梁，该洞口边梁的全截面钢筋（即包括梁顶、底和腰筋等）配筋率不小于 1%。

4. "与转换层相邻楼层"指转换层的上、下楼层，应根据工程具体情况适当加强楼板厚度并配置足够数量的拉通钢筋。

表 10.2.23-1　转换层楼板的构造要求

序号	情况	规定及理解与应用	
1	转换层楼板厚度	不宜小于 180mm	
2	配筋要求	应双层双向，且每层每方向的配筋率不宜小于 0.25%	
		楼板钢筋应锚固在边梁或墙体内	
3	楼板边缘和较大洞口周边（应设置边梁）边梁的截面及配筋要求	边梁宽度	不宜小于楼板厚度的 2 倍
		边梁纵向钢筋配筋率	不应小于 1.0%
		边梁的纵向钢筋接头	宜采用机械连接或焊接（《抗震规范》第 E.1.4 条）
4	与转换层相邻层的楼板	也应适当加强（建议：板厚不小于 150mm，双层双向拉通钢筋的配筋率，每层每方向不小于 0.2%）	

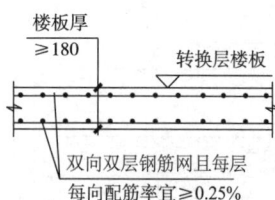

图 10.2.23-1

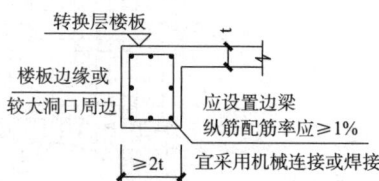

图 10.2.23-2

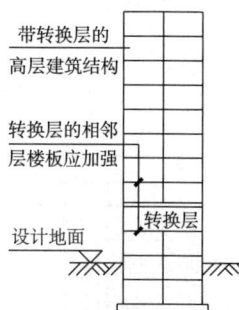

图 10.2.23-3

5. 对框支层楼板的加强措施，与对上部结构嵌固部位楼板的加强措施相似。实际工程中，对结构的其他重要部位楼板，当对楼板的整体性和协调变形能力等有较高要求（或抗震性能化设计）时，可参照本条规定设计。

三、相关索引

1. 《抗震规范》的相关规定见其第 6.1.14 条。

2. 《高规》的相关规定见其第 3.6.3 条。

第 10.2.24 条

一、规范的规定

10.2.24　部分框支剪力墙结构中，抗震设计的矩形平面建筑框支转换层楼板，其截面剪力设计值应符合下列要求：

$$V_f \leqslant \frac{1}{\gamma_{RE}}(0.1\beta_c f_c b_f t_f) \qquad (10.2.24\text{-}1)$$

$$V_f \leqslant \frac{1}{\gamma_{RE}}(f_y A_s) \qquad (10.2.24\text{-}2)$$

式中：b_f、t_f——分别为框支转换层楼板的验算截面宽度和厚度；

V_f——由不落地剪力墙传到落地剪力墙处按刚性楼板计算的框支层楼板组合的剪力设计值，8 度时应乘以增大系数 2.0，7 度时应乘以增大系数 1.5；验算落地剪力墙时可不考虑此增大系数；

A_s——穿过落地剪力墙的框支转换层楼盖（包括梁和板）的全部钢筋的截面面积；

γ_{RE}——承载力抗震调整系数，可取 0.85。

二、对规范规定的理解

1. 抗震设计时，框支层楼板作为主要的传力构件，应具有足够的抗剪能力。

2. 本条是对楼板面内抗剪承载力（楼板平面内的水平受力构件）的简单估算，并提出楼板钢筋对水平剪力的平面内悬挂要求，与《高规》公式（8.2.3）条板柱节点悬挂要求的规定相似。

3. 对验算公式的理解见图 10.2.24-1。

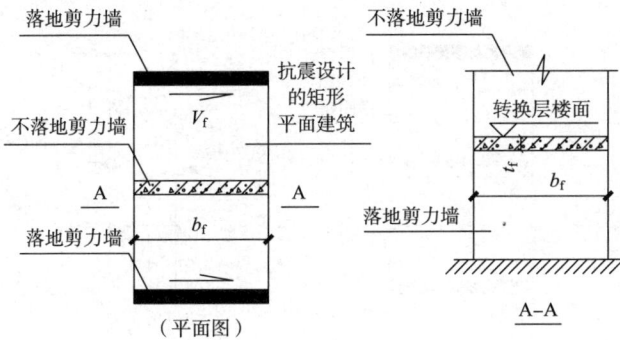

图 10.2.24-1

三、结构设计建议

1. 本条适用于矩形平面建筑，对其他形状的建筑可依据本条规定的原则验算。

2. 框支转换层楼盖中梁和板的全部钢筋的截面面积 A_s 应在两侧落地剪力墙中满足受拉锚固长度 l_{aE} 要求。

四、相关索引

《抗震规范》关于矩形平面剪力墙结构框支层楼板设计的相关规定见其附录 E。

第 10.2.25 条

一、规范的规定

10.2.25 部分框支剪力墙结构中，抗震设计的矩形平面建筑框支转换层楼板，<u>当平面较长或不规则以及各剪力墙内力相差较大时</u>，可采用简化方法验算楼板平面内受弯承载力。

二、对规范规定的理解

1. 本条规定适用于对楼板的整体性要求较高的结构。"平面较长"时，需要楼板提供较强的约束能力，以确保剪力墙的协同工作；平面"不规则"时，对楼板的刚度要求更高；剪力墙内力相差较大时，也需要楼板提供足够的协调能力。

2. 转换层楼板及楼板受力较大时，应加强对楼板的构造要求。

三、结构设计建议

1. 对"平面较长的"《高规》未予以量化，应根据工程经验确定，当无可靠设计经验时，可将平面长宽比不小于 3 的情况确定为平面较长。

2. 对照第 8.1.8 条，《高规》对长矩形平面建筑中的剪力墙间距有限制，而对其他平面形状建筑的剪力墙则未明确要求。结构设计中，可对所有各种形状的建筑平面按表8.1.8 控制剪力墙间距（偏于安全）。

3. 对抗震设计矩形平面建筑框支层楼板平面内的受弯承载力验算，规范未规定具体的验算方法，设计时可选择适合工程具体情况的简化方法计算，或采用多种简化方法比较计算。

4. 可采用连续梁法简化验算楼板的平面内受弯承载力，将框支层楼板简化为面内支承在落地剪力墙上，不落地剪力墙的底部剪力作为荷载（并按第 10.2.24 条的规定予以放大）计算（当落地剪力墙的抗侧刚度差异较大时，应注意检查落地剪力墙支承的有效性，必要时应进行适当的调整），见图 10.2.25-1。

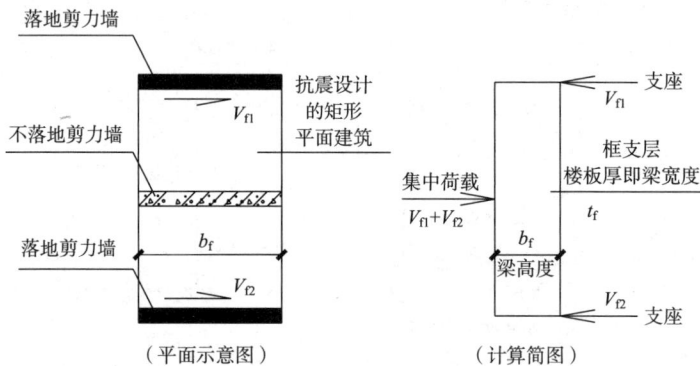

图 10.2.25-1

四、相关索引

1.《抗震规范》的相关规定见其第 E.1.5 条。

2.《高规》的相关规定见其第 10.2.24 条。

第 10.2.26 条

一、规范的规定

10.2.26 抗震设计时，带托柱转换层的筒体结构的外围转换柱与内筒、核心筒外墙的中距不宜大于 12m。

二、对规范规定的理解

试验研究和分析计算表明：对托柱转换层的筒体结构，当外围框架柱与内筒的间距过大时，楼盖的面外变形较大，难以保证转换层上部框架的剪力可靠传递到内筒剪力墙上。

三、相关索引

《高规》的相关规定见其第 9.1.5 条。

第 10.2.27 条

一、规范的规定

10.2.27 托柱转换层结构，转换构件采用桁架时，转换桁架斜腹杆的交点、空腹桁架的竖腹杆宜与上部密柱的位置重合；转换桁架的节点应加强配筋及构造措施。

二、对规范规定的理解

1. 本条规定的目的为防止节点应力集中产生的不利影响，上部密柱应与桁架的支点重合。

2. 对本条规定的理解见图 10.2.27-1。

3. 采用空腹桁架转换层时，确保空腹桁架整体作用，是空腹桁架转换层设计的重点，空腹桁架宜满层设置，应有足够的刚度保证其整体受力作用。空腹桁架的上、下弦杆宜考虑楼板作用，竖腹杆应按强剪弱弯进行配筋设计，加强箍筋配置，并加强与上、下弦杆的连接构造。空腹桁架应加强上、下弦杆与框架柱的锚固连接构造，汇总见表 10.2.27-1。

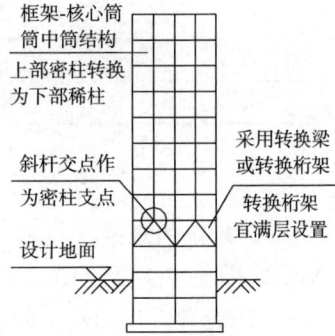

图 10.2.27-1

表 10.2.27-1　空腹桁架转换层的设计要求

序号	情况	规定及理解与应用
1	空腹桁架的高度	宜满层设置，应有足够的刚度确保整体受力作用
2	空腹桁架的上、下弦杆	宜考虑楼板的作用，并加强与框架柱的锚固连接构造
3	空腹桁架的竖腹杆	按强剪弱弯进行配筋设计
		加强箍筋配置，加强与上、下杆的连接构造

10.3　带加强层高层建筑结构

要点：

1. 在高层及超高层建筑中，当结构的侧向位移角不能满足规范要求时，可设置加强层提高结构的整体刚度。但设置加强层易导致结构侧向刚度的突变，形成薄弱层，对结构抗震设计极为不利。试验研究及分析计算表明：由于加强层的设置，结构的刚度和内力突变，整体结构的传力途径发生变化，地震破坏和变形集中在加强层附近。实际工程中，是否设置加强层，以及设置几个加强层等应慎重确定。

2. 必须设置加强层时，可根据需要设置单个或多个加强层，加强核心筒与周边框架柱、角柱和边柱的联系。抗震设计中，宜利用设备层、避难层等设置多个适宜刚度的加强层，减小对结构侧向刚度的过大影响，避免出现薄弱层。

3. 水平伸臂的主要作用是协调位移，承载力作用较为次要，因此，其抗震性能目标不宜太高，一般按中震不屈服设计即可。

第 10.3.1 条

一、规范的规定

10.3.1 当框架-核心筒、筒中筒结构的侧向刚度不能满足要求时，可利用建筑避难层、设备层空间，设置适宜刚度的水平伸臂构件，形成带加强层的高层建筑结构。必要时，加强层也可同时设置周边水平环带构件。水平伸臂构件、周边环带构件可采用斜腹杆桁架、实体梁、箱形梁、空腹桁架等形式。

二、对规范规定的理解

加强层的水平伸臂构件及周边环带构件主要形式见表 10.3.1-1。

表 10.3.1-1　水平伸臂构件及周边环带构件的主要形式

序号	1	2	3	4
主要形式	实体梁	斜腹杆桁架	箱形梁	空腹桁架

第 10.3.2 条

一、规范的规定

10.3.2　带加强层高层建筑结构设计应符合下列规定：

1. 应合理设计加强层的数量、刚度和设置位置。当布置 1 个加强层时，可设置在 0.6 倍房屋高度附近；当布置 2 个加强层时，可分别设置在顶层和 0.5 倍房屋高度附近；当布置多个加强层时，宜沿竖向从顶层向下均匀布置。

2. 加强层水平伸臂构件宜贯通核心筒，其平面布置宜位于核心筒的转角、T 字节点处；水平伸臂构件与周边框架的连接宜采用铰接或半刚接。结构内力和位移计算中，设置水平伸臂桁架的楼层宜考虑楼板平面内的变形。

3. 加强层及其相邻层的框架柱、核心筒应加强配筋构造。

4. 加强层及其相邻层楼盖的刚度和配筋应加强。

5. 在施工程序及连接构造上应采取减小结构竖向温度变形及轴向压缩差的措施，结构分析模型应能反映施工措施的影响。

二、对规范规定的理解

1. 对本条规定的理解见表 10.3.2-1。

表 10.3.2-1　加强层的设置要求

序号	情况	要求及理解与应用		
1	加强层的位置	一个加强层时	可在 0.6H 附近	H 为房屋高度
		两个加强层时	可在顶层和 0.5H 附近	
		多个加强层时	宜沿竖向从顶层向下均匀布置	
2	加强层的水平伸臂构件	宜贯通核心筒		
		平面位置：位于核心筒的转角、T 字节点处		
3	水平伸臂构件与周边框架的连接	宜采用铰接或半刚接		
4	设计与施工的要点	结构计算中，有水平伸臂桁架的楼层宜考虑楼板面内变形		
		应避免加强层及其相邻框架柱内力的增加而引起的破坏		
		加强层及其上、下层框架柱的配筋应加强		
		加强层及其相邻层核心筒的配筋应加强		
		加强层及其相邻层楼盖的刚度和配筋应加强		
		施工程序及连接构造上应采取措施减小结构竖向温度变形及轴向压缩对加强层影响		

2. 在超高层建筑的结构设计中，水平位移角的最大值一般出现在房屋高度的中上部区域，可通过设置加强层，改善上部结构的刚度，并实现位移控制要求。

3. 加强层的上、下层楼面结构，承担着协调内筒和外框架的作用，楼板平面内存在着很大的应力，应采取相应的计算（应考虑楼板平面的变形，可按弹性楼板计算）及构造措施（强化楼板配筋，加强与各构件的连接锚固）。

4. 加强层的伸臂桁架强化了内筒与周边框架的联系，改变了结构原有的受力模式，内筒与周边框架的竖向变形差将在伸臂桁架及其相关构件内产生很大的次应力。

5. 伸臂桁架与周边框架采用铰接或半刚接（如伸臂桁架斜腹杆的滞后连接，即施工阶段暂不连接或非受力连接，施工完成前再完成连接，消除结构自重及其不均匀沉降的影响），而周边框架梁与柱（在周边框架平面内）应采用刚接，以加大框架的侧向刚度。

6. 为减小内筒与外框的不均匀沉降，楼面钢梁或型钢混凝土梁与核心筒可采用铰接连接（钢筋混凝土楼面梁与核心筒一般采用刚接）或半刚接。

7. 上部结构分析计算时，宜综合考虑地基的沉降影响，选用的计算模型应能真实地反映结构受力状况及施工过程对结构的影响。

第 10.3.3 条

一、规范的规定

10.3.3 抗震设计时，带加强层高层建筑结构应符合下列要求：

1. 加强层及其相邻层的框架柱、核心筒剪力墙的抗震等级应提高一级采用，一级应提高至特一级，但抗震等级已经为特一级时应允许不再提高；

2. 加强层及其相邻层的框架柱，箍筋应全柱段加密配置，轴压比限值应按其他楼层框架柱的数值减小 0.05 采用；

3. 加强层及其相邻层核心筒剪力墙应设置约束边缘构件。

二、对规范规定的理解

1. 加强层的刚度和承载力较大，与其相邻上、下层有突变，加强层及其上、下层往往成为结构抗震设计的薄弱环节，与加强层相关的剪力墙及其框架柱应予以重点加强。

2. 加强层及其相邻层的框架柱和核心筒剪力墙的抗震等级应比按表 3.9.3 或 3.9.4 确定的框架-核心筒结构的抗震等级再提高一级（最高为特一级）。

3. 加强层及其相邻层的框架柱的轴压比限值，不按其对应的抗震等级确定，而是采取比"其他楼层"（指加强层及其相邻层以外的楼层）更严格的轴压比限值措施即应按"其他楼层"框架柱的轴压比限值减 0.05。

"其他楼层"框架柱的轴压比限值，应按表 6.4.2 中的框架-核心筒结构确定。

10.4 错 层 结 构

要点：

1. 在住宅类高层建筑中，常设置错层来活跃建筑布置。错层高层建筑，结构的侧向刚度不规则，对抗震不利，结构设计中应避免采用平面不规则的错层高层建筑结构。结构设计中还应注意对错层结构的把握、错层结构的计算及计算结果的合理取用。

2. 错层的最大危害在于形成竖向短构件（短柱或矮墙），造成结构刚度和延性的突变，导致强烈地震时的破坏。

3. 结构设计中，应采取必要措施（如，楼板变高度区域避开框架柱、设置变截面梁、梁加腋、楼板加腋等），减小错层对柱子的影响，避免形成短柱。

4. 高层建筑应避免采用错层框架结构或错层框架-剪力墙结构，错层对框架结构的不利影响大于对剪力墙结构的不利影响。

第 10.4.1 条

一、规范的规定

10.4.1 抗震设计时，高层建筑沿竖向宜避免错层布置。当房屋不同部位因功能不同而使楼层错层时，宜采用防震缝划分为独立的结构单元。

二、对规范规定的理解

本条规定为结构设计中避免错层结构所应采取的基本方法，将复杂的错层结构转化为两个或数个相对规则的非错层结构单元。

第 10.4.2 条

一、规范的规定

10.4.2 错层两侧宜采用结构布置和侧向刚度相近的结构体系。

二、对规范规定的理解

本条从结构体系出发，使错层两侧结构具有相近的动力特性，尽量减少错层结构的扭转效应，减少错层处墙、柱的内力突变，避免（或减少）错层处结构形成薄弱部位。

第 10.4.3 条

一、规范的规定

10.4.3 错层结构中，错开的楼层不应归并为一个刚性楼板，计算分析模型应能反映错层影响。

二、结构设计建议

1. 现有部分结构计算程序，对错层平面可以按整体平面输入，然后通过调整楼面标高的方法形成错层平面布置，通过结构计算的前处理及每榀框架剖切不能发现异常，但计算结果怪异，设计时应注意核查。

2. 为避免上述 1 的情况出现，对错层结构应按各自楼层分别输入进行结构的整体计算。

3. "相邻楼盖结构高差超过梁高范围的"可确定为错层结构。此处"梁高"为楼层梁的代表性截面高度，而非错层处的楼层梁截面高度。对结构设计中大量局部降低（或抬高）的楼板可不按错层结构考虑，而可通过适当的构造处理加强（对错层处的结构构件仍应按《高规》对错层结构构件的要求设计）。

4. 现有结构计算程序，无法真实反映错层结构的位移比值，结构设计中应根据楼层位移数值进行手算复核（可参见图 3.7.3-2），一般情况下不可直接取用程序输出的位移比数值。

5. 结构设计中，应优先考虑通过采取恰当的综合措施，消除或减轻错层给结构带来的不利影响。

第 10.4.4 条

一、规范的规定

10.4.4 抗震设计时，错层处框架柱应符合下列要求：

1. 截面高度不应小于 600mm，混凝土强度等级不应低于 C30，箍筋应全柱段加密配置；

2. 抗震等级应提高一级采用，一级应提高至特一级，但抗震等级已经为特一级时应允许不再提高。

二、对规范规定的理解

错层处框架柱的构造要求见表 10.4.4-1。

表 10.4.4-1 错层处框架柱的构造要求

情况	截面高度	混凝土强度等级	抗震等级	箍筋
构造要求	不应小于 600mm	不应低于 C30	提高一级	全柱加密

第 10.4.5 条

一、规范的规定

10.4.5 在设防烈度地震作用下，错层处框架柱的截面承载力宜符合本规程公式 (3.11.3-2) 的要求。

二、对规范规定的理解

1. 错层结构错层处的框架柱受力复杂，短柱按多遇地震下弹性计算所分配的地震弯矩和地震剪力较其地震时实际所承受的地震弯矩和地震剪力小很多，地震时短柱极易发生受剪破坏，因此，对错层结构错层处的框架柱的抗弯承载力和抗剪承载力提出特殊的性能设计要求，即要求其满足设防烈度地震（中震）作用下性能水准 2 的设计要求（即中震不屈服）。

2. 公式（3.11.3-2）中构件内力的标准值效应（$S_{GE} + S_{Ehk}^{*} + 0.4S_{Evk}^{*}$）按中震计算，不需要考虑与抗震等级有关的增大系数，承载力用材料强度标准值计算。

3. 规范对错层处框架柱的要求（第 10.4.4 条的强制性条文及本条的抗震性能设计规定）比剪力墙严格。

第 10.4.6 条

一、规范的规定

10.4.6 错层处平面外受力的剪力墙的截面厚度，非抗震设计时不应小于 200mm，抗震设计时不应小于 250mm，并均应设置与之垂直的墙肢或扶壁柱；抗震设计时，其抗震等级应提高一级采用。错层处剪力墙的混凝土强度等级不应低于 C30，水平和竖向分布钢筋的配筋率，非抗震设计时不应小于 0.3%，抗震设计时不应小于 0.5%。

二、对规范规定的理解

1. 错层处平面外受力的剪力墙的构造要求见表 10.4.6-1。

表 10.4.6-1　错层处平面外受力的剪力墙的构造要求

序号	情况		要求及理解与应用	
1	剪力墙截面厚度 t_w	非抗震设计时	应 $t_w \geqslant 200mm$	均应设置与之垂直的墙肢或扶壁柱，即不能采用一字形墙肢
		抗震设计时	应 $t_w \geqslant 250mm$	
2	抗震等级		应提高一级，已为特一级时不再提高	
3	混凝土强度等级		不应低于 C30	
4	水平与竖向分布筋的配筋率	非抗震设计时	不应小于 0.3%	
		抗震设计时	不应小于 0.5%	

2. 应根据工程实际情况及错层的危害程度确定对错层的加强措施，错层处框架柱宜采用型钢混凝土柱或钢管混凝土柱，错层处剪力墙内宜设置型钢。

3. 当错层处的混凝土柱不能满足设计要求时，错层处的框架柱应采用型钢混凝土柱或钢管混凝土柱，当错层处混凝土剪力墙不能满足设计要求时，错层处的剪力墙内应设置型钢。

10.5　连　体　结　构

要点：

连体结构在公建类高层建筑中应用相当普遍，连体结构的各独立部分应采用相同或相近的体形、平面和刚度，连体结构中独立部分的数量有两个甚至多个，对特别复杂的连体结构应提请超限建筑工程抗震设防专项审查。

第 10.5.1 条

一、规范的规定

10.5.1　连体结构各独立部分宜有相同或相近的体型、平面布置和刚度；宜采用双轴对称的平面形式。7 度、8 度抗震设计时，层数和刚度相差悬殊的建筑不宜采用连体结构。

二、对规范规定的理解

1. 本条规定中的 7、8 度指本地区抗震设防烈度。

2. 本条规定的根本目的在于尽量避免连体结构出现复杂的相互耦联振动、大扭转等对抗震不利情况。

3. 当连体的两个部分结构相差较大时，可以通过滑动连接等方式减小两个结构的相互影响。

4. "7 度、8 度抗震设计时，层数和刚度相差悬殊的建筑不宜采用连体结构"，还可理解为：对 6 度抗震设计时，层数和刚度相差悬殊的建筑也不宜采用连体结构，但控制程度可较 7、8 度有所放松。

5. 依据第 10.1.2 条的规定，9 度抗震设计时不应采用连体结构。

第 10.5.2 条

一、规范的规定

10.5.2　7度（0.15g）和8度抗震设计时，连体结构的连接体应考虑竖向地震的影响。

二、对规范规定的理解

1. 本条规定中的7、8度指本地区抗震设防烈度。

2. 连体结构的连接体一般跨度大、位置高、对竖向地震作用比较敏感，放大效应明显，因此，在高烈度地区（一般指7度（0.15g）及其以上地区）应考虑竖向地震作用的影响。

3. 7度（0.15g）和8度抗震设计时，连体结构的连接体可按下列方法考虑竖向地震作用的影响：

1）采用振型分解反应谱法和动力时程分析法计算。

2）近似计算法，即：竖向地震作用标准值取连接体部分重力荷载代表值的8％（7度（0.15g）地区）、10％（8度（0.20g）地区）和15％（8度（0.30g）地区），并按各构件分担的重力荷载代表值的比例进行分配。

4. 结构设计时，对7度（0.10g）的连体建筑，竖向地震作用标准值可取连接体部分重力荷载代表值的5％计算，并按各构件分担的重力荷载代表值的比例进行分配。

三、相关索引

1.《抗震规范》的相关规定见其第5.1.1条、第5.3.2条、第5.3.3条。

2.《高规》的相关规定见其第4.3.2条、第4.3.15条。

第 10.5.3 条

一、规范的规定

10.5.3　6度和7度（0.10g）抗震设计时，高位连体结构的连接体宜考虑竖向地震的影响。

二、对规范规定的理解

1. 计算分析表明，高层建筑中连体结构连接体的竖向地震作用受连体跨度、所处位置以及主体结构刚度等多方面因素的影响，竖向地震作用影响比一般大跨结构大。

2. 7度（0.15g）时应考虑竖向地震的影响（见第10.5.2条）。

3. 6度和7度（0.10g）抗震设计时，对于高位连体结构（连体位置高度超过80m时）宜考虑竖向地震的影响。

4. 竖向地震作用的相关计算要求和组合要求见《高规》第3章和第4章的规定。

第 10.5.4 条

一、规范的规定

10.5.4　连接体结构与主体结构宜采用刚性连接。刚性连接时，连接体结构的主要结构构件应至少伸入主体结构一跨并可靠连接；必要时可延伸至主体部分的内筒，并与内筒可靠连接。

当连接体结构与主体结构采用滑动连接时，支座滑移量应能满足两个方向在罕遇地震作用下的位移要求。并应采取防坠落、撞击措施。罕遇地震作用下的位移要求，应采用时程分析方法进行计算复核。

二、对规范规定的理解

1. 连接体与主体结构，"连"（刚性连接、固定铰连接等）则应连接牢固，"脱"（滑动连接）则应脱得彻底。

2. 震害表明，当采用滑动连接时，连接体往往由于滑移量较大致使支座发生破坏，因此，采用滑动连接时，应采取有效的防坠落措施并应采用时程分析方法计算罕遇地震作用下的位移要求。

三、结构设计建议

1. 连体结构的连体部位受力复杂，连体部分的跨度也大，采用刚性连接时，在结构分析和构造上更容易把握，因此，实际工程中应根据工程特点优先考虑采用刚性连接的连接体形式。

1）位于建筑物底部的连接体（建筑物底部 $H/3$ 高度范围的低位连接体，如连接廊桥等），由于其在罕遇地震作用下的位移量较小，一般可考虑采用滑动连接或刚性连接。

2）位于建筑物上部的连接体（建筑物顶部 $H/3$ 高度范围的高位连接体，如高空连接廊桥等），由于其在罕遇地震作用下的位移量较大，一般可考虑采用刚性连接。

2. 连接体两端应采用结构侧向刚度较大的结构体系（如剪力墙结构、框架-剪力墙结构等），并宜在连接体两端设置适当数量的剪力墙，以减小连接体结构的侧向位移量。

3. 罕遇地震作用下支座的滑移量可按《高规》第 3.7.5 条的规定计算，注意总滑移量应不小于单个独立体部分较大层间弹塑性位移值的 2 倍。

第 10.5.5 条

一、规范的规定

10.5.5　刚性连接的连接体结构可设置钢梁、钢桁架、型钢混凝土梁，型钢应伸入主体结构至少一跨并可靠锚固。连接体结构的边梁截面宜加大；楼板厚度不宜小于 150mm，宜采用双层双向钢筋网，每层每方向钢筋网的配筋率不宜小于 0.25％。

当连接体结构包含多个楼层时，应特别加强其最下面一个楼层及顶层的构造设计。

二、对规范规定的理解

1. 刚性连接的连接体一般受力较大（尤其是轴向力），连接体结构应根据工程需要设置钢梁、型钢混凝土梁、钢桁架，连接体结构应避免采用普通钢筋混凝土结构。

2. 由于连接体结构一般跨度大，而平面宽度较小，加大连接体结构的边梁截面，有利于提高连接体结构的平面内抗弯能力，有利于提高对两端结构的变形协调能力。

3. 连接体结构的楼板是传递水平力的重要构件，受力复杂，属于结构设计中需要重点加强的部位，因此，对楼板厚度及最小配筋率提出具体要求。

三、结构设计建议

1. 连接体的结构形式应根据工程特点确定，优先考虑采用钢结构或型钢混凝土结构。

1）连接体跨度及上部荷载较小时，可采用钢梁或型钢混凝土梁。

2）而当连接体跨度及上部荷载较大时，宜采用钢桁架结构。

3）当连接体跨度及上部荷载均很大时，应考虑采用多层立体钢桁架。

4）实际工程中，由于钢筋混凝土构件开裂后刚度退化严重，应避免采用普通钢筋混凝土桁架作为连接体结构构件。

2. 对连接体结构中的受力较大的部位（如多层立体桁架的顶层及底层）楼板，应根据对楼板的应力分析，采取必要的结构措施。

1) 实际工程中，对连接体结构中的楼板要求如下：

（1）"小震不裂"，即在多遇地震作用下，楼板应力不大于混凝土的抗拉强度标准值 f_{tk}。

（2）"中震钢筋应力满足设计值"，即在设防地震作用下，楼板钢筋应力不大于钢筋抗拉强度设计值 f_y。

（3）"大震钢筋应力不屈服"，即在罕遇地震作用下，楼板钢筋应力不大于钢筋抗拉强度标准值 f_{yk}。

2) 对重要部位（如连体桁架的顶层及底层）楼板，应考虑设置楼层钢结构水平支撑，采用支撑承担楼板的拉压力。

第 10.5.6 条

一、规范的规定

10.5.6　抗震设计时，连接体及与连接体相连的结构构件应符合下列要求：

1. 连接体及与连接体相连的结构构件在连接体高度范围及其上、下层，抗震等级应提高一级采用，一级提高至特一级，但抗震等级已经为特一级时应允许不再提高；

2. 与连接体相连的框架柱在连接体高度范围及其上、下层，箍筋应全柱段加密配置，轴压比限值应按其他楼层框架柱的数值减小 0.05 采用；

3. 与连接体相连的剪力墙在连接体高度范围及其上、下层应设置约束边缘构件。

二、对规范规定的理解

试验研究表明，连体结构具有以下特点：

1. 连体结构的动力特性较为复杂，前几个振型与单体结构有明显的差异，不仅有顺向振型外，而且还出现反向振型。

2. 连体结构的扭转振型丰富，抗扭能力较差，当第一扭转频率与场地卓越频率接近时，容易引起结构破坏。

3. 连体结构的连接体及与连接体相连的结构构件受力复杂，易形成薄弱部位。

三、结构设计建议

对连接体及与连接体相连的结构构件，除应按本条规定采取有效的结构构造措施外，有条件时，在与连接体相连处应设置型钢混凝土柱。

第 10.5.7 条

一、规范的规定

10.5.7　连体结构的计算应符合下列规定：

1. 刚性连接的连体楼板应按本规程 10.2.24 条进行受剪截面和承载力验算；

2. 刚性连接的连体楼板较薄弱时，宜补充分塔楼计算分析。

二、对规范规定的理解

1. 连体部分结构在地震作用下需要协调两侧塔楼的变形，因此，需要进行连体部分楼板的验算，楼板的受剪承载力和受拉承载力按转换层楼板的计算方法进行验算，计算剪力可取连体楼板承担的两侧塔楼楼层地震作用力之和的较小值。

2. 当连体部分楼板较弱时，在强烈地震作用下可能发生破坏，因此，应补充两侧分塔楼的计算分析，确保连体部分失效后两侧塔楼可以独立承担地震作用不致发生严重破坏或倒塌。

三、结构设计建议

连体结构部分的跨度一般较大，竖向刚度较小，容易发生楼板竖向振动舒适度不满足要求的情况，宜进行连体结构楼板竖向舒适度验算。

10.6 竖向体型收进、悬挑结构

要点：

在高层建筑中多塔楼结构普遍采用，多塔楼结构振型复杂，且高振型对结构的内力影响大，宜通过控制各塔楼的布置使各塔楼的层数、平面和刚度接近，以减小塔楼结构和底盘结构的刚度及质量偏心，减小结构的扭转。

对体型收进问题，不能简单地仅以收进尺寸来判断，应根据体型收进对结构侧向刚度及结构规则性的总体影响程度，灵活确定相应的加强措施，如局部收进的裙房框架，对结构侧向刚度及扭转的影响不大，其加强的程度可适当降低。

第 10.6.1 条

一、规范的规定

10.6.1 多塔楼结构以及体型收进、悬挑程度超过本规程第 3.5.5 条限值的竖向不规则高层建筑结构应遵守本节的规定。

二、对规范规定的理解

1. 多塔楼结构、体型收进、悬挑结构等，统称为"竖向体型收进、悬挑结构"。判别竖向收进和悬挑不规则的依据是《高规》第 3.5.5 条。

2. 对于多塔楼结构、竖向体型收进和悬挑结构，其共同的特点就是结构侧向刚度沿竖向发生剧烈变化，在变化的部位造成应力集中和变形集中，形成结构的薄弱部位。

第 10.6.2 条

一、规范的规定

10.6.2 多塔楼结构以及体型收进、悬挑结构，竖向体型突变部位的楼板宜加强，楼板厚度不宜小于 150mm，宜双层双向配筋，每层每方向钢筋网的配筋率不宜小于 0.25%。体型突变部位上、下层结构的楼板也应加强构造措施。

二、对规范规定的理解

1. 竖向体型收进、悬挑结构在体型的突变部位，上部结构的地震作用需要通过楼板可靠传递到下部结构，楼板承担着很大的面内应力，因此，突变部位及其上、下层楼板应采取特殊的加强措施。

2. 本条加强措施和其他侧向刚度突变的复杂结构（如转换层结构、连体结构等）的处理方式相似，都要求确保突变部位及上、下层楼板的协调作用。

第 10.6.3 条

一、规范的规定

10.6.3 抗震设计时，多塔楼高层建筑结构应符合下列规定：

1. 各塔楼的层数、平面和刚度宜接近；塔楼对底盘宜对称布置；上部塔楼结构的综合质心与底盘结构质心的距离不宜大于底盘相应边长的 20%。

2. 转换层不宜设置在底盘屋面的上层塔楼内。

3. 塔楼中与裙房相连的外围柱、剪力墙（指塔楼中与裙房相连的外围剪力墙——编者注），从固定端至裙房屋面上一层的高度范围内，柱纵向钢筋的最小配筋率宜适当提高，剪力墙宜按本规程第 7.2.15 条的规定设置约束边缘构件（仅规定部位的约束边缘构件上伸到裙房上一层顶，并不是底部加强部位的扩大——编者注）柱箍筋宜在裙楼屋面上、下层的范围内全高加密；当塔楼结构相对于底盘结构偏心收进时，应加强底盘周边竖向构件的配筋构造措施。

4. 大底盘多塔楼结构，可按本规程第 5.1.14 条规定的整体和分塔楼计算模型分别验算整体结构和各塔楼结构扭转为主的第一周期与平动为主的第一周期的比值，并应符合本规程第 3.4.5 条的有关要求。

二、对规范规定的理解

1. 试验研究和分析计算表明：

1）多塔楼结构振型复杂，且高振型对结构内力的影响很大，当塔楼结构的刚度分布不均匀时，结构的扭转振动反应较大，高振型对内力的影响更为突出（一般要采用时程分析法进行补充计算）。

2）转换层的设置位置对结构的影响很大，当转换层设置在裙房顶以上的塔楼内时，易造成刚度突变（由于塔楼范围较小，塔楼自身刚度也小，大尺度转换构件的刚度对转换层侧向刚度的影响明显，很容易造成刚度突变，而在裙房层范围内设置转换层时，由于裙房面积大，裙房结构的自身刚度也大，且有条件通过设置裙房剪力墙加大裙房层的抗侧刚度，转换构件对转换层的侧向刚度影响相对减小，因而，可避免侧向刚度的突变），形成薄弱部位，对抗震设计极为不利。

3）裙房屋面板对保证塔楼和大底盘的协同工作作用明显，多塔楼之间的裙房连接体以及塔楼中与裙房连接体相连的外围柱、剪力墙等，是保证大底盘与多塔楼整体工作的关键构件，应予以加强。

2. 本条明确规定对大底盘多塔楼结构扭转第一周期与平动第一周期比值的算法，明确要求按"整体"和"分塔楼模型"分别验算。"分塔楼模型"在裙房层应包括相关范围（依据第 5.1.14 条规定"宜至少附带两跨的裙楼结构"，实际工程中，可取不小于 3 跨 20m 的范围），以近似考虑大底盘对塔楼结构的影响。

3. "上部塔楼的综合质心"指大底盘以上塔楼结构的合质心（当计算程序不提供时，应手算确定），可取底盘结构的上一层计算。（当上部塔楼为单个塔楼时，其质心为该塔楼的质心，当上部塔楼为多个塔楼时，其质心为所有塔楼的综合质心）。

4. "底盘结构"包含底盘平面范围内的塔楼和裙房，"底盘结构的质心"指底盘范围内塔楼和裙房的合质心及裙房顶层的质心，当裙房各层质量分布均匀时，可取底盘结构地面以上的首层计算。

5. 上部塔楼结构的综合质心与底盘结构质心的距离，不宜大于底盘相应边长的 20%（见图 10.6.3-1）。

6. 应区分大底盘地下室的多塔楼结构（地面以上无大底盘）与多塔楼建筑（地面以上有大底盘）的不同。对大底盘地下室的多塔楼结构，当地下室顶板不能作为上部结构嵌固部位时，在进行承载力设计时，可分别取地下室顶板及地下一层地面作为上部结构的嵌固端计算，包络设计，但一般可不将其归类为大底盘多塔楼结构。

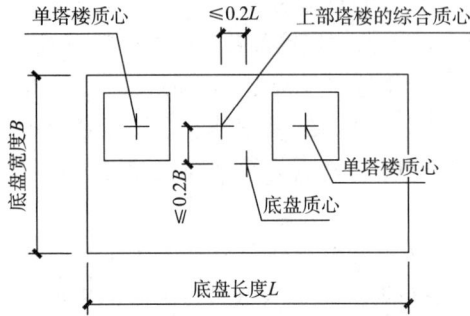

图 10.6.3-1

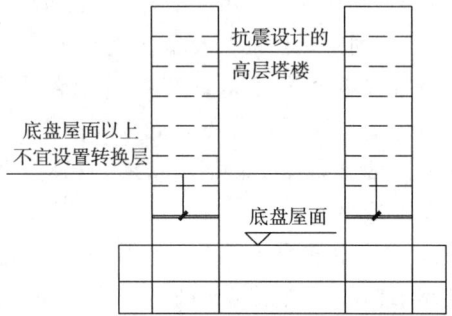

图 10.6.3-2

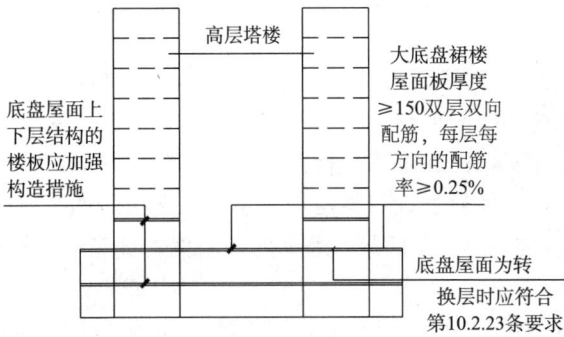

图 10.6.3-3

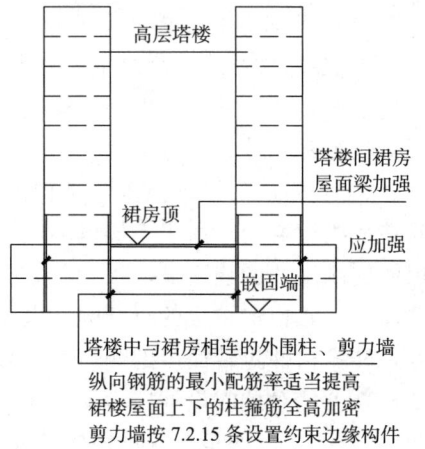

图 10.6.3-4

第 10.6.4 条

一、规范的规定

10.6.4 悬挑结构设计应符合下列规定：

1. 悬挑部位应采取降低结构自重的措施。

2. 悬挑部位结构宜采用冗余度较高的结构形式。

3. 结构内力和位移计算中，悬挑部位的楼层应考虑楼板平面内的变形，结构分析模型应能反映水平地震对悬挑部位可能产生的竖向振动效应。

4. 7 度（0.15g）和 8、9 度抗震设计时，悬挑结构应考虑竖向地震的影响；6、7 度抗震设计时，悬挑结构宜考虑竖向地震的影响。

5. 抗震设计时，悬挑结构的关键构件以及与之相邻的主体结构关键构件的抗震等级宜提高一级采用，一级提高至特一级，抗震等级已经为特一级时，允许不再提高。

6. 在预估罕遇地震作用下，悬挑结构关键构件的截面承载力宜符合本规程公式 (3.11.3-3) 的要求。

二、对规范规定的理解

1. 悬挑结构一般竖向刚度较差、结构的冗余度不高，应优先考虑采取措施减轻结构自重，同时需要考虑竖向地震的影响，且应提高悬挑关键构件的承载力和抗震措施，防止相关部位在地震作用下发生结构的倒塌。

2. 在悬挑结构中，楼板处在悬挑构件的受拉区，一般承受较大的拉力作用，楼板的平面内刚度降低较多，同样，悬挑结构的上、下层楼板也承受了较大的面内作用，因此，结构分析计算中应考虑悬挑结构及其上、下层楼板在楼板平面内的变形。还应考虑水平地震对悬挑部位可能产生的竖向振动效应（在水平地震作用下，悬挑端部发生水平及竖向位移和转动，对悬挑结构的竖向振动产生影响）。

3. 悬挑结构应考虑竖向地震的影响，一般情况下，可采用时程分析方法和振型分解反应谱法计算，还应考虑竖向地震为主的效应组合。当采用简化方法计算时，竖向地震作用标准值可按结构或构件承受的重力荷载代表值与竖向地震作用系数的乘积，竖向地震作用系数可按表 10.6.4-1 确定。

表 10.6.4-1　悬挑结构的竖向地震作用系数（建议值）

设防烈度	6 度 (0.05g)	7 度 (0.10g)	7 度 (0.15g)	8 度 (0.20g)	8 度 (0.30g)	9 度 (0.40g)
竖向地震作用系数	0.05	0.05	0.08	0.10	0.15	0.20

4. 在罕遇地震作用下，悬挑结构应补充性能设计要求，关键构件的承载力宜符合不屈服的要求，即满足公式 (3.11.3-3)。

三、相关索引

《高规》的相关规定见其第 4.3.15 条。

第 10.6.5 条

一、规范的规定

10.6.5 体型收进高层建筑结构、底盘高度超过房屋高度 20% 的多塔楼结构的设计应符合下列规定：

1. 体型收进处宜采取措施减小结构刚度的变化，上部收进结构的底部楼层层间位移角不宜大于相邻下部区段最大层间位移角的 1.15 倍；

2. 抗震设计时，体型收进部位上、下各 2 层塔楼周边竖向结构构件的抗震等级宜提高一级采用，一级提高至特一级，抗震等级已经为特一级时，允许不再提高；

3. 结构偏心收进时，应加强收进部位以下 2 层结构周边竖向构件的配筋构造措施。

二、对规范规定的理解

1. 试验研究和分析表明，结构体型收进较多或收进位置较高时，因上部结构刚度突然降低，其收进部位易形成薄弱部位，因此，应在收进的相邻部位（收进部位的上两层和下两层）周边竖向构件采取更高的抗震措施（当收进部位的高度超过房屋高度的 50% 时，应将抗震等级提高一级采用)。

2. 当结构偏心收进时，受结构整体扭转效应的影响，下部结构的周边竖向构件内力增加较多，应予以加强（图 10.6.5-1）。

3. 收进程度过大、上部结构刚度过小时，结构的层间位移角增加较多，收进部位成为薄弱部位，对结构抗震不利，因此，限制上部楼层层间位移角不大于下部结构最大层间位移角的 1.15 倍。

4. 当结构分段收进时，应控制"上部收进结构的底部楼层"的层间位移角和"下部相邻区段楼层"的最大层间位移角之间的比例。"上部收进结构的底部楼层"指上部收进后的第一个楼层，"下部相邻区段楼层"指收进前的楼层区段，楼层平面相同或相近时为同一区段（见图 10.6.5-2）。

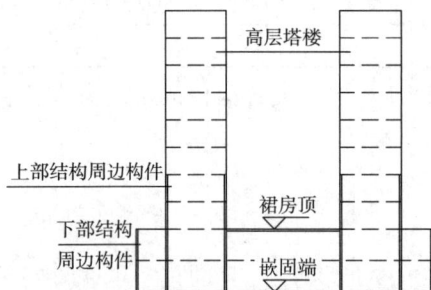

图 10.6.5-1 体型收进结构的加强部位示意

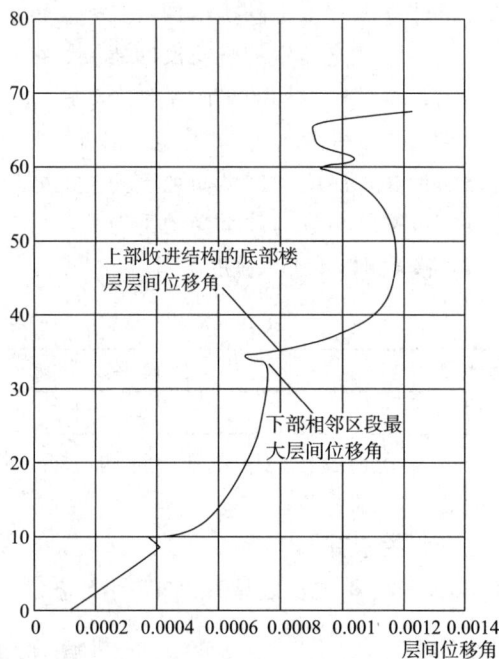

图 10.6.5-2 结构收进部位楼层层间位移角分布

三、结构设计建议

1. 规范未规定本条第 3 款"加强收进部位以下 2 层结构周边竖向构件的配筋构造措施"的具体做法，结构设计时可根据工程具体情况确定加强的幅度，也可按抗震构造措施提高一级考虑。

2. 多塔楼结构也是体型收进的一种，当底盘高度超过塔楼房屋高度的 20% 时，应同时执行第 10.6.3 条和第 10.6.5 条的规定。

3. 当收进部位的高度超过房屋高度的 50% 时，应将抗震等级提高一级，当收进部位的高度与房屋高度之比在 20%～50% 之间时，应适当提高抗震措施。

4. 当上部收进结构的底部楼层层间位移角（见图 10.6.5-2），大于相邻下部区段最大层间位移角的 1.15 倍时，也应将抗震等级提高一级。

11 混合结构设计

说明：

混合结构体系是近年来在我国迅速发展的一种新型结构体系，具有降低结构自重、减小结构构件尺寸及施工速度快等明显优点。混合结构主要是以钢梁、钢柱（或型钢混凝土梁、型钢混凝土柱）代替混凝土梁柱，《高规》只列入钢框架-混凝土筒体和型钢混凝土框架-混凝土筒体两种体系。本章内容为结构施工图审查和抗震超限审查的重点内容。

11.1 一 般 规 定

要点：

与钢筋混凝土结构相比，混合结构具有刚度大、延性好等优点，故《高规》对其最大适用高度、高宽比及层间弹性位移角等均比普通混凝土结构有所放松。本节为施工图审查及超限审查的重点内容。

第 11.1.1 条

一、规范的规定

11.1.1 本章规定的混合结构，系指由外围钢框架或型钢混凝土、钢管混凝土框架与钢筋混凝土核心筒所组成的框架-核心筒结构，以及由外围钢框筒或型钢混凝土、钢管混凝土框筒与钢筋混凝土核心筒所组成的筒中筒结构。

二、对规范规定的理解

1. 型钢混凝土或钢管混凝土结构因其优越的承载能力及延性，在高层建筑中越来越多地被采用。

2. 采用型钢混凝土（钢管混凝土）构件与钢筋混凝土、钢构件组成的结构均可称为混合结构，但构件的组合方式多种多样，所构成的结构类型也很多。实际工程中使用最多的是框架-核心筒及筒中筒混合结构体系。

3. 型钢混凝土框架可以是型钢混凝土梁与型钢混凝土柱（钢管混凝土柱）组成的框架，也可以是钢梁与型钢混凝土柱（钢管混凝土柱）组成的框架（见表11.1.1-1），外围的钢筒体可以是钢框筒、桁架筒或交叉网格筒。型钢混凝土外筒体主要指由型钢混凝土（钢管混凝土）构件构成的框筒、桁架筒或交叉网格筒。

表 11.1.1-1 型钢混凝土框架的构成

框架梁	型钢混凝土梁		钢梁	
框架柱	型钢混凝土柱	钢管混凝土柱	型钢混凝土柱	钢管混凝土柱

4. 为减少柱子尺寸或增加延性而在混凝土柱中设置型钢，而框架梁仍为混凝土梁时，该体系不是混合结构，此外对于体系中局部构件（如框支梁、框支柱等）采用型钢梁柱

（型钢混凝土梁柱）也不应视为混合结构。

三、结构设计建议

实际工程中应根据工程的具体情况，确定相应的结构体系：

1. 框架柱的确定

1）钢管混凝土柱，具有很好的承载力和延性，且不受轴压比的限值（注意，超限工程中，采用性能化设计时，可参考型钢混凝土柱提出对钢管混凝土柱的轴压比要求），柱截面面积较小。但钢管混凝土柱的防火问题是制约钢管混凝土柱应用的大问题，除进行防火性能化设计外，一般工程需要按钢柱（尽管钢管混凝土柱的防火能力要大于一般钢管柱）满足相应的防火等级要求（如一级时，耐火极限为3h），需要采用相应的防火涂层，当需要在钢管柱周装饰时（如大厅、门头等处），还需要设置防火涂层的保护层及外装修的支架层，不仅施工复杂，而且钢管柱及其外装修所占的建筑面积很大，因此，钢管混凝土柱一般用在有特殊要求的工程中。

2）型钢混凝土柱，其承载力及延性不及钢管混凝土柱，型钢混凝土柱的截面面积也较钢管混凝土柱要大些，但型钢混凝土柱可以充分发挥型钢和混凝土各自的优势，型钢具有很高的抗压（拉）承载力，外圈混凝土解决了型钢柱的稳定及防火问题，同时还大大有利于柱子的装修，因此在工程中应相当普遍。

2. 框架梁的确定

因型钢混凝土构件施工复杂及梁的防火要求低于柱，较容易满足耐火极限的要求，且一般工程常设置吊顶，对梁的外观要求不高等原因，在实际工程中一般常用钢梁，较少采用型钢混凝土梁。型钢混凝土梁一般用在有特殊要求的构件中。

第 11.1.2 条

一、规范的规定

11.1.2 混合结构高层建筑适用的最大高度应符合表 11.1.2 的规定。

表 11.1.2 混合结构高层建筑适用的最大高度 (m)

结构体系		非抗震设计	抗震设防烈度				
			6 度	7 度	8 度		9 度
					0.2g	0.3g	
框架-核心筒	钢框架-钢筋混凝土核心筒	210	200	160	120	100	70
	型钢（钢管）混凝土框架-钢筋混凝土核心筒	240	220	190	150	130	70
筒中筒	钢外筒-钢筋混凝土核心筒	280	260	210	160	140	80
	型钢（钢管）混凝土外筒-钢筋混凝土核心筒	300	280	230	170	150	90

注：平面和竖向均不规则的结构，最大适用高度应适当降低。

二、对规范规定的理解

1. 混合结构适用的最大高度主要是依据已有的工程经验偏安全地确定的。

2. 试验研究和计算分析表明，如果混合结构中钢框架承担的地震剪力过少，则混凝土核心筒的受力状态和地震下的表现与普通钢筋混凝土结构几乎没有差别，甚至混凝土墙体更容易破坏（因为主要抗侧力结构分布更集中），因此，对钢框架-核心筒结构体系适用的最大高度较 B 级高度的混凝土框架-核心筒体系适用的最大高度适当减少（见表11.1.2-1）。

3. 平面和竖向均不规则的结构，房屋的最大适用高度应适当降低（一般可降低10%）。

表 11.1.2-1　钢筋混凝土房屋适用的最大高度（m）

结构体系		非抗震设计	抗震设防烈度				
			6度	7度	8度		9度
					0.2g	0.3g	
钢筋混凝土框架－核心筒	A级高度	160	150	130	100	90	70
	B级高度	220	210	180	140	120	—
钢筋混凝土筒中筒	A级高度	200	180	150	120	100	80
	B级高度	300	280	230	170	150	—

4. 混合结构建筑未引入"B 级高度"的概念。

第 11.1.3 条

一、规范的规定

11.1.3　混合结构高层建筑的高宽比不宜大于表11.1.3的规定。

表 11.1.3　混合结构高层建筑适用的最大高宽比

结构体系	非抗震设计	抗震设防烈度		
		6度、7度	8度	9度
框架-核心筒	8	7	6	4
筒中筒	8	8	7	5

二、对规范规定的理解

1. 高层建筑的高宽比是对结构刚度、整体稳定、承载能力和经济合理性的宏观控制。

2. 钢（型钢混凝土）框架-钢筋混凝土筒体混合结构体系高层建筑，其主要抗侧力体系仍然是钢筋混凝土筒体，因此，其高宽比的限值和层间位移限值均取钢筋混凝土结构体系的同一数值，而筒中筒体系混合结构，外围筒体抗侧刚度较大，承担水平力也较多，钢筋混凝土内筒分担的水平力相应减小，且外筒体延性相对较好，故高宽比要求可适当放宽。

三、相关索引

对比《高规》的第3.3.2条规定，表11.1.3的数值与表3.3.2一致。

第 11.1.4 条

一、规范的规定

11.1.4　抗震设计时，混合结构房屋应根据设防类别、烈度、结构类型和房屋高度采用不同的抗震等级，并应符合相应的计算和构造措施要求。丙类建筑混合结构的抗震等级应按表 **11.1.4** 确定。

表 11.1.4　钢-混凝土混合结构抗震等级

结构类型		抗震设防烈度						
		6 度		7 度		8 度		9 度
房屋高度（m）		≤150	>150	≤130	>130	≤100	>100	≤70
钢框架-钢筋混凝土核心筒	钢筋混凝土核心筒	二	—	—	特一	—	特一	特一
型钢（钢管）混凝土框架-钢筋混凝土核心筒	钢筋混凝土核心筒	二	二	二	—	—	特一	特一
	型钢（钢管）混凝土框架	三	三	二	二	一	一	—
房屋高度（m）		≤180	>180	≤150	>150	≤120	>120	≤90
钢外筒-钢筋混凝土核心筒	钢筋混凝土核心筒	二	二	二	特一	一	特一	特一
型钢（钢管）外筒-钢筋混凝土核心筒	钢筋混凝土核心筒	二	二	二	一	一	特一	特一
	型钢（钢管）混凝土外筒	三	三	二	二	一	一	—

注：钢结构构件抗震等级，抗震设防烈度为 6、7、8、9 度时应分别取四、三、二、一级。

二、对规范规定的理解

1. 依据混合结构不同的组成情况，确定混凝土结构的相应抗震等级。

2. 混合结构中钢结构构件的抗震等级只与抗震设防标准（抗震设防分类、烈度和房屋高度）有关，与钢结构的抗震等级确定原则一样。

3. 强烈地震时，钢框架-混凝土核心筒结构中的核心筒首先破坏，因此，应采用较为严格的抗震措施。

1）对型钢（钢管）混凝土框架-钢筋混凝土核心筒，房屋高度已较钢筋混凝土 B 级高度房屋略有提高，因此，抗震等级应从严。

2）对型钢混凝土柱，通过调整含钢率，可提高延性及承载力，同时考虑节点施工的复杂性，故型钢混凝土柱没有特一级。

三、相关索引

《抗震规范》的相关规定见其第 8.1.3 条。

第 11.1.5 条

一、规范的规定

11.1.5 混合结构在风荷载及多遇地震作用下，按弹性方法计算的最大层间位移与层高的比值应符合本规程第 3.7.3 条的有关规定；在罕遇地震作用下，结构的弹塑性层间位移应符合本规程第 3.7.5 条的有关规定。

二、对规范规定的理解

1. 混合结构抗侧的主体是钢筋混凝土核心筒，因此，位移角限值也与混凝土结构相同。而第 3.7.3 条及第 3.7.5 条均未有混合结构体系，因此，查表时应明确按相应的混凝土结构体系。

2. 执行《高规》第 3.7.3 条、第 3.7.5 条，按混凝土框架-核心筒、筒中筒结构查表，确定混合结构的弹性层间位移角限值 $\Delta u/h$ 及弹塑性层间位移角限值 $[\theta_p]$（见表 11.1.5-1）。

表 11.1.5-1　混合结构的 Δu/h、[θ_p] 限值

结构体系	Δu/h			[θ_p]
	$H\leqslant150m$	$H\geqslant250m$	$150m<H<250m$	
钢框架-钢筋混凝土核心筒 型钢（钢管）混凝土框架-钢筋混凝土核心筒	1/800	1/500	1/800～1/500 线性插入	1/100
钢外筒-钢筋混凝土核心筒 型钢（钢管）混凝土外筒-钢筋混凝土核心筒	1/1000	1/500	1/1000～1/500 线性插入	1/120

注：H 指房屋高度。

第 11.1.6 条

一、规范的规定

11.1.6　混合结构框架所承担的地震剪力应符合本规程第 9.1.11 条的规定。

二、对规范规定的理解

1. 由于第 9.1.11 条已规定了，当框架部分分配的地震剪力标准值的最大值小于结构底部总地震剪力标准值的 10% 时，各层框架部分承担的最小剪力不小于结构底部剪力的 15%，且一般情况下，其值要大于 1.5 倍楼层剪力最大值，故钢框架承担的剪力可采用与型钢混凝土框架相同的方式进行调整。

2. 采用钢框架（型钢混凝土框架）-钢筋混凝土筒体结构时，钢框架部分所承担的地震剪力应按第 9.1.11 条要求调整（见图 11.1.6-1）。

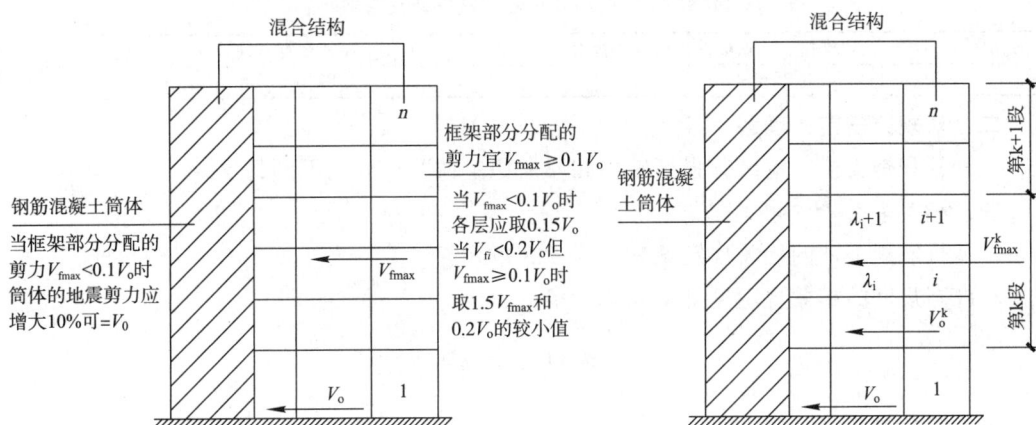

图 11.1.6-1

三、结构设计建议

1. 一般情况下，混合结构中框架部分分配的地震剪力标准值的最大值，较难以满足结构底部总地震剪力标准值的 10%，其主要原因是，混合结构中钢框架或型钢混凝土框架的侧向刚度，一般要小于钢筋混凝土框架，导致其按侧向刚度分配的地震剪力标准值较小。

2. 工程经验表明，当房屋高度更高（如超过 300m 时），由于结构体系的改变（常需要采用钢框架-支撑结构或巨型钢框架结构等），框架的剪力分摊率反而很容易满足（框架分配的总剪力中计入了外框架中支撑分配的剪力）。

3. 实际工程中，采取以下措施满足规范的要求：

1）应适当加密外框架柱，或至少应在平面的角部加密（中部大柱距适应建筑功能要求），加大周边框架（主要是横向框架）的刚度；

2）当使用要求允许时，可在平面边角部位（不影响建筑使用功能的部位）设置适当数量的柱间支撑；

3）尽管规范对满足结构底部总地震剪力标准值10％的楼层数量没有规定，实际工程中，也不宜少于楼层总数的15％～20％。

四、相关索引

1.《抗震规范》的相关规定见其第8.2.3条。

2.《高规》的相关规定见其第8.1.4条、第9.1.11条。

第11.1.7条

一、规范的规定

11.1.7 地震设计状况下，型钢（钢管）混凝土构件和钢构件的承载力抗震调整系数 γ_{RE} 可分别按表11.1.7-1和表11.1.7-2采用。

表 11.1.7-1 型钢（钢管）混凝土构件承载力抗震调整系数 γ_{RE}

正截面承载力计算				斜截面承载力计算
型钢混凝土梁	型钢混凝土柱及钢管混凝土柱	剪力墙	支撑	各类构件及节点
0.75	0.80	0.85	0.80	0.85

表 11.1.7-2 钢构件承载力抗震调整系数 γ_{RE}

强度破坏（梁，柱，支撑，节点板件，螺栓，焊缝）	屈曲稳定（柱，支撑）
0.75	0.80

二、对规范规定的理解

对钢柱和钢支撑，应区分强度破坏和屈曲稳定情况，取用不同的 γ_{RE}。

三、相关索引

1.《抗震规范》的相关规定见其第5.4.2条。

2.《高规》的相关规定见其第3.8.2条。

第11.1.8条

一、规范的规定

11.1.8 当采用压型钢板混凝土组合楼板时，楼板混凝土可采用轻质混凝土，其强度等级不应低于LC25；高层建筑钢-混凝土混合结构的内部隔墙应采用轻质隔墙。

二、对规范规定的理解

高层建筑层数较多，减轻结构构件及填充墙的自重是减轻房屋重量的有效措施。其他材料的相关规定见《高规》第3.2节。

11.2 结 构 布 置

要点：

除满足本规程第3.4节及3.5节的相关规定外，本节提出混合结构的特殊计算及设计要求。

第 11.2.1 条

一、规范的规定

11.2.1 混合结构房屋的结构布置除应符合本节的规定外，尚应符合本规程第 3.4、3.5 节的有关规定。

二、对规范规定的理解

与钢筋混凝土结构一样，结构布置也应遵循规则性的基本要求。

第 11.2.2 条

一、规范的规定

11.2.2 混合结构的平面布置应符合下列规定：

1. 平面宜简单、规则、对称，具有足够的整体抗扭刚度，平面宜采用方形、矩形、多边形、圆形、椭圆形等规则平面，建筑的开间、进深宜统一；

2. 筒中筒结构体系中，当外围钢框架柱采用 H 形截面柱时，宜将柱截面强轴方向布置在外围筒体平面内；角柱宜采用十字形、方形或圆形截面；

3. 楼盖主梁不宜搁置在核心筒或内筒的连梁上。

二、对规范规定的理解

1. 连梁作为主要的耗能构件，在强震作用下，连梁开裂严重，承载力降低，将难以保证对楼面梁的支承作用。

2. 当连梁抗剪截面不足时，可采取在连梁中设置型钢或钢板等措施。

3. 超高层建筑及对风荷载敏感的高层建筑的角部，应采取措施（角部柔化即切角或圆弧化），减小横向风振。

4. 将外围框架柱"截面强轴方向布置在外围筒体平面内"，通过强化框架柱的布置，提高外框架的面内刚度，减小剪力滞后（见图 11.2.2-1）。

5. "角柱宜采用十字形、方形或圆形截面"，其目的是方便连接，使受力合理（见图 11.2.2-1）。

6. "楼盖主梁不宜搁置在核心筒或内筒的连梁上"的规定与《高规》第 9.1.10 条的规定一致，采取这一措施可减小连梁的剪力和扭矩，并适用于大部分连梁，当因特殊情况，必须将楼盖主梁搁置在核心筒或内筒的连梁上

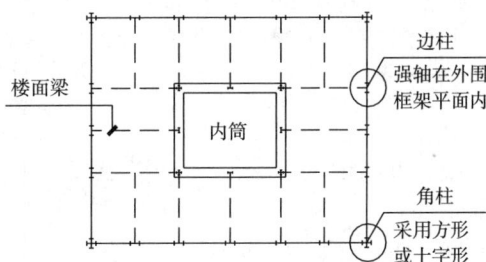

图 11.2.2-1

时，可在连梁内设置型钢（注意应采用窄翼缘型钢或钢板，避免对连梁抗弯刚度的过大影响）及在筒外设置环绕核心筒的宽扁环梁，加大梁的抗扭刚度并增强核心筒的整体性。环梁的截面宽度（包含墙厚及宽出外部分）不宜小于核心筒外筒墙厚的两倍（见图 9.1.10-1）。

第 11.2.3 条

一、规范的规定

11.2.3 混合结构的竖向布置应符合下列规定：

1. 结构的侧向刚度和承载力沿竖向宜均匀变化，无突变，构件截面宜由下至上逐渐减小。

2. 混合结构的外围框架柱沿高度宜采用同类结构构件；当采用不同类型结构构件时，应设置过渡层，且单柱的抗弯刚度（按公式（11.3.2-1）计算——编者注）变化不宜超过 30%。

3. 对于刚度变化较大的楼层，应采取可靠的过渡加强措施。

4. 钢框架部分采用支撑时，宜采用偏心支撑和耗能支撑，支撑宜双向连续布置；框架支撑宜延伸至基础。

二、对规范规定的理解

1. 震害表明：结构沿竖向刚度或抗侧力承载力变化过大时，会导致薄弱层的变形和构件应力过于集中，造成严重震害。竖向刚度变化较大时，不仅刚度变化的楼层受力增大，而且其上、下邻近楼层的内力也增加明显，因此，对竖向刚度变化较大的楼层及其相关楼层，均应采取结构加强措施。

2. 竖向构件抗弯刚度变化不超过 30%，可作为对竖向构件截面变化的基本要求。高层建筑中当遇有柱（墙）截面变化、混凝土强度等级变化、柱（墙）内型钢变化等情况时，应特别注意，不应该在同一部位集中变化，应采取分批错开变化的过渡措施，避免结构构件抗弯刚度的剧烈变化。

3. "刚度变化较大的楼层"指：上、下层侧向刚度变化明显的楼层及刚度突变的楼层如：转换层、加强层、空旷的顶层、顶部突出部分、型钢混凝土框架与钢框架的交接层及邻近楼层等（见表 11.2.3-1）。层高变化较大时，也会引起楼层刚度的较大变化。

表 11.2.3-1 刚度变化较大的楼层

序号	1	2	3	4	5
情况	转换层	加强层	空旷的顶层	顶部突出部分	型钢混凝土框架与钢框架的交接层

4. 对于刚度变化较大的楼层采取"过渡加强措施"应根据具体情况确定，如对型钢混凝土与钢筋混凝土交接的楼层及其相邻楼层的柱子，应设置栓钉，加强连接，而对于钢-混凝土混合结构的顶层型钢混凝土柱也需要设置栓钉。对过渡层宜按不同构件分别计算，包络设计。

5. 对本条规定的理解见表 11.2.3-1 及图 11.2.3-1～11.2.3-3。

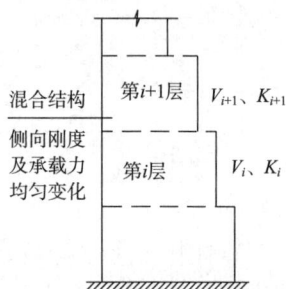

图 11.2.3-1

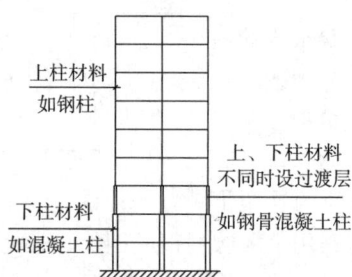

图 11.2.3-2

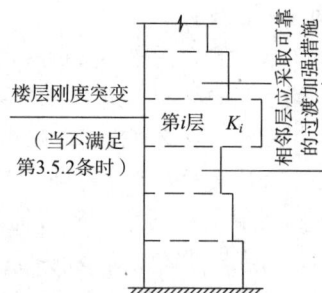

图 11.2.3-3

第 11.2.4 条

一、规范的规定

11.2.4 8、9 度抗震设计时，应在楼面钢梁或型钢混凝土梁与混凝土筒体交接处及混凝土筒体四角墙内设置型钢柱；7 度抗震设计时，宜在楼面钢梁或型钢混凝土梁与混凝土筒体交接处及混凝土筒体四角墙内设置型钢柱。

二、对规范规定的理解

1. 本条规定中的 7、8、9 度为本地区抗震设防烈度。

2. 本条规定中，7 度和 8、9 度设置型钢柱的部位是相同的，但要求的程度不同（8、9 度时应设置，7 度时宜设置）。

3. "楼面钢梁或型钢混凝土梁"一般指楼层框架梁，"楼面钢梁或型钢混凝土梁与混凝土筒体交接处"应区分刚接连接和铰接连接：

1）楼面框架梁与筒体剪力墙刚接连接处，核心筒剪力墙内应设置型钢柱。

2）对于楼面梁（包括框架梁、半跨框架梁、次梁等）与核心筒剪力墙铰接连接（采用图 11.4.16 中（a）、（b）连接方式）时，连接处核心筒剪力墙内可不设置型钢柱（适用于 6、7、8、9 度）。

4. 钢（型钢混凝土）框架-混凝土筒体结构体系中，在底部，混凝土筒体一般承受绝大部分的水平地震（或风荷载）剪力及地震（或风荷载）倾覆力矩（比例一般均在 85% 以上），因此，必须确保混凝土核心筒剪力墙具有足够的延性，而配置了型钢的混凝土核心筒剪力墙，在弯曲时，能避免发生平面外的错断及筒体角部混凝土的压溃，同时由于在墙内设置型钢，加大了墙体的轴向刚度，也能减少钢柱与混凝土筒体之间的竖向变形差异的不利影响。

5. 与钢（型钢混凝土）框架-混凝土筒体结构体系相比，筒中筒体系的混合结构，结构底部承担的地震（或风荷载）剪力及地震（或风荷载）倾覆力矩的比例有所减小，且房屋高度较高，在中震及大震作用下墙肢（尤其是核心筒角部墙肢）较容易出现受拉情况，为延缓核心筒剪力墙弯曲铰及剪切铰的出现，筒体的角部（或受拉墙肢）也宜设置型钢。

三、结构设计建议

核心筒剪力墙的下列部位可考虑设置型钢：

1. 核心筒的四角应设置型钢

混凝土核心筒四角受力较大，核心筒剪力墙的塑性铰一般出现在结构的底部加强部位（约房屋高度的 1/10），在此范围（不宜小于底部加强部位及其上、下各一层）内设置型钢及栓钉（设置栓钉可实现型钢柱与混凝土剪力墙的共同作用），确保核心筒剪力墙在开裂后的承载力降低较少，避免结构的迅速破坏，确保结构安全。

2. 楼面钢梁（钢框架梁）与核心筒剪力墙刚接时，梁墙连接处应设置型钢。试验研究表明：

1）当钢梁与核心筒剪力墙刚接时，钢梁与剪力墙连接处除承担轴力外还存在弯矩，当核心筒剪力墙墙肢厚度较小时，很容易出现裂缝。故应在核心筒剪力墙中设置型钢，这样既能确保墙肢安全，又能方便钢结构安装。钢梁与核心筒剪力墙刚接可采用图 11.4.16（d）的做法。

2）当钢梁与核心筒剪力墙铰接时，钢梁与剪力墙连接处主要承担轴力（弯矩较小）；应采取措施，确保墙上的预埋件不被拔出。

（1）当剪力墙厚度较小时，应优先考虑采用图 11.4.16（b）的铰接做法（设置夹板埋件）。

（2）当剪力墙厚度较大时，可按图 11.4.16（a）设计，应确保栓钉（或埋件锚筋）具有足够的锚固长度，当锚筋端部加锚头锚固时，应满足直段锚固长度不应小于 $0.4\,l_{abE}$，相关做法见《混凝土规范》图 11.6.7（a）。

（3）当墙内设置型钢时，可采用图 11.4.16（c）的铰接做法。

3. 墙肢出现较大拉应力（当墙肢拉应力超过混凝土轴心抗拉强度标准值 f_{tk} 时，可判定为"较大拉应力"。对一般结构可按小震计算；对超限高层建筑可根据性能目标要求，如按中震计算等）时，在该墙肢的端部应设置型钢。

4. 核心筒剪力墙的大洞口（洞口宽度及高度均不小于 2.1m）两侧宜设置型钢。

第 11.2.5 条

一、规范的规定

11.2.5 混合结构中，外围框架平面内梁与柱应采用刚性连接；楼面梁与钢筋混凝土筒体及外围框架柱的连接可采用刚接或铰接。

二、对规范规定的理解

1. "外围框架平面内"指沿周边多跨框架的平面内。

2. 在混合结构中，外围框架平面内梁与柱应采用刚性连接，当框架柱采用 H 型钢时，型钢柱的强轴方向（即型钢腹板方向）应与外框架方向相同，以增加外框架的侧向刚度，提高其在结构中的剪力分担比及倾覆力矩比（见图 11.2.5-1）。

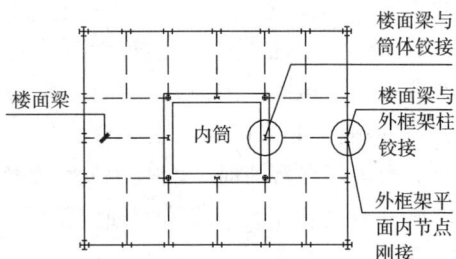

图 11.2.5-1

3. 楼面钢梁与外围框架柱一般采用刚接（框架柱宜采用十字形钢），当楼层位移角满足规范要求时，也可以采用铰接。当框架柱采用 H 型钢时，其弱轴方向（与腹板垂直方向，一般与周边框架方向垂直）与楼面钢梁应采用铰接（见图 11.2.5-1）。

4. 楼面钢梁与钢筋混凝土筒体的连接是采用刚接还是铰接，要根据工程的具体情况确定。刚接和铰接有利有弊，刚接时结构侧向刚度大，侧向位移限值及二道防线等要求容易满足，但差异沉降对其影响大，且施工复杂；而铰接时结构侧向刚度小，侧向位移较难以满足，但差异沉降影响相对较小，且施工简单。一般原则如下：

1）当房屋高度较大时，应采用铰接（如 $H>150m$ 时宜采用铰接，$H>200m$ 时应采用铰接）；以减少由于核心筒和外框架之间的差异沉降引起的内力。

2）当房屋高度不很大（如 $H\leqslant150m$）时，可根据工程具体情况确定：

（1）当楼层位移角满足规范要求时，宜优先采用铰接；

（2）当采用铰接连接后楼层位移角不满足规范要求时，应采用刚接，以加大结构的侧向刚度，满足侧向位移设计要求。楼面钢梁与核心筒剪力墙刚接时，核心筒剪力墙内应设置型钢，该型钢应能确保楼面梁梁端弯矩 M_b 的传力要求，实际工程中，型钢的截面宜按承受 1/2 梁端弯矩（即 $M_c = 0.5M_b$）确定（见图 11.2.5-2）。

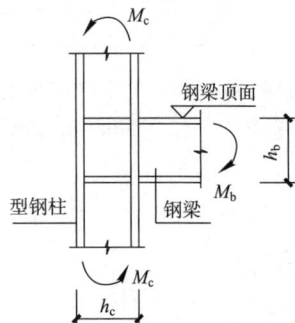

图 11.2.5-2　楼面梁与型钢柱刚接时型钢柱截面的基本要求

5. 刚度突变的楼层，楼面梁（或桁架）与外框柱、内筒混凝土剪力墙应采用刚接（可根据需要采用滞后连接技术，见第 10.3.2 条），以增加结构的空间刚度，有效减小层间位移。

第 11.2.6 条

一、规范的规定

11.2.6 楼盖体系应具有良好的水平刚度和整体性,其布置应符合下列规定:

1. 楼面宜采用压型钢板现浇混凝土组合楼板、现浇混凝土楼板或预应力混凝土叠合楼板,楼板与钢梁应可靠连接;

2. 机房设备层、避难层及外伸臂桁架上下弦杆所在楼层的楼板宜采用钢筋混凝土楼板并应采取加强措施;

3. 对于建筑物楼面有较大开洞或为转换楼层时,应采用现浇混凝土楼板;对楼板大开洞部位宜采取设置刚性水平支撑等加强措施。

二、对规范规定的理解

1. 本条规定的目的是为确保整个抗侧力结构在任意方向水平作用(或荷载)下能协同工作。楼盖结构具有必要的面内刚度和整体性,是结构设计尤其是结构抗震设计的最基本要求。对重要部位楼板,应验算其在中震下的楼板应力,确保其处于弹性(或基本弹性)状态,当楼板拉应力过大时,应设置钢结构水平支撑。

2. 设备机房层、避难层,一般楼面荷载较大,一般情况下,也常将其作为重要的结构楼层予以加强,对楼板应采取适当的加强措施,保证结构的整体性。

3. 外伸臂桁架上、下弦杆所在楼层属于平面内受力较大且较为复杂、结构重要性较高的楼层,相应楼层的楼板,除满足计算要求外,还应采用现浇楼板,采取限制楼板开洞,配置双层双向通长钢筋,控制最小配筋率等结构加强措施。

4. 对大开洞部位宜采用考虑楼板变形的程序进行分析计算,必要时应根据工程需要,对大洞口周围相关范围内的楼盖及承受较大水平力的楼盖,采取设置楼板下钢结构水平支撑等措施,确保中震及大震下楼盖结构的传力有效性。

5. 钢梁与现浇混凝土楼板之间应采取设置剪力栓钉等措施,确保钢梁与楼板的可靠连接和共同工作。

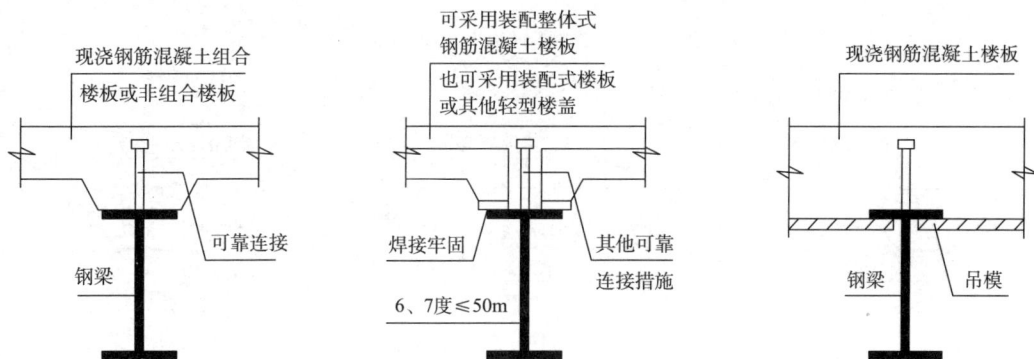

图 11.2.6-1 楼盖的选择

三、结构设计建议

1. 钢结构的楼盖结构做法应根据工程的具体情况确定,对一般高层建筑可采用压型钢板现浇混凝土楼盖。对使用功能有特殊要求的工程,也可采用普通钢筋混凝土楼盖。

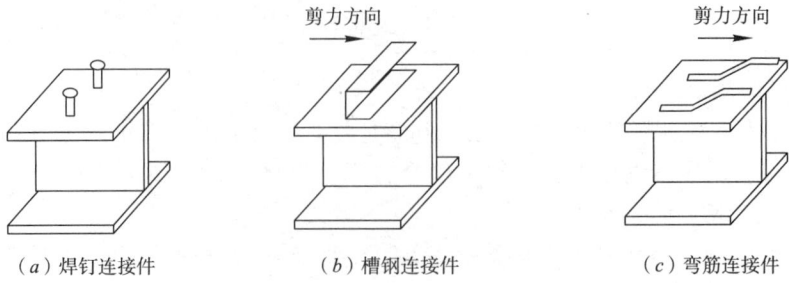

（a）焊钉连接件　　　　　（b）槽钢连接件　　　　　（c）弯筋连接件

图 11.2.6-2　连接件的类型及设置方向

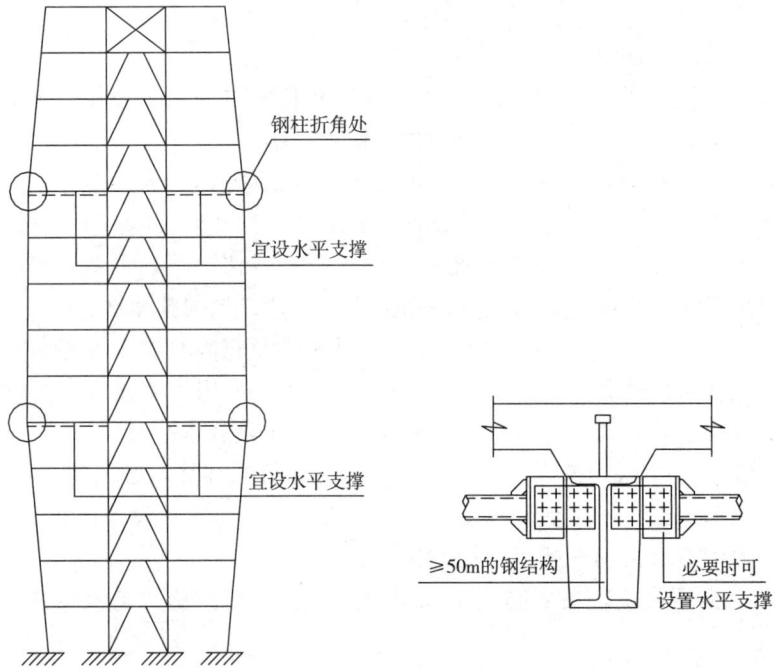

图 11.2.6-3　楼层水平支撑的设置

1）设置压型钢板（如图 11.2.6-4）

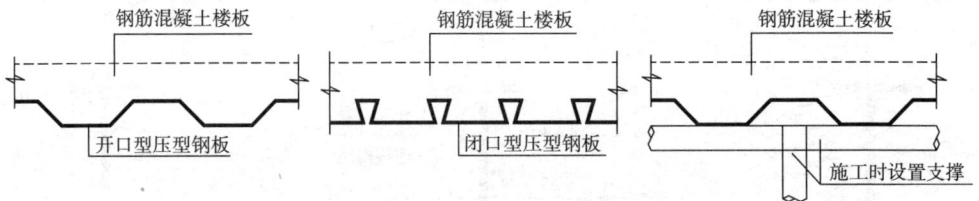

图 11.2.6-4　楼盖结构的选择

（1）对一般高层建筑钢结构工程，宜采用压型钢板，以减少高空支模工作量，加快工程进度。压型钢板可根据需要选择开口型压型钢板和闭口型压型钢板：

① 闭口型压型钢板，可有利于建筑吊挂灵活布置，结构设计时，一般可考虑压型钢板替代钢筋的作用，节约楼板钢筋。但闭口型压型钢板自身费用较大（比开口型压型钢板

费用增加约 30~50 元/m²），且在板底不采取防火措施时，仅可考虑部分（凹槽内）压型钢板的替代钢筋作用，若板底采取防火措施，则还需增加防火费用。

② 开口型压型钢板，由于只作为模板使用，不考虑压型钢板替代钢筋的作用。楼板钢筋用量有所增加，但压型钢板自身费用较低，且可节约防火费用。

一般情况下，可选择开口型压型钢板。无论选择开口型还是闭口型压型钢板，应尽量选择肋高相对较小的压型钢板，适当增加压型钢板底面的施工临时支承，以节约工程造价。

（2）压型钢板与现浇钢筋混凝土组合楼盖及非组合楼盖应有可靠的连接，见图 12.2.6-1。

（3）采用压型钢板（开口型或闭口型），两个方向楼板的厚度不同，楼板的配筋一般按单向板考虑，楼板的较小厚度方向按构造配筋设计。同时，楼板的厚薄不均，楼板各向异性，楼层的隔振、隔音效果较差，用作住宅及公寓楼板时还应采取其他有效措施。

2）不设置压型钢板

（1）对房屋使用中有特殊要求的楼盖（如游泳池等），可设置普通钢筋混凝土楼盖，以提高楼盖的防腐蚀性能。注意：对钢梁可采用预留腐蚀余量的方法确定截面尺寸，并采取外加防腐蚀措施。

（2）对多层建筑及层数不多的高层建筑，为节省结构造价，也可采用普通钢筋混凝土楼板（钢结构中混凝土楼板的模板相对施工简单，可采用直接在钢梁上翼缘下的吊模，一般均低于压型钢板的费用。比采用开口型压型钢板节约 85 元/m² 左右，比采用闭口型压型钢板可节约 120 元/m² 左右，其中尚不包括采用闭口型压型钢板时增加的防火费用等）。

3）近年来，钢筋桁架组合模板（将楼板中部分钢筋在工厂加工成钢筋桁架，并将钢筋桁架与钢板底模连成一体（见图 11.2.6-5），用钢筋桁架承受施工荷载，可免去支模、拆模、现场钢筋绑扎等部分工序，减少现场作业量，降低人工成本，缩短工期，但采用钢筋桁架组合模板时钢筋用量较大，总费用与采用闭口型压型钢板相当。桁架可采用《混凝土规范》第 4.2 节规定的普通钢筋，没有抗震设计要求的楼板

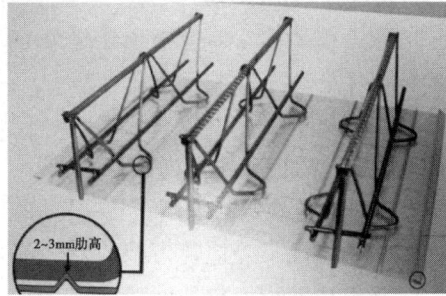

图 11.2.6-5 钢筋桁架组合楼板

也可采用冷轧带肋钢筋）应用正日趋增多，由焊接钢筋骨架提供组合模板的刚度，薄钢板作为模板（不考虑钢板替代钢筋作用），钢板底模外观较好，可免去二次抹灰（板底需装修时，也可将钢板底模拆除）。钢筋桁架组合模板的主要产品参数见表 11.2.6-1。

表 11.2.6-1　钢筋桁架组合模板的主要产品参数

序号	名称	规格
1	钢筋桁架上、下弦钢筋直径（mm）	6~12
2	楼板厚度（mm）	80~370
3	钢筋桁架的宽度（mm）	600
4	钢筋桁架的长度（m）	1~12
5	底模镀锌钢板厚度、镀锌量	0.4~0.6mm、双面镀锌量 120 g/m²

4）在钢结构中当有特殊要求时也可直接采用钢板楼盖结构，但应注意对钢板设置加

劲肋，以确保楼盖平面外的刚度，满足使用要求。同时由于在纯钢结构楼盖中，没有了混凝土楼板对钢构件的整体约束，应采取措施确保楼层平面的整体性及钢构件自身的稳定，如设置楼层水平支撑、梁上、下翼缘均应设置隅撑等。

2. 实际工程中，还应考虑采用压型钢板楼盖及采用普通现浇楼板对施工周期的影响，一般情况下，采用压型钢板的现浇混凝土楼盖（包括采用钢筋桁架组合楼板），可实现4天一层的施工目标，而采用普通模板的现浇混凝土楼盖，每层的施工周期约为7d。施工组织得当可缩小对工期的影响。

3. 由于采用钢板楼盖费用较高，同时也难以满足民用建筑的使用功能要求，民用建筑中很少采用。钢板楼盖一般用于工业建筑的特殊用途中。

第 11.2.7 条

一、规范的规定

11.2.7 当侧向刚度不足时，混合结构可设置刚度适宜的加强层。加强层宜采用伸臂桁架，必要时可配合布置周边带状桁架。加强层设计应符合下列规定：

1. 伸臂桁架和周边带状桁架宜采用钢桁架。

2. <u>伸臂桁架应与核心筒墙体刚接</u>、上、下弦杆均应延伸至墙体内且贯通，墙体内宜设置斜腹杆或暗撑；外伸臂桁架与外围框架柱宜采用铰接或半刚接，周边带状桁架与外框架柱的连接宜采用刚性连接。

3. 核心筒墙体与伸臂桁架连接处宜设置构造型钢柱，型钢柱宜至少延伸至伸臂桁架高度范围以外上、下各一层。

4. 当布置有外伸桁架加强层时，应采取有效措施减少由于外框柱与混凝土筒体竖向变形差异引起的桁架杆件内力。

二、对规范规定的理解

1. 本条明确了外伸臂桁架的上、下弦杆和腹杆伸入墙体内的具体要求。

2. 采取伸臂桁架与外框架柱滞后连接措施，可减少外框柱与混凝土筒体竖向变形差异引起的桁架杆件内力。

3. 设置伸臂桁架，将筒体剪力墙的弯曲变形转换成框架柱的轴向变形，以减小水平力作用下结构的侧移，所以必须保证伸臂桁架与核心筒剪力墙的刚接。沿房屋周边设置的带状桁架，可增大结构的侧向刚度，增加加强层的整体性，减小周边柱子的竖向变形差异，减小剪力滞后效应。

4. 外柱与混凝土核心筒轴向变形的差异会使伸臂桁架产生很大的附加内力，因此，施工期间，可采取斜杆上设长圆孔、斜杆后固定等措施，使伸臂桁架的杆件能适应外围构件与内部混凝土核心筒在施工期间的竖向变形差异。设置多道伸臂桁架时，下层伸臂桁架可在施工上层伸臂桁架时予以封闭；仅设一道伸臂桁架时，可在主体结构完成后再封闭。

5. 应采取措施，避免设置伸臂桁架对结构侧向刚度造成过大的影响，避免刚度突变形成薄弱层，有条件时，应适当减小每个伸臂桁架的刚度，采取多道设置的办法，实现结构侧向刚度的平稳变化。在高烈度区建筑及较高的不规则建筑中设置伸臂桁架时，应注意进行相应的性能化设计。

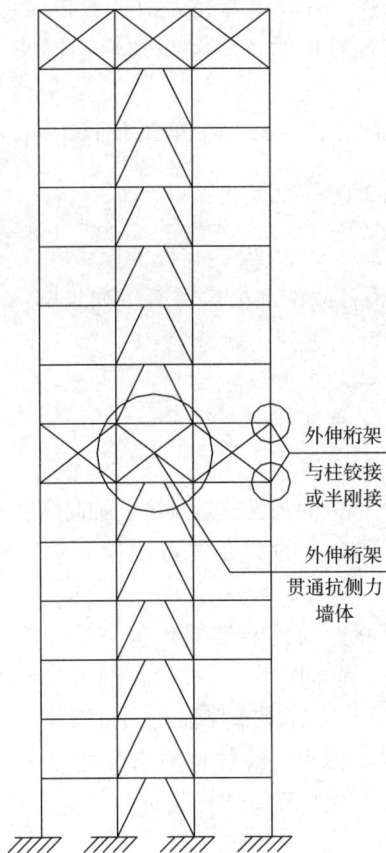

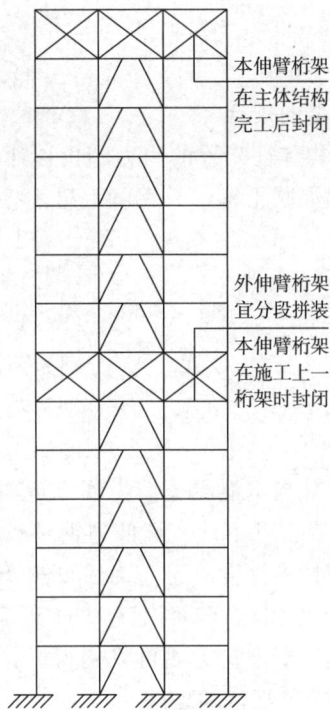

本伸臂桁架
在主体结构
完工后封闭

外伸臂桁架
宜分段拼装

本伸臂桁架
在施工上一
桁架时封闭

外伸桁架
与柱铰接
或半刚接

外伸桁架
贯通抗侧力
墙体

图 11.2.7-1　　　　　　　　　　　　图 11.2.7-2

11.3 结 构 计 算

要点：

对混合结构除应满足《高规》第 5 章结构分析计算的设计规定外，还应满足本节提出混合结构的特殊计算要求。

第 11.3.1 条

一、规范的规定

11.3.1　弹性分析时，宜考虑钢梁与现浇混凝土楼板的共同作用，梁的刚度可取钢梁刚度的 1.5～2.0 倍，但应保证钢梁与楼板有可靠连接。弹塑性分析时，可不考虑楼板与梁的共同作用。

二、对规范规定的理解

1. 在弹性阶段，楼板对钢梁刚度的加强作用不可忽视。从国内外工程的经验来看，作为主要抗侧力构件的框架梁支座处尽管有负弯矩，但由于楼板钢筋的作用，其刚度增大作用仍然很明显，故在整体结构计算时宜考虑楼板对钢梁刚度的加强作用，而框架梁截面设计时一般可不按照组合梁设计。

2. 钢次梁设计一般由变形要求控制，其承载力有较大富裕，故一般按照组合梁设计，但次梁及楼板作为直接受力构件，其设计应有足够的强度储备以适应不同使用功能的要求，设计采用的活载宜适当放大。

3. 弹塑性分析时，可不考虑楼板与梁的共同作用，即只按钢梁截面计算。

第 11.3.2 条

一、规范的规定

11.3.2 结构弹性阶段的内力和位移计算时，构件刚度取值应符合下列规定：

1. 型钢混凝土构件、钢管混凝土柱的刚度可按下列公式计算：

$$EI = E_c I_c + E_a I_a \tag{11.3.2-1}$$

$$EA = E_c A_c + E_a A_a \tag{11.3.2-2}$$

$$GA = G_c A_c + G_a A_a \tag{11.3.2-3}$$

式中：$E_c I_c$、$E_c A_c$、$G_c A_c$——分别为钢筋混凝土部分的截面抗弯刚度、轴向刚度及抗剪刚度；

$E_a I_a$、$E_a A_a$、$G_a A_a$——分别为型钢、钢管部分的截面抗弯刚度、轴向刚度及抗剪刚度。

2. 无端柱型钢混凝土剪力墙可近似按相同截面的钢筋混凝土剪力墙计算其轴向、抗弯、抗剪刚度，可不计入端部型钢对截面刚度的提高作用；

3. 有端柱型钢混凝土剪力墙可按 H 形混凝土截面计算其轴向和抗弯刚度，端柱内型钢可折算为等效混凝土面积计入 H 形截面的翼缘面积，墙的抗剪刚度可不计入型钢作用；

4. 钢板混凝土剪力墙可将钢板折算为等效混凝土面积计算其轴向、抗弯、抗剪刚度。

二、对规范规定的理解

1. 在进行结构整体内力和变形分析时，型钢混凝土梁、柱及钢管混凝土柱的轴向、抗弯、抗剪刚度按型钢与混凝土两部分刚度叠加方法计算。

2. 构件刚度取值时，对钢梁及钢柱可采用钢材的截面计算，对型钢混凝土构件的刚度可采用型钢部分刚度与钢筋混凝土部分的刚度之和。

3. 型钢及钢板对剪力墙刚度的影响：

1）无端柱的型钢混凝土剪力墙，一般端部型钢截面面积较小，可不计入端部型钢对墙截面刚度的影响（见图 11.3.2-1）。

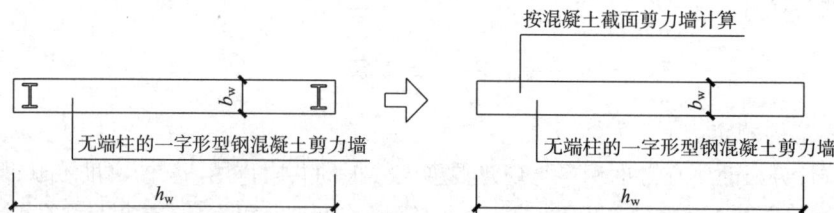

图 11.3.2-1 无端柱的型钢混凝土剪力墙

2）有端柱的型钢混凝土剪力墙，可等效为 H 形混凝土剪力墙，H 形截面的一端翼缘面积按其端柱内型钢面积折算为 $A_{ca} = (\alpha_E - 1) \times A_a$，其中 α_E 为端柱内型钢的弹性模量 E_a 与混凝土弹性模量 E_c 的比值，即 $\alpha_E = E_a / E_c$；A_a 为型钢的截面面积。墙的抗剪刚度可不计入型钢的影响（见图 11.3.2-2，图中 $h_c \times b_a = A_{ca}$）。

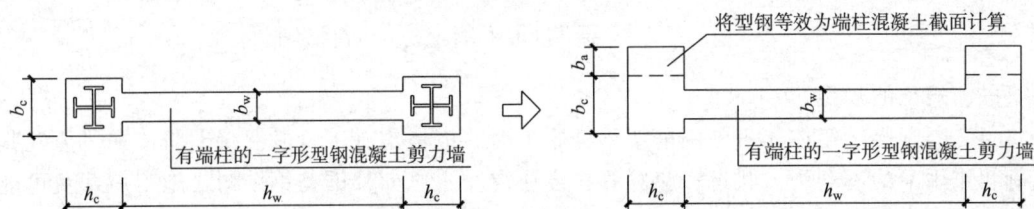

图 11.3.2-2 有端柱的型钢混凝土剪力墙

3）钢板混凝土剪力墙，指设置两端型钢暗柱、上下有型钢暗梁，中间设置钢板，形成的钢-混凝土组合剪力墙。钢板混凝土剪力墙可按折算后的等效混凝土剪力墙计算，等效后的墙厚为 $b_w + (\alpha_E - 1) \times t_b$，其中 t_b 为钢板混凝土剪力墙内钢板的厚度（见图 11.3.2-3，图中的 $b_a = (\alpha_E - 1) \times t_b$）。

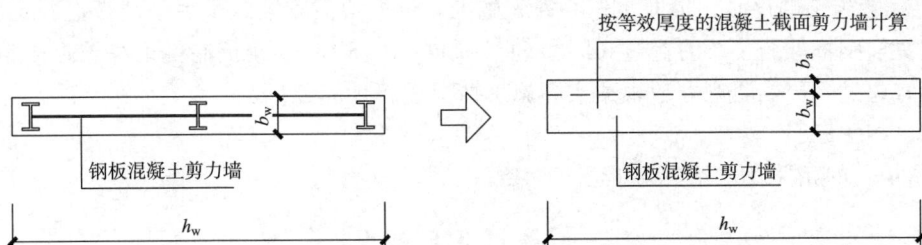

图 11.3.2-3 钢板混凝土剪力墙

4. 结构设计时，对型钢混凝土构件，一般先确定型钢尺寸，然后按型钢混凝土构件进行配筋设计。

5. 整体分析时，型钢混凝土构件可采用刚度叠加法计算，也可将型钢折算成混凝土后进行计算，再按型钢混凝土构件进行配筋。

三、相关索引

1.《高规》的相关规定见其第 11.4.11 条、第 11.4.12 条、第 11.4.13 条。

2.《型钢混凝土组合结构技术规程》JGJ 138 的相关规定见其第 4.2.2 条。

第 11.3.3 条

一、规范的规定

11.3.3 竖向荷载作用计算时，宜考虑钢柱、型钢混凝土（钢管混凝土）柱与钢筋混凝土核心筒竖向变形差异引起的结构附加内力，计算竖向变形差异时宜考虑混凝土收缩、徐变、沉降及施工调整等因素的影响。

二、对规范规定的理解

计算外柱与内筒的竖向变形差异时，宜根据实际的施工工况进行计算。在施工阶段，宜考虑施工过程中已对这些差异进行了逐层调整的有利因素，也可考虑采取外伸臂桁架滞后连接、楼面梁与外围柱及内筒体采用铰接等措施减小差异变形的影响，在外伸臂桁架永久封闭以后，后期的差异变形会对外伸臂桁架或楼面梁产生不利影响（增加附加内力）。

第 11.3.4 条

一、规范的规定

11.3.4 当混凝土筒体先于外围框架结构施工时，应考虑施工阶段混凝土筒体在风力及其他荷载作用下的不利受力状态；应验算在浇注混凝土之前外围型钢结构在施工荷载及可能的风载作用下的承载力、稳定及变形，并据此确定钢结构安装与浇筑楼层混凝土的间隔层数。

二、对规范规定的理解

1. 混凝土筒体先于钢框架（或型钢混凝土框架）施工时，必须控制混凝土筒体超前钢框架安装的层次，否则在风荷载及其他施工荷载作用下，会使混凝土筒体产生较大的应力和变形。

2. 一般施工顺序是：混凝土核心筒先施工，钢框架后安装，最后是楼板混凝土施工，核心筒提前钢框架施工不宜超过 14 层（宜控制在 4～8 层），楼板混凝土浇筑迟于钢框架安装不宜超过 5 层。否则，应根据实际施工情况进行计算分析。

三、相关索引

《高规》的相关规定见其第 13.10.5 条。

第 11.3.5 条

一、规范的规定

11.3.5 混合结构在多遇地震下的阻尼比可取为 0.04。风荷载作用下楼层位移验算和构件设计时，阻尼比可取为 0.02～0.04。

二、对规范规定的理解

1. 本条规定了混合结构抗风设计时的阻尼比，可根据房屋高度和形式选取不同的计算数值。比如，对外框架为钢框架且房屋高度较高时，阻尼比可取 0.02。

2. 验算结构舒适度时，应根据第 3.7.6 条的规定取阻尼比为 0.01～0.015。

3. 混合结构在罕遇地震下的阻尼比可取 0.05。

三、相关索引

1. 《高规》的相关规定见其第 3.7.6 条。

2. 《抗震规范》的相关规定见其第 8.2.2 条。

第 11.3.6 条

一、规范的规定

11.3.6 结构内力和位移计算时，设置伸臂桁架的楼层以及楼板开大洞的楼层应考虑平面内变形的不利影响。

二、对规范规定的理解

为得出伸臂桁架杆件的轴力，可按弹性楼板（楼板厚度可适当偏小取值）或零刚度楼板计算。伸臂桁架的杆件内力计算时，不应采用刚性楼板的假定。

11.4 构 件 设 计

要点：

与钢结构及钢筋混凝土结构不同，型钢混凝土构件应满足《高规》的特殊的构造要求，同时宜参照《型钢规程》的相关规定。

第 11.4.1 条

一、规范的规定

11.4.1 型钢混凝土构件中型钢板件（图 11.4.1）的宽厚比不宜超过表 11.4.1 的规定。

表 11.4.1　型钢板件宽厚比限值

钢号	梁		柱		
			H、十、T形截面		箱形截面
	b/t_f	h_w/t_w	b/t_f	h_w/t_w	h_w/t_w
Q235	23	107	23	96	72
Q345	19	91	19	81	61
Q390	18	83	18	75	56

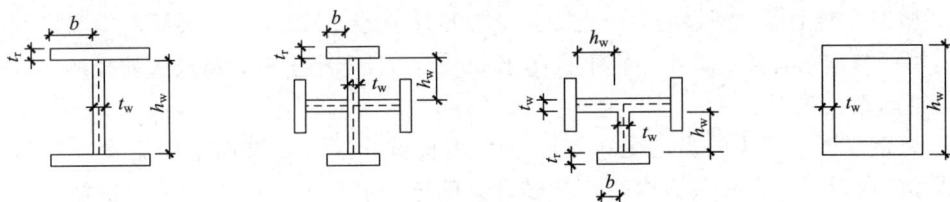

图 11.4.1　型钢板件示意

二、对规范规定的理解

1. 试验表明，由于混凝土及腰筋和箍筋对型钢的约束作用，在型钢混凝土中的型钢的宽厚比可较纯钢结构（《抗震规范》表 8.3.2）适当放宽，型钢混凝土中型钢翼缘的宽厚比可取为纯钢结构的 1.5 倍，腹板可取为纯钢结构的 2 倍，填充式箱形钢管混凝土可取为纯钢结构的 1.5～1.7 倍。

2. 型钢的截面形式应根据工程具体情况确定：

1）有双向刚接要求（外框架平面内钢梁与型钢柱刚接，连接核心筒的楼面钢梁与外框架柱也刚接）时，宜采用十字形型钢，可使两向连接刚度均匀，当型钢的含钢率较高时，对同样截面面积的型钢，与工字形型钢相比采用十字形型钢可有效减小钢板厚度。但采用十字形型钢焊接工作量较大，劳动力成本较高（国内劳动力成本较低，应用较为普遍）。

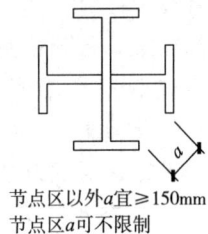

节点区以外a宜≥150mm
节点区a可不限制

图 11.4.1-1　十字形型钢两向翼缘板端的净距要求

还需注意，采用十字形型钢时，两向翼缘板端部的净距不宜过小，一般不宜小于 150mm，以利于腹板焊接（工厂焊接）。节点区由于连接钢梁要求且主要在工厂制作（可考虑翻身焊）翼缘板端部的距离可减小或可设计成田字形截面。

2）当仅单向刚接要求（外框架平面内钢梁与型钢柱刚接，连接核心筒的楼面钢梁与外框架柱铰接）时，宜采用工字型型钢，且工字形型钢的强轴方向应与外框架方向相同。采用工字形型钢可有效减少焊接工作量，劳动力成本较低（国外发达国家劳动力成本较高，应用较为普遍）。

三、相关索引

《高规》的相关规定见第 11.2.5 条。

第 11.4.2 条

一、规范的规定

11.4.2　型钢混凝土梁应满足下列构造要求：

1. 混凝土粗骨料最大直径不宜大于 25mm，型钢宜采用 Q235 及 Q345 级钢材，也可采用 Q390 或其他符合结构性能要求的钢材。

2. 型钢混凝土梁的最小配筋率不宜小于 0.30%。梁的纵向钢筋宜避免穿过柱中型钢的翼缘。梁的纵向的受力钢筋不宜超过两排；配置两排钢筋时，第二排钢筋宜配置在型钢截面外侧。当梁的腹板高度大于 450mm 时，在梁的两侧面应沿梁高度配置纵向构造钢筋，纵向构造钢筋的间距不宜大于 200mm。

3. 型钢混凝土梁中型钢的混凝土保护层厚度不宜小于 100mm，梁纵向钢筋净间距及梁纵向钢筋与型钢骨架的最小净距不应小于 30mm，且不小于粗骨料最大粒径的 1.5 倍及梁纵向钢筋直径的 1.5 倍。

4. 型钢混凝土梁中的纵向受力钢筋宜采用机械连接。如纵向钢筋需贯穿型钢柱腹板并以 90°弯折固定在柱截面内时，抗震设计的弯折前直段长度不应小于钢筋抗震基本锚固长度 l_{abE} 的 40%，弯折直段长度不应小于 15 倍纵向钢筋直径；非抗震设计的弯折前直段长度不应小于钢筋基本锚固长度 l_{ab} 的 40%，弯折直段长度不应小于 12 倍纵向钢筋直径。

5. 梁上开洞不宜大于梁截面总高的 40%，且不宜大于内含型钢截面高度的 70%，并应位于梁高及型钢高度的中间区域。

6. 型钢混凝土悬臂梁自由端的纵向受力钢筋应设置专门的锚固件，型钢梁的上翼缘宜设置栓钉。型钢混凝土转换梁在型钢上翼缘宜设置栓钉。栓钉的最大间距不宜大于 200mm，栓钉的最小间距沿梁轴线方向不应小于 6 倍的栓钉杆直径，垂直梁方向的间距不应小于 4 倍的栓钉杆直径，且栓钉中心至型钢板件边缘的距离不应小于 50mm。栓钉顶面的混凝土保护层厚度不应小于 15mm。

二、对规范规定的理解

1. 在实际工程中较少采用型钢混凝土梁（原因分析见第 11.1.1 条），型钢混凝土梁一般用在有特殊要求的构件中，实际工程中，型钢混凝土梁应以型钢作为主要受力构件，避免设置过多纵向钢筋（钢筋超过两排时，钢筋绑扎及混凝土浇筑困难）。

2. 在型钢混凝土梁中，应控制混凝土骨料直径，利于保证混凝土质量。

3. 型钢混凝土梁（钢筋混凝土梁）的纵向钢筋应避免穿型钢柱的翼缘。实际工程中可在梁端设置水平加腋，梁纵向钢筋绕过型钢柱，也可在型钢柱翼缘设置钢筋连接器或连接用短型钢梁及连接钢板等与梁纵向钢筋连接（图 11.4.2-1、图 11.4.2-2、图 11.4.2-3）。

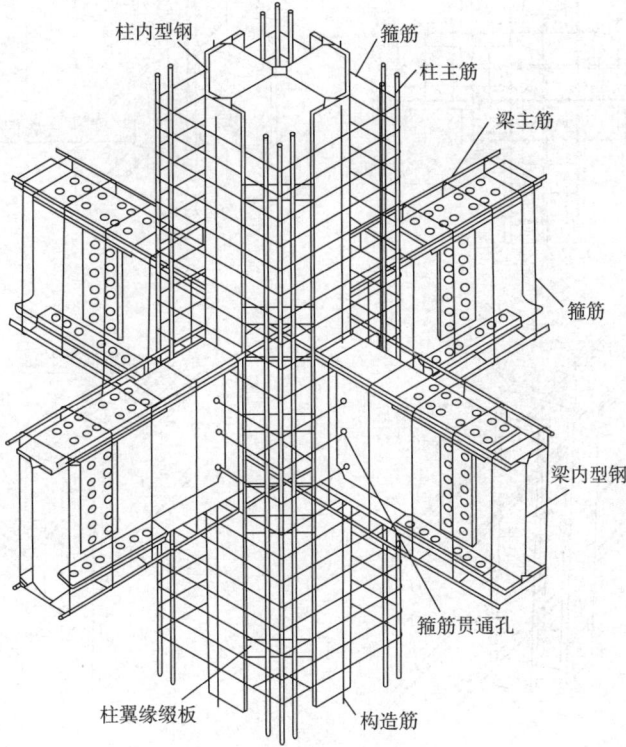

图 11.4.2-1 型钢梁柱的节点构造

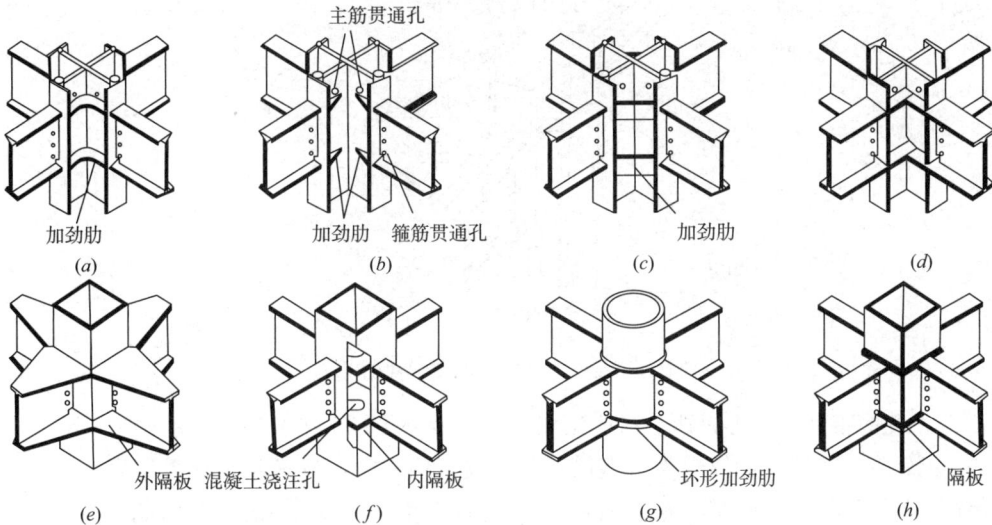

图 11.4.2-2 主要的梁柱节点形式

（a）水平加劲肋；（b）水平三角加劲肋；（c）竖向加劲肋；

（d）梁翼缘贯通；（e）外隔板；（f）内隔板；（g）加劲环；（h）隔板截断柱

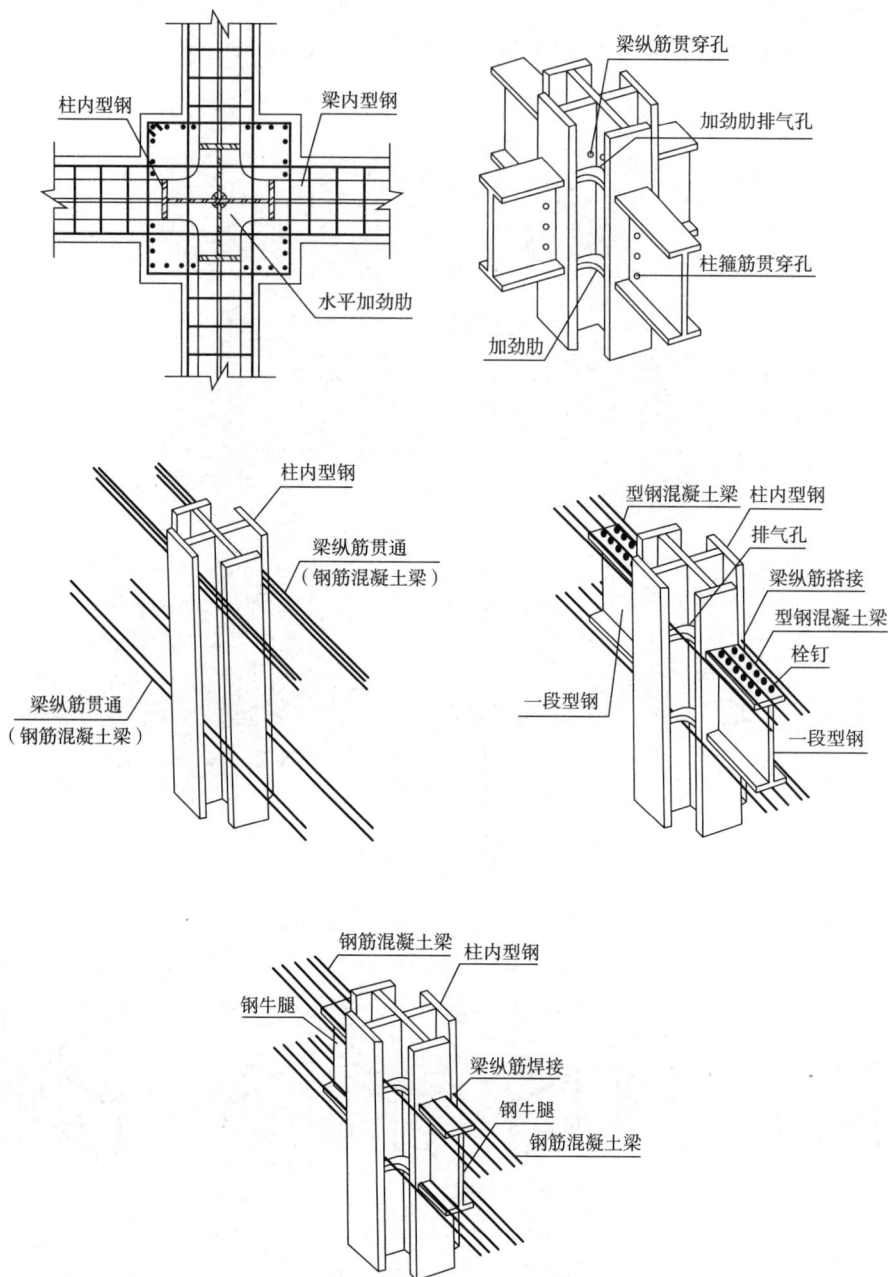

图 11.4.2-3 梁钢筋与型钢柱的关系

4. 型钢混凝土梁、柱的基本构造见图 11.4.2-4 及图 11.4.2-5。

5. 型钢混凝土梁内的纵向受力钢筋在型钢柱内锚固时，应优先考虑采用直线锚固，当直线锚固长度不足时，钢筋应穿过型钢腹板后弯锚。型钢混凝土悬臂梁自由端的纵向受力钢筋应采用机械锚固措施（穿孔塞焊锚板及螺栓锚头等，见《混凝土规范》第 8.3.3 条）。

6. 型钢混凝土梁开洞按梁截面高度和型钢梁截面高度双重控制，避免梁承载力下降过多。

7. 型钢混凝土悬臂梁的自由端对纵向受力钢筋无约束，且梁的挠度大，转换梁受力大且复杂，为保证混凝土与型钢的共同变形，应在型钢上翼缘设置栓钉，以抵抗混凝土与型钢之间的纵向剪力。

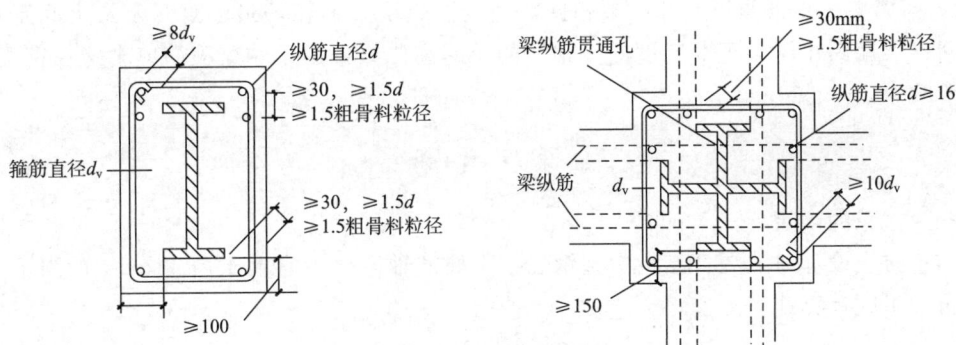

图 11.4.2-4 型钢混凝土梁、柱的基本构造

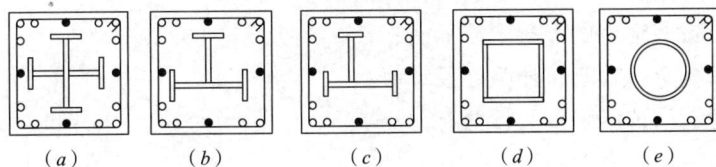

图 11.4.2-5 柱中型钢的基本形式

第 11.4.3 条

一、规范的规定

11.4.3 型钢混凝土梁的箍筋应符合下列规定：

1. 箍筋的最小面积配筋率应符合本规程第 6.3.4 条第 4 款和第 6.3.5 条第 1 款的规定，且不应小于 0.15%。

2. 抗震设计时，梁端箍筋应加密配置。加密区范围，一级取梁截面高度的 2.0 倍，二、三、四级取梁截面高度的 1.5 倍；<u>当梁净跨小于梁截面高度的 4 倍时，梁箍筋应全跨加密配置</u>。

3. 型钢混凝土梁应采用具有 135°弯钩的封闭式箍筋，弯钩的直段长度不应小于 8 倍箍筋直径。非抗震设计时，梁箍筋直径不应小于 8mm，箍筋间距不应大于 250mm；抗震设计时，梁箍筋的直径和间距应符合表 11.4.3 的要求。

表 11.4.3 梁箍筋直径和间距（mm）

抗震等级	箍筋直径	非加密区箍筋间距	加密区箍筋间距
一	≥12	≤180	≤120
二	≥10	≤200	≤150
三	≥10	≤250	≤180
四	≥8	250	200

二、对规范规定的理解

1. 为增加混凝土部分的抗剪承载力及加强箍筋对内部混凝土的约束，防止型钢失稳和纵向受力钢筋的压屈，提出箍筋的最低配置要求，箍筋面积配筋率的计算见第 6.3.4 条。

2. 与第 6.3.4 条及第 6.3.5 条相比，型钢混凝土梁的箍筋最小直径及最大间距均从严，对"梁净跨小于梁截面高度的 4 倍"的小跨高比梁提出了"梁箍筋应全跨加密配置"的特殊要求。

第 11.4.4 条

一、规范的规定

11.4.4 抗震设计时，混合结构中型钢混凝土柱的轴压比不宜大于表 11.4.4 的限值，轴压比可按下式计算：

$$\mu_N = N/(f_c A_c + f_a A_a) \tag{11.4.4}$$

式中：μ_N ——型钢混凝土柱的轴压比；

N ——考虑地震组合的柱轴向力设计值；

A_c ——扣除型钢后的混凝土截面面积；

f_c ——混凝土的轴心抗压强度设计值；

f_a ——型钢的抗压强度设计值；

A_a ——型钢的截面面积。

表 11.4.4　型钢混凝土柱的轴压比限值

抗震等级	一	二	三
轴压比限值	0.70	0.80	0.90

注：1. 转换柱的轴压比应比表中数值减少 0.10 采用；

2. 剪跨比不大于 2 的柱，其轴压比应比表中数值减少 0.05 采用；

3. 当采用 C60 以上混凝土时，轴压比宜减少 0.05。

二、对规范规定的理解

1. 表 11.4.4 中的轴压比限值，只适合于混合结构中的型钢混凝土柱，但公式 (11.4.4) 适用于所有各类结构中的型钢混凝土柱。

2. 当型钢板件厚度不同（抗压强度 f_a 不为同一组）时，型钢的抗压强度设计值 f_a 和型钢的截面面积 A_a，应按不同分组分别计算，并采用各组计算之和。

3. 试验研究表明型钢混凝土柱具有如下受力特性：

1) 在一定轴力的长期作用下，随着轴向塑性的发展以及长期荷载作用下混凝土的徐变收缩产生内力重分布，钢筋混凝土部分承担的轴力逐渐向型钢部分转移。

2) 型钢混凝土柱的轴向力大于其轴向承载力的 50%（即 $\mu_N > 0.5$）时，柱子的延性显著降低。

4. 与普通钢筋混凝土柱的轴压比限值（表 6.4.2）相比：

1) 型钢混凝土转换柱的轴压比限值，按表 11.4.4 注 1 规定调整后与表 6.4.2 一致。

2) 对剪跨比小于 2 的柱的轴压比限值，表 6.4.2 依据剪跨比的数值分段控制，比表 11.4.4 更为严格。

3) 对混凝土强度等级大于 C60 的柱的轴压比限值，表 6.4.2 依据混凝土强度等级分段控制，比表 11.4.4 更为严格。

三、结构设计建议

1. 除混合结构以外的其他结构中，型钢混凝土柱的轴压比可按公式（11.4.4）计算，其轴压比限值规范未予以明确，建议可按表 6.4.2 取值。

2.《高规》、《型钢混凝土组合结构技术规程》等均未提出型钢混凝土柱的双向偏心受力验算要求，实际工程中，当房屋高度较高、复杂结构及超限高层建筑，应进行双向偏心受力验算。设计实践表明：对不规则结构的型钢混凝土柱，仅进行单向偏心计算有时偏于不安全，应进行双向偏心的补充验算，并进行包络设计。

3. 对型钢混凝土柱进行双向偏心受力验算时，可按公式（11.4.4-1）（即《混凝土规范》公式（6.2.21-3））进行近似计算：

$$N \leqslant \frac{1}{\dfrac{1}{N_{ux}} + \dfrac{1}{N_{uy}} + \dfrac{1}{N_{u0}}} \tag{11.4.4-1}$$

式中：N_{u0} ——型钢混凝土柱的截面轴心受压承载力设计值；

N_{ux} ——轴向压力作用于 x 轴并考虑相应计算偏心距 e_{ix} 后，按全部型钢及纵向钢筋计算的构件单向偏心受压承载力设计值；

N_{uy} ——轴向压力作用于 y 轴并考虑相应计算偏心距 e_{iy} 后，按全部型钢及纵向钢筋计算的构件单向偏心受压承载力设计值；

N ——为按双向偏心计算的轴向压力设计值。

第 11.4.5 条

一、规范的规定

11.4.5 型钢混凝土柱设计应符合下列构造要求：

1. 型钢混凝土柱的长细比不宜大于 80（老规范为 30，本条放松了很多——编者注）。

2. 房屋的底层、顶层以及型钢混凝土与钢筋混凝土交接层的型钢混凝土柱宜设置栓钉，型钢截面为箱形的柱子也宜设置栓钉，栓钉水平间距不宜大于 250mm。

3. 混凝土粗骨料的最大直径不宜大于 25mm。型钢柱中型钢的保护厚度不宜小于150mm；柱纵向钢筋净间距不宜小于 50mm，且不应小于柱纵向钢筋直径的 1.5 倍；柱纵向钢筋与型钢的最小净距不应小于 30mm，且不小于粗骨料最大粒径的 1.5 倍。

4. 型钢混凝土柱的纵向钢筋最小配筋率不宜小于 0.8%，且在四角应各配置一根直径不小于 16mm 的纵向钢筋。

5. 柱中纵向受力钢筋的间距不宜大于 300mm，当间距大于 300mm 时，宜附加配置直径不小于 14mm 的纵向构造钢筋。

6. 型钢混凝土柱的型钢含钢率不宜小于 4%。

二、对规范规定的理解

1. 当柱子的型钢含钢率小于 4% 时，其承载力和延性与钢筋混凝土柱相比没有明显提高，一般情况下，型钢混凝土柱的常用含钢率在 4%～8% 之间，最大含钢率不宜大于 10%，最小含钢率不宜小于 4%。在钢筋混凝土结构中，为增加柱子延性，改善抗震性能而设置的柱内构造型钢，其含钢率可不受 4% 的限制（建模时不输入型钢，全部内力均由钢筋混凝土柱承担）。

2. 对型钢混凝土柱,《型钢混凝土组合结构技术规程》JGJ 138 和《钢骨混凝土结构技术规程》YB 9082 均提出了型钢柱的最小受剪截面要求,但两本规范的计算公式不同,其中,《型钢混凝土组合结构技术规程》按公式(11.4.5-1)采用腹板型钢的抗压强度 f_a 计算,而《钢骨混凝土结构技术规程》按公式(11.4.5-2)采用腹板型钢的抗剪强度 f_{av} 计算。

$$\frac{f_a t_w h_w}{f_c b h_0} \geqslant 0.1 \tag{11.4.5-1}$$

$$\frac{f_{av} t_w h_w}{f_c b h_0} \geqslant 0.1 \tag{11.4.5-2}$$

式中:h_w、t_w——分别为腹板型钢的截面高度(与剪力同方向)及腹板厚度;

b、h_0——分别为型钢混凝土柱的截面宽度和有效高度(与剪力同方向)。

由于 $f_{av}=0.58 f_a$,故采用不同的计算公式,其计算结果差异较大。程序(PKPM)按公式(11.4.5-1)计算,对型钢截面面积要求较松。为此,对复杂工程及重要的型钢混凝土柱,宜按公式(11.4.5-2)进行复核,为避免采用不同计算公式验算后,型钢截面面积的较大差异,复核验算时可考虑与剪力垂直方向翼缘型钢的作用,验算型钢的截面面积要求及型钢的最大应力,以双十字形型钢为例,说明如下:

【例 11.4.5-1】　某型钢混凝土柱截面 1000×1000,混凝土强度等级 C50,对称配置双工字形型钢,600×200×20×40,采用 Q345 型钢,型钢混凝土柱的抗震等级为一级,型钢柱承担的考虑地震作用组合的剪力设计值为 3120 kN,按公式(11.4.5-1)计算的剪压比满足要求,轴压比为 0.6,按公式(11.4.5-2)进行复核验算。

1. 型钢的截面面积验算:

$0.1 f_c b h_0 = 0.1 \times 23.1 \times 1000 \times 965 = 2229$ kN

$f_{av} t_w h_w = 175 \times 20 \times 600 + 155 \times 40 \times 180 \times 2 = 4332$　kN $> 0.1 f_c b h_0$

2. 型钢的最大应力验算:

在与 x 向剪力对应的轴向力作用下,型钢混凝土的轴压比为 0.6,型钢柱全截面的压应力为 $0.6 f_{av}$,则翼缘墙肢的压应力为 $0.6 \times 270 = 162$ N/mm²;

在 x 向剪力作用下,考虑 x 向型钢的腹板与 y 向型钢的翼缘(即与剪力同方向)共同承担 x 向剪力,则受剪截面面积为 $20 \times 600 + 2 \times 40 \times (200-20) = 26400$ mm²,相应的剪应力为 $3120000/26400 = 118.2$ N/mm² < 155 N/mm²;

翼缘墙肢的最大应力为 $\sqrt{162^2 + 118.2^2} = 200$ N/mm² < 270 N/mm²(满足要求)。

由于腹板型钢的钢板厚度小于翼缘墙肢,故也满足要求,无需验算。

第 11.4.6 条

一、规范的规定

11.4.6　型钢混凝土柱箍筋的构造设计应符合下列规定:

1. 非抗震设计时,箍筋直径不应小于 8mm,箍筋间距不应大于 200mm。

2. 抗震设计时,箍筋应做成 135° 的弯钩,箍筋弯钩直段长度不应小于 10 倍箍筋直径。

3. 抗震设计时,柱端箍筋应加密,加密区范围应取矩形截面柱长边尺寸(或圆形截面柱直径)、柱净高的 1/6 和 500mm 三者的最大值;对剪跨比不大于 2 的柱,其箍筋均应全高加密,箍筋间距不应大于 100mm。

4. 抗震设计时，柱箍筋的直径和间距应符合表 11.4.6 的规定，加密区箍筋最小体积配箍率尚应符合式（11.4.6）的要求；非加密区箍筋最小体积配箍率不应小于加密区箍筋最小体积配箍率的一半；对剪跨比不大于 2 的柱，其箍筋体积配箍率尚不应小于 1.0%，9 度抗震设计时尚不应小于 1.3%。

$$\rho_v \geqslant 0.85 \lambda_v f_c / f_y \tag{11.4.6}$$

式中：λ_v——柱最小配箍特征值，宜按本规程表 6.4.7 采用。

表 11.4.6　型钢混凝土柱箍筋直径和间距（mm）

抗震等级	箍筋直径	非加密区箍筋间距	加密区箍筋间距
一	≥12	≤150	≤100
二	≥10	≤200	≤100
三、四	≥8	≤200	≤150

注：箍筋直径除应符合表中要求外，尚不应小于纵向钢筋直径的 1/4。

二、对规范规定的理解

1. 在型钢混凝土柱中配置箍筋的目的是为了增强混凝土的抗剪能力，加强对箍筋内部混凝土的约束，防止型钢失稳和主筋压屈。试验表明，当不配置或少量配置箍筋时，出现型钢与混凝土之间的黏结破坏。箍筋强度等级越高，对型钢混凝土柱的约束效果越好。因此，型钢混凝土柱箍筋应优先采用高强度钢筋（公式（11.4.6）中的 f_y 应为 f_{yv}），型钢高强混凝土柱应配置足够数量的高强度箍筋，以保证箍筋有足够的约束能力。

2. 在型钢混凝土柱中的箍筋一般要比普通混凝土柱略少公式（11.4.6）中有折减系数 0.85），主要是因为型钢混凝土柱中的钢骨提供了较强的承载能力，同时，考虑施工困难及型钢混凝土柱中实际配筋的可能性。

3. 当型钢混凝土柱中箍筋需要穿过型钢腹板时，封闭箍筋可采用 U 形箍焊接。

第 11.4.7 条

一、规范的规定

11.4.7　型钢混凝土梁柱节点应符合下列构造要求：

1. 型钢柱在梁水平翼缘处应设置加劲肋，其构造不应影响混凝土浇筑密实；

2. 箍筋间距不宜大于柱端加密区间距的 1.5 倍；箍筋直径不宜小于柱端箍筋加密区的箍筋直径；

3. 梁中钢筋穿过梁柱节点时，不宜穿过柱型钢翼缘；需穿过柱腹板时，柱腹板截面损失率不宜大于 25%，当超过 25% 时，则需进行补强；梁中主筋不得与柱型钢直接焊接。

二、结构设计建议

1. 型钢柱设置水平加劲肋时，在水平加劲肋角部应留有直径不小于 20mm 的排气孔，以利于混凝土浇筑密实。

2. 梁的纵向受力钢筋可在柱型钢腹板穿孔贯通，对按计算配置的柱型钢应控制其腹板截面的损失率（腹板开洞截面面积/腹板截面面积）不大于 25%，否则，应采取加强措施（如在洞边设置补强板等，见图 11.4.7-1）。当柱型钢为构造设置时，其腹板截面损失率可适当放大至不超过 50%。

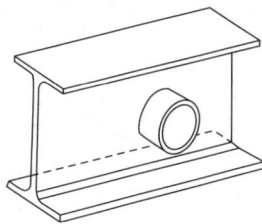

图 11.4.7-1　腹板补强措施

3. 梁的纵向受力钢筋不应在柱型钢翼缘上开孔（翼缘开孔对柱抗弯极为不利），可采取在型钢柱上预先焊接（在工厂加工）钢筋连接套筒、设置水平加劲板等措施。

4. "梁中主筋不得与柱型钢直接焊接"但可以与连接板（即水平加劲板）焊接。

5. 梁柱纵向钢筋及箍筋穿柱（或梁）腹板时，腹板预留穿筋孔的最小孔径见表 11.4.7-1。

表 11.4.7-1　带肋钢筋穿孔的最小孔径（mm）

钢筋直径 d（mm）	$10 \sim 12$	$14 \sim 22$	$25 \sim 36$	$40 \sim 50$
穿孔孔径（mm）	$d+4$	$d+6$	$d+8$	$d+10$

第 11.4.8 条

一、规范的规定

11.4.8　圆形钢管混凝土构件及节点可按本规程附录 F 进行设计。

二、结构设计建议

钢管混凝土柱与楼面梁的连接节点应根据工程具体情况选用。

1. 当楼面梁为钢梁时，可采用加强环连接节点，当柱直径较小时（如小于 500mm），一般可采用外加强环连接，当柱直径较大时，可采用内加强环连接（见图 11.4.8-1）。

2. 当楼面梁为钢筋混凝土梁时，可采用环形牛腿连接、钢筋混凝土井字双梁连接、钢环梁连接等方法（见图 11.4.8-2），钢管外宜设置外包混凝土，利于钢筋混凝土梁的传力和连接。

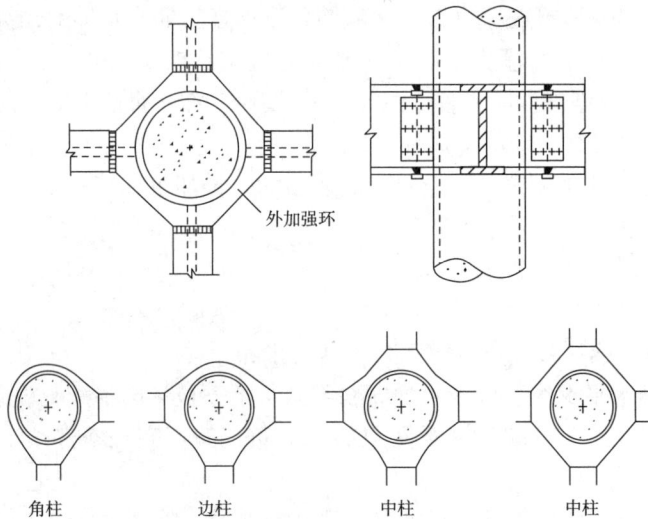

图 11.4.8-1　钢梁与钢管混凝土柱的连接

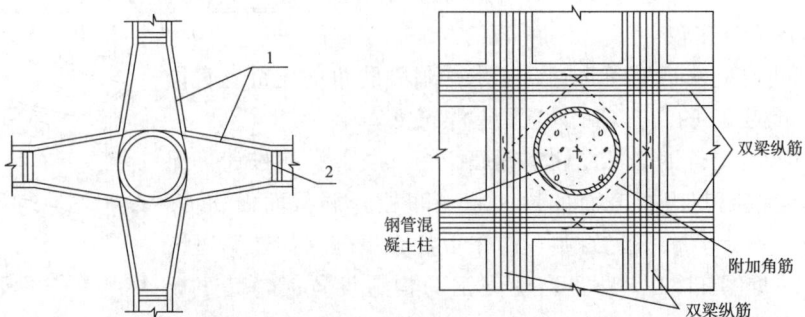

图 11.4.8-2　钢梁与钢管混凝土柱的连接

第 11.4.9 条

一、规范的规定

11.4.9 圆形钢管混凝土柱尚应符合下列构造要求：

1. 钢管直径不宜小于 400mm。

2. 钢管壁厚不宜小于 8mm。

3. 钢管外径与壁厚的比值 D/t 宜在 $(20\sim100)\sqrt{235/f_y}$ 之间，f_y 为钢材的屈服强度。

4. 圆钢管混凝土柱的套箍指标 $\dfrac{f_a A_a}{f_c A_c}$，不应小于 0.5，也不宜大于 2.5。

5. 柱的长细比不宜大于 80。

6. 轴向压力偏心率 e_0/r_c 不宜大于 1.0，e_0 为偏心距，r_c 为核心混凝土横截面半径。

7. 钢管混凝土柱与<u>框架梁</u>刚性连接时，柱内或柱外应设置与梁上、下翼缘位置对应的加劲肋；加劲肋设置于柱内时，应留孔以利混凝土浇筑；加劲肋设置于柱外时，应形成加劲环板。

8. 直径大于 2m 的圆形钢管混凝土构件，应采取有效措施减小钢管内混凝土收缩对构件受力性能的影响。

二、对规范规定的理解

1. 本条第 7 款中的"框架梁"应指钢框架梁。

2. 圆形钢管的直径不宜过小，以保证混凝土浇筑质量。但当管径过大（如当直径大于 2m）时，也会出现如下问题：

1）管内混凝土收缩会造成钢管与混凝土脱开（尤其是环形横隔板下的混凝土质量难以保证），影响钢管与混凝土的共同受力。

2）管径过大时，内部混凝土与周圈钢管的压缩性能差异较大，共同工作能力降低。

3）管径过大时，周圈钢管的受压稳定性差。

针对上述问题，应采用无收缩混凝土，管内混凝土设置芯柱，钢管设置竖向加劲肋（对方钢管或仓式矩形钢管，当钢管的短边尺寸不小于 800mm 时，钢管宜设置竖向加劲肋）等措施，减小钢管内混凝土收缩对构件受力性能的影响并提高钢管与混凝土的共同工作能力。

3. 圆形钢管混凝土柱一般采用薄壁钢管，但钢管壁不宜太薄，以避免钢管壁屈曲。

4. 套箍指标是圆形钢管混凝土柱的一个重要参数（其本质就是约束强度比），反映薄钢管对管内混凝土的约束程度。若套箍指标过小，则不能有效地提高钢管内混凝土的轴心抗压强度和变形能力；若套箍指标过大，则对进一步提高钢管内混凝土的轴心抗压强度和变形能力的作用不大，结构设计的经济性差。

5. 对圆形钢管混凝土柱，《高规》不再采用轴压比控制，而是采用承载力控制的方法，直接按《高规》附录 F 规定的方法计算。

1）在计算中考虑长细比影响的承载力折减系数 φ_l 和考虑偏心率影响的承载力折减系数 φ_e。

2）系数计算中需要对有侧移框架和无侧移框架进行判别，并把握嵌固的概念。

（1）无侧移框架指在框架中设有支撑架、剪力墙、等支撑结构的框架（注意这里的"框架"指结构中的框架部分，即在结构中有支撑结构，但不一定限定与支撑在同一轴线上的框架，只要楼板的刚度足够，能保证框架和支撑结构的协同工作），且支撑结构的侧向刚度不小于框架侧向刚度的 5 倍。

（2）有侧移框架指在框架中未设置支撑结构，或支撑结构的侧向刚度小于框架侧向刚度的 5 倍。

（3）嵌固端指相交于柱的横梁的线刚度与柱的线刚度比值不小于 4 倍，或柱基础的长和宽均不小于柱直径（对矩形钢管混凝土柱为柱长边尺寸）的 4 倍。

3）由于钢管混凝土柱一般承受较大的轴力和弯矩及剪力等，因此，应特别注意钢管混凝土柱在其组合界面附近（如横隔板或内加强环下等部位）的局部承压验算，这些部位也是应特别关注混凝土施工质量的部位。

第 11.4.10 条

一、规范的规定

11.4.10 矩形钢管混凝土柱应符合下列构造要求：

1. 钢管截面短边尺寸不宜小于 400mm；

2. 钢管壁厚不宜小于 8mm；

3. 钢管截面的高宽比不宜大于 2，当矩形钢管混凝土柱截面最大边尺寸不小于 800mm 时，宜采取在柱子内壁上焊接栓钉、纵向加劲肋等构造措施；

4. 钢管管壁板件的边长与其厚度的比值不应大于 $60\sqrt{235/f_y}$；

5. 柱的长细比不宜大于 80；

6. 矩形钢管混凝土柱的轴压比应按本规程公式（11.4.4）计算，并不宜大于表 11.4.10 的限值。

表 11.4.10　矩形钢管混凝土柱轴压比限值

一级	二级	三级
0.70	0.80	0.90

二、对规范规定的理解

1. 为保证钢管与混凝土共同工作，矩形钢管截面边长之比不宜过大。本条第 3 款的构造措施可以适用于矩形钢管混凝土柱，也可以适用于设置巨型钢骨的混凝土柱中对钢骨的加强措施。

2. 为避免矩形钢管混凝土柱在丧失整体承载能力之前钢管壁板件局部屈曲，并保证钢管全截面有效，钢管壁板件的边长与其厚度的比值不宜过大。

3. 矩形钢管混凝土的延性与轴压比、长细比、含钢率、钢材屈服强度、混凝土抗压强度等因素有关，《高规》采用限制轴压比的方法来保证矩形钢管混凝土柱的延性。

1）按表 11.4.10 的要求控制矩形钢管混凝土柱的轴压比，而对圆形钢管混凝土柱的轴压比不控制（即按构件强度控制）。

2）矩形钢管混凝土柱的轴压比限值与型钢混凝土柱的轴压比（表 11.4.4）相同。

第 11.4.11 条

一、规范的规定

11.4.11 当核心筒墙体承受的弯矩、剪力和轴力均较大时，核心筒墙体可采用型钢混凝土剪力墙或钢板混凝土剪力墙。钢板混凝土剪力墙的受剪截面及受剪承载力应符合本规程 11.4.12、11.4.13 条的规定，其构造设计应符合本规程第 11.4.14、11.4.15 条的规定。

二、对规范规定的理解

1. 本条规定中的钢板混凝土剪力墙，指设置两端型钢暗柱、上下有型钢暗梁，中间设置钢板，形成的钢-混凝土组合剪力墙。

2. 钢板剪力墙也可按现行行业标准《型钢混凝土组合结构技术规程》JGJ 138 进行截面设计。

第 11.4.12 条

一、规范的规定

11.4.12 钢板混凝土剪力墙的受剪截面应符合下列规定：

1. 持久、短暂设计状况

$$V_{cw} \leqslant 0.25 f_c b_w h_{w0} \tag{11.4.12-1}$$

$$V_{cw} = V - \left(\frac{0.3}{\lambda} f_a A_{a1} + \frac{0.6}{\lambda - 0.5} f_{sp} A_{sp} \right) \tag{11.4.12-2}$$

2. 地震设计状况

剪跨比 λ 大于 2.5 时

$$V_{cw} \leqslant \frac{1}{\gamma_{RE}} (0.20 f_c b_w h_{w0}) \tag{11.4.12-3}$$

剪跨比 λ 不大于 2.5 时

$$V_{cw} \leqslant \frac{1}{\gamma_{RE}} (0.15 f_c b_w h_{w0}) \tag{11.4.12-4}$$

$$V_{cw} = V - \frac{1}{\gamma_{RE}} \left(\frac{0.25}{\lambda} f_a A_{a1} + \frac{0.5}{\lambda - 0.5} f_{sp} A_{sp} \right) \tag{11.4.12-5}$$

式中：V ——钢板混凝土剪力墙截面承受的剪力设计值；

　　V_{cw} ——仅考虑钢筋混凝土截面承担的剪力设计值；

　　λ ——计算截面的剪跨比。当 $\lambda < 1.5$ 时，取 $\lambda = 1.5$ ，当 $\lambda > 2.2$ 时，取 $\lambda = 2.2$；当计算截面与墙底之间的距离小于 $0.5 h_{w0}$ 时，λ 应按距离墙底 $0.5 h_{w0}$ 处的弯矩值与剪力值计算；

　　f_a ——剪力墙端部暗柱中所配型钢的抗压强度设计值；

　　A_{a1} ——剪力墙一端所配型钢的截面面积，当两端所配型钢的截面面积不同时，取较小一端的面积。

　　f_{sp} ——剪力墙墙身所配钢板的抗压强度设计值；

　　A_{sp} ——剪力墙墙身所配钢板的横截面面积。

二、对规范规定的理解

1. 试验研究表明，两端设置型钢或内藏钢板的混凝土组合剪力墙可以提供良好的耗能能力，其受剪截面限制条件可以考虑两端型钢和内藏钢板的作用，扣除两端型钢和内藏钢板发挥的抗剪作用后，再对钢筋混凝土部分承担的剪力控制其平均剪应力，与普通钢筋混凝土剪力墙相比，其截面的抗剪承载力有很大的提高。

2. 当型钢的板件厚度不同时，计算时应按分组分别计算求和。

第 11.4.13 条

一、规范的规定

11.4.13 钢板混凝土剪力墙偏心受压时的斜截面受剪承载力，应按下列公式进行验算：

1. 持久、短暂设计状况

$$V \leqslant \frac{1}{\lambda - 0.5}\left(0.5f_t b_w h_{w0} + 0.13N\frac{A_w}{A}\right) + f_{yv}\frac{A_{sh}}{s}h_{w0} + \frac{0.3}{\lambda}f_a A_{a1} + \frac{0.6}{\lambda - 0.5}f_{sp}A_{sp}$$

$$(11.4.13-1)$$

2. 地震设计状况

$$V \leqslant \frac{1}{\gamma_{RE}}\left[\frac{1}{\lambda - 0.5}\left(0.4f_t b_w h_{w0} + 0.1N\frac{A_w}{A}\right) + 0.8f_{yv}\frac{A_{sh}}{s}h_{w0} + \frac{0.25}{\lambda}f_a A_{a1} + \frac{0.5}{\lambda - 0.5}f_{sp}A_{sp}\right]$$

$$(11.4.13-2)$$

式中：N ——剪力墙承受的轴向压力设计值，当大于 $0.2f_c b_w h_w$ 时，取为 $0.2f_c b_w h_w$。

二、对规范规定的理解

1. 试验研究表明，两端设置型钢或内藏钢板的混凝土组合剪力墙，在满足第 11.4.14 条规定的构造要求时，其型钢和钢板可以充分发挥抗剪作用。

2. 与公式（7.2.10-1）及公式（7.2.10-2）相比，公式（11.4.13-1）及公式（11.4.13-2）中增加了两端型钢和内藏钢板对应的受剪承载力。

第 11.4.14 条

一、规范的规定

11.4.14 型钢混凝土剪力墙、钢板混凝土剪力墙应符合下列构造要求：

1. 抗震设计时，一、二级抗震等级的型钢混凝土剪力墙、钢板混凝土剪力墙底部加强部位，其重力荷载代表值作用下墙肢的轴压比不宜超过本规程表 7.2.13 的限值，其轴压比可按下式计算：

$$\mu_N = N/(f_c A_c + f_a A_a + f_{sp}A_{sp})$$ （11.4.14）

式中：N ——重力荷载代表值作用下墙肢的轴向压力设计值；

A_c ——剪力墙墙肢混凝土截面面积；

A_a ——剪力墙所配型钢的全部截面面积。

2. 型钢混凝土剪力墙、钢板混凝土剪力墙在楼层标高处宜设置暗梁。

3. 端部配置型钢的混凝土剪力墙，型钢的保护层厚度宜大于 100mm；水平分布钢筋应绕过或穿过墙端型钢，且应满足钢筋锚固长度要求。

4. 周边有型钢混凝土柱和梁的现浇钢筋混凝土剪力墙，剪力墙的水平分布钢筋应绕过或穿过周边柱型钢，且应满足钢筋锚固长度要求；当采用间隔穿过时，宜另加补强钢筋。周边柱的型钢、纵向钢筋、箍筋配置应符合型钢混凝土柱的设计要求。

二、对规范规定的理解

1. 试验研究表明，内藏钢板的钢板混凝土组合剪力墙可以提供良好的耗能能力，在计算轴压比时，可以考虑内藏钢板的作用，实际工程中，当采用钢筋混凝土剪力墙的轴压比较大时，可在剪力墙内设置型钢。

2. 型钢混凝土剪力墙、钢板混凝土剪力墙的轴压比计算与钢筋混凝土剪力墙的轴压比计算原理一致。

第 11.4.15 条

一、规范的规定

11.4.15 钢板混凝土剪力墙尚应符合下列构造要求：

1. 钢板混凝土剪力墙体中的钢板厚度不宜小于 10mm，也不宜大于墙厚的 1/15；

2. 钢板混凝土剪力墙的墙身分布钢筋配筋率不宜小于 0.4%，分布钢筋间距不宜大于 200mm，且应与钢板可靠连接；

3. 钢板与周围型钢构件宜采用焊接；

4. 钢板与混凝土墙体之间连接件的构造要求可按照现行国家标准《钢结构设计规范》GB 50017 中关于组合梁抗剪连接件构造要求执行，栓钉间距不宜大于 300mm；

5. 在钢板墙角部 1/5 板跨且不小于 1000mm 范围内，钢筋混凝土墙体分布钢筋、抗剪栓钉间距宜适当加密。

二、对规范规定的理解

1. 试验研究表明，在墙身中加入薄钢板，对于墙体承载力和破坏形态会产生显著影响，而钢板与周围构件的连接关系对于承载力和破坏形态的影响至关重要。钢板与周围构件的连接越强，则承载力越大。

2. 四周焊接的钢板组合剪力墙可显著提高剪力墙受剪承载能力，并具有与普通钢筋混凝土剪力墙基本相当或略高的延性系数。这对于承受很大剪力的剪力墙设计具有十分突出的优势。为充分发挥钢板的强度，建议钢板四周采用焊接的连接形式。

3. 对于钢板混凝土剪力墙，为使钢筋混凝土墙有足够的刚度对墙身钢板形成有效的侧向约束，从而使钢板与混凝土能协同工作，应控制内置钢板的厚度。

4. 适当加大墙身分布钢筋主要考虑下列因素：

1）钢筋混凝土墙与钢板共同工作，混凝土部分的承载力不宜太低，宜适当提高混凝土部分的承载力，使钢筋混凝土与钢板两者协调，提高整个墙体的承载力；

2）钢板组合墙的优势可以充分发挥钢和混凝土的优点，混凝土可以防止钢板的屈曲失稳。

5. 钢板混凝土剪力墙见图 11.3.2-3。

第 11.4.16 条

一、规范的规定

11.4.16 钢梁或型钢混凝土梁与混凝土筒体应有可靠连接，应能传递竖向剪力及水平力。当钢梁或型钢混凝土梁通过埋件与混凝土筒体连接时，预埋件应有足够的锚固长度，连接做法可按图 11.4.16 采用。

二、对规范规定的理解

1. 本条给出了钢梁及型钢梁与混凝土核心筒的连接做法，实际工程中，可根据梁墙连接处是否设置型钢柱确定所采用的连接方法：

1）当梁墙连接处不设置型钢柱时，梁墙连接一般采用铰接连接，当墙厚不大（墙厚小于 $0.4l_{abE}$）时，墙内宜设置夹板埋件，并采用图（b）的连接做法；当墙厚较大墙厚不小于 $0.4l_{abE}$ 时，可采用栓钉埋件，采用图（a）的连接做法。

2）当梁墙连接处设置型钢柱时，梁墙的连接应根据工程需要采用刚接或铰接做法，梁墙采用铰接连接时，可采用图（c）的连接做法，型钢柱设置短悬臂与钢梁在墙外连接；梁墙采用刚接连接时，可采用图（d）的连接做法，型钢柱设置悬臂梁段与钢梁在墙外规定位置连接（宜采用栓焊连接，即腹板采用高强螺栓连接，上、下翼缘采用焊接）。

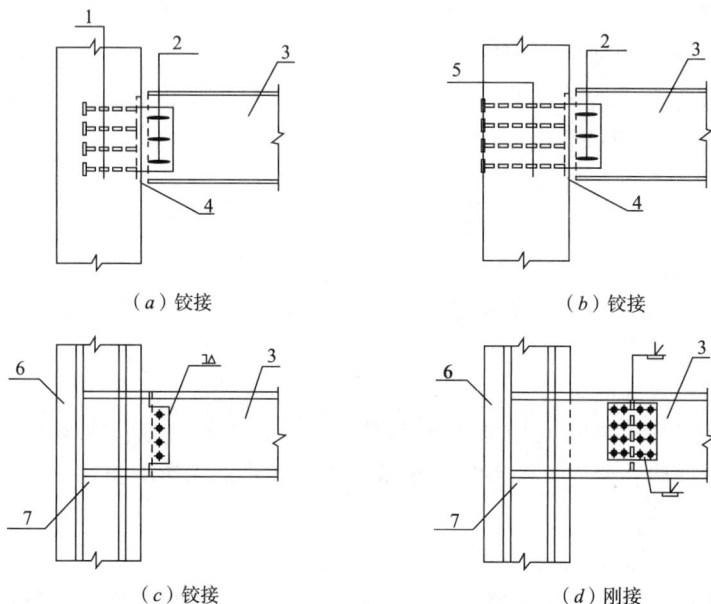

（a）铰接　　　　　　　　　　　　　　（b）铰接

（c）铰接　　　　　　　　　　　　　　（d）刚接

图 11.4.16　钢梁、型钢混凝土梁与混凝土核心筒的连接构造示意

1—栓钉；2—高强度螺栓及长圆孔；3—钢梁；4—预埋件端板；
5—穿筋；6—混凝土墙；7—墙内预埋钢骨柱

2. 本条规定的方法不仅可以用在梁墙连接，梁柱的连接做法也可以参考之。

3. 梁与墙（或柱）的刚接做法对型钢柱的截面要求见第 11.2.5 条。

第 11.4.17 条

一、规范的规定

11.4.17　抗震设计时，混合结构中的钢柱及型钢混凝土柱、钢管混凝土柱宜采用埋入式柱脚。采用埋入式柱脚时，应符合下列规定：

1. 埋入深度应通过计算确定，且不宜小于型钢柱截面长边尺寸的 2.5 倍；

2. 在柱脚部位和柱脚向上延伸一层的范围内宜设置栓钉，其直径不宜小于 19mm，其竖向及水平间距不宜大于 200mm。

注：当有可靠依据时，可通过计算确定栓钉数量。

二、对规范规定的理解

1. 日本阪神地震的经验教训表明：非埋入式柱脚、特别在地面以上的非埋入式柱脚在地震区容易产生破坏，因此，钢柱或型钢混凝土柱宜采用埋入式柱脚。

2. 若存在刚度较大的多层地下室，当有可靠的措施时，型钢混凝土柱中内置型钢可仅伸至基础顶面，不锚入基础。

3. 根据新的研究成果，埋入式柱脚型钢柱的最小埋置深度可取型钢柱截面长边的 2.5 倍（注意：是型钢柱截面，不是型钢混凝土柱截面，是型钢柱截面的长边，不是短边）。

4. 柱脚附近楼层柱内应设置栓钉，利于柱轴力在型钢柱和混凝土之间的有效传递。

注：当有可靠依据时，可通过计算确定栓钉数量。

三、结构设计建议

钢柱及型钢混凝土柱的柱脚可采用埋入式、外包式和外露式等，采用埋入式柱脚的根本目的就是为了确保柱脚刚接，结构设计时应正确理解规范的规定，根据工程实际情况，正确确定刚接柱脚的位置。

1. 埋入式柱脚（见图 11.4.17-1）

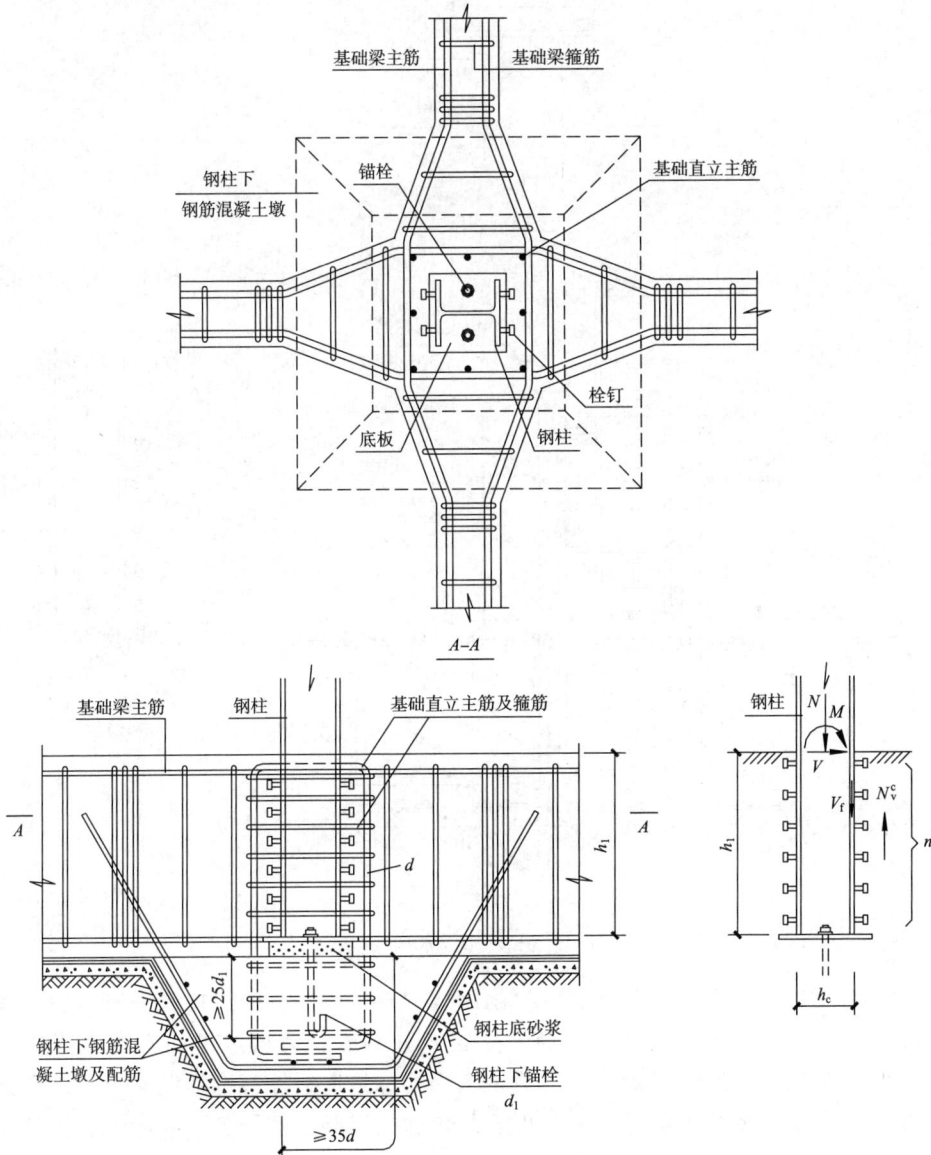

图 11.4.17-1 埋入式刚接柱脚

　　埋入式柱脚指将柱脚直接锚入基础（或基础梁）的柱脚，这种柱脚锚固效果好，但受钢柱的影响，基础（或基础梁）钢筋布置困难，施工难度大。

　　2. 外包式柱脚（见图 11.4.17-2）

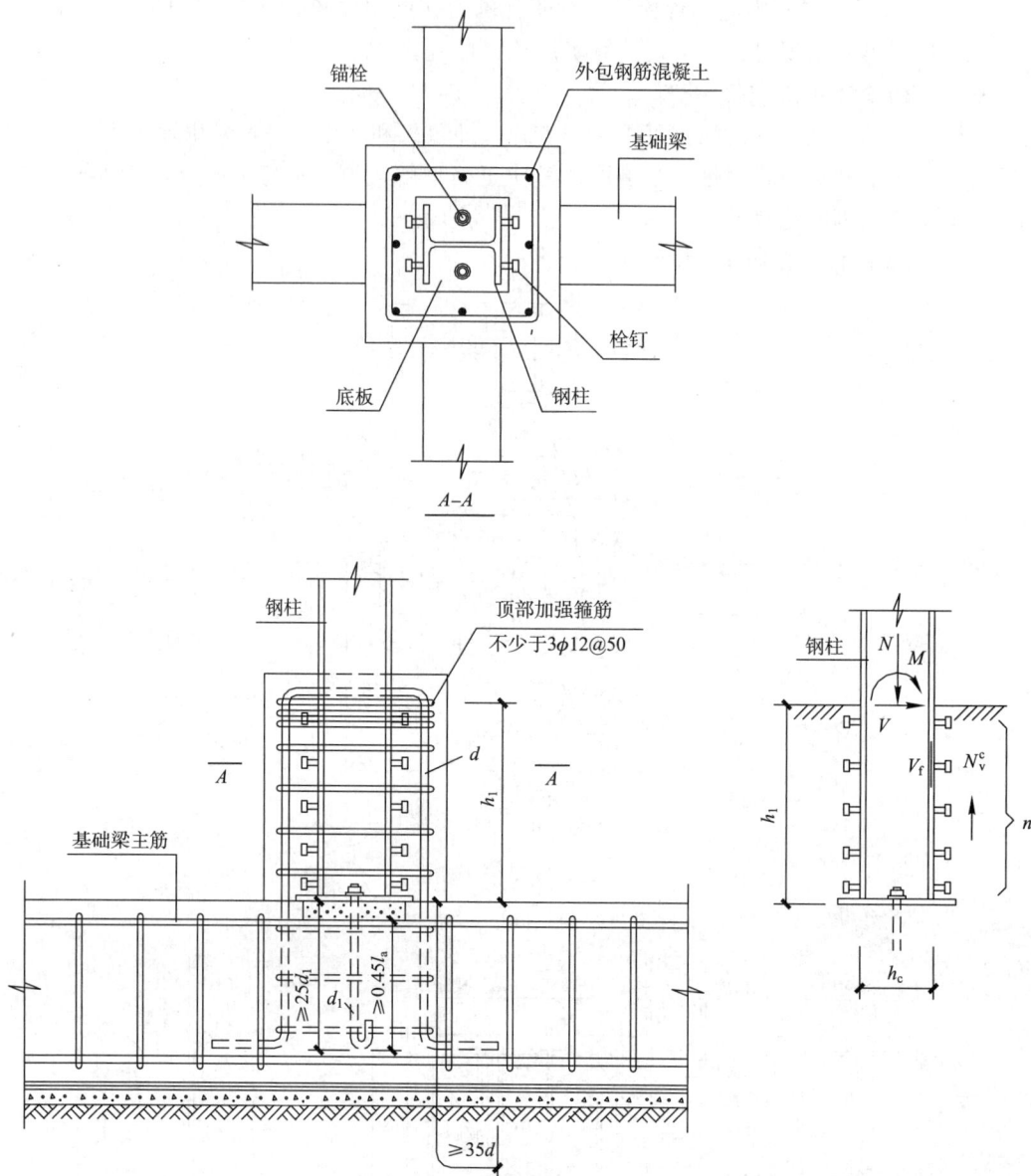

图 11.4.17-2　外包式刚接柱脚

　　外包式柱脚由钢柱脚和外包钢筋混凝土组成。外包式柱脚的钢柱底一般采用铰接，其底部弯矩和剪力全部由外包混凝土承担。外包式柱脚的轴力通过钢柱底板直接传给基础（或基础梁）；柱底弯矩则通过焊于钢柱翼缘上的栓钉传递给外包钢筋混凝土。外包钢筋混凝土的抗弯承载力、受拉主筋的锚固长度、外包钢筋混凝土的抗剪承载能力、钢柱翼缘栓钉的数量及排列要求等均应满足规范要求。

412

3. 外露式柱脚

外露式柱脚由外露的柱脚螺栓承担钢柱底的弯矩和轴力。采用外露式柱脚，柱脚的刚接难以保证，不应成为结构设计中的首选。必须采用时应注意以下问题：

1）当采用外露式柱脚时，柱脚承载力不宜小于柱截面塑性屈服承载力的 1.2 倍。柱脚锚栓不宜用以承受柱底水平剪力，柱底剪力应由钢底板与其下钢筋混凝土间的摩擦力或设置抗剪键及其他措施承担。柱脚锚栓应可靠锚固。

2）底板的尺寸由基础混凝土的抗压设计强度确定，计算底板厚度时，可偏安全地取底板各区格的最大压应力计算。

3）由于底板与基础之间不能承受拉应力，拉力应由锚栓来承担，当拉力过大，锚栓直径大于 60mm 时，可根据底板的受力实际情况，按压弯构件确定锚栓。

4）钢柱底部的水平剪力由底板与基础混凝土之间的摩擦力承受（摩擦系数可取0.4）。当水平剪力超过摩擦力时，可采取底板下焊接抗剪键（由抗剪键承担多余剪力，即 $V \leqslant t_s h_s f_v$，其中 V 为扣除柱底摩擦力后钢柱底部的水平剪力设计值；t_s、h_s 为抗剪件的腹板（可不考虑翼缘的抗剪作用）厚度及沿剪力 V 方向的长度；f_v 为抗剪件所用钢材的抗剪强度设计值。还应注意对承受抗剪键水平剪力的混凝土的抗剪验算）、柱脚外包混凝土（由外包混凝土承担多余剪力，按《混凝土规范》第 6.3.4 条规定计算）等有效抗剪措施。

5）当柱脚底板尺寸过大时，应采用靴梁式柱脚。

6）从力学角度看，外露式柱脚更适合作为半刚接柱脚。震害表明：其破坏特征是锚栓剪断、拉断或拔出。当钢柱截面较大时，设计大于柱截面抗弯承载力的外露式柱脚是很困难的，且很不经济。结构设计中应考虑柱脚支座的非完全刚接特性，必要时按刚接和半刚接柱脚采用包络设计方法。当仅采用刚接柱脚计算时，应考虑柱反弯点的下移引起的柱顶弯矩及相关构件的内力增大问题。

7）应注意外露式柱脚的结构耐久性设计问题，采取恰当的保护和维护措施并在结构设计文件中明确。

4. 应注意对"刚接柱脚"的理解和把握，"刚接柱脚"指的是上部结构的固定端（见图 11.4.17-3），实际工程中应针对不同情况加以区分：

5. 有地下室时，上部结构的钢柱在地下室应过渡为型钢混凝土柱或钢筋混凝土柱，有利于地下室结构及基础的设计与施工，也有利于对钢柱的保护。

1）当为一层地下室时，上部结构的钢柱在地下室应设置外包钢筋混凝土柱，钢柱脚在基础顶面采用外包柱脚，利用外包钢筋混凝土承担柱底弯矩和柱底剪力，钢柱在地下室顶面的轴力全部由地下室钢骨混凝土柱的栓钉传递给外包混凝土，柱底做法见图 11.4.17-4。

2）当为多层地下室时，上部结构的钢柱在地下室应过渡为型钢混凝土柱或钢筋混凝土柱。当地下室顶板作为上部结构的嵌固部位时，柱底做法可见图 11.4.17-5。当地下室顶板不能作为上部结构的嵌固部位时，则刚接柱脚应随嵌固部位下移。当地下二层顶板作为上部结构的嵌固部位时柱底做法可见图 11.4.17-6。嵌固部位继续下移时，可参考图 11.4.17-6。

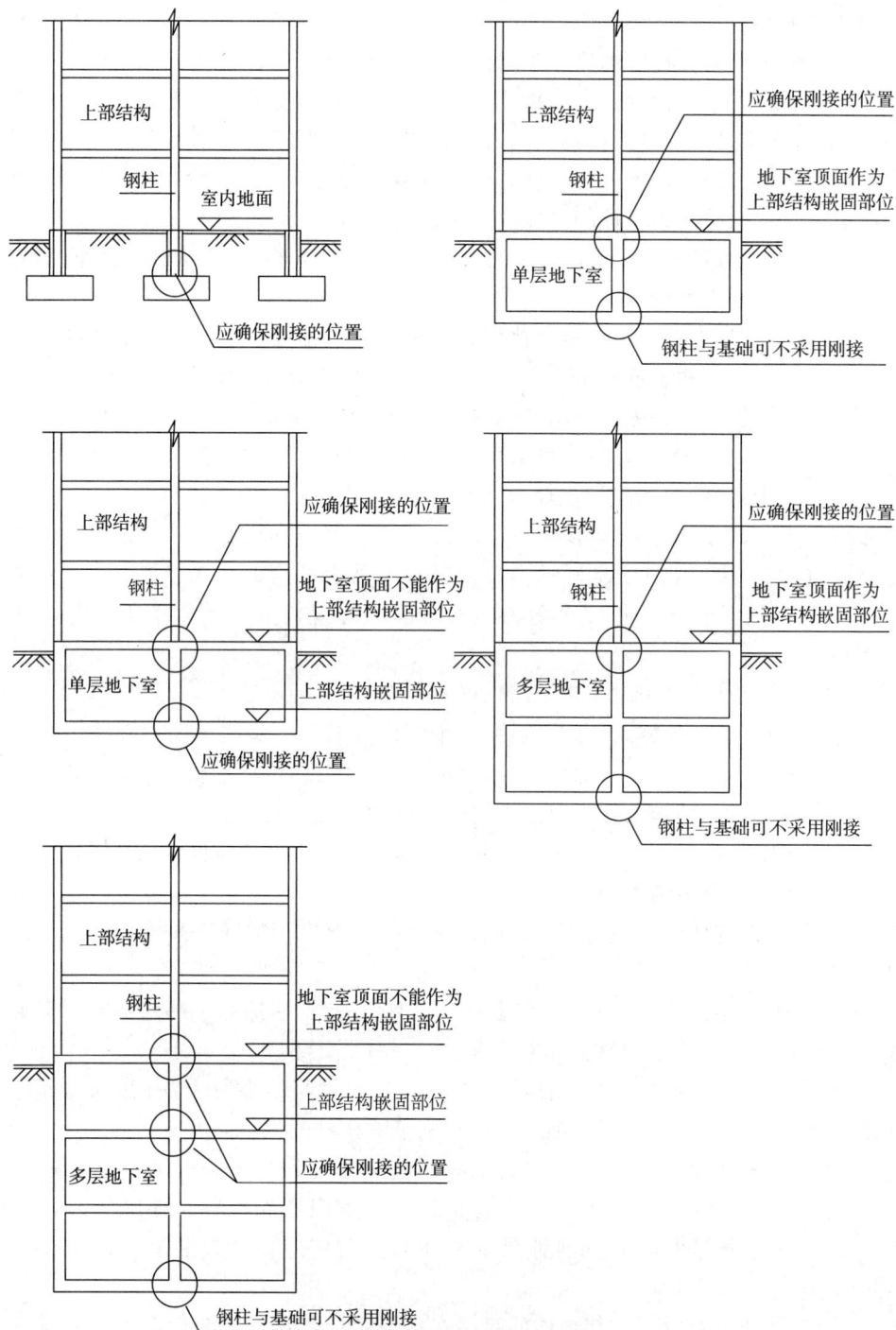

图 11.4.17-3　对刚接柱脚的把握

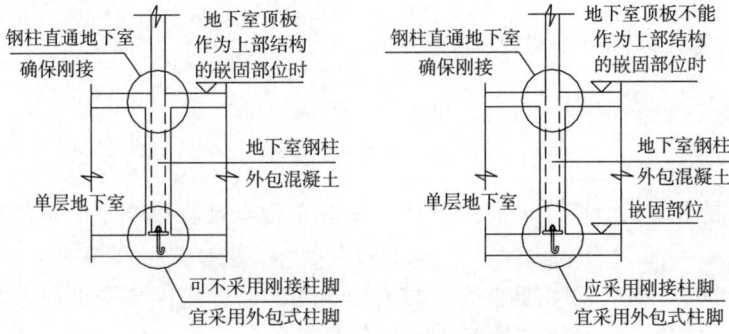

图 11.4.17-4 有单层地下室时钢柱柱脚做法

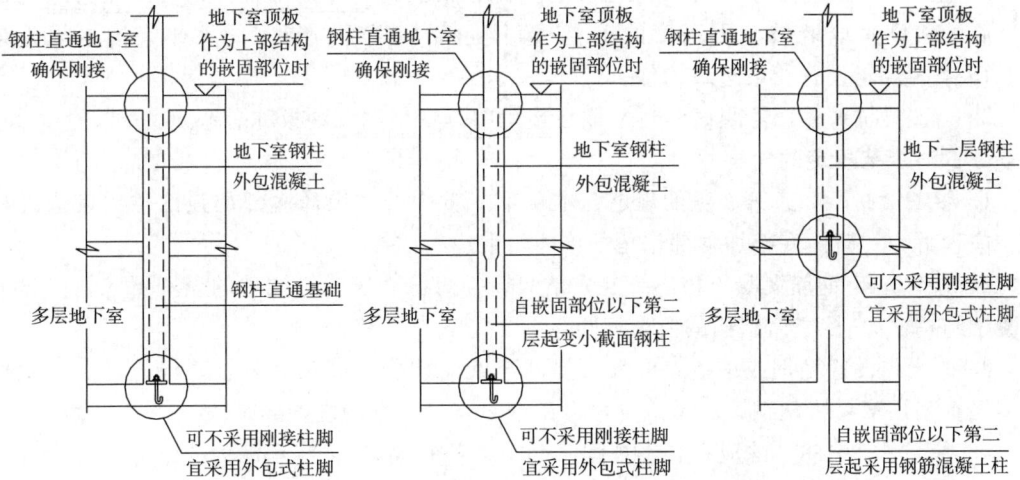

图 11.4.17-5 地下室顶板作为上部结构嵌固部位时钢柱柱脚做法

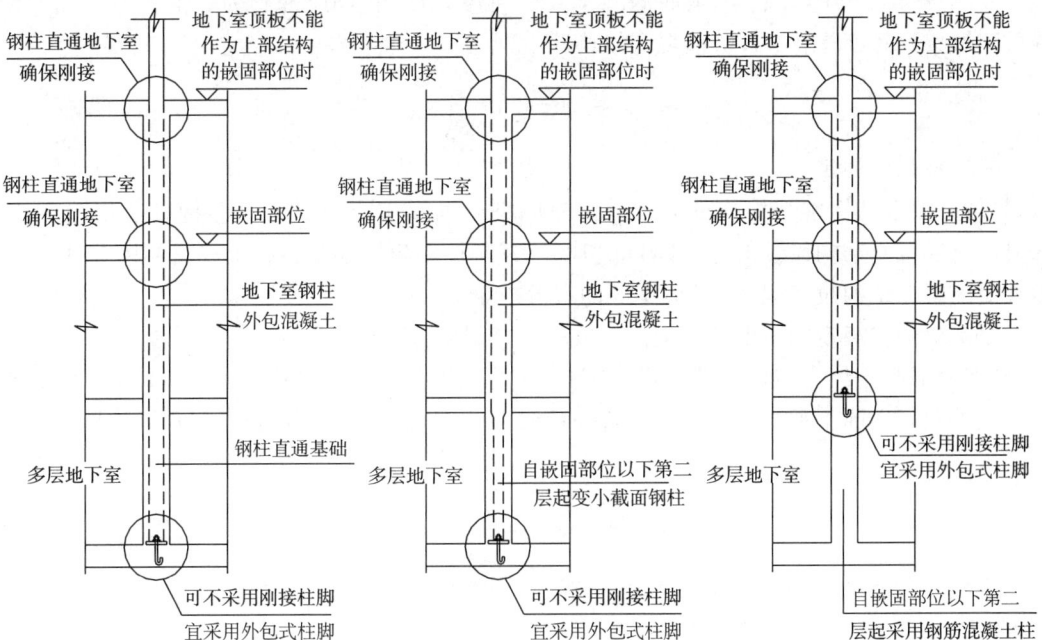

图 11.4.17-6 地二层顶板作为上部结构嵌固部位时钢柱柱脚做法

四、相关索引

柱脚设计的更多问题可查阅参考文献 ［30］ 第 8.3.8 条。

第 11.4.18 条

一、规范的规定

11.4.18　钢筋混凝土核心筒、内筒的设计，除应符合本规程第 9.1.7 条的规定外，尚应符合下列规定：

1. 抗震设计时，钢框架-钢筋混凝土核心筒结构的筒体底部加强部位分布钢筋的最小配筋率不宜小于 0.35％，筒体其他部位的分布筋不宜小于 0.30％。

2. 抗震设计时，框架-钢筋混凝土核心筒混合结构的筒体底部加强部位约束边缘构件沿墙肢的长度宜取墙肢截面高度的 1/4，筒体底部加强部位以上的墙体宜按本规程第 7.2.15 条的规定设置约束边缘构件。

3. 当连梁抗剪截面不足时，可采取在连梁中设置型钢或钢板等措施。

二、对规范规定的理解

1. 参考第 9.2.2 条第 2 款的规定，本条第 2 款中的"筒体底部加强部位约束边缘构件"应理解为"筒体底部加强部位角部墙体约束边缘构件"。

2. 对钢框架-钢筋混凝土核心筒混合结构核心筒剪力墙边缘构件的设置要求，与钢筋混凝土结构框架-核心筒结构的要求相同。

3. 连梁中设置型钢或钢板，可大大提高连梁的抗剪承载力和延性，但应注意，此处的型钢宜采用窄翼缘型钢，尽量减少增设型钢对连梁抗弯刚度的影响。

4. 本条规定中的"除应符合本规程第 9.1.7 条的规定"，应理解为"除应符合本规程第 9 章的规定"。

5. 本条第 2 款的"框架-钢筋混凝土核心筒混合结构"，应理解为"钢框架（或型钢混凝土框架）-钢筋混凝土核心筒混合结构"。

第 11.4.19 条

一、规范的规定

11.4.19　混合结构中结构构件的设计，尚应符合国家现行标准《钢结构设计规范》GB 50017、《混凝土结构设计规范》GB 50010、《高层民用建筑钢结构技术规程》JGJ 99、《型钢混凝土组合结构技术规程》JGJ 138 的有关规定。

二、对规范规定的理解

《型钢混凝土组合结构技术规程》JGJ 138 与《钢骨混凝土结构技术规程》YB 9082 有较大的不同，实际工程中，对重要构件还应参照《钢骨混凝土结构技术规程》设计。

12 地下室和基础设计

说明：

1. 在高层建筑结构中，基础设计因场地条件的不同而异，同时又由于基础投资大，开发商对此也予以相当的重视。高层建筑基础设计应进行多方案比较，因地制宜，做到技术先进、安全合理、经济适用。

2. 高层建筑基础设计应同时遵循本章要求和下列主要设计规范：

1)《建筑地基基础设计规范》GB 50007（简称"《地基规范》"）；

2)《高层建筑筏形与箱型基础技术规范》JGJ 6（简称"《筏基规范》"）；

3)《建筑桩基技术规范》JGJ 94（简称"《桩基规范》"）；

4)《地下工程防水技术规范》GB 50108（简称"《防水规范》"）。

12.1 一 般 规 定

要点：

本节关于高层建筑基础的一般要求，涉及建筑物的场址选择、基础形式的确定、基础埋深等，上述相关规定与《抗震规范》、《地基规范》等相近，应相互参照执行。

第 12.1.1 条

一、规范的规定

12.1.1 高层建筑宜设地下室。

二、对规范规定的理解

1. 高层建筑设置地下室，加大了建筑物的埋深，有利于高层建筑的稳定性，提高高层建筑的抗风和抗震能力等。

2. 对特殊工程（如岩石地基上的高层建筑）未设置地下室时，应加强对高层建筑稳定性的验算，必要时应采用抗震性能化设计方法，对高层建筑的稳定性可按中震验算。

三、相关索引

《地基规范》的相关规定见其第 5.1.2 条。

第 12.1.2 条

一、规范的规定

12.1.2 高层建筑的基础设计，应综合考虑建筑场地的工程地质和水文地质状况、上部结构的类型和房屋高度、施工技术和经济条件等因素，使建筑物不致发生过量沉降或倾斜，满足建筑物正常使用要求；还应了解邻近地下构筑物及各项地下设施的位置和标高等，减少与相邻建筑的相互影响。

二、对规范规定的理解

1. 影响高层建筑地基沉降或倾斜的因素很多，有工程地质情况（土层结构及分布、岩土的工程力学性能等），有水文地质情况（地下水的类型及其分布），周围环境（周围建筑、市政条件如室外管道、管线等）及结构体系、施工技术和经济条件。

2. 高层建筑也对周围环境产生相应的影响，如高层建筑施工及使用对周围建筑的影响（尤其是施工降水加剧周围建筑物的沉降和倾斜、施工对周边道路和管线的破坏等）。

三、相关索引

《地基规范》的相关规定见其第 5.3.4 条。

第 12.1.3 条

一、规范的规定

12.1.3 在地震区，高层建筑宜避开对抗震不利的地段；当条件不允许避开不利地段时，应采取可靠措施，使建筑物在地震时不致由于地基失效而破坏，或者产生过量下沉或倾斜。

二、对规范规定的理解

依据《抗震规范》第 4.1.1 条的规定，抗震设计的高层建筑应避开对抗震不利的地段。实际工程中，当条件不允许避开不利地段时，应根据不利地段的具体情况（即对照《抗震规范》表 4.1.1，确定不利地段的性质）采取有效地基加固处理、采用桩基础或整体性较好的筏板基础等综合结构措施，避免地震时地基失效或高层建筑产生过量下沉或倾斜。

三、相关索引

《抗震规范》的相关规定见其第 4.1.1 条。

第 12.1.4 条

一、规范的规定

12.1.4 基础设计宜采用当地成熟可靠的技术；宜考虑基础与上部结构相互作用的影响。施工期间需要降低地下水位的，应采取避免影响邻近建筑物、构筑物、地下设施等安全和正常使用的有效措施；同时还应注意施工降水的时间要求，避免停止降水后水位过早上升而引起建筑物上浮等问题。

二、对规范规定的理解

1. 我国地域广阔、地质条件千差万别，在长期的工程实践中各地都积累了丰富的工程经验及传统做法，而这些做法造价低廉且行之有效。在地基基础设计中，应特别注意采用当地成熟可靠的技术，如对于湿陷性黄土地基的处理，可根据湿陷的程度结合当地经验确定采用灰土换填方法、素土桩或灰土桩法处理等。

2. 基础与上部结构是不可分割的两部分，上部结构对地基的沉降及基础内力的影响明显，而地基的沉降也对使上部结构构件产生塑性内力重分布，导致上部结构实际受力状态的改变。

3. 结构设计时对上部结构和地基基础多采用分离式设计方法，即上部结构设计时，不考虑地基沉降对上部结构的影响（上部结构的嵌固端为绝对嵌固，未考虑地基沉降的影响），而地基基础设计时又考虑上部结构的作用。这种设计方法沿用至今，未出现明显的工程问题，说明上部结构实际存在较大的空间作用，上部结构塑性内力重分布的潜力要比预期的大，同时也说明采用弹性计算模型与地基的实际工作状况还存在较大的差异。

4. 考虑地基基础设计的现实状况及地基基础设计方法的延续性，对一般工程仍可采用上部结构与地基基础分离的传统设计方法，对特殊工程在采用传统设计方法的同时，应采用考虑上部结构与地基基础相互影响的设计方法进行补充设计。

5. 当高层建筑基础施工需要降低地下水位时，应特别注意降水对周围建筑的影响，尤其要注意相邻很近的高层建筑的倾斜问题。施工降水的时间应根据工程进展情况确定，应注意停止降水后地下室底板的局部抗浮问题，及特殊情况下（如暴雨造成基坑实际水位急剧升高，施工排水不畅导致的局部地下水位升高等）由于实际上部荷载不足导致的结构整体抗浮和局部抗浮问题，必要时应采取其他应急措施。

第 12.1.5 条

一、规范的规定

12.1.5 高层建筑应采用整体性好、能满足地基承载力和建筑物容许变形要求并能调节不均匀沉降的基础形式；宜采用筏形基础或带桩基的筏形基础，必要时可采用箱形基础。当地质条件好且能满足地基承载力和变形要求时，也可采用交叉梁式基础或其他形式基础；当地基承载力或变形不满足设计要求时，可采用桩基或复合地基。

二、对规范规定的理解

1. 当采用天然地基其承载力或沉降不能满足需要时，可采用复合地基（可将地基承载力提高 2～3 倍）满足高层建筑要求。

2. 规范的本条规定可理解见表 12.1.5-1。

表 12.1.5-1　基础设置的基本要求

序号	情况	要求	理解与应用
1	高层建筑基础的整体要求	整体性好	基础的整体性问题不仅是基础的刚度问题，合理的基础整体性应能适应上部结构荷载情况并能减少地基的不均匀沉降和总沉降
		能满足地基承载力和建筑物容许变形要求	
		并能调节不均匀沉降	
2	宜采用	筏形基础，必要时可采用箱形基础	目的就是减少地基的总沉降量，从而可减小地基的差异沉降
3	当地质条件好且能满足地基承载力和变形要求时	可采用交叉梁基础或其他基础形式	在满足地基承载力和变形要求的前提下，尽量减小基础费用
4	当地基承载力或变形不能满足设计要求时	可采用桩基或复合地基	考虑地基方案的原则是，先天然地基、后复合地基，最后采用桩基础

第 12.1.6 条

一、规范的规定

12.1.6 高层建筑主体结构基础底面形心宜与永久作用重力荷载重心重合；当采用桩基础时，桩基的竖向刚度中心宜与高层建筑主体结构永久重力荷载重心重合。

二、对规范规定的理解

1. 高层建筑由于质心高、荷载重，对基础底面一般有偏心。建筑物在沉降的过程中，其总重量对基础底面形心将产生新的倾覆力矩增量，而此倾覆力矩增量又产生新的倾斜增量，倾斜可能随之增长，直至地基变形稳定为止。因此，为减少基础产生倾斜，应尽量使结构竖向荷载重心与基础底面形心相重合。

2. 实际工程平面形状复杂时，高层建筑工程的偏心距及其限值较难以计算，要求在高层建筑基础设计中更注重概念设计（注意并不是放松对偏心距的要求）。

三、相关索引

《地基规范》的相关规定见其第 8.4.2 条。

第 12.1.7 条

一、规范的规定

12.1.7　在重力荷载与水平荷载标准值或重力荷载代表值与多遇水平地震标准值共同作用下，高宽比大于 4 的高层建筑，基础底面不宜出现零应力区；高宽比不大于 4 的高层建筑，基础底面与地基之间零应力区面积不应超过基础底面面积的 15%。质量偏心较大的裙楼与主楼可分别计算基底应力。

二、对规范规定的理解

1. 零应力区的计算应考虑两种情况：一是："重力荷载与水平荷载标准值"；二是："重力荷载代表值与多遇水平地震标准值"，也就是在实际工程中，应按上述两种情况分别计算比较选用。

2. 对"质量偏心较大"可按偏心距 $e > 0.1W/A$（相关符号说明见公式（12.1.7-1））来理解。

3. 基底零应力区与结构整体倾覆稳定的关系见表 12.1.7-1。

表 12.1.7-1　基底零应力区与结构整体倾覆稳定的关系

抗倾覆安全度	3.0	2.3	1.5	1.3	1.0
基底零应力区	0	15%	50%	65%	100%
备注	$H/B > 4$ 的高层建筑，JGJ 3	$H/B \leqslant 4$ 的高层建筑，JGJ 3	高层混凝土结构施工规定 JZ 102	JGJ 3	基址点临界平衡

三、结构设计的相关问题

1. 对高层建筑以高宽比（H/b）作为控制基础底面与地基土之间零应力区面积的唯一指标，在理论上并不严密，一般说来，本条规定只可用于基础尺寸与上部结构相同之情形（即图 12.1.7-1 中 b 与 B 尺寸相同时）。

2. 按条文规定对基础底面与地基土之间零应力区面积控制时，当建筑的高宽比的数值在 4 附近时，控制标准跳跃太大，不连续。

3. 在对地基的零应力区面积限值中，未规定基础形式。当地基零应力区面积限值相同时，不同基础形式下的限值标准各不相同。

四、结构设计建议

1. 对基底的零应力区控制问题，应根据不同基础形式（箱基和筏基等整体式基础、

420

单独基础或联合基础）区别对待。

1）对高层建筑，完全按房屋的高宽比（H/b）确定基础底面的零应力区限值并不妥当。这是因为，基础底面面积的大小不完全取决于房屋高宽比。地下室的扩展及基础周边的"飞挑"都有利于房屋的稳定。因此，对整体式基础，按房屋高度 H 与基础底面有效宽度 B 当地下室较大时，B 的取值不宜大于 b 及其两侧相关范围的宽度之和的比值（H/B）来确定应力比的控制要求将更加合理。

2）可适当考虑规定的连续性，建议当 $H/B > 4$ 时，按图 12.1.7-1 控制基础底面的零应力；当 $H/B \leqslant 3$ 时，按图 12.1.7-2 控制基础底面的零应力区面积；$3 < H/B \leqslant 4$ 时可根据 H/B 的具体数值，按线性内插法确定基础底面的零应力区面积。

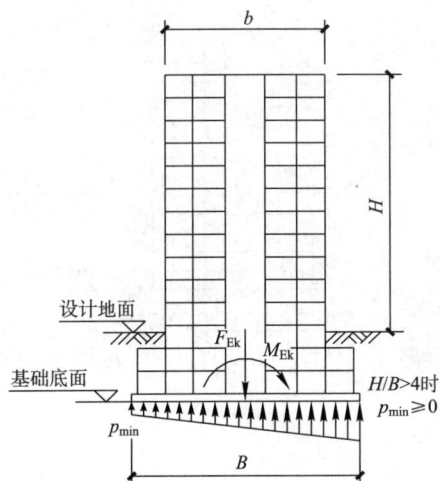

图 12.1.7-1

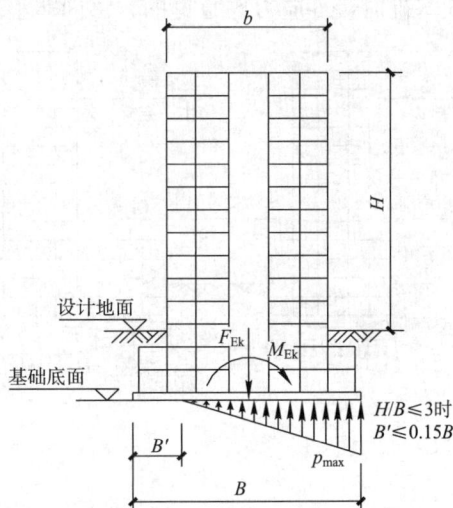

图 12.1.7-2

2. 荷载偏心距控制的其他问题

1）对整体式基础（如箱基、筏基等），《地基规范》第 8.4.2 条明确规定了在作用效应准永久组合下的偏心距 e 应满足公式（12.1.7-1）的要求。

$$e \leqslant 0.1 W/A \qquad (12.1.7-1)$$

式中：e——基底平面形心与上部结构在永久荷载与楼（屋）面可变荷载准永久组合下的重心的偏心距（m）；

W——与偏心方向一致的基础底面边缘抵抗矩（m^3）；

A——基础底面的面积（m^2）。

对矩形基础，公式（12.1.7-1）也可以改写成（12.1.7-2）

$$e \leqslant 0.1 W/A = B/60 \qquad (12.1.7-2)$$

式中：B——为弯矩作用方向（垂直于弯矩的矢量方向）基底平面的边长（m）；

基底反力按直线分布假定计算的基础，其底面边缘具备产生零应力区的条件是 $e > B/6$。比较公式（12.1.7-2）可以发现，对整体式基础，在荷载效应准永久组合下的荷载偏心距 e 的限值要比 $B/6$ 小得多（仅为其的 1/10）。

2）对其他基础（单独基础或局部联合基础等），《地基规范》只控制基础底面边缘的最大压力（当基础底面产生零应力区后，应按《地基规范》公式（5.2.2-4）计算），而对基础底面的零应力区没有限制。

3）当主楼和裙房采用不同基础形式、或基础的刚度明显不同、或质量偏心较大时，裙房与主楼的基底应力区可分别计算。

（1）当主楼周边设置小范围裙房且主楼和裙房采用整体式基础时，应验算主楼和裙房共用整体式基础时的基础底面零应力区（见图12.1.7-3a）。

（2）当主楼周边设置较大范围的裙房时，应调整主楼与裙房的基础形式及刚度，主楼采用整体性强的基础形式，裙楼采用整体性较弱的基础形式或独立基础加防水板，此时，对基础底面零应力区可将主楼和裙房分开验算（见图12.1.7-3b、12.1.7-3c）。当裙楼采用整体式基础时，裙楼基础的零应力区验算方法与主楼整体式基础相同；当裙楼采用非整体式基础时，零应力区验算的方法同非整体式基础。

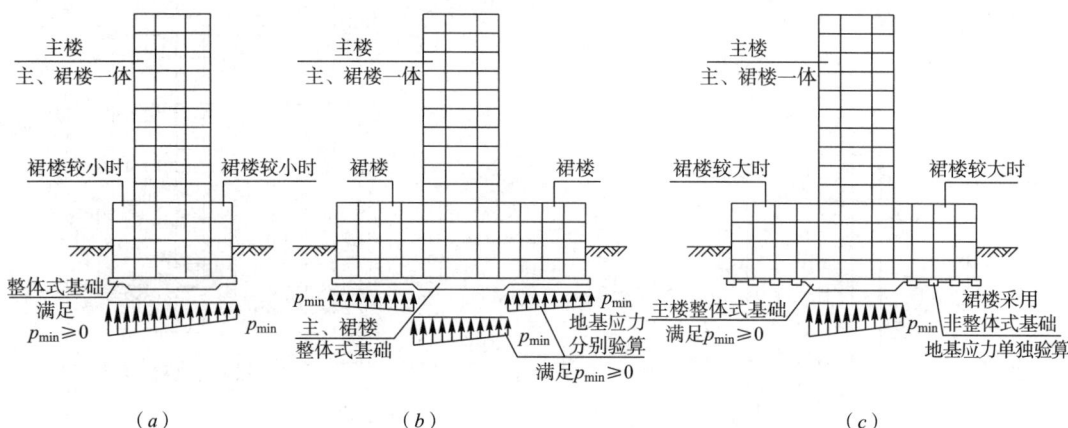

图 12.1.7-3　整体式基础的零应力区限值

（a）小裙房时主楼的整体式基础；　（b）、（c）大裙房时主楼的整体式基础

4）当高层建筑采用非整体式基础（如单独基础、局部联合基础等）时，可根据结构的高宽比（H/b）确定基础底面零应力区的限制要求（见图12.1.7-4a、12.1.7-4b）。

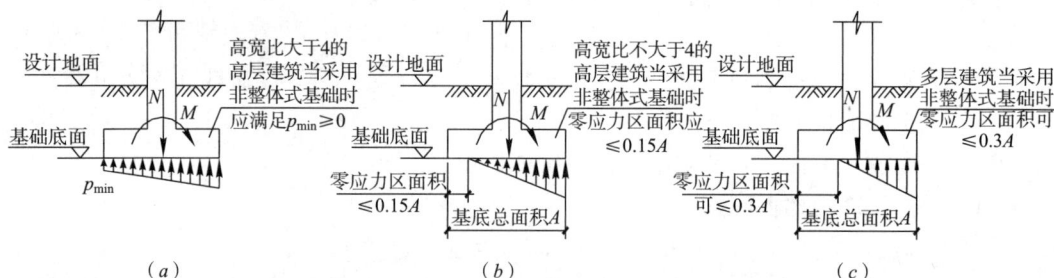

图 12.1.7-4　非整体式基础的零应力区限值

（a）高宽比大于4的高层建筑；（b）高宽比不大于4的高层建筑；（c）多层建筑

3. 注意本条所述之地基的最小应力是指地基的总应力值，而不是指地基净反力。

4. 当基础平面为矩形时，零应力区的面积比简化为零应力区宽度与相应基础底面宽度之比。

5. 当基础双向受力时，可按两个单向受力基础分别验算（注意：按单向受力基础验算时，每个方向的轴力均应取总轴力），两向均应满足零应力区面积的限值要求。

6. 注意对地震作用效应标准组合的把握，以正确确定上部结构传给地基持力层顶面的反力值。

7. 人工地基在地震作用下的竖向承载力验算时，也可执行本条规定。

五、相关索引

1. 《抗震规范》的相关规定见第 4.2.4 条及第 6.1.13 条。

2. 《地基规范》的相关规定见其第 5.2.1 条及第 8.4.2 条。

3. 更多问题可查阅参考文献［30］第 4.2.4 条。

第 12.1.8 条

一、规范的规定

12.1.8 基础应有一定的埋置深度。在确定埋置深度时，应综合考虑建筑物的高度、体型、地基土质、抗震设防烈度等因素。基础埋置深度可从室外地坪算至基础底面，并宜符合下列规定：

1. 天然地基或复合地基，可取房屋高度的 1/15；

2. 桩基础，不计桩长，可取房屋高度的 1/18。

当建筑物采用岩石地基或采取有效措施时，在满足地基承载力、稳定性要求及本规程第 12.1.7 条规定的前提下，基础埋深可比本条第 1、2 两款的规定适当放松。

当地基可能产生滑移时，应采取有效的抗滑移措施。

二、对规范规定的理解

1. 地震作用时结构的动力效应与基础的埋置深度有关，软弱土层更为明显，设防烈度高、场地条件差时，宜采用较大埋置深度。

2. 高层建筑的基础埋深要求见表 12.1.8-1。

表 12.1.8-1 高层建筑基础埋深要求

序号	情况	要求	理解与应用
1	天然地基或复合地基	可取房屋高度的 1/15	基础埋深应满足要求
2	桩基础	可取房屋高度的 1/18（不计桩长）	
3	岩石地基在满足承载力、变形、稳定及上部结构抗倾覆要求的前提下	基础埋深可适当降低	其基础埋深应满足地基承载力、基础抗弯、抗剪、抗滑移等要求

3. "有效措施"指满足地基承载力要求、稳定性要求及第 12.1.7 条的规定的相应措施，如当采用岩石地基时，可设置锚杆抵抗基础底面弯矩、采取在基底岩石局部挖坑的措施防止基础滑移等（见设计建议）。

4. 岩石地基基础埋深"适当放松"的幅度应根据工程经验确定，当无可靠工程经验时，在满足《地基规范》第 5.1.3 条要求的情况下，可取不小于 0.5m。

5. 基础埋深一般取基础底面至室外地面的距离，当基础采用下反的局部加厚板或承台时，基础埋深算至基础底面，即不考虑局部加厚的影响。当主楼下基础底板或承台板整体加厚时，基础埋深可算至加厚的基础板底面。

三、结构设计建议

规定基础埋深限值的目的在于确保建筑物的抗倾覆和抗滑移的有效性，保证建筑物的安全。在满足承载力、变形、稳定以及上部结构抗倾覆要求的前提下，岩石地基的埋置深度的限值可适当放松，一般情况下可采取以下措施：

1. 应在柱（或墙）下设置柱下下反柱帽（即局部基坑，一般深度可为 500mm～1000mm，基坑不宜设置斜坡，较深基坑可设置台阶），以满足基础的抗滑移及抗剪要求（对于嵌入硬质岩石的基础，应注意第 12.3.2 条的规定）。

2. 设置一定厚度的基础板（如 300mm～500mm），配置双向双层钢筋网（每层每方向配筋率不宜小于 0.25%），以确保基础的整体性。

3. 柱（或墙）下，应设置锚杆，确保嵌固端满足抗弯承载力及结构的整体抗倾覆要求。对一般工程，锚杆的设置可满足风荷载及多遇地震要求，对特殊工程或基础平面中的关键部位，可采用性能化设计方法，按设防地震验算（可取锚杆的标准强度计算）。

四、相关索引

《地基规范》的相关规定见其第 5.1.2 条、第 5.1.3 条、第 5.1.4 条。

第 12.1.9 条

一、规范的规定

12.1.9　高层建筑的基础和与其相连的裙房的基础，设置沉降缝时，应考虑高层主楼基础有可靠的侧向约束及有效埋深；不设沉降缝时，应采取有效措施减少差异沉降及其影响。

二、对规范规定的理解

《地基规范》第 8.4.20 条规定，高层建筑筏形基础与裙房基础之间的构造应符合下列要求：

1. 当高层建筑与相连的裙房之间设置沉降缝时，高层建筑的基础埋深应大于裙房基础的埋深至少 2m。当不满足要求时必须采取有效的抗倾覆稳定措施。沉降缝地面以下应用粗砂填实（图 12.1.9-1）。

2. 当高层建筑与相连的裙房之间不设置沉降缝时，宜在裙房一侧设置用于控制沉降差的后浇带，后浇带宜设在与高层建筑相邻裙房的第一跨内，当需要满足高层建筑地基承载力、降低高层建筑沉降量、减小高层建筑与裙房的沉降差而增大高层建筑基础面积时，后浇带可

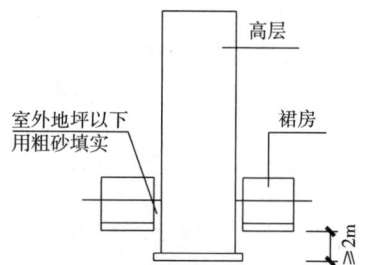

图 12.1.9-1　高层建筑与裙房间的沉降缝处理

设在距主楼边柱的裙房第二跨内（注意：过分加大基础底面积，将加大基础设计及施工难度，基础设计的经济性也差。实际工程中，宜优先考虑采用地基处理等方法，提高地基承载力并减小地基沿降——编者注）。

3. 高层建筑的沉降观测表明：地基沉降曲线在高层建筑与底层裙房之间是连续的，没有出现突变，而是在裙房若干跨内产生连续沉降。高层建筑地基下沉时，由于土的剪切传递，高层建筑以外的地基随之下沉，其影响范围随土质而异。

三、结构设计建议

1. 高层建筑与其相连的裙房之间应根据设缝情况采取相应的结构措施，见图 12.1.9-2 和图 12.1.9-3。

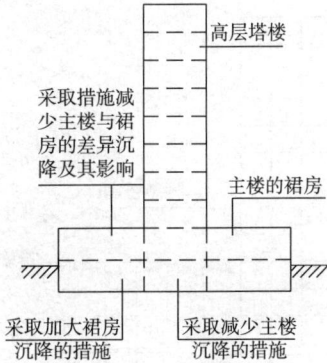

图 12.1.9-2

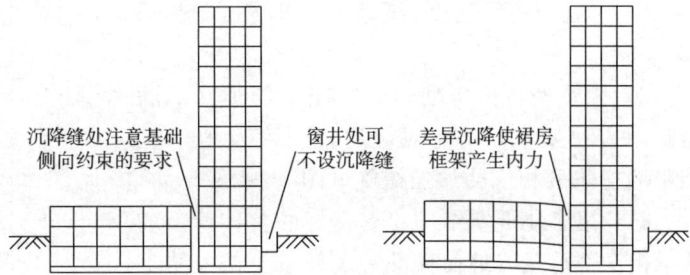

图 12.1.9-3

2. 设置沉降缝时的其他不利影响及消除措施：

1）主楼地下室与裙房间设缝的其他不利影响

（1）不利于高层建筑的结构稳定；

（2）不利于高层建筑的抗震及基础的侧向约束；

（3）裙房的结构内力及沉降量仍受到主楼基础的沉降影响（图 12.1.9-3）。

2）尽可能消除不利影响的措施

（1）裙房不设地下室或减少裙房地下室的层数以及增加主楼地下室的层数，使主楼基础仍有一定的埋置深度及侧向约束；

（2）裙房与主楼地下室墙壁之间，当采用缝内填砂做法时，在考虑地下室的防水做法后应留有一定的净宽（一般不宜小于 500mm），并用砂填实沉降缝，以利于地下室土压力的传递及地下室的侧向约束；当采用外墙反贴防水时，应留足适当的防水做法厚度（一般不宜小于 200mm）；

（3）紧靠主楼的裙房框架梁，应适当考虑沉降差产生的内力，或采取消除这些内力的措施，如裙房后施工等；

（4）主楼与窗井之间一般不设沉降缝，并在窗井顶部设置与主梁相连的拉梁，以提高挡土墙的侧向刚度；也可采用间断式的窗井，以使主楼基础仍有一定的侧向约束。

3. 不设沉降缝时的主要措施：

1）减少主楼沉降的措施有：主楼下进行地基处理（如 CFG 桩等）、采取调整基底压力的办法，适当扩大主楼的基底面积，适当减小裙房的基底面积。

2）加大裙房沉降的措施有：严格控制裙房柱下基础的底面积等；裙房采用整体刚度相对偏小的基础形式，如不采用筏基而采用独立柱基或条形基础，如有防水要求时，裙房地下室可采用另加防水板的方法，此时防水板下宜铺设干焦渣或聚苯胶板等松散材料（注意独立柱基下持力层地基承载力特征值的修正，应以防水板及其以上室内地面荷重的折算土层高度作为基础的有效埋深来修正），以利于防水板可以自由下沉。

3）裙房基础也可以置于压缩性较高的土层上，以调整两者的沉降差。裙房基础的埋深小于主楼基础，否则应采取相应结构措施。

4. 主楼基础高于裙楼基础时的结构措施

1）优先考虑裙房基础避让措施，就是裙房基础远离主楼基础，两基础之间的净距应根据地基条件及上部结构的荷载差异情况，并结合当地经验综合确定。当无可靠工程经验时，一般不宜小于基础高差的 2 倍，见图 12.1.9-4。

2）当主楼与裙楼基础之间净距较小（不满足基础避让要求）时，对裙房地下室及地下室挡土墙应采取相应的加强措施（图 12.1.9-5）：

（1）裙房地下室结构应有良好的整体性，应能承担全部荷载（地面荷载、墙外填土、主楼基础底面的附加压力）引起的水平推力，并由另一侧地下室挡土墙的土压力平衡全部水平推力（注意：《筏基规范》第 5.5.1 条、第 5.5.3 条的稳定验算要求，适用于一般情况下的主楼基础，而图 12.1.9-5、图 12.1.9-6 中的裙房地下室的整体稳定性关系到主楼的安全，因此，裙房地下室的抗滑移验算，不宜考虑基础及外墙摩擦力的有利影响）。

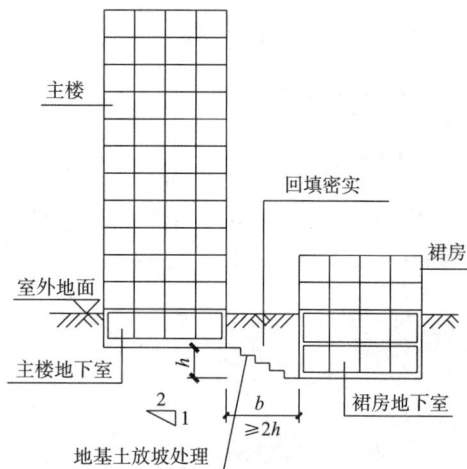

图 12.1.9-4

（2）裙房地下室外墙的设计时，应考虑全部荷载引起的土压力，应按静止土压力计算，土压力系数不应小于 0.5。

（3）应控制裙房地下室挡土墙在全部荷载引起的土压力作用下的侧向变形，侧向变形不应大于其计算跨度的 1/400。

（4）主楼与裙楼之间应设置永久性锚杆（注意：永久性锚杆指使用年限超过 2 年的锚杆，而非长期有效）及护坡，支护设计应由注册岩土工程师完成。当主楼与裙楼基础之间的高差不大（一般不大于 3m）时，也可采取主楼放坡，并设置素混凝土垫层的做法（见图 12.1.9-6）。

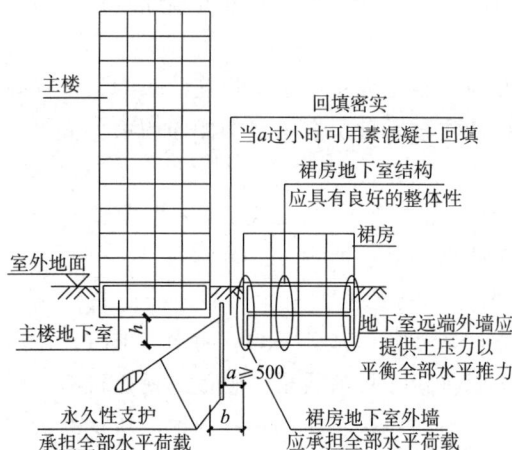

图 12.1.9-5

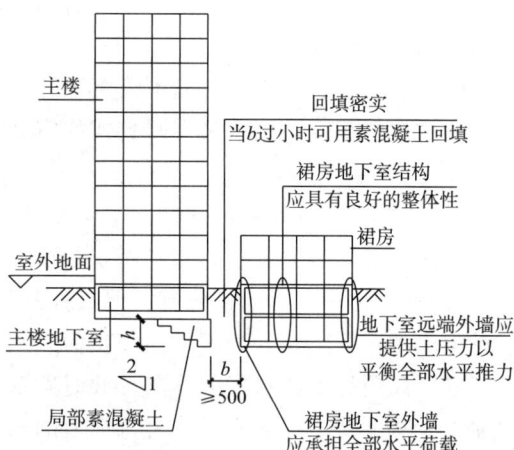

图 12.1.9-6

四、相关索引

《地基规范》的相关规定见其第 8.4.20 条。

第 12.1.10 条

一、规范的规定

12.1.10 高层建筑基础的混凝土强度等级不宜低于 C25。当有防水要求时，混凝土抗渗等级应根据基础埋置深度按表 12.1.10 采用，必要时可设置架空排水层。

表 12.1.10 基础防水混凝土的抗渗等级

基础埋置深度 H（m）	$H<10$	$10 \leqslant H<20$	$20 \leqslant H<30$	$H \geqslant 30$
抗渗等级	P6	P8	P10	P12

二、对规范规定的理解

对高层建筑基础混凝土的抗渗等级，规范采用了直接与基础埋深挂钩的简化计算方法，未考虑实际地下水位情况及混凝土构件厚度的影响。

三、结构设计建议

1. 对于地下水位较低的北方地区，按本条规定确定的抗渗等级偏高，可根据工程的具体情况参考表 12.1.10-1 适当调整。

2. 当基础的混凝土厚度较厚时，按本条规定确定的抗渗等级偏高，可结合工程实际情况参考表 12.1.10-1 适当调整。

3. 按本条规定，表 12.1.10 仅适用于基础，对除基础以外的其他防水混凝土构件（如地下室外墙等）的抗渗等级，本条未予以明确，建议可参照表 12.1.10-1 确定。

表 12.1.10-1 防水混凝土构件的抗渗等级

最大水头 H 与防水混凝土厚度 h 的比值	$H/h<10$	$10 \leqslant H/h<15$	$15 \leqslant H/h<25$	$25 \leqslant H/h<35$	$H/h \geqslant 35$
抗渗等级	P6	P8	P12	P16	P20

四、相关索引

《筏基规范》的相关规定见其第 6.1.8 条。

第 12.1.11 条

一、规范的规定

12.1.11 基础及地下室的外墙、底板，当采用粉煤灰混凝土时，可采用 60d 或 90d 龄期的强度指标作为其混凝土设计强度。

二、对规范规定的理解

1. 采用较长龄期的混凝土强度指标，有利于减小水化热，对大体积混凝土尤为有利。

2. 之所以可以采用较长龄期的混凝土强度等级，是因为这类构件的荷载不是一步到位的，需要有一个较长的加载过程。

3. 对地下室外墙，应区分地下室外墙填土的回填时间，避免因过早回填（回填时间小于混凝土龄期）对外墙的破坏，当预期墙外回填土回填时间较早（或因基坑支护需要尽早回填）时，混凝土的龄期不宜过长（可采用 28d 或 45d）。

第 12.1.12 条

一、规范的规定

12.1.12　抗震设计时，独立基础宜沿两个主轴方向设置基础系梁；剪力墙基础应具有良好的抗转动能力。

二、对规范规定的理解

1. 独立基础设置双向基础拉梁，以平衡柱底弯矩和剪力并抵抗地震时的拉力。

2. 剪力墙作为主要的抗侧力构件，承受较大的地震弯矩及其他水平荷载作用，因此，要求具有足够的抗转动能力，以确保结构的安全。

3. 不仅是剪力墙基础，所有基础均应具有良好的抗转动能力。

12.2　地 下 室 设 计

要点：

《地基规范》、《筏基规范》、《防水规范》对地下室设计有相关规定，结构设计时应结合工程实际，相互参照执行。

第 12.2.1 条

一、规范的规定

12.2.1　高层建筑地下室顶板作为上部结构的嵌固部位时，应符合下列规定：

1. 地下室顶板应避免开设大洞口，其混凝土强度等级应符合规程第 3.2.2 条的有关规定，楼盖设计应符合本规程第 3.6.3 条的有关规定；

2. 地下一层与相邻上层的侧向刚度比应符合本规程第 5.3.7 条的规定；

3. 地下室顶板对应于地上框架柱的梁柱节点设计应符合下列要求之一：

1）地下一层柱截面每侧的纵向钢筋面积除应符合计算要求外，不应少于地上一层对应柱每侧纵向钢筋面积的 1.1 倍（圆柱时，可按地上一层圆柱全部纵向钢筋截面面积的 1.1 倍，沿柱周边均匀配置——编者注）；地下一层梁端顶面和底面的纵向钢筋应比计算值增大 10% 采用。

2）地下一层柱每侧的纵向钢筋面积不应小于地上一层对应柱每侧纵向钢筋面积的 1.1 倍且地下室顶板梁柱节点左右梁端截面与下柱上端同一方向实配的受弯承载力之和不小于地上一层对应柱下端实配的受弯承载力的 1.3 倍。

4. 地下室至少一层与上部对应的剪力墙墙肢端部边缘构件的纵向钢筋截面面积不应小于地上一层对应的剪力墙墙肢边缘构件的纵向钢筋截面面积。

二、对规范规定的理解

1. 梁端截面实配的受弯承载力应根据实配钢筋面积（计入受压筋）和材料强度标准值等确定；柱端实配的受弯承载力应根据轴力设计值、实配钢筋面积和材料强度标准值等确定。

2. 本条第 3 款的规定与《抗震规范》第 6.1.14 条的第 3 款略有不同，《抗震规范》设置了"地下一层梁刚度较大"的前提条件，而《高规》则无此限制，可直接采用。

1）本条第 3 款第 1）、2）项规定均有"地下一层柱每侧的纵向钢筋面积不应小于地上一层对应柱每侧纵向钢筋面积的 1.1 倍"的要求。

2）本条第 3 款第 2）项，需要计算梁端和柱端截面的实配的受弯承载力，设计过程较为复杂。

3）而本条第 3 款第 1）项，无需计算、设计简单，实际工程中可优先采用。

3. 本条第 4 款的"地下室至少一层"应理解为嵌固端的下一个楼层，一般为"地下一层"。当为多层地下室时，地下二层及其以下楼层的边缘构件配筋应根据工程实际情况确定，地上一层的所有约束边缘构件，均应往下延伸一层（图 7.2.15-6）。

三、相关索引

1.《抗震规范》的相关规定见其第 6.1.14 条。

2.《高规》的相关规定见其第 5.3.7 条。

第 12.2.2 条

一、规范的规定

12.2.2 高层建筑地下室设计，应综合考虑上部荷载、岩土侧压力及地下水的不利作用影响。地下室应满足整体抗浮要求，可采取排水、加配重或设置抗拔锚桩（杆）等措施。当地下水具有腐蚀性时，地下室外墙及底板应采取相应的防腐蚀措施。

二、结构设计建议

1. 结构设计时，应正确区分抗浮设计水位和防水设计水位。

在结构设计中，经常会遇到防水设计水位和抗浮设计水位，其定义和适用范围及相互之间的关系见表 12.2.2-1。

表 12.2.2 -1 防水设计水位和抗浮设计水位的定义及相互关系

序号	名称	定义	使用范围	备注
1	防水设计水位	地下水的最大水头，可按历史最高水位＋1m 确定	建筑外防水和确定地下结构的抗渗等级	主要用于建筑外防水设计
2	抗浮设计水位	结构整体抗浮稳定验算时应考虑的地下水水位，国家规范没有明确规定	用于结构的整体稳定验算及结构构件的承载能力极限状态设计计算	抗浮设计水位对结构设计影响大

1）防水设计水位（也称设防水位）应综合分析历年水文地质资料、根据工程重要性、工程建成后地下水位变化的可能性等因素综合确定，对附建式的全地下或半地下工程的抗渗设计水位，应高出室外地坪标高 500mm（其中的 500mm 和表 12.2.2-1 中的 1m 为毛细水上升的高度）以上，其目的是为确保工程的正常使用。

《北京地区建筑地基基础勘察设计规范》（DBJ 01-501）第 4.1.5 条规定：对防水要求严格的地下室或地下构筑物，其设防水位可按历年最高地下水位设计；对防水要求不严格的地下室或地下构筑物，其设防水位可按参照 3～5 年的最高地下水位及勘察时的实测静止地下水位确定。

《北京市建筑设计技术细则》（结构专业）第 3.1.8 条规定：凡地下室内设有重要机电设备，或存放贵重物质等，一旦进水将使建筑物的使用受到重大影响或造成巨大损失者，其地下水位标高应按该地区 71～73 年最高水位（包括上层滞水）确定；凡地下室为一般人防或车库等，万一进水不致有重大影响者，其地下水位标高可取 71～73 年最高水位

（包括上层滞水）与最近3～5年的最高水位（包括上层滞水）的平均值。

防水设计水位主要用于建筑的外防水和确定地下结构的抗渗等级，重在建筑物的防渗设计，与抗浮设计及结构构件设计无关。

2）抗浮设计水位（也称抗浮水位），国家规范没有明确规定，一般可按当地标准确定。在我国长江以南的丰水地区，地下水位高，对重要工程的抗浮设计应予以高度的重视。福建省防洪设计的暂行规定要求，对重大工程按室外地面以上500mm高度确定地下室的抗浮设计水位；而在我国北方的广大缺水地区，应根据水文地质情况及其地下水位的变化规律综合确定抗浮设计水位。对重大工程，一般宜进行抗浮设计水位的专项论证。

抗浮设计水位重在结构整体的稳定验算及结构构件的设计计算，是影响结构设计的重要条件。

《北京市建筑设计技术细则》（结构专业）第3.1.8条规定：地下室外墙、独立基础加防水板基础中的防水板等结构构件进行承载力计算时，结构设防水位（即抗浮设计水位）取最近3～5年的最高水位（包括上层滞水）。

2. 关于结构的抗浮设计

1）结构抗浮设计分整体抗浮和局部抗浮两部分，整体抗浮必须满足要求。当局部抗浮不能满足要求时，应通过增加结构刚度（主要是局部抗浮不足部位及其周围结构），由周围结构承担局部抗浮不足而多余的水浮力。

2）当抗浮设计水位较高时，结构的抗浮设计往往存在较大的困难，尤其是纯地下车库或地下室层数较多而地上层数较少时，问题更为严重。

3）抗浮设计常用的方法有：

（1）自重平衡法，即：采用回填土、石或混凝土（或重度≥30kN/m³ 的钢渣混凝土）等手段，来平衡地下水浮力；

（2）抗力平衡法，即：设置抗拔锚杆或抗拔桩，来全部消除或部分消除地下水浮力对结构的影响；

（3）浮力消除法，即：采取疏、排水措施，使地下水位保持在预定的标高之下，减小或消除地下水对建筑（构筑）物的浮力，从而达到建筑（构筑）物抗浮的目的；

（4）综合设计方法，即：根据工程需要采用上述两种或多种抗浮设计方法，采取综合处理措施，实现建筑（构筑）物的抗浮。

上述设计方法（1）和（2），从工程角度属于"抗"的范畴，能解决大部分工程的抗浮问题，但对地下水浮力很大的工程，投资大，费用高。而设计方法（3）则属于"消"的范畴，处理得当，可以获得比较满意的经济、技术效果。

一般情况下，当地下水位较高，建筑物长期处在地下水浮力作用下时，宜采用自重或抗力平衡法；当地下水位较低，建筑物长期没有地下水浮力作用或水浮力作用的时间很短、概率很小（虽然其有可能在某个时间出现较高的水位）时，宜采用浮力消除法。采用"抗"和"消"相结合的设计方法，对于防水要求不是很高的大面积地下车库等建筑尤为适合。

4）采用浮力消除法的相关问题

（1）地下室底板宜位于弱透水层；

（2）地下室四周及底板下应设置截水盲沟，并在适当位置设置集水井及排水设备；

（3）设置排水盲沟，应具有成熟的地方经验，必要时应进行相关的水工试验。应采取确保盲沟不淤塞的技术措施（如设置砂砾反滤层，铺设土工布等），并加以定期监测和维护，保证排水系统的有效运转。

3. 关于地下室的抗浮验算问题

关于地下室的抗浮验算，国家规范和各地方规范及相关专门规范提出了不同的要求，应根据工程所在地和工程的具体情况执行相应的规定。当工程所在地无具体规定时，可参考执行国家《地基规范》的规定。

1）（《地基规范》第 5.4.3 条）规定：建筑物基础存在浮力作用时应进行抗浮稳定性验算，并应符合下列规定：

（1）对于简单的浮力作用情况，基础抗浮稳定性应符合公式（12.2.2-1）的要求：

$$\frac{G_k}{N_{w,k}} \geq K_w \qquad (12.2.2-1)$$

式中：G_k——建筑物自重及压重标准值之和（kN）；

$N_{w,k}$——浮力作用标准值（kN）；

K_w——抗浮稳定安全系数，一般情况下可取 1.05。

（2）抗浮稳定性不满足设计要求时，可采用增加压重或设置抗浮构件等措施。在整体满足抗浮稳定性要求而局部不满足时，也可采用增加结构刚度的措施。

2）广东省标准的规定：

广东省标准《建筑地基基础设计规范》DBJ 15-31 第 5.2.1 条规定，地下室抗浮稳定性验算应满足式（12.2.2-2）的要求：

$$\frac{W}{F} \geq 1.05 \qquad (12.2.2-2)$$

式中：W——地下室自重及其上作用的永久荷载标准值的总和（kN）；

F——地下水浮力标准值（kN）。

3）《北京地基规范》第 8.8.1 条及第 8.8.2 条的规定

（1）当建筑物地下室基础位于地下含水层中时，应按式（12.2.2-3）进行抗浮验算：

$$N_{wk} \leq \gamma_G G_k \qquad (12.2.2-3)$$

当不满足式（12.2.2-3）时，应按式（12.2.2-4）设计抗浮构件：

$$T_k \geq N_{wk} - \gamma_G G_k \qquad (12.2.2-4)$$

式中：N_{wk}——地下水浮力标准值（kN）；

G_k——建筑物自重及压重标准值之和（kN）；

γ_G——永久荷载的影响系数，取 0.9～1.0；

T_k——抗拔构件提供的抗拔承载力标准值（kN）。

4）水池设计规程的规定

《给水排水工程钢筋混凝土水池结构设计规程》CECS 138 第 5.2.4 条规定：当水池承受地下水（含上层滞水）浮力时，应进行抗浮稳定验算。验算时作用均取标准值，抵抗力只计算不包括池内盛水的永久作用和水池侧壁上的摩擦力，抗力系数不应小于 1.05。

4. 基础及地下室外围结构构件的正常使用极限状态（主要是裂缝宽度）验算时，应采用稳定水位（水浮力按永久荷载考虑），不应采用抗浮设计水位。

第 12.2.3 条

一、规范的规定

12.2.3 高层建筑地下室不宜设置变形缝，当地下室长度超过伸缩缝最大间距时，可考虑利用混凝土后期强度，降低水泥用量；也可每隔 30m～40m 设置贯通顶板、底部及墙板的施工后浇带。后浇带可设置在柱距三等分的中间范围内以及剪力墙附近，其方向宜与梁正交，沿竖向应在结构同跨内；底板及外墙的后浇带宜增设附加防水层；后浇带封闭时间宜滞后 45d 以上，其混凝土强度等级宜提高一级，并宜采用无收缩混凝土，低温入模。

二、对规范规定的理解

1. 地下室超长时，应尽量通过采取结构措施解决，避免分缝。

2. 实际工程中应控制后浇带的封带温度，采取后浇带"低温入模"措施，可有效降低结构的初始温度，尽量减小降温对结构的影响。

三、结构设计建议

1. 施工后浇缝的位置应理解为：宜设置在柱距的三等分线附近，（"柱距三等分的中间范围"一般为跨中最大受力部位，不应作为设置后浇带的理想位置）以避开梁板的最大受力部位，及应在钢筋最简单的部位，避免与梁位置重叠。上部框架结构后浇带可与基础后浇带平面位置错开，但必须在同一跨内（见图 12.2.3-1）。

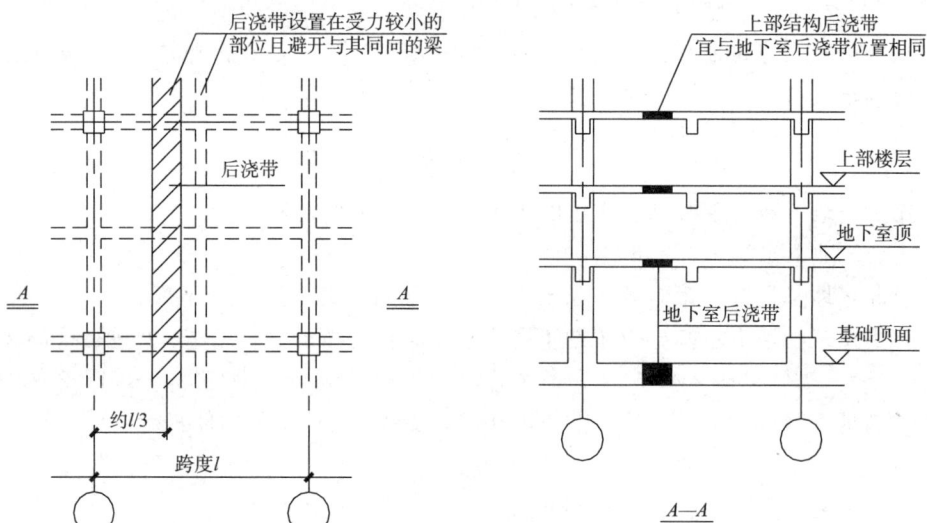

图 12.2.3-1　后浇带的设置要点

2. 施工后浇缝的浇注时间，本规程规定为"宜滞后 45d 以上"，而《防水规范》第 5.2.2 条规定为"应在其两侧混凝土龄期达到 42d 后再施工，但高层建筑的后浇带应按规定时间进行"；结构设计时，应同时考虑相关规范的规定。

四、相关索引

1.《防水规范》的相关规定见其第 5.2.4 条。

2.《地基规范》的相关规定见其第 8.4.20 条。

3.《高规》的相关规定见其第 3.4.13 条。

4.《筏基规范》的相关规定见其第 6.2.14 条。

第 12.2.4 条

一、规范的规定

12.2.4 高层建筑主体结构地下室底板与扩大地下室底板交界处，其截面厚度和配筋应适当加强。

二、对规范规定的理解

1."高层建筑主体结构地下室底板"指主体结构平面范围内的基础底板，其厚度较大。

2."扩大地下室底板"指主体结构平面以外的其他地下室底板，一般为裙房地下室底板，其厚度相对较小。

3. 基础厚板（主楼基础底板）与薄板（裙楼基础底板）交界处应力较为集中（宜放坡），该过渡区应予以适当加强。

第 12.2.5 条

一、规范的规定

12.2.5 高层建筑地下室外墙设计应满足水土压力及地面荷载侧压作用下<u>承载力要求</u>，其竖向和水平分布钢筋应双层双向布置，间距不宜大于 150mm，<u>配筋率</u>不宜小于 0.3%。

二、对规范规定的理解

1. 增加对外墙竖向、水平贯通筋最小配筋率的要求，其"配筋率"可理解为每一方向总的最小配筋率，即每层每方向的配筋率不小于 0.15%。

2. 本条规定中提出了外墙的"承载力要求"，依据《高规》第 1.0.5 条的要求，地下室外墙还应满足正常使用极限状态要求。实际工程中，进行地下室外墙裂缝验算时应注意：

1）外墙土压力可采用主动土压力系数计算（即强度计算与正常使用极限状态计算，应采用不同的土压力计算值）。

2）外墙的计算高度可取净高计算，即下端可从地下室建筑混凝土地面下 200mm 处算起，顶部算至上层楼板底（即强度计算与正常使用极限状态计算，应采用不同的计算高度）。

3）计算水位可取稳定水位。

第 12.2.6 条

一、规范的规定

12.2.6 高层建筑地下室外周回填土应采用级配砂石、砂土或灰土，并应分层夯实。

二、对规范规定的理解

1. 提高和控制高层建筑地下室周边回填土质量，有利于确保室外地面建筑工程质量，并有利于地下室嵌固、抗震及抗倾覆等。

2. 采用桩基础时，承台和地下室外围填土的质量更为重要，在地震和风荷载下，可以利用地下室外侧土抗力分担相当大份额的水平荷载，从而减小桩顶分担的剪力，降低上部结构反应（《桩基规范》第 4.2.7 条）。

3. 回填土的压实系数不应小于 0.94。

4. 对于有特殊要求及特殊部位的肥槽（如肥槽宽度过小，不利于回填土施工等），还可采用灌注素混凝土或搅拌流动性水泥土等方法回填。

5. 依据第 12.3.2 条规定，硬质岩石的肥槽不应填充混凝土。

第 12.2.7 条

一、规范的规定

12.2.7　有窗井的地下室，应设外挡土墙，挡土墙与地下室外墙之间应有可靠连接。

二、对规范规定的理解

设置窗井，不利于地下室的嵌固，应在窗井周边设置挡土墙，并与地下室外墙可靠连接形成对地下室的有效约束。

12.3　基　础　设　计

要点：

1. 由于平面布局对使用功能的限制，近年来箱形基础的使用不断减少。

2. 在高层建筑中，桩基础的应用十分普遍，近年来由于钻孔灌注桩桩底（桩侧）后注浆技术的应用，拓展了桩基础的应用空间。

3.《地基规范》及《桩基规范》对桩基础均有各自的相关规定，结构设计时应相互对照执行。

4. 软土地区高层建筑的桩基础不宜采用预应力空心桩。

第 12.3.1 条

一、规范的规定

12.3.1　高层建筑基础设计<u>应以减小长期重力荷载作用下地基变形、差异变形为主</u>。计算地基变形时，传至基础底面的荷载效应采用正常使用极限状态下荷载效应的<u>准永久组合</u>，不计入风荷载和地震作用；按地基承载力确定基础底面积及埋深或按桩基承载力确定桩数时，传至基础或承台底面的荷载效应采用正常使用状态下荷载效应的<u>标准组合</u>。相应的抗力采用地基承载力特征值或桩基承载力特征值；风荷载组合效应下，最大基底反力不大于承载力特征值的 1.2 倍，平均基底反力不应大于承载力特征值；地震作用组合效应下，地基承载力验算应按现行国家标准《建筑抗震设计规范》GB 50011 的规定执行。

二、对规范规定的理解

1. 高层建筑基础设计的主要目的是减小沉降和差异沉降，即"减小长期重力荷载作用下地基变形、差异变形"。

2. 计算地基变形时，采用"正常使用极限状态下荷载效应的准永久组合"，不计入风荷载和地震作用。

3. 计算基础底面积或确定桩数时，"采用正常使用状态下荷载效应的标准组合"。

4. 在轴心荷载作用下，平均基底反力不应大于承载力特征值，即 $p_k \leqslant f_a$、$Q_k \leqslant R_a$；在偏心荷载作用下，最大基底反力不大于承载力特征值的 1.2 倍，即 $p_{kmax} \leqslant 1.2 f_a$、$Q_{ikmax} \leqslant 1.2 R_a$。

5. 在地震作用下，$p \leqslant f_{aE}$，$p_{max} \leqslant 1.2 f_{aE}$，$Q_{max} \leqslant 1.5 R_a$。

三、相关索引

1.《地基规范》的相关规定见其第 3.0.5 条、第 5.2.1 条、第 8.5.5 条。

2.《抗震规范》的相关规定见其第 4.2.2 条、第 4.2.3 条、第 4.4.2 条。

第 12.3.2 条

一、规范的规定

12.3.2 高层建筑结构基础嵌入硬质岩石时，可在基础周边及底面设置砂质或其他材质褥垫层，垫层厚度可取 50mm～100mm，不宜采用肥槽填充混凝土做法。

二、对规范规定的理解

地基对基础（或地下室）的约束并不是越强越好，适当的约束刚度（既有利于基础的稳定，又能使基础有一定的变形能力）可减轻地基对基础过度约束所造成的危害。结合国内（重庆、深圳、厦门等）及国外工程实践的经验教训，在基础周边及底面设置褥垫层作为滑动层，释放混凝土硬化过程中产生的应力及使用阶段的温度应力，避免硬质岩石对高层建筑结构的过度约束所造成的基础及外墙裂缝。

第 12.3.3 条

一、规范的规定

12.3.3 筏形基础的平面尺寸应根据地基土的承载力、上部结构的布置及其荷载的分布等因素确定。

二、对规范规定的理解

筏板基础应根据工程需要（满足承载力要求及变形要求）确定基础的平面尺寸，当地基承载力能满足要求时，筏板周边不宜有过大的外挑（避免加剧盆式沉降并有利于外包防水）；当地基承载力需要时，筏板周边可适当外挑，但悬挑长度不宜过大，应确保必要的刚度和承载力。

三、相关索引

1.《高规》的相关规定见其第 12.3.9 条。

2.《地基规范》的相关规定见其第 8.4.2 条。

第 12.3.4 条

一、规范的规定

12.3.4 平板式筏基的板厚可根据受冲切承载力计算确定，板厚不宜小于 400mm。冲切计算时，应考虑作用在冲切临界截面重心上的不平衡弯矩所产生的附加剪力。当筏板在个别柱位不满足受冲切承载力要求时，可将该柱下的筏板局部加厚或配置抗冲切钢筋。

二、对规范规定的理解

1. 筏板的厚度应能满足受冲切承载力的要求。计算时尚应考虑不平衡弯矩作用在冲切面上的附加剪力。冲切临界截面重心上的不平衡弯矩所产生的附加剪力计算见《地基规范》第 8.4.7 条。

2. 柱下筏板局部加厚或在筏板内配置抗冲切钢筋（箍筋或弯起钢筋），均可提高筏板的受冲切承载力。

三、相关索引

1.《地基规范》的相关规定见其第 8.4.7 条。

2.《筏基规范》的相关规定见其第 6.2.2 条。

第 12.3.5 条

一、规范的规定

12.3.5 当地基比较均匀、上部结构刚度较好，上部结构柱间距及柱荷载的变化不超过 20% 时，高层建筑的筏形基础可仅考虑局部弯曲作用，按倒楼盖法计算。当不符合上述条件时，宜按弹性地基板计算。

二、对规范规定的理解

1. 按倒楼盖法计算时，地基反力可视为均匀分布，其值应扣除底板及其地面自重，并可仅考虑筏板的局部弯曲作用。

1) 在满足本条规定的四个条件（地基比较均匀、上部结构刚度较好，上部结构柱间距及柱荷载的变化不超过 20%）时，对其筏板可仅考虑局部弯曲作用，按倒楼盖法计算。

2) 对剪力墙结构，由于其上部刚度较大，可以忽略整体弯曲的影响，对其筏板基础也可仅考虑局部弯曲作用，按倒楼盖法计算。

2. 其他情况下，筏板内力及地基沉降均可按弹性地基梁板分析。

3. 不考虑整体弯曲的筏板计算，其内力和变形均小于考虑整体弯曲的弹性地基梁板计算结果，结构设计时，应根据工程的实际情况，灵活把握，必要时可按仅考虑局部弯曲的倒楼盖法与考虑整体弯曲的弹性地基梁板法计算进行包络设计。

4. 筏板计算中不考虑整体弯曲而按倒楼盖法计算时，《地基规范》第 8.4.14 条还提出了基础截面（梁板式筏基梁的高跨比或平板式筏基的厚跨比，不小于 1/6）的要求，比《高规》的本条规定严格（《高规》在其第 12.3.8 条中也有相关的规定），实际工程中，可执行《地基规范》的规定或结合第 12.3.8 条的规定。

三、相关索引

1.《地基规范》的相关规定见其第 8.4.14 条。

2.《筏基规范》的相关规定见其第 6.2 节。

第 12.3.6 条

一、规范的规定

12.3.6 筏形基础应采用双向钢筋网片分别配置在板的顶面和底面，受力钢筋直径不宜小于 12mm，钢筋间距不宜小于 150mm，也不宜大于 300mm。

二、对规范规定的理解

1. 对钢筋间距的限定，主要为保证基础混凝土的质量。当钢筋间距过小（尤其是板顶钢筋间距及筏板厚度较大）时将影响混凝土浇筑质量。

2. 筏形基础的底部钢筋，其间距可适当放宽至不小于 100mm。

三、相关索引

1. 《地基规范》的相关规定见其第 8.4.23 条。

2. 《筏基规范》的相关规定见其第 6.2.12 条。

第 12.3.7 条

一、规范的规定

12.3.7 当梁板式筏基的肋梁宽度小于柱宽时，肋梁可在柱边加腋，并应满足相应的构造要求。墙、柱的纵向钢筋应穿过肋梁，并应满足钢筋锚固长度要求。

二、对规范规定的理解

1. 梁板式筏基的肋梁宽度不宜过大，在满足设计剪力 $V \leqslant 0.25 \beta_c f_c bh_0$ 的条件下，当梁宽小于柱宽时，可将肋梁在柱边水平加腋以满足构造要求（梁及加腋宽度能包住柱截面，且每边宜比柱截面大 50mm）。墙柱的纵向钢筋要贯通基础梁而插入筏板中并满足锚固长度要求。

2. 墙柱的纵向钢筋在肋梁内的锚固长度可从梁上皮算起。

3. 规范的本条规定可理解为图 12.3.7-1。

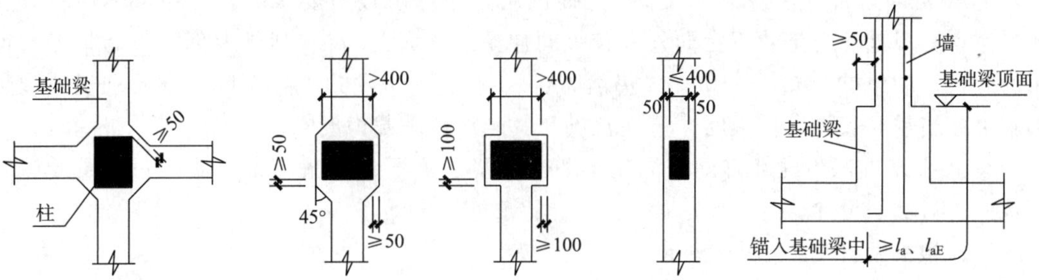

图 12.3.7-1

三、相关索引

1. 《地基规范》的相关规定见其第 8.4.13 条。

2. 《筏基规范》的相关规定见其第 6.2.8 条。

第 12.3.8 条

一、规范的规定

12.3.8 梁板式筏基的梁高取值应包括底板厚度在内，梁高不宜小于<u>平均柱距</u>的 1/6。确定梁高时，应综合考虑荷载大小、柱距、地质条件等因素，并应满足承载力要求。

二、对规范规定的理解

1. 梁板式筏基的梁截面，应满足正截面受弯及斜截面受剪承载力要求，并应验算基础梁顶面柱下局部受压承载力。

2. "平均柱距"指同一轴线上柱两侧柱距（中到中距离）的平均值，当两侧柱距相差较大时，应专门研究。

3. 本条规定中的"应满足承载力要求"应理解为"应满足承载力及变形要求"。《地基规范》第8.4.22条规定"带裙房的高层建筑下的筏形基础"的变形控制指标如下：

1) "主楼下筏板的整体挠度值不宜大于0.05%"，即按主楼筏板的总宽度 B 计算时应$\leqslant 0.05\%B$。

2) "主楼与相邻裙房的差异沉降不应大于其跨度的0.1%"，即按跨度 L 计算时应$\leqslant 0.1\%L$。

4. 规范的本条规定可理解为图12.3.8-1。

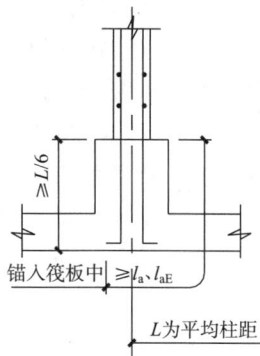

图 12.3.8-1

三、相关索引

1.《地基规范》的相关规定见其第8.4.14条、第8.4.22条。

2.《筏基规范》的相关规定见其第6.2.10条。

第 12.3.9 条

一、规范的规定

12.3.9　当满足地基承载力要求时，筏形基础的周边不宜向外有<u>较大的伸挑、扩大</u>。当需要外挑时，有肋梁的筏基宜将梁一同挑出。

二、对规范规定的理解

1. 筏板基础周边有墙时，当基础底面已满足地基承载力要求时，筏板可不作较大外伸（注意：规范规定是"不宜向外有<u>较大</u>的伸挑、扩大"，对有利于上部柱、墙施工的很小的外扩，如外扩50mm～100mm仍然需要），有利减小盆式差异沉降，并有利于外包防水施工。当需要外伸挑扩大时，应注意满足其刚度和承载力要求。

2. 筏板基础，当内部有钢筋混凝土墙时，墙下可不再设基础梁，墙按一般梁或深受弯构件进行截面设计。

三、相关索引

《地基规范》的相关规定见其第8.4.13条。

第 12.3.10 条

一、规范的规定

12.3.10　桩基可采用钢筋混凝土预制桩、灌注桩或钢桩。桩基承台可选用柱下单独承台、双向交叉梁、筏形承台、箱形承台。桩基选择和承台设计应根据上部结构类型、荷载大小、桩穿越的土层、桩端持力层土质、地下水位、施工条件和经验、制桩材料供应条件等因素综合考虑。

二、对规范规定的理解

1. 桩基的设计应因地制宜，根据当地工程经验确定桩的选型、成桩工艺、承载力取值等。当工程所在地有地区性地基设计规范时，可依据该地区规范进行桩基设计。

2.《地基规范》、《桩基规范》等对桩基设计均有专门的规定，结构设计时应相互参照。

三、相关索引

《地基规范》的相关规定见其第 8.5 节。

第 12.3.11 条

一、规范的规定

12.3.11 桩基的竖向承载力、水平承载力和抗拔承载力设计，应符合现行行业标准《建筑桩基技术规范》JGJ 94 的有关规定。

二、对规范规定的理解

1. 桩的承载力应以静载试桩结果为依据，试桩位置及数量依据桩长、岩土特性、施工质量等多种情况确定。

2. 按照勘察报告提供的桩基设计参数和《桩基规范》的经验系数法得到的桩基承载力，可作为高层建筑桩基设计的参考。

3. 桩的承载力以试桩结果作为依据，有利于保证结构的安全性和提高桩基的经济性，对用桩数量较大的工程，经济效益更加明显。

4. 实际工程中有两种试桩，一是用于确定桩承载力的试桩；二是对工程桩的试桩。

1）确定桩承载力的试桩时，由于事先对桩的极限承载力并不很有把握（所以才需要试桩），因此，试验桩（及其反力桩等）应有足够的桩身强度，以保证能得出最理想的试桩结果。一般情况下，试验桩的桩身配筋及混凝土强度等级均可比工程桩提高（但桩长及桩的外形不变），地质条件越好，提高的幅度越大。试验桩应加载至满足终止加载条件（当试验桩兼作工程桩时，桩身不得破坏）。

2）对工程桩的试桩，其目的是为检验工程桩的承载力是否能达到设计要求：

（1）桩的竖向抗压承载力检验时，要求桩身强度（注意：规范未规定桩身强度的具体内容，此处可采用强度标准值，即按桩身混凝土强度标准值及钢筋抗压强度标准值计算的桩身抗压强度标准值）不小于单桩抗压承载力特征值的 2 倍。

（2）桩的竖向抗拔承载力检验时，要求桩身强度（可采用标准值，即按钢筋抗拉强度标准值计算的桩身抗拉强度标准值）不小于单桩抗拔承载力设计值（可取单桩抗拔承载力特征值的 1.35 倍）。

三、相关索引

基桩检测的相关规定见《建筑基桩检测技术规范》JGJ 106。

第 12.3.12 条

一、规范的规定

12.3.12 桩的布置应符合下列要求：

1. 等直径桩的中心距不应小于 3 倍桩横截面的边长或直径；扩底桩中心距不应小于扩底直径的 1.5 倍，且两个扩大头间的净距不宜小于 1m。

2. 布桩时，宜使各桩承台承载力合力点与相应竖向永久荷载合力作用点重合，并使桩基在水平力产生的力矩较大方向有较大的抵抗矩。

3. 平板式桩筏基础，桩宜布置在柱下或墙下，必要时可满堂布置，核心筒下可适当加密布桩；梁板式桩筏基础，桩宜布置在基础梁下或柱下；桩箱基础，宜将桩布置在墙

下。<u>直径不小于 800mm 的大直径桩可采用一柱一桩。</u>

4. 应选择较硬土层作为桩端持力层。桩径为 d 的桩端全截面进入持力层的深度，对于黏性土、粉土不宜小于 $2d$；砂土不宜小于 $1.5d$；碎石类土不宜小于 $1d$。当存在软弱下卧层时，桩端下部硬持力层厚度不宜小于 $4d$。

抗震设计时，桩进入碎石土、砾砂、粗砂、中砂、密实粉土、坚硬黏性土的深度尚不应小于 0.5m，对其他非岩石类土尚不应小于 1.5m。

二、对规范规定的理解

1. "桩宜布置在墙下或柱下"的规定适用于所有桩基础，包括平板式桩筏基础和梁板式桩筏基础及其他桩基础。

2. 满堂布桩时，宜采用平板式桩筏基础，不宜采用梁板式桩筏基础，必须采用时，梁板式桩筏基础的筏板应有足够厚度及配筋，避免由于筏板强度和刚度不足造成对梁板式筏基的各个击破。

3. 采用一柱一桩时，应同时设置双向基础拉梁，用拉梁承担柱底弯矩并传递柱底剪力。对于直径不小于 800mm 的桩，必要时，也可采用一柱一桩。

4. 当桩端土层为"碎石土、砾砂、粗砂、中砂、密实粉土、坚硬黏性土"时，可将其理解为桩端硬土层。

5. 对摩擦端承桩，其桩端下持力层的厚度不宜小于 3m；对大直径扩底桩，当无软弱下卧层时，桩端持力层的厚度不宜小于 2.5 倍桩端扩大头直径；当存在软弱下卧层时，桩端持力层的厚度不宜小于 2.0 倍桩端扩大头直径，对摩擦桩且不宜小于 5m；对摩擦桩也应选择较好的桩端持力层，其桩端土层的厚度要求可适当放松。

6. 在岩溶地区的桩基，应特别注意对溶洞的勘查（根据溶洞的发育及分布情况，提出全平面物探的要求），对桩端持力层应进行一桩一孔的施工勘察，以探明桩端持力层情况，施工勘察进入桩端持力层的深度不宜小于 5m。

7. 对本条规定的理解见图 12.3.12-1～12.3.12-4。

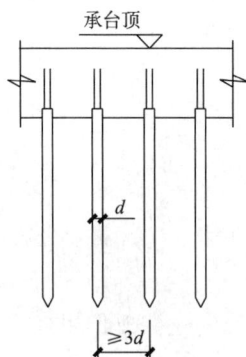

图 12.3.12-1

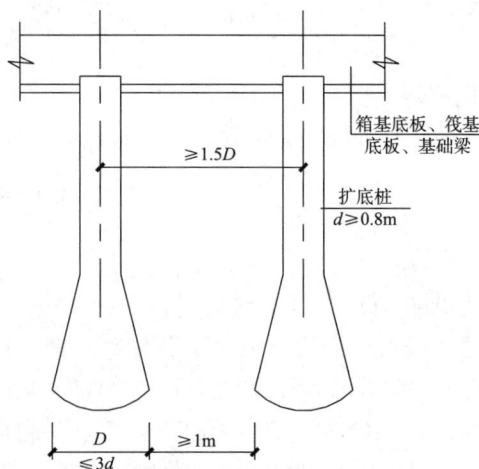

图 12.3.12-2

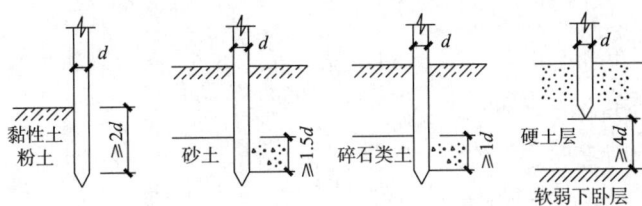

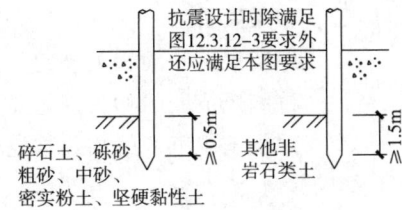

图 12.3.12-3 　　　　　　　　　　　　　　 图 12.3.12-4

三、相关索引

1.《地基规范》的相关规定见其第 8.5.3 条、第 8.5.6 条。

2.《桩基规范》的相关规定见其第 3.3.3 条、第 3.4.6 条。

3.《大直径扩底灌注桩技术规程》JGJ/T 225 的相关规定见其第 3.0.13 条。

第 12.3.13 条

一、规范的规定

12.3.13 对沉降有严格要求的建筑的桩基础以及采用<u>摩擦型桩</u>的桩基础，应进行沉降计算。受较大永久水平作用或对水平变位要求严格的建筑桩基，应验算其水平变位。

按正常使用极限状态验算桩基沉降时，荷载效应应采用准永久组合；验算桩基的横向变位、抗裂、裂缝宽度时，根据使用要求和裂缝控制等级分别采用荷载的标准组合、准永久组合，并考虑长期作用影响。

二、对规范规定的理解

1."摩擦型桩"的桩顶竖向荷载主要由桩侧阻力承受，桩端阻力为辅，当端阻力很小时为摩擦桩；"端承型桩"的桩顶竖向荷载主要由桩端阻力承受，桩侧阻力为辅，当桩侧阻力很小时为端承桩，桩端持力层为岩石时成为"嵌岩桩"。

2.对沉降有严格要求的建筑一般包括甲级设计等级的桩基础、建筑体型复杂或桩端以下存在软弱土层的乙级设计等级的桩基础等。

3.对本条规定的理解见表 12.3.13-1。

表 12.3.13-1　桩基验算的相关规定

序号	情况	规定	理解与应用
1	应进行沉降计算的情况	甲级设计等级的桩基础	重要建筑、摩擦型桩（及摩擦桩）的桩基础应验算桩基础的沉降；端承型桩基础宜验算桩基础的沉降，嵌岩桩基础可不验算桩基础的沉降
		建筑体型复杂或桩端以下存在软弱土层的乙级设计等级的桩基础	
		对沉降有严格要求的建筑的桩基础以及采用摩擦型桩的桩基础	
2	应验算水平变位的情况	受较大水平作用或对水平变位要求严格的建筑桩基	受较大水平作用时，应验算桩基础的水平变位
3	验算桩基沉降时	采用荷载效应的准永久组合	按《混凝土规范》的相关规定，确定荷载效应的组合方式
4	验算桩基的横向变位时	采用荷载效应的标准组合	
5	桩基的抗裂验算时	采用荷载效应的标准组合	
6	验算桩基的裂缝宽度时	采用荷载效应的标准组合	

三、相关索引

1.《地基规范》的相关规定见其第 8.5.1 条、第 8.5.13 条、第 8.5.14 条。

2.《桩基规范》的相关规定见其第 3.1.4 条、第 3.3.1 条。

3.《混凝土规范》的相关规定见其第 7.1.2 条。

第 12.3.14 条

一、规范的规定

12.3.14 钢桩应符合下列规定：

1. 钢桩可采用管型或 H 形，其材质应符合国家现行有关标准的规定；

2. 钢桩的分段长度不宜超过 15m，焊接结构应采用等强连接；

3. 钢桩防腐处理可采用增加腐蚀余量措施；当钢管桩内壁同外界隔绝时，可不采用内壁防腐。钢桩的防腐速率无实测资料时，如桩顶在<u>地下水位</u>以下且地下水无腐蚀性，可取每年 0.03mm，且腐蚀预留量不应小于 2mm。

二、对规范规定的理解

1. 影响钢桩腐蚀余量的地下水位，指在基桩设计使用年限内的稳定地下水位，而不是抗浮设计水位。

2. 当地下水位在钢桩的桩长范围内波动时，对钢桩的腐蚀性加大，腐蚀预留量应适当增加（见表 12.3.14-1）。

表 12.3.14-1 钢桩年腐蚀速率

钢桩所处环境		单面腐蚀率（mm/y）
地面以上	无腐蚀性气体或腐蚀性挥发介质	0.05～0.1
地面以下	水位以上	0.05
	水位以下	0.03
	水位波动区	0.1～0.3

三、相关索引

《桩基规范》的相关规定见其第 4.1.18 条。

第 12.3.15 条

一、规范的规定

12.3.15 桩与承台的连接应符合下列规定：

1. 桩顶嵌入承台的长度，对大直径桩不宜小于 100mm，对中、小直径的桩不宜小于 50mm；

2. 混凝土桩的桩顶纵筋应伸入承台内，其锚固长度应符合现行国家标准《混凝土结构设计规范》GB 50010 的有关规定。

二、对规范规定的理解

1. 桩径 $d \leqslant 250mm$ 时为小直径桩，桩径 $250mm < d < 800mm$ 时为中等直径桩，桩径 $d \geqslant 800mm$ 时为大直径桩。

2. 为保证桩与承台的整体性及水平力和弯矩可靠传递，桩顶嵌入承台应有一定长度，桩纵向钢筋应可靠地锚固在承台内。

3. 对本条规定的理解见图 12.3.15-1。

三、结构设计建议

对软土地区工程、深基坑工程及承受较大水平力的基桩应慎用预应力混凝土管桩，设计建议如下：

1. 在民用建筑中不宜采用预应力混凝土薄壁管桩（PTC 桩），对软土地区工程（如Ⅳ类场地的工程）、深基坑工程、承受较大水平力的基桩及处在腐蚀环境中的基桩等，严禁采用 PTC 桩。

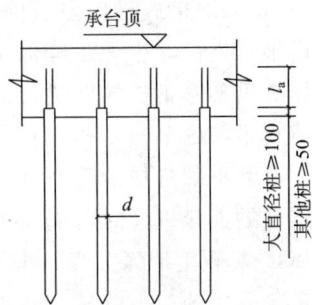

图 12.3.15-1

2. 预应力混凝土管桩应优先考虑作为抗压桩使用。

3. 实际工程中应优先考虑采用钢筋混凝土灌注桩作为抗拔桩使用。对预应力混凝土管桩应避免作为抗拔桩使用，必须采用时应采取可靠的结构措施：

1）加强桩与承台的连接，采取综合措施（填芯及凿出桩头预应力钢筋等），确保桩头钢筋与承台锚固有效：

（1）当桩顶截桩时（见图 12.3.15-2），应将桩头预应力钢筋锚入承台（锚固长度按《混凝土规范》公式（8.3.1-3）确定，且不小于预应力钢筋直筋的 50 倍及 500mm），并采取钢筋混凝土填芯措施，其填芯长度不应小于 8D，且不得小于 3.5m（其中 D 为管桩外径。当基桩不承受拉力时，其填芯长度可取 5D 及 2m 的较大值）。填芯部分的纵向普通钢筋按承担基桩全部拉力计算（对填芯钢筋混凝土可不考虑裂缝宽度的限值要求），填芯混凝土的纵向钢筋在承台的锚固长度按《混凝土规范》公式 8.3.1-3 确定，且不宜小于纵向钢筋直径的 40 倍。填芯混凝土应采用不低于 C40 的微膨胀混凝土，浇灌前应对管桩内壁进行界面处理，其他做法可参考国家标准图 10G409。

适当长度的填芯钢筋混凝土，不仅可以加强管桩与承台的连接，同时还能起到强化管桩桩顶，提高管桩抗剪承载力的作用。

（2）当桩顶不截桩时（见图 12.3.15-3），除应按上述（1）设置填芯钢筋混凝土外，还应在桩头端板焊接普通钢筋，并将其锚入承台（在承台的锚固长度按《混凝土规范》公式（8.3.1-3）确定）。其他相关做法可参考国家标准图 10G409。

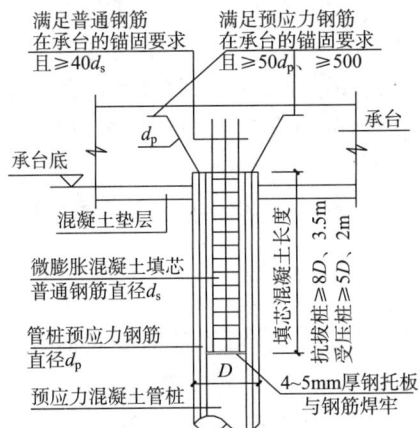

图 12.3.15-2　桩顶截桩时

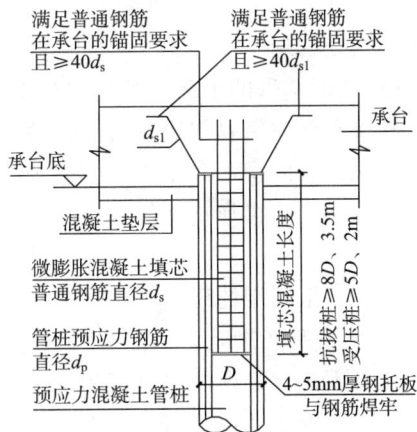

图 12.3.15-3　桩顶不截桩时

2）采取措施确保多节桩接头的有效性。应按抗拉等强接头设计，并采取有效的防腐蚀措施。当设计中无法确保接头防腐措施的长期（工程设计使用年限内）有效时，对接头的焊缝可参考钢桩的做法，留出适当的腐蚀余量（见表 12.3.14-1，按等比关系对焊缝强度留有足够的余量）。否则，不应采用多节管桩作为抗拔桩使用，必须采用时，只可考虑最上节管桩的抗拔承载力（即不考虑接头以下管桩的抗拔作用，但上节桩的桩身强度及桩与承台的连接设计时，仍应考虑下节桩的影响）。

4. 对软土地区工程（如Ⅳ类场地的工程）、深基坑工程、承受较大水平力的基桩等，应避免采用预应力管桩。必须采用时，应由地下室外墙、承台侧面的土压力（垂直于水平力作用方向的承台侧壁被动土压力）承担水平力，同时还应在管桩顶部设置填芯钢筋混凝土，以增加管桩顶部的有效截面面积，提高管桩的抗剪承载力。

5. 对软土地基上较高的高层建筑（如当房屋高度超过 50m 时），不宜采用预应力混凝土管桩。

6. 桩底持力层顶面起伏较大（＞5％）的地区，应慎用管桩。

7. 实际工程中宜选用较大直径 D、较大壁厚 t（不宜小于 80mm）的管桩。管桩的长径比不宜超过 60，不应超过 80。

8. 在桩基础设计乃至地基基础的抗震设计中，如何实现"大震不倒"的设防目标，一直是工程界关注的问题。在相关规范没有明确规定之前，应重视大震时的地基基础问题，对基桩设计应留有适当的余地，并采取有效的结构措施，强化桩与承台的连接，确保在大震时连接不失效。

9. 注意到高强度离心混凝土的延性较差，加之沉桩过程中对桩身混凝土的损伤等因素，考虑到不断出现的工程事故，《地基规范》将预应力桩的工作条件系数调整为 0.55～0.65。

四、相关索引

1.《地基规范》的相关规定见其第 8.5.17 条。
2.《桩基规范》的相关规定见其第 4.2.3 条。
3. 江苏省《预应力混凝土管桩基础技术规程》J11750 的相关规定见其第 3.4.1 条。

第 12.3.16 条

一、规范的规定

12.3.16 箱形基础的平面尺寸应根据地基土承载力和上部结构布置以及荷载大小等因素确定。外墙宜沿建筑物周边布置，内墙应沿上部结构的柱网或剪力墙位置纵横均匀布置，墙体水平截面总面积不宜小于箱形基础外墙外包尺寸的水平投影面积的 1/10。对基础平面长宽比大于 4 的箱形基础，其纵墙水平截面面积不应小于箱基外墙外包尺寸水平投影面积的 1/18。

二、对规范规定的理解

1. 由于箱型基础地基反力采用简化计算原则，同时，对箱型基础一般不考虑整体弯曲的影响，因此，必须采取适当的构造措施予以弥补。

2. 基础平面长宽比大于 4 的箱形基础，其耐受变形的能力较弱，同时沿纵向产生不均匀沉降的可能性较大，因此需要适当加强。

3. 实际工程中,对采用筏形基础且具有较大长宽比的地下室,也应考虑纵向不均匀沉降的影响。

4. 对本条规定的理解见图 12.3.16-1。

三、相关索引

《筏基规范》的相关规定见其第 6.3.1 条。

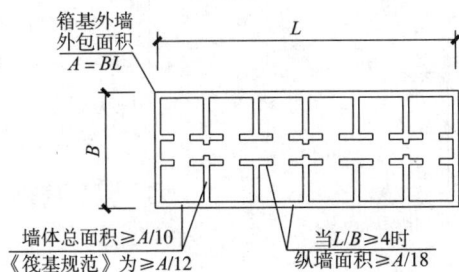

图 12.3.16-1

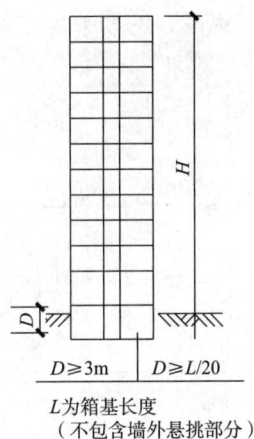

图 12.3.17-1

第 12.3.17 条

一、规范的规定

12.3.17 箱形基础的高度应满足结构的承载力、刚度及建筑使用功能要求,一般不宜小于箱基长度的 1/20,且不宜小于 3m。此处,箱基长度不计墙外悬挑板部分。

二、对规范规定的理解

1. 为满足结构的承载力、刚度要求同时兼顾建筑的使用功能提出箱基的最小高度要求。近年来箱基的使用越来越少,地下室使用功能的限制是主要问题。

2. 对本条规定的理解见图 12.3.17-1。

三、相关索引

《筏基规范》的相关规定见其第 6.3.2 条。

第 12.3.18 条

一、规范的规定

12.3.18 箱形基础的顶板、底板及墙体的厚度,应根据受力情况、整体刚度和防水要求确定。无人防设计要求的箱基,基础底板不应小于 300mm,外墙厚度不应小于 250mm,内墙的厚度不应小于 200mm,顶板厚度不应小于 200mm。

二、对规范规定的理解

1. 在地下室结构设计中,裂缝宽度验算是影响外墙厚度及配筋的主要原因,裂缝验算时可采用合理的简化计算方法,并考虑箱基底板顶面建筑地面的作用,按主动土压力并按净跨计算外墙的弯矩。

2. 箱基的底板、外墙及顶板的厚度主要由防水设计要求确定，一般情况下应满足最小厚度要求，当地下室顶板防水有保证（如地下室顶板在地下水位以上，并对外防水采取可更换措施）时，可适当减小地下室顶板的厚度。

3. 对本条规定的理解见图12.3.18-1。

三、相关索引

《筏基规范》的相关规定见其第6.3.6条。

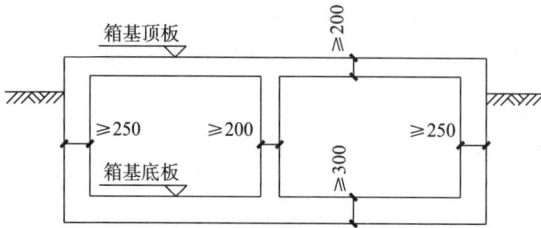

图 12.3.18-1

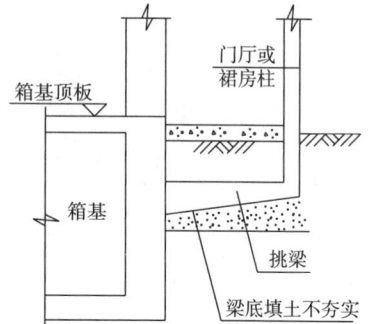

图 12.3.19-1

第 12.3.19 条

一、规范的规定

12.3.19 与高层主楼相连的裙房基础若采用外挑箱基墙或箱基梁的方法，则外挑部分的基底应采取有效措施，使其具有适应差异沉降变形的能力。

二、对规范规定的理解

对本条规定的理解见图 12.3.19-1。

三、相关索引

《筏基规范》的相关规定见其第6.3.17条。

第 12.3.20 条

一、规范的规定

12.3.20 箱型基础墙体的门洞宜设在柱间居中的部位，洞口上、下过梁应进行承载力计算。

二、对规范规定的理解

1. 箱基墙的门洞宜设在柱间居中部位，洞边至上层柱中心的水平距离不宜小于1.2m，洞口上过梁的高度不宜小于层高的1/5，洞口面积不宜大于柱距与箱形基础全高乘积的1/6（图12.3.20-1）。

2. 墙体洞口周围应设置加强钢筋，洞口四周附加钢筋面积不应小于洞口内被切断钢筋面积的一半，且不少于两根直径为16mm的钢筋，此钢筋应从洞口边缘处延长40倍钢筋直径。

3. 箱基洞口上、下过梁的受剪截面应符合公式（6.3.7-3、6.3.7-4）的要求。

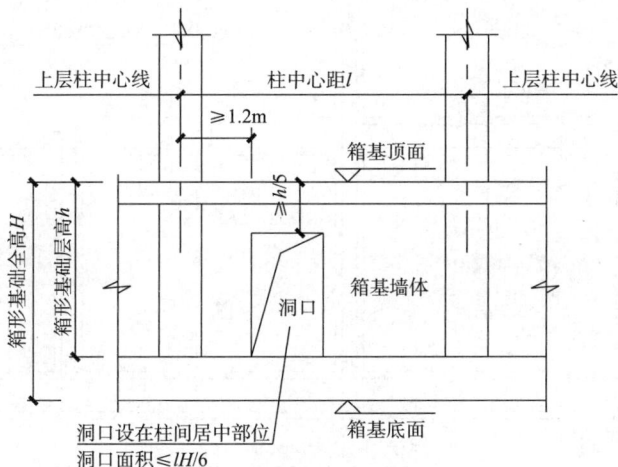

图 12.3.20-1 箱基墙体开洞限值

三、相关索引

《筏基规范》的相关规定见其第 6.3.12 条。

第 12.3.21 条

一、规范的规定

12.3.21 当地基压缩层深度范围内的土层在竖向和水平力方向皆较均匀，且上部结构为平立面布置较规则的框架、剪力墙、框架-剪力墙结构时，箱形基础的顶、底板可仅考虑局部弯曲进行计算；计算时，底板反力应扣除板的自重及其上面层和填土的自重，顶板荷载按实际情况考虑。整体弯曲的影响可在构造上加以考虑。

箱形基础的顶板和底板钢筋配置除符合计算要求外，纵横方向支座钢筋尚应有 1/3 ～ 1/2 贯通配置，跨中钢筋按实际计算的配筋全部贯通。钢筋宜采用机械连接；采用搭接时，搭接长度应按受拉钢筋考虑。

二、对规范规定的理解

1. 《筏基规范》第 6.3.7 条仍保留有对箱基底板配筋率的限制。

2. 对本条规定的理解见表 12.3.21-1 及图 12.3.21-1。

表 12.3.21-1 箱形基础顶、底板可仅考虑局部弯曲的条件

序号	项目	要求
1	地基压缩层深度范围内的土层	在竖向和水平方向皆较均匀
2	上部结构	为平、立面布置较为规则的框架、剪力墙、框架-剪力墙结构
3	计算底板反力时	应扣除底板自重及其上面层和填土重量
4	顶板荷载	按实际计算
5	整体弯曲的影响	在构造上考虑（见图 12.3.21-1）

三、结构设计建议

《高规》本条（及第 12.3.22 条）取消了墙体最小配筋率的限制，而《筏基规范》第 6.3.7 条仍对箱基底板最小配筋率提出限值要求，因此，实际设计中可相互参照。

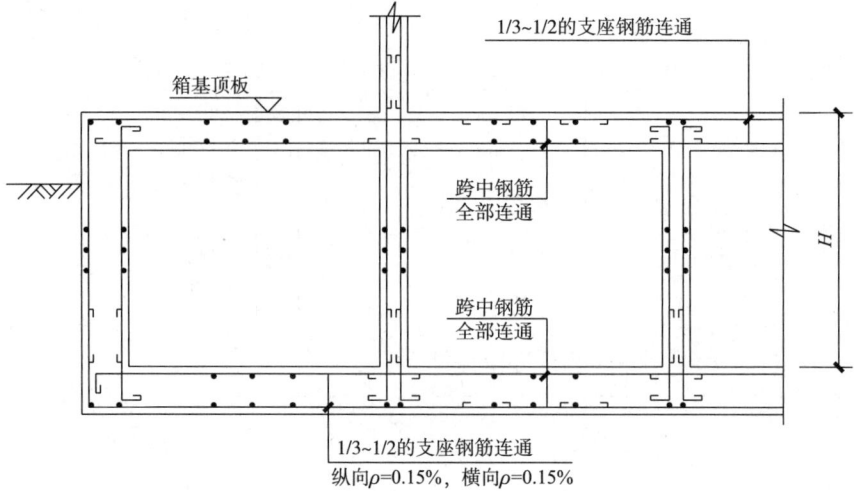

图 12.3.21-1

四、相关索引

1.《高规》的相关规定见第 12.3.22 条。

2.《筏基规范》的相关规定见第 6.3.7 条、第 6.4.5 条。

第 12.3.22 条

一、规范的规定

12.3.22　箱形基础的顶板、底板及墙体均应采用双层双向配筋。墙体的竖向和水平钢筋直径均不应小于 10mm，间距均不应大于 200mm。除上部为剪力墙外，内、外墙的墙顶处宜配置两根直径不小于 20mm 的通长构造钢筋。

二、对规范规定的理解

1. 对本条规定的理解见图 12.3.22-1。

2. 当箱形基础的内墙配筋满足本条规定时，可不再进行最小配筋率验算。

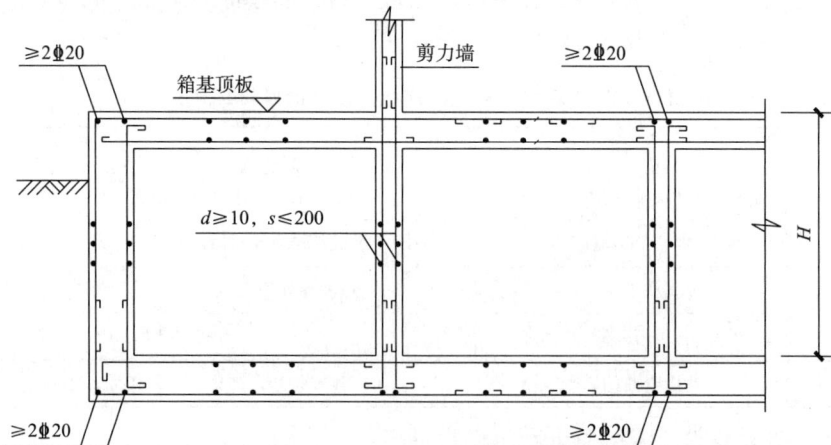

图 12.3.22-1

三、相关索引

1.《高规》的相关规定见第 12.2.5 条、第 12.3.21 条。

2.《筏基规范》的相关规定见第 6.2.9 条、第 6.3.6 条。

第 12.3.23 条

一、规范的规定

12.3.23　上部结构底层柱纵向钢筋伸入箱形基础墙体的长度应符合下列规定：

1. 柱下三面或四面有箱形基础墙的内柱，除柱四角纵向钢筋直通到基底外，其余钢筋可伸入顶板底面以下 40 倍纵向钢筋直径处；

2. 外柱、与剪力墙相连的柱及其他内柱的纵向钢筋应直通到基底。

二、对规范规定的理解

对本条规定的理解见图 12.3.23-1。

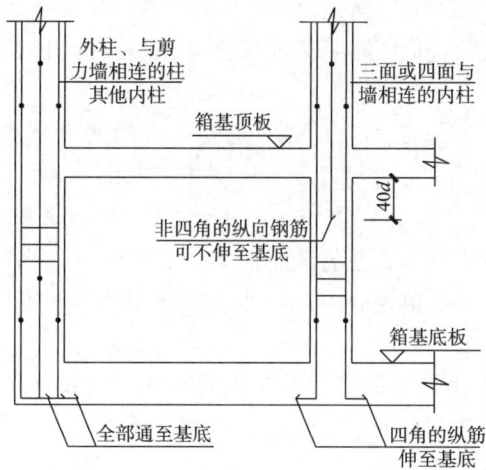

图 12.3.23-1

13 高层建筑结构施工

说明：

1. 高层建筑结构施工难度大，涉及深基础、钢结构等多个专业施工要求，不同的施工方法对结构的受力产生不同的影响，在超高层建筑的结构设计计算中还应考虑施工的影响，结构设计人员应了解施工方法，了解工程的施工进程，积极配合解决施工过程中遇到的问题。

2. 结构设计人员应多跑工地，避免闭门造车，应增加对结构及施工的感性认识，积累实际工作经验，提高处理实际工程问题的能力。

3. 结构设计人员应参加施工交底会议和图纸会审，并在技术交底过程中解决图纸问题和施工中可能遇到的问题，应了解特殊施工工艺流程并提出结构设计的特殊要求和重大关注点。

4. 结构设计人员应了解施工测量的基本方法，误差的大致允许范围，有利于施工配合过程中发现问题。

5. 基础施工是结构设计人员应重点关注的内容，涉及深基坑支护（土钉墙、排桩、钢板桩、地下连续墙、逆作拱墙及悬臂支护结构、土层锚杆、水平内支撑、斜支撑、环梁支护等锚拉及内撑体系）及其监测、基坑降水、大体积混凝土施工，桩的试验及监测等诸多问题。

6. 结构设计人员应了解垂直运输的基本设置要求及对结构的相关要求，如塔式起重机与主体结构附着点的主要技术要求，当楼内设置起重机时，对基础及其相关结构的影响问题，设置施工电梯的技术要求等。

7. 结构设计人员应了解脚手架的合理形式（落地脚手架、附着式升降脚手架、悬挑脚手架等），了解高支模的可能性问题，分段搭设脚手架的高度等。

8. 结构设计人员应了解施工过程中可能跑模胀模的关键部位和基本原因，模板的选型、定性模板的类型和适用范围，爬模施工的基本原理，悬挑结构及冬季施工混凝土的拆模时间等。

9. 结构设计人员应了解钢筋加工（盘圆钢筋的调直方法、弯钩设置等）的基本方法，钢筋连接（搭接、机械连接、焊接）的基本要求，压型钢板-混凝土混合楼板、钢筋桁架模板系统等。

10. 结构设计人员应了解混凝土施工、养护的基本方法及要求，混凝土构件的大致允许误差范围，梁板、柱、墙混凝土强度不同时的分隔措施，混凝土施工缝的留设等。了解大体积混凝土施工的基本方法及其关键控制流程，可采用的主要施工措施，大体积混凝土的内外温度控制要求等。

11. 混合结构施工工序多，配合要求高，结构设计人员应了解混合结构施工的基本方法，核心筒先于钢框架（或型钢混凝土框架）的层数限值，混凝土浇筑的最大高度，免振混凝土的施工要求，型钢构件的气孔设置要求等。

12. 对复杂结构，结构设计人员应了解其特殊的施工方法，提出结构关键部位的设计要求，判别施工做法与结构分析计算模型是否一致等。

13. 结构设计人员应关注施工安全，当遇有特殊情况（如恶劣气象条件、基坑支护发生异常等）时，应及时提醒施工单位采取应急措施，确保工程安全。结构设计人员还应有环保意识，了解施工过程中的有害物质情况、基坑降水的排放情况等，绿色施工，文明施工。

附 录 A

中 国 地 震 局 文 件

（中震防发 [2009] 49 号）

关于学校、医院等人员密集场所建设
工程抗震设防要求确定原则的通知

各省、自治区、直辖市地震局，国务院各部委和直属机构防震减灾工作管理部门，新疆生产建设兵团地震局：

修订的《中华人民共和国防震减灾法》（以下简称《防震减灾法》）将于 2009 年 5 月 1 日正式施行。《防震减灾法》对新建、改建、扩建一般建设工程中的学校、医院等人员密集场所建设工程的抗震设防要求作出了特别规定，为保证该项法律制度的有效实施，在广泛调研和咨询论证的基础上，中国地震局依法确立了学校、医院等人员密集场所建设工程抗震设防要求的确定原则。现将有关要求通知如下：

一、合理提高抗震设防要求，是保证学校、医院等人员密集场所建设工程具备足够抗震能力的重要措施

学校、医院等人员密集场所建设工程一旦遭遇地震破坏，将会造成严重的人员伤亡；同时，在抗震救灾中，医院承担着救死扶伤的重要职责，学校可作为应急避险安置的重要场所。党中央、国务院高度重视学校等人员密集场所的地震安全，明确要求把学校建成最安全、家长最放心的地方。做好学校、医院等人员密集场所建设工程的抗震设防是落实科学发展观、坚持以人为本的具体体现。

抗震设防要求贯穿建设工程抗震设防的全过程，直接关系建设工程抗御地震的能力，合理提高学校、医院等人员密集场所建设工程的抗震设防要求，是保证建设工程具备抗御地震灾害能力的重要措施。

二、学校、医院等人员密集场所建设工程抗震设防要求的确定原则

为了保证学校、医院等人员密集场所建设工程具备足够的抗御地震灾害的能力，按照《防震减灾法》防御和减轻地震灾害，保护人民生命和财产安全，促进经济社会可持续发展的总体要求，综合考虑我国地震灾害背景、国家经济承受能力和要达到的安全目标等因素，参照国内外相关标准，以国家标准《中国地震动参数区划图》为基础，适当提高地震动峰值加速度取值，特征周期分区值不作调整，作为此类建设工程的抗震设防要求。

学校、医院等人员密集场所建设工程的主要建筑应按上述原则提高地震动峰值加速度取值。其中，学校主要建筑包括幼儿园、小学、中学的教学用房以及学生宿舍和食堂，医院主要建筑包括门诊、医技、住院等用房。

提高地震动峰值加速度取值应按照以下要求：

位于地震动峰值加速度小于 0.05g 分区的，地震动峰值加速度提高至 0.05g；

位于地震动峰值加速度 $0.05g$ 分区的，地震动峰值加速度提高至 $0.10g$；

位于地震动峰值加速度 $0.10g$ 分区的，地震动峰值加速度提高至 $0.15g$；

位于地震动峰值加速度 $0.15g$ 分区的，地震动峰值加速度提高至 $0.20g$；

位于地震动峰值加速度 $0.20g$ 分区的，地震动峰值加速度提高至 $0.30g$；

位于地震动峰值加速度 $0.30g$ 分区的，地震动峰值加速度提高至 $0.40g$；

位于地震动峰值加速度大于等于 $0.40g$ 分区的，地震动峰值加速度不作调整。

建设、设计、施工、监理单位应按照《防震减灾法》的要求，各负其责，将抗震设防要求落到实处；各有关部门应当按照职责分工，加强对抗震设防要求落实情况的监督检查，切实保证学校、医院等人员密集公共场所建设工程达到抗震设防要求。

中国地震局

二〇〇九年四月二十二日

附 录 B

国务院办公厅文件

(国办发〔2009〕34号)

国务院办公厅关于印发全国中小学
校舍安全工程实施方案的通知

各省、自治区、直辖市人民政府，国务院各部门、各直属机构：

《全国中小学校舍安全工程实施方案》已经国务院同意，现印发给你们，请认真贯彻执行。

校舍安全直接关系广大师生的生命安全，关系社会和谐稳定。国务院决定实施全国中小学校舍安全工程。要突出重点，分步实施，经过一段时间的努力，将学校建成最安全、家长最放心的地方。各级政府和各有关部门要充分认识实施这项工程的重大意义，切实加强组织领导，建立高效的工作机制，扎实推进工程实施。要借鉴1976年唐山地震后实施的建筑设施抗震加固、近年来一些地区实施抗震安居工程、提高综合防灾能力的经验，发挥专业部门技术支撑优势，科学制订校舍安全标准，深入细致进行校舍排查鉴定，依法依规拟定工程规划和具体实施方案，精心做好技术指导，严格落实施工管理和监管责任，确保工程质量。各地要加大投入力度，列入财政预算，确保资金及时到位，规范资金管理，确保资金使用效益，防止学校出现新的债务。要加强宣传引导，营造工程实施的良好社会氛围。各级政府和各有关部门要切实履行职责，真正把校舍安全工程建成"阳光工程"、"放心工程"。

中华人民共和国国务院办公厅
二○○八年四月八日

全国中小学校舍安全工程实施方案

为保证全国中小学校舍安全工程（以下简称校舍安全工程）顺利实施，保障师生生命安全，借鉴唐山地震后建筑设施抗震加固及近年来一些地区实施抗震安居工程、提高综合防灾能力的经验，特制定本方案。

一、背景和意义

2001年以来，国务院统一部署实施了农村中小学危房改造、西部地区农村寄宿制学校建设和中西部农村初中校舍改造等工程，提高了农村校舍质量，农村中小学校面貌有很大改善。但目前一些地区中小学校舍有相当部分达不到抗震设防和其他防灾要求，C级和D级危房仍较多存在；尤其是20世纪90年代以前和"普九"早期建设的校舍，问题更为突出；已经修缮改造的校舍，仍有一部分不符合抗震设防等防灾标准和设计规范。在全国范围实施中小学校舍安全工程，全面改善中小学校舍安全状况，直接关系广大师生的生命安全，关系社会和谐稳定。

二、目标和任务

在全国中小学校开展抗震加固、提高综合防灾能力建设，使学校校舍达到重点设防类抗震设防标准，并符合对山体滑坡、崩塌、泥石流、地面塌陷和洪水、台风、火灾、雷击等灾害的防灾避险安全要求。

工程的主要任务是：从 2009 年开始，用三年时间，对地震重点监视防御区、七度以上地震高烈度区、洪涝灾害易发地区、山体滑坡和泥石流等地质灾害易发地区的各级各类城乡中小学存在安全隐患的校舍进行抗震加固、迁移避险，提高综合防灾能力。其他地区，按抗震加固、综合防灾的要求，集中重建整体出现险情的 D 级危房、改造加固局部出现险情的 C 级校舍，消除安全隐患。

三、工程实施范围和主要环节

校舍安全工程覆盖全国城市和农村、公立和民办、教育系统和非教育系统的所有中小学。

（一）对中小学校舍进行全面排查鉴定。各地人民政府组织对本行政区域内各级各类中小学现有校舍（不含在建项目）进行逐栋排查，按照抗震设防和有关防灾要求，形成对每一座建筑的鉴定报告，建立校舍安全档案。2008 年 5 月以后已经排查并形成鉴定报告的校舍，可不再重新鉴定。

（二）科学制定校舍安全工程实施规划和方案。根据排查、鉴定结果，结合中小学布局结构调整和正在实施的农村寄宿制学校建设、中西部农村初中校舍改造等专项工程，科学制定校舍安全工作总体规划和具体的实施计划与方案。

（三）区别情况，分类、分步实施校舍安全工程。对通过维修加固可以达到抗震设防标准的校舍，按照重点设防类抗震设防标准改造加固；对经鉴定不符合要求、不具备维修加固条件的校舍，按重点设防类抗震设防标准和建设工程强制性标准重建；对严重地质灾害易发地区的校舍进行地质灾害危险性评估并实行避险迁移；对根据学校布局规划确应废弃的危房校舍可不再改造，但必须确保拆除，不再使用；完善校舍防火、防雷等综合防灾标准，并严格执行。

新建校舍必须按照重点设防类抗震设防标准进行建设，校址选择应符合工程建设强制性标准和国家有关部门发布的《汶川地震灾后重建学校规划建筑设计导则》规定，并避开有隐患的淤地坝、蓄水池、尾矿库、储灰库等建筑物下游易致灾区。

四、工作机制

校舍安全工程实行国务院统一领导，省级政府统一组织，市、县级政府负责实施，充分发挥专业部门作用的领导和管理体制。

国务院成立全国中小学校舍安全工程领导小组，统一领导和部署校舍安全工程。发展改革、教育、公安（消防）、监察、财政、国土资源、住房城乡建设、水利、审计、安全监管、地震等部门参加领导小组。

领导小组办公室设在教育部，由领导小组部分成员单位派员组成，集中办公。办公室设若干专业组，由有关部门司局级干部担任组长，具体负责：组织拟订校舍安全工程的工作目标、政策；按照目标管理的要求，整合与冲小学校舍安全有关的各项工程及资金渠道，统筹提出中央资金安排方案；结合抗震设防和综合防灾要求，综合衔接选址避险、建筑防火等各种防灾标准，组织制订校舍安全技术标准、建设规范和排查鉴定、加固改造工作指南；明确有关部门在校舍安全工程中的职责，将中小学校舍建设按照基本建设程序和工程建设程序管理；制订和检查校舍安全工程实施进度；设立举报电话，协调查处重点案件；协调各地各部门支持重点地区的校舍安全工程，协调处理跨地区跨部门重要事项；编发简报，推广先进经验，报告工作进展。

各省（区、市）成立中小学校舍安全工程领导小组，统一组织和协调本地区校舍安全工程的实施，并在相关部门设立办公室。办公室负责制订并组织落实工程规划、实施方案和配套政策，统筹安排工程资金，组织编制和审定各市、县校舍加固改造、避险迁移和综合防灾方案；落实对校舍改造建设收费有关减免政策；按照项目管理的要求，监督检查工程质量和进度。

省级人民政府要组织国土资源、住房城乡建设、水利、地震等部门为本行政区域内各市县提供地震重点监视防御区、七度以上地震高烈度区及地震断裂带和地震多发区、洪涝灾害易发区及其他地质灾害分布情况，提出安全性评估和建议。市县专业力量不足的，省级政府要组织勘察设计单位、检测鉴定机构和技术专家，帮助市县进行校舍地质勘察和建筑检测鉴定。

市、县级人民政府负责校舍安全工程的具体实施，对本地的校舍安全负总责，主要负责人负直接责任。要在上级政府和有关部门的指导下，统一组织对校舍的逐栋排查和检测鉴定，审核每一栋校舍的加固改造、避险迁移和综合防灾方案，具体组织工程实施，落实施工管理和监管责任，按进度、按标准组织验收，建立健全所有中小学校、所有校舍的安全档案。市级人民政府要统筹协调本地区各县勘察鉴定和设计、施工、监理力量，加强组织调度，规范工程实施，严格工程质量安全管理。

五、资金安排和管理

资金安排实行省级统筹，市县负责，中央财政补助。中央在整合目前与中小学校舍安全有关的资金基础上，2009 年新增专项资金 80 亿元，重点支持中西部地震重点监视防御区及其他地质灾害易发区，具体办法由全国中小学校舍安全工程领导小组研究制订。各省（区、市）工程资金由省级人民政府负责统筹安排。各地要切实加大对校舍安全工程的投入，列入财政预算，确保资金及时到位，防止学校出现新的债务。鼓励社会各界捐资捐物支持校舍安全工程。

民办、外资、企（事）业办中小学的校舍安全改造由投资方和本单位负责，当地政府给予指导、支持并实施监管。

四川、陕西、甘肃省地震灾区的校舍安全工程纳入当地灾后恢复重建规划，统一实施。

健全工程资金管理制度，工程资金实行分账核算，专款专用，不能顶替原有投入，更不得用于偿还过去拖欠的工程款和其他债务。资金拨付按照财政国库管理制度有关规定执行。杜绝挤占、挪用、克扣、截留、套取工程专款。保证按工程进度拨款，不得拖欠工程款。校舍安全工程建设执行《国务院办公厅转发教育部等部门关于进一步做好农村寄宿制学校建设工程实施工作若干意见的通知》（国办发〔2005〕44 号）有关减免行政事业性和经营服务性收费等优惠政策。

六、监督检查和责任追究

全国中小学校舍安全工程领导小组和地方各级人民政府要加强对工程建设的检查监督，对工程实施情况组织督查与评估。校舍安全工程全过程接受社会监督，技术标准、实施方案、工程进展和实施结果等向社会公布，所有项目公开招投标，建设和验收接受新闻媒体和社会监督。

建立健全校舍安全工程质量与资金管理责任追究制度。对发生因学校危房倒塌和其他因防范不力造成安全事故导致师生伤亡的地区，要依法追究当地政府主要负责人的责任。改造后的校舍如因选址不当或建筑质量问题遇灾垮塌致人伤亡，要依法追究校舍改造期间当地政府主要负责人的责任；建设、评估鉴定、勘察、设计、施工与工程监理单位及相关负责人员对项目依法承担责任。要对资金使用情况实行跟踪监督。对挤占、挪用、克扣、截留、套取工程专项资金、违规乱收费或减少本地政府投入以及疏于管理影响工程目标实现的，要依法追究相关负责人的责任。

附 录 C

住房和城乡建设部文件

（建质［2009］77 号）

关于切实做好全国中小学校舍安全工程
有关问题的通知

各省、自治区住房和城乡建设厅，直辖市、计划单列市建委及有关部门，新疆生产建设兵团建设局：

最近，国务院办公厅下发了《关于印发全国中小学校舍安全工程实施方案的通知》（国办发［2009］34 号），明确提出要突出重点，分步实施，经过一段时间的努力，将中小学校建成最安全、家长最放心的地方。各地住房和城乡建设主管部门要充分认识实施这项工程的重大意义，认真做好各项工作。现就有关问题通知如下：

一、高度重视校舍安全工程工作

校舍安全直接关系广大师生的生命安全，关系社会和谐稳定。实施校舍安全工程意义重大，影响深远。把中小学校舍建成最安全、最牢固、让人民群众最放心的建筑，住房和城乡建设系统有义不容辞的责任。住房和城乡建设系统广大干部职工，一定要从贯彻落实科学发展观的高度，从对党、对人民、对历史负责的高度，认真做好全国中小学校舍安全工程的各项工作。

二、严格程序标准，加强技术指导，强化监督检查，确保质量安全

确保质量安全是中小学校舍安全工程的核心。要严格执行工程建设程序和标准，加强技术指导，强化监督检查，确保中小学校舍安全工程质量和建筑施工安全。

（一）严格执行法定建设程序和工程建设标准

实施校舍安全工程要认真执行基本建设程序，严格执行工程建设程序，要坚持先勘察、后设计、再施工的原则，建设、鉴定、检测、勘察、设计、施工、监理等单位都必须严格执行《建筑法》、《城乡规划法》、《防震减灾法》、《建设工程质量管理条例》、《建设工程安全生产管理条例》等有关法律法规。要实行项目法人责任制、招投标制、工程监理制和合同管理制。鉴定、检测、勘察、设计、施工、监理等单位以及专业技术人员，应当具备相应的资质或资格。

实施校舍安全工程的建设单位和鉴定、检测、勘察、设计、施工、监理等各方责任主体，要严格遵守工程建设强制性标准，全面落实质量责任。施工图审查单位要严格按照工程建设强制性标准对校舍加固改造或新建施工图设计文件进行审查。

（二）积极做好技术指导和技术支持

各地住房和城乡建设主管部门要切实加强对本地区校舍排查鉴定、加固改造以及新建工程的技术指导和技术支持。要针对校舍建筑结构类型、当地工程地质条件和房屋加固改造工程的特点，积极开展对本地区工程技术人员和一线管理人员的培训和指导。要分别制定校舍排查鉴定、加固改造和新建工程的技术指导及技术培训的工作方案。特别要做好技术力量不足或边远落后地区的技术培训和技术指导工作。

（三）强化工程质量安全监督检查

各地住房和城乡建设主管部门及其委托的工程质量安全监督机构，要把校舍安全工程作为本地区工程质量安全监督的重点，加大监督检查力度，督促各方责任主体认真履行职责。要制定具体质量安全工作方案，建立有效工作机制，依法加强对本地区校舍新建和加固工程各个环节建筑活动的监督管理。要切实加强对校舍新建和加固工程的建设、鉴定、检测、勘察、设计、施工、监理等各方主体执行法律法规和工程建设标准行为的监督管理，严肃查处违法违规行为。要督促相关单位认真做好施工安全工作，特别重视校舍加固改造时学校师生的安全，制定详细的教学区与施工区隔离等安全施工方案，确保师生绝对安全。

三、加强领导，落实责任

做好校舍安全工程，使命光荣，任务艰巨，责任重大，必须切实加强组织领导、落实责任。各地住房和城乡建设主管部门要把校舍安全工程作为当前和今后一个时期的一项重点工作，列入重要议事日程，按照当地人民政府的统一部署和安排，与当地教育、发展改革、财政、国土资源、水利、地震等部门加强沟通和协作，加强住房和城乡建设系统内部的协调配合，精心组织，周密安排，加强人员配备，层层落实责任，把工作做细做实，真正把校舍安全工程建成"放心工程"、"安全工程"。

中华人民共和国住房和城乡建设部

二〇〇九年五月三日

附 录 D

山东省人民政府办公厅关于进一步加强房屋建筑和市政工程抗震设防工作的意见

（鲁政办发［2016］21号）

各市人民政府，各县（市、区）人民政府，省政府各部门、各直属机构，各大企业、各高等院校：

抗震防灾工作事关人民群众生命财产安全，做好工程建设抗震设防工作是防范和减轻地震灾害的有效措施。为进一步加强全省房屋建筑和市政工程抗震设防工作，经省政府同意，现提出以下意见：

一、把握抗震工作形势，找准薄弱环节

（一）认清抗震严峻形势。我省境内的郯庐断裂带、聊考断裂带及环渤海地震带都具有较强的历史地震背景，相关影响地区多次被列入国家地震危险区。新版《中国地震动参数区划图》中，我省有796个乡镇（街道）地震烈度有所提高，占全省乡镇（街道）总数的44％。全省28.7％的面积和48.3％的人口处于全国和省级地震重点监视防御区和地震重点监视防御城市，抗震防灾形势严峻。

（二）找准抗震薄弱环节。全省尚有大量农民自建房和城镇老旧房屋建筑未进行抗震设防或设防不足，地震安全隐患较多。据估算，全省城镇1980年前建设的房屋占5％，1980～1990年建设的房屋占16％，老旧房屋难以达到现行抗震设防标准；地震烈度提高区域的既有房屋建筑和市政工程项目抗震性能亟需提高；农村大多数自建房屋未采取抗震措施。新建工程量大面广，抗震设防涉及环节多、任务重。大多数城市抗震防灾规划需要编制或修编。抗震防灾信息化管理水平亟需提高。

二、推进规划编制，强化规划实施

（一）编制区域抗震规划，提升区域协防能力。结合《山东省城镇体系规划》《山东省新型城镇化规划》《山东半岛城市群规划》《济南都市圈规划》和国民经济发展规划等相关规划，组织编制《山东省抗震防灾综合防御体系规划》，重点突出山东半岛城市群经济社会发达地区和郯庐断裂带、聊考断裂带区域抗震防灾，力争2017年完成审批工作。

（二）编制城市抗震规划，提升综合防灾能力。要遵循因地制宜、统筹安排、突出重点、合理布局、全面预防的原则，以震情和震害预测数据为基础，并充分考虑人民群众生命和财产安全及经济社会发展、资源环境保护等需要，以城市总体规划为指导，严格按照《城市抗震防灾规划标准》GB 50413—2007规定的内容编制城市抗震防灾规划，并纳入城市总体规划一并实施。城市抗震防灾规划中的强制性内容，各类城市规划和建设活动均应严格遵照执行。各设区市和按新版《中国地震动参数区划图》地震烈度8度及以上设防的县（市），应在2018年之前完成规划编制任务；按新版《中国地震动参数区划图》地震烈度有所提高的8度以下县（市），应在2020年之前完成规划编制任务；其他县（市）应在

2022 年之前完成规划编制任务。

（三）明确规划管理权责，加强规划实施力度。省住房城乡建设部门负责全省城市抗震防灾规划和区域抗震防灾规划的综合管理工作。市、县级住房城乡建设部门牵头，会同城乡规划等有关部门组织编制本行政区域内的城市抗震防灾规划，并监督实施。

三、强化新建工程抗震设防，注重全过程监管

（一）科学优化选址。新建工程选址要符合城市抗震防灾规划等相关规划要求，并优先选择抗震有利地段，避让地震活动断裂带和地质灾害危险易发区段。各级、各有关部门要积极开展本地区软弱土、液化土层分布和崩塌、滑坡、采空区、地陷、地裂等地震地质灾害危险地段以及特殊地貌部位等抗震不利地段的调查研究工作，并将调查成果及时运用到新建工程选址中。

（二）严格规划把控。规划管理部门在核发建设项目规划选址意见书及用地规划许可证时，要认真审核建设场地的抗震适宜性和安全性，保障抗震设施的用地安排和建设要求，防止建设项目位于地震地质灾害危险区段。在核发建设工程规划许可证时，要对重要建（构）筑物、超高建（构）筑物及人员密集的文化教育、医疗卫生、体育娱乐、商业办公、交通站场等工程的外部通道及间距，是否满足抗震防灾安全要求进行严格审查，对承担抗震救灾功能的公共设施是否符合抗震防灾规划要求进行严格把关。

（三）强化勘察设计。勘察单位要确保工程勘察资料准确、可靠，对所提供的工程建设场地的水文地质、工程地质、场地抗震性能评价等成果资料负责。设计单位要严格按照现行抗震设防标准和设计规范进行设计，并对房屋建筑和市政工程的抗震设计负责。新建（改建、扩建）房屋建筑和市政工程设计方案应符合抗震概念设计要求，优先选用有利于抗震的结构体系和建筑材料，并不低于地震烈度 7 度进行抗震设防。

（四）加强审查把关。严格新建工程抗震设防审查制度，初步设计审查和施工图审查要严把抗震关，对达不到抗震设防要求的项目不予批准。政府投资的大中型建设工程项目初步设计文件应对抗震设防有关内容进行重点说明，并依法进行初步设计审查。超限建筑工程、学校、幼儿园、医院等建筑工程应当依法进行抗震设防专项审查，对城市功能、人民生活和生产活动有重大影响的市政公用设施，按照《市政公用设施抗灾设防管理规定》（住建部令第 1 号）要求进行抗震设防专项论证，其他工程可纳入施工图审查一并进行。新版《中国地震动参数区划图》实施后，地震动参数提高的区域，已经完成设计尚未进行施工图审查的，要根据新的地震动参数复核、修改设计方案，各施工图审查机构应按不低于新的抗震设防标准严格审查把关。

（五）严格施工管理。施工单位应严格按照经审查合格、符合抗震设防要求的施工图设计文件施工。监理单位应按抗震要求严格监理。质量监督机构应依法加强监督。验收单位要将抗震设防作为重要内容。凡达不到抗震设防标准的工程，不得办理竣工验收手续，不得交付使用。

（六）加强日常监管。各级主管部门要严格按照相关法律法规及国家工程建设标准，强化新建及改、扩建工程抗震设防管理工作，严禁降低抗震设防标准。严格执行国家法定建设程序，不断强化工程建设全过程、全生命周期的抗震设防监管。

（七）落实质量责任。切实落实工程建设各方责任主体的质量责任，强化质量责任追究，保证建设工程抗震设防措施达到标准要求，确保新建工程全部达到"小震不坏、中震可修、大震不倒"的抗震设防目标。

四、摸清抗震隐患，做好既有建筑抗震加固

（一）建立健全工程抗震加固制度。各级政府要加强对既有房屋建筑和市政工程抗震鉴定和抗震加固工作的组织领导，逐步建立以风险识别和管控为基础、鉴定加固强制和引导相结合、专项工作任务和长期机制相统一的既有建筑抗震防灾管理制度。

（二）强化重要工程抗震普查、鉴定与加固。各地要按照《国务院关于进一步加强防震减灾工作的意见》（国发〔2010〕18 号）要求，2018 年之前完成县级以上政府应急指挥机构场所、学校、医院、大型公共建筑和重要市政工程的抗震性能普查，并有计划地组织抗震鉴定和加固。

（三）做好一般工程抗震排查、鉴定与加固。各地要制定计划，将既有房屋建筑的抗震能力作为城市老旧危房安全性能普查的重要工作内容，2020 年之前完成未设防或抗震设防标准过低的老旧危房的排查和鉴定工作。一般房屋建筑工程由产权单位承担抗震鉴定、加固费用。产权单位应委托具有相应设计资质的单位按现行抗震设防标准进行抗震鉴定。经鉴定需加固的房屋建筑工程，应在县级以上住房城乡建设部门确定的期限内委托具有相应资质的设计、施工单位进行抗震加固设计与施工，并按国家规定办理相关手续，未加固前应限制使用。

五、抓好农房抗震，明确监管责任

（一）加强农房抗震安全监管。严格落实建设工程质量安全管理法规，认真执行《山东省人民政府办公厅关于进一步加强农村民居地震安全工作的意见》（鲁政办字〔2014〕149 号）、《镇（乡）村建筑抗震技术规程》JGJ 161 等规定。加强农房建设管理和抗震技术服务，严格执行乡村建设规划许可制度，将所有农房集中建设改造项目纳入工程建设程序，由县级以上住房城乡建设部门实施全过程监管。乡镇政府（街道办事处）负责农民自建房的抗震安全监管工作，具体工作可以由其所属的乡村规划建设监督管理机构承担，建立农房建设开工信息报告制度，每个行政村（居）应配备信息员，加强农房建设的选址、设计、施工、监督等方面的管理，切实提高农房建设的抗震设防水平。

（二）推进抗震技术下乡。加大农房建设抗震防灾宣传教育和技术指导。积极促进《山东省农村民居建筑抗震技术导则》的推广应用，全省新建农房应按照不低于地震烈度 7 度进行抗震设防，通过增加构造柱、圈梁设置，加强房屋构件拉结，减轻屋盖重量等抗震措施，提高农房抗震性能。以政府购买服务的方式向农民免费提供经济实用、地域特色的抗震民居设计图纸，切实提高农村民居的建设质量。

（三）开展农房抗震加固改造。通过抗震知识宣传、技术指导、财政补贴等方式推动农民自建房抗震加固工作。根据各地农民经济状况，对符合条件的贫困户危房抗震加固改造实施相应的财政补贴政策。完善农民自建房抗震加固管理制度，制定加固标准，由农户自建，县级住房城乡建设、地震部门及乡镇政府（街道办事处）应加强技术指导和监督，抗震达标后，对符合条件的兑现财政补贴，力争 2025 年全省基本实现抗震农房全覆盖。

六、夯实工作基础，促进科技创新

（一）做好工程抗震设防基础工作。各有关部门应结合我省工程建设抗震设防工作需要，及时组织编制或修编抗震技术地方规范、标准。地震部门应在国家颁布的地震动参数区划图的基础上，加大对地震活动断层探测、大震危险源探查与识别的工作力度，尽快完成对城市和部分中心城镇的地震小区划工作，为工程抗震设防提供科学依据。

（二）加强工程抗震科研与推广应用。各有关部门要加大科研开发力度，积极推进建设工程抗震防灾科技创新和应用。重点开展抗震、隔震、减震等新技术、新产品、新工艺的开发研究，并严格按照《住房城乡建设部关于房屋建筑工程推广应用减隔震技术的若干意见》（建质〔2014〕25号）和省有关要求，积极推广应用。在文化体育、教育医疗等公共建筑、工业建筑和市政基础设施中积极采用钢结构；积极发展钢结构住宅。加强装配式建筑、既有建筑节能改造等项目的抗震性能研究，全面提高建设工程抗震能力。

（三）完善抗震防灾信息化建设。鼓励支持采用遥感、地理信息系统等技术开展抗震普查和规划编制工作，完善抗震基础数据库和管理信息系统建设。借力数字城市和智慧城市建设，完善抗震决策支持系统建设，提高抗震管理和决策信息化水平。

七、做好应急准备，提高救灾能力

（一）完善地震应急预案，强化实际演练。按照《山东地震应急预案》《山东省建设系统破坏性地震应急预案》等要求，认真组织实施地震应急救援实际演练工作，确保地震应急工作迅速、高效，最大限度地减轻灾区人民生命财产损失。在日常维护抢修队伍基础上，进一步加强市政道桥、给排水、燃气、热力等市政工程的抢修抢通紧急修复队伍建设。

（二）完善地震应急评估，加强专家储备。加快制定我省震后房屋建筑安全应急评估技术指南，建立省、市、县三级震后房屋建筑安全应急评估专家队伍，确保在破坏性地震发生后1～2周内，对震后房屋建筑的破坏程度进行快速、准确的判定，为抗震救灾和灾后重建奠定坚实的基础。

八、加强组织领导，强化责任落实

（一）加强机制建设，落实工作责任。建立山东省房屋建筑和市政工程抗震设防工作协调机制。各市、县（市、区）应安排专人负责，并建立相应工作机制。省住房城乡建设部门负责全省房屋建筑和市政工程抗震设防的监督管理工作。各市、县级住房城乡建设部门负责本行政区域内房屋建筑和市政工程抗震设防的监督管理工作。各级地震、规划、发展改革、财政、国土资源、民政、经济和信息化、市政公用、交通运输、电力、通信等部门要根据各自职责，协调配合，共同做好房屋建筑和市政工程建设抗震设防的管理工作。

（二）加强抗震宣传，普及防灾知识。要进一步加强防灾减灾知识宣传和普及教育，贯彻落实《山东省防灾减灾知识普及办法》（省政府令第289号），大力宣传抗震防灾工作。进一步加强中小学防震减灾科普教育，广泛普及抗震防灾知识，营造全民参与防震减灾活动的良好氛围，全面提高全民的抗震防灾意识、紧急避险和应急自救互救能力。积极开展各级领导干部和管理人员的抗震防灾和应急管理培训，加强各类工程技术人员的业务培训，提高执行抗震设防标准的自觉性、积极性和主动性。

（三）加强组织统筹，完善工作措施。加强建设工程抗震设防立法和执法工作。各级要继续加大对抗震防灾的资金支持力度，并加强绩效考核，确保高效使用。建立抗震防灾工作督导机制，重点加强对财政资金支持项目和重大工程、重点工程的抗震设防工作的定期督导检查。各地、各部门要以高度的责任感和紧迫感，坚持以人为本、生命至上的原则，把做好房屋建筑和市政工程抗震设防工作作为政府的一项重要工作，列入本级政府和部门的重要议事日程，做到思想重视、组织有力、责任明确，使各项抗震防灾工作落到实处、见到成效。

山东省人民政府办公厅

2016 年 5 月 25 日

抄送：省委各部门，省人大常委会办公厅，省政协办公厅，省法院，省检察院。各民主党派省委。

山东省人民政府办公厅 2016 年 5 月 27 日印发

附 录 E

关于学校医院等人员密集场所抗震设防的复函

（建标标函 [2009] 50 号）

北京市规划委员会：

你委《关于加强学校、医院等人员密集场所建设工程抗震设防要求有关问题的函》（市规函 [2009] 801 号）收悉。经研究，答复意见如下：

一、根据《建筑法》、《防震减灾法》、《建设工程质量管理条例》、《汶川地震灾后恢复重建条例》等规定，以及国务院办公厅《关于印发全国中小学校安全工程实施方案的通知》（国办发 [2009] 34 号）的要求，学校、医院等人员密集场所建设工程应当执行工程建设标准。

二、现行的《建筑工程抗震设防分类标准》、《建筑抗震设计规范》贯彻了《防震减灾法》第三十五条的规定，要求"学校、医院等人员密集场所建设工程"应按"高于当地房屋建筑的抗震设防要求进行设计和施工"，即抗震设防要求不低于重点设防类，并给出了相应的定量要求，以及如何达到这些要求的技术措施，是学校、医院等人员密集场所建设工程实现抗震设防目标的技术依据。

中华人民共和国住房和城乡建设部标准定额司

二〇〇九年六月二十九日

附　录　F

超限高层建筑工程抗震设防专项审查技术要点

（建质〔2015〕67号）

第一章　总　　则

第一条　为进一步做好超限高层建筑工程抗震设防专项审查工作，确保审查质量，根据《超限高层建筑工程抗震设防管理规定》（建设部令第111号），制定本技术要点。

第二条　本技术要点所指超限高层建筑工程包括：

（一）高度超限工程：指房屋高度超过规定，包括超过《建筑抗震设计规范》（以下简称《抗震规范》）第6章钢筋混凝土结构和第8章钢结构最大适用高度，超过《高层建筑混凝土结构技术规程》（以下简称《高层混凝土结构规程》）第7章中有较多短肢墙的剪力墙结构、第10章中错层结构和第11章混合结构最大适用高度的高层建筑工程。

（二）规则性超限工程：指房屋高度不超过规定，但建筑结构布置属于《抗震规范》、《高层混凝土结构规程》规定的特别不规则的高层建筑工程。

（三）屋盖超限工程：指屋盖的跨度、长度或结构形式超出《抗震规范》第10章及《空间网格结构技术规程》、《索结构技术规程》等空间结构规程规定的大型公共建筑工程（不含骨架支承式膜结构和空气支承膜结构）。

超限高层建筑工程具体范围详见附件1。

第三条　本技术要点第二条规定的超限高层建筑工程，属于下列情况的，建议委托全国超限高层建筑工程抗震设防审查专家委员会进行抗震设防专项审查：

（一）高度超过《高层混凝土结构规程》B级高度的混凝土结构，高度超过《高层混凝土结构规程》第11章最大适用高度的混合结构；

（二）高度超过规定的错层结构，塔体显著不同的连体结构，同时具有转换层、加强层、错层、连体四种类型中三种的复杂结构，高度超过《抗震规范》规定且转换层位置超过《高层混凝土结构规程》规定层数的混凝土结构，高度超过《抗震规范》规定且水平和竖向均特别不规则的建筑结构；

（三）超过《抗震规范》第8章适用范围的钢结构；

（四）跨度或长度超过《抗震规范》第10章适用范围的大跨屋盖结构；

（五）其他各地认为审查难度较大的超限高层建筑工程。

第四条　对主体结构总高度超过350m的超限高层建筑工程的抗震设防专项审查，应满足以下要求：

（一）从严把握抗震设防的各项技术性指标；

（二）全国超限高层建筑工程抗震设防审查专家委员会进行的抗震设防专项审查，应会同工程所在地省级超限高层建筑工程抗震设防专家委员会共同开展，或在当地超限高层建筑工程抗震设防专家委员会工作的基础上开展。

第五条 建设单位申报抗震设防专项审查的申报材料应符合第二章的要求，专家组提出的专项审查意见应符合第六章的要求。

对于屋盖超限工程的抗震设防专项审查，除参照本技术要点第三章的相关内容外，按第五章执行。

审查结束后应及时将审查信息录入全国超限高层建筑数据库，审查信息包括超限高层建筑工程抗震设防专项审查申报表（附件2）、超限情况表（附件3）、超限高层建筑工程抗震设防专项审查情况表（附件4）和超限高层建筑工程结构设计质量控制信息表（附件5）。

第二章 申报材料的基本内容

第六条 建设单位申报抗震设防专项审查时，应提供以下资料：

（一）超限高层建筑工程抗震设防专项审查申报表和超限情况表（至少5份）；

（二）建筑结构工程超限设计的可行性论证报告（附件6，至少5份）；

（三）建设项目的岩土工程勘察报告；

（四）结构工程初步设计计算书（主要结果，至少5份）；

（五）初步设计文件（建筑和结构工程部分，至少5份）；

（六）当参考使用国外有关抗震设计标准、工程实例和震害资料及计算机程序时，应提供理由和相应的说明；

（七）进行模型抗震性能试验研究的结构工程，应提交抗震试验方案；

（八）进行风洞试验研究的结构工程，应提交风洞试验报告。

第七条 申报抗震设防专项审查时提供的资料，应符合下列具体要求：

（一）高层建筑工程超限设计可行性论证报告。应说明其超限的类型（对高度超限、规则性超限工程，如高度、转换层形式和位置、多塔、连体、错层、加强层、竖向不规则、平面不规则；对屋盖超限工程，如跨度、悬挑长度、结构单元总长度、屋盖结构形式与常用结构形式的不同、支座约束条件、下部支承结构的规则性等）和超限的程度，并提出有效控制安全的技术措施，包括抗震、抗风技术措施的适用性、可靠性，整体结构及其薄弱部位的加强措施，预期的性能目标，屋盖超限工程尚包括有效保证屋盖稳定性的技术措施。

（二）岩土工程勘察报告。应包括岩土特性参数、地基承载力、场地类别、液化评价、剪切波速测试成果及地基基础方案。当设计有要求时，应按规范规定提供结构工程时程分析所需的资料。

处于抗震不利地段时，应有相应的边坡稳定评价、断裂影响和地形影响等场地抗震性能评价内容。

（三）结构设计计算书。应包括软件名称和版本，力学模型，电算的原始参数（设防烈度和设计地震分组或基本加速度、所计入的单向或双向水平及竖向地震作用、周期折减系数、阻尼比、输入地震时程记录的时间、地震名、记录台站名称和加速度记录编号，风荷载、雪荷载和设计温差等），结构自振特性（周期，扭转周期比，对多塔、连体类和复杂屋盖含必要的振型），整体计算结果（对高度超限、规则性超限工程，含侧移、扭转位移比、楼层受剪承载力比、结构总重力荷载代表值和地震剪力系数、楼层刚度比、结构整体稳定、墙体（或筒体）和框架承担的地震作用分配等；对屋盖超限工程，含屋盖挠度和整体稳定、下部支承结构的水平位移和扭转位移比等），主要构件的轴压比、剪压比（钢结构构件、杆件为应力比）控制等。

对计算结果应进行分析。时程分析结果应与振型分解反应谱法计算结果进行比较。对多个软件的计算结果应加以比较，按规范的要求确认其合理、有效性。风控制时和屋盖超限工程应有风荷载效应与地震效应的比较。

（四）初步设计文件。设计深度深度应符合《建筑工程设计文件编制深度的规定》的要求，设计说明要有建筑安全等级、抗震设防分类、设防烈度、设计基本地震加速度、设计地震分组、结构的抗震等级等内容。

（五）提供抗震试验数据和研究成果。如有提供应有明确的适用范围和结论。

第三章 专项审查的控制条件

第八条 抗震设防专项审查的内容主要包括：

（一）建筑抗震设防依据；

（二）场地勘察成果及地基和基础的设计方案；

（三）建筑结构的抗震概念设计和性能目标；

（四）总体计算和关键部位计算的工程判断；

（五）结构薄弱部位的抗震措施；

（六）可能存在的影响结构安全的其他问题。

对于特殊体型（含屋盖）或风洞试验结果与荷载规范规定相差较大的风荷载取值，以及特殊超限高层建筑工程（规模大、高宽比大等）的隔震、减震设计，宜由相关专业的专家在抗震设防专项审查前进行专门论证。

第九条 抗震设防专项审查的重点是结构抗震安全性和预期的性能目标。为此，超限工程的抗震设计应符合下列最低要求：

（一）严格执行规范、规程的强制性条文，并注意系统掌握、全面理解其准确内涵和相关条文。

（二）对高度超限或规则性超限工程，不应同时具有转换层、加强层、错层、连体和多塔等五种类型中的四种及以上的复杂类型；当房屋高度在《高层混凝土结构规程》B 级高度范围内时，比较规则的应按《高层混凝土结构规程》执行，其余应针对其不规则项的多少、程度和薄弱部位，明确提出为达到安全而比现行规范、规程的规定更严格的具体抗震措施或预期性能目标；当房屋高度超过《高层混凝土结构规程》的 B 级高度以及房屋高度、平面和竖向规则性等三方面均不满足规定时，应提供达到预期性能目标的充分依据，如试验研究成果、所采用的抗震新技术和新措施以及不同结构体系的对比分析等的详细论证。

（三）对屋盖超限工程，应对关键杆件的长细比、应力比和整体稳定性控制等提出比现行规范、规程的规定更严格的、针对性的具体措施或预期性能目标；当屋盖形式特别复杂时，应提供达到预期性能目标的充分依据。

（四）在现有技术和经济条件下，当结构安全与建筑形体等方面出现矛盾时，应以安全为重；建筑方案（包括局部方案）设计应服从结构安全的需要。

第十条 对超高很多，以及结构体系特别复杂、结构类型（含屋盖形式）特殊的工程，当设计依据不足时，应选择整体结构模型、结构构件、部件或节点模型进行必要的抗震性能试验研究。

第四章 高度超限和规则性超限工程的专项审查内容

第十一条 关于建筑结构抗震概念设计：

（一）各种类型的结构应有其合适的使用高度、单位面积自重和墙体厚度。结构的总体刚度应适当（含两个主轴方向的刚度协调符合规范的要求），变形特征应合理；楼层最大层间位移和扭转位移比符合规范、规程的要求。

（二）应明确多道防线的要求。框架与墙体、筒体共同抗侧力的各类结构中，框架部分地震剪力的调整宜依据其超限程度比规范的规定适当增加；超高的框架－核心筒结构，其混凝土内筒和外框之间的刚度宜有一个合适的比例，框架部分计算分配的楼层地震剪力，除底部个别楼层、加强层及其相邻上下层外，多数不低于基底剪力的 8% 且最大值不宜低于 10%，最小值不宜低于 5%。主要抗侧力构件中沿全高不开洞的单肢墙，应针对其延性不足采取相应措施。

（三）超高时应从严掌握建筑结构规则性的要求，明确竖向不规则和水平向不规则的程度，应注意楼板局部开大洞导致较多数量的长短柱共用和细腰形平面可能造成的不利影响，避免过大的地震扭转效应。对不规则建筑的抗震设计要求，可依据抗震设防烈度和高度的不同有所区别。

主楼与裙房间设置防震缝时，缝宽应适当加大或采取其他措施。

（四）应避免软弱层和薄弱层出现在同一楼层。

（五）转换层应严格控制上下刚度比；墙体通过次梁转换和柱顶墙体开洞，应有针对性的加强措施。水平加强层的设置数量、位置、结构形式，应认真分析比较；伸臂的构件内力计算宜采用弹性膜楼板假定，上下弦杆应贯通核心筒的墙体，墙体在伸臂斜腹杆的节点处应采取措施避免应力集中导致破坏。

（六）多塔、连体、错层等复杂体型的结构，应尽量减少不规则的类型和不规则的程度；应注意分析局部区域或沿某个地震作用方向上可能存在的问题，分别采取相应加强措施。对复杂的连体结构，宜根据工程具体情况（包括施工），确定是否补充不同工况下各单塔结构的验算。

（七）当几部分结构的连接薄弱时，应考虑连接部位各构件的实际构造和连接的可靠程度，必要时可取结构整体模型和分开模型计算的不利情况，或要求某部分结构在设防烈度下保持弹性工作状态。

（八）注意加强楼板的整体性，避免楼板的削弱部位在大震下受剪破坏；当楼板开洞较大时，宜进行截面受剪承载力验算。

（九）出屋面结构和装饰构架自身较高或体型相对复杂时，应参与整体结构分析，材料不同时还需适当考虑阻尼比不同的影响，应特别加强其与主体结构的连接部位。

（十）高宽比较大时，应注意复核地震下地基基础的承载力和稳定。

（十一）应合理确定结构的嵌固部位。

第十二条　关于结构抗震性能目标：

（一）根据结构超限情况、震后损失、修复难易程度和大震不倒等确定抗震性能目标。即在预期水准（如中震、大震或某些重现期的地震）的地震作用下结构、部位或结构构件的承载力、变形、损坏程度及延性的要求。

（二）选择预期水准的地震作用设计参数时，中震和大震可按规范的设计参数采用，当安评的小震加速度峰值大于规范规定较多时，宜按小震加速度放大倍数进行调整。

（三）结构提高抗震承载力目标举例：水平转换构件在大震下受弯、受剪极限承载力复核。竖向构件和关键部位构件在中震下偏压、偏拉、受剪屈服承载力复核，同时受剪截面满足大震下的截面控制条件。竖向构件和关键部位构件中震下偏压、偏拉、受剪承载力设计值复核。

（四）确定所需的延性构造等级。中震时出现小偏心受拉的混凝土构件应采用《高层混凝土结构规程》中规定的特一级构造。中震时双向水平地震下墙肢全截面由轴向力产生的平均名义拉应力超过混凝土抗拉强度标准值时宜设置型钢承担拉力，且平均名义拉应力不宜超过两倍混凝土抗拉强度标准值（可按弹性模量换算考虑型钢和钢板的作用），全截面型钢和钢板的含钢率超过 2.5％时可按比例适当放松。

（五）按抗震性能目标论证抗震措施（如内力增大系数、配筋率、配箍率和含钢率）的合理可行性。

第十三条　关于结构计算分析模型和计算结果：

（一）正确判断计算结果的合理性和可靠性，注意计算假定与实际受力的差异（包括刚性板、弹性膜、分块刚性板的区别），通过结构各部分受力分布的变化，以及最大层间位移的位置和分布特征，判断结构受力特征的不利情况。

（二）结构总地震剪力以及各层的地震剪力与其以上各层总重力荷载代表值的比值，应符合抗震规范的要求，Ⅲ、Ⅳ类场地时尚宜适当增加。当结构底部计算的总地震剪力偏小需调整时，其以上各层的剪力、位移也均应适当调整。

基本周期大于 6s 的结构，计算的底部剪力系数比规定值低 20％以内，基本周期 3.5～5s 的结构比规定值低 15％以内，即可采用规范关于剪力系数最小值的规定进行设计。基本周期在 5～6s 的结构可以插值采用。

6 度（0.05g）设防且基本周期大于 5s 的结构，当计算的底部剪力系数比规定值低但按底部剪力系数 0.8％换算的层间位移满足规范要求时，即可采用规范关于剪力系数最小值的规定进行抗震承载力验算。

（三）结构时程分析的嵌固端应与反应谱分析一致，所用的水平、竖向地震时程曲线应符合规范要求，持续时间一般不小于结构基本周期的 5 倍（即结构屋面对应于基本周期的位移反应不少于 5 次往复）；弹性时程分析的结果也应符合规范的要求，即采用三组时程时宜取包络值，采用七组时程时可取平均值。

（四）软弱层地震剪力和不落地构件传给水平转换构件的地震内力的调整系数取值，应依据超限的具体情况大于规范的规定值；楼层刚度比值的控制值仍需符合规范的要求。

（五）上部墙体开设边门洞等的水平转换构件，应根据具体情况加强；必要时，宜采用重力荷载下不考虑墙体共同工作的手算复核。

（六）跨度大于 24m 的连体计算竖向地震作用时，宜参照竖向时程分析结果确定。

（七）对于结构的弹塑性分析，高度超过 200m 或扭转效应明显的结构应采用动力弹塑性分析；高度超过 300m 应做两个独立的动力弹塑性分析。计算应以构件的实际承载力为基础，着重于发现薄弱部位和提出相应加强措施。

（八）必要时（如特别复杂的结构、高度超过 200m 的混合结构、静载下构件竖向压缩变形差异较大的结构等），应有重力荷载下的结构施工模拟分析，当施工方案与施工模拟计算分析不同时，应重新调整相应的计算。

（九）当计算结果有明显疑问时，应另行专项复核。

第十四条　关于结构抗震加强措施：

（一）对抗震等级、内力调整、轴压比、剪压比、钢材的材质选取等方面的加强，应根据烈度、超限程度和构件在结构中所处部位及其破坏影响的不同，区别对待、综合考虑。

（二）根据结构的实际情况，采用增设芯柱、约束边缘构件、型钢混凝土或钢管混凝土构件，以及减震耗能部件等提高延性的措施。

（三）抗震薄弱部位应在承载力和细部构造两方面有相应的综合措施。

第十五条　关于岩土工程勘察成果：

（一）波速测试孔数量和布置应符合规范要求；测量数据的数量应符合规定；波速测试孔深度应满足覆盖层厚度确定的要求。

（二）液化判别孔和砂土、粉土层的标准贯入锤击数据以及黏粒含量分析的数量应符合要求；液化判别水位的确定应合理。

（三）场地类别划分、液化判别和液化等级评定应准确、可靠；脉动测试结果仅作为参考。

（四）覆盖层厚度、波速的确定应可靠，当处于不同场地类别的分界附近时，应要求用内插法确定计算地震作用的特征周期。

第十六条　关于地基和基础的设计方案：

（一）地基基础类型合理，地基持力层选择可靠。

（二）主楼和裙房设置沉降缝的利弊分析正确。

（三）建筑物总沉降量和差异沉降量控制在允许的范围内。

第十七条　关于试验研究成果和工程实例、震害经验：

（一）对按规定需进行抗震试验研究的项目，要明确试验模型与实际结构工程相似的程度以及试验结果可利用的部分。

（二）借鉴国外经验时，应区分抗震设计和非抗震设计，了解是否经过地震考验，并判断是否与该工程项目的具体条件相似。

（三）对超高很多或结构体系特别复杂、结构类型特殊的工程，宜要求进行实际结构工程的动力特性测试。

第五章　屋盖超限工程的专项审查内容

第十八条　关于结构体系和布置：

（一）应明确所采用的结构形式、受力特征和传力特性、下部支承条件的特点，以及具体的结构安全控制荷载和控制目标。

（二）对非常用的屋盖结构形式，应给出所采用的结构形式与常用结构形式的主要不同。

（三）对下部支承结构，其支承约束条件应与屋盖结构受力性能的要求相符。

（四）对桁架、拱架，张弦结构，应明确给出提供平面外稳定的结构支撑布置和构造要求。

第十九条 关于性能目标：

（一）应明确屋盖结构的关键杆件、关键节点和薄弱部位，提出保证结构承载力和稳定的具体措施，并详细论证其技术可行性。

（二）对关键节点、关键杆件及其支承部位（含相关的下部支承结构构件），应提出明确的性能目标。选择预期水准的地震作用设计参数时，中震和大震可仍按规范的设计参数采用。

（三）性能目标举例：关键杆件在大震下拉压极限承载力复核。关键杆件中震下拉压承载力设计值复核。支座环梁中震承载力设计值复核。下部支承部位的竖向构件在中震下屈服承载力复核，同时满足大震截面控制条件。连接和支座满足强连接弱构件的要求。

（四）应按抗震性能目标论证抗震措施（如杆件截面形式、壁厚、节点等）的合理可行性。

第二十条 关于结构计算分析：

（一）作用和作用效应组合：

设防烈度为 7 度（0.15g）及以上时，屋盖的竖向地震作用应参照整体结构时程分析结果确定。

屋盖结构的基本风压和基本雪压应按重现期 100 年采用；索结构、膜结构、长悬挑结构、跨度大于 120m 的空间网格结构及屋盖体型复杂时，风载体型系数和风振系数、屋面积雪（含融雪过程中的变化）分布系数，应比规范要求适当增大或通过风洞模型试验或数值模拟研究确定；屋盖坡度较大时尚宜考虑积雪融化可能产生的滑落冲击荷载。尚可依据当地气象资料考虑可能超出荷载规范的风荷载。天沟和内排水屋盖尚应考虑排水不畅引起的附加荷载。

温度作用应按合理的温差值确定。应分别考虑施工、合拢和使用三个不同时期各自的不利温差。

（二）计算模型和设计参数

采用新型构件或新型结构时，计算软件应准确反映构件受力和结构传力特征。计算模型应计入屋盖结构与下部支承结构的协同作用。屋盖结构与下部支承结构的主要连接部位的约束条件、构造应与计算模型相符。

整体结构计算分析时，应考虑下部支承结构与屋盖结构不同阻尼比的影响。若各支承结构单元动力特性不同且彼此连接薄弱，应采用整体模型与分开单独模型进行静载、地震、风荷载和温度作用下各部位相互影响的计算分析的比较，合理取值。

必要时应进行施工安装过程分析。地震作用及使用阶段的结构内力组合，应以施工全过程完成后的静载内力为初始状态。

超长结构（如结构总长度大于 300m）应按《抗震规范》的要求考虑行波效应的多点地震输入的分析比较。

对超大跨度（如跨度大于 150m）或特别复杂的结构，应进行罕遇地震下考虑几何和材料非线性的弹塑性分析。

（三）应力和变形

对索结构、整体张拉式膜结构、悬挑结构、跨度大于 120m 的空间网格结构、跨度大于 60m 的钢筋混凝土薄壳结构、应严格控制屋盖在静载和风、雪荷载共同作用下的应力和变形。

（四）稳定性分析

对单层网壳、厚度小于跨度 1/50 的双层网壳、拱（实腹式或格构式）、钢筋混凝土薄壳，应进行整体稳定验算；应合理选取结构的初始几何缺陷，并按几何非线性或同时考虑几何和材料非线性进行全过程整体稳定分析。钢筋混凝土薄壳尚应同时考虑混凝土的收缩、徐变对稳定性的影响。

第二十一条　关于屋盖结构构件的抗震措施：

（一）明确主要传力结构杆件，采取加强措施，并检查其刚度的连续性和均匀性。

（二）从严控制关键杆件应力比及稳定要求。在重力和中震组合下以及重力与风荷载、温度作用组合下，关键杆件的应力比控制应比规范的规定适当加严或达到预期性能目标。

（三）特殊连接构造应在罕遇地震下安全可靠，复杂节点应进行详细的有限元分析，必要时应进行试验验证。

（四）对某些复杂结构形式，应考虑个别关键构件失效导致屋盖整体连续倒塌的可能。

第二十二条　关于屋盖的支座、下部支承结构和地基基础：

（一）应严格控制屋盖结构支座由于地基不均匀沉降和下部支承结构变形（含竖向、水平和收缩徐变等）导致的差异沉降。

（二）应确保下部支承结构关键构件的抗震安全，不应先于屋盖破坏；当其不规则性属于超限专项审查范围时，应符合本技术要点的有关要求。

（三）应采取措施使屋盖支座的承载力和构造在罕遇地震下安全可靠，确保屋盖结构的地震作用直接、可靠传递到下部支承结构。当采用叠层橡胶隔震垫作为支座时，应考虑支座的实际刚度与阻尼比，并且应保证支座本身与连接在大震的承载力与位移条件。

（四）场地勘察和地基基础设计应符合本技术要点第十五条和第十六条的要求，对支座水平作用力较大的结构，应注意抗水平力基础的设计。

第六章　专项审查意见

第二十三条　抗震设防专项审查意见主要包括下列三方面内容：

（一）总评。对抗震设防标准、建筑体型规则性、结构体系、场地评价、构造措施、计算结果等作简要评定。

（二）问题。对影响结构抗震安全的问题，应进行讨论、研究，主要安全问题应写入书面审查意见中，并提出便于施工图设计文件审查机构审查的主要控制指标（含性能目标）。

（三）结论。分为"通过"、"修改"、"复审"三种。

审查结论"通过"，指抗震设防标准正确，抗震措施和性能设计目标基本符合要求；对专项审查所列举的问题和修改意见，勘察设计单位明确其落实方法。依法办理行政许可手续后，在施工图审查时由施工图审查机构检查落实情况。

审查结论"修改"，指抗震设防标准正确，建筑和结构的布置、计算和构造不尽合理、存在明显缺陷；对专项审查所列举的问题和修改意见，勘察设计单位落实后所能达到的具体指标尚需经原专项审查专家组再次检查。因此，补充修改后提出的书面报告需经原专项审查专家组确认已达到"通过"的要求，依法办理行政许可手续后，方可进行施工图设计并由施工图审查机构检查落实。

审查结论"复审"，指存在明显的抗震安全问题、不符合抗震设防要求、建筑和结构的工程方案均需大调整。修改后提出修改内容的详细报告，由建设单位按申报程序重新申报审查。

审查结论"通过"的工程，当工程项目有重大修改时，应按申报程序重新申报审查。

第二十四条 专项审查结束后，专家组应对质量控制情况和经济合理性进行评价，填写超限高层建筑工程结构设计质量控制信息表。

第七章 附　则

第二十五条 本技术要点由全国超限高层建筑工程抗震设防审查专家委员会办公室负责解释。

附件1

超限高层建筑工程主要范围参照简表

房屋高度（m）超过下列规定的高层建筑工程 表 1

结构类型		6 度	7 度 （0.1g）	7 度 （0.15g）	8 度 （0.20g）	8 度 （0.30g）	9 度
混凝土结构	框架	60	50	50	40	35	24
	框架－抗震墙	130	120	120	100	80	50
	抗震墙	140	120	120	100	80	60
	部分框支抗震墙	120	100	100	80	50	不应采用
	框架-核心筒	150	130	130	100	90	70
	筒中筒	180	150	150	120	100	80
	板柱-抗震墙	80	70	70	55	40	不应采用
	较多短肢墙	140	100	100	80	60	不应采用
	错层的抗震墙	140	80	80	60	60	不应采用
	错层的框架-抗震墙	130	80	80	60	60	不应采用
混合结构	钢框架-钢筋混凝土筒	200	160	160	120	100	70
	型钢（钢管）混凝土框架-钢筋混凝土筒	220	190	190	150	130	70
	钢外筒-钢筋混凝土内筒	260	210	210	160	140	80
	型钢（钢管）混凝土外筒-钢筋混凝土内筒	280	230	230	170	150	90

续表

结构类型		6 度	7 度 (0.1g)	7 度 (0.15g)	8 度 (0.20g)	8 度 (0.30g)	9 度
钢结构	框架	110	110	110	90	70	50
	框架-中心支撑	220	220	200	180	150	120
	框架-偏心支撑（延性墙板）	240	240	220	200	180	160
	各类筒体和巨型结构	300	300	280	260	240	180

注：平面和竖向均不规则（部分框支结构指框支层以上的楼层不规则），其高度应比表内数值降低至少 10%。

同时具有下列三项及三项以上不规则的高层建筑工程（不论高度是否大于表1）　　表2

序	不规则类型	简要含义	备注
1a	扭转不规则	考虑偶然偏心的扭转位移比大于 1.2	参见 GB 50011—3.4.3
1b	偏心布置	偏心率大于 0.15 或相邻层质心相差大于相应边长 15%	参见 JGJ 99—3.3.2
2a	凹凸不规则	平面凹凸尺寸大于相应边长 30% 等	参见 GB 50011—3.4.3
2b	组合平面	细腰形或角部重叠形	参见 JGJ 3—3.4.3
3	楼板不连续	有效宽度小于 50%，开洞面积大于 30%，错层大于梁高	参见 GB 50011—3.4.3
4a	刚度突变	相邻层刚度变化大于 70%（按高规考虑层高修正时，数值相应调整）或连续三层变化大于 80%	参见 GB 50011—3.4.3，JGJ 3—3.5.2
4b	尺寸突变	竖向构件收进位置高于结构高度 20% 且收进大于 25%，或外挑大于 10% 和 4m，多塔	参见 JGJ 3—3.5.5
5	构件间断	上下墙、柱、支撑不连续，含加强层、连体类	参见 GB 50011—3.4.3
6	承载力突变	相邻层受剪承载力变化大于 80%	参见 GB 50011—3.4.3
7	局部不规则	如局部的穿层柱、斜柱、夹层、个别构件错层或转换，或个别楼层扭转位移比略大于 1.2 等	已计入 1～6 项者除外

注：深凹进平面在凹口设置连梁，当连梁刚度较小不足以协调两侧的变形时，仍视为凹凸不规则，不按楼板不连续的开洞对待；序号 a、b 不重复计算不规则项；局部的不规则，视其位置、数量等对整个结构影响的大小判断是否计入不规则的一项。

具有下列 2 项或同时具有下表和表 2 中某项不规则的高层建筑工程（不论高度是否大于表1）

表3

序	不规则类型	简要含义	备注
1	扭转偏大	裙房以上的较多楼层考虑偶然偏心的扭转位移比大于 1.4	表二之 1 项不重复计算
2	抗扭刚度弱	扭转周期比大于 0.9，超过 A 级高度的结构扭转周期比大于 0.85	
3	层刚度偏小	本层侧向刚度小于相邻上层的 50%	表二之 4a 项不重复计算
4	塔楼偏置	单塔或多塔与大底盘的质心偏心距大于底盘相应边长 20%	表二之 4b 项不重复计算

具有下列某一项不规则的高层建筑工程（不论高度是否大于表1） 表 4

序	不规则类型	简要含义
1	高位转换	框支墙体的转换构件位置：7度超过5层，8度超过3层
2	厚板转换	7～9度设防的厚板转换结构
3	复杂连接	各部分层数、刚度、布置不同的错层，连体两端塔楼高度、体型或沿大底盘某个主轴方向的振动周期显著不同的结构
4	多重复杂	结构同时具有转换层、加强层、错层、连体和多塔等复杂类型的3种

注：仅前后错层或左右错层属于表2中的一项不规则，多数楼层同时前后、左右错层属于本表的复杂连接。

其他高层建筑工程 表 5

序	简称	简要含义
1	特殊类型高层建筑	抗震规范、高层混凝土结构规程和高层钢结构规程暂未列入的其他高层建筑结构，特殊形式的大型公共建筑及超长悬挑结构，特大跨度的连体结构等
2	大跨屋盖建筑	空间网格结构或索结构的跨度大于120m或悬挑长度大于40m，钢筋混凝土薄壳跨度大于60m，整体张拉式膜结构跨度大于60m，屋盖结构单元的长度大于300m，屋盖结构形式为常用空间结构形式的多重组合、杂交组合以及屋盖形体特别复杂的大型公共建筑

注：表中大型公共建筑的范围，可参见《建筑工程抗震设防分类标准》GB 50223。

说明：具体工程的界定遇到问题时，可从严考虑或向全国超限高层建筑工程审查专家委员会、工程所在地省超限高层建筑工程审查专家委员会咨询。

附件 2

超限高层建筑工程抗震设防专项审查申报表项目

超限高层建筑工程抗震设防专项审查申报表应包括以下内容：

一、基本情况。包括：建设单位，工程名称，建设地点，建筑面积，申报日期，勘察单位及资质，设计单位及资质，联系人和方式等。如有咨询论证，应提供相关信息。

二、抗震设防依据。包括：设防烈度或设计地震动参数，抗震设防分类；安全等级、抗震等级等；屋盖超限工程和风荷载控制工程尚包括相应的风荷载、雪荷载、温差等。

三、勘察报告基本数据。包括：场地类别，等效剪切波速和覆盖层厚度，液化判别，持力层名称和埋深，地基承载力和基础方案，不利地段评价，特殊的地基处理方法等。

四、基础设计概况。包括：基础类型，基础埋深，底板或筏板厚度，桩型、桩长和单桩承载力、承台的主要截面等。

五、建筑结构布置和选型。对高度超限和规则性超限工程包括：主屋面结构高度和层数，建筑高度，相连裙房高度和层数；防震缝设置；建筑平面和竖向的规则性；结构类型是否属于复杂类型等。对屋盖超限工程包括：屋盖结构形式；最大跨度，平面尺寸，屋顶高度；屋盖构件连接和支座形式；下部支承结构的类型、布置的规则性等。

六、结构分析主要结果。对高度超限和规则性超限工程包括：控制的作用组合；计算软件；总剪力和周期调整系数，结构总重力和地震剪力系数，竖向地震取值；纵横扭方向的基本周期；最大层位移角和位置、扭转位移比；框架柱、墙体最大轴压比；构件最大剪压比和钢结构应力比；楼层刚度比；框架部分承担的地震作用；时程法采用的地震波和数量，时程法与反应谱法主要结果比较；隔震支座的位移。对屋盖超限工程包括：控制工况和作用组合；计算软件和计算方法；屋盖挠度和支承结构水平位移；屋盖杆件最大应力比，屋盖主要竖向振动周期，支承结构主要水平振动周期；屋盖、整个结构总重力和地震剪力系数；支承构件轴压比、剪压比和应力比；薄壳、网壳和拱的稳定系数；时程法采用的地震波和数量，时程法与反应谱法主要结果比较等。

七、超限设计的抗震构造。包括：①材料强度，如结构构件的混凝土、钢材的最高和最低材料强度等级；②典型构件和关键构件的截面尺寸，如梁柱截面、墙体和筒体的厚度、型钢混凝土构件的截面形式、钢构件（或杆件）的截面形式和长细比、薄壳的截面厚度；③薄弱部位的构造，如短柱和穿层柱的分布范围，错层、连体、转换梁、转换桁架和加强层的主要构造，桁架、拱架、张弦构件的面外支撑设置；④关键连接构造，如钢结构杆件的节点形式、楼盖大梁或大跨屋盖与墙、柱的连接构造等。

八、需要附加说明的问题。包括：超限工程设计的主要加强措施，性能设计目标简述；有待解决的问题，试验方案与要求等。

制表人可根据工程项目的具体情况对以上内容进行增减。参考表样见表 6、表 7、表 8。

超限高层建筑工程初步设计抗震设防审查申报表（高度、规则性超限工程示例）　　**表 6**

编号：　　　　　　　　　　　　　　　　　　　　　　　　　申报时间：

工程名称		申报人联系方式	
建设单位		建筑面积	地上　　　万 m² 地下　　　万 m²
设计单位		设防烈度	度（　　g），设计　组
勘察单位		设防类别	类　　　安全等级
建设地点		房屋高度和层数	主结构　m（n＝　）建筑　　m 地下　m（n＝　）相连裙房　m
场地类别 液化判别	类，波速　　覆盖层 不液化□液化等级　液化处理	平面尺寸和规则性	长宽比
基础持力层	类型　　　　埋深 桩长（或底板厚度） 名称　　　承载力	竖向规则性	高宽比
结构类型		抗震等级	框架　　墙、筒 框支层　　加强层　　错层
计算软件		材料强度 （范围）	梁　　　柱 墙　　　楼板
计算参数	周期折减 楼面刚度（刚□弹□分段□） 地震方向　（单□ 双□ 斜□ 竖□）	梁截面	下部　　剪压比 标准层

地上总重 剪力系数 （％）	$G_E=$ 平均重力 $X=$ $Y=$		柱截面	下部 轴压比 中部 轴压比 顶部 轴压比
自振周期 （s）	X： Y： T：		墙厚	下部 轴压比 中部 轴压比 顶部 轴压比
最大层间位移角	$X=$ （n= ）对应扭转比 $Y=$ （n= ）对应扭转比		钢 梁 柱 支撑	截面形式 长细比 截面形式 长细比 截面形式 长细比
扭转位移比 （偏心5％）	$X=$ （n= ）对应位移角 $Y=$ （n= ）对应位移角		短柱 穿层柱	位置范围 剪压比 位置范围 穿层数
时程分析	波形 峰值	1 2 3	转换层 刚度比	位置n= 转换梁截面 X Y
	剪力 比较	$X=$ （底部），$X=$ （顶部） $Y=$ （底部），$Y=$ （顶部）	错层	满布 局部（位置范围） 错层高度 平层间距
	位移 比较	$X=$ （n= ） $Y=$ （n= ）	连体 （含连廊）	数量 支座高度 竖向地震系数 跨度
弹塑性位移角	$X=$ （n= ） $Y=$ （n= ）		加强层 刚度比	数量 位置 形式（梁□ 桁架□） X Y
框架承担的比例	倾覆力矩 $X=$ $Y=$ 总剪力 $X=$ $Y=$		多塔 上下偏心	数量 形式（等高□ 对称□ 大小不等□） X Y
控制作用	地震 □ 风荷载 □ 二者相当 □ 风荷载控制时增加：总风荷载 风倾覆力矩 风载最大层间位移			
超限设计 简要说明	（超限工程设计的主要加强措施，性能设计目标简述；有待解决的问题等等）			

超限高层建筑工程初步设计抗震设防审查申报表（屋盖超限工程示例） 表7

编号： 申报时间：

工程名称		申报人 联系方式	
建设单位		建筑面积	地上 万 m² 地下 万 m²
设计单位		设防烈度	度 （ g），设计 组
勘察单位		设防类别	类 安全等级
建设地点		风荷载	基本风压 地面粗糙度 体型系数 风振系数
场地类别液化判别	类，波速 覆盖层 不液化□ 液化等级 液化处理	雪荷载	基本雪压 积雪分布系数

478

续表

基础 持力层	类型 埋深 桩长（或底板厚度） 名称 承载力	温度	最高 最低 温升 温降
房屋高度 和层数	屋顶 m 支座 m（n= ）地下 m（n= ）	平面尺寸	总长 总宽 直径 跨度 悬挑长度
结构类型	屋盖： 支承结构	节点和支座 形 式	节点： 支座：
计算软件 分析模型	整体□ 上下协同□	材料强度 （范围）	屋盖 梁 柱 墙
计算参数	周期折减 阻尼比 地震方向 （单□ 双□ 竖□）	屋盖构件截面	关键 长细比 一般 长细比
地上总重 支承结构剪力系数 （%）	屋盖 G_E= 支承结构 G_E= X= Y=	屋盖杆件内力和 控制组合	关键 应力比 控制组合 一般 应力比 控制组合 支座反力 控制组合
自振周期 （s）	X： Y： Z： T：	屋盖整体稳定	考虑几何非线性 考虑几何和材料非线性
最大位移	屋盖挠度 支承结构水平位移 X= Y=	支承结构 抗震等级	规则性（平面□ 竖向□） 框架 墙、筒
最大层间位移	X= （n= ）对应扭转位移比 Y= （n= ）对应扭转位移比	梁截面	支承大梁 剪压比 其他框架梁 剪压比
时程分析 波形 峰值	1 2 3	柱截面	支承部位 轴压比 其他部位 轴压比
时程分析 剪力 比较	X= （支座），X= （底部） Y= （支座），Y= （底部）	墙厚	支承部位 轴压比 其他部位 轴压比
时程分析 位移 比较	屋盖挠度 支承结构水平位移 X= Y=	框架承担的比例	倾覆力矩 X= Y= 总剪力 X= Y=
超长时多点 输入比较	屋盖杆件应力： 下部构件内力：	短柱 穿层柱	位置范围 剪压比 位置范围 穿层数
支承结构 弹塑性位移角	X= （n= ） Y= （n= ）	错层	位置范围 错层高度
超限设计 简要说明	（超限工程设计的主要加强措施，性能设计目标简述；有待解决的问题等等）		

注：作用控制组合代号：1、恒＋活，2、恒＋活＋风，3、恒＋活＋温，4、恒＋活＋雪，5、恒＋活＋地＋风。

超限高层建筑工程结构设计咨询、论证信息表 表 8

				工程名称		工程代号	

	主持人		日期	

第一次
咨询专家	
主要意见	

第二次
主持人		日期	
咨询专家	
主要意见	

第三次
主持人		日期	
咨询专家	
主要意见	

附件3

超限高层建筑工程超限情况表

超限高层建筑工程超限情况表 表 9

工程名称	
基本结构体系	框架□ 剪力墙□ 框剪□ 核心筒-外框□ 筒中筒□ 局部框支墙□ 较多短肢墙□ 混凝土内筒-钢外框□ 混凝土内筒－型钢混凝土外框□ 巨型□ 错层结构□ 混凝土内筒-钢外筒□ 混凝土内筒－型钢混凝土外筒□ 钢框架□ 钢中心支撑框架□ 钢偏心支撑框架□ 钢筒体□ 大跨屋盖□ 其他□
超高情况	规范适用高度： 本工程结构高度：
平面不规则	扭转不规则□ 偏心布置□ 凹凸不规则□ 组合平面□ 楼板开大洞□ 错层□
竖向不规则	刚度突变□ 立面突变□ 多塔□ 构件间断□ 加强层□ 连体□ 承载力突变□
局部不规则	穿层墙柱□ 斜柱□ 夹层□ 层高突变□ 个别错层□ 个别转换□ 其他□
显著不规则	扭转比偏大□ 抗扭刚度弱□ 层刚度弱□ 塔楼偏置□ 墙高位转换□ 厚板转换□ 复杂连接□ 多重复杂□
屋盖超限情况	基本形式：立体桁架□ 平面桁架□ 实腹式拱□ 格构式拱□ 网架□ 双层网壳□ 单层网壳□ 整体张拉式膜结构□ 混凝土薄壳□ 单索□ 索网□ 索桁架□ 轮辐式索结构□ 一般组合：张弦拱架□ 张弦桁架□ 弦支穹顶□ 索穹顶□ 斜拉网架□ 斜拉网壳□ 斜拉桁架□ 组合网架□ 其他一般组合□ 非常用组合：多重组合□ 杂交组合□ 开启屋盖□ 其他□ 尺度：跨度超限□ 悬挑超限□ 总长度超限□ 一般□
超限归类	高度大于 350m□ 高度大于 200m□ 混凝土结构超 B 级高度□ 超规范高度□ 未超高但多项不规则□ 超高且不规则□ 其他□ 屋盖形式复杂□ 屋盖跨度超限□ 屋盖悬挑超限□ 屋盖总长度超限□
综合描述	（对超限程度的简要说明）

附件 4

超限高层建筑工程专项审查情况表

超限高层建筑工程专项审查情况表　　　　　　　　　　　　　表 10

工程名称			
审查 主持单位			
审查时间		审查地点	
审查专家组	姓名	职称	单位
组长			
副组长			
审查组成员 （按实际人数增减）			
专家组 审查 意见	（扫描件）		
审查结论	通过□　　　　　修改□　　　　　复审□		
主管部门给建设 单位的复函	（扫描件）		

附件 5

超限高层建筑结构设计质量控制信息表

超限高层建筑结构设计质量控制信息表（高度和规则性超限） 表 11

工程代号		评价
地上部分 重力控制	总重：　　　单位面积重力： （总高大于 350m 时）墙占：　柱占：　楼盖占：活载占：	一般□ 偏大□ 略偏小□
基　础	类型：　　底板埋深：　　埋深率：	一般□ 略偏小□
控制作用	风□　　　地震□　　二者相当□　上下不同□ 剪力系数计算值与规范最小值之比：	一般□ 异常□ 一般□ 偏大□ 略偏小□
总体刚度	周高比（T1/$\sqrt{H}$）：　　位移与限值比：	适中□ 偏大□ 略偏小□
多道防线	倾覆力矩分配：　首层剪力分配：最大层剪力分配：	适中□ 偏大□ 略偏小□
典型墙体控制	最大轴压比：　界限轴压比高度： 最大平均拉应力及高度：	一般□ 偏大□ 一般□ 偏大□
典型柱控制	截面：　　轴压比：　　配筋率：　　含钢率：	一般□ 偏大□ 略偏小□
典型钢构	截面：　　长细比：　　应力比：	一般□ 偏大□ 略偏小□
施工要求	一般□　　施工模拟□　　复杂□　　特殊□	一般□ 较难□
总体评价	结构布置的复杂性和合理性 综合经济性，必要时含用钢量估计	

注：处于常规范围用"良"或"一般"表示，常规范围以外用"优"或"高"、"低"等表示。

超限高层建筑结构设计质量控制信息表（屋盖超限） 表 12

工程代号		评价
重力控制	屋盖总重：　　　单位面积重力： 支承结构总重：　单位面积重力：	一般□ 偏大□ 略偏小□ 一般□ 偏大□ 略偏小□
控制作用	风□　　　　地震□　　　二者相当□	一般□ 异常□
总体刚度	周跨比（T1/L）：　　挠度与限值比：	适中□ 偏大□ 略偏小□
支承结构 多道防线	倾覆力矩分配：首层剪力分配：最大层剪力分配：	适中□ 偏大□ 略偏小□
弦杆控制	最大应力比：　位置：　截面：　长细比： 平均应力比：	一般□ 偏大□ 略偏小□
腹杆控制	最大应力比：　位置：　截面：　长细比： 平均应力比：	一般□ 偏大□ 略偏小□
典型支座	柱距：　　轴压比：　　配筋率：　　含钢率：	一般□ 偏大□
施工要求	一般□　　　复杂□　　　特殊□	一般□ 较难□
总体评价	屋盖结构布置的复杂性和合理性 支承结构布置的复杂性和合理性 综合经济性，必要时含用钢量估计	

注：处于常规范围用"良"或"一般"表示，常规范围以外用"优"或"高"、"低"等表示。

附件 6

超限高层建筑抗震设计可行性论证报告参考内容

一　封面（工程名称、建设单位、设计单位、合作或咨询单位）

二　效果图（彩色；可单列，也可置于封面或列于工程简况中）

三　设计名册（设计单位负责人和建筑、结构主要设计人员名单，单位和注册资格章）

四　目录

1　工程简况（地点，周围环境、建筑用途和功能描述，必要时附平、剖面示意图）

2　设计依据（批件、标准和资料，可含咨询意见及回复）

3　设计条件和参数

3.1　设防标准（含设计使用年限、安全等级和抗震设防参数等）

3.2　荷载（含特殊组合）

3.3　主要勘察成果（岩土的分布及描述、地基承载力，剪切波速和覆盖层厚度，不利地段的场地稳定评价等等）

3.4　结构材料强度和主要构件尺寸

4　地基基础设计

5　结构体系和布置（传力途径、抗侧力体系的组成和主要特点等）

6　结构超限类别及程度

6.1　高度超限分析或屋盖尺度超限分析

6.2　不规则情况分析或非常用的屋盖形式分析

6.3　超限情况小结

7　超限设计对策

7.1　超限设计的加强措施（如结构布置措施、抗震等级、特殊内力调整、配筋等）

7.2　关键部位、构件的预期性能目标

8　超限设计的计算及分析论证（以下论证的项目应根据超限情况自行调整）

8.1　计算软件和计算模型

8.2　结构单位面积重力和质量分布分析（后者用于裙房相连、多塔、连体等）

8.3　动力特性分析（对多塔、连体、错层等复杂结构和大跨屋盖，需提供振型）

8.4　位移和扭转位移比分析（用于扭转比大于 1.3 和分块刚性楼盖、错层等）

8.5　地震剪力系数分析（用于需调整才可满足最小值要求）

8.6　整体稳定性和刚度比分析（后者用于转换、加强层、连体、错层、夹层等）

8.7　多道防线分析（用于框剪、内筒外框、短肢较多等结构）

8.8　轴压比分析（底部加强部位和典型楼层的墙、柱轴压比控制）

8.9　弹性时程分析补充计算结果分析（与反应谱计算结果的对比和需要的调整）

8.10　特殊构件和部位的专门分析（针对超限情况具体化，含性能目标分析）

8.11　屋盖结构、构件的专门分析（挠度、关键杆件稳定和应力比、节点、支座等）

8.12　控制作用组合的分析和材料用量预估（单位面积钢材、钢筋、混凝土用量）

9　总结

9.1 结论

9.2 下一步工作、问题和建议（含试验要求等）

五 论证报告正文（内容不要与专项审查申报表、计算书简单重复，可利用必要的图、表）

六 初步设计建筑图、结构图、计算书（作为附件，可另装订成册）

七 报告及图纸的规格 A3（文字分两栏排列，大底盘结构的底盘等宜分两张出图，效果图和典型平、剖面图宜提供电子版）

附 录 G

中国地震局文件

（中震防发［2015］59 号）

中国地震局关于贯彻落实国务院清理规范
第一批行政审批中介服务事项有关要求的通知

各省、自治区、直辖市地震局，各直属单位：

国务院于 2015 年 10 月 15 日印发了《国务院关于第一批清理规范 89 项国务院部门行政审批中介服务事项的决定》（国发〔2015〕58 号，以下简称国发 58 号文），对建设工程场地地震安全性评价中介服务事项进行了规范。为全面贯彻落实国务院决定，切实做好清理规范行政审批中介服务事项的衔接和落实工作，确保地震部门行政审批制度改革有序平稳推进，现就有关事项通知如下：

一、提高思想认识，认真贯彻落实国务院决定

清理规范行政审批中介服务是深化行政审批制度改革的重要内容，也是深化行政审批制度改革的必然要求。地震系统要按照中央简政放权、放管结合、优化服务的总体部署，扎实有效的推进地震系统行政审批制度改革。

认真贯彻落实国发 58 号文件要求，在开展抗震设防要求确定行政审批时，不再要求申请人提供地震安全性评价报告，《需开展地震安全性评价确定抗震设防要求的建设工程目录》（见附件）所列工程，由审批部门委托有关机构进行地震安全性评价。

二、修订法规制度，提高改革法治保障水平

按照国发 58 号文件要求，中国地震局将提请国务院法制办修订《地震安全性评价管理条例》，同时抓紧修订《建设工程抗震设防要求管理规定》（中国地震局令第 7 号）和《建设工程地震安全性评价结果审定及抗震设防要求确定行政许可实施细则》等规章和规范性文件，为改革提供法治保障。

各级地方地震部门要积极配合地方人大、政府及有关部门做好相关地方性法规、政府规章、地方标准和规范性文件的清理、修订和废止工作，并做好本部门相关规范性文件的清理、修订及废止工作。按照中国地震局统一部署，加快配套改革和相关制度建设，不断提高依法履职的水平。

三、创新管理方式，加强事中事后监管

按照国发 58 号文件要求，切实转变观念、大胆实践，创新管理方式，确保清理规范行政审批中介服务工作取得实效。地震安全性评价中介服务事项清理规范后，中国地震局将加快完善相关政策，强化事中事后监管；各级地震部门要结合本地实际，依法履行职责，加大对抗震设防要求执行情况和地震安全性评价工作的监督检查，为社会经济发展和工程建设提供地震安全保障。

四、完善审批程序，规范行政审批行为

各级地震部门要根据改革精神，进一步完善抗震设防要求行政审批程序和服务指南、审查工作细则，积极推行网上审批和窗口办理，简化审批条件，优化审批流程，切实提高行政审批效率和服务水平。

五、加强组织领导，确保改革顺利进行

各级地震部门要高度重视，加强组织领导，明确责任，狠抓落实，确保国发 58 号文件的全面贯彻落实。要进一步研究制定加强事中事后监管措施，完善监督检查机制，确保抗震设防要求得到有效落实。要加强宣传引导，通过各种渠道及时做好政策解释，及时公开行政审批信息，接受社会监督，努力营造有利于深化改革的良好氛围，确保改革各项工作顺利进行。

附件：需开展地震安全性评价确定抗震设防要求的建设工程
目录（暂行）

中国地震局
2015 年 11 月 19 日

附件

需开展地震安全性评价确定
抗震设防要求的建设工程目录（暂行）

一、核工程

核电厂；核燃料后处理厂；核供热站；核能海水淡化工程；高放废物处置场；其他受地震破坏后可能引发放射性污染的核设施建设工程。

二、水利水电工程

参照行业标准 NB35047—2015《水电工程水工建筑物抗震设计规范》，包括：坝高超过 200m 或库容大于 100 亿 m^3 的大（Ⅰ）型工程，以及位于基本地震动峰值加速度分区 0.10g 及以上地区内坝高超过 100m 的 1、2 级大坝。

三、房屋建筑工程

国家标准 GB 50223—2008《建筑工程抗震设防分类标准》规定的特殊设防类（甲类）房屋建筑工程。

四、城市基础设施工程

国家标准 GB 50223—2008《建筑工程抗震设防分类标准》和国家标准 GB 50909—2014《城市轨道交通结构抗震设计规范》中规定的特殊设防类（甲类）城市基础设施工程。

五、油气储运工程

国家标准 GB 50470—2008《油气输送管线线路工程抗震设计规范》规定的重要区段管道。

六、公路工程

参照行业标准 JTGB 02—2013《公路工程抗震规范》，包括：位于基本地震动峰值加速度分区 0.30g 及以上地区内的单跨跨径超过 150m 的特大桥。

七、铁路工程

参照国家标准 GB 50111—2006《铁路工程抗震设计规范》，包括：穿越大江大河（主航道）的隧道；海底隧道；水深大于 20m、墩高大于 80m、跨度大于 150m 的铁路桥梁。

八、化学工业建（构）筑物

参照国家标准 GB 50914—2013《化学工业建（构）筑物抗震设防分类标准》，包括：涉及光气合成、精制、使用及存储的特殊设防类（甲类）建（构）筑物和厂房。

九、水运工程

参照行业标准 JTS 146—2012《水运工程抗震设计规范》，包括：液化天然气码头和储罐区护岸。

参 考 文 献

[1] 《建筑结构可靠度设计统一标准》GB 50068－2001. 北京：中国建筑工业出版社，2001.

[2] 《建筑工程抗震设防分类标准》GB 50223－2008. 北京：中国建筑工业出版社，2008.

[3] 《混凝土结构设计规范》GB 50010－2010. 北京：中国建筑工业出版社，2011.

[4] 《建筑抗震设计规范》GB 50011－2010. 北京：中国建筑工业出版社，2010.

[5] 《建筑结构荷载规范》GB 50009－2012. 北京：中国建筑工业出版社，2012.

[6] 《钢结构设计规范》GB 50017－2003. 北京：中国计划出版社，2003.

[7] 《建筑地基基础设计规范》GB 50007－2011. 北京：中国建筑工业出版社，2012.

[8] 《建筑桩基技术规范》JGJ 94－2008. 北京：中国建筑工业出版社，2008.

[9] 《高层建筑筏形与箱型基础技术规范》JGJ 6－2011. 北京：中国建筑工业出版社，2011.

[10] 《地下工程防水技术规范》GB 50108－2008. 北京：中国计划出版社，2008.

[11] 《建筑抗震鉴定标准》GB 50023－2009. 北京：中国建筑工业出版社，2009.

[12] 住房和城乡建设部工程质量安全监管司，中国建筑标准设计研究所，《全国民用建筑工程设计技术措施》. 北京：中国计划出版社，2010.

[13] 北京市勘察设计研究院、北京市建筑设计研究院。《北京地区建筑地基基础勘察设计规范》，2010.

[14] 北京市建筑设计研究院。《建筑结构专业技术措施》。北京：中国建筑工业出版社，2007.

[15] 《大直径扩底灌注桩技术规程》JGJ/T225－2010. 北京：中国建筑工业出版社，2010.

[16] 广东省实施《高层建筑混凝土结构技术规程》(JGJ 3－2002)补充规定 DBJ/T 15－46－2005．北京：中国建筑工业出版社，2005.

[17] 江苏省房屋建筑工程抗震设防审查细则. 北京：中国建筑工业出版社，2007.

[18] 多层及高层建筑结构空间有限元分析与设计软件(墙元模型)SATWE。北京：中国建筑科学研究院 PKPM CAD 工程部，2010.

[19] 集成化的建筑结构分析与设计软件系统 ETABS，北京金土木软件技术有限公司，2008.

[20] 独基、条基、钢筋混凝土地基梁桩基础和筏板基础设计软件 JCCAD。北京：中国建筑科学研究院 PKPM CAD 工程部，2008.

[21] 徐培福等. 复杂高层建筑结构设计. 北京：中国建筑工业出版社，2005.

[22] 胡庆昌. 高层建筑防倒塌设计. 北京：中国建筑工业出版社，2005.

[23] 陈富生等. 高层建筑钢结构设计. 北京：中国建筑工业出版社，2004.

[24] 陆新征. 建筑抗震弹塑性分析. 北京：中国建筑工业出版社，2009.

[25] 王亚勇. 国家标准《建筑抗震设计规范》(GB 50011－2010)疑问解答(三). 建筑结构 2011，2.

[26] 钱稼茹、柯长华. 国家标准《建筑抗震设计规范》(GB 50011－2010)疑问解答(四). 建筑结构 2011，3.

[27] 朱炳寅. 建筑结构设计规范应用图解手册. 北京：中国建筑工业出版社，2005.

[28] 朱炳寅等. 建筑地基基础设计方法及实例分析. 北京：中国建筑工业出版社，2007.

[29] 朱炳寅. 建筑结构设计问答及分析. 北京：中国建筑工业出版社，2009.

[30] 朱炳寅. 建筑抗震设计规范应用与分析. 北京：中国建筑工业出版社，2011.

丛 书 介 绍

朱炳寅 编著

建筑结构设计规范应用书系（共四个分册）

为便于建筑结构设计人员能准确地解决在结构设计过程中遇到的规范应用过程中的实际问题，本套丛书就结构设计人员感兴趣的相关问题以一个结构设计者的眼光，对相应规范的条款予以剖析，将规范的复杂内容及枯燥的规范条文变为直观明了的相关图表，指出在实际应用中的具体问题和可能带来的相关结果，提出在现阶段执行规范的变通办法，其目的拟使结构设计过程中，在遵守规范规定和解决具体问题方面对建筑结构设计人员有所帮助，也希望对备考注册结构工程师的考生在理解规范的过程中以有益的启发。

1. 《建筑抗震设计规范应用与分析》（第二版）

中国建筑工业出版社 2017 年出版，16 开，征订号：（34453），定价：119 元

《建筑抗震设计规范》GB 50011—2010 颁布施行以来，在规范的应用过程中往往需要结合其他相关规范的规定采用相应的变通手段，以达到满足规范的相关要求之目的。为便于结构设计人员系统地理解和应用规范，编者将在实际工程中对规范难点的认识和体会，结合规范的条文说明（必要时结合工程实例）及其他相关规范的规定加以综合，形成一本（建筑抗震设计规范）应用与分析，以有利于读者强化并准确应用结构抗震概念设计、把握抗震性能化设计的关键、灵活应用包络设计原则，解决千变万化的实际工程问题。

2. 《高层建筑混凝土结构技术规程应用与分析 JGJ 3—2010》

中国建筑工业出版社，2013 年 1 月出版，16 开，征订号（34398），定价 97 元

本书对《高层建筑混凝土结构技术规程》JGJ 3—2010 的相应条款予以剖析，结合其他相关规范的规定，将规范的复杂内容及枯燥的规范条文变为直观明了的相关图表，指出在实际应用中的具体问题和可能带来的相关结果，提出在现阶段执行规范的变通办法，其目的拟使结构设计过程中，在遵守规范规定和解决具体问题方面对建筑结构设计人员有所帮助，也希望对备考注册结构工程师的考生在理解规范的过程中以有益的启发。

3. 《建筑地基基础设计方法及实例分析》（第二版）

中国建筑工业出版社，2013 年 1 月出版，16 开，征订号：（33415），定价：79 元

本书对多本规范中地基基础设计的相关规定予以剖析，指出在实际应用中的具体问题和可能带来的相关结果，提出在现阶段执行规范的变通办法，并对地基基础设计的工程实例进行剖析，其目的拟使结构设计过程中，在遵守规范规定和解决具体问题方面对建筑结构设计人员有所帮助。本书力求通过对地基基础设计案例的剖析，重在对工程特点、设计要点的分析并指出地基基础设计中的常见问题，以有别于一般的工程实例手册，同时也希望对从事结构设计工作的年轻同行们在理解规范及解决实际问题的的过程中以有益的启发。

4. 《建筑结构设计问答及分析》（第三版）

中国建筑工业出版社，2017 年 5 月出版，16 开，征订号：（33429），定价：86 元

随着编者的几本应用类书籍相继出版发行，作者博客的开通，以及在国内主要城市的巡回宣讲，编者有机会通过博客、邮件、电话与网友和读者交流，就大家感兴趣的工程问题进行讨论，本书将编者对这类问题的理解和解决问题的建议归类成册，以回报广大网友和读者的信任与厚爱，希望对建筑结构设计人员在遵循规范解决实际工程问题时有所帮助，也希望对备考注册结构工程师的考生有所启发。本书可供建筑结构设计人员（尤其是备考注册结构工程师的）和大专院校土建专业师生应用。